JN485466

일반물리학 연습

이일수

경북대학교출판부

이일수 李一洙, Ilsu Rhee
http://bh.knu.ac.kr/~ilrhee

1978년 경북대학교 문리과대학 물리학과 이학사
1981년 서울대학교 대학원 물리학과 이학석사
1989년 뉴욕주립대학교 Buffalo 물리학과 Ph. D.
1989년 뉴욕주립대학교 Buffalo 연구원
2008년 워싱턴대학교 Saint Louis 의과대학 방문교수
2012년 조지타운대학교 물리학과 방문교수
1990년~현재 경북대학교 자연과학대학 물리학과 교수

주요 논문 및 저서
박사학위논문인 "Finite-size Scaling of the Superfluid Density of ^{4}He Confined Between Silicon Wafers"(published in Physical Review Letters, 1989)를 비롯하여, 국내외 전문 학술지에 70여 편의 논문을 발표하였고 『극저온기술의 기초』(2007년 대한민국학술원 우수학술도서 선정), 『현대물리학의 기초』(2009년 문화체육관광부 우수학술도서 선정) 등 단행본 15편을 저술하였다.

일반물리학 연습

찍은 날 2013년 12월 9일 | **펴낸 날** 2013년 12월 16일
지은이 이일수 | 펴낸이 함인석 | **펴낸 곳** 경북대학교출판부
출판등록 1973년 10월 10일 ㉸97호 | **주소** 대구광역시 북구 대학로 80
전화 053-950-6741~3 | **팩스** 053-953-4692
이메일 press@knu.ac.kr | **홈페이지** http://knupress.com/

ISBN 978-89-7180-385-1 93420

정가는 뒤표지에 있습니다.
잘못 만들어진 책은 바꾸어 드립니다.

머리말

일반물리학 강의에서 물리학 연습과 물리학 실험은 학생들에게 물리학적 원리를 명확히 이해시키는 데 중요한 과목이다. 즉, 다양한 문제를 접해 보게 하는 것이 물리학 연습이고, 강의에서 배운 원리를 실험을 통해 확인해 볼 수 있게 하는 것이 물리학 실험이다. 따라서 학생들은 물리학 연습과 물리학 실험을 통해 강의에서 배운 물리학적 원리를 더 명확히 이해할 수 있게 된다.

외국의 경우 물리학 과목은 강의와 연습으로 구성되어 있어 교수의 강의와 조교의 연습으로 물리학 강의가 진행된다. 그리고 물리학 실험은 물리학 강좌와는 별개로 단일강좌로 개설되는데, 학생들은 물리학 강좌와 동시에 수강하여야 한다. 이와 같이 학생들은 물리학 강의에서 배운 원리를 연습과 실험을 통해 체득함으로써 전공분야에서 물리학적 지식을 응용할 수 있는 힘을 키운다. 그런데 학생들이 미심쩍은 부분을 이해하는 데 참고할 만한 연습교재가 마땅치 않은 실정이다. 이 책 『일반물리학 연습』은 이러한 문제를 해결하기 위해 만들어졌다. 따라서 이 책은 학생들에게 다양한 물리학 문제를 제공하여 물리학을 더 쉽게 이해할 수 있도록 하는 방향으로 편집되었다. 아무쪼록 이 책을 통해 학생들의 물리학적 응용 능력이 배가되기를 바란다.

2013년 12월

이일수

목차

제1장 벡터의 연산

단위벡터

크기가 1인 특정 방향의 벡터

(예) 직교좌표의 단위벡터: $\hat{i}, \hat{j}, \hat{k}$

임의의 벡터를 단위벡터로 표현하기

$\vec{A} = A_x\,\hat{i} + A_y\hat{j} + A_z\hat{k}$

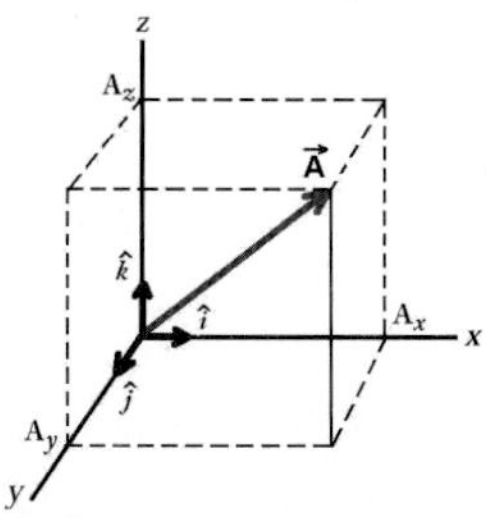

벡터의 합

$\vec{A} = A_x\,\hat{i} + A_y\,\hat{j} + A_z\,\hat{k}$,

$\vec{B} = B_x\,\hat{i} + B_y\,\hat{j} + B_z\,\hat{k}$

$\vec{C} = \vec{A} + \vec{B}$

$\quad = (A_x + B_x)\hat{i} + (A_y + B_y)\hat{j} + (A_z + B_z)\hat{k}$

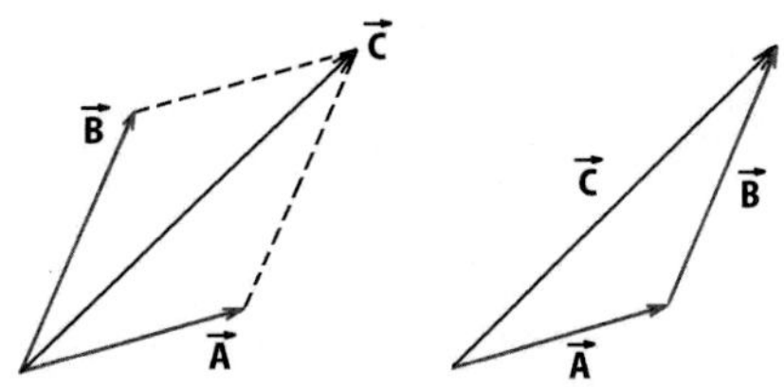

스칼라 곱($\vec{A} \cdot \vec{B}$)

-결과는 스칼라 임

-크기는 $|\vec{B}|$와 $\vec{A}$벡터의 $\vec{B}$벡터로의 사영(projection)의 곱

-$\vec{A} \cdot \vec{B} = A_{\parallel}\,|\vec{B}| = |\vec{A}||\vec{B}|\cos\theta$

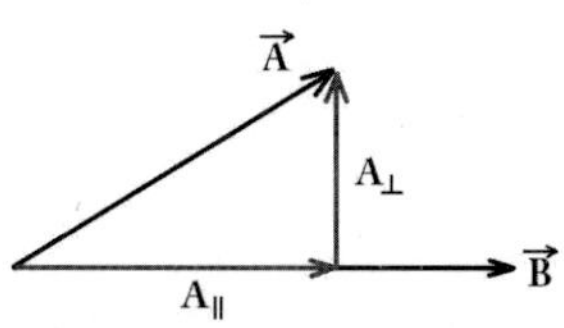

스칼라 곱의 예(일, work)

일(work): 이동거리와 이동방향으로의 힘의 성분의 곱

$W = \vec{F} \cdot \vec{s} = F_{\parallel}\,s = F s\cos\theta$

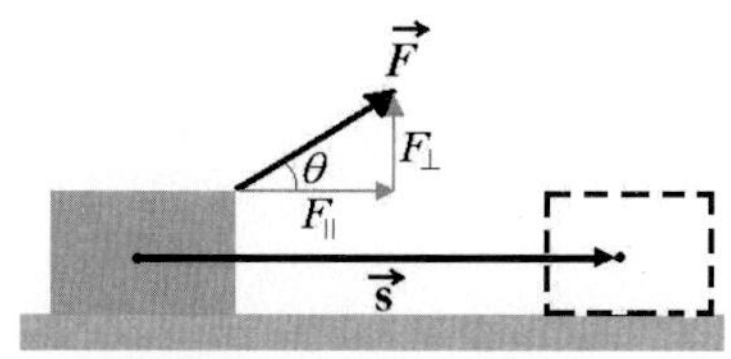

단위벡터의 스칼라 곱

$\hat{i} \cdot \hat{i} = 1,\ \hat{j} \cdot \hat{j} = 1,\ \hat{k} \cdot \hat{k} = 1$

$\hat{i} \cdot \hat{j} = 0,\ \hat{j} \cdot \hat{k} = 0,\ \hat{k} \cdot \hat{i} = 0$

위치벡터

$\vec{r} = x\,\hat{i} + y\,\hat{j} + z\,\hat{k}$

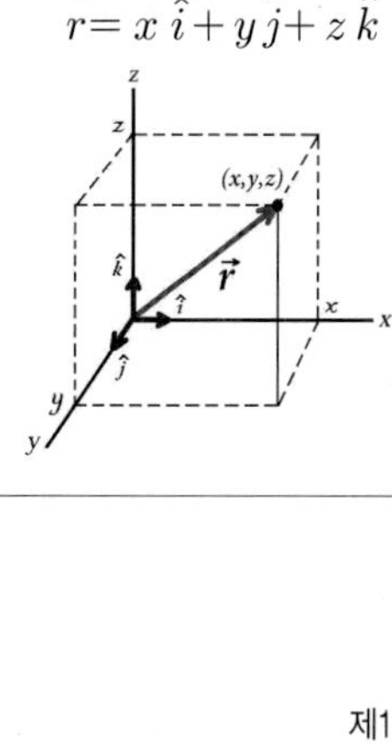

벡터 곱($\vec{C}=\vec{A}\times\vec{B}$)	벡터 곱의 예(토크)
-결과는 벡터 양이 됨 -크기는 $\lvert\vec{B}\rvert$ 와 $\vec{A}$의 $\vec{B}$에 수직한 방향의 성분의 곱 -방향은 $\vec{A}$, $\vec{B}$와 수직한 방향 -방향은 오른나사의 법칙을 따름 -크기: $\lvert\vec{C}\rvert=\lvert\vec{A}\rvert\lvert\vec{B}\rvert\sin\theta$ -위 크기는 두 벡터가 만드는 면적과 동일 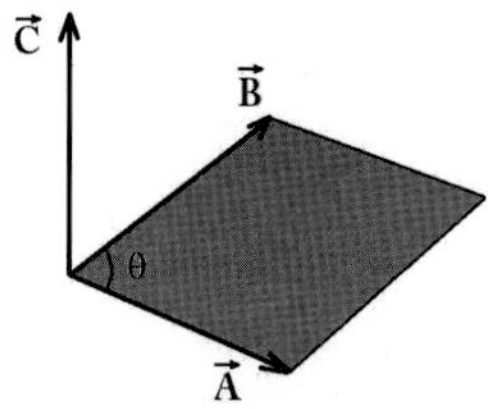 	$\vec{\tau}=\vec{r}\times\vec{F}$ $\lvert\vec{\tau}\rvert=rF_{\perp}=rF\sin\theta$ 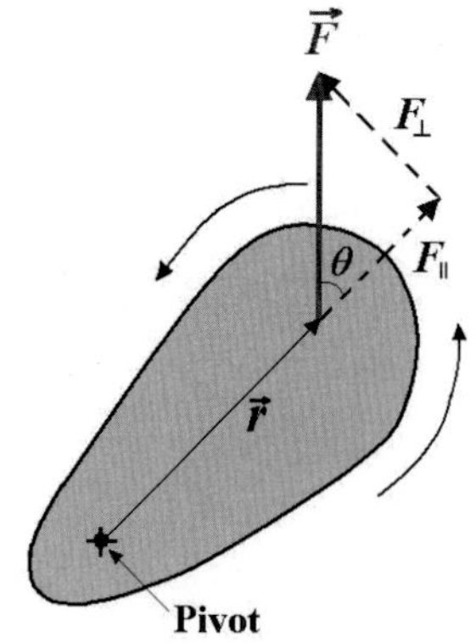
단위벡터의 곱	3차원 벡터의 곱
$\hat{i}\times\hat{j}=\hat{k},\ \hat{j}\times\hat{k}=\hat{i},\ \hat{k}\times\hat{i}=\hat{j}$ $\hat{j}\times\hat{i}=-\hat{k},\ \hat{k}\times\hat{j}=-\hat{i},\ \hat{i}\times\hat{k}=-\hat{j}$ $\hat{i}\times\hat{i}=\hat{j}\times\hat{j}=\hat{k}\times\hat{k}=0$	$\vec{C}=\vec{A}\times\vec{B}=\begin{vmatrix}\hat{i} & \hat{j} & \hat{k}\\ A_x & A_y & A_z\\ B_x & B_y & B_z\end{vmatrix}$

1-1. 벡터의 크기와 방향, 변위벡터

문제 1 2차원 변위벡터 $\vec{A} = 3\hat{i} + 4\hat{j}$의 크기와 방향을 구하라.

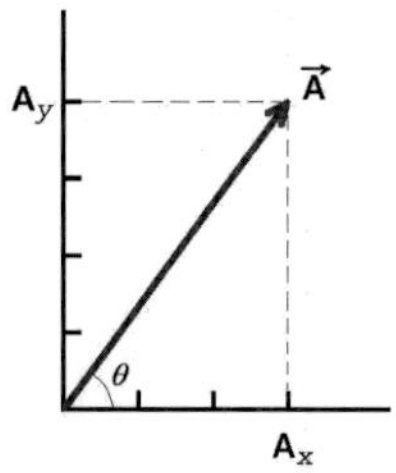

[답] 벡터의 크기는 $|\vec{A}| = \sqrt{A_x^2 + A_y^2} = 5$이고 방향은 $\theta = \tan^{-1}\left(\frac{4}{3}\right) = 53^o$이다.

문제 2 3차원 위치벡터 $\vec{r} = 2\hat{i} + 3\hat{j} - 3\hat{k}$의 각 좌표축과의 각도를 구하라.

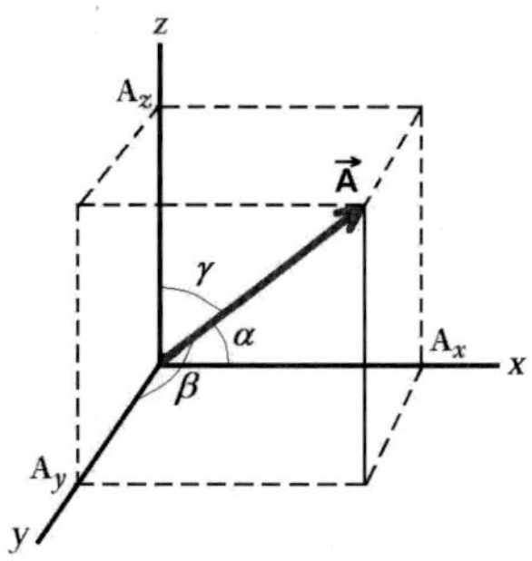

[답] 그림과 같이 임의의 3차원 벡터 $\vec{A} = A_x\hat{i} + A_y\hat{j} + A_z\hat{k}$에 대해 좌표축과의 각도는 각각 $\cos\alpha = \frac{A_x}{|\vec{A}|}$, $\cos\beta = \frac{A_y}{|\vec{A}|}$, $\cos\gamma = \frac{A_z}{|\vec{A}|}$로 주어진다. 이를 방향 코사인(direction cosine)이라고 부른다.

여기서 $\cos^2\alpha + \cos^2\beta + \cos^2\gamma = 1$이 만족됨을 볼 수 있다.

문제의 위치벡터의 크기는 $|\vec{r}| = \sqrt{A_x^2 + A_y^2 + A_z^2} = \sqrt{22}$ 이므로 $\alpha = 65^o$, $\beta = 50^o$, $\gamma = 130^o$와 같이 구해진다.

문제 3 물체가 2차원 공간에서 위치 (2, 3)에서 위치 (5, 5)로 2초 동안 이동하였다. 변위벡터와 평균속도벡터를 구하라. 속도의 크기는 얼마인가? 위치의 단위는 m이다.

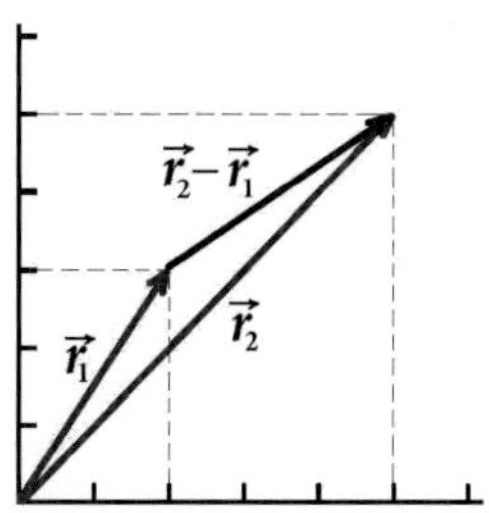

[답] 위치벡터는 $\vec{r_1} = 2\hat{i} + 3\hat{j}$, $\vec{r_2} = 5\hat{i} + 5\hat{j}$이다. 따라서 변위벡터는 $\vec{s} = \vec{r_2} - \vec{r_1} = 3\hat{i} + 2\hat{j}$이다. 평균속도벡터는 $\vec{v} = \frac{\vec{s}}{t} = 1.5\hat{i} + \hat{j}$이다. 평균속도의 크기는 $|\vec{v}| = \sqrt{v_x^2 + v_y^2} = 1.8\,m/s$이다.

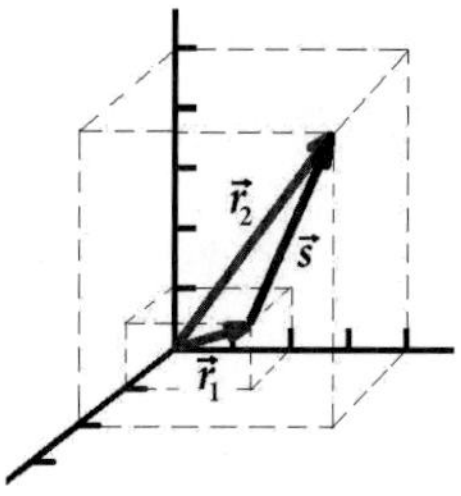

문제 4 물체가 위치 (1, 2, 1)에서 위치 (2, 4, 5)로 이동하였다. 이 물체의 변위벡터를 구하라.

[답] 위치벡터는 $\vec{r_1} = \hat{i} + 2\hat{j} + \hat{k}$, $\vec{r_2} = 2\hat{i} + 4\hat{j} + 5\hat{k}$이므로 변위벡터는 $\vec{s} = \hat{i} + 2\hat{j} + 4\hat{k}$이다.

문제 5 물체가 3차원 공간에서 위치 (2, 3, 5)에서 위치 (6, 2, 8)로 2초 동안 이동하였다. 변위벡터와 평균속도벡터, 평균속도의 크기를 구하라. 위치의 단위는 m이다.

[답] 위치벡터는 $\vec{r_1} = 2\hat{i} + 3\hat{j} + 5\hat{k}$, $\vec{r_2} = 6\hat{i} + 2\hat{j} + 8\hat{k}$이므로 변위벡터는 $\vec{s} = 4\hat{i} - \hat{j} + 3\hat{k}$이다. 평균속도벡터는 $\vec{v} = 2\hat{i} - 0.5\hat{j} + 1.5\hat{k}$이다. 평균속도의 크기는 $v = 2.55\,m/s$이다.

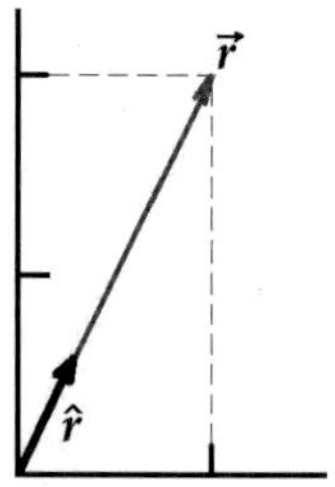

문제 6 위치벡터 $\vec{r} = \hat{i} + 2\hat{j}$ 방향으로의 단위벡터를 구하라.

[답] $|\vec{r}| = \sqrt{x^2 + y^2} = \sqrt{5}$ 이다. 따라서 단위벡터는 $\hat{r} = \frac{\vec{r}}{|\vec{r}|} = \frac{\hat{i} + 2\hat{j}}{\sqrt{5}}$ 이다.

문제 7 위치벡터 $\vec{r} = 3\hat{i} - 4\hat{j} + 5\hat{k}$ 방향으로의 단위벡터를 구하라.

[답] $|\vec{r}| = \sqrt{x^2 + y^2 + z^2} = \sqrt{50}$ 이다. 따라서 단위벡터는 $\hat{r} = \frac{\vec{r}}{|\vec{r}|} = \frac{3\hat{i} - 4\hat{j} + 5\hat{k}}{\sqrt{50}}$ 이다.

1-2. 벡터의 덧셈과 뺄셈

문제 8 $\vec{A} = 2\hat{i} + 3\hat{j}$, $\vec{B} = 3\hat{i} - 4\hat{j}$이다. $\vec{A} + \vec{B}$와 $\vec{A} - \vec{B}$를 구하라.

[답] $\vec{C} = \vec{A} + \vec{B} = 5\hat{i} - \hat{j}$, $\vec{D} = \vec{A} - \vec{B} = -\hat{i} + 7\hat{j}$이다.

문제 9 $\vec{A} = \hat{i} + 3\hat{j} + 5\hat{k}$, $\vec{B} = 2\hat{i} - 4\hat{j} + 3\hat{k}$이다. $\vec{A} + \vec{B}$와 $\vec{A} - \vec{B}$를 구하라.

[답] $\vec{C} = \vec{A} + \vec{B} = 3\hat{i} - \hat{j} + 8\hat{k}$, $\vec{D} = \vec{A} - \vec{B} = -\hat{i} + 7\hat{j} + 2\hat{k}$이다.

문제 10 $\vec{A} = \hat{i} + 2\hat{j}$, $\vec{B} = 2\hat{i} - \hat{j}$이다. $2\vec{A} + 3\vec{B}$와 $\vec{A} - 2\vec{B}$를 구하라.

[답] $\vec{C} = 2\vec{A} + 3\vec{B} = 8\hat{i} + \hat{j}$, $\vec{D} = \vec{A} - 2\vec{B} = -3\hat{i} + 4\hat{j}$이다.

문제 11 $\vec{A} = \hat{i} + 3\hat{j} + 5\hat{k}$, $\vec{B} = 2\hat{i} - 4\hat{j} + 3\hat{k}$ 이다. $3\vec{A} + 4\vec{B}$와 $3\vec{A} - 2\vec{B}$를 구하라.

[답] $\vec{C} = 3\vec{A} + 4\vec{B} = 11\hat{i} - 7\hat{j} + 27\hat{k}$, $\vec{D} = 3\vec{A} - 2\vec{B} = -\hat{i} + 17\hat{j} + 9\hat{k}$이다.

1-3. 벡터의 곱셈, 스칼라 곱(dot product)

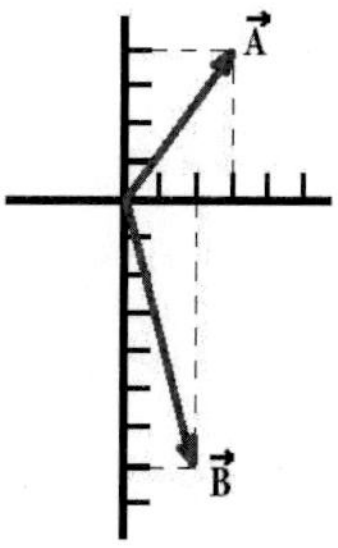

문제 12 두 벡터 $\vec{A}=3\hat{i}+4\hat{j}$와 $\vec{B}=2\hat{i}-7\hat{j}$ 사이의 각을 구하라.

[답] $|\vec{A}|=5$, $|\vec{B}|=7.28$이고 $\vec{A}\cdot\vec{B}=-22$이다. $\vec{A}\cdot\vec{B}=|\vec{A}||\vec{B}|\cos\theta$의 관계식을 이용하면 $\theta=127^o$이다.

문제 13 두 벡터 $\vec{A}=2\hat{i}-3\hat{j}+\hat{k}$와 $\vec{B}=6\hat{i}+\hat{j}-2\hat{k}$ 사이의 각을 구하라.

[답] $|\vec{A}|=3.74$, $|\vec{B}|=6.40$이고 $\vec{A}\cdot\vec{B}=7$이다. $\vec{A}\cdot\vec{B}=|\vec{A}||\vec{B}|\cos\theta$의 관계식을 이용하면 $\theta=73^o$이다.

문제 14 두 벡터 $\vec{A}=3\hat{i}-2\hat{j}+11\hat{k}$와 $\vec{B}=-6\hat{i}+2\hat{j}+2\hat{k}$ 사이의 각을 구하라.

[답] $\vec{A}\cdot\vec{B}=0$이므로 두 벡터는 서로 수직이다.

문제 15 두 벡터 $\vec{A}=2\hat{i}+\hat{j}-a\hat{k}$와 $\vec{B}=3\hat{i}+2\hat{j}+2\hat{k}$가 서로 수직한 경우 값 a는 얼마인가?

[답] 두 벡터가 수직하므로 $\vec{A}\cdot\vec{B}=0$에서 $a=4$를 구할 수 있다.

문제 16 세 벡터 $\vec{A}=2\hat{i}-2\hat{j}+\hat{k}$, $\vec{B}=\hat{i}+2\hat{j}+2\hat{k}$, $\vec{C}=2\hat{i}+\hat{j}-2\hat{k}$는 서로 수직함을 보여라.

[답] $\vec{A}\cdot\vec{B}=0$, $\vec{B}\cdot\vec{C}=0$, $\vec{C}\cdot\vec{A}=0$이므로 세 벡터는 서로 수직이다.

문제 17 $\vec{A}=3\hat{i}+2\hat{j}+\hat{k}$의 $\vec{B}=\hat{i}+3\hat{j}+2\hat{k}$에의 사영(projection)을 구하라.

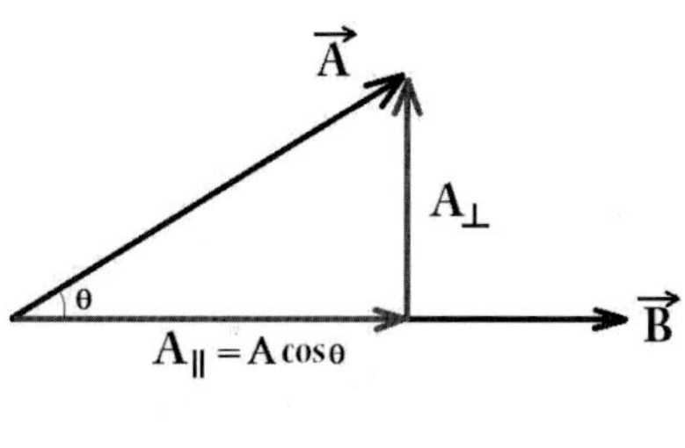

[답] 벡터 $\vec{A}$를 벡터 $\vec{B}$에 사영한 벡터의 크기는 $A\cos\theta$이고 벡터 $\vec{B}$방향의 단위벡터는 $\hat{B}=\frac{\vec{B}}{B}$이다. 그리고 $\cos\theta=\frac{\vec{A}\cdot\vec{B}}{AB}$이다. 따라서 사영벡터는 $\vec{P}=\frac{\vec{A}\cdot\vec{B}}{B^2}\vec{B}$로 주어진다. 위 식을 이용하면 사영벡터는 $\vec{P}=\frac{11}{14}(\hat{i}+3\hat{j}+2\hat{k})$이다. 여기서 사영벡터의 크기는 $\frac{11}{\sqrt{14}}$이다.

문제 18 $\vec{A}=\hat{k}$의 $\vec{B}=\hat{i}+\hat{j}+2\hat{k}$에의 사영을 구하라.

[답] $\vec{P}=\frac{\vec{A}\cdot\vec{B}}{B^2}\vec{B}=\frac{1}{3}(\hat{i}+\hat{j}+2\hat{k})$이다. 사영벡터의 크기는 $\frac{\sqrt{6}}{3}$이다.

문제 19 $\vec{A}=\hat{i}+2\hat{j}$의 $\vec{B}=-2\hat{i}+2\hat{j}$에의 사영을 구하라.

[답] $\vec{P}=\frac{\vec{A}\cdot\vec{B}}{B^2}\vec{B}=-\frac{1}{2}(\hat{i}-\hat{j})$이다. 사영벡터의 크기는 $\frac{1}{\sqrt{2}}$이다.

문제 20 어떤 물체에 $\vec{F}=2\hat{i}+3\hat{j}+5\hat{k}$의 힘이 주어졌다. 이에 따른 물체의 변위벡터는 $\vec{s}=\hat{i}+3\hat{j}+5\hat{k}$였다. 힘이 물체에 한 일의 양을 구하라. 힘의 단위는 N이고 거리의 단위는 m이다.

[답] $W=\vec{F}\cdot\vec{s}=36\,J$이다.

문제 21 $0.5kg$인 물체를 지표 근방에서 위치 (2, 3)에서 위치 (5, 10)으로 이동하였다. 이러한 이동에서 중력을 거슬러 해야 하는 일을 구하라.

[답] 변위벡터는 $\vec{s}=3\hat{i}+7\hat{j}$이다. 중력이 작용하는 힘은 $\vec{F}=-mg\,\hat{j}=-4.9\,\hat{j}$이다. 따라서 물체를 이동하는 데 사용한 일은 $W=\vec{F}\cdot\vec{s}=-34.3\,J$이다.

문제 22 어떤 물체가 위치 (1, −3, 5)에서 위치 (2, 4, 6)으로 이동하였다. 이때 힘 $\vec{F}=3\hat{i}+\hat{j}-2\hat{k}$가 작용하였다. 힘이 한 일을 구하라.

[답] 변위벡터는 $\vec{r_1}=\hat{i}-3\hat{j}+5\hat{k}$, $\vec{r_2}=2\hat{i}+4\hat{j}+6\hat{k}$이므로 $\vec{s}=\hat{i}+7\hat{j}+\hat{k}$이다. 힘이 한 일은 $W=\vec{F}\cdot\vec{s}=8\,J$이다.

문제 23 어떤 물체에 두 개의 힘 $\vec{F_1}=4\hat{i}+3\hat{j}+5\hat{k}$, $\vec{F_2}=-2\hat{i}+4\hat{j}+3\hat{k}$이 주어졌다. 이에 따라 물체는 위치 (1, 2, 1)에서 위치 (2, −1, 4)로 변위하였다. 물체에 작용한 힘이 한 일을 구하라. 힘의 단위는 N이고 거리의 단위는 m이다.

[답] 합력은 $\vec{F}=\vec{F_1}+\vec{F_2}=2\hat{i}+7\hat{j}+8\hat{k}$이고 변위벡터는 $\vec{s}=\vec{r_2}-\vec{r_1}=\hat{i}-3\hat{j}+3\hat{k}$이다. 따라서 힘이 한 일은 $W=\vec{F}\cdot\vec{s}=5\,J$이다.

문제 24 어떤 물체가 힘 $\vec{F}=a\hat{i}+\hat{j}+2\hat{k}$에 의해 위치 (1, 1, 1)에서 위치 (2, 1, 4)로 이동하였다. 힘이 한 일은 $7J$로 관찰되었다. a의 값을 구하라. 힘의 단위는 N이고 거리의 단위는 m이다.

[답] 변위벡터는 $\vec{s}=\vec{r_2}-\vec{r_1}=\hat{i}+3\hat{k}$이다. 힘이 한 일은 $W=\vec{F}\cdot\vec{s}=a+6=7\,J$이므로 $a=1$이다.

문제 25 어떤 물체가 힘 $\vec{F}=3\hat{i}+\hat{j}+2\hat{k}$에 의해 위치 (1, 1, 1)에서 위치 (2, p, 4)로 이동하였다. 힘이 한 일은 $7J$로 관찰되었다. p의 값을 구하라. 힘의 단위는 N이고 거리의 단위는 m이다.
[답] 변위벡터는 $\vec{s}=\vec{r_2}-\vec{r_1}=\hat{i}+(p-1)\hat{j}+3\hat{k}$이다. 힘이 한 일은 $W=\vec{F}\cdot\vec{s}=p+8=7\,J$이므로 $p=-1$이다.

1-4. 벡터의 곱셈, 벡터 곱(cross product)

문제 26 $\vec{A}=\hat{i}+2\hat{j}$, $\vec{B}=-2\hat{i}+2\hat{j}$에서 $\vec{A}\times\vec{B}$와 $\vec{B}\times\vec{A}$를 구하라.
[답] $\vec{A}\times\vec{B}=(\hat{i}+2\hat{j})\times(-2\hat{i}+2\hat{j})=6\hat{k}$이고 $\vec{B}\times\vec{A}=(-2\hat{i}+2\hat{j})\times(\hat{i}+2\hat{j})=-6\hat{k}$이다. 즉, 벡터 곱은 곱하는 순서에 따라 그 결과가 달라진다. 이는 벡터 곱에서는 교환법칙이 성립되지 않음을 보여준다. 즉 $\vec{A}\times\vec{B}=-\vec{B}\times\vec{A}$이다.

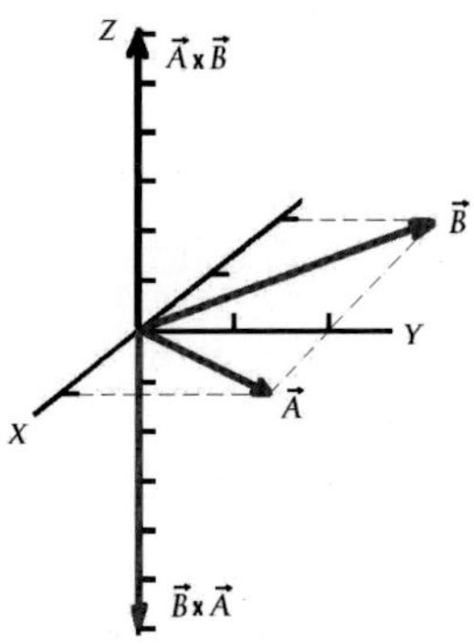

문제 27 $\vec{A}=-\hat{i}+2\hat{j}+\hat{k}$, $\vec{B}=2\hat{i}-2\hat{j}+3\hat{k}$의 벡터 곱 $\vec{A}\times\vec{B}$를 구하라.
[답] $\vec{A}\times\vec{B}=\begin{vmatrix}\hat{i} & \hat{j} & \hat{k}\\ -1 & 2 & 1\\ 2 & -2 & 3\end{vmatrix}=8\hat{i}+5\hat{j}-2\hat{k}$

문제 28 $|\vec{A}\cdot(\vec{B}\times\vec{C})|$는 세 벡터 $\vec{A}, \vec{B}, \vec{C}$가 만드는 육면체의 체적임을 보여라.

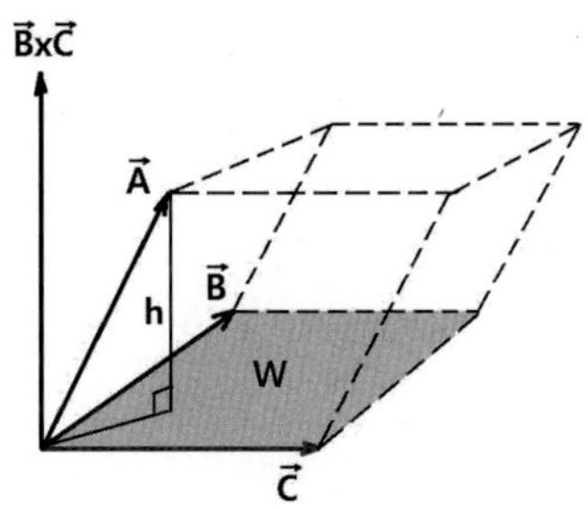

[답] $|\vec{A}\cdot(\vec{B}\times\vec{C})|=|\vec{A}||\vec{B}\times\vec{C}|\cos\theta=h|\vec{B}\times\vec{C}|=hW$, 즉 육면체의 체적이 된다. 그리고 $|\vec{A}\cdot(\vec{B}\times\vec{C})|=\begin{vmatrix}A_x & A_y & A_z\\ B_x & B_y & B_z\\ C_x & C_y & C_z\end{vmatrix}$와 같이 계산할 수 있다.

문제 29 세 벡터 $\vec{A}=\hat{i}+2\hat{j}+3\hat{k}$, $\vec{B}=2\hat{i}+2\hat{j}+\hat{k}$, $\vec{C}=\hat{i}-2\hat{j}+2\hat{k}$가 만드는 체적을 구하라.

[답] $\vec{B}\times\vec{C}=\begin{vmatrix}\hat{i} & \hat{j} & \hat{k}\\ 2 & 2 & 1\\ 1 & -2 & 2\end{vmatrix}=6\hat{i}-3\hat{j}-6\hat{k}$이고 $|\vec{A}\cdot(\vec{B}\times\vec{C})|=18$이다.

$|\vec{A}\cdot(\vec{B}\times\vec{C})|=\begin{vmatrix}A_x & A_y & A_z\\ B_x & B_y & B_z\\ C_x & C_y & C_z\end{vmatrix}=\begin{vmatrix}1 & 2 & 3\\ 2 & 2 & 1\\ 1 & -2 & 2\end{vmatrix}=18$과 같이 구할 수도 있다.

문제 30 $\vec{A}=\hat{i}+2\hat{j}$, $\vec{B}=-\hat{i}+\hat{j}+2\hat{k}$이다. $\vec{C}=\vec{A}\times\vec{B}$를 구하라. $\vec{C}$는 $\vec{A}$와 $\vec{B}$ 모두에 수직임을 보여라.

[답] $\vec{C}=\vec{A}\times\vec{B}=\begin{vmatrix}\hat{i} & \hat{j} & \hat{k}\\ 1 & 2 & 0\\ -1 & 1 & 2\end{vmatrix}=4\hat{i}-2\hat{j}+3\hat{k}$이다. $\vec{A}\cdot\vec{C}=\vec{B}\cdot\vec{C}=0$이므로 $\vec{C}$는 $\vec{A}$와 $\vec{B}$ 모두에 수직이다.

문제 31 원점에 회전축이 있는 물체의 위치 (1, 2)에 힘 $\vec{F}=\hat{i}+0.5\hat{j}$가 주어질 때 물체가 받는 토크를 구하라.

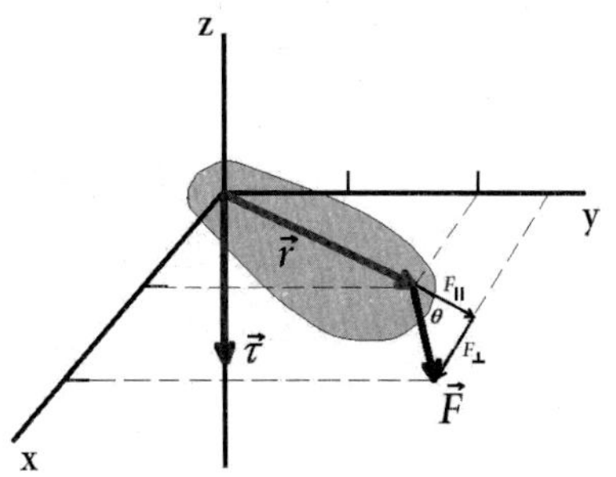

[답] 위치벡터는 $\vec{r}=\hat{i}+2\hat{j}$이므로 토크는 $\vec{\tau}=\vec{r}\times\vec{F}=-1.5\hat{k}$이다. 따라서 토크의 크기는 $|\vec{\tau}|=1.5$이고 $-z$ 방향이다. 이는 $|\vec{\tau}|=rF_{\perp}=rF\sin\theta$에서도 구할 수 있다. 즉, $\theta=\cos^{-1}\frac{\vec{r}\cdot\vec{F}}{|\vec{r}||\vec{F}|}=36.87^{o}$이므로 $|\vec{\tau}|=rF\sin\theta=1.5$이다.

문제 32 원점에 회전축이 있는 물체의 위치 (1, 2, 1)에 힘 $\vec{F}=-\hat{i}+\hat{j}+\hat{k}$가 주어질 때 물체가 받는 토크를 구하라.

[답] 위치벡터는 $\vec{r}=\hat{i}+2\hat{j}+\hat{k}$이다. 따라서 토크는 $\vec{\tau}=\vec{r}\times\vec{F}=\hat{i}-2\hat{j}+3\hat{k}$이다. 이 토크 벡터는 $\vec{r}$과 $\vec{F}$ 모두에 수직이다. 이는 $\vec{\tau}\cdot\vec{F}=\vec{\tau}\cdot\vec{r}=0$에서 확인할 수 있다.

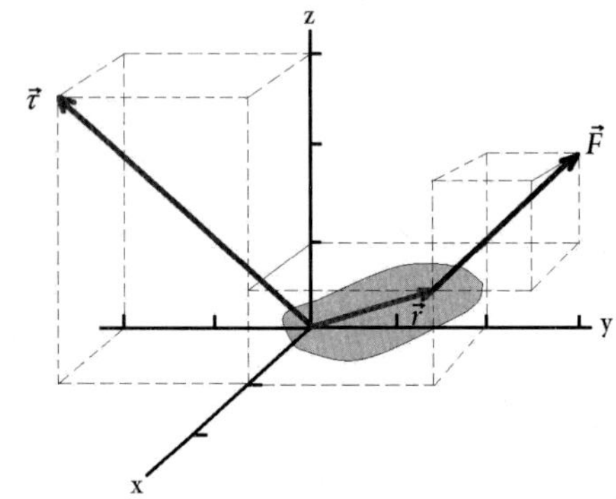

제2장 역학

Newton의 운동방정식

병진운동: $\vec{F}=m\vec{a}=m\frac{d\vec{v}}{dt}=m\frac{d^2\vec{s}}{dt^2}$

회전운동: $\vec{\tau}=I\vec{\alpha}=I\frac{d\vec{\omega}}{dt}=I\frac{d^2\vec{\theta}}{dt^2}$

미끄러지지 않고 구르기만 하는 경우(rolling without slipping) 병진운동과 회전운동 사이에는 아래 식들이 만족된다.

$\vec{s}=r\vec{\theta},\ \vec{v}=r\vec{\omega},\ \vec{a}=r\vec{\alpha}$

일과 에너지

일-에너지 정리: $W_{12}=K_2-K_1\equiv\Delta K$

일: $W_{12}=\int_1^2\vec{F}\cdot d\vec{s}$

운동에너지 : $K=\frac{1}{2}mv^2$

중력위치에너지 : $U=mgy$

만유인력(중력)위치에너지: $U=-\frac{Gm_1m_2}{r}$

탄성위치에너지: $U=\frac{1}{2}kx^2$

역학적 에너지 보존칙

보존력만 있는 경우

$$K_1+U_1=K_2+U_2$$

비보존력도 있는 경우

$$K_1+U_1-W_{12}^{nc}=K_2+U_2$$

W_{12}^{nc}: 비보존력이 한 일

충돌

$\vec{F}_{ex}=m\frac{d\vec{v}}{dt}=\frac{d(m\vec{v})}{dt}$ 이고 충돌에서는 $\vec{F}_{ex}=0$이므로 $\vec{p}=m\vec{v}$는 보존된다.

탄성충돌에서는 운동에너지도 보존된다.

$\Rightarrow \vec{v}_1-\vec{v}_2=-(\vec{v}'_1-\vec{v}'_2)$

충돌 전과 충돌 후 상대속도의 크기는 같다.

질량중심

$$\vec{R}=\frac{\sum_i m_i\vec{r}_i}{\sum_i m_i}\quad\text{(불연속체)}$$

$$\vec{R}=\frac{1}{M}\int\vec{r}\,dm\quad\text{(연속체)}$$

강체의 회전운동

회전력(토크): $\vec{\tau}=I\vec{\alpha}=\frac{d\vec{L}}{dt}$

회전운동에너지: $K=\frac{1}{2}I\omega^2$

각운동량: $\vec{L}=I\vec{\omega}$

각운동량 보존칙: 토크가 없을 경우($\vec{\tau}=0$) 각운동량($\vec{L}$)은 보존된다.

관성모멘트

$$I=\sum_i m_ir_i^2\quad\text{(불연속체)}$$

$$I=\int r^2\,dm\quad\text{(연속체)}$$

평행축 정리: 질량중심축과 평행한 축에 대한 관성모멘트

$$I=I_{CM}+Mh^2$$

정적평형

토크가 있는 경우의 평형

힘의 평형: $\sum_i\vec{F}_i=0$

토크의 평형: $\sum_i\vec{\tau}_i=0$

2-1. Newton의 제2법칙

문제 1 운동선수가 $400m$ 트랙을 50초에 돌고 나서 출발지점으로 돌아왔다. 이 선수의 변위벡터를 구하라. 평균속도는 얼마인가?

[답] 원래 위치로 돌아왔으므로 변위는 0이다. 따라서 변위벡터는 $\vec{r}=0$이다. 평균속도는 50초에 $400m$를 이동했으므로 $\bar{v}=\frac{\Delta s}{\Delta t}=8m/s$이다.

문제 2 어떤 아기가 동쪽으로 $3m$, 북쪽으로 $2m$를 기어간 후 조금 쉬고 나서 다시 서쪽으로 $1m$ 기어갔다. 이 아기의 변위벡터를 구하라. 이 거리를 이동하는 데 30초가 걸렸다면 평균속도를 구하라. 출발지점을 원점으로 잡는다.

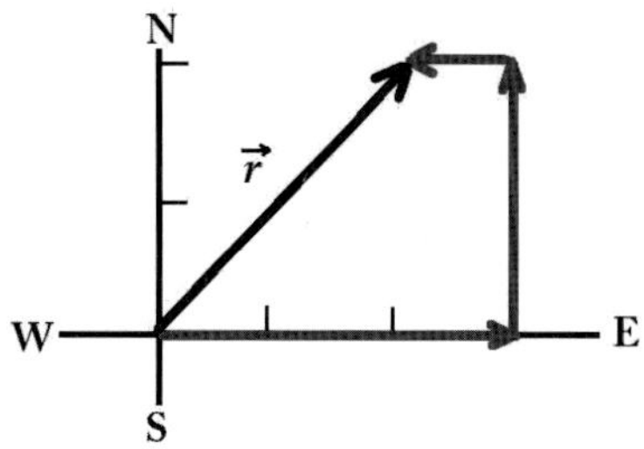

[답] 동쪽을 x축, 북쪽을 y축으로 잡으면 변위벡터는 $\vec{r}=2\hat{i}+2\hat{j}$이다. 이동거리는 $6m$이고 이동시간은 30초이므로 평균속도는 $\bar{v}=\frac{\Delta s}{\Delta t}=0.2m/s$이다.

문제 3 어떤 물체의 궤적이 $\vec{r}=3t\,\hat{i}+(2t^2+4)\,\hat{j}$로 관찰되었다. $t=2s$에서의 순간속도와 순간가속도를 구하라. $\vec{r}$의 단위는 m이고 t의 단위는 초이다.

[답] $\vec{v}(t)=\frac{d\vec{r}}{dt}=3\hat{i}+4t\,\hat{j}$이므로 $\vec{v}(2)=3\hat{i}+8\hat{j}$이다. $|\vec{v}|=\sqrt{v_x^2+v_y^2}=8.54m/s$이고 속도의 방향은 $\theta=\tan^{-1}\frac{v_y}{v_x}=69^o$이다. $\vec{a}(t)=\frac{d\vec{v}}{dt}=4\,\hat{j}$이므로 일정가속도운동이다. $t=2s$에서도 가속도는 $2m/s^2$이다.

문제 4 1차원 운동을 하는 입자의 속도가 $v(t)=t^2+3$이다. $t=0$에서 $t=2$초 사이의 평균가속도를 구하라. $v(t)$의 단위는 m/s이다. $t=0$에서 입자가 $x=3m$에 있었다면 입자의 궤적을 구하라.

[답] $v(0)=3\,m/s$, $v(2)=7m/s$이므로 평균가속도는 $\bar{a}=\frac{\Delta v}{\Delta t}=2m/s^2$이다. 순간가속도는 $a(t)=\frac{dv}{dt}=2t$이므로 $a(2)=4\,m/s^2$이다. 변위는 속도함수를 적분하면 된다.

$$x(t) = \int_0^t (t^2+3)\,dt = \frac{t^3}{3} + 3t + C$$

위 식에서 $x(0) = C = 3$이므로 $x(t) = \frac{t^3}{3} + 3t + 3$으로 구해진다.

문제 5 그림과 같은 시간에 따른 위치변화를 보이는 운동에서 각 구간별 속도와 가속도의 변화를 구하라.

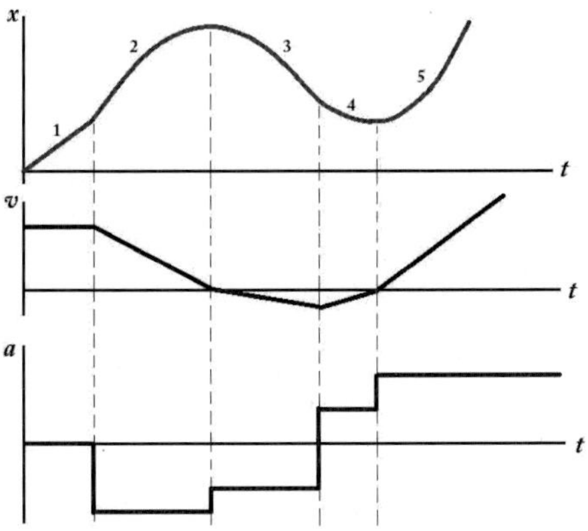

[답] 1구간에서는 변위가 직선적으로 변하므로 속도가 일정하다. 따라서 이 구간에서는 가속도가 0이다. 2구간에서는 시간에 따라 기울기가 감소하므로 속도가 감소한다. 따라서 이 구간에서는 감속운동이다. 3구간에서는 속도(-값으로)가 감소한다. 따라서 이 구간에서는 감속운동이다. 4구간과 5구간에서는 속도가 증가하므로 가속운동이다.

문제 6 물체의 속도가 그림과 같이 시간에 따라 변한다고 한다. 16초 동안 물체가 이동한 거리와 물체의 변위, 평균속도를 구하라.

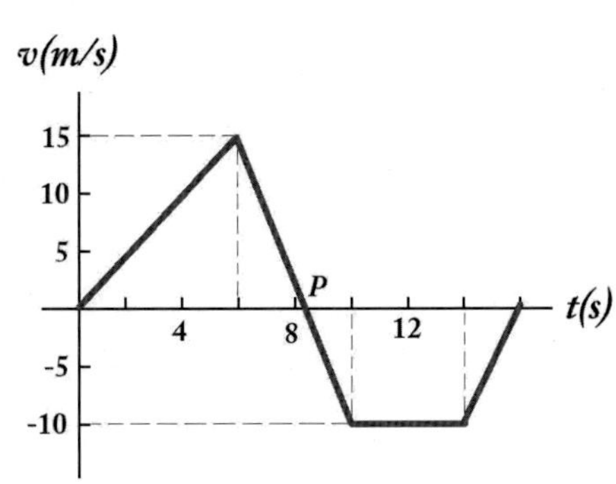

[답] 이동거리는 스칼라양이다. $\Delta s = v\Delta t$이므로 이동거리는 그림에서의 면적과 동일하다. 점 P의 위치를 구해 보자. 직선의 기울기는 -6.25이다. 따라서 직선의 식은 $y = -6.25x + b$이고 한 점 (5, 15)를 대입하면 $b = 52.5$가 구해진다. 직선은 $y = -6.25x + 52.5$이고 x축과 만나는 지점은 8.4임을 알 수 있다. 삼각형의 면적은 $63m$이고 사각형의 면적은 $58m$이다, 따라서 전체면적은 $121m$이다. 즉, 16초 동안 이동한 거리는 $121m$이다. 반면에 변위는 벡터양이다. 따라서 +방향과 -방향이 서로 반대임을 고려해야 한다. 삼각형 면적에 해당되는 거리는 +방향이고 사각형의 면적에 대응되는 거리는 -방향이다. 따라서 변위는 $+5m$이다. 평균속도는 벡터이고 변위에서 시간을 나누면 된다. 즉, $\bar{v} = \frac{\Delta r}{\Delta t} = 0.31m/s$이다.

+방향이다. 반면에 평균속력은 $\bar{v}=\dfrac{\Delta s}{\Delta t}=7.56m/s$이다.

문제 7 시간에 따른 가속도의 변화가 주어져 있다. 이 시간 동안 속도의 변화는 얼마인가?

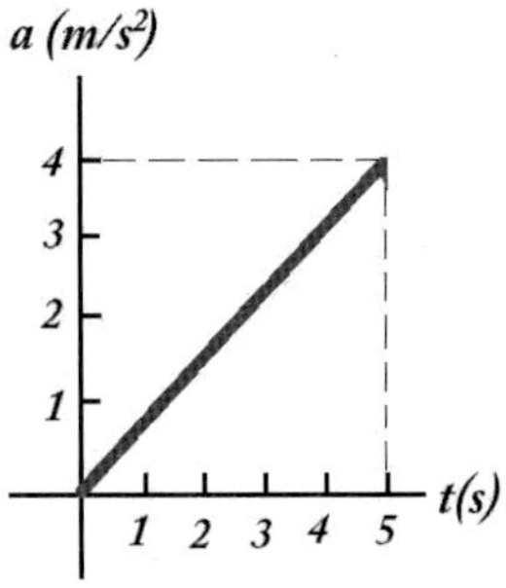

[답] $a=\dfrac{\Delta v}{\Delta t}$이므로 $\Delta v = a\Delta t$이다. 따라서 속도의 변화는 그림에서의 면적과 동일하다. 즉, $\Delta v = 10m/s$이다.

문제 8 어떤 입자의 궤적이 $x(t) = 3t^2 + 4t + 1$이다. $t = 0$에서 $t = 2$ 사이의 평균속도를 구하라.

[답] $x(0) = 1$, $x(2) = 21$이므로 $\Delta x = 20m$이다. 따라서 평균속도는 $\dfrac{\Delta x}{\Delta t}=10m/s$이다.

문제 9 어떤 입자의 시간에 따른 가속도 변화가 주어져 있다. 입자가 $t = 0$에서 $v = 0$, $x = 0$로 출발했다면 시간에 따른 속도의 변화를 구하라.

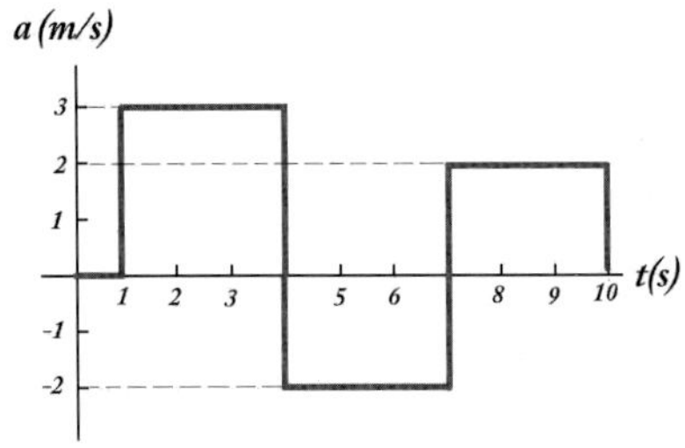

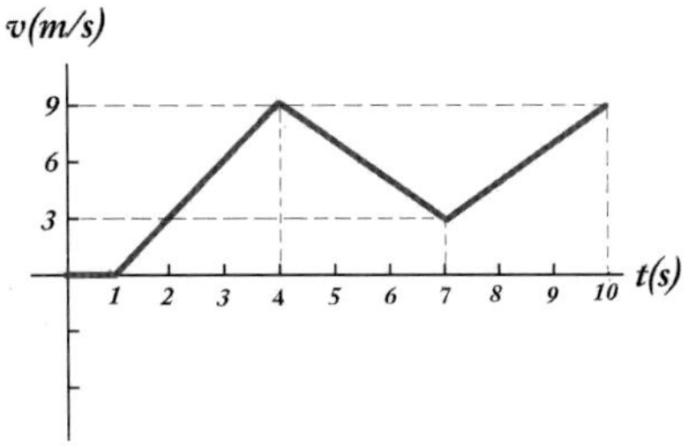

[답] 1초에서 4초 사이에는 일정가속도 운동이다. $\Delta v = a\Delta t$이므로 Δv는 면적과 동일하다. 즉, $\Delta v = 9m/s$이다. 이는 4초에서의 속도가 $9m/s$라는 것을 나타낸다. 4초에서 7초 사이에는 일정감속도 운동이다. $\Delta v = -6m/s$이다. 따라서 7초에서의 속도는 $3m/s$가 된다. 7초에서 10초 사이에는 일정가속도 운동이다. $\Delta v = 6m/s$이다. 따라서 10초에서의 속도는 $9m/s$이다. 속도의 시간에 따른 변화는 그림에 주어진 바와 같다.

문제 10 질량 $m = 3kg$의 물체에 그림과 같이 $F_1 = 10N$, $F_2 = 20N$, $F_3 = 25N$의 힘이 주어진다. 물체의 가속도를 구하라. 물체와 바닥 사이의 운동마찰계수는 0.4이다.

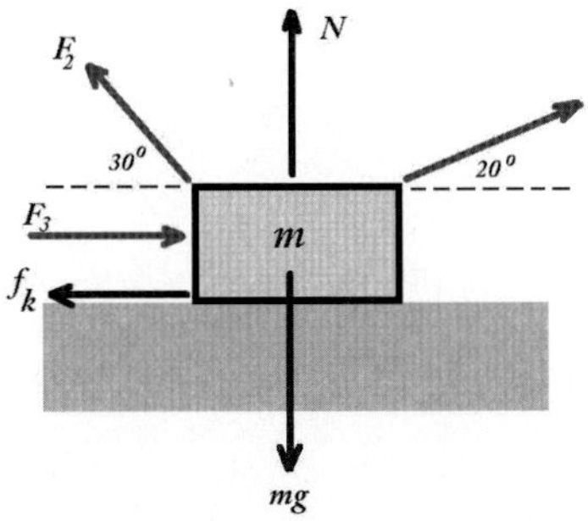

[답] Newton의 제2법칙은 $\sum_i \vec{F_i} = m\vec{a}$로 주어진다. 각 방향의 힘의 성분은

$$\sum F_{ix} = F_1 \cos 20^o - F_2 \cos 30^o + F_3 = 17.08\,N$$

$$\sum F_{iy} = F_1 \sin 20^o + F_2 \sin 30^o = 13.42\,N$$

와 같이 구해진다. 따라서 $N = \sum F_y = 13.42\,N$, $f_k = \mu_k N = 5.34N$이다. 그리고 x방향으로의 가속도는 $\sum F_{ix} - f_k = ma$에서 $a = 3.91\,m/s^2$이 구해진다.

문제 11 두 열차가 $3km$ 떨어져 있다. 열차 A는 $40m/s$의 일정한 속도로 달리고 있다. 반대편에서 정지하고 있던 열차 B가 $4m/s^2$의 일정한 가속도로 다가온다. 두 열차가 마주치는(스쳐 지나가는) 시간을 구하라.

[답] 열차 A가 $t=0$에서 원점에 있다고 하자. 열차 A의 위치를 x_1, 열차 B의 위치를 x_2라고 하면 $x_1 = x_2$일 때 두 열차가 만난다. 두 열차의 위치는

$$x_1 = v_{01}\,t$$
$$x_2 = x_{02} - v_{02}\,t - \frac{1}{2}\,a_{02}\,t^2$$

로 표현된다. x_2의 경우 $x_{02} = 3{,}000\,m$에서부터 줄어들므로 나머지 항들에 -값이 붙었다. $v_{01} = 40m/s$, $v_{02} = 0$, $a_{02} = 4m/s^2$이므로 $t = 30\,s$가 구해진다. 즉, 30초 후에 두 열차는 스쳐 지나간다.

문제 12 어떤 경주용 자동차가 직선도로에서 일정한 가속도로 가속하여 5초 후에 시속 $100km/h$에 도달하고자 한다. 가속도를 구하라.

[답] $v(t) = v_o + at$에서 $a = \frac{v(5) - v_o}{t}$에서 $a = 5.56\,m/s^2$을 구할 수 있다. 여기서 $v_o = 0$와 $v(5) = 27.78m/s$를 이용하였다.

문제 13 비행기가 $2km$의 활주로를 일정한 가속도로 달려 이륙에 필요한 속도 $300km/h$에 도달해

야 한다. 이를 위한 최소의 가속도를 구하라.

[답] $v^2 - v_o^2 = 2a\Delta s$에서 $a = 1.74m/s^2$을 구할 수 있다. 여기서 $v_o = 0$, $v = 83.33m/s$를 이용하였다.

문제 14 비행기가 응급상황에서 동체착륙을 시도하였다. 동체가 땅에 닿았을 때 비행기의 속도는 $300km/h$였다. 이 비행기는 활주로를 $2km$ 이동한 후 멈추었다. 일정감속운동이라고 가정할 때 가속도를 구하라. 비행기 전체의 질량은 $10,000kg$이라고 한다. 그리고 감속은 마찰력에 의해서만 생겼다고 가정할 경우, 비행기 동체와 활주로 사이의 마찰계수를 구하라.

[답] $v^2 - v_o^2 = 2a\Delta s$에서 $v = 0$, $v_o = 83.33m/s$, $\Delta s = 2,000m$이므로 $a = -1.74m/s^2$이다. 마찰계수는 $\mu_k mg = ma$에서 $\mu_k = 0.18$이 구해진다.

문제 15 배를 타고 폭이 $4km$인 강의 바로 반대편에 20분 안에 도착하고자 한다. 강물의 속도는 $5m/s$이다. 배의 속도와 방향을 구하라.

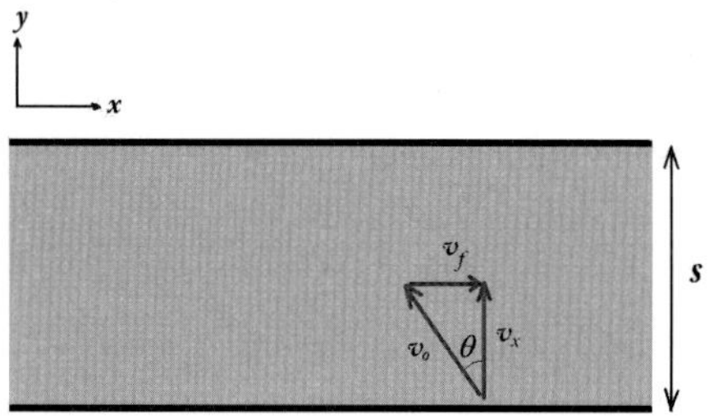

[답] v_o의 y성분은 $s = v_{oy}t$에서 $v_{oy} = 3.33m/s$로 구해진다. 따라서 배의 속도의 크기는 $v_o = \sqrt{v_{ox}^2 + v_{oy}^2} = 6m/s$이다. 여기서 속도의 x성분은 물의 속도이므로 $v_{ox} = v_f = 5m/s$를 사용하였다. 배의 방향은 $\theta = \tan^{-1}\frac{v_f}{v_{oy}} = 56^o$이다.

문제 16 $2kg$의 물체가 $\vec{v}(t=0) = 2\hat{i}$로 움직이는 것이 관찰되었다. 여기서 속도의 단위는 m/s이다. 3초 후에 관찰해 보니 속도가 $\vec{v}(t=3) = 8\hat{i} + 9\hat{j}$로 변해 있었다. 이 물체에 일정한 힘이 주어졌다고 할 때 이 힘을 구하라.

[답] $\vec{a} = \frac{\Delta\vec{v}}{\Delta t} = 2\hat{i} + 3\hat{j}$이다. 단위는 m/s^2이다. 따라서 힘은 $\vec{F} = m\vec{a} = 4\hat{i} + 6\hat{j}$이다. 단위는 N이다. 힘의 크기는 $|\vec{F}| = \sqrt{F_x^2 + F_y^2} = 7.2N$이고 힘의 방향은 $\theta = \tan^{-1}\frac{F_y}{F_x} = 56^o$이다.

문제 17 지구상에서 무게가 $686N$인 사람이 달에 갔을 때 무게는 얼마가 될까? 달의 중력가속도는 $1.6m/s^2$이다.

[답] 우선 질량을 구하자. $m = \frac{W}{g} = 70kg$이다. 따라서 달에서의 무게는 $W' = mg' = 112N$이다.

문제 18 그림과 같이 4개의 힘이 물체에 작용하고 있다. F_3와 수평과의 각도는 30^o이다. 물체의 가속도를 구하라.

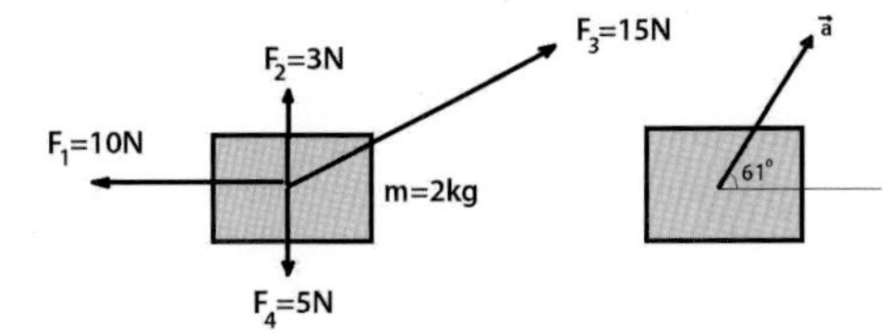

[답] 물체에 작용하는 힘은 $\vec{F} = (F_3 \cos\theta - F_1)\hat{i} + (F_3 \sin\theta + F_2 - F_4)\hat{j} = 3\hat{i} + 5.5\hat{j}$이다. 따라서 가속도는 $\vec{a} = \frac{\vec{F}}{m} = 1.5\hat{i} + 2.75\hat{j}$로 계산된다. 가속도의 크기는 $|\vec{a}| = 3.13\,m/s^2$이고 가속도의 방향은 $\theta = 61^o$이다.

문제 19 $10kg$의 물체가 경사각 30^o인 경사면에 놓여 있다. 그림과 같이 지면에 평행한 방향으로 힘 F를 주어 물체가 미끄러져 내려오지 않게 할 경우, 힘 F의 크기는 얼마인가?

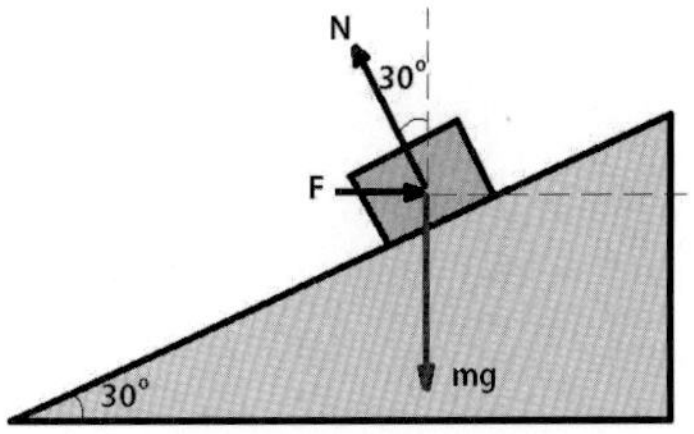

[답] $N\cos 30^o = mg$, $N\sin 30^o = F$이므로 $N = 113.2\,N$, $F = 56.6\,N$이다.

문제 20 도르래(pulley)는 힘의 방향을 바꿀 때 사용한다. 도르래의 질량과 줄의 질량을 무시하고 마찰도 무시한다. 그림과 같은 도르래를 이용할 때 최대로 끌어 올릴 수 있는 물체의 무게를 구하라.

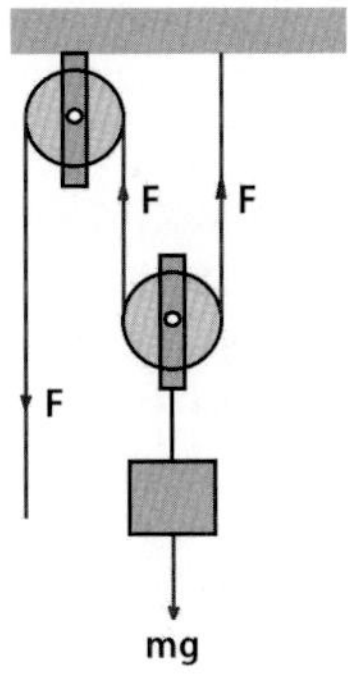

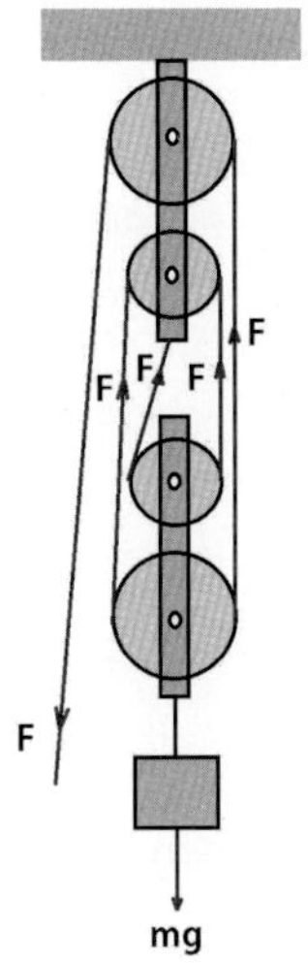

[답] 도르래의 질량과 마찰을 무시할 경우 줄에 가해진 힘(장력)은 모든 줄에 동일하게 전달된다. 따라서 왼쪽 그림의 경우(2개의 도르래 사용) $mg = 2F$이다. 즉, F의 힘으로 무게가 $2F(=mg)$인 물체를 들어 올릴 수 있다. 줄을 s만큼 당겼을 때 물체가 이동하는 거리는 $\frac{s}{2}$이다. 따라서 이 동안 사람이 하는 일은 $W = Fs$이고 물체가 받는 일은 $W = (2F)\left(\frac{s}{2}\right) = Fs$가 된다. 오른쪽 그림과 같이 4개의 도르래를 사용하는 경우 $mg = 4F$이다. 따라서 F의 힘으로 무게가 $4F(=mg)$인 물체를 들어 올릴 수 있다. 줄을 s만큼 당겼을 때 물체가 이동하는 거리는 $\frac{s}{4}$이다. 따라서 이 동안 사람이 하는 일은 $W = Fs$이고 물체가 받는 일은 $W = (4F)\left(\frac{s}{4}\right) = Fs$가 된다.

문제 21 그림과 같이 질량 m_1, m_2가 두 개의 도르래에 연결되어 있다. 물체들이 가속되는 방향은 그림에서와 같다. 가속도와 장력을 구하라. 도르래의 질량과 줄의 질량을 무시하고 마찰도 무시한다.

[답] 각 물체의 운동방정식은

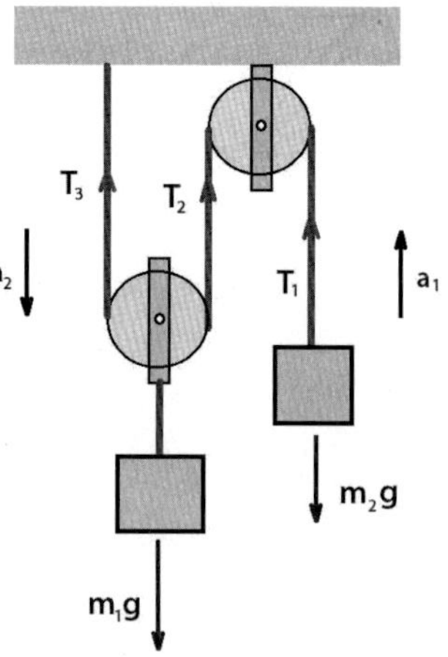

$$m_1 g - T_2 - T_3 = m_1 a_1$$

$$T_1 - m_2 g = m_2 a_2$$

로 주어진다. 도르래와 줄의 질량을 무시할 수 있으므로 $T_1 = T_2 = T_3 \equiv T$이다. 그리고 m_2가 길이 s만큼 이동하는 동안 m_1은 $\frac{s}{2}$만큼 이동한다. 따라서 $s = \frac{1}{2}a_2 t^2$, $\frac{s}{2} = \frac{1}{2}a_1 t^2$이므로 $a_2 = 2a_1$이다. 이에 따라 위 식은

$$m_1 g - 2T = m_1 a_1$$

$$T - m_2 g = 2m_2 a_1$$

와 같이 표현된다. 위 식을 풀면 $a_1 = \frac{m_1 - 2m_2}{m_1 + 4m_2} g$, $T = \frac{3m_1 m_2}{m_1 + 4m_2} g$을 얻을 수 있다. 그리고 $a_2 = 2a_1$이다.

문제 22 그림에서와 같이 한 아이가 도르래의 한쪽 줄에 연결된 의자에 앉아서 도르래의 다른 쪽 줄을 잡아당긴다. 그 줄에는 줄의 장력을 측정하는 스프링 저울이 연결되어 있다. 도르래와 줄의 질량은 무시한다. 의자의 질량 $M = 20kg$, 아이의 질량 $m = 30kg$이다. 그리고 스프링 저울에 관찰된 줄의 장력 $T = 300N$이었다. 아이의 가속도를 구하라.

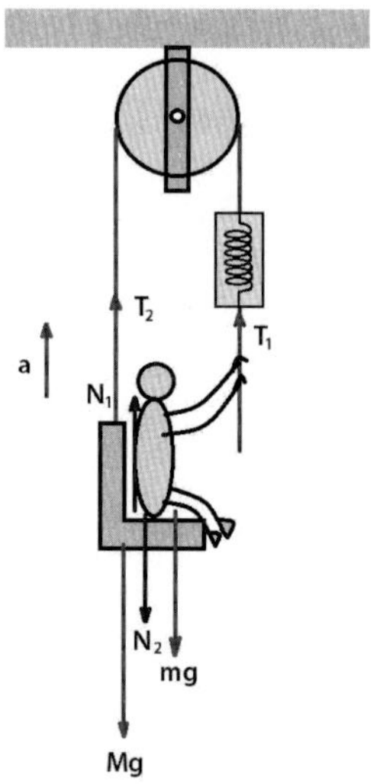

[답] 각 물체에 작용하는 힘은 그림에서와 같다. 여기서 N_1은 의자가 아이에 작용하는 수직력이고 N_2는 아이가 의자에 작용하는 수직력이다. 아이와 의자에 대한 운동방정식은

$$T_1 + N_1 - mg = ma$$

$$T_2 - N_2 - Mg = Ma$$

이다. 도르래와 줄의 질량이 무시되므로 $T_1 = T_2 \equiv T$이다. 그리고 Newton의 제3법칙에 의해 $N_1 = N_2$이다. 따라서 위 식은

$$T + N - mg = ma$$

$$T - N - Mg = Ma$$

로 바뀐다. 위 식을 풀면 $a = \frac{2T}{m+M} - g = 2.2 m/s^2$을 얻는다.

문제 23 그림과 같이 두 도르래에 의해 질량 m_1과 m_2가 연결되어 있다. 가속도를 구하라. 도르래와 줄의 질량은 무시한다.

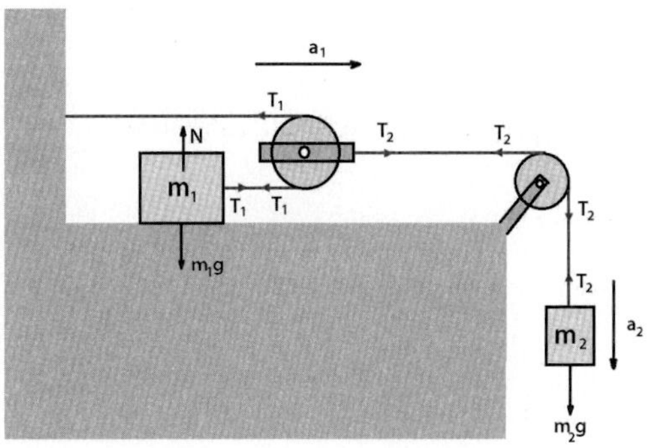

[답] 작용하는 힘들은 그림에서와 같다. m_2가 거리 s만큼 이동하는 동안 m_1은 $\frac{s}{2}$만큼 이동한다. 따라서 $s = \frac{1}{2}a_2 t^2$, $\frac{s}{2} = \frac{1}{2}a_1 t^2$이므로 $a_2 = 2a_1$이다. 운동방정식은

$$T_1 = m_1 a_1$$

$$T_2 = 2T_1$$

$$m_2 g - T_2 = m_2 a_2$$

이다. 위 식에서 $a_2 = 2a_1$을 이용하면 $a_2 = \frac{m_2 g}{4m_1 + m_2}$, $T_1 = \frac{2m_1 m_2 g}{4m_1 + m_2}$, $T_2 = \frac{4m_1 m_2 g}{4m_1 + m_2}$이 구해진다.

문제 24 $5kg$인 페인트 통이 줄에 매달려 지붕으로 올라가고 있다. 페인트 통이 $0.5 m/s^2$으로 가속될 때 줄의 장력은 얼마인가? 그리고 페인트 통이 $1 m/s$의 일정한 속도로 올라갈 때의 장력은 얼마인가?

[답] 가속될 경우 $T - mg = ma$가 된다. 따라서 $T = m(g+a) = 51.5N$이다. 일정한 속도로 올라갈 때는 가속도가 0이다. 따라서 $T = mg = 49N$이다.

문제 25 정지하고 있는 질량 $10kg$인 물체를 일정한 힘 $F=50N$ (그림과 같이 수평면에서 30° 각도로 주어짐)으로 5초 동안 가속시킨 후 힘을 제거하였다. 물체와 바닥 사이의 운동마찰계수는 0.5이다. 다음 물음에 답하라. (a) 힘을 제거한 직후의 속력을 구하라. (b) 힘을 제거한 후 정지할 때까지 물체가 이동한 거리를 구하라.

[답] (a) 마찰력을 구하려면 우선 수직력을 구해야 된다. y방향으로 물체는 움직이지 않으므로 이 방향의 알짜 힘은 0이다. 즉,

$$N+F\sin 30^o - mg = 0$$

$$\rightarrow \therefore N = mg - F\sin 30^o = 73N$$

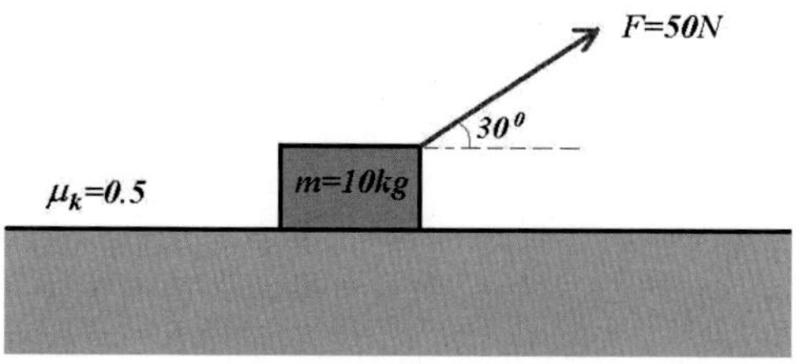

이다. x방향으로의 운동은 Newton의 제2법칙을 사용하면 $F\cos 30^o - f = ma$에서

$$a = \frac{F\cos 30^o - \mu_k N}{m} = 0.68\,m/s^2$$

을 얻는다. 따라서 속도는 $v = v_0 + at = 3.4\,m/s$이다.

(b) 힘을 제거하면 마찰력만 운동의 반대방향으로 작용하므로 Newton의 제2법칙에서

$$F = -\mu_k N = -\mu_k mg = ma$$

이므로 $a = -\mu_k g = -4.9\,m/s^2$ 이다. 운동의 반대방향으로 가속이 되므로 속도가 0이 되는 시간은

$$v = v_0 - at = 0 \rightarrow \therefore t = \frac{v_0}{a} = 0.69\,s$$

이고, 이 사이에 이동한 거리는 $s = s_0 + v_0 t + \frac{1}{2}at^2 = 1.18m$이다.

문제 26 아래 그림과 같이 질량을 무시할 수 있는 줄에 질량이 m_1과 m_2인 두 개의 상자가 연결되어 있다. 바닥은 매끄럽고 마찰이 없다고 한다. 그림에서 보는 바와 같이 힘 F가 상자 m_2에 주어져 있다. (a) 상자 m_1의 가속도를 구하라. (b) 두 상자를 연결하는 줄의 장력을 구하라.

(c) 두 상자를 연결하는 줄이 질량 m_3를 가진다고 할 때 상자 m_1의 가속도는 얼마인가? 상자 m_1에 미치는 줄의 장력과 상자 m_2에 미치는 줄의 장력의 차이를 구하라.

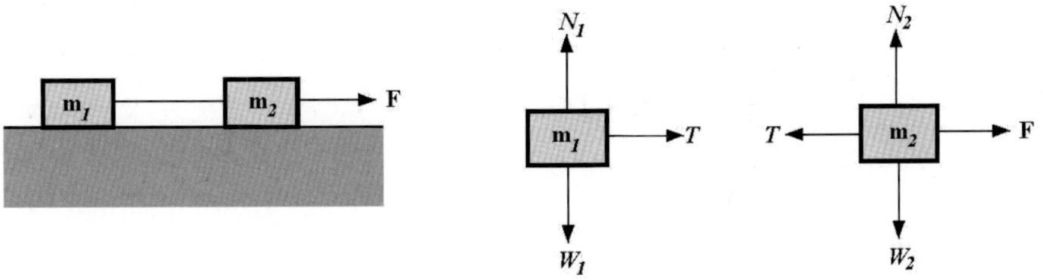

[답] (a) 상자 m_2에 Newton의 제2법칙을 적용하면 $F-T=m_2a$이다. 그리고 상자 m_1에서의 운동방정식은 $T=m_1a$이다. 위 두 식을 합하여 가속도 a에 대해서 풀면 $a=\dfrac{F}{m_1+m_2}$를 얻는다.
(b) 위 (a)의 결과를 $T=m_1a$에 대입하면 장력은 $T=\dfrac{m_1F}{m_1+m_2}$를 얻는다.
(c) 힘 F는 세 가지 질량 m_1, m_2, m_3를 가속시킨다. 따라서 이 세 질량의 가속도는 $a=\dfrac{F}{m_1+m_2+m_3}$이다. T_1을 m_1에 연결된 줄의 장력이라 하고 T_2를 m_2에 연결된 줄의 장력이라고 하자. 그러면 상자 m_1과 m_2에 관련된 Newton의 법칙에서 각각 $T_1=m_1a$, $F-T_2=m_2a$를 얻는다. 두 식에 위 가속도를 적용하면 $T_1-T_2=\dfrac{m}{m_1+m_2+m_3}F$를 얻는다.

문제 27 그림과 같이 2개의 상자 $m_1=1kg, m_2=2kg$가 접촉하고 있다. 상자 m_1에 $10N$의 힘이 수평으로 주어졌을 때 m_2가 m_1에 작용하는 힘을 구하라. 마찰은 없다고 가정한다.

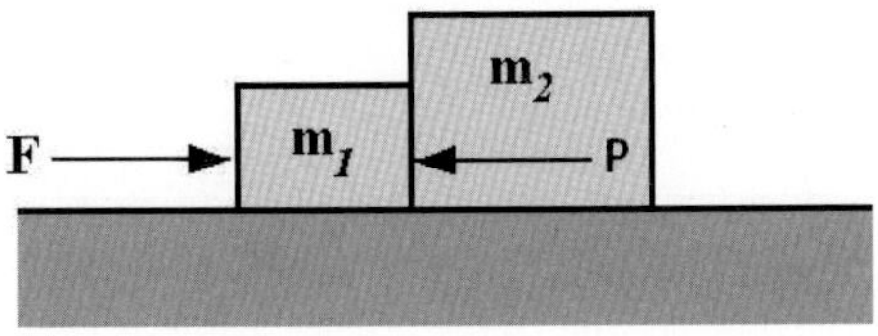

[답] 힘 $10N$에 의해 두 상자는 가속도 $a=\dfrac{F}{m_1+m_2}=3.33m/s^2$을 가진다. m_2가 m_1에 작용하는 힘을 P라고 두고, 상자 m_1에 Newton의 제2법칙을 적용하면 $F-P=m_1a$에서 $P=F-m_1a=6.67N$이다.

문제 28 그림과 같이 2개의 상자 $m_1=1kg, m_2=2kg$가 접촉하고 있다. 상자 m_1에 $10N$의 힘이 수평으로 주어졌을 때 m_2가 m_1에 작용하는 힘을 구하라. 운동마찰계수는 0.2라고 한다.
[답] 두 물체의 전체적인 가속도는 $F-\mu_k(m_1+m_2)g=(m_1+m_2)a$에서 $a=1.37m/s^2$으로 구해진다. 각 물체에 만족하는 운동방정식은

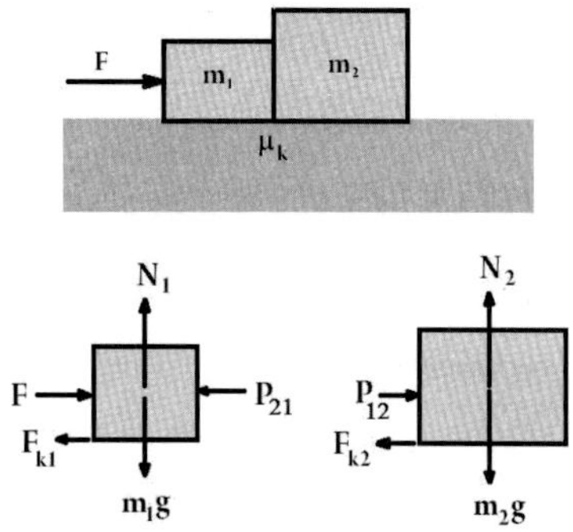

$$F - P_{21} - F_{k1} = m_1 a$$

$$P_{12} - F_{k2} = m_2 a$$

이다. 위 식에서 $F_{k1} = \mu_k m_1 g$, $F_{k2} = \mu_k m_2 g$이다. 값을 대입하여 $-P_{12} = P_{21} = 6.67N$을 구할 수 있다. Newton의 제3법칙에 의해 $-P_{12} = P_{21}$임을 볼 수 있다.

문제 29 그림과 같이 상자에 힘 $F = 300N$이 주어질 경우 상자의 가속도를 구하라. 상자의 질량은 $50kg$이다. 그리고 상자와 면 사이의 운동마찰계수는 0.3이다.

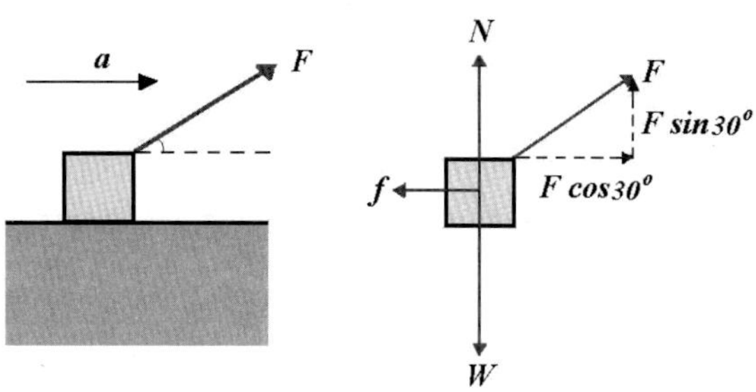

[답] 운동방정식은

$$\sum_i F_{ix} = ma:\ F\cos 30^o - \mu_k N = ma$$

$$\sum_i F_{iy} = 0:\ N + F\sin 30^o = mg$$

와 같이 주어진다. 따라서 $N = 340N$, $a = 3.16\,m/s^2$과 같이 구해진다.

문제 30 두 질량이 마찰이 없는 도르래에 연결되어 있다. 각각의 질량은 $m_1 = 5kg$과 $m_2 = 3kg$이다. 질량 m_1과 바닥면 사이의 운동마찰계수는 0.2이다.

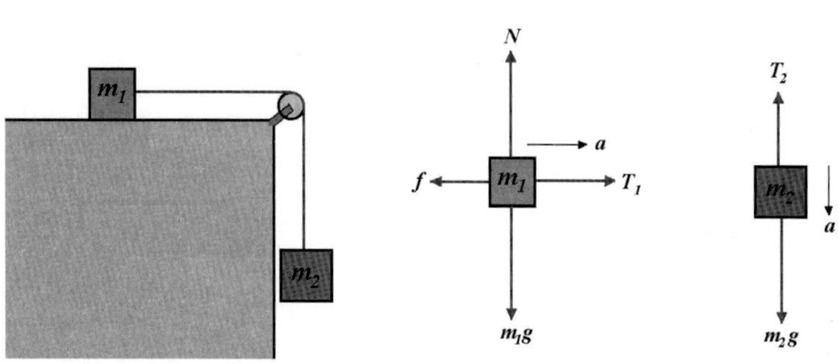

[답] 첫째 1차원으로 생각하여 해를 구하는 방법을 사용하고, 둘째 각 질량에 대한 운동방정식을

만들어 문제를 해결하는 방법을 사용해 보기로 한다. 두 방법에 의해 구한 답이 같은지 확인해 보도록 한다. 첫째, 1차원으로 생각하는 경우 운동방정식은 $m_2 g - f = (m_1 + m_2)a$와 같이 주어진다. 여기서 $f = \mu_k N = \mu_k m_1 g$이다. 따라서 가속도는 $a = \frac{m_2 g - \mu_k m_1 g}{m_1 + m_2} = 2.45\, m/s^2$과 같이 구해진다. 둘째, 위의 그림에서 주어진 힘들을 사용하여 각 질량에 관련된 운동방정식을 만들어 보면

$$T - \mu_k m_1 g = m_1 a$$

$$m_2 g - T = m_2 a$$

이 된다. 두 식을 정리하여 풀면 $a = 2.45\, m/s^2$과 $T = 23.1\, N$과 같이 구할 수 있다. 따라서 앞에서 구한 가속도의 답이 일치함을 볼 수 있다.

문제 31 두 물체가 질량을 무시할 수 있는 늘어나지 않는 줄에 의해 연결되어 경사면에 놓여 있다. 가속도와 줄의 장력을 구하라. 경사면과 질량 m_1과의 마찰계수는 μ_{k1}, m_2와의 마찰계수는 μ_{k2}이다.

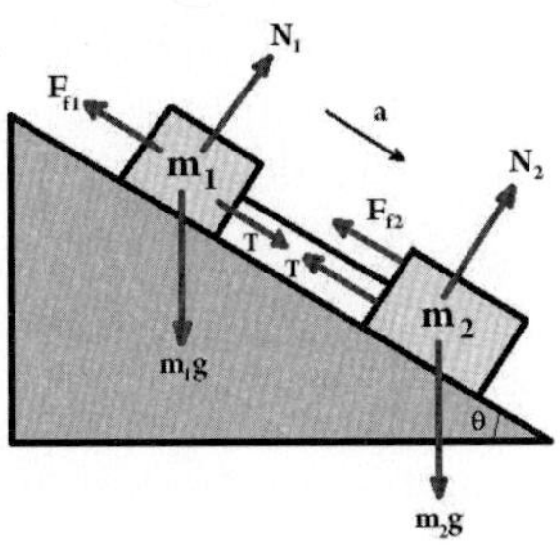

[답] m_1에 대한 경사면으로의 운동은 $T - \mu_{k1} m_1 g \cos\theta + m_1 g \sin\theta = m_1 a$이고 m_2에 대한 운동은 $m_2 g \sin\theta - T - \mu_{k2} m_2 g \cos\theta = m_2 a$이다. 두 물체의 가속도는 동일하다. 위 두 식에서 더하고 빼으로써 가속도와 장력을 구할 수 있다. 즉,

$$a = \frac{(m_1 + m_2) g \sin\theta - (\mu_{k1} m_1 + \mu_{k2} m_2) g \cos\theta}{m_1 + m_2}$$

$$T = \frac{m_1 m_2}{m_1 + m_2} (\mu_{k1} - \mu_{k2}) g \cos\theta$$

이다. 만약 $\mu_{k1} = \mu_{k2}$이면 $T = 0$이 됨을 볼 수 있다.

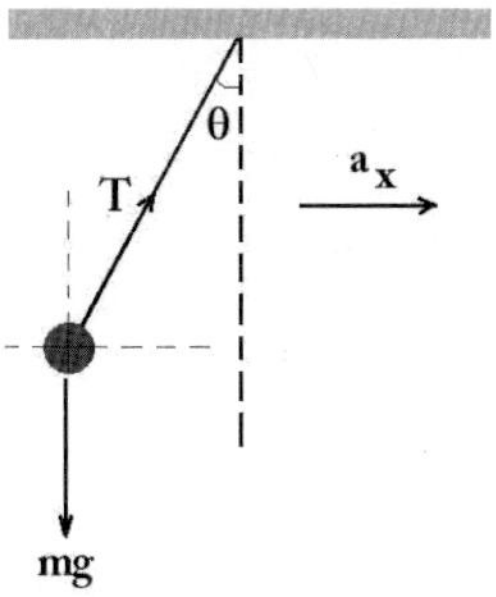

문제 32 기차의 천장에 고정된, 질량을 무시할 수 있는 줄에 질량 m이 매달려 있다. 기차가 움직임에 따라 질량 m은 연직선과 각 θ를 이룬다. 기차의 가속도는 얼마인가?

[답] $T\cos\theta = mg$이고 $T\sin\theta = ma_x$이다. 따라서 $a_x = g\tan\theta$

를 얻는다. 따라서 각 θ를 측정함으로써 기차의 가속도를 구할 수 있다.

문제 33 질량 $60kg$인 사람이 엘리베이터 안에 있다. 엘리베이터가 위로 $2m/s^2$으로 가속될 때 엘리베이터 바닥이 사람에게 작용하는 힘을 구하라. 엘리베이터가 아래로 $2m/s^2$으로 가속될 때와 일정한 속도로 올라갈 때 엘리베이터가 사람에게 작용하는 힘을 구하라.

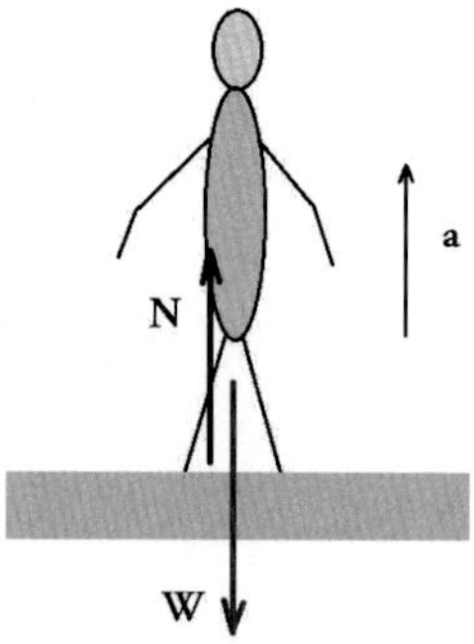

[답] $a > 0$일 때 $N - mg = ma$에서 $N = m(g+a) = 708N$이다. $a < 0$일 때 $mg - N = ma$에서 $N = m(g-a) = 528N$이다. 그리고 $a = 0$(일정 속도)인 경우 $N - mg = 0$에서 $N = mg = 588N$이다.

문제 34 물체 A와 B가 접촉하고 있다. 바닥과 두 물체 사이에 작용하는 마찰력은 무시한다. A에 힘 F가 주어질 때 가속도와 두 물체 사이에 작용하는 힘을 구하라.

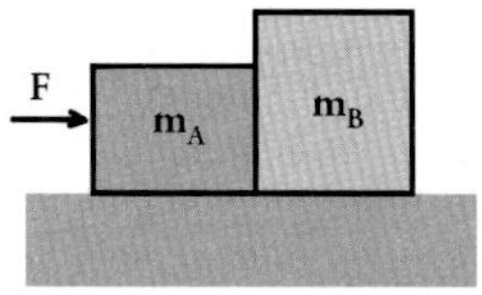

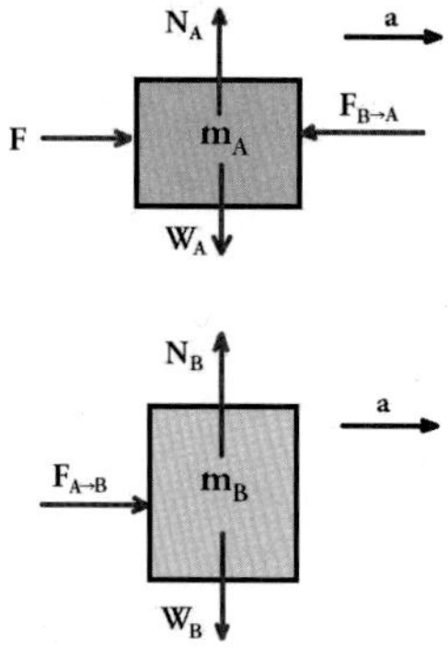

[답] 수평방향으로의 운동은 A의 경우 $F - F_{B\to A} = m_A a$이고 B의 경우 $F_{A\to B} = m_B a$이다. 여기서 $F_{A\to B} = F_{B\to A}$이므로 위 두 식에서 $a = \dfrac{F}{m_A + m_B}$, $T = \dfrac{m_B F}{m_A + m_B}$를 구할 수 있다.

문제 35 늘어나지 않는, 질량을 무시할 수 있는 줄에 3개의 물체가 연결되어 가속도 $2m/s^2$으로 위로 올라가고 있다. 줄의 장력을 구하라. 세 물체의 질량은 각각 $m_A = 6kg$, $m_B = 3kg$, $m_C = 2kg$이다.

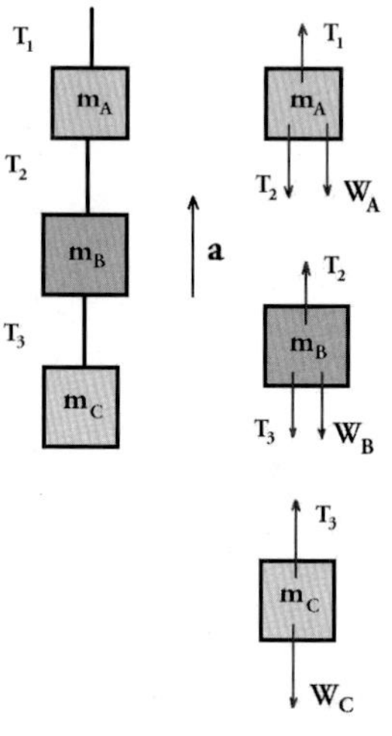

[답] A에 대해서는 $T_1 - T_2 - m_A g = m_A a$, B에 대해서는 $T_2 - T_3 - m_B g = m_B a$, C에 대해서는 $T_3 - m_C g = m_C a$이다. 값을 대입하면 $T_1 = 129.8N$, $T_2 = 59N$, $T_3 = 23.6N$을 구할 수 있다. T_1은 외부에서 주어지는 힘이다. 이는 A, B, C를 하나의 질량으로 보면 $T_1 - (m_A + m_B + m_C)g = 0$에서 $T_1 = 129.8N$을 얻을 수 있다.

문제 36 질량을 무시할 수 있는 도르래에 의해 3개의 물체가 연결되어 있다. 물체 A의 무게에 의해 물체 B는 경사각 30^o인 경사면을 올라가고 물체 C는 왼쪽으로 이동한다. 이 계의 가속도와 줄의 장력을 구하라. 물체와 바닥 사이의 마찰계수는 0.2이다.

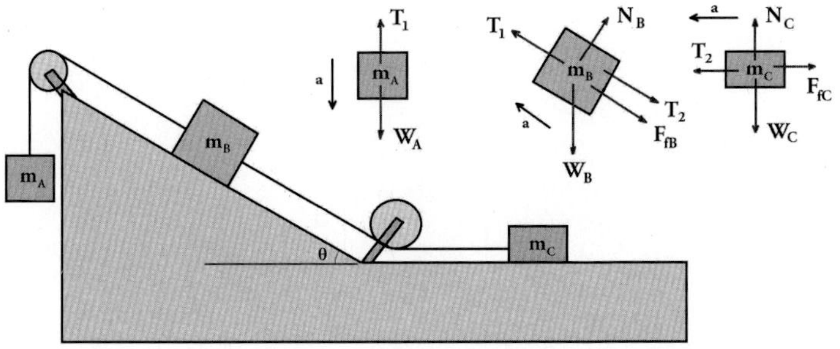

[답] 물체 A에 대한 운동은 $m_A g - T_1 = m_A a$이고 경사면을 따라 움직이는 물체 B에 대한 운동은 $T_1 - T_2 - m_B g \sin\theta - \mu_k m_B g \cos\theta = m_B a$로 표현된다. 물체 C에 대한 운동은 $T_2 - \mu_k m_C g = m_C a$이다. 주어진 값들을 위 식들에 대입하면 $a = 2.34 m/s^2$, $T_1 = 22.28N$, $T_2 = 4.3N$을 얻는다.

문제 37 3개의 물체가 늘어나지 않는 줄에 연결되어 있다. 힘 F에 의해 오른쪽으로 가속도 $2m/s^2$으로 움직인다. 물체의 질량은 모두 $1kg$이다. 물체와 바닥 사이의 마찰계수는 0.2이다. 각 줄의 장력과 힘 F를 구하라.

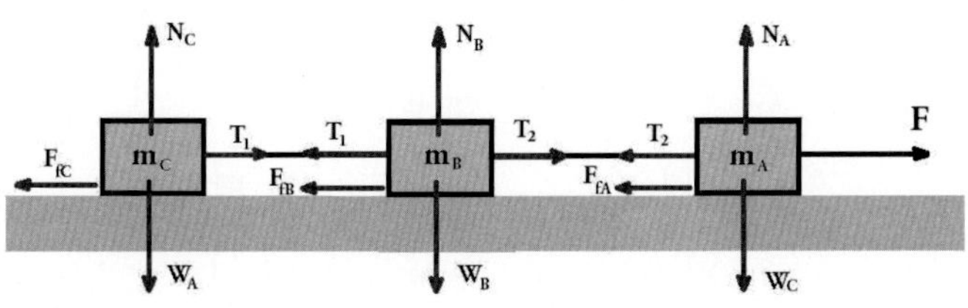

[답] 물체 A에 대해서는 $F - T_2 - \mu_k m_A g = m_A a$, 물체 B에 대해서는 $T_2 - T_1 - \mu_k m_B g = m_B a$, 물체 C에 대해서는 $T_1 - \mu_k m_C g = m_C a$의 운동방정식이 주어진다. 주어진 값들을 위 식들에 대입하면 $T_1 = 3.96N$, $T_2 = 7.92N$, $F = 11.88N$을 구할 수 있다.

문제 38 3개의 질량이 늘어나지 않는 줄에 연결되어 경사각 30^o인 경사면에 놓여 있다. 그리고 질량을 무시할 수 있는 도르래에 의해 질량 $m_4 = 5kg$과 연결되어 있다. 이 계의 가속도와 각 줄의 장력을 구하라. m_1, m_2, m_3의 질량은 모두 $1kg$이다.

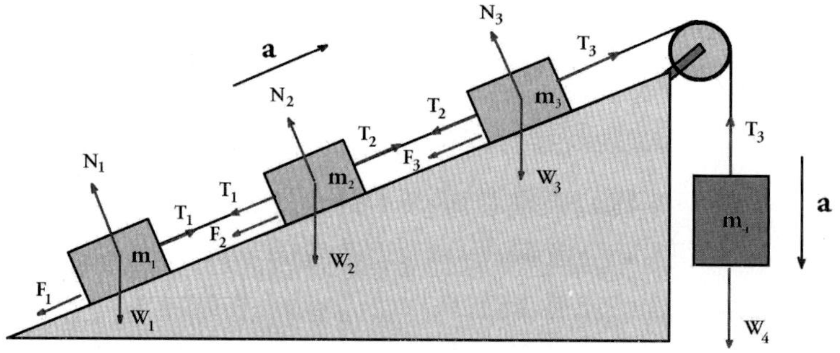

[답] 물체의 질량들이 같으므로 $m_1 = m_2 = m_3 = m$으로 둔다. 그리고 마찰력도 모두 동일하다. 즉, $F = F_1 = F_2 = F_3 = \mu_k mg\cos\theta$이다. 물체 m_1에 대해서는 $T_1 - F - mg\sin\theta = ma$의 식을 얻는다. 물체 m_2에 대해서는 $T_2 - T_1 - F - mg\sin\theta = ma$, 물체 m_3에 대해서는 $T_3 - T_2 - F - mg\sin\theta = ma$을 얻는다. 그리고 물체 m_4에 대해서는 $m_4 g - T_3 = m_4 a$를 얻는다. 구하려는 값들은 T_1, T_2, T_3, a이다. 미지수가 4개인데 방정식이 4개이므로 이 값들을 구할 수 있다. 주어진 값들을 대입하면 $T_1 = 11.9\,N$, $T_2 = 23.8\,N$, $T_3 = 35.8\,N$, $a = 2.65\,m/s^2$을 구할 수 있다.

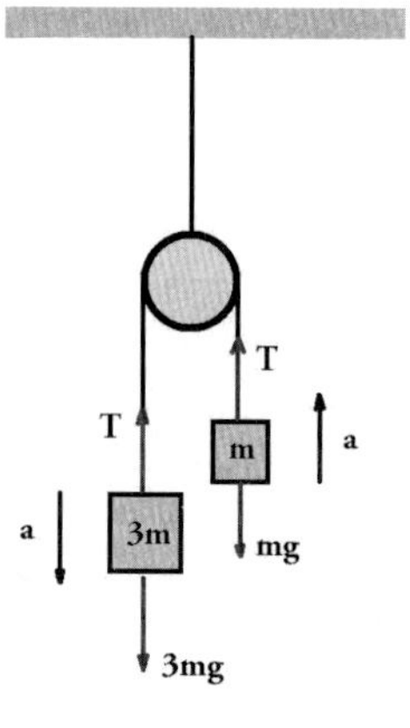

문제 39 질량을 무시할 수 있는 도르래에 의해 두 질량이 연결되어 있다. 가속도를 구하라.

[답] 물체 $3m$에 대한 운동은 $3mg - T = 3ma$로 표현되고, 물체 m의 운동은 $T - mg = ma$로 표현된다. 위 두 식에서 $a = \frac{g}{2}$, $T = \frac{3}{2}g$를 구할 수 있다.

문제 40 그림과 같이 질량을 무시할 수 있는 도르래에 물체가 연결되어 있다. 왼쪽 그림에서 질량 m의 가속도가 $2m/s^2$이 되기 위한 힘 F를 구하라. 오른쪽 그림에서 질량 m_1의 가속도가 $2m/s^2$이 되기 위한 힘 F를 구하라.

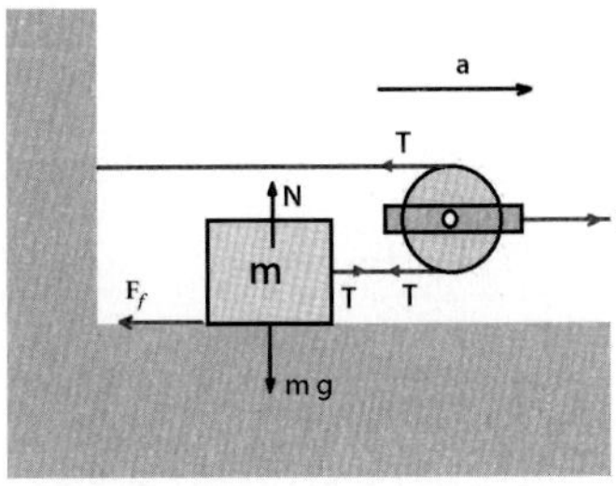

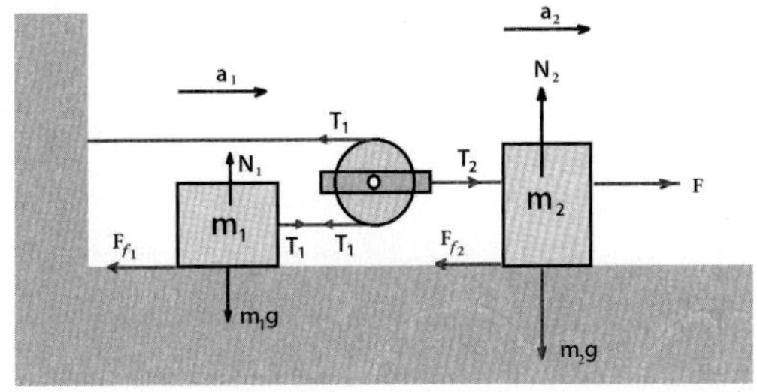

[답] 왼쪽 그림의 경우를 먼저 보도록 하자. 질량 m에 대한 운동은 $T-\mu_k mg = ma$이다. 그리고 도르래에서 $F=2T$임을 볼 수 있다. 따라서 $F=2m(a+\mu_k g)=7.92\,N$을 얻는다. 다음에는 오른쪽 그림을 보도록 하자. m_1에 대한 운동은 $T_1-\mu_k m_1 g = m_1 a_1$로 표현되고 m_2의 운동은 $F-T_2-\mu_k m_2 g = m_2 a_2$로 표현된다. 그리고 도르래에서는 $T_2 = 2T_1$이다. m_1이 m_2에 비해 이동거리가 2배나 되므로 $a_1 = 2a_2$임을 볼 수 있다. 주어진 값들을 대입하면 $T_1 = 3.96N$, $T_2 = 7.92\,N$, $F=13.8N$을 구할 수 있다. 그리고 $a_2 = 1m/s^2$이다.

문제 41 두 질량이 그림과 같이 놓여 있다. 물체 m_2와 바닥 사이의 마찰계수는 0.3이다. 이 계의 가속도를 $a=3m/s^2$으로 만들기 위한 힘 F를 구하라. 물체 m_2가 물체 m_1과 붙어서 움직이기 위한 m_1과 m_2 사이의 정지마찰계수를 구하라. 여기서 $m_1 = 3kg$, $m_2 = 1kg$이다.

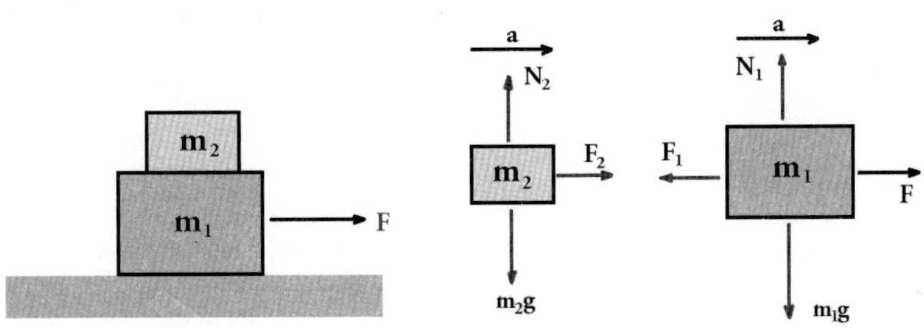

[답] 물체 m_1에 대한 운동은 $F-\mu_k(m_1+m_2)g = m_1 a$로 표현된다. 주어진 값들을 대입하면 F=10.2N이 얻어진다. 물체 m_2가 m_1에 붙어서 움직일 경우 $\mu_s m_2 g = m_2 a$의 조건을 만족해야 하므로 $\mu_s = \frac{a}{g} = 0.31$을 얻을 수 있다.

문제 42 원점에 질량 m인 물체가 놓여 있다. 이 물체에서 a만큼 떨어진 위치에 길이가 L이고 질량이 M인 균일한 막대가 있다. 이 막대에 의해 질량 m에 작용하는 중력을 구하라.

[답] 거리 x에 있는 dx 위치의 질량이 질량 m에 미치는 중력을 a에서 $a+L$까지 적분하면 된다. 중력은

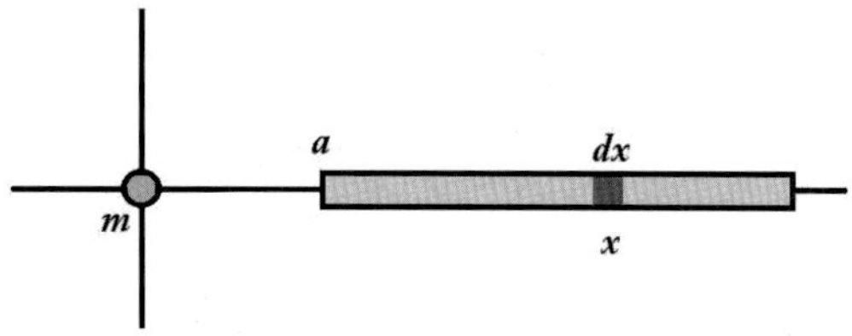

$$F = \int_a^{a+L} \frac{G\rho m\,dx}{x^2} = \frac{GmM}{L}\left[-\frac{1}{x}\right]_a^{a+L} = \frac{GmM}{a(a+L)}$$

로 구해진다.

2-2. 일정가속도 운동(포사체 운동)

문제 43 돌이 $100m$ 높이의 절벽 아래로 자유낙하를 한다. 지표까지 닿는 데 걸리는 시간을 구하라. 그리고 돌을 시속 $60\,km/h$로 절벽 아래로 던지는 경우 지표에 닿는 데 걸리는 시간은 얼마인가?

[답] $h=\frac{1}{2}gt^2$에서 떨어지는 데 걸리는 시간은 $t=\sqrt{\frac{2h}{g}}=4.5s$와 같이 구해진다. 돌을 절벽 아래로 던지는 경우 초속이 있으므로 식 $h=v_0t+\frac{1}{2}gt^2$에 값을 대입하여 시간 t를 구하면 $3.2\,s$를 얻을 수 있다.

문제 44 수평면과 $30^o, 45^o, 60^o$ 각도로 발사된 포사체가 $300m$까지 날아가기 위한 초속을 각각 구하라.

[답] 사정거리는 $R=\frac{v_o^2\sin2\theta}{g}$이므로 $v_o=\sqrt{\frac{gR}{\sin2\theta}}$이다. $\theta=30^o$일 때 $v_o=58.27\,m/s$, $\theta=45^o$일 때 $v_o=54.22\,m/s$, $\theta=60^o$일 때 $v_o=58.27\,m/s$이다.

문제 45 높이 $50m$인 절벽에서 포탄이 초속 $60m/s$로 각도 30^o로 발사되었다. 포탄이 떨어지는 위치는 절벽 끝에서 얼마나 떨어진 곳인가?

[답] 절벽 끝의 위치를 원점으로 잡고 위쪽을 +, 아래쪽을 -로 잡는다. x와 y방향의 초속은 $v_{ox}=v_o\cos30^o=52m/s$이고 $v_{oy}=v_o\sin30^o=30m/s$이다. 그리고 시간 t에서 포탄의 위치는 $y=v_{oy}t+\frac{1}{2}gt^2$으로 주어진다. $50m$ 떨어지는 데 걸리는 시간은 $t=7.48\,s$로 구해진다. 따라서 x방향으로의 이동거리는 $x=v_{ox}t=389m$이다.

문제 46 연직상방으로 공을 $25m/s$로 던졌다. 공이 최고점에 다다르는 데 걸리는 시간과 높이를 구하라.

[답] y방향으로의 속도는 $v_y = v_{oy} - gt$로 주어진다. 최고점에서 $v_y = 0$이므로 $t = 2.55s$이다. $v^2 - v_o^2 = 2gh$에서 $h = 31.89m$가 구해진다. 여기서 $v = 0$, $v_o = 25m/s$, $g = -9.8m/s^2$을 이용하였다. 또는 $h = v_{oy}t - \frac{1}{2}gt^2$에서 $31.89m$를 구할 수도 있다.

문제 47 공을 던지는 사람과 받는 사람이 $15m$ 떨어져 있다. 공을 던지는 사람이 던지는 순간 공을 받는 사람이 일정한 속도로 달려가서 받는다고 하자. 공을 $20m/s$의 속력으로 20° 각도로 던졌다고 할 때 공을 받기 위해 달려야 하는 속도를 구하라.

[답] 공이 날아가는 거리는 $R = \frac{v_o^2 \sin 2\theta}{g} = 26m$이다. 따라서 공을 받는 사람이 달려가야 하는 거리는 $11m$이다. 공이 $26m$를 날아가는 데 걸리는 시간은 $x = v_o \cos\theta\, t$에서 $t = 1.38s$이다. 공을 받는 사람은 1.38초에 $11m$를 달려가야 하므로 속도는 $7.97m/s$이다.

문제 48 높이가 $100m$인 절벽에서 아래 방향으로 $1m/s$의 속도로 공을 던졌다고 하자. 공이 절벽 아래 땅에 떨어지는 데 걸리는 시간을 구하라. 그리고 땅에 떨어질 때 공의 속도를 구하라.

[답] 절벽 위를 원점으로 잡으면 $y = -v_o t - \frac{1}{2}gt^2$이다. 절벽 아래 땅의 좌표는 $y = -100m$이므로 $t = 4.4s$를 구할 수 있다. 공의 속도는 $v = -v_o - gt = -44.3m/s$이다.

문제 49 로켓이 정지상태에서 시작하여 $30m/s^2$의 가속도로 10초 동안 가속된 후 연료가 소진되었다. 이 로켓이 다다를 수 있는 최대 높이를 구하라.

[답] 로켓이 가속에 의해 얻은 최종속도는 $v_o = at = 300m/s$이고, 그 사이 이동한 거리는 $y_o = \frac{1}{2}at^2 = 1{,}500m$이다. 이후 중력가속도에 의해 속도가 감소된다. 즉, $v_1 = v_o - gt_1$이다. $v_1 = 0$이 되는 지점까지 로켓이 상승하므로, 그 사이 시간은 $t_1 = \frac{v_o}{g} = 30.6s$이고 이동거리는 $y_1 = v_o t_1 - \frac{1}{2}gt_1^2 = 4{,}592m$이다. 따라서 로켓이 올라가는 거리는 $y = y_o + y_1 = 6{,}092m$이다.

문제 50 야구공을 연직상방으로 시속 $60km/h$로 던졌을 때 야구공은 얼마나 높이 올라갈 수 있는가?

[답] 최종속도가 0이 되는 높이까지 올라갈 수 있다. $v^2 - v_0^2 = 2a\Delta s$에서 $v = 0$과 $a = -g$를 대입하면 $\Delta s = \frac{v_0^2}{2g} = 14m$를 구할 수 있다.

문제 51 야구공을 연직상방으로 시속 $60km/h$로 던져서 5초 후에 지표에 떨어지는 것이 관측되었다. 야구공이 던져진 위치의 높이를 구하라.

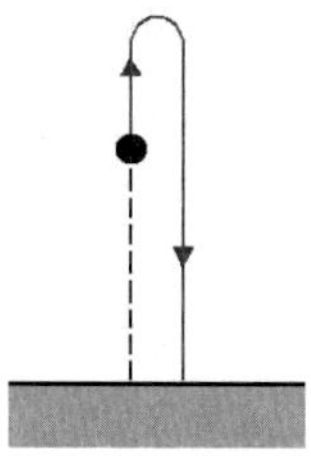

[답] 지표를 원점으로 잡으면 임의의 시간 t에서 공의 위치는 $y=h+v_o t-\frac{1}{2}gt^2$로 주어진다. $t=5s$일 때 $y=0$이므로 $h=\frac{1}{2}gt^2-v_o t=39m$로 구해진다.

문제 52 높이 $50m$인 절벽 위에서 공을 정지상태에서 떨어뜨린 후 공이 $10m$ 떨어진 시점에 두 번째 공을 아래 방향으로 어떤 초속도로 던졌더니 두 공이 절벽의 바닥에 동시에 도달하였다. 두 번째 공의 초속을 구하라.

[답] 절벽 위를 원점으로 잡으면 첫 번째 공이 떨어지는 데 걸리는 시간은 $h=\frac{1}{2}gt^2$이므로 첫 번째 공이 절벽 바닥에 도달하는 데 걸리는 시간은 $t_1=\sqrt{\frac{2h}{g}}=3.19s$이다. 그리고 첫 번째 공이 $10m$ 떨어지는 데 걸리는 시간은 $t_2=1.43s$이다. 따라서 두 번째 공은 $50m$를 $\Delta t=t_1-t_2=1.76s$에 떨어져야 한다. $h=v_o\Delta t+\frac{1}{2}g(\Delta t)^2$에서 $v_o=19.79m/s$가 구해진다.

문제 53 최대높이와 사정거리가 동일하게 되는 경우 포사체의 발사각을 구하라.

[답] $\frac{v_o^2\sin^2\theta}{2g}=\frac{v_o^2\sin 2\theta}{g}$에서 $\tan\theta=4$가 구해진다. 여기서 $\sin 2\theta=2\sin\theta\cos\theta$를 이용하였다. 따라서 $\theta=76^o$이다.

문제 54 대포에서 발사된 포탄이 3초 후에 $500m$ 떨어진 곳에 있는 높이 $50m$인 빌딩의 꼭대기를 맞히는 것이 관찰되었다. 포탄의 발사각과 초속도를 구하라.

[답] 대포가 3초 동안 수평방향으로 $500m$를 날아갔다. 따라서 $x=v_o\cos\theta\, t$에서 초속의 수평방향의 성분은 $v_o\cos\theta=166.67m/s$로 구해진다. 그리고 수직방향으로는 $50m$의 높이로 올라가야 하므로 $y=v_o\sin\theta-\frac{1}{2}gt^2$에서 초속의 수직방향의 성분은 $v_o\sin\theta=31.37m/s$로 구해진다. 위 두 식을 나누면 $\tan\theta=0.188$이므로 $\theta=10.6^o$이다. 그리고 초속은 $v_o=170m/s$이다.

문제 55 포탄이 초속 $100m/s$와 발사각 20^o로 발사되었다. $300m$ 떨어진 빌딩에 포탄이 맞는 높이를 구하라.

[답] $x=v_o\cos\theta\, t$에서 $x=300m$이므로 $t=3.19s$이다. $y=v_o\sin\theta t-\frac{1}{2}gt^2$에서 빌딩에 포탄이

맞는 높이는 $y = 59m$로 구해진다.

문제 56 높이 $50m$의 언덕에서 해상에 있는 적의 함정을 향해 포탄을 발사하였다. 포신을 30^o로 하여 발사하니 5초 후에 적함에 명중하는 것이 관찰되었다. 포탄의 발사속도를 구하라. 그리고 언덕에서 함정까지의 거리는 얼마인가?

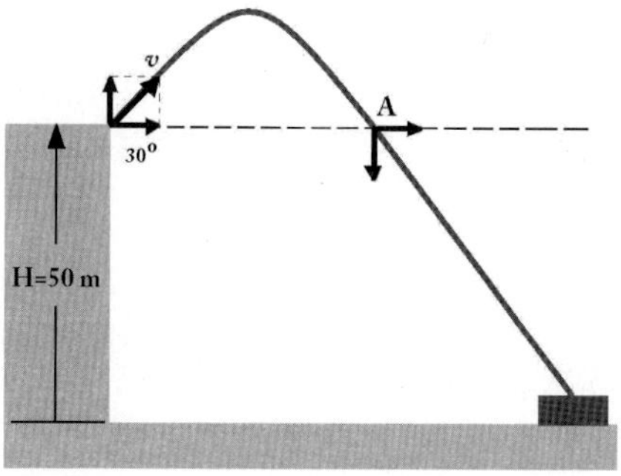

[답] 최고점까지의 시간 t_1은 $v\sin30^o - gt_1 = 0$에서 $t_1 = \frac{v}{2g}$를 구할 수 있다. 그리고 위치 A에서 함정까지 떨어지는 데 걸리는 시간 t_2는 $H = v\sin30^o t_2 - \frac{1}{2}gt_2^2$으로 주어진다. 문제에 주어진 것은 총 시간 $t = 15s = 2t_1 + t_2 = \frac{v}{g} + t_2$이다. 따라서 $t_2 = 5 - \frac{v}{g}$를 위 식에 대입하여 2차방정식을 풀면 $v = 91.90m/s$를 구할 수 있다. x방향으로의 속도는 변하지 않으므로 함정까지의 거리는 $R = 5v\cos 30^o = 398m$이다.

문제 57 투수가 수평방향으로 시속 $120km/h$로 공을 던졌다. 투수가 공을 놓은 높이는 지표에서 $2m$라고 한다. (a) 야구공이 지표에 떨어질 때까지 갈 수 있는 거리를 구하라. (b) 투수가 공을 던진 위치에서 $18m$ 거리에 타자가 있다. 타자가 서 있는 위치를 통과할 때 공의 높이를 구하라. 그리고 이곳에서 속력을 구하라.

[답] (a) 공은 수평방향의 속도만 가지고 있다. 따라서 임의의 시간 t에서 수직방향의 공의 위치는 $y = h - \frac{1}{2}gt^2$이다. 여기서 h는 투수가 공을 놓은 위치인 $2m$이다. 공이 땅에 떨어지는 데 걸리는 시간은 위 식에서 $y = 0$으로 두면 $t = \sqrt{\frac{2h}{g}} = 0.64s$를 구할 수 있다. 수평방향의 위치는 $x = v_0 t$로 주어지므로 공이 땅에 떨어지기 전에 이동하는 거리는 $x = 21m$이다.

(b) $x = vt$에 $x = 18m$를 대입하면 공이 타자가 있는 곳에 도착하는 데 걸리는 시간을 구할 수 있다. 즉, $t = 0.54s$이다. 이때 공의 높이는 $y = h - \frac{1}{2}gt^2$에서 $y = 57cm$를 구할 수 있다. 수평방향의 속도는 변함없이 $v_x = 33.3m/s$이고 수직방향의 속도는 $v_y = -gt$에 $t = 0.54s$를 대입하면 $v_y = 5.29m/s$로 구해진다. 따라서 타자를 통과할 때 공의 속력은 $v = \sqrt{v_x^2 + v_y^2} = 33.7m/s$이다. 이 속력은 투수가 던질 때의 속도보다 빠르다.

문제 58 포탄이 초속 $50m/s$와 발사각 40^o로 $220m$ 떨어진 성벽을 향해 발사되었다. 성벽의 높이는 $30m$라고 한다. 공기의 저항을 무시할 수 있다고 할 때 다음 물음에 답하라. (a) 포탄이 성벽을 치게 됨을 보여라. (b) 성벽을 칠 때까지 포탄이 날아간 시간을 구하라. (c) 포탄이 치는 성벽의 높이를 구하라. (d) 대포의 위치나 포탄의 속도는 바꿀 수 없지만 발사각은 바꿀 수 있다고 할 때 포탄이 성벽을 가까스로 넘을 수 있는 발사각을 구하라.

[답] (a) 포탄의 사거리는 $R=\dfrac{v_o^2\sin2\theta}{g}=251m$이다. 성벽까지의 거리는 $220m$이므로 포탄은 성벽까지 날아간다. 그런데 포탄이 성벽을 넘지 않는다는 것을 보여 주어야 포탄이 성벽을 치는 것을 증명할 수 있다. 이는 $220m$의 거리에서 포탄의 높이를 계산하면 된다. 임의의 시간 t에서 포탄의 높이는

$$y=v_{0y}t-\frac{1}{2}gt^2=v_0\sin\theta\frac{x}{v_0\cos\theta}-\frac{1}{2}g\left(\frac{x}{v_0\cos\theta}\right)^2=x\tan\theta-\frac{gx^2}{2v_0^2\cos^2\theta}$$

이다. 따라서 $x=220m$에서의 y는 $23m$로 계산되므로 포탄은 성벽을 넘지는 못하고 성벽을 치게 된다.

(b) $x=v_0\cos\theta\, t$에서 $x=220m$에서의 시간 $t=5.7s$를 구한다.

(c) 이는 위 (a)에서 구한 바대로 $23m$이다.

(d) 위 식에 $\sec^2\theta=1+\tan^2\theta$를 이용하면 $\dfrac{gx^2}{2v_0^2}\tan^2\theta-x\tan\theta+\left(y+\dfrac{gx^2}{2v_o^2}\right)=0$을 얻는다. $x=220m$와 $y=30m$를 대입하면 $95\tan^2\theta-220\tan\theta+125=0$을 얻는데, 이차방정식의 근의 공식을 이용하면 $\tan\theta=0.9913, 1.328$이고 각도는 각각 $\theta=44.7^o, 53^o$로 구해진다.

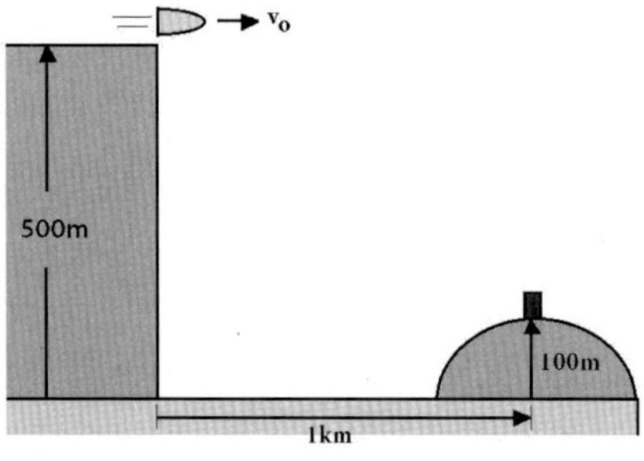

문제 59 $H=500m$의 언덕에서 대포를 수평으로 쏘아 거리 $s=1km$이고 높이 $h=100m$에 있는 기지에 명중시키고자 한다. 포탄의 초속을 구하라.

[답] 수평방향의 속도는 일정하므로($v_x=v_o$) 포탄이 날아가는 거리는 $s=v_ot$이다. 수직방향으로의 속도 $v_y=-gt$에서 $y=-\frac{1}{2}gt^2$이다. 따라서 떨어지는데 걸리는 시간은 $H-h=\frac{1}{2}gt^2$에서 $t=\sqrt{\dfrac{2(H-h)}{g}}=9s$이다. 이에 따라 $v_o=\dfrac{s}{t}=111m/s$로 구해진다.

문제 60 총에서 $30m$ 떨어진 위치에서 타깃을 연직상방으로 속도 $v_m = 10\,m/s$로 던졌다고 하자. 총은 수평면에서 45° 각도로 고정되어 있다. 타깃이 던져진 순간 총알이 발사된다고 한다. 타깃을 맞추기 위한 총알의 속도를 구하라. 총알이 발사되고 몇 초 후에 목표물을 맞히게 되는가?

[답] 총알의 시간에 따른 좌표는

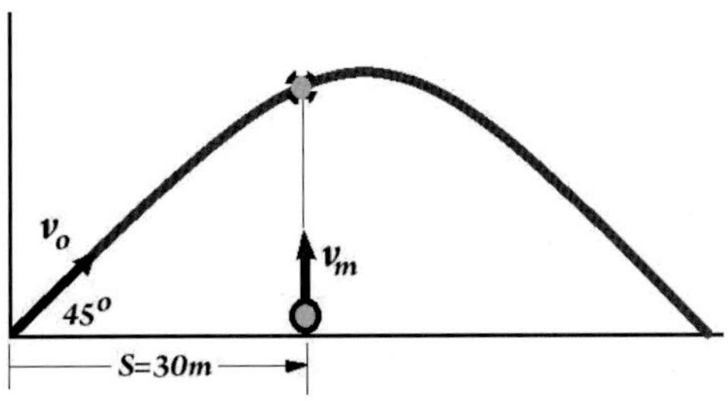

$$x = v_o \cos\theta\, t$$
$$y = v_o \sin\theta\, t - \frac{1}{2} g t^2$$

이다. 첫 번째 식에서 $t = \frac{x}{v_o \cos\theta}$이므로 이를 두 번째 식에 대입하면

$$y = \tan\theta\, x - \frac{g}{2v_o^2 \cos^2\theta} x^2$$

을 얻는다. 한편 타깃의 시간에 따른 좌표는 $x_m = S,\ y_m = v_m t - \frac{1}{2} g t^2$이다. 총알이 타깃을 맞히기 위해서는 좌표가 같아야 된다. 따라서 $y = y_m$에서 $v_o = \frac{v_m}{\sin\theta} = 14\,m/s$와 $x = x_m$에서 $t = \frac{S}{v_o \cos\theta} = 3\,s$를 구할 수 있다.

문제 61 스프링 총이 높이 $H = 2m$인 책상 위에 놓여 있다. 질량 $m = 10g$인 공이 스프링상수 k인 스프링에 의해 발사된다. 스프링이 $\Delta x = 10cm$ 수축되었다가 놓이면 공이 수평으로 날아간다. 책상 밑에서 거리 $s = 2m$ 떨어진 위치에 경사각 $\theta = 30^o$인 경사면이 있다. 경사면의 끝에서 거리 $L = 1m$인 위치에 공이 떨어지게 하려면 스프링의 스프링상수 k는 얼마여야 하나?

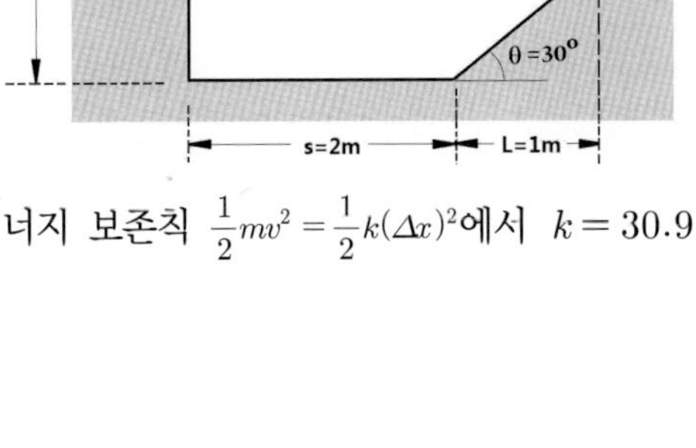

[답] 책상 위에서부터 공이 떨어지는 높이는 $h = H - \Delta H = 2 - L\tan 30^o = 1.42m$이다. 따라서 공이 떨어지는 데 걸리는 시간은 $\frac{1}{2} g t^2 = h$에서 $t = 0.54\,s$로 구해진다. 공이 날아간 거리는 $s + L = 3m$이므로 $vt = (s + L)$에서 $v = 5.56\,m/s$이다. 그리고 에너지 보존칙 $\frac{1}{2} m v^2 = \frac{1}{2} k (\Delta x)^2$에서 $k = 30.91\,N/m$로 구해진다.

문제 62 $50m$의 절벽에서 수평으로 포탄을 쏘아 $1km$ 떨어진 적의 진지를 명중시키고자 한다. 이때 포탄의 속도를 얼마로 해야 하나?

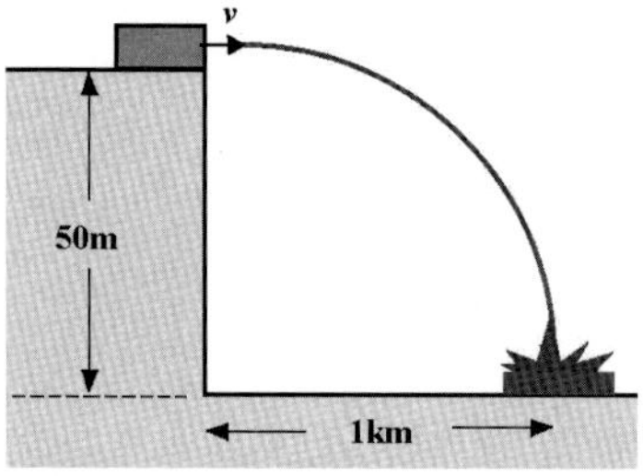

[답] 절벽 위에 있는 대포의 위치를 원점으로 잡으면 포탄의 시간에 따른 좌표는 $x = vt$, $y = -\frac{1}{2}gt^2$이다. 진지의 위치는 $x = 1{,}000m$, $y = -50\,m$이므로 $-\frac{1}{2}gt^2 = -50$에서 $t = 3.19s$이다. 그리고 $vt = 1{,}000$에서 $v = 313\,m/s$를 구할 수 있다.

문제 63 바닥에서 $1m$ 떨어진 곳에 놓인 책상의 끝에 스프링 총(gun)이 수평으로 장착되어 있다. 질량 $50g$인 공이 스프링이 $x = 5cm$ 수축된 상태에서 원래 상태로 돌아가면서 수평으로 발사된다. 공이 책상에서 $s = 2m$ 떨어진 바닥에 도착하는 것이 관찰되었다. 스프링 총의 스프링상수를 구하라.

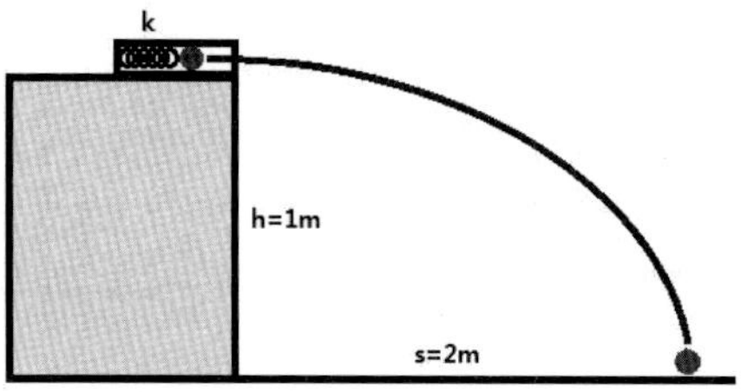

[답] 발사되는 총알의 속도는 $\frac{1}{2}kx^2 = \frac{1}{2}mv^2$에서 $v = \sqrt{\frac{k}{m}}\,x$로 구해진다. 총알이 떨어지는 데 걸리는 시간은 $\frac{1}{2}gt^2 = h$에서 $t = \sqrt{\frac{2h}{g}}$이다. 따라서 $s = vt = \sqrt{\frac{2kh}{mg}}\,x$에서 $k = 392\,N/m$와 같이 구해진다.

문제 64 $h = 500m$의 언덕에서 수평과 30^o로 초속 $v_o = 200\,m/s$로 포탄을 발사하였다. 포탄이 떨어지는 위치(s)는 언덕에서 몇 m인가?

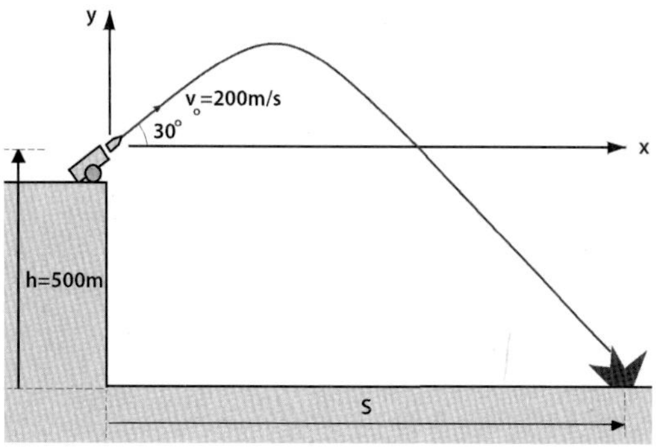

[답] x방향의 속도는 $v_x = v_o \cos 30^o$이므로 $x = v_o \cos 30^o\, t$이다. 그리고 $v_y = v_o \sin 30^o - gt$ 에서 $y = v_o \sin 30^o\, t - \frac{1}{2}gt^2$이다. 그림과 같이 좌표를 취할 경우 포탄이 떨어지는 위치는 $y = -500m$이다. 따라서 이때까지 걸리는 시간은 $-500 = 200\sin 30^o - 4.9t^2$에서 구할 수 있다. 이차방정식의 해는 $t = 24.56\,s$이다. 따라서 $s = v_o \cos 30^o\, t = 4{,}254m$이다.

[별해] 좌표의 원점을 언덕의 바닥으로 잡을 경우 $y=h+v_o\sin30^o t-\frac{1}{2}gt^2$에서 $(h=500)$ $y=0$이 되는 시간 t를 구하여 $s=v_o\cos30^o t$에서도 구할 수 있다.

문제 65 대포의 위치에서 $1km$ 떨어진, 높이 $200m$의 진지에 포탄을 명중시키고자 한다. 포탄의 초속은 $150m/s$이다. 진지를 명중시키기 위해 포신이 수평면과 이루는 각도를 조절해야 한다. 진지를 명중시키기 위한 포신의 발사 각도를 구하라.

[답] 대포의 위치를 좌표계의 원점으로 잡는다. 포탄이 $x=1km$ 날아가야 하므로 걸리는 시간은 $x=v_{0x}t$ 에서 $t=\frac{x}{v_{0x}}$ 이다. 그리고 포탄의 높이는 $y=v_{0y}-\frac{1}{2}gt^2$ 이므로 위 시간을 이에 대입하면

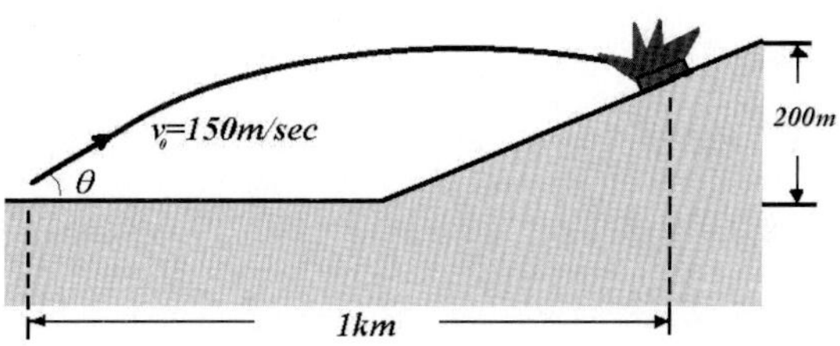

$$y=v_{oy}\frac{x}{v_{0x}}-\frac{g}{2}\frac{x^2}{v_{0x}^2}$$

를 구할 수 있다. $v_{ox}=v_0\cos\theta,\ v_{0y}=v_0\sin\theta$이므로 $y=\tan\theta x-\frac{g}{2}\frac{x^2}{v_0^2}(1+\tan^2\theta)$을 얻는다. 여기서 $\sec^2\theta=1+\tan^2\theta$를 이용하였다. $y=200,\ x=1{,}000,\ t\equiv\tan\theta$로 두면 $218t^2-1{,}000t+418=0$를 얻는다. 이 방정식의 해는 $t=4.12, 0.47s$이고 이는 $t\equiv\tan\theta$에서 각각 $\theta=76^o, 25^o$로 구해진다. 25^o의 경우 포탄이 최고점에 도달하지 않고 바로 맞히는 경우이고 76^o의 경우에는 포탄이 최고점에 도달한 후 떨어지면서 진지를 맞히게 된다.

문제 66 공기총으로 $50m$ 떨어진 나무 위에 앉은 새를 맞히려고 한다. 새는 지상에서 높이 $21.5m$인 나무 꼭대기에 앉아 있다. 공기총에서는 스프링상수 $400N/m$인 스프링이 $20cm$ 수축한 후 $10g$의 탄환을 발사한다. 사람이 총을 쏘는 위치는 지상에서 $1.5m$에서다. 새를 맞히기 위한 탄환의 발사 각도를 구하라.

[답] 스프링이 수축할 때의 위치에너지가 탄환의 운동에너지로 전부 전환된다고 하자. 이 경우 탄환의 속도는 $\frac{1}{2}kx^2=\frac{1}{2}mv_0^2$에서 $v_0=40m/s$이다. 탄환의 x방향의 속도는 변하지 않는다. 따라서 $x=v_0\cos\theta\, t$에서 $x=50m$가 되어야 하므로 $t_s=\frac{5}{4\cos\theta}$로 구해진다. 즉, 이 시간에 탄환은

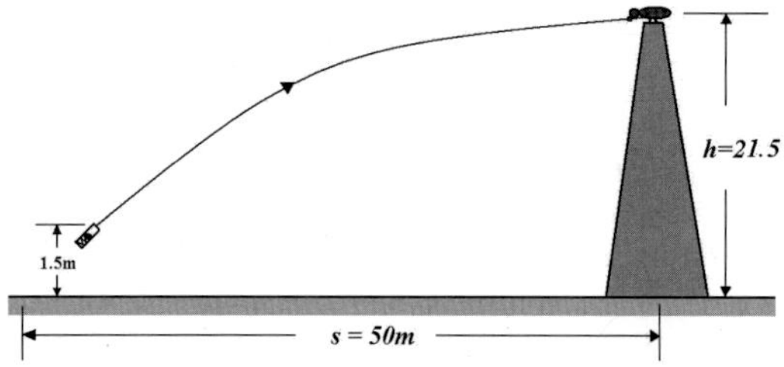

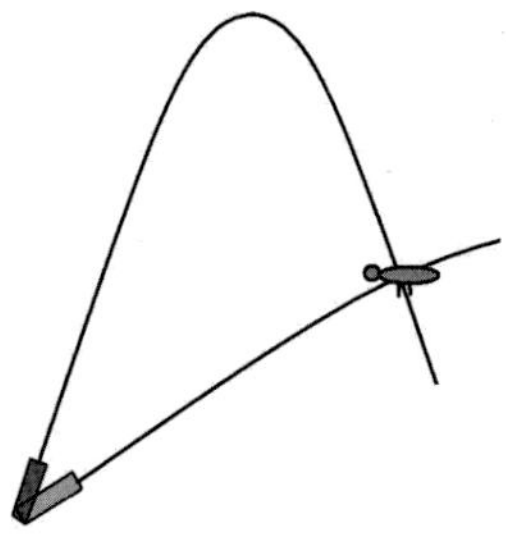

새를 맞히게 된다. 시간 t_s에서 탄환의 y좌표는 $20m$가 되어야 하므로 $y=20=v_0\sin\theta t_s-\frac{1}{2}gt_s^2$이 만족된다. 이 식에 t_s를 대입하여 정리하면 $20\cos^2\theta-50\sin\theta\cos\theta+7.9=0$이 된다. 이 식에 $x=\cos\theta$로 변수를 치환하면 $2900x^4-2188x^2+59=0$이 얻어진다. 이 식을 풀면 $x^2=0.028, 0.726$을 얻으므로 결과적으로 $\theta=80^o, 32^o$를 얻는다. 이 중에서 낮은 각도인 32^o의 경우 탄환이 최고높이까지 올라가지 못한 시점에서 탄환이 새를 맞힌다. 반면에 80^o의 경우 탄환이 최고높이에서 떨어지면서 새를 맞히게 된다.

문제 67 $h=200m$의 상공에서 속도 $v_1=100m/s$로 날아가는 폭격기가 연직선에서 $x_o=200m$인 위치에서 $v_2=100km/h$로 달아나고 있는 목표물로 포탄을 투하하였다. 목표물에 명중하기까지 목표물은 어느 정도 더 전진하는가?

[답] 포탄을 투하한 위치의 지표면을 원점으로 잡으면 시간에 따른 포탄의 좌표는 $x=v_1t$,

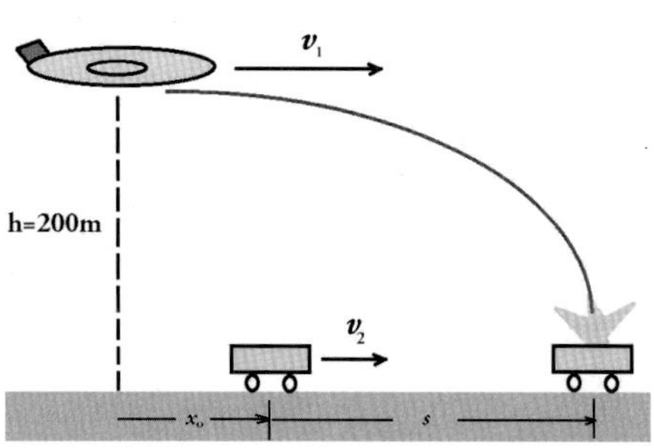

$y=200-\frac{1}{2}gt^2$으로 표현된다. $y=0$일 때 포탄이 목표물을 맞히므로 그때까지 걸리는 시간은 $t=\sqrt{\frac{400}{g}}=6.39s$이다. 그때의 x좌표는 $x=v_1t=639m$이다. 따라서 목표물은 포탄을 맞기 전에 $s=x-x_o=439m$ 전진한다.

문제 68 물 호스로 꽃밭에 물을 주고 있다. 높이 $1.5m$에서 수평으로 물이 나오고 이 물이 $3m$ 떨어진 꽃밭까지 도달하는 것이 관찰되었다. 물 호스를 지면과 30° 각도로 만들어 쏘았을 경우 동일한 꽃밭에 물이 도달하기 위해서 얼마나 뒤로 물러서야 하는가?

[답] $h=\frac{1}{2}gt^2$에서 $t=\sqrt{\frac{2h}{g}}=0.55s$가 구해진다. 따라서 $s=v_ot$에서 $v_o=5.45m/s$를 구할 수

있다. 물 호스를 30° 각도로 했을 경우 좌표의 원점을 호스 끝으로 잡으면 꽃밭의 y좌표는 $-1.5m$ 이다. 따라서 $y=v_o\sin\theta t-\frac{1}{2}gt^2$에서 $t=0.9\,s$가 구해진다. 그러므로 꽃밭에 물이 정확히 가기 위해서는 호스에서 꽃밭까지의 거리가 $x=v_o\cos\theta t=4.25m$여야 한다. 즉, 뒤로 $1.25m$ 물러서야 한다.

2-3. 일정가속도 운동(마찰력, 경사면 운동)

문제 69 상자와 판 사이의 정지마찰계수를 알려면 판 위에 상자를 놓고 기울여 상자가 미끄러지기 직전의 각 θ를 구하면 된다. 정지마찰계수와 각 θ 사이의 관계를 구하라.

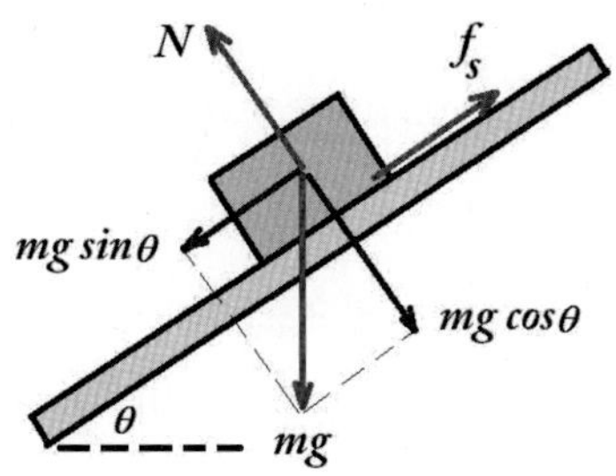

[답] 미끄러지기 직전에 힘이 균형을 이루므로 $N=mg\cos\theta$, $mg\sin\theta=\mu_s N$이 만족된다. 두 식을 조합하면 $\mu_s=\tan\theta$가 얻어진다.

문제 70 37^o의 경사면을 따라 $8kg$의 상자를 일정한 속력으로 끌어 올리는 데 이 경사면에 그림과 같이 30° 방향으로 작용해야 하는 힘 F는 얼마인가? 상자와 경사면 사이의 운동마찰계수는 0.78이다.

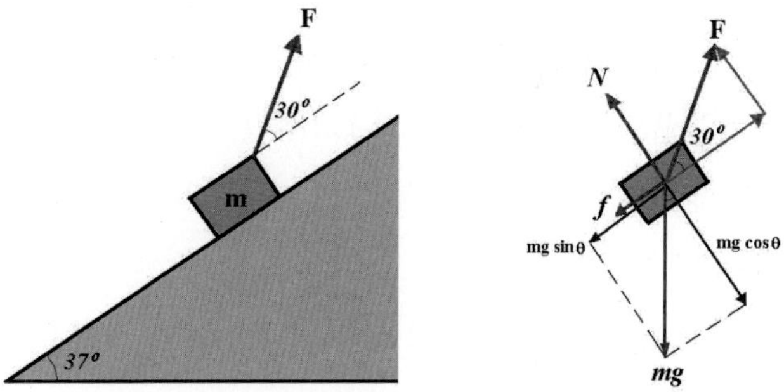

[답] 경사면을 따라 일정한 속력(등속)으로 운동하려면 경사면 방향의 알짜 힘이 0이 되어야 한다. 물체에 작용하는 힘들이 그림에 주어져 있다. 수직력 N은 경사면의 수직방향으로 물체가 움직이지 않기 때문에 경사면의 수직 방향의 알짜 힘은 0이 되어야 한다는 조건에서 $N=mg\cos 37^o-F\sin30^o$와 같이 구할 수 있다. 따라서 마찰력은 $f=\mu_k N=\mu_k(mg\cos 37^o-F\sin37^o)$이다. 물체가 일정한 속력으로 움직이기 위해서는 경사면 방향으로 작용하는 알짜 힘이 0이 되어야 한다. 따라서 $F_s=F\cos 30^o-f-mg\sin37^o=0$에서 $F=72\,N$으로 구해진다.

문제 71 질량 $m_1 = 100\,g$인 물체가 경사각 30^o이고 마찰계수 $\mu_k = 0.5$인 경사면에 놓여 있다. 이 물체가 크기와 마찰을 무시할 수 있는 도르래와 늘어나지 않는 줄에 의해 질량 $m_2 = 500\,g$인 물체와 연결되어 있다. 이 계의 가속도와 줄의 장력을 구하라.

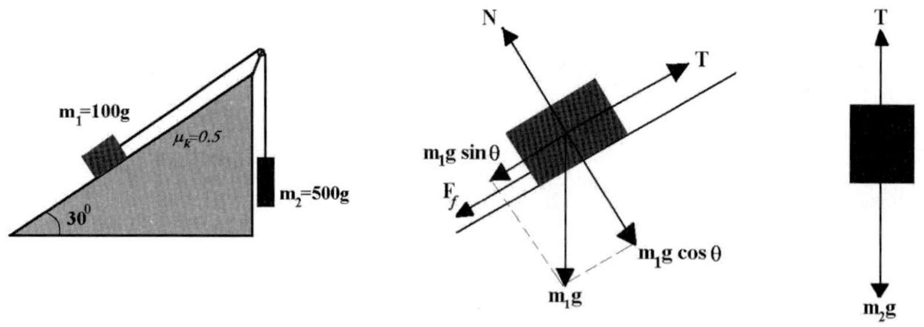

[답] 질량 m_1에 작용하는 힘을 고려하여 Newton의 제2법칙을 적용하면 $T - m_1 g\sin\theta - \mu_k m_1 g\cos\theta = m_1 a$이다. 그리고 질량 m_2에 작용하는 힘을 고려하면 Newton의 제2법칙은 $m_2 g - T = m_2 a$이다. 두 물체는 늘어나지 않는 줄에 의해 서로 연결되어 있으므로 가속도 a는 동일하다. 앞의 두 식을 더하여 가속도를 구하면 $a = 6.65\,m/s^2$과 같다. 그리고 줄의 장력은 $T = m_2(g-a) = 1.58N$과 같이 구해진다.

문제 72 그림과 같이 질량 $m = 10kg$이 경사각 30^o의 경사면에 놓여 있다. (a) 힘 F가 그림과 같이 주어질 경우 상자는 경사면을 일정한 속도로 올라간다. 이 경우 힘 F의 값을 구하라. (b) 가속도가 $1\,m/s^2$일 경우 주어져야 할 힘 F를 구하라. 상자와 비탈면 사이의 운동마찰 계수는 0.2이다.

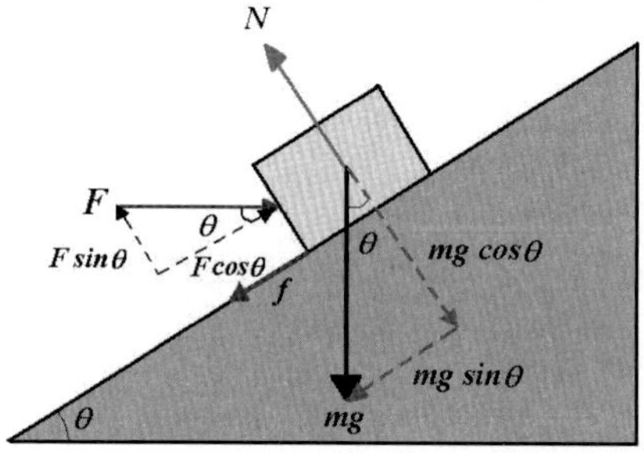

[답] 경사면의 방향을 x축, 경사면에 수직한 방향을 y축으로 하면 각 축 방향으로의 운동방정식은 각각 아래와 같이 주어진다.

$$\sum_i F_{ix} = ma:\ F\cos 30^o - \mu_k N - mg\sin 30^o = ma$$
$$\sum_i F_{iy} = 0:\ mg\cos 30^o - N + F\sin 30^o = 0$$

(a) 일정한 속도인 경우에는 가속도가 0이다. 위 식에 $a=0$을 대입하여 풀면 $F=86.13N$과 $N=127.94N$을 얻을 수 있다.

(b) 위 식에 $a=1m/s^2$을 대입하면 $F=99.2N$과 $N=134.5N$을 구할 수 있다.

문제 73 경사각이 30^o인 경사면에 놓인 $1,000kg$인 물체를 크레인을 이용하여 일정한 속도로 경사면을 따라 움직이게 하려고 한다. 크레인에 작용해야 하는 힘을 구하라. 크레인 줄과 경사면 사이의 각도는 20^o이다. 물체와 바닥 사이의 운동마찰계수는 0.5이다.

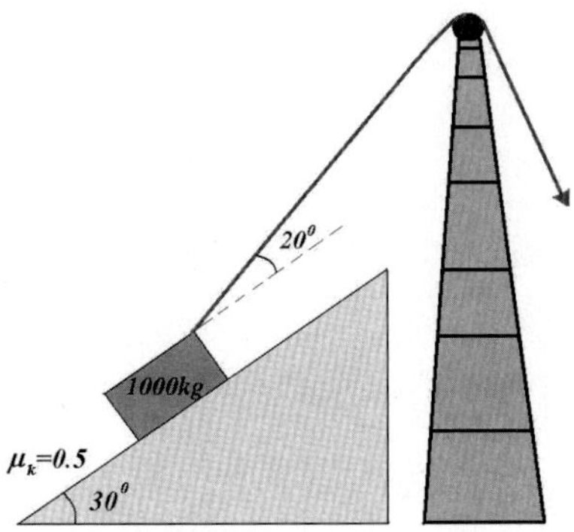

[답] 일정한 속도라는 것은 $a=0$, 즉 가속이 되지 않는다는 뜻이다. 따라서 Newton의 제2법칙에서 $F=ma=0$이 되어야 한다. 수직력은 비탈면에 수직한 방향으로는 물체가 움직이지 않으므로 힘이 0이어야 되는 조건에서 $N-mg\cos30^o+F\sin20^o=0$을 구할 수 있다. 그리고 비탈면 방향으로의 알짜 힘이 0이 되어야 한다는 조건에서

$$F\cos20^o-\mu_k(mg\cos30^o-F\sin20^o)-mg\sin30^o=0$$

을 얻는다. 따라서 힘은 $F=8,232N$을 구할 수 있다.

문제 74 그림과 같은 구조에서 $m_1=3kg$이 움직이지 않기 위한 m_2의 최대값은 얼마인가? 각 줄에 작용하는 장력을 구하라. 질량 m_1과 면 사이의 정지마찰계수는 0.3이다.

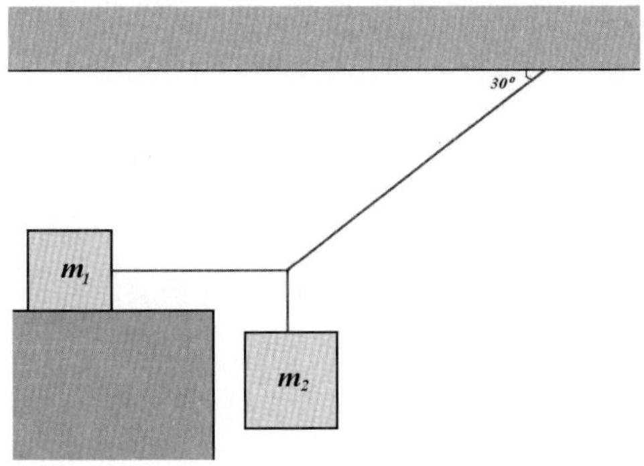

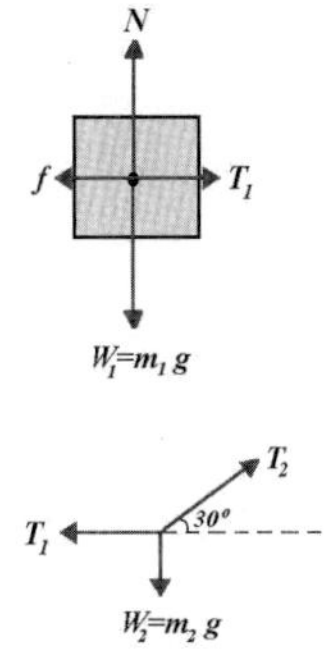

[답] 질량 m_1에 작용하는 힘에 의한 평형조건에서

$$\sum_i F_{ix} = 0: \ T_1 = f = \mu_s m_1 g = 8.82N$$
$$\sum_i F_{iy} = 0: \ N = W_1 = m_1 g$$

을 얻는다. 그리고 줄의 갈림길에서의 평형조건에서

$$\sum_i F_{ix} = 0: \ T_1 = T_2 \cos 30^o$$
$$\sum_i F_{iy} = 0: \ W_2 = m_2 g = T_2 \sin 30^o$$

를 얻을 수 있다. 위 식을 연립하여 풀면 $m_2 = 0.52kg$과 $T_2 = 10.18N$을 구할 수 있다.

문제 75 어떤 어린이가 장작이 실린 썰매를 끌고 경사각 30^o인 경사면을 올라간다. 아이는 $300N$의 힘으로 각도 45^o로 썰매를 끌 수 있다고 한다. 이때 썰매는 일정한 속도로 경사면을 올라간다. 썰매의 질량은 $20kg$이고 썰매와 경사면 사이의 마찰계수는 0.1이다. 아이가 운반할 수 있는 장작의 최대질량을 구하라.

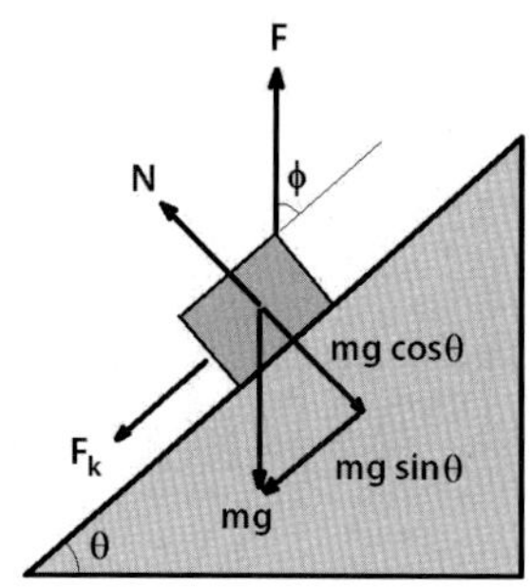

[답] 경사면 방향의 운동방정식은 $F\cos\phi - (m+M)g\sin\theta - \mu_k(m+M)g\cos\theta = 0$이다. 이 식에 값을 대입하면 $m + M = 37\,kg$을 구할 수 있고 $m = 17\,kg$을 얻는다.

2-4. 원운동, 구심력, 에너지 보존칙

문제 76 질량이 m이고 반경이 r인 공이 높이 h에서부터 굴러서 그림과 같은 트랙(track)을 내려온다고 하자. 구의 관성모멘트는 $\frac{2}{5}mr^2$이다. (a) 공이 반경 R인 원형 트랙의 제일 위쪽에서 자유낙하하려면 h는 얼마여야 하나? (b) 공이 반경 R인 원형 트랙의 제일 위쪽에서 떨어지지 않고 움직이기 위해서는 공이 출발해야 하는 최소의 높이 h는 얼마여야 하나? $R \gg r$이라 가정하라. (c) 공이 $6R$의 높이에서 출발했다면 점 Q에서의 수평방향으로 작용하는 힘을 구하라.

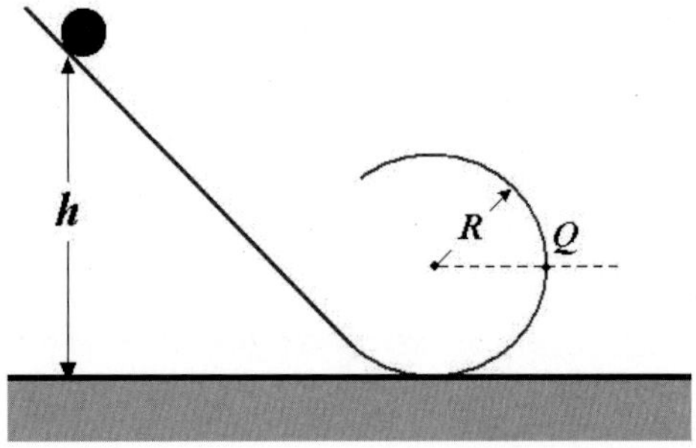

[답] (a) 제일 위쪽에서 자유낙하하려면 그 지점에서 공의 속도가 0이어야 한다. 에너지 보존칙 $mgh = mg(2R)$에서 $h = 2R$을 구할 수 있다.
(b) 원형 트랙의 정상에서 작용하는 힘은 공의 수직력과 무게이다. 즉, $N + mg$의 힘이 아래 방향으로 작용한다. 공이 원운동을 하므로 이 힘이 구심력이다. 따라서 $N + mg = \frac{mv^2}{R-r}$의 관계가 만족된다. 이 식에서 $R-r$은 공의 반경 r을 고려한 공의 원운동 반경이다. 공이 가까스로 트랙에 붙어 있을 조건은 수직력이 0이 되는 $N = 0$이다. 따라서 공이 가까스로 트랙에 붙어있을 조건은 위 식에서 $g(R-r) = v^2$과 같이 구해진다. 그리고 에너지 보존칙에서 (h에서 공의 위치에너지) = (정상에서 공의 운동에너지) + (정상에서 공의 회전운동에너지) + (정상에서 공의 위치에너지)이므로

$$mgh = \frac{1}{2}mv^2 + \frac{1}{2}I\omega^2 + mg(2R)$$

을 얻는다. 위 식에 $I = \frac{2}{5}mr^2$, $\omega = \frac{v}{r}$를 대입하면 $gh = \frac{7}{10}v^2 + 2gR$을 얻는다. 조건 $v^2 = g(R-r)$을 위 식에 대입하면 $h = 2.7R - 0.7r \approx 2.7R$을 얻는다. 이 높이가 공이 정상에 도달할 때 공이 계속 원운동할 수 있는 조건이다.
(c) 에너지 보존칙 $mgh = \frac{1}{2}mv^2 + \frac{1}{2}I\omega^2 + mgh'$에서 $h = 6R$이고 Q점은 $h' = R$이므로

$$mg(6R) = \frac{1}{2}mv^2 + \frac{1}{2}\left(\frac{2}{5}mr^2\right)\left(\frac{v}{r}\right)^2 + mg(R)$$

이다. 위 식을 정리하면 $6gR = \frac{7}{10}v^2 + gR$을 얻는다. 따라서 $v^2 = \frac{50gR}{7}$을 구할 수 있다. Q에서 수직력이 구심력이므로

$$N = \frac{mv^2}{R-r} = \frac{50mgR}{7(R-r)} \approx \frac{50mg}{7}$$

와 같이 구해진다.

※ 위 문제에서 공의 반경을 완전히 무시할 경우 공의 회전운동에너지는 고려할 필요가 없다.

이 경우 (a)의 답은 동일하다. (b)의 답은 정상에서 원운동의 조건인 (중력) + (수직력) = (원심력)에서 (수직력) ≥ 0에서 구해진다. $N = \frac{mv^2}{R} - mg \geq 0$에서 $mv^2 \geq mgR$을 얻는다. 그리고 에너지 보존칙에서 $mgh = \frac{1}{2}mv^2 + mg(2R)$이다. 따라서 $h \geq \frac{5R}{2}$을 얻을 수 있다.

문제 77 (a) 지표에서 $400km$ 위를 돌고 있는 인공위성의 속도와 주기를 구하라. (b) 정지위성(지구의 자전주기와 동일한 인공위성)의 고도와 속도를 구하라.

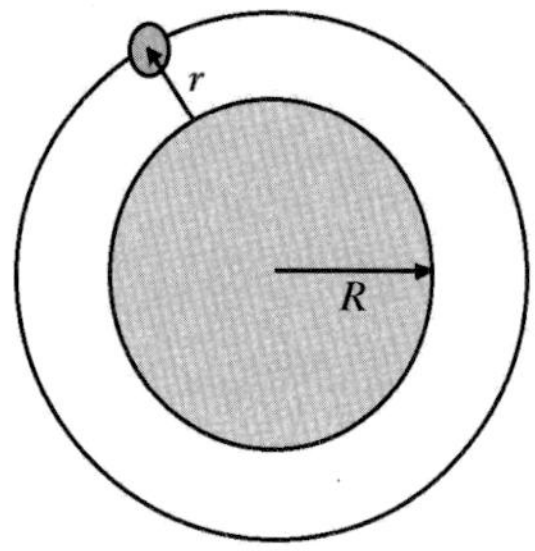

[답] (a) 인공위성의 속도는 $\frac{GMm}{(R+r)^2} = \frac{mv^2}{(R+r)}$에서 $v = \sqrt{\frac{GM}{R+r}} = 7.65km/s$를 구할 수 있다. 그리고 주기는 $T = \frac{2\pi(R+r)}{v} = \sqrt{\frac{R+r}{GM}}(2\pi)(R+r) = 1.55h$로 구해진다.

(b) 정지위성의 주기는 24시간이므로 $T = \frac{2\pi(R+r)^{3/2}}{\sqrt{GM}} = 86,400\,s$에서 $R+r = 42,238\,km$를 얻고 $r = 35,837\,km$와 같이 구해진다. 여기서 지구반경 R은 $6,370km$를 사용하였다. 인공위성의 속도는 $v = \sqrt{\frac{GM}{R+r}} = 2.86km$이다. 지구의 자전축이 기울어져 있기 때문에 적도 이외 궤도의 정지위성은 있을 수 없다. 이는 적도궤도에서만이 모든 위치에서 동일한 중력을 가질 수 있기 때문이다.

문제 78 마찰을 무시할 수 있는 반지름 R인 반구 모양의 언덕 꼭대기에 앉아 있던 질량 m인 아이가 정지상태에서 미끄러지기 시작하여 점 P에서 반구로부터 떨어진다. 아이가 떨어지는 위치의 높이 h와 이 지점에서의 속도를 구하라.

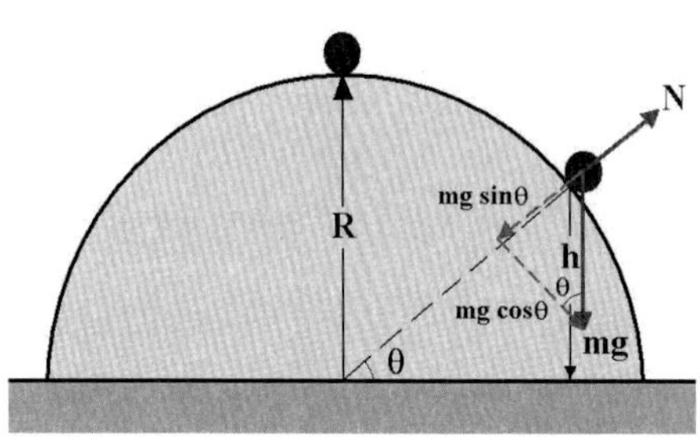

[답] 아이는 수직력이 없어지는 지점에서 떨어진다. 이 경우 $mg\sin\theta$가 원심력 $\frac{mv^2}{R}$이 된다. 즉, $g\sin\theta = \frac{v^2}{R}$이다. 에너지 보존칙에서 (정상에서 아이의 위치에너지) = (떨어지는 위치에서의 운동에너지) + (떨어지는 위치에서의 위치에너지)이다. 즉,

$$mgR = \frac{1}{2}mv^2 + mgh$$

이다. $\sin\theta = \frac{h}{R}$를 $g\sin\theta = \frac{v^2}{R}$에 적용하면 $v = \sqrt{gh}$를 얻고 이를 위 식에 대입하면 $h = \frac{2R}{3}$을 얻는다. 그리고 $v = \sqrt{\frac{2gR}{3}}$이다.

문제 79 $60cm$ 길이의 줄이 $3kg$의 물체에 연결되어 있다. 이 물체를 지면에 수직한 평면에서 원운동을 시킨다고 하자. (a) 원운동의 가장 낮은 지점에서 줄의 장력이 $50N$이라고 할 때 물체의 속도는 얼마인가? (b) 원운동의 가장 높은 지점에서 줄이 느슨해지지 않기 위한 물체의 최소속도는 얼마인가?

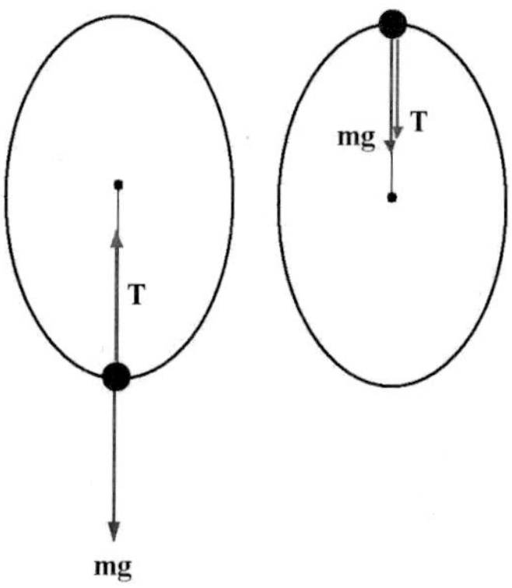

[답] (a) 물체가 원운동의 가장 낮은 위치에서 받는 힘은 물체의 무게가 아래 방향으로 작용하고 줄의 장력이 위쪽 방향으로 작용한다. 알짜 힘의 방향은 위쪽 방향이고 이 알짜 힘이 원운동의 구심력을 준다. 따라서 $T-W=\frac{mv^2}{r}$에서 $v=2m/s$와 같이 구해진다.

(b) 물체가 원운동의 최고점에서 받는 힘은 아래 방향으로의 물체의 무게와 아래 방향으로의 줄의 장력이다. 따라서 $T+W$가 원운동의 구심력을 준다. 줄이 느슨해지지 않기 위해서는 줄의 장력이 0이 되지 않아야 한다. 따라서 줄이 느슨해지지 않는 물체의 최소속력은 줄의 장력이 0이 될 때이다. 줄의 장력이 0보다 크면 줄이 느슨해지지 않고 원운동을 하게 된다. 따라서 $T+W=\frac{mv^2}{r}$에서 $T=0$으로 두면 최소속도는 $v_{\min}=2.4m/s$와 같이 구해진다.

문제 80 반경이 $20m$인 원형의 도로가 안쪽은 낮고 바깥쪽은 높게 10^o의 각도로 경사져 있다. 이 도로를 따라 자동차가 등속으로 주행할 때 가장 적당한 속력은 얼마인가?

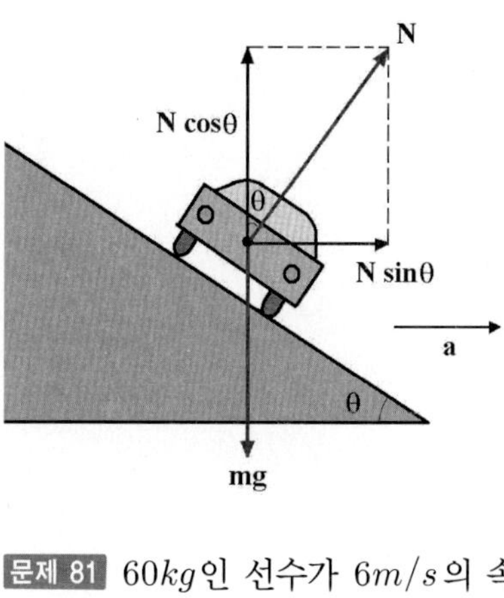

[답] 그림으로부터 구심력은 $N\sin\theta$임을 알 수 있다. 그런데 $N\cos\theta=mg$이므로 구심력은 $mg\tan\theta$이다. 따라서 $mg\tan\theta=\frac{mv^2}{r}$에서 $v=\sqrt{rg\tan\theta}=5.9m/s$를 구할 수 있다. 이보다 차의 속도가 느리면 차는 미끄러질 것이다.

문제 81 $60kg$인 선수가 $6m/s$의 속도로 반경 $5m$인 트랙의 곡선주로를 돌고 있다. 이 선수에 작용하는 구심력은 얼마인가? 구심력의 원인은 무엇인가?

[답] 선수가 받는 구심력은 $F_c=\frac{mv^2}{r}=432N$이다. 구심력의 원인은 선수의 운동화 바닥과 트랙

사이의 정지마찰이다. 이때 마찰계수는 거의 1에 가깝다. 따라서 마찰력은 $f=\mu_s mg=588N$이다. 이 마찰력이 구심력보다 크므로 선수는 안정된 원 궤도를 돌 수 있다. 만약 마찰력이 구심력보다 작으면 선수는 미끄러질 것이다.

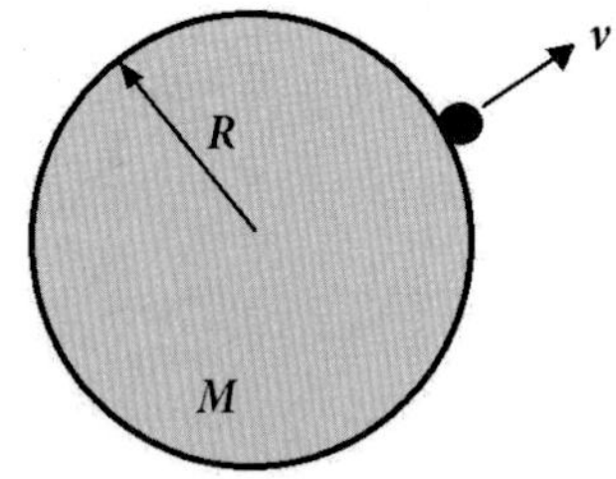

문제 82 어떤 물체의 지구 탈출 속도를 구하라.

[답] 지구를 탈출하는 데 최소의 속도가 지구 탈출 속도이므로 최종속도는 0이 되고 중력포텐셜도 0이다. 따라서 에너지 보존칙 $\frac{1}{2}mv_{es}^2-\frac{GMm}{R}=0$에서 $v_{es}=\sqrt{\frac{2GM}{R}}=11.2km/s$이다.

문제 83 스프링상수 $k=50N/m$인 스프링과 질량 $m=2kg$인 물체가 무게를 무시할 수 있는 도르래에 의해 경사각 30^o의 경사면에서 연결되어 있다. 물체가 정지상태에서 놓일 때 스프링도 평형상태이다. 물체가 $10cm$ 이동한 후 멈추는 것이 관찰되었다. 경사면과 물체 사이의 운동마찰계수를 구하라.

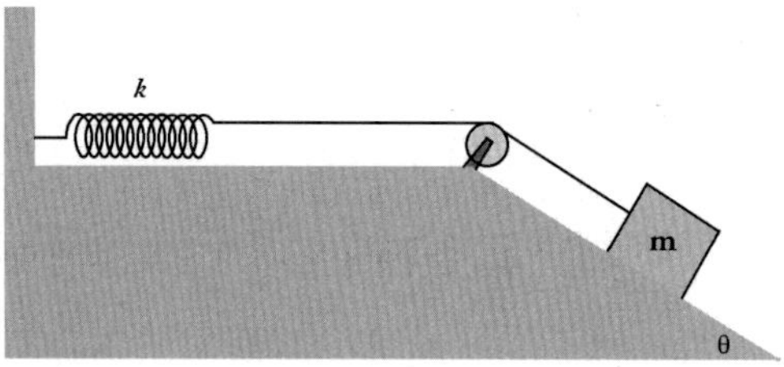

[답] 에너지 보존칙에서 $(mg\sin\theta)s-(\mu_k mg\cos\theta)s=\frac{1}{2}kx^2$을 얻는다. 여기서 $x=s$이므로 위 식에서 $\mu_k=0.29$를 얻을 수 있다.

문제 84 줄에 돌을 매달아 머리 위에서 회전시킨다고 하자. 원운동의 주기는 0.2초로 관찰되었다. 그리고 돌은 지면에서 $2m$ 높이에서 지면과 수평으로 원운동을 한다. 줄을 놓았을 때 돌이 $4m$를 날아가 땅에 떨어졌다. 줄을 놓았을 때 돌의 속도와 원운동의 반경을 구하라. 원운동의 반경은 돌이 날아간 거리 $4m$보다는 훨씬 작다고 가정한다.

[답] 높이 $2m$에서 땅에 떨어지므로 $h=\frac{1}{2}gt^2$에서 $t=0.64s$로 구해진다. 돌이 $4m$를 날아가므로 $s=vt$에서 수평방향의 속도는 $v=6.25m/s$이다. 주기가 0.2초이므로 $T=\frac{2\pi r}{v}$에서 원운동의 반경은 $r=0.2m$로 구해진다.

문제 85 운동에너지를 운동량으로 표현해 보자.

[답] $K=\frac{1}{2}mv^2=\frac{(mv)^2}{2m}=\frac{p^2}{2m}$

2-5. 충돌 문제

문제 86 충돌에서 항상 운동량이 보존됨을 보여라.

[답] 물체들이 충돌하는 경우 각 물체에 작용하는 힘은 시간에 따라 변한다. 골프채로 골프공을 치는 경우를 생각해 보자. 아래 그림은 골프공이 받는 힘의 시간에 따른 변화를 개략적으로 보여준다. 작용-반작용의 법칙에 의해 동일한 힘이 골프공으로부터 골프채에도 전해진다. 그림에서 보듯이 충돌하는 순간부터 골프채가 골프공에 힘을 미치기 시작하며, 이 힘이 최대로 된 후, 골프공이 골프채와 분리되는 순간 골프공에 미치는 힘은 0이 된다. 골프채와 골프공이 접촉해 있는 시간을 충돌시간이라 하는데 이를 Δt로 나타내자. 그림에서 $\overline{F}$는 힘이 미치는 Δt 동안 골프채에 의해 골프공에 미치는 평균적인 힘을 나타낸다. 따라서 힘의 시간에 따른 변화를 적분한 값과 $\overline{F}\Delta t$의 값은 동일하다. 충돌에서 $\overline{F}$의 힘이 짧은 Δt 동안 작용하여 질량 m인 물체의 속도가 $\overrightarrow{v_1}$에서 $\overrightarrow{v_2}$로 변했다고 할 때

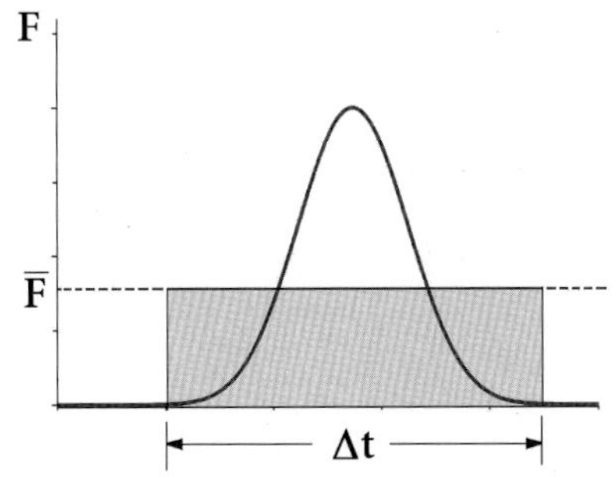

$$\overline{F} = m\vec{a} = \frac{m\overrightarrow{v_2} - m\overrightarrow{v_1}}{\Delta t}$$

와 같이 표현된다. 따라서 $\overline{F}\Delta t = m\overrightarrow{v_2} - m\overrightarrow{v_1} = \Delta\vec{p}$이다. 이 식에서 $\overline{F}\Delta t$를 충격량(impulse)이라고 한다. 이 충격량에 의해 물체의 운동량이 변한다. 동일한 운동량의 변화에 대해 충돌시간 Δt에 따라 물체가 단위시간당 받는 평균적인 힘은 다르다. 예를 들어 사람이 높은 빌딩에서 떨어져 땅에 그대로 머리를 부딪히게 되는 경우 충돌시간은 $10ms$ 정도로 아주 짧다. 따라서 머리에 가해지는 평균적인 힘은 엄청나다. 그러나 스턴트맨이 높은 빌딩에서 공기로 채워진 매트리스에 떨어지는 경우 매트리스의 작용에 의해 감속되어 머리가 땅에 부딪히게 되는 충돌시간은 $2s$ 정도가 된다. 이에 따라 머리가 그대로 땅에 부딪히는 경우와 비교하여 평균적인 힘이 2백분의 1정도이므로 별다른 부상을 입지 않는다.

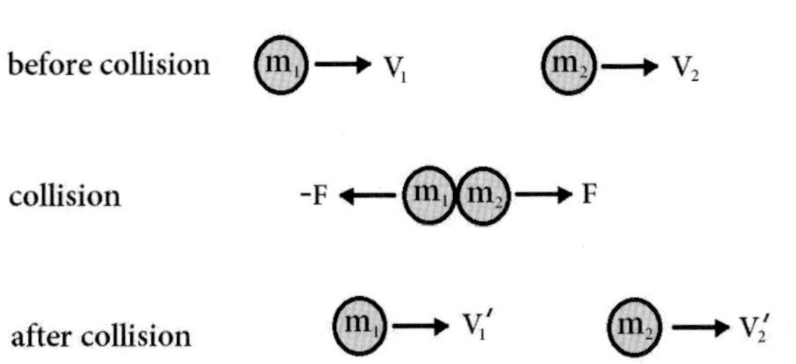

위 그림에서와 같이 1차원적으로 두 물체가 충돌하는 경우를 생각해 보자. 충돌 전의 물체 m_1과 m_2의 속도는 각각 v_1과 v_2이고, 충돌 후 두 물체의 속도는 각각 $v_1{'}$과 $v_2{'}$이다. 따라서 충돌하는 순간 m_1과 m_2가 받는 충격량은 각각

$$-\overline{F}\Delta t = m_1 v_1{'} - m_1 v_1$$

$$\overline{F}\Delta t = m_2 v_2{'} - m_2 v_2$$

으로 주어진다. 위의 두 식을 더하면

$$m_1 v_1 + m_2 v_2 = m_1 v_1{'} + m_2 v_2{'}$$

을 얻는다. 위 식은 충돌 전과 후의 운동량은 보존된다는 것을 나타내고 있다. 위에서 보듯이 충돌은 고립된 계에서 일어나므로 외부력의 작용이 없다. 따라서 충돌 전과 후의 운동량은 같다. 즉, 모든 충돌에서 운동량이 보존된다.

문제 87 두 물체의 충돌에서 Newton의 제3법칙이 만족됨을 보여라.

[답] 운동량 보존칙에서 $m_1 v_1 + m_2 v_2 = m_1 v_1{'} + m_2 v_2{'}$이다. 이를 정리하면

$$m_1(v_1{'} - v_1) = -m_2(v_2{'} - v_2) \Rightarrow \therefore m_1 \Delta v_1 = -m_2 \Delta v_2$$

이다. 위 식의 양변을 Δt로 나누면 $m_1 \frac{\Delta v_1}{\Delta t} = -m_2 \frac{\Delta v_2}{\Delta t}$에서 $F_1 = -F_2$임을 확인할 수 있다.

문제 88 $m_1 = 1kg$과 $m_2 = 2kg$인 두 물체가 스프링에 의해 연결되어 있다. 스프링을 수축시킨 후 놓았더니 m_2가 왼쪽 방향으로 $v_2 = 2m/s$로 움직였다. m_1의 속도의 크기와 방향을 구하라.

[답] 운동량 보존칙에서 $p_i = p_f$이다. $p_i = 0$이고 $\vec{p}_f = m_1 \vec{v_1} + m_2 \vec{v_2}$이므로 $v_1 = -4m/s$이다. m_2의 속도의 방향은 오른쪽이다.

문제 89 질량 $200g$인 공을 벽을 향해 속도 $10m/s$로 던졌다. 공은 벽에 수직으로 충돌한 후

속도 $5m/s$로 튕겨 나왔다. 공의 운동량과 운동에너지의 변화를 구하라.

[답] $p_i = mv_i = 2kgm/s$이고 $p_f = mv_f = 1kgm/s$이다. 그리고 p_i와 p_f는 반대방향이다. 따라서 $\Delta p = p_f - p_i = 3kgm/s$이다. $\Delta K = \frac{1}{2}m(v_f^2 - v_i^2) = -7.5J$이다.

문제 90 속도 $30m/s$로 달리고 있는 질량 $2{,}000kg$인 자동차에 브레이크를 작동시켜 10초 안에 정지하고자 한다. 브레이크에 작용해야 하는 힘을 구하라.

[답] $F\Delta t = m\Delta v$에서 $F = m\frac{\Delta v}{\Delta t} = 6{,}000N$이다.

문제 91 질량 $150g$인 야구공을 투수가 $150km/h$로 던졌다. 타자가 배트로 쳐서 속도를 공이 날아오던 방향과 반대방향으로 $60m/s$로 바꾸었다. 배트가 공에 준 충격량을 구하라. 공과 배트가 닿은 시간은 0.1초라고 한다면 배트가 공에 준 평균 힘은 얼마인가.

[답] 충격량은 $\overline{F}\Delta t = \Delta p$이다. 즉, 충격량은 운동량의 변화이다. $\Delta p = 15.25kgm/s$이고 배트가 공에 작용한 힘은 $\overline{F} = \frac{\Delta p}{\Delta t} = 152.5N$이다.

문제 92 질량 $m_1 = 1kg$인 물체가 $v_1 = 3m/s$로 오른쪽으로 진행하고 있다. 이 물체가 질량 $m_2 = 2kg$이고 동일한 방향으로 속도 $v_2 = 2m/s$로 움직이는 물체와 부딪힌 후 붙어서 움직인다고 한다. 충돌 후 두 물체의 속도와 충돌에 의한 운동에너지의 변화를 구하라.

[답] 운동량 보존칙 $m_1v_1 + m_2v_2 = (m_1 + m_2)V$에서 $V = 2.33m/s$이다. 운동에너지의 변화는

$$\Delta K = \frac{1}{2}(m_1 + m_2)V^2 - \left(\frac{1}{2}m_1v_1^2 + \frac{1}{2}m_2v_2^2\right) = 0.36J$$

로 구해진다.

문제 93 질량 $m_1 = 2kg$인 물체가 $v_1 = 5m/s$로 움직이고 있다. 질량 m_1에 대해 반대방향으로 속도 $v_2 = 3m/s$로 다가오는 $m_2 = 3kg$인 물체와 탄성충돌을 한다. 충돌 후 m_1과 m_2의 속도를 구하라. 충돌 전후의 운동에너지가 동일한지 확인하라.

[답] 운동량 보존칙에서 $2v_1' + 3v_2' = 1$이 구해진다. 탄성충돌에서 충돌 전후의 상대속도의 크기는 동일하다. 즉, $v_1 - v_2 = -(v_1' - v_2')$이다. 위 두 식에서 $v_1' = -4.6m/s$, $v_2' = 3.4m/s$가

구해진다. 그리고 충돌 전의 운동에너지는 $K_i = 38.5J$이고, 충돌 후의 운동에너지는 $K_f = 38.5J$로서 동일함을 볼 수 있다.

문제 94 x축 방향으로 속도 $3m/s$로 이동하는 질량 $6kg$인 물체가 있다. 어느 순간에 이 물체에서 $3kg$이 떨어져 나가서 y축 방향으로 $4m/s$로 날아가는 것이 관측되었다. 나머지 질량의 속도의 크기와 방향을 구하라.

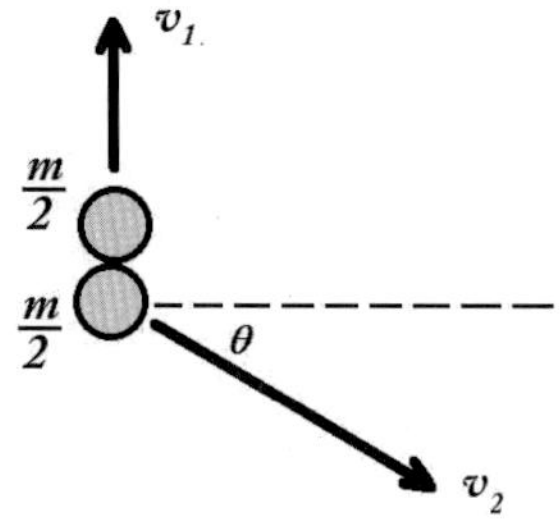

[답] 물체의 처음속도는 $\vec{v_i} = 3\hat{i}$이고 떨어져 나간 부분의 속도는 $\vec{v_i}' = 4\hat{j}$이다. 나머지 부분의 속도를 $\vec{v}$라고 하자. 운동량 보존칙에서 $m\vec{v_i} = \frac{1}{2}m\vec{v_i}' + \frac{1}{2}m\vec{v}$이므로 $\vec{v} = 6\hat{i} - 4\hat{j}$이다. 속도의 크기는 $v = 7.21m/s$이고 각도는 $\theta = \tan^{-1}\frac{v_y}{v_x} = -34^o$이다.

문제 95 질량이 $3kg$인 포탄이 날아가면서 공중에서 3개로 나누어지는데, 이때 3개의 질량은 같다. 하나는 x축 방향으로 $10m/s$로 날아가고 다른 하나는 y축 방향으로 $20m/s$로 날아갔다. 나머지 부분의 속도를 구하라.

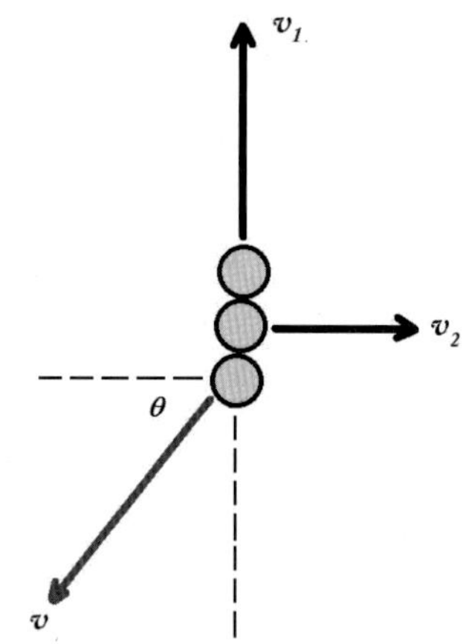

[답] 포탄이 나누어지기 직전의 위치를 원점으로 잡으면 된다. 따라서 충돌 전의 운동량은 0이다. 그리고 충돌 후의 운동량은 $\vec{p_f} = 10\hat{i} + 20\hat{j} + \vec{v}$이다. 여기서 질량은 모두 $1kg$임에 유의하자. 운동량 보존칙에서 $\vec{p}_i = \vec{p_f}$에서 $\vec{v} = -10\hat{i} - 20\hat{j}$이 구해진다. 속도의 크기는 $v = 22.36m/s$이고 방향은 $\theta = 63^o$이다.

문제 96 질량 $M = 1kg$인 물체를 스프링에 밀어 스프링의 길이를 $x = 10cm$ 수축시켰다. 물체를 놓으면 스프링의 힘에 의해 물체는 오른쪽으로 가속된다. 물체가 스프링의 평형 위치에서 $s = 1m$ 떨어진 위치에 도달했을 때, 오른쪽에서 발사된 질량 $m = 20g$인 총알이 날아와서 물체에 박혔다. 총알이 물체에 박혀 물체

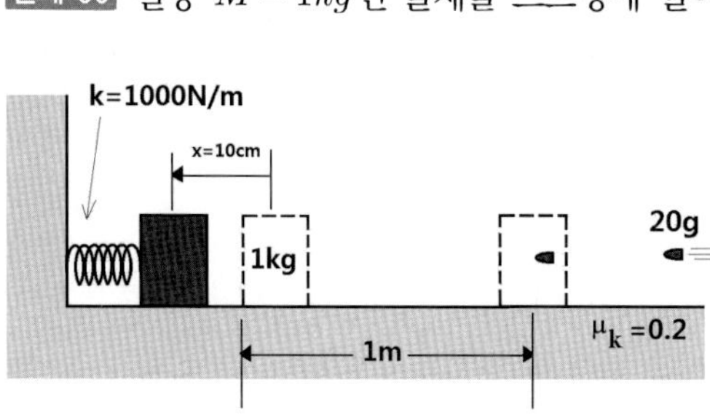

가 정지하기 위해서 총알의 속도는 얼마여야 되나? 물체와 바닥면 사이의 운동마찰계수는 $\mu_k = 0.2$ 이다.

[답] 물체가 총알과 충돌하기 전까지 $\Delta s = 1.1m$를 움직이므로 에너지 보존칙인

$$\frac{1}{2}kx^2 - \mu_k Mg\Delta s = \frac{1}{2}Mv_1^2$$

에서 $v_1 = 2.38m/s$를 구할 수 있다. 총알이 박혀서 물체는 정지하므로 운동량 보존칙인

$$Mv_1 + mv = (m+M)V = 0$$

에서 $v = 119m/s$를 얻는다. 여기서 v_1과 v는 반대방향이다.

문제 97 그림과 같이 질량 $m = 100g$인 물체로 스프링상수 $k = 400\,N/m$인 스프링을 밀어 스프링의 원래 길이보다 $\Delta x = 10cm$ 수축시켰다. 이 상태에서 물체에서 손을 떼면 스프링의 힘에 의해 물체가 가속된다. 물체와 바닥면 사이의 운동마찰계수는 $\mu_k = 0.2$이다. (a) 물체가 스프링을 완전히 떠나는 순간의 속력을 구하라. (b) 물체가 스프링이 수축된 위치에서 $\Delta s = 1m$ 이동하면 경사면의 밑바닥(P)에 도달한다. 이곳에서의 속력을 구하라. (c) 경사면의 마찰력도 평면과 동일하게 $\mu_k = 0.2$이다. 물체가 경사면을 올라가는 최대높이를 구하라.

[답] (a) 초기의 에너지는 수축된 스프링에 저장된 탄성포텐셜에너지 $\frac{1}{2}k(\Delta x)^2$뿐이다. 물체가 스프링을 떠날 때의 속도를 v_1으로 두면 물체의 운동에너지는 $\frac{1}{2}mv_1^2$이다. 그런데 물체가 스프링을 떠날 때까지 마찰력이 작용했으므로 이 마찰력에 의해 소비된 에너지를 빼야 된다. 즉,

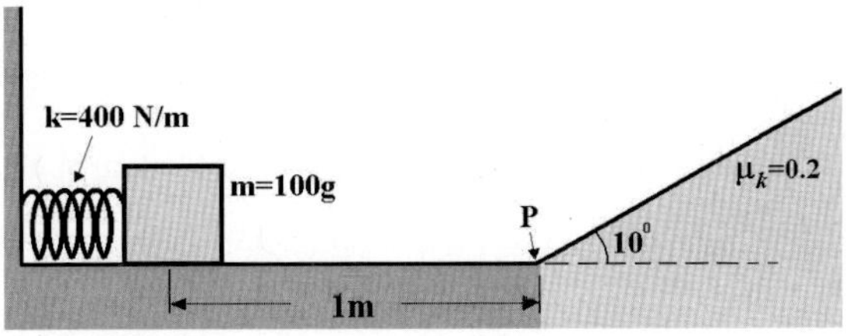

$$\frac{1}{2}k(\Delta x)^2 - \mu_k mg\,\Delta x = \frac{1}{2}mv_1^2$$

이다. 위 식에 $\Delta x = 10cm$를 이용하면 $v_1 = 6.29m/s$를 구할 수 있다.

(b) 초기의 탄성포텐셜에너지는 물체가 $\Delta s = 1m$ 이동하는 동안 마찰력이 한 일 때문에 얼마간 소비되었다. 그 나머지가 물체의 운동에너지가 된다. 즉,

$$\frac{1}{2}k(\Delta x)^2 - \mu_k mg\,\Delta s = \frac{1}{2}mv_2^2$$

이다. 위 식에 $\Delta s = 1m$를 대입하면 $v_2 = 6\,m/s$를 구할 수 있다.

(c) 초기상태의 에너지는 탄성포텐셜에너지 $\frac{1}{2}k(\Delta x)^2$뿐이다. 경사면의 최고높이에서 운동에너지는 0이고 위치에너지는 경사면을 따라 Δl 올라갈 경우 $mg\,\Delta l\,\sin\theta$이다. 마찰력에 의한 일은 $\mu_k mg\,\Delta s + \mu_k mg\,\Delta l\cos\theta$이다. 따라서 에너지 보존칙에서

$$\frac{1}{2}k(\Delta x)^2 - [\mu_k mg\,\Delta s + \mu_k mg\,\Delta l\cos\theta] = mg\,\Delta l\,\sin\theta$$

이다. 위 식에 값을 대입하면 $\Delta l = 4.97m$가 나온다. 이는 높이 $h = \Delta l\,\sin\theta = 0.86m$에 해당된다.

문제 98 마찰계수 $\mu_k = 0.5$인 바닥에 질량 $m_2 = 1kg$인 나무토막이 놓여 있다. 그 뒤 $1m$ 떨어진 위치에 스프링상수 $k = 600N/m$인 스프링이 있다. 질량 $m_1 = 10g$인 총알이 속력 $v = 500m/s$로 나무토막에 박혔다. (a) 총알이 박힌 직후의 나무토막의 속도를 구하라. (b) 총알이 박힌 나무토막이 스프링과 충돌하여 스프링의 길이가 수축되었다. 스프링의 최대 수축거리를 구하라.

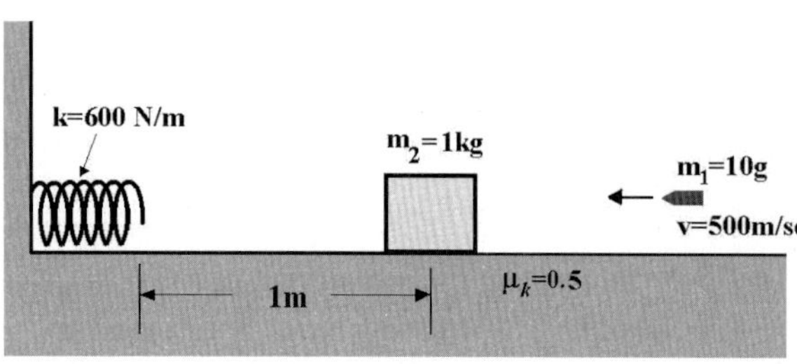

[답] (a) 총알이 나무토막에 박힌 전후의 운동량 보존칙 $m_1 v = (m_1 + m_2)V$에서 $V = 4.95\,m/s$를 구할 수 있다. 이 속도로 총알이 박힌 나무토막이 스프링에 접근한다.

(b) 에너지 보존칙을 적용하면 된다. 총알이 박힌 나무토막의 운동에너지가 스프링의 탄성포텐셜에너지가 된다. 그런데 총알이 박힌 나무토막이 멈출 때까지 마찰이 한 일이 있으므로 이를 빼 주어야 한다. 나무토막이 이동한 거리는 $1+\Delta x$(스프링이 수축한 길이)이다. 이에 따라

$$\frac{1}{2}(m_1+m_2)V^2-\mu_k(m_1+m_2)g(1+\Delta x)=\frac{1}{2}k(\Delta x)^2$$

을 얻는다. 주어진 값을 대입하여 풀면 $\Delta x = 14.9cm$를 구할 수 있다.

문제 99 질량 $100g$인 상자가 $5m/s$로 진행하고 있다. 그림과 같이 스프링에서 $1m$ 떨어진 위치에서 상자 위에 질량 $10g$인 매미가 앉았다. 매미가 앉은 상자는 그 후 $1m$를 진행한 후 스프링상수 $k=4{,}000N/m$인 스프링을 만났다. 상자가 스프링에 닿는 순간 매미가 날아갔다. 이후 상자는 달려오는 속도에 의해 스프링을 수축시켰다. 수축된 스프링의 길이는 몇 cm인가? 바닥과 상자 사이의 운동마찰계수는 0.5이다.

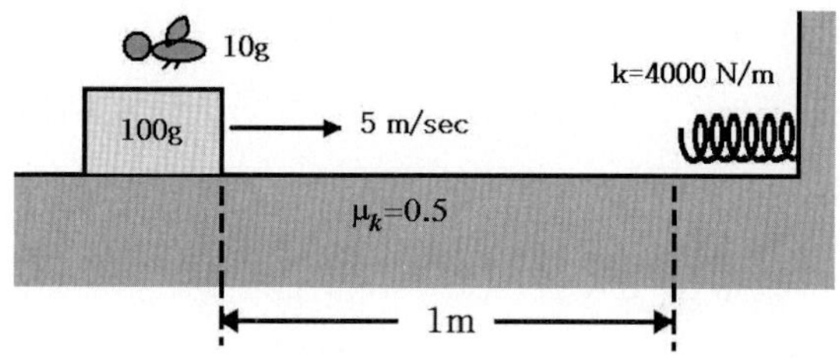

[답] 매미가 상자에 앉기 전과 후에 운동량 보존칙을 적용하면 $mv_0=(m+m_1)V$이다. 따라서 매미가 앉은 직후의 상자의 속도는 $V=4.55\,m/s$로 구해진다. 매미와 상자는 그 후 $1m$ 이동하게 된다. 스프링에 닿기 전의 상자의 속도 v_2를 구하자. 그 사이에 마찰력이 일을 하게 된다 ($\mu_k(m_1+m_2)g\Delta s$, $\Delta s=1m$). 따라서 에너지 보존칙인

$$\frac{1}{2}(m+m_1)V^2-\mu_k(m+m_1)g\Delta s=\frac{1}{2}(m+m_1)v_2^2$$

에서 $v_2=3.30\,m/s$를 구할 수 있다. 이 순간에 매미가 날아가므로 매미가 날아간 전과 후에 운동량 보존칙을 적용하면 $(m+m_1)v_2=mv_3$이고 $v_3=3.63\,m/s$(매미가 날아간 후의 속도)를 구할 수 있다. 이러한 속도를 가진 상자가 스프링과 충돌하여 스프링을 수축시킨다. 에너지 보존칙에서 $\frac{1}{2}mv_3^2-\mu_k mgx=\frac{1}{2}kx^2$이다. 여기서 x만큼 수축하는 동안의 마찰도 고려하였다. 위 식에서 $x=1.8cm$를 구할 수 있다.

문제 100 질량 $m_1=1kg$인 물체가 스프링 $k_1=200N/m$를 밀어 스프링의 길이를 $x_1=10cm$ 수축시켰다. 마찬가지로 질량 $m_2=2kg$인 물체가 스프링 $k_2=300N/m$를 밀어 스프링의 길이를 $x_2=10cm$ 수축시켰다. 두 물체를 동시에 놓으면 스프링의 힘에 의해 두 물체는 각각 왼쪽과

오른쪽으로 가속된다. 두 물체의 평형위치 사이의 거리는 $s=5m$이다. 두 물체를 놓은 후 충돌할 때까지 걸리는 시간을 구하라. 그리고 충돌이 탄성충돌이라고 할 때 두 물체의 충돌 전후의 속도를 각각 구하라. 바닥면과 물체 사이의 마찰은 무시한다.

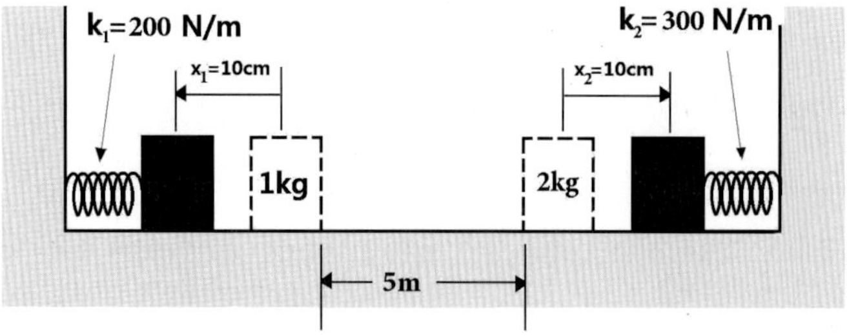

[답] m_1이 평형위치에 도달할 때의 속도는 $\frac{1}{2}k_1x_1^2=\frac{1}{2}m_1v_1^2$에서 $v_1=+1.4m/s$이다. 여기서 오른쪽 방향을 +로 잡았다. 마찬가지로 m_2가 평형위치에 도달할 때의 속도는 $\frac{1}{2}k_2x_2^2=\frac{1}{2}m_2v_2^2$에서 $v_2=-1.2m/s$(왼쪽방향)이다. 그리고 충돌할 때까지의 시간은 $v_1t+v_2t=s=5$에서 $t=1.89s$이다. 충돌 전과 후의 운동량 보존칙에서

$$m_1v_1+m_2v_2=m_1v_1'+m_2v_2' \Rightarrow \therefore v_1+2v_2=v_1'+2v_2'$$

을 얻는다. 즉, $-1.04=v_1'+2v_2'$이다. 탄성충돌의 경우 충돌 전후의 상대속도는 같다. 따라서

$$v_1-v_2=-(v_1'-v_2')$$

을 만족한다. 즉, $2.37=-v_1'+v_2'$을 얻는다. 위 두 식을 연립하여 풀면 $v_1'=-2.10m/s$, $v_2'=0.53m/s$를 얻을 수 있다.

문제 101 질량 $M=1kg$의 물체가 책상 위에서 움직이고 있다. 물체와 책상면 사이의 운동마찰계수는 0.5이다. 물체가 $2m/s$로 움직이는 순간에 질량 $m=50g$인 총알이 속도 $100m/s$로 날아와 박혔다. 이후 총알은 물체에 박혀서 물체와 같이 이동한다. 총알이 박힌 물체가 정지할 때까지 이동하는 거리를 구하라.

[답] 충돌 후 속도 V'은 운동량 보존칙 $mv+MV=(m+M)V'$에서 $V'=6.67m/s$와 같이

구해진다. 총알이 박힌 상자의 가속도는 $a = -\mu_k g$이므로 $v^2 = 2a\Delta s$ 에서 $\Delta s = 4.53\,m$를 구할 수 있다.

문제 102 그림과 같이 발사된 총알이 나무에 박혀 이동하는 거리를 측정하면 총알의 속도를 알 수 있다. 질량 $m = 100g$인 총알은 완전 비탄성충돌로 질량 $M = 100kg$인 나무에 박힌 후 나무와 총알은 수직으로 거리 $y = 5cm$만큼 움직인다. (a) 총알의 속도 v를 구하라. (b) 충돌에 의해 잃은 운동에너지와 총알의 원래 운동에너지의 비율은 얼마인가? 이 에너지는 어디로 갔는가?

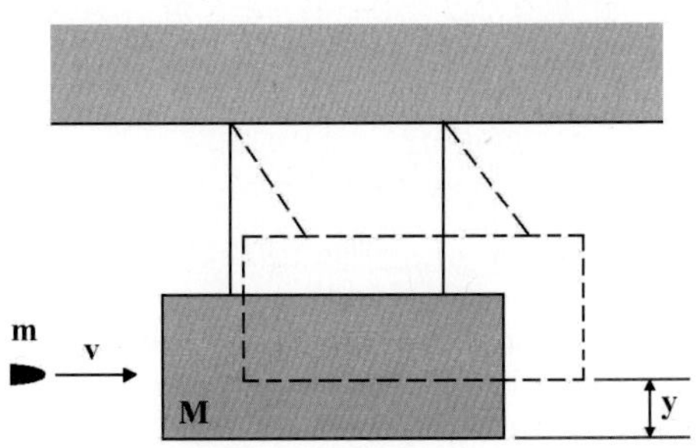

[답] (a) 충돌 후 속도는 운동량 보존칙 $mv = (m+M)v'$에서 $v' = \frac{mv}{m+M}$와 같이 구해진다. 총알이 박힌 나무토막이 높이 y만큼 올라가므로 에너지 보존칙은 $\frac{1}{2}(m+M)v'^2 = (m+M)gy$와 같이 표현된다. 위 식에 $v' = \frac{mv}{m+M}$를 대입하여 총알의 속도 v를 구하면 $v = \frac{m+M}{m}\sqrt{2gy} = 991m/s$이다.

(b) 충돌 후 총알이 박힌 나무토막의 운동에너지는 $K' = \frac{1}{2}(m+M)v'^2 = \frac{1}{2}\frac{m^2v^2}{m+M}$이다. 총알의 운동에너지 $K = \frac{1}{2}mv^2$과의 차이는

$$\Delta K = K' - K = \frac{1}{2}mv^2\left(\frac{-M}{m+M}\right) = K\left(\frac{-M}{m+M}\right)$$

이고, 총알의 운동에너지와의 비는 $\frac{\Delta K}{K} = -\frac{M}{m+M} = -0.999$이다. 이는 대부분의 운동에너지가 사라졌음을 보여 준다. 운동에너지는 주로 열로 달아났고 일부는 총알이 나무에 박힐 때 나무의 분자결합을 깨는 데 사용되었다.

문제 103 질량 $100g$인 상자가 높이 $1m$에서 (정지상태에서) 마찰이 없는 경사면을 따라 내려온다. 바닥에 도달한 상자가 운동마찰계수 0.5인 바닥면을 진행하여 경사면의 끝에서 $1m$ 떨어진 $50g$의 다른 상자와 탄성충돌하였다. $50g$의 상자는 충돌 후 몇 m 이동한 후 멈추겠는가?

[답] $100g$인 상자의 초기 에너지는 위치에너지 mgh뿐이다. $50g$인 상자와 충돌하기 직전의 속도는 에너지 보존칙으로 구하면 된다. 비탈길에서는 마찰이 없다고 했으므로 마찰력은 고려할 필요가 없고, 평지에서 마찰에 의한 일은 $\mu_k mg\Delta x$이다. 여기서 $\Delta x = 1m$이다. 에너지 보존칙

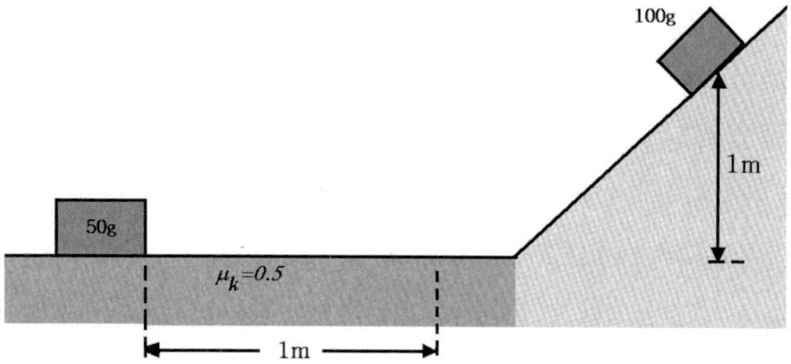

$mgh - \mu_k mg\Delta x = \frac{1}{2}mv^2$에서 $v = 3.13\,m/s$(충돌 직전의 $100g$ 상자의 속력)를 구한다. 충돌 후 $100g$인 상자의 속도를 v', $50g$인 상자의 속도를 v_1이라고 두고 충돌 전후에 운동량 보존칙을 적용하면 $mv = mv' + m_1v_1$을 얻는다. 여기서 v', v_1 모두 구해야 하는 값이므로 식 하나가 더 필요하다. 이는 탄성충돌의 조건에서 구할 수 있다. 탄성충돌의 경우 충돌 전후의 상대속도가 동일하다(-값이 붙는다). 즉, 충돌 전의 상대속도는 $v-0$($50g$인 상자는 정지)이고 충돌 후의 상대속도는 $v' - v_1$이다. 따라서 $v = -(v' - v_1) \rightarrow v' = v_1 - v$를 얻는다. 이를 운동량 보존칙 식에 대입하면 $v_1 = \dfrac{2mv}{m+m_1} = 4.17\,m/s$로, 충돌 직후 $50g$인 상자의 속력을 구할 수 있다. 마지막으로 에너지 보존법칙을 사용한다. 가장 멀리 갈 수 있는 지점은 $50g$인 상자가 멈추는 지점이다. 따라서 나중의 에너지는 0이 된다. 그 사이에 마찰력이 한 일이 있으므로(실제로 마찰에 의해 상자가 멈추게 되므로) $\frac{1}{2}m_1v_1^2 - \mu_k m_1 g\Delta s = 0$에서 $\Delta s = 1.77\,m$를 구할 수 있다.

문제 104 질량 $m_1 = 2kg$의 물체가 운동마찰계수 $\mu_k = 0.2$인 바닥에서 속도 $v = 3m/s$로 움직인다. 질량 m_1의 앞 $s = 2m$에 질량 $m_2 = 1kg$인 물체가 정지해 있다. 질량 m_1이 질량 m_2와 충돌하는 데 걸리는 시간을 구하라. 충돌 후 질량 m_2의 속도를 구하라. 질량 m_2가 정지할 때까지 이동한 거리를 구하라. 충돌은 탄성충돌이다.

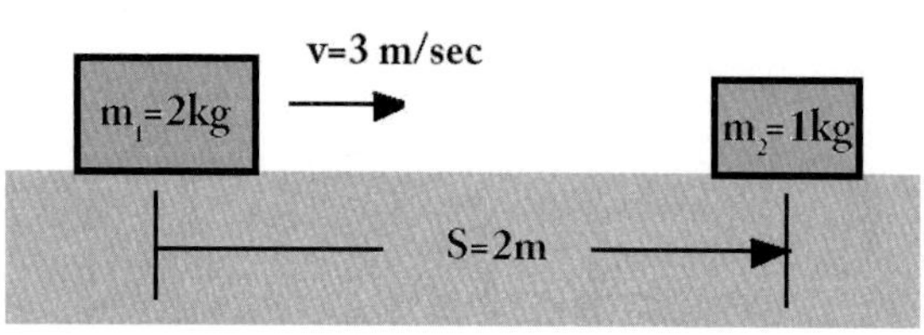

[답] 충돌 직전 m_1의 속도는

$$\frac{1}{2}m_1v^2 - \mu_k m_1 g\,s = \frac{1}{2}m_1v'^2 \rightarrow \therefore v' = 1.08\,m/s$$

로 계산된다. 충돌 전에 이동하는 시간은 $v' = v + at$에서 $t = 0.98\,s$가 구해진다. 여기서 가속도는 $a = -\mu_k g$를 사용하였다. 충돌 후 속도는 운동량 보존칙을 이용하여 구하면 된다. 운동량 보존칙에서

$$m_1 v' = m_1 v_1{}' + m_2 v_2 \rightarrow \therefore 2v_1{}' + v_2 = 2.16$$

을 얻는다. 탄성충돌이므로 $v' = -(v_1{}' - v_2)$의 관계식이 만족된다. 따라서 위 두 식을 풀면 $v_1{}' = 0.36\,m/s$, $v_2 = 1.44m/s$를 얻는다. 충돌 후 멈추기까지 m_2의 이동거리는 $v_2{}'^2 - v_2^2 = 2a\Delta s$에서 $v_2{}' = 0$이므로 $\Delta s = 0.53m$을 구할 수 있다.

[별해] 충돌 전 m_1의 속도는 $v'^2 - v^2 = 2aS$를 이용하여 구할 수도 있다.

문제 105 $m_1 = 2kg$인 물체가 속도 $v_1 = 8m/s$로 움직이고 있다. m_1의 앞에는 질량을 무시할 수 있는 스프링이 붙어 있는 질량 $m_2 = 8kg$인 물체가 속도 $v_2 = 3m/s$로 움직이고 있다. m_1이 m_2에 충돌한 후 두 물체는 붙어서 움직인다. 충돌 후 수축된 스프링의 길이를 구하라. 물체와 바닥 사이의 마찰은 무시한다.

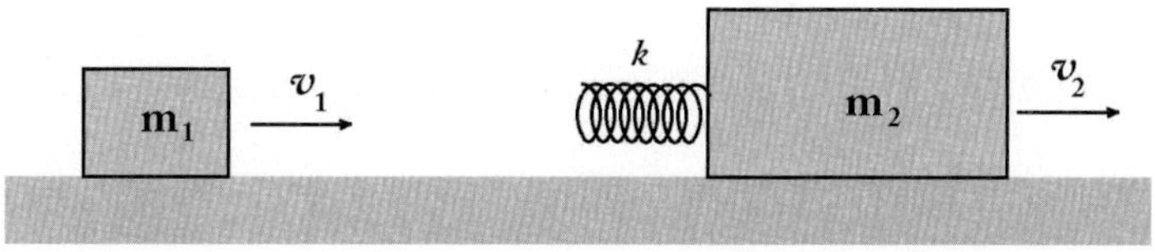

[답] 운동량 보존칙 $m_1 v_1 + m_2 v_2 = (m_1 + m_2)V$에서 $V = 4m/s$가 구해진다. 충돌 전 운동에너지는 $K_i = \frac{1}{2}m_1 v_1^2 + \frac{1}{2}m_2 v_2^2 = 100J$이고 충돌 후 운동에너지는 $K_f = \frac{1}{2}(m_1 + m_2)V^2 = 80J$이다. 두 운동에너지의 차이가 스프링의 탄성에너지가 되었다. 즉, $K_f - K_i = \frac{1}{2}kx^2$에서 $x = 20cm$가 구해진다.

문제 106 $m = 30kg$인 아이가 스프링에 연결된 카트 안에서 수평에서 30^o방향으로 $v = 20m/s$의 속도로 공을 던진다고 하자. 공의 질량은 $m_1 = 200g$이다. 카트의 질량은 $M = 100kg$이다. 스프링의 늘어난 길이를 구하라. 카트와 바닥과의 마찰은 무시하다.

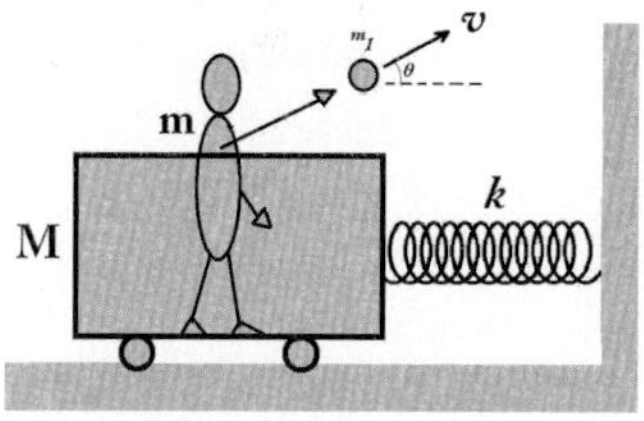

[답] 운동량 보존칙에서 $m_1 v\cos\theta = (m + M)V$에서 $V = 0.0266\,m/s$을 얻는다. 그리고 에너지 보존칙 $\frac{1}{2}(m+M)V^2 = \frac{1}{2}kx^2$ 에서 $x = 1.36cm$를 구할 수 있다.

문제 107 질량 m인 물체가 속력 $2m/s$로 동일한 질량의 물체와 비스듬히 충돌하여 진행방향에 대해 30° 방향으로 나아가는 것이 관찰되었다. 그리고 충돌한 물체는 각도 θ로 이동하였다. 충돌 후 두 물체의 속도와 각도 θ를 구하라. 충돌은 탄성충돌이다.

[답] x, y방향의 운동량 보존칙에서

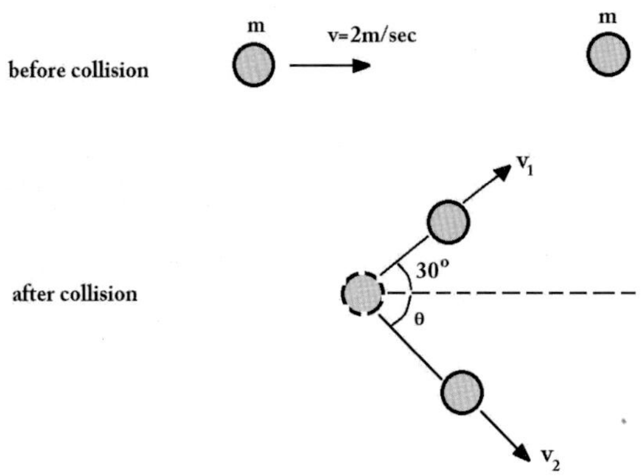

$$mv = mv_1 \cos 30^o + mv_2 \cos \theta$$

$$mv_1 \sin 30^o = mv_2 \sin\theta$$

를 얻는다. 그리고 탄성충돌이므로 운동에너지의 보존에서

$$\frac{1}{2}mv^2 = \frac{1}{2}mv_1^2 + \frac{1}{2}mv_2^2$$

$$\rightarrow \therefore v^2 = v_1^2 + v_2^2$$

이다. 위 식은 v_1과 v_2가 서로 수직임을 나타낸다. 따라서 $\theta = 60^o$이다. 이를 위 식에 적용하면 $v_1 = 1.74m/s$, $v_2 = 1m/s$를 구할 수 있다.

문제 108 질량 m인 물체가 정지해 있는 질량 $2m$인 물체에 $v_1 = 2m/s$로 다가가서 충돌하였다. 충돌 후 m은 30°, $2m$은 45° 각도로 진행하였다. 충돌 후 물체들의 속도를 구하라. 충돌 전과 후의 운동에너지의 비를 구하라.

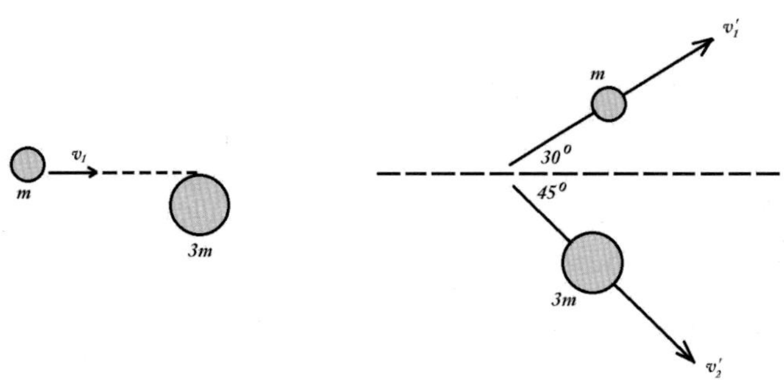

[답] x방향의 운동량 보존칙에서 $mv_1 = mv_1' \cos 30^o + 2m v_2' \cos 45^o$이다. 주어진 값을 대입하면 $0.866 v_1' + 1.414 v_2' = 2$를 얻는다. y방향의 운동량 보존칙에서 $mv_1' \sin 30^o = 2m v_2' \sin 45^o$이

고, 값을 대입하면 $v_1{}' = 2.83 v_2{}'$를 얻는다. 위 두 식에서 $v_1{}' = 1.46 m/s$, $v_2{}' = 0.52 m/s$를 구할 수 있다. 운동에너지는 $K_i = \frac{1}{2}mv_1^2 = 2m$, $K_f = \frac{1}{2}mv_1^2 + \frac{1}{2}(2m)v_2{}'^2 = 1.34m$이므로 $\frac{K_f}{K_i} = 0.67$이다. 운동에너지의 변화량은 $\frac{\Delta K}{K_i} = 33\%$에 해당된다. 운동에너지가 감소했으므로 비탄성충돌이다.

문제 109 질량 $60kg$인 스턴트맨이 지상에서 $50m$ 높이에 있는 건물옥상에서 뛰어내린다. 공기 매트리스에 떨어진 후 바닥에 정지하기까지 $2s$가 걸렸다. 정지할 때까지 스턴트맨이 느끼는 평균 힘은 얼마인가? 매트리스가 없다면 스턴트맨이 느끼는 평균 힘은 얼마인가? 이 경우 지표와 접촉시간은 $10ms$이다.

[답] 매트리스 위에서의 속도는 $mgh = \frac{1}{2}mv^2$에서 $v = 31 m/s$임을 알 수 있다. 평균 힘은

$$\overline{F} = \frac{p_f - p_i}{\Delta t} = \frac{0 - mv}{\Delta t} = -930N$$

과 같이 구해진다. 반면에 그대로 땅에 떨어지는 경우 접촉시간이 $10ms$로 아주 짧으므로 위 식에 이 값을 대입하면 $\overline{F} = -186,000N$이다. 이 힘은 대략 18.6톤 질량의 무게에 해당된다. 따라서 충돌에서는 접촉시간이 아주 중요하다. 접촉시간이 길수록 평균 힘이 줄어든다.

문제 110 투수가 던지는 시속 $140km/h$의 공을 포수가 받는다고 하자. 야구공의 질량은 $140g$이다. 포수가 공을 바로 받을 경우 공과 미트의 접촉시간은 $10ms$라고 한다. 이 경우 포수가 느끼는 평균 힘을 구하라. 이와 달리 포수가 공과 접촉하는 시간을 길게 하기 위해 공이 미트에 닿은 후 뒤로 빼면서 받는다. 이 경우 접촉시간이 $2s$라고 한다. 이때 포수가 느끼는 평균 힘을 구하라.

[답] 접촉시간이 $10ms$인 경우 $\overline{F} = \frac{p_f - p_i}{\Delta t} = \frac{0 - mv}{\Delta t} = -544N$으로 계산된다. 이 힘은 질량 $55kg$의 무게에 해당된다. 반면에 접촉시간이 $2s$인 경우 위 식에 대입하면 평균 힘은 $2.7N$이다. 따라서 포수가 느끼는 평균 힘은 접촉시간이 길 경우 훨씬 작다는 것을 확인할 수 있다.

문제 111 속도 $\vec{v_1}$으로 움직이는 질량 m인 물체가 동일한 질량 m인 정지해 있는 물체와 충돌한다고 하자. 이 충돌이 탄성충돌이라고 할 때 충돌 후 두 물체는 서로 직각방향으로 진행함을 보여라.

[답] 운동량 보존칙에서 $m_1\vec{v_1} = m_1\vec{v_1}' + m_2\vec{v_2}' \rightarrow \therefore \vec{v_1} = \vec{v_1}' + \vec{v_2}'$을 얻는다. 여기서 두 물체의 질량이 같음을 이용하였다. 그리고 운동에너지 보존칙에서

$$\frac{1}{2}m_1v_1^2 = \frac{1}{2}m_1{v_1}'^2 + \frac{1}{2}m_2{v_2}'^2 \rightarrow v_1^2 = {v_1}'^2 + {v_2}'^2$$

을 얻는다. 운동량 보존칙 식을 제곱하면

$$v_1^2 = \overrightarrow{v_1} \cdot \overrightarrow{v_1} = {v_1}'^2 + {v_2}'^2 + 2\overrightarrow{v_1'} \cdot \overrightarrow{v_2'}$$

이 되고 에너지 보존칙 식을 이용하면 $\overrightarrow{v_1'} \cdot \overrightarrow{v_2'} = 0$임을 알 수 있다. 따라서 $\overrightarrow{v_1}'$와 $\overrightarrow{v_2}'$은 서로 수직이다. 즉, 충돌 후 두 물체는 서로 수직인 방향으로 진행함을 알 수 있다.

2-6. 질량중심의 계산

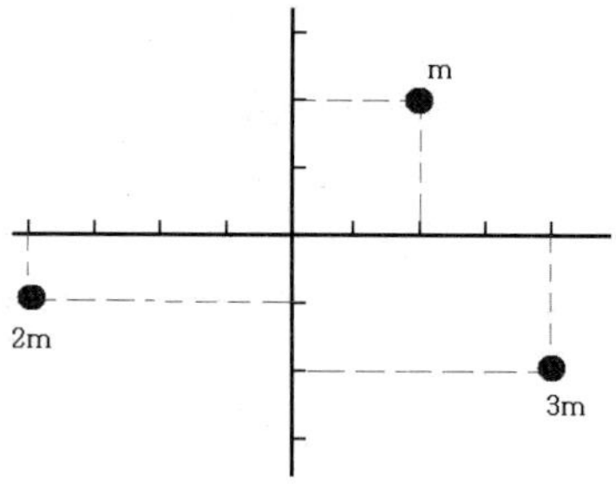

문제 112 그림과 같이 3개의 질량이 분포되어 있는 계의 질량 중심을 구하라.

[답] 분산적인 물체이므로 질량중심은

$$x_{cm} = \frac{\sum m_i x_i}{M} = \frac{2\times m + 4\times 3m + (-4)\times 2m}{6m} = 1$$

$$y_{cm} = \frac{\sum m_i y_i}{M} = \frac{2\times m + (-2)\times 3m + (-4)\times 2m}{6m} = -1$$

과 같이 구할 수 있다. 즉, 질량중심은 $(x_{CM}, y_{CM}) = (1, -1)$이다.

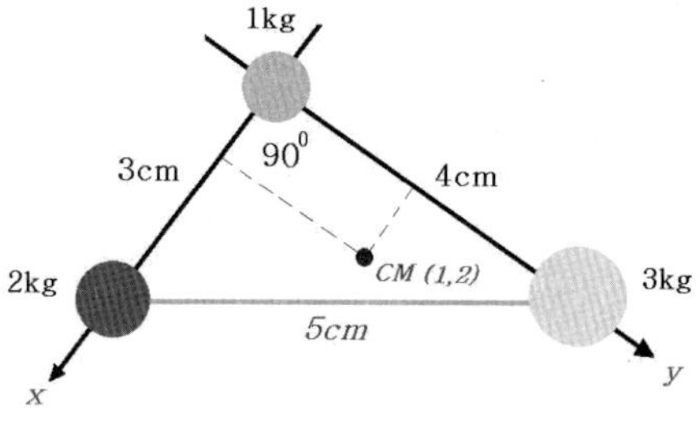

문제 113 그림과 같이 3개의 질량이 무게를 무시할 수 있는 가는 막대로 연결되어 있다. 이 계의 질량중심을 구하라.

[답] 좌표를 그림과 같이 잡으면 질량중심의 정의에서

$$x_{cm} = \frac{\sum_i m_i x_i}{M} = 1$$

$$y_{cm} = \frac{\sum_i m_i y_i}{M} = 2$$

를 구할 수 있다. 즉, 질량중심은 (1, 2)이다.

문제 114 반경 R인 원판을 각 θ인 부채꼴로 잘랐다. 이 부채꼴의 질량중심을 구하라. 얻은 결과를 $\theta = 30^o$인 경우와 반쪽 원판 ($\theta = 180^o$)에 대해 적용해 보라.

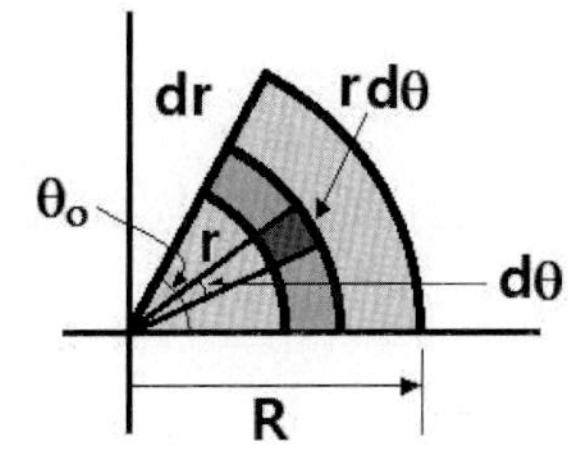

[답] 반경이 r이고 두께가 dr인 띠를 생각해 보자. 이 띠의 질량은 $dm = \rho\, r\, d\theta\, dr$이다. 여기서 ρ는 원판의 밀도이다. 질량중심의 정의에 따라 질량중심의 x좌표는

$$x_{CM} = \frac{1}{M}\int x\, dm = \frac{1}{M}\int_0^R \int_0^{\theta_0} (r\cos\theta)\, \rho\, r\, d\theta\, dr$$

$$= \frac{\rho}{M}\int_0^R r^2\, dr \int_0^{\theta_0} \cos\theta\, d\theta = \frac{\rho}{M}\frac{R^3}{3}\sin\theta_0$$

와 같이 구해진다. 질량중심의 y좌표는

$$y_{CM} = \frac{1}{M}\int y\, dm = \frac{1}{M}\int_0^R \int_0^{\theta_0} (r\sin\theta)\, \rho\, r\, d\theta\, dr$$

$$= \frac{\rho}{M}\int_0^R r^2\, dr \int_0^{\theta_0} \sin\theta\, d\theta = \frac{\rho}{M}\frac{R^3}{3}(1 - \cos\theta_0)$$

로 주어진다. 그리고 부채꼴의 질량은

$$M = \int dm = \int_0^R \int_0^{\theta_0} \rho\, r\, d\theta\, dr = \int_0^R r\, dr \int_0^{\theta_0} d\theta = \rho\frac{R^2\theta_0}{2}$$

와 같다. 이를 위 두 식에 대입하면

$$x_{CM} = \frac{2}{3}\frac{R}{\theta_0}\sin\theta_0$$

$$y_{CM} = \frac{2}{3}\frac{R}{\theta_0}(1-\cos\theta_0)$$

을 얻는다. $\theta = 30^o$의 경우 $x_{CM} = \frac{2R}{\pi}$, $y_{CM} = \frac{4}{\pi}\left(1-\frac{\sqrt{3}}{2}\right)R = 0.17R$이다. 그리고 반쪽 원판의 경우 $\theta_0 = \pi$이므로 $x_{CM} = 0$, $y_{CM} = \frac{4}{3\pi}R = 0.42R$이다.

문제 115 반경 R인 반원의 질량중심을 구하라.

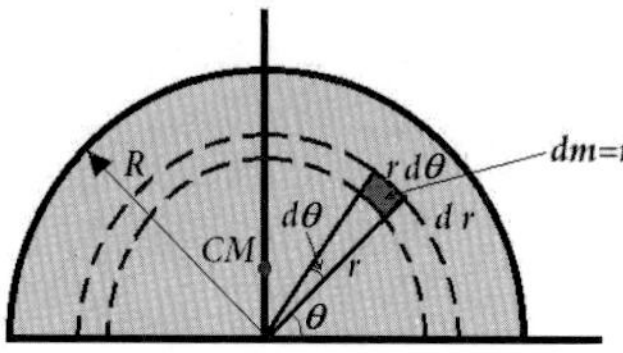

[답] 질량중심의 x좌표는 반원의 중심이다. 질량중심의 y좌표는

$$\begin{aligned} y_{CM} &= \frac{1}{M}\int y\,dm \\ &= \frac{1}{\pi R^2 \rho}\int (r\sin\theta)\,\rho r d\theta \\ &= \frac{1}{\pi R^2}\int_0^R r^2 dr \int_0^\pi \sin\theta\, d\theta = 0.212R \end{aligned}$$

과 같이 구해진다.

문제 116 그림과 같은 삼각형 모양의 질량중심을 구하라.

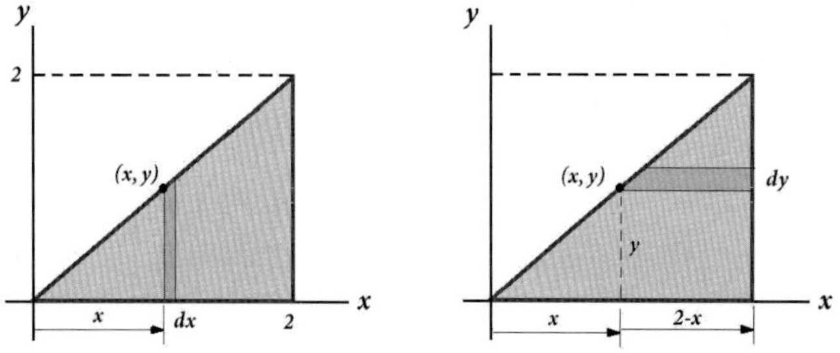

[답] 질량중심의 x좌표는 왼쪽 그림과 같은 작은 면적 $dm = \rho dx$를 생각하면

$$x_{CM} = \frac{1}{M}\int x\,dm = \frac{\rho}{M}\int_0^2 x\,y\,dx = \frac{\rho}{M}\int_0^2 x^2\,dx = \frac{4}{3}$$

와 같이 구해진다. 여기서 $\rho = \frac{M}{A} = \frac{M}{2}$를 사용하였다. y좌표는 오른쪽 그림과 같은 면적 $dm = \rho(2-x)dy$를 고려하면

$$y_{CM} = \frac{1}{M}\int y\,dm = \frac{\rho}{M}\int_0^2 y(2-x)\,dy = \frac{\rho}{M}\int_0^2 (2y-y^2)dy = \frac{2}{3}$$

이다. 따라서 질량중심의 좌표는 $(x_{CM}, y_{CM}) = \left(\frac{4}{3}, \frac{2}{3}\right)$이다.

문제 117 그림과 같은 도형의 질량중심을 구하라.

[답] 위 도형은 두 사각형의 조합이다. 각각의 질량중심은 각 사각형의 중심이다. 따라서 오른쪽 그림과 같은 좌표를 사용하면 조합된 도형의 질량중심은

$$\begin{aligned}\vec{R}_{CM} &= \frac{\vec{R_1}m_1 + \vec{R_2}m_2}{m_1 + m_2} \\ &= \rho\frac{\left(\frac{a}{2}\hat{i} + a\hat{j}\right)(2a^2) + \left(\frac{3a}{2}\hat{i} + \frac{a}{2}\hat{j}\right)a^2}{(2a^2)\rho + (a^2)\rho} \\ &= \frac{5}{6}a(\hat{i} + \hat{j})\end{aligned}$$

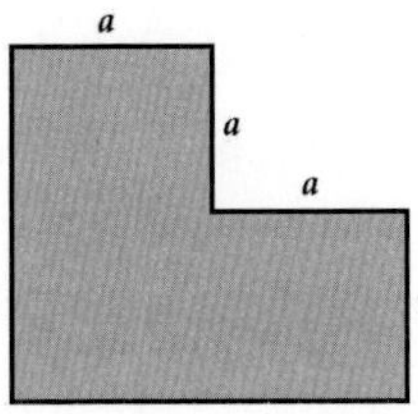

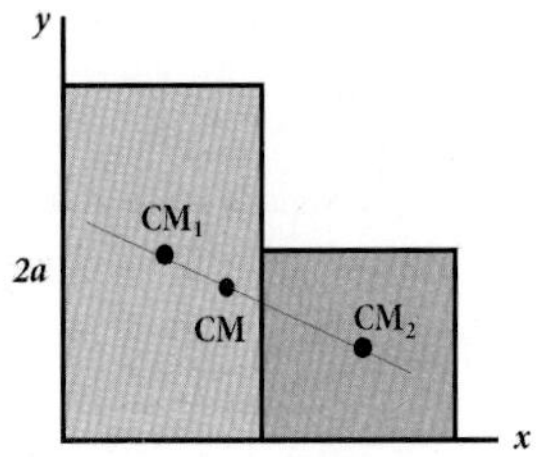

와 같이 구해진다. 따라서 질량중심의 좌표는 $(x_{CM}, y_{CM}) = \left(\frac{5a}{6}, \frac{5a}{6}\right)$이다. 오른쪽 그림에서와 같이 도형의 질량중심은 두 사각형의 질량중심의 연장선상에 존재한다.

문제 118 그림과 같이 가는 철사로 만든 도형의 질량중심을 구하라.

[답] 철사 도형은 3개의 철사로 구성되어 있다. 그림과 같은 좌표를 사용하면 각 철사의 질량중심은 $\vec{R_1} = l\,\hat{i} + l\,\hat{j}$, $\vec{R_2} = 2l\,\hat{i} + \frac{l}{2}\hat{j}$, $\vec{R_3} = \frac{5l}{2}\hat{i}$로 주어지므로 철사 도형의 질량중심은

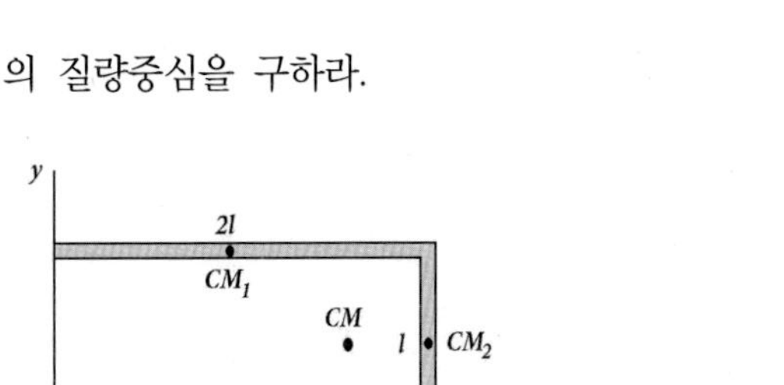

$$\vec{R}_{CM}=\frac{m_1\vec{R_1}+m_2\vec{R_2}+m_3\vec{R_3}}{m_1+m_2+m_3}$$

$$=\frac{2m(l\hat{i}+l\hat{j})+m\left(2l\hat{i}+\frac{l}{2}\hat{i}\right)+m\frac{5l}{2}\hat{i}}{4m}$$

$$=\frac{l}{8}(13\hat{i}+5\hat{j})$$

와 같이 구해진다.

문제 119 정사각형의 중심에서 d만큼 떨어진 곳에 반경 r인 원판을 잘라 낸 도형의 질량중심을 구하라.

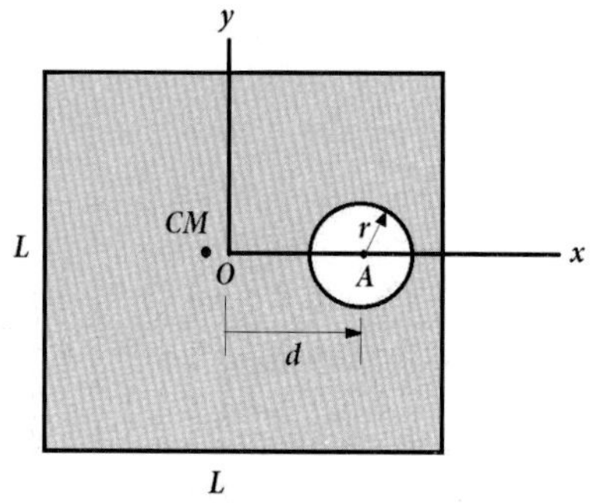

[답] 질량중심의 y좌표는 원점이다. 질량중심의 x좌표를 구해 보자. 원판이 잘려진 도형의 질량을 m_1, 잘라낸 원판의 질량을 m_2라고 하면 정사각형의 질량중심은 두 도형을 합친 것이므로 그 x좌표는 $x_O=\frac{m_1x_{CM}+m_2x_A}{m_1+m_2}=0$과 같이 표현된다. 여기서 정사각형의 질량중심은 원점이라는 것을 이용하였다. 따라서 도형의 질량중심은

$$x_{CM}=-\frac{m_2}{m_1}x_A=-\frac{\pi r^2}{L^2-\pi r^2}d=\frac{\pi d}{\left(\frac{L}{r}\right)^2-\pi}$$

로 구해진다. 정사각형의 한 변의 길이가 $L=2\,m$이고 $d=0.5\,m$, $r=0.25\,m$인 경우 질량중심은 $x_{CM}=2.58\,cm$ 이다. 즉, 정사각형의 중심에서 약간 왼쪽으로 이동한 위치이다.

2-7. 관성모멘트의 계산

문제 120 질량이 M이고 반경이 R인 반쪽 원판에 대해 중심과 지름축으로 회전시킬 경우 반쪽 원판의 관성모멘트를 각각 구하라.

[답] 반쪽 원판의 중심으로 회전시킬 경우의 관성모멘트는

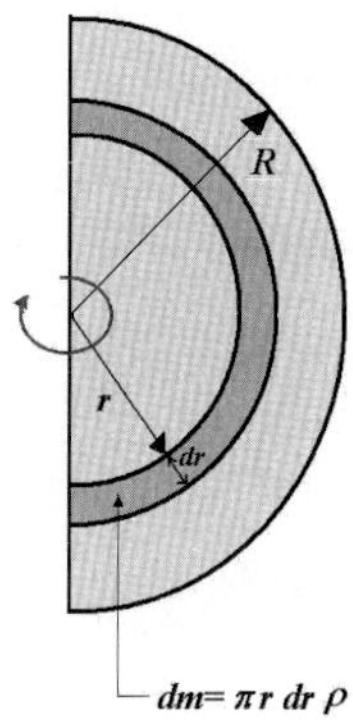

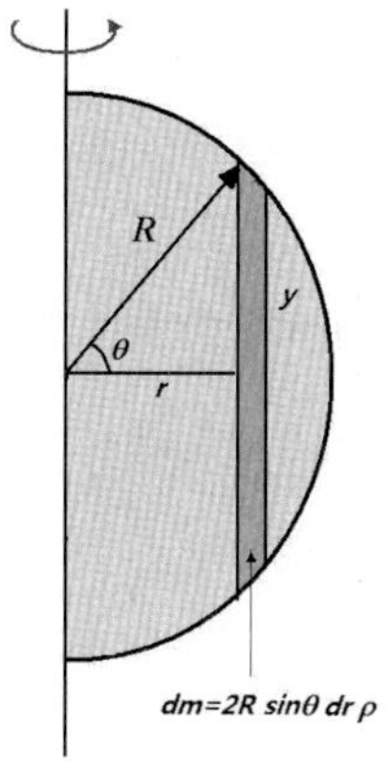

$$I=\int r^2\,dm=\int_0^R r^2(\pi r\,dr\,\rho)$$

$$=\rho\pi\int_0^R r^3 dr=\frac{1}{2}MR^2$$

과 같이 구해진다. 여기서 $\rho=\frac{M}{\pi R^2/2}=\frac{2M}{\pi R^2}$을 이용하였다.

지름축으로 회전시킬 경우 관성모멘트는

$$I=\int r^2\,dm=-2R^4\rho\int_{\frac{\pi}{2}}^{0}\sin^2\theta\cos^2\theta\,d\theta=\frac{1}{4}MR^2$$

과 같이 구해진다. 위에서 $r=R\cos\theta$, $dr=-R\sin\theta\,d\theta$를 이용하였다.

문제 121 반경이 R이고 질량이 M인 속이 빈 구각(hollow sphere)을 중심축으로 회전시켰을 때의 관성모멘트를 구하라.

[답] 그림과 같은 반경 $R\sin\theta$인 띠를 생각해 보자. 이 띠의 질량은 $dm=2\pi R\sin\theta(Rd\theta)\rho$이다.

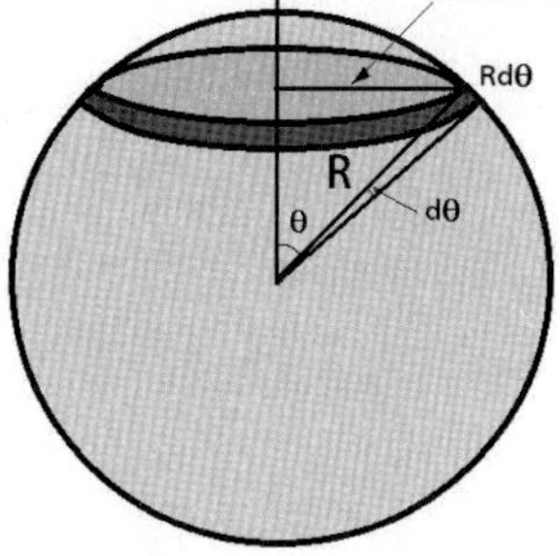

두께를 무시할 수 있으므로 밀도는 $\rho=\frac{M}{4\pi R^2}$이고 $dm=\frac{M}{2}\sin\theta\,d\theta$이다. 관성모멘트는

$$I=\int r^2 dm=\int(R\sin\theta)^2 dm=\frac{M}{2}R^2\int\sin^3\theta\,d\theta$$

로 표현된다. $\sin^3\theta=(1-\cos^2\theta)\sin\theta$를 위 식에 적용하면

$$I=-\frac{MR^2}{2}\int_0^{\pi}(1-\cos^2\theta)\,d(\cos\theta)=\frac{2}{3}MR^2$$

과 같이 구해진다.

문제 122 반경이 R이고 질량이 M인 속이 꽉 찬 구를 중심축으로 회전할 때의 관성모멘트를 구하라.

[답] 몇 가지 다른 방법으로 구에 대한 관성모멘트를 구해 보도록 한다. 첫째, 속이 빈 구각에 대한 관성모멘트를 이용하여 구에 대한 관성모멘트를 구할 수 있다. 구는 속이 빈 구각의 집합이므로 그림과 같이 반경 r에 있는 두께 dr인 구각을 면적소로 생각해 보자. 이 면적소의 면적은 $dm=\rho dV=\left(\frac{M}{4\pi R^2/3}\right)4\pi r^2 dr$이다. 따라서 이 구각의 관성모멘트는 $dI=\frac{2}{3}dm\,r^2=\frac{2M}{R^3}r^4 dr$이므로 구의 관성모멘트는

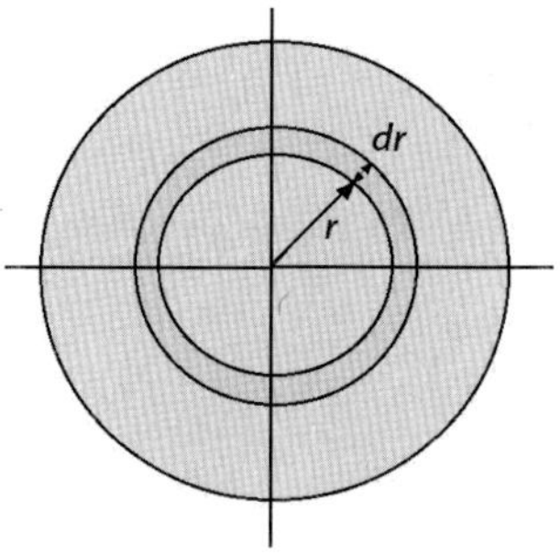

$$I=\int dI=\frac{2M}{R^3}\int_0^R r^4\,dr=\frac{2}{5}MR^2$$

과 같이 구해진다.

둘째, 구는 원판의 집합이라는 것을 이용하여 관성모멘트를 구해 보기로 한다. 원판의 관성모멘트는 $\frac{1}{2}MR^2$이다. 높이 z에 있는 원판을 생각해 보자. 이 원판의 면적은 $dm=\rho dV=\rho\pi y^2\,dz=\rho\pi(R^2-z^2)dz$이다. 이 원판의 관성모멘트는 $dI=\frac{1}{2}dm z^2$이므로 구의 관성모멘트는

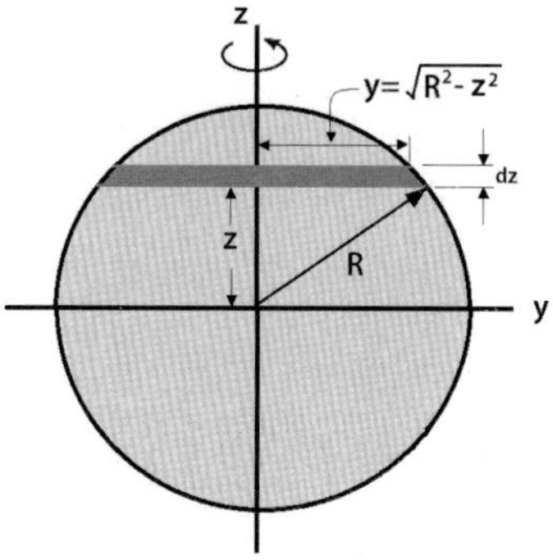

$$I=\frac{1}{2}\rho\pi\int_{-R}^{R}z^2(R^2-z^2)\,dz=\frac{2}{15}\rho\pi R^5=\frac{2}{5}MR^2$$

이 구해진다.

셋째, 구 내부에 있는 임의의 체적소를 생각해 보자. 그림에서 보듯이 체적소의 체적은 $dV=r^2\sin\theta\,d\theta\,d\phi$이다. 이 체적소의 질량은 $dm=\rho dV$이고 회전축에서 $r\sin\theta$만큼 떨어져 있다. 따라서 구의 관성모멘트는

$$\begin{aligned}I&=\int r^2\,dm\rho\\&=\iiint(r\sin\theta)^2(r^2\sin\theta\,d\theta\,d\phi)\\&=\rho\int_0^R r^4dr\int_0^\pi\sin^3\theta\,d\theta\int_0^{2\pi}d\phi\\&=\frac{2}{5}MR^2\end{aligned}$$

을 얻는다.

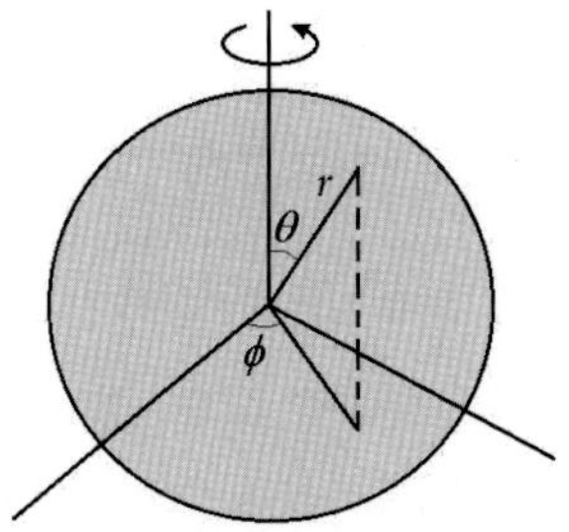

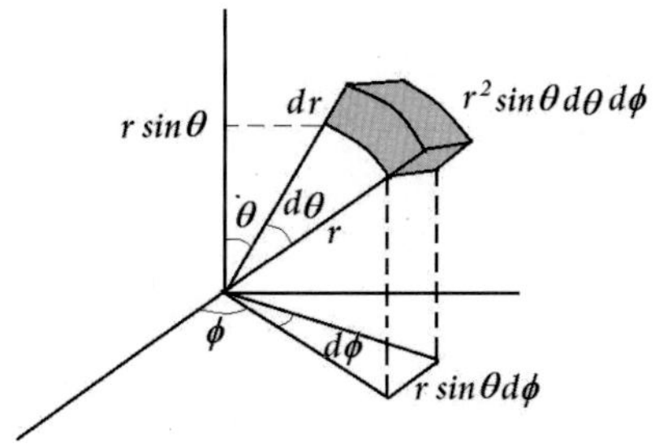

문제 123 길이와 너비가 각각 h, b인 직사각형을 중심축으로 회전시킬 때의 관성모멘트를 구하라.

[답] (x, y) 위치에 $dA = dx\,dy$인 면적소를 생각해 보자. 이 경우 축에서 면적소까지의 거리는 $r = \sqrt{x^2 + y^2}$ 이다. 따라서 관성모멘트는

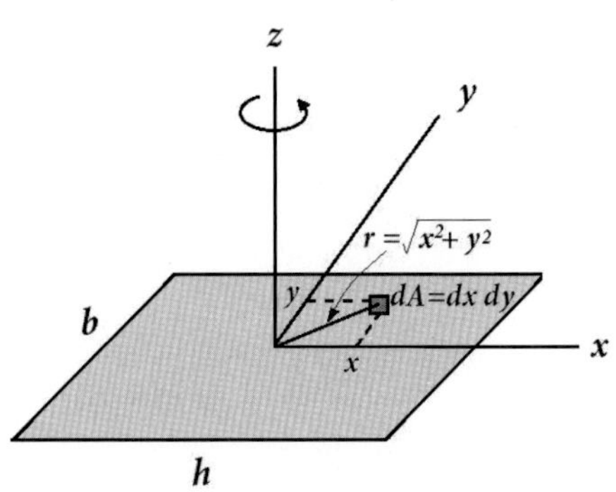

$$I = \int r^2\, dm = \rho \iint (x^2 + y^2)\, dx dy$$

$$= \rho \int_{-\frac{h}{2}}^{\frac{h}{2}} x^2\, dx \int_{-\frac{b}{2}}^{\frac{b}{2}} dy + \rho \int_{-\frac{h}{2}}^{\frac{h}{2}} dx \int_{-\frac{b}{2}}^{\frac{b}{2}} y^2\, dy$$

$$= \frac{M}{12}[b^2 + h^2]$$

과 같이 구해진다. 여기서 $\rho = \frac{M}{bh}$을 사용하였다.

문제 124 그림과 같은 모양의 물체의 질량은 $10kg$이고 두께는 $1mm$이다. x축 또는 y축으로 회전시켰을 때의 관성모멘트를 구하라. 그림에서 단위는 m이다.

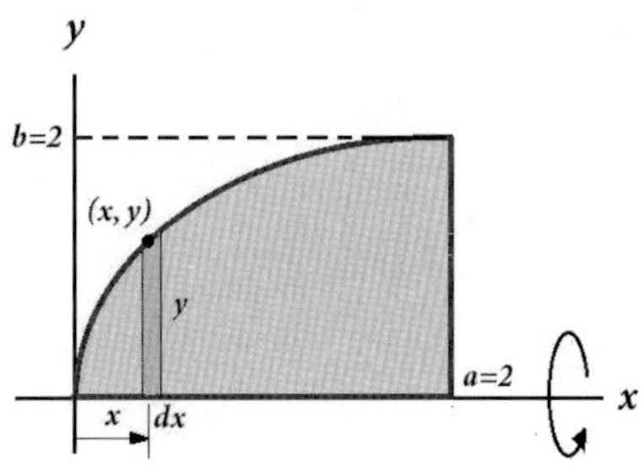

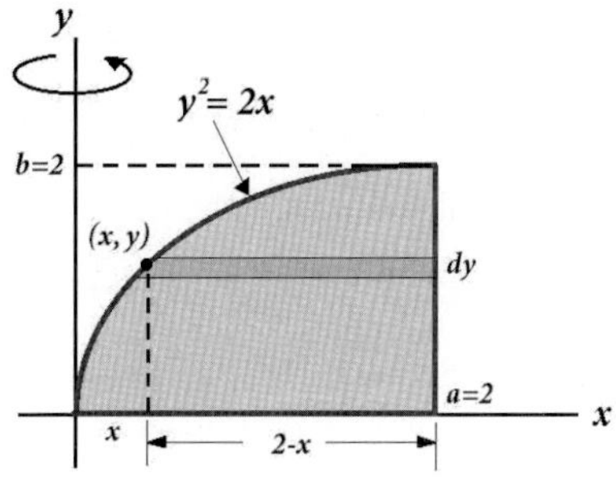

[답] x축으로 회전시켰을 때(왼쪽 그림) 점 (x, y) 근방의 띠를 생각해 보자. 띠의 체적은 $dV = dA\,t = t(2-x)\,dy$이다. 따라서 관성모멘트는

$$I_x = \int r^2\,dm = \rho t \int_0^a y^2 (2-x)\,dy = \rho t\left(\frac{2a^3}{3} - \frac{a^5}{10}\right) = 2.13\,\rho t$$

이다. 위 식에서 $x = \frac{y^2}{2}$을 이용하였다. 밀도 ρ를 구하기 위해서는 면적을 구해야 된다. 물체의 면적은 $A = \int_0^b (2-x)dy = 2b - \frac{b^3}{6} = 2.67m^2$이다. 물체의 두께가 $1mm$이므로 물체의 체적은 $V = At = 0.00267\,m^3$이다. 따라서 물체의 밀도는 $\rho = \frac{M}{V} = 3{,}745\,kg/m^3$이다. 그리고 관성모멘트는 $I_x = 7.98kg\,m^2$이다. y축 방향으로 회전시켰을 때(오른쪽 그림) 관성모멘트는

$$I_y = \rho \int x^2\,dV = \rho t \int_0^a x^2 y\,dx = \rho t \int_0^a x^2 \sqrt{x}\,dx = \rho t \frac{2\sqrt{2}}{7} a^{7/2} = 4.57\rho t$$

와 같이 구해진다. 따라서 관성모멘트는 $I_y = 17.11\,kg\,m^2$이다.

2-8. 토크, 회전운동, 각운동량 보존칙

문제 125 시계의 초침, 분침, 시침의 각속도를 구하라.

[답] 초침은 60초 동안 1바퀴(2π)를 돈다. 따라서 $\omega = \frac{\Delta\theta}{\Delta t} = \frac{2\pi}{60} = 0.105\,rad/s$이다. 분침은 1시간 동안 1바퀴를 돈다. 따라서 $\omega = \frac{\Delta\theta}{\Delta t} = \frac{2\pi}{3{,}600} = 1.74 \times 10^{-3}\,rad/s$이다. 시침은 12시간 동안 1바퀴를 돈다. 따라서 $\omega = \frac{\Delta\theta}{\Delta t} = \frac{2\pi}{12 \times 3{,}600} = 1.45 \times 10^{-4}\,rad/s$이다.

문제 126 회전목마가 5초에 1바퀴를 돈다고 한다. 각속도를 구하라. 이 회전목마가 멈추는 데 일정한 가속도로 30초가 걸렸다고 할 경우, 각가속도를 구하라. 정지할 때까지 회전하는 각도를 구하라. 이는 몇 바퀴에 해당되는가?

[답] $\omega = \frac{\Delta\theta}{\Delta t} = 1.26\,rad/s$, $\alpha = \frac{\Delta\omega}{\Delta t} = -0.042\,rad/s^2$이다. 회전목마가 멈추는 동안 회전한 각도는 $\omega^2 - \omega_o^2 = 2\alpha\Delta\theta$에서 $\Delta\theta = 18.9\,rad$이다. 한 바퀴는 2π에 해당되므로 $\Delta\theta$는 3바퀴에 해당된다.

문제 127 자동차가 정지상태에서 일정하게 가속되어 $100km/h$가 되었다. 이 동안 바퀴의 각가속도와 회전수를 구하라. 바퀴의 반경은 $0.3m$이다. 10초 동안 자동차의 이동거리를 구하라.

[답] $v = r\omega$에서 $v = 27.78\,m/s$, $r = 0.3m$이므로 $\omega = 92.59\,rad/s$이다. 그리고 각가속도는 $\alpha = \frac{\Delta\omega}{\Delta t} = 9.26\,rad/s^2$으로 구해진다. 회전하는 각도는 $\omega^2 - \omega_o^2 = 2\alpha\Delta\theta$에서 $\Delta\theta = 463\,rad$이다. 한 바퀴는 2π에 해당되므로 이 각도는 74회전에 해당된다.

[별해] $a = r\alpha$이므로 $a = 2.78\,m/s^2$이다. $v^2 - v_o^2 = 2a\Delta s$에서 $\Delta s = 139m$이고 이는 바퀴의 74회전에 해당된다.

문제 128 반경 $50cm$인 원판이 정지상태에서 가속되어 4바퀴를 돈 후 각속도가 $10rad/s$임이 관찰되었다. 각가속도를 구하라.

[답] $\omega^2 - \omega_o^2 = 2\alpha\Delta\theta$에서 $\omega_o = 0$, $\Delta\theta = 8\pi$이므로 $\alpha = \frac{\omega^2}{2\Delta\theta} = 1.99\,rad/s^2$이다. 이 값은 원판의 반경과는 무관함을 볼 수 있다.

문제 129 질량 $m = 3kg$, 반경 $R = 20cm$인 원판에 $F_1 = 20N$, $F_2 = 30N$의 힘이 주어진다. 원판의 회전방향과 각가속도를 구하라. 10초 동안 회전한 횟수는 얼마인가?

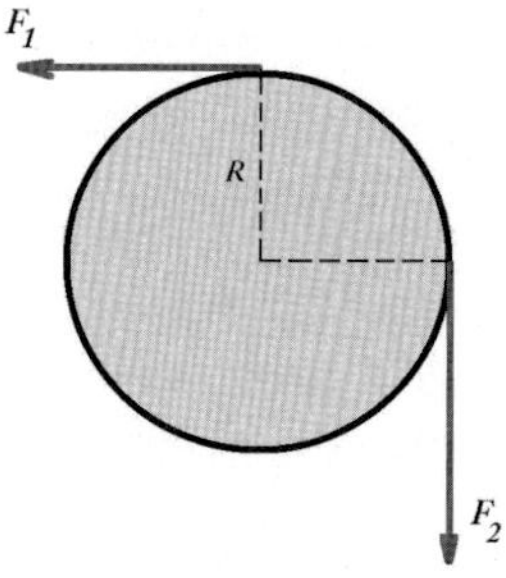

[답] $\tau = RF_2 - RF_1 = 2\,Nm$이다. $\tau = I\alpha$에서 $I = \frac{1}{2}mR^2 = 0.06\,kgm^2$이므로 원판의 각가속도는 $\alpha = 33.33\,rad/s^2$으로 구해진다. 회전한 각도는 $\Delta\theta = \omega_o t + \frac{1}{2}\alpha t^2$에서 $\Delta\theta = 1666.6\,rad$이 구해진다. 한 바퀴는 2π이므로 10초 동안 265바퀴를 돈다.

문제 130 관성모멘트 $I = 500\,kgm^2$의 바퀴가 $5{,}000\,rpm$으로 회전하고 있다. 이 바퀴를 멈추는데 2분이 걸렸다고 할 때 외부에서 주어진 일률을 구하라.

[답] rpm은 1분 동안 회전하는 수를 나타내므로 $\omega = 5{,}000rpm = 5{,}000\left(\frac{2\pi}{60}\right) = 523\,rad/s$이다. 바퀴의 회전운동에너지는 $K = \frac{1}{2}I\omega^2 = 6.8\times10^7\,J$이다. 이만큼의 일이 주어져야 바퀴가 멈추게 된다. 이 일이 2분 동안 주어졌으므로 일률은 $W = \frac{K}{t} = 5.7\times10^5\,W$로 구해진다.

문제 131 적도에서 지구의 회전에 의한 중력가속도의 변화를 구하라.

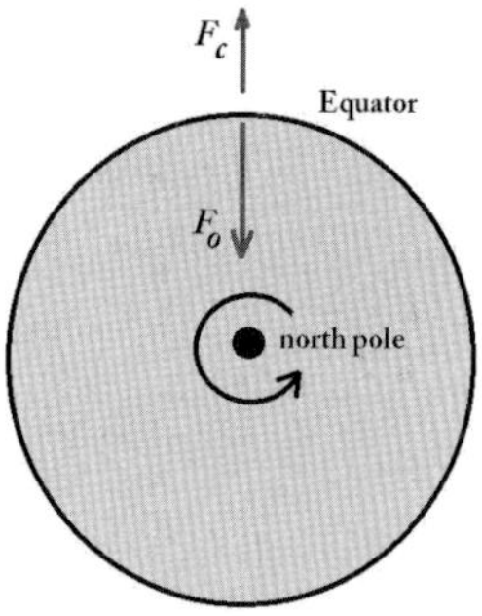

[답] 원심력 F_c가 작용하므로 지구 중심방향의 힘은 이만큼 줄어든다. 즉,

$$mg = F_o - F_c = mg_o - \frac{mv^2}{R}$$

이다. 그리고 $v = \frac{2\pi R}{T}$을 이용하면 $g = g_o - \frac{4\pi^2 R}{T^2}$을 구할 수 있다. 여기서 T는 지구의 자전주기인 24시간이다. 값들을 대입하면 $g = 9.776$을 구할 수 있다. 여기서 $g_o = 9.8\,m/s^2$을 사용하였다. 즉, $\Delta g = g - g_o = -0.034\,m/s^2$이 구해진다.

문제 132 $m_1 = 2kg$, $m_2 = 1kg$인 두 물체가 반경 $r_1 = 10cm$, $r_2 = 5cm$이고 관성모멘트가 $I = 50\,kgm^2$인 이중 도르래에 연결되어 있다. 각속도와 회전방향을 구하라. 정지상태에서 출발했을 때 10초 후의 각속도를 구하라.

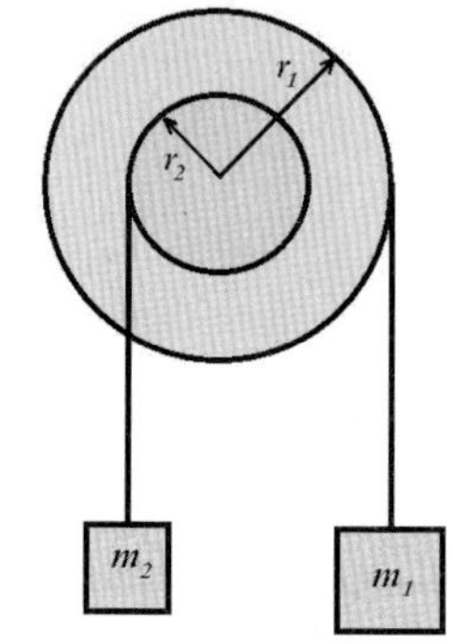

[답] $\sum \tau_i = m_1 g r_1 - m_2 g r_2 = I\alpha$에서 $\alpha = 0.03\,rad/s^2$이 구해진다. 그리고 10초 후의 각속도는 $\omega = \alpha t = 0.3\,rad/s$이다.

문제 133 질량이 $150kg$이고 길이가 $10m$인 균일한 막대가 건물 가장자리에서 $4m$ 삐져나와 있다. $60kg$인 사람이 이 나무판 위에 섰을 때 위험하지 않게 갈 수 있는 위치는 건물 가장자리에서 얼마나 떨어진 거리인가?

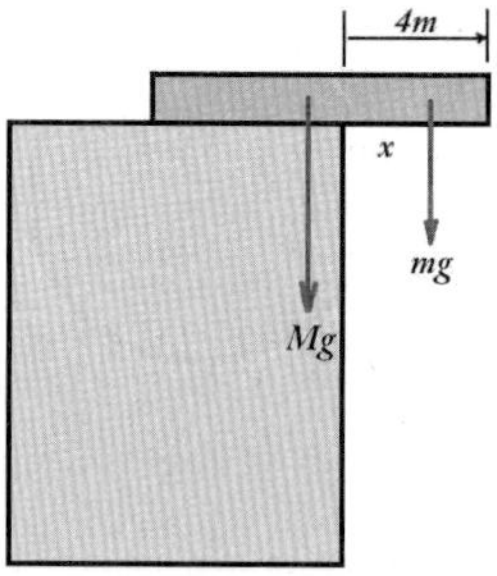

[답] 토크의 균형에서 $Mg \times 1 = mgx$로 주어지고 $x = 2.5m$를 구할 수 있다.

문제 134 그림과 같은 두 막대가 회전축에 연결되어 있다. 길이 $l_1 = 6m$인 막대의 질량은 $M = 30kg$이고, 길이 $l_2 = 3m$인 막대의 질량은 $m = 20kg$이다. $F_1 = 20N$, $F_2 = 10N$일 때 회전축에 작용하는 토크를 구하라.

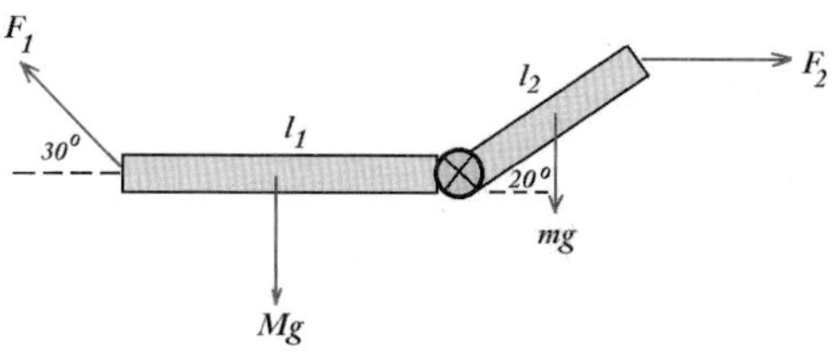

[답] $\sum \vec{\tau_i} = mg\left(\frac{l_2}{2}\right)\cos 20^o + F_2 l_2 \sin 20^o - Mg\left(\frac{l_1}{2}\right) + F_1 l_1 \sin 30^o$이다. 주어진 값을 대입하면 토크는 $\tau = -535.5\,Nm$이다. 토크의 방향은 반시계방향이다.

문제 135 질량 $8kg$인 물체가 줄에 매달려 원운동을 한다. 줄의 최대장력은 $1,000N$이다. 회전반경이 $70cm$라면 물체의 최대 각진동수를 구하라.

[답] 줄의 장력이 구심력을 준다. 따라서 최대속도는 $\frac{mv^2}{r} = T$에서 $v = \sqrt{\frac{rT}{m}} = 9.35\,m/s$이다. $v = r\omega$에서 $\omega = 13.36\,rad/s$가 구해진다.

문제 136 롤러코스터(roller coaster)의 자동차가 원형궤도의 위쪽 끝에서 속도가 $30m/s$였다. 원형궤도의 반경은 $50m$이고 자동차의 질량은 $1,500kg$이다. (a) 트랙(track)이 자동차에 미치는 수직력을 구하라. (b) 자동차가 떨어지지 않고 원형궤도를 돌 수 있는 최대속도를 구하라.

[답] (a) 자동차에 작용하는 힘은 중력과 수직력으로, 두 힘의 방향은 아래이고 이 힘들이 구심력을 준다. $F_N + mg = \frac{mv^2}{r}$에서 $F_N = 1.23 \times 10^4 N$이다.

(b) 자동차가 떨어지지 않기 위한 최소의 조건은 $F_N = 0$이다. 이때 자동차의 무게가 구심력을 준다. $mg = \frac{mv^2}{r}$에서 $v = \sqrt{rg} = 22.14m/s$가 구해진다.

문제 137 질량 $80kg$인 육상선수가 반경 $6m$인 트랙의 곡선주로를 속도 $7m/s$로 달린다고 하자. 이때의 구심력을 구하라. 구심력은 어디서 오는가? 속도 $7m/s$에서 미끄러지지 않고 달릴 수 있는 곡선주로의 최소반경을 구하라.

[답] 구심력은 $F_c = \frac{mv^2}{r} = 653N$이다. 구심력은 육상선수의 신발과 운동장 바닥의 정지마찰에서 주어진다. 이 정지마찰계수는 1에 가깝다. 따라서 정지마찰력은 $F_s = \mu_s mg = 784N$이다. $F_s > F_c$이므로 육상선수는 미끄러지지 않고 곡선주로를 달릴 수 있다. $F_c = F_s$에서 $r = 5m$가 구해진다. 즉, $7m/s$로 달릴 경우 $5m$보다 작은 곡선주로에서는 미끄러진다.

문제 138 질량 $2,000kg$인 자동차가 반경 $20m$인 곡선도로를 미끄러지지 않고 돌 수 있는 최대속도를 구하라. 자동차 바퀴와 도로 사이의 정지마찰계수는 0.9이다.

[답] 마찰력이 구심력을 준다. $\mu_s mg = \frac{mv^2}{r}$에서 $v = \sqrt{\mu_k gr} = 13.28m/s$이고 이는 시속으로 $48km/h$에 해당된다.

문제 139 회전목마의 회전중심에서 $5m$인 위치에서 진자의 각이 연직하방에 대해 $\theta = 5^o$인 것이 관찰되었다. 이 회전목마의 각속도를 구하라.

[답] 회전목마에 의해 진자가 바깥쪽으로 원심력을 받는다. 원심력이 없으면 연직하방인데 원심력 때문에 연직하방에서 각이 발생하였다. 각은 $\tan\theta = \frac{F_c}{mg}$으로 주어지고 $F_c = \frac{mv^2}{r}$이므로 $\tan\theta = \frac{v^2}{rg}$이다. 따라서 $v = \sqrt{rg\tan\theta} = 2m/s$이다. 각속도는 $v = r\omega$에서 $\omega = 0.4 rad/s$이다.

문제 140 그림과 같이 질량 $m = 1kg$인 물체가 두 개의 줄에 연결되어 회전하고 있다. 회전의 각속도는 $\omega = 12 rad/s$이다. 줄의 장력을 구하라. 여기서 $r = 1m$, $\theta = 20^o$이다.

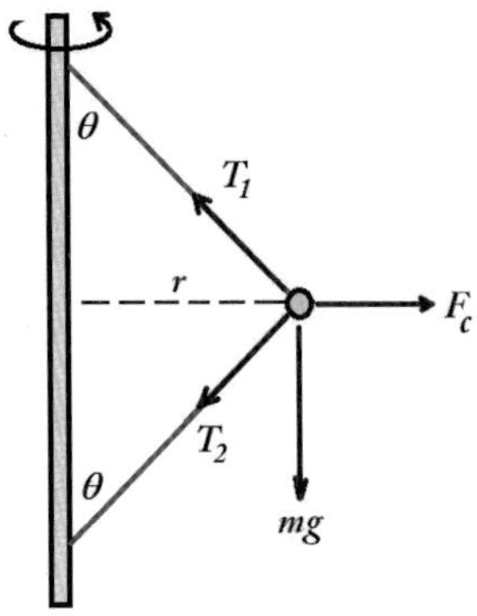

[답] 회전할 때 힘의 균형을 이룬다. 힘의 x성분의 평형에서는 $F_c = T_1\sin\theta + T_2\sin\theta$이고 y성분의 평형에서는 $mg + T_2\cos\theta = T_1\cos\theta$이다. 두 식을 정리하면 $T_1 + T_2 = \frac{F_2}{\sin\theta}$, $T_1 - T_2 = \frac{mg}{\cos\theta}$이므로 $T_1 = \frac{1}{2}\left(\frac{F_c}{\sin\theta} + \frac{mg}{\cos\theta}\right)$, $T_2 = \frac{1}{2}\left(\frac{F_c}{\sin\theta} - \frac{mg}{\cos\theta}\right)$이다. 여기서 구심력은 $F_c = \frac{mv^2}{r} = mr\omega^2$이므로 $T_1 = 216N$, $T_2 = 205N$이 구해진다.

문제 141 4개의 질량이 균형을 이루기 위한 x를 구하라. $m_1 = 1kg$, $m_2 = 2kg$, $m_3 = 3kg$, $m_4 = 0.5kg$이다.

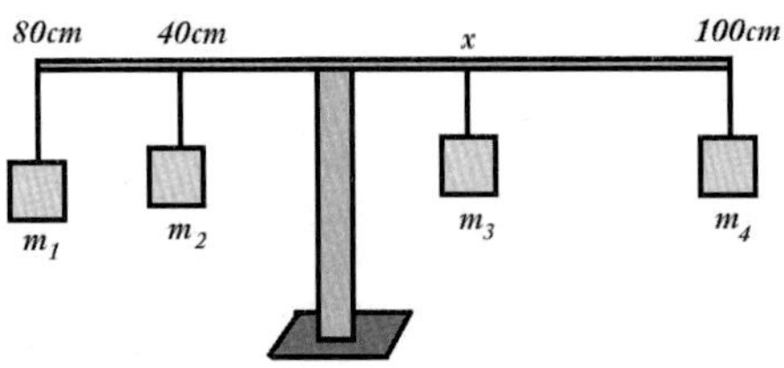

[답] 균형을 이루기 위해서는 m_1, m_2에 의한 토크가 m_3, m_4에 의한 토크와 같아야 한다. 즉, $0.8m_1 + 0.4m_2 = xm_3 + m_4$에서 $x = 37cm$이다.

문제 142 그림과 같이 렌치(wrench)로 나사를 돌린다고 하자. F_1과 F_2에 대해 나사에 주어지는 토크를 각각 구하라.

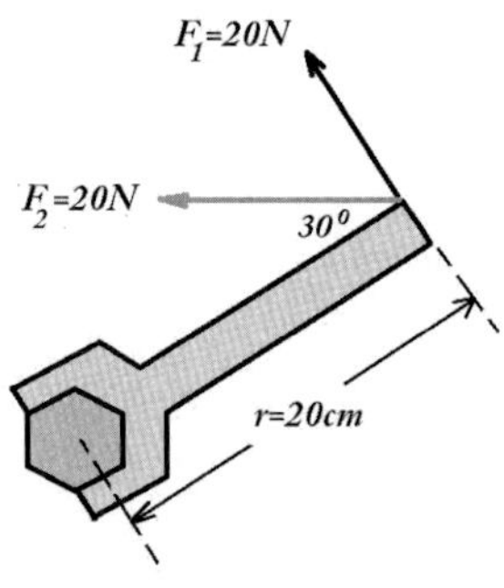

[답] $\vec{\tau} = \vec{r} \times \vec{F}$인데 $\vec{r}$과 $\vec{F}_1$은 서로 수직이다. 따라서 $\tau_1 = rF_1 = 4Nm$이다. 반면에 $\vec{r}$과 $\vec{F_2}$의 사잇각은 30^o이다. 따라서 $\tau_2 = rF_2\sin 30^o = 2Nm$이다.

문제 143 그림과 같은 각 경우의 토크와 각가속도를 구하라. 모든 경우 $F=20N$이다. 막대의 길이는 $10cm$이고 질량은 $1kg$이다. 두 번째 경우 회전축은 막대의 중앙이다.

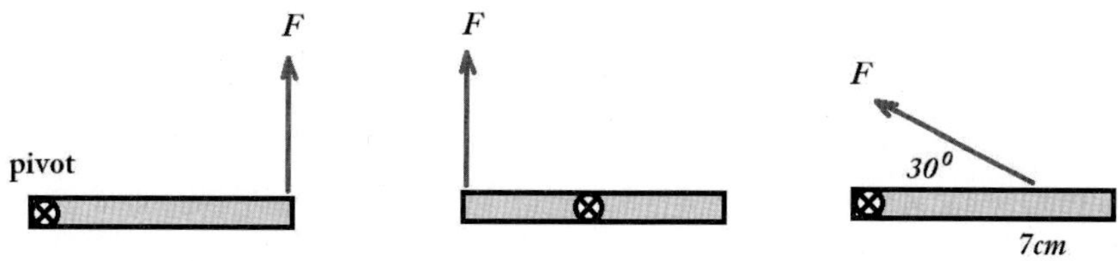

[답] 왼쪽 경우 토크는 $\vec{\tau}=\vec{r}\times\vec{F}$ 에서 $\vec{r}$과 $\vec{F}$는 수직이므로 $\tau=rF=2\,Nm$이다. 이 경우 관성모멘트는 $I=\frac{1}{3}ml^2=3.33\times10^{-3}\,kgm^2$이므로 $\tau=I\alpha$에서 $\alpha=600\,rad/s^2$이다. 중간의 경우에는 $\vec{r}$과 $\vec{F}$가 수직이고 $r=5cm$이므로 $\tau=rF=1\,Nm$이다. 이 경우 관성모멘트는 $I=\frac{1}{12}ml^2=8.33\times10^{-4}\,kgm^2$이다. $\tau=I\alpha$에서 $\alpha=1{,}200\,rad/s^2$이다. 왼쪽 경우 토크는 $\tau_\perp=rF\sin\theta=0.7\,Nm$이다. 관성모멘트는 $I=\frac{1}{3}ml^2$이므로 $\alpha=210\,rad/s^2$이다.

문제 144 길이 $L=1m$인 정육면체가 있다. 높이 $h=0.7m$의 사각형의 중앙에 힘을 주어 상자를 회전시키고자 한다. 회전을 시작하기 직전에 가해야 하는 힘을 구하라. 상자의 질량은 $2kg$이다.

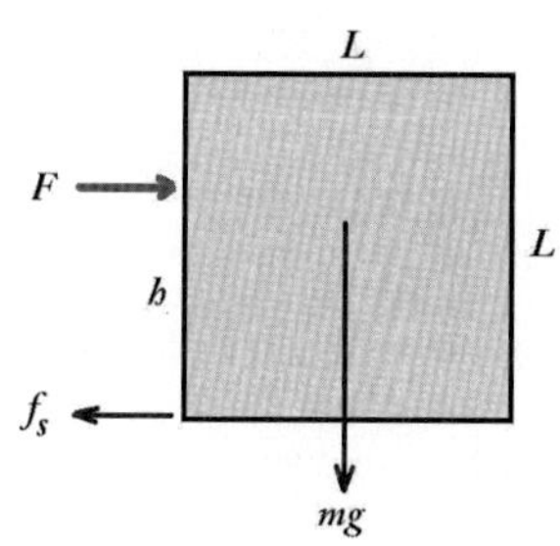

[답] 상자 모서리를 축으로 회전하기 직전의 수직력은 0이다. 따라서 마찰력에 의한 토크도 없다. 토크는 힘 F와 질량에 의한 토크뿐이다. $Fh=mg\left(\frac{L}{2}\right)$에서 $F=7N$으로 구해진다.

문제 145 그림과 같이 나무판의 끝에 동일한 힘 F가 주어졌을 때 나무판이 회전하는 방향을 구하라.

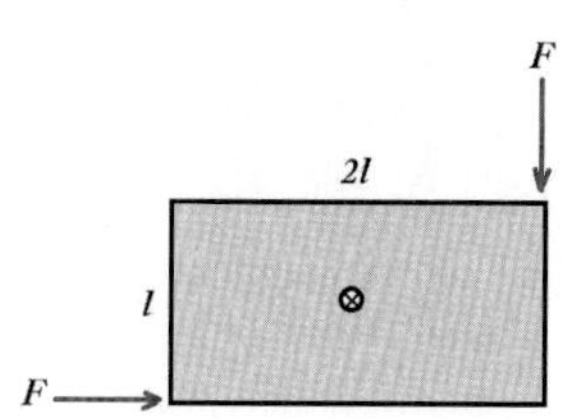

[답] 회전축은 나무판의 질량중심이다. 왼쪽 모서리에 주어진 힘에 의한 토크는 $\tau_1=F\left(\frac{l}{2}\right)$이고 위쪽 모서리에서 주어진 힘에 의한 토크는 $\tau_2=Fl$이다. τ_1은 반시계방향이고 τ_2는 시계방향이다. 따라서 토크는 $\tau=\tau_2-\tau_1=\frac{Fl}{2}$이고 회전은 시계방향이다.

문제 146 그림과 같이 2개의 바퀴(wheel)로 구성된 관성모멘트 $I=30\,kgm^2$인 원판이 있다. 회전축은 중심이다. 반경 $r_1=30cm$, $r_2=60cm$이다. $F_1=60N$, $F_2=20N$이 주어질 때 각가속도와 회전방향을 구하라.

[답] 시계방향을 토크의 +로 잡으면 $\tau = r_1F_1 - r_2F_2 = 6\,Nm$이다. 그리고 $\tau = I\alpha$에서 $\alpha = 0.2\,rad/s^2$이다. 회전은 시계방향이다.

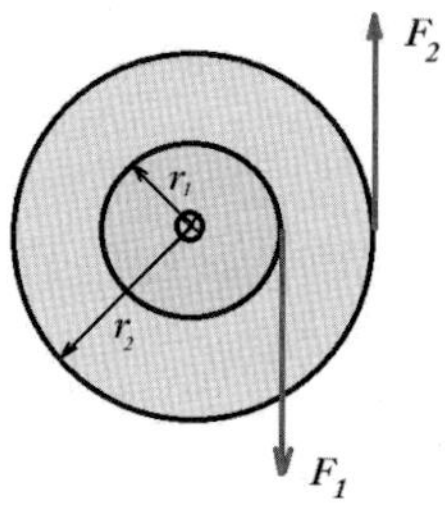

문제 147 그림과 같은 아기용 장난감이 균형을 이루고 있다. m_2와 m_3가 달린 막대의 길이와 m_1이 달린 막대의 길이는 동일하다. 그리고 P_1과 P_2지점은 각각 전체 길이의 $\frac{1}{3}$지점이다. m_1의 질량이 $10g$이라면 m_2와 m_3의 질량을 구하라. 막대의 질량은 무시한다.

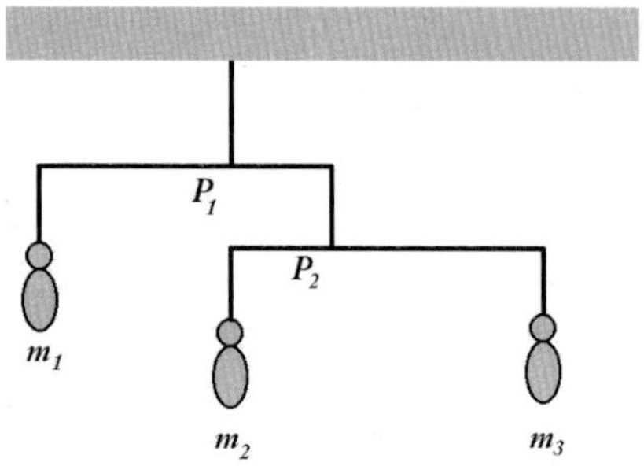

[답] m_2와 m_3가 균형을 이루므로 $m_2g\left(\frac{l}{3}\right) = m_3\left(\frac{2l}{3}\right)$이다. 즉, $m_2 = 2m_3$이다. 그리고 m_1과 (m_2+m_3)가 균형을 이루므로 $m_1g\left(\frac{2l}{3}\right) = (m_2+m_3)\left(\frac{l}{3}\right)$이다. 즉, $2m_1 = (m_2+m_3)$이다. 위 식들을 이용하면 $m_2 = 13.3g$, $m_3 = 6.67\,g$를 구할 수 있다.

문제 148 질량이 m이고 길이가 l인 막대가 마찰이 없는 축에 의해 회전한다. 각 θ의 위치에서의 각가속도를 구하라.

[답] $\tau = I\alpha$에서 $\tau = mg\left(\frac{l}{2}\right)\sin\theta$이고 $I = \frac{ml^2}{3}$이므로 $\alpha = \frac{3g}{2l}\sin\theta$이다.

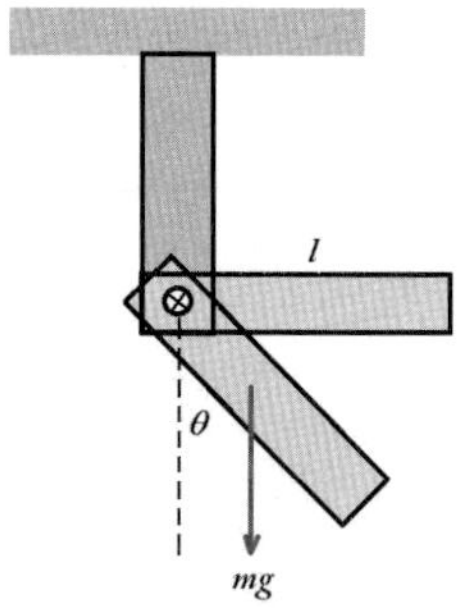

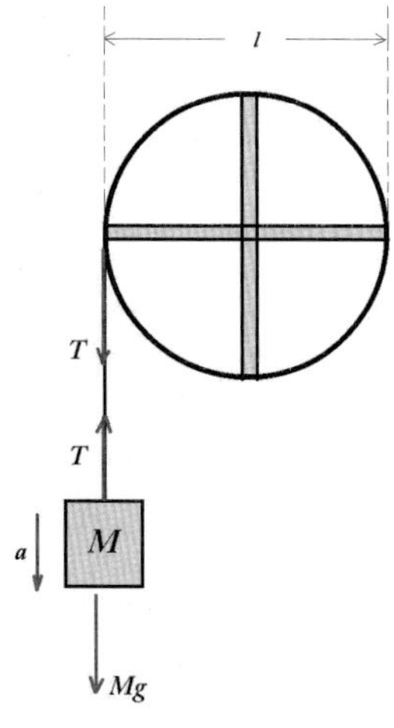

문제 149 질량이 m이고 길이가 l인 두 막대를 +자 모양으로 만들고 두께를 무시할 수 있는 바퀴를 끼웠다. 바퀴의 무게도 m이라고 한다. 이 바퀴에 줄을 감아 질량 M인 물체를 매달았다. 바퀴는 중심을 축으로 회전한다. 질량 M이 정지상태에서 내려올 때 줄의 장력과 각가속도를 구하라. 바퀴가 1바퀴 돌 때의 물체의 속도를 구하라.

[답] 회전체의 관성모멘트는 $I = 2\times\left(\frac{ml^2}{12}\right) + m\left(\frac{l}{2}\right)^2 = \frac{5ml^2}{12}$이다. 병진운동은 $Mg - T = Ma$로 주어지고 회전운동은 $\tau = I\alpha$에서 $\tau = T\left(\frac{l}{2}\right)$이므로 $T = \frac{5ma}{3}$를 구할 수 있다. 여기서 $a = \left(\frac{l}{2}\right)\alpha$를 사용하였다. 이를

병진운동 방정식에 대입하면 $a=\frac{3Mg}{5m+3M}$를 구할 수 있다. 또한 이를 이용하면 장력은 $T=\frac{5mMg}{5m+3M}$가 구해진다. 바퀴가 1바퀴 돌 때의 물체의 속도는 $v^2-v_o^2=2a\Delta s$에서 $\Delta s=2\pi\left(\frac{l}{2}\right)=\pi l$이므로 $v=\sqrt{\frac{6\pi Mgl}{5m+3M}}$로 구해진다.

문제 150 그림에서 보듯이 질량 $m=1kg$, 길이 $l=1m$인 막대가 $\frac{l}{4}$인 위치에 있는 회전축으로 회전하도록 되어 있다. 지면과 수평하게 막대가 정지상태에서 놓인다고 하자. 이때 막대의 각가속도를 구하라. 막대가 수직하게 되는 순간의 각속도를 구하라. 막대가 수직하게 되는 순간 $M=0.5kg$인 물체가 $v_o=4m/s$로 날아와 막대 끝에 부딪혔다. 이 충돌은 탄성충돌이다. 충돌 후 물체의 속도를 구하라.

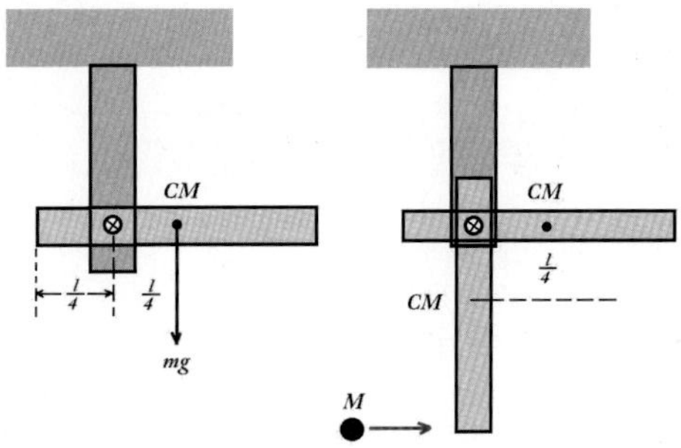

[답] 막대의 관성모멘트는 평행축 정리를 사용하면 $I=\frac{ml^2}{12}+m\left(\frac{l}{4}\right)^2=\frac{7ml^2}{48}=0.146kgm^2$으로 구해진다. $\tau=I\alpha$에서 $\tau=mg\left(\frac{l}{4}\right)$이므로 $\alpha=16.78\,rad/s^2$이 구해진다. 수직한 경우의 각속도는 에너지 보존칙을 사용하면 된다. 즉, $U_i+K_i=U_f+K_f$에서 $U_i=mg\left(\frac{l}{4}\right)$, $U_f=0$, $K_i=0$, $K_f=\frac{1}{2}I\omega^2$이므로 $\omega=\sqrt{\frac{24g}{7l}}=5.8rad/s$가 구해진다. 충돌 문제에서 탄성충돌이므로 운동에너지와 각운동량이 보존된다. 각운동량의 보존에서는 $L_{ball}+L_{rod}=L_{ball}'+L_{rod}'$이므로 $Mv_ir+I\omega_i=Mv_fr+I\omega_f$로 표현된다. 값을 대입하면 $2.35=0.375\,v_f+0.146\,\omega_f$가 구해진다. 운동에너지 보존칙에서 $K_{ball}+K_{rod}=K_{ball}'+K_{rod}'$이므로

$$\frac{1}{2}Mv_i^2+\frac{1}{2}I\omega_i^2=\frac{1}{2}Mv_f^2+\frac{1}{2}I\omega_f^2$$

이다. 주어진 값을 대입하면 $10.46=0.25\,v_f^2+0.073\,\omega_f^2$이 구해진다. 각운동량에서 구한 식에서 ω_f를 구하여 위 식에 대입하면 $0.73\,v_f^2-6v_f+8.42=0$이 주어진다. 이 이차방정식을 풀면 $v_f=6.42, 1.79\,m/s$가 구해지는데, 이 중에서 물체의 속도는 입사속도인 $4m/s$보다 작아야 하므로 $v_f=1.79\,m/s$이다.

문제 151 h_1 높이의 비탈에서 반경이 R이고 질량이 m인 원통이 굴러 내려온다. 평지에 내려간

원통은 계속 굴러가서 반대쪽 비탈로 올라간다. 왼쪽 비탈과 평지는 원통이 미끄러짐 없이 구르기 위해 마찰이 존재한다. 그리고 오른쪽 비탈은 마찰이 없다고 가정한다. 원통은 오른쪽 비탈의 어느 높이까지 올라가는가?

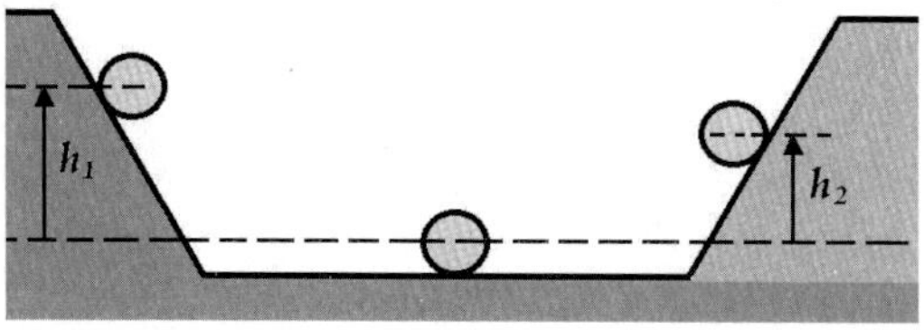

[답] 원통은 비탈을 내려오면서 각속도 ω로 회전한다. 그리고 평지에서도 동일한 각속도를 가진다. 또한 오른쪽 비탈에서도 마찰이 없고 외부 토크도 없으므로 각속도는 변하지 않는다. 원통이 높이 h_1에서 정지상태에서 구르기 시작하므로 초기 에너지는 $E_i = mgh_1$이다. 그리고 평지에서의 에너지는 운동에너지뿐이므로 $E_{fl} = \frac{1}{2}mv^2 + \frac{1}{2}I\omega^2 = \frac{3}{4}mR^2\omega^2$이다. 여기서 $v = R\omega$와 $I = \frac{1}{2}mR^2$을 이용하였다. 원통이 오른쪽 비탈을 올라가는 최고높이에서의 총 에너지는 $E_f = mgh_2 + \frac{1}{2}I\omega^2 = mgh_2 + \frac{1}{4}mR^2\omega^2$이다. $E_i = E_{fl}$에서 $(R\omega)^2 = \frac{4}{3}gh_1$을 얻는다. 그리고 $E_i = E_f$에서 $mgh_1 = mgh_2 + \frac{1}{4}mR^2\omega^2$이므로 $h_2 = \frac{2}{3}h_1$을 얻을 수 있다.

문제 152 경사각이 30^o인 경사면에 질량 $m_1 = 100g$인 상자가 놓여 있다. 경사면과 상자 사이의 운동마찰계수는 0.5이다. 반경 $R = 10cm$이고 질량 $M = 500g$인 도르래에 질량 $m_2 = 1kg$인 물체가 그림과 같이 매달려 있다. 이 계의 가속도를 구하라. 그리고 질량 m_2를 정지상태에서 놓는다고 할 때 m_2가 아래로 $1m$ 떨어지는 순간 m_2의 속도를 구하라.

[답] 질량 m_1과 m_2의 운동방정식은

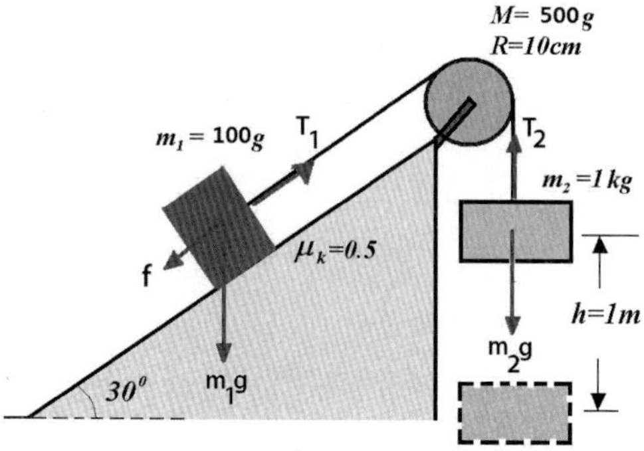

$$T_1 - m_1 g \sin\theta - \mu_k m_1 g \cos\theta = m_1 a$$

$$m_2 g - T_2 = m_2 a$$

와 같이 주어진다. 도르래의 회전운동방정식은

$$(T_2 - T_1)R = I\alpha$$

이다. 여기서 $a = R\alpha$이다. 운동방정식의 두 식을 더하여 위 식을 이용하면

$$a = \frac{m_2 g - m_1 g \sin\theta - \mu_k m_1 g \cos\theta}{m_1 + m_2 + M/2} = 6.58\,m/s^2$$

을 얻을 수 있다. 그리고 에너지 보존칙에서

$$m_2 g\,h - \mu_k m_1 g \cos\theta\,h = m_1 g\,h \sin\theta + \frac{1}{2}(m_1 + m_2)v^2 + \frac{1}{2}I\omega^2$$

을 얻고 $v = R\omega$를 이용하면 $v = 3.63\,m/s$를 구할 수 있다.

※ 속도는 $v^2 - v_o^2 = 2a\,\Delta s$를 이용하여 구할 수도 있다.

문제 153 그림과 같이 질량 $m_1 = 1kg$과 질량 $m_2 = 10kg$이 반경 $R = 10cm$이고 질량 $M = 2kg$인 도르래에 연결되어 있다. 경사면의 각도는 30^o이고 경사면의 운동마찰계수 μ_k는 0.5이다. 질량 m_2가 바닥으로부터 높이 $h = 1m$에서 놓아진 후 바닥에 도달하는 순간 m_2의 속력을 구하라. 그리고 질량 m_2가 바닥에 도달하는 시간을 구하라. 두 질량을 연결하는 줄은 늘어나지 않는다고 가정한다.

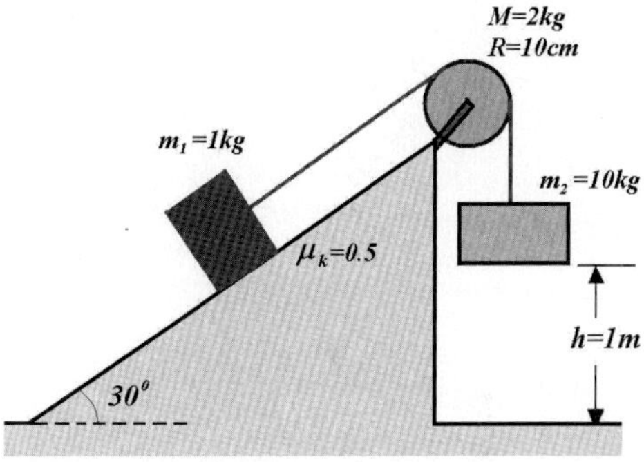

[답] 두 상자가 늘어나지 않는 줄에 의해 연결되어 있으므로 m_2가 $\Delta s = 1m$ 이동하면(바닥에 도달하면) m_1도 비탈을 따라 $1m$ 이동한다. 초기에 이 계의 에너지는 m_2가 가지는 위치에너지뿐이다(m_1의 위치에너지는 차이만 고려하면 된다). 마지막 상태는 m_2가 바닥에 닿아 위치에너지가 없어지고, 속도 v에 의한 운동에너지만 있게 된다. m_1도 동일한 속도로 움직이고 비탈을 따라 $1m$ 이동하였으므로 이에 따라 위치에너지가 증가하였다. 그런데 m_1이 비탈길을 따라 이동하는 동안 마찰에 의한 일이 있으므로 이를 빼 주어야 한다. m_1의 수직력이 $m_1 g \cos\theta$이므로 마찰력에 의한 일은 $\mu_k m_1 g\,\cos\theta\,\Delta s$이 된다. 그리고 최종상태에서 도르래의 회전운동에너지를 고려하여야 한다. 따라서 m_2의 위치에너지에서 m_1이 비탈을 올라갈 때 생기는 마찰에 의한 일을 뺀 에너지가 최종상태에서 m_1, m_2가 가지는 운동에너지, m_1이 가지는 위치에너지, 도르래가 가지는 회전운동에너지가 된다. 즉,

$$m_2 g\Delta s - f_s \Delta s = m_1 g\,\Delta s\,\sin\theta + \frac{1}{2}(m_1+m_2)v^2 + \frac{1}{2}I\omega^2$$

이 된다. 도르래에서 각속도와 선속도 사이에는 $v=R\omega$의 관계가 있고 $f_s=\mu_k m_1 g\cos\theta$이므로

$$m_2 g\Delta s - \mu_k m_1 g\cos\theta\,\Delta s = m_1 g\,\Delta s\,\sin\theta + \frac{1}{2}(m_1+m_2)v^2 + \frac{1}{2}\left(\frac{1}{2}MR^2\right)\left(\frac{v}{R}\right)^2$$

을 얻는다. 주어진 값들을 대입하면 $v=3.85\,m/s$를 얻을 수 있다. 다음에 질량 m_2가 바닥에 도달하는 시간을 구해 보자. 일정 가속도 운동이므로 가속도를 구하여 바닥에 도달하는 데 걸리는 시간을 계산할 수 있다. 즉, 가속도는 $v^2-v_0^2=2ah \rightarrow a=\frac{v^2}{2h}=7.4\,m/s^2$과 같이 구해진다. $v=v_0+at$에서 $t=0.52\,s$를 얻는다. 여기서 $v_0=0$을 이용하였다.

문제 154 그림과 같이 질량 $M=3\,kg$이고 반경 $R=10\,cm$인 바퀴가 평면에 놓여 있다. 바퀴의 중심을 $10\,N$의 힘으로 잡아당길 때 바퀴의 가속도가 $a=0.5\,m/s^2$임이 관찰되었다. 마찰력과 바퀴의 관성모멘트를 구하라.

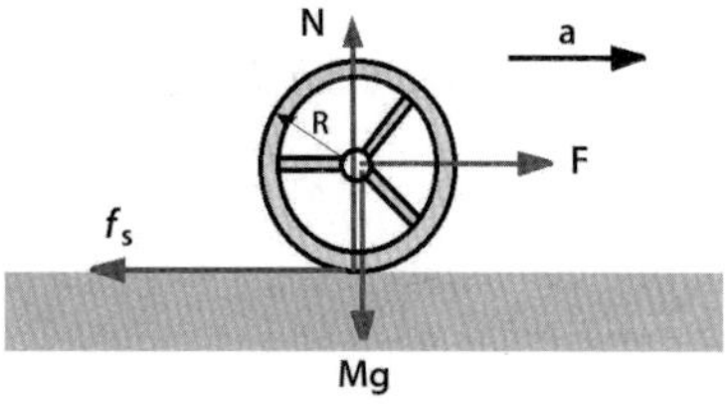

[답] 병진운동방정식 $F-f_s=Ma$에서 $f_s=8.5N$이 구해진다. 바퀴에 작용하는 토크는 $\tau=f_s R=0.85\,Nm$이다. 회전운동방정식 $\tau=I\alpha=I\frac{a}{R}=5I$에서 $I=\frac{\tau}{5}=0.17\,kgm^2$을 구할 수 있다.

문제 155 그림과 같이 질량 $m_1=1kg$과 질량 $m_2=3kg$이 도르래에 의해 연결되어 있다. 도르래의 질량과 반경은 각각 $M=2kg$, $R=20cm$이다. 질량 m_1이 놓인 바닥과 질량 m_1 사이의 운동마찰계수는 $\mu_k=0.5$이다. 줄은 늘어나지 않는다고 할 때 이 계의 가속도를 구하라. 정지상태에 있는 질량 m_2를 놓을 때 $H=2m$인 바닥에 떨어지는 데 걸리는 시간과 그때의 속도를 구하라.

[답] 마찰이 있으므로 두 질량이 연결된 줄의 장력은 다르다. m_2에 대한 운동방정식은 $m_2 g - T_1 = m_2 a$이고 m_1에 대한 운동방정식은 $T_2 - f = m_1 a$이다. 마찰력은 $f=\mu_k m_1 g$이므로 위 식은 $T_2-\mu_k m_1 g = m_1 a$이다. 그리고 도르래의 운동방정식은

$$T_1 - T_2 = I\alpha = \frac{1}{2}MR^2\left(\frac{a}{R}\right) = \frac{1}{2}Ma$$

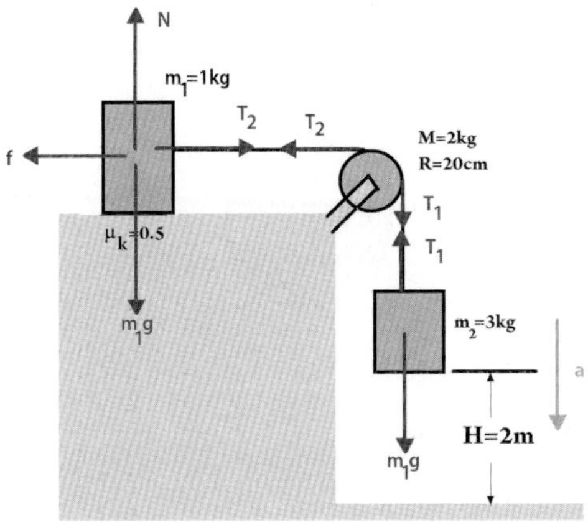

이다. 두 물체에 대한 운동방정식을 더하면

$$T_1 - T_2 = m_2 g - \mu_k m_1 g - (m_1 + m_2)a$$
$$= 24.5 - 4a$$

를 얻는다. 위 식들을 같게 놓음으로써 $a = 4.90\,m/s^2$을 구할 수 있다. 바닥에 떨어질 때의 속도는 $v^2 - v_o^2 = 2aH$에서 $v = \sqrt{2aH} = 4.42\,m/s$이고, 바닥까지 떨어지는 데 걸리는 시간은 $H = \frac{1}{2}at^2$에서 $t = 0.9\,s$가 구해진다.

문제 156 그림과 같이 질량이 M이고 반경이 R인 도르래의 양단에 질량 m_1과 m_2가 연결되어 있다($m_1 > m_2$). 이 계의 가속도와 각가속도를 구하라.

[답] 두 가지 방법으로 문제를 해결해 보자. 첫 번째로 $\tau = dL/dt$ 관계식을 이용하는 경우 먼저 각운동량을 구해야 된다. 각운동량은

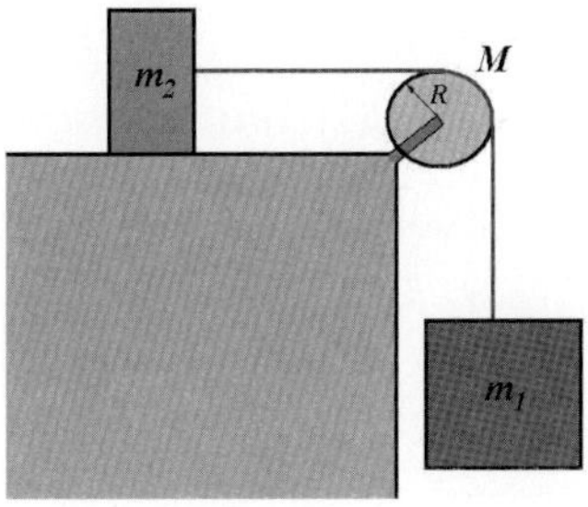

$$L = \sum_i L_i = m_1 vR + m_2 vR + I\omega = (m_1 + m_2)vR + I\frac{v}{R}$$

이다. 여기서 $v = R\omega$를 이용하였다. 토크는 $\tau = m_1 gR$이므로 $\tau = \frac{dL}{dt}$에서

$$m_1 gR = \left(m_1 R + m_2 R + \frac{I}{R}\right)\alpha \rightarrow \therefore \alpha = \frac{m_1 g}{m_1 + m_2 + M/2}$$

와 같이 구해진다. 여기서 도르래의 관성모멘트는 $\frac{MR^2}{2}$을 이용하였다. 선가속도는 $a = R\alpha$의 관계식에서 구할 수 있다.

다음에는 Newton의 운동방정식을 통해 문제를 해결해 보자. 그림의 왼쪽에 있는 m_1에 대한 운동방정식은 $m_1 g - T_1 = m_1 a$이다. 그리고 질량 m_2에 대한 운동방정식은 $T_2 = m_2 a$이다. 마지막으로 도르래의 회전운동방정식에서 $\tau = I\alpha \rightarrow (T_1 - T_2)R = \frac{1}{2}MR^2\frac{a}{R}$를 얻는다. 위 세 개의 식들을

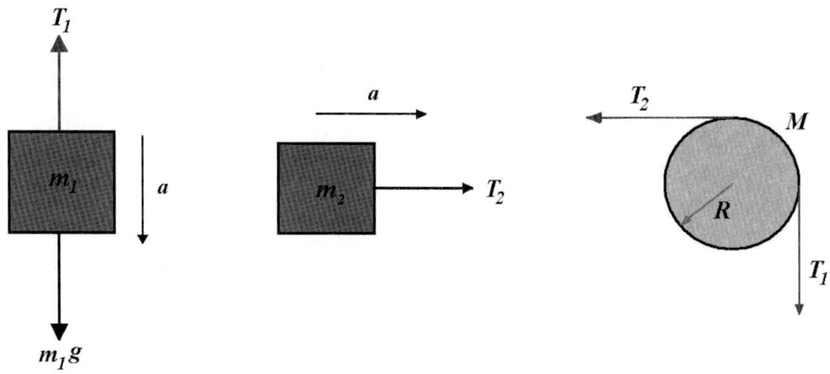

조합하여 풀면 선가속도는 $a=\frac{m_1 g}{m_1+m_2+M/2}$을 얻을 수 있다. 이는 각운동량을 계산하여 구한 가속도와 동일하다. 각 줄에 걸리는 장력은 가속도를 위 식들에 대입하면 구할 수 있다.

문제 157 (a) 질량 $m=3kg$이 질량을 무시할 수 있는 도르래에 의해 스프링과 연결되어 있다. 스프링의 스프링상수는 $k=50N/m$이다. 질량 m이 정지상태에서 놓아진다. 이때 스프링도 늘어나지 않은 평형상태이다. 물체가 바닥에 떨어질 때의 질량 m의 속도를 구하라. (b) 도르래가 반경이 $5cm$이고 질량이 $1kg$이라고 할 경우, 위 문제 (a)와 같은 조건에서 질량 m이 바닥에 떨어질 때의 속도를 구하라.

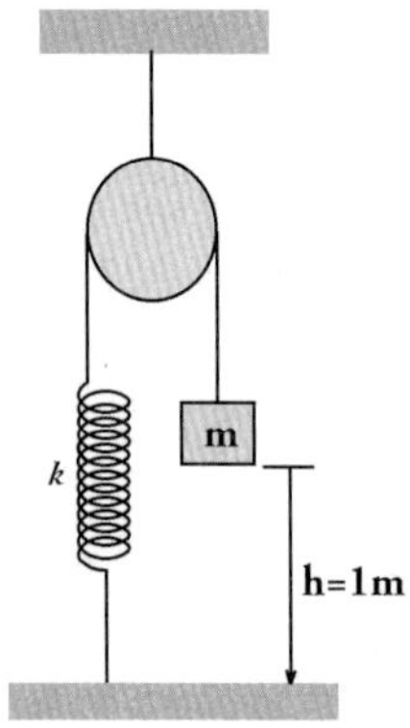

[답] (a) 에너지 보존칙 $mgh=\frac{1}{2}mv^2+\frac{1}{2}kx^2$에서 $x=h=1m$이므로 $v=1.71m/s$를 구할 수 있다. (b) 에너지 보존칙에서 도르래의 회전운동 에너지도 고려하여야 한다. 즉, 에너지 보존칙은 $mgh=\frac{1}{2}mv^2+\frac{1}{2}kx^2+\frac{1}{2}I\omega^2$으로 표현된다. $v=R\omega$과 $x=h=1m$를 이용하면 $v=1.58m/s$를 구할 수 있다.

문제 158 그림과 같이 경사각 θ인 비탈면에 반경이 R이고 질량이 M인 원통이 놓여 있다. 이 원통에 그림과 같이 힘 T가 주어졌을 때 원통이 일정한 속도로 비탈면을 올라가는 것이 관찰되었다. T를 주어진 물리량으로 표현하라.

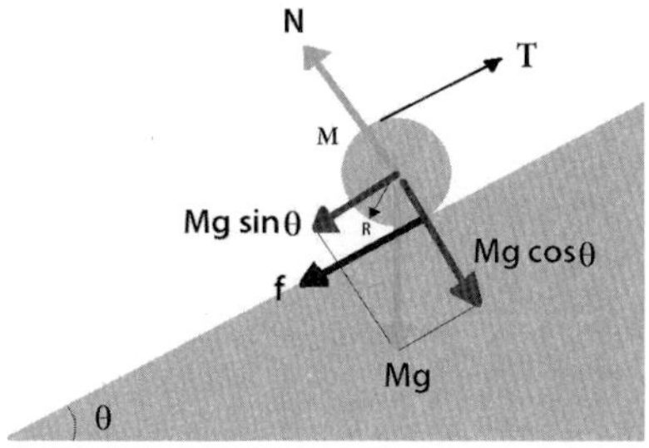

물체는 미끄러지지 않고 굴러서 비탈을 올라간다고 한다.

[답] 물체에 주어지는 힘들은 위 그림에서와 같다. 비탈면에 수직인 힘의 평형조건에서 $N = Mg\cos\theta$를 얻는다. 비탈면에 평행한 방향으로 일정한 속도로 올라간다고 했으므로, 이 방향으로의 가속도도 0이 되어야 한다. 즉, $T - f - Mg\sin\theta = Ma_x = 0$이 만족된다. 그리고 토크에 대한 운동방정식은 $\tau = fR + TR = I\alpha$이다. 원통의 관성모멘트는 $\frac{1}{2}MR^2$이고, 원통이 굴러서 올라가므로 $\alpha = \frac{a_x}{R} = 0$이 만족된다. 따라서 위 식에서 $f = -T$이므로 $T = \frac{Mg}{2}\sin\theta$를 구할 수 있다.

문제 159 그림과 같이 도르래에 질량 m이 연결되어 있다. 질량 m의 가속도를 구하라.

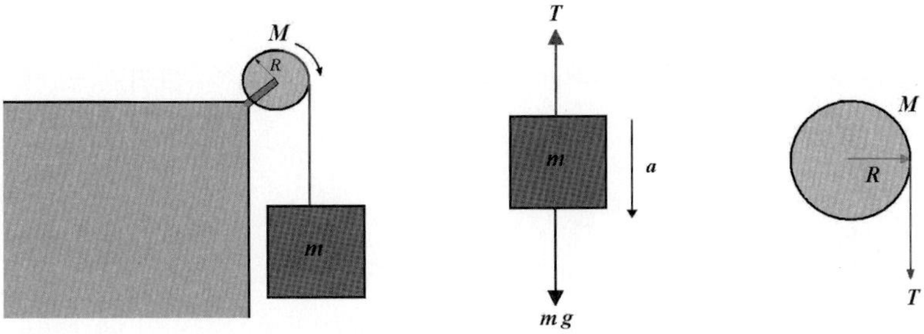

[답] 질량 m의 병진운동에 대한 운동방정식은 $mg - T = ma$와 같다. 그리고 도르래의 회전운동 방정식에서 $\tau = I\alpha \rightarrow TR = \frac{1}{2}MR^2\alpha = \frac{1}{2}MR^2\left(\frac{a}{R}\right) \rightarrow \therefore T = \frac{1}{2}Ma$를 구할 수 있다. 위 식을 운동방정식에 대입하면 $a = \frac{mg}{m + M/2}$를 얻는다.

문제 160 질량이 M이고 반경이 R인 원통이 높이가 H인 계단을 오르기 위해 당겨야 하는 최소의 힘 F를 구하라.

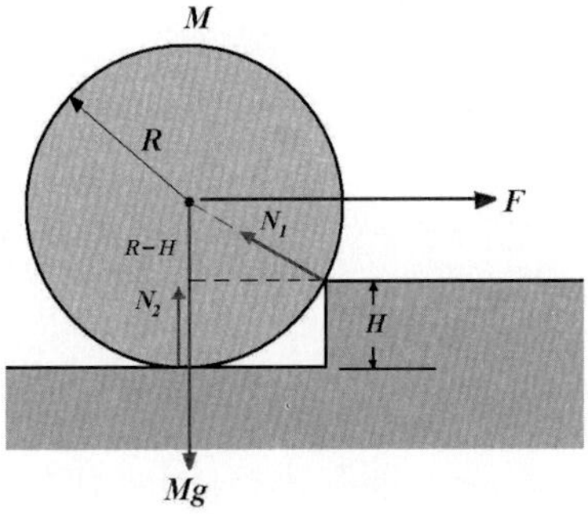

[답] 원통이 구르기 시작하는 시점까지 계는 정적평형 상태에 있다. $\sum_i \tau_i = 0$인 조건에서

$$\sum_i \tau_i = Mg\sqrt{R^2 - (R-H)^2} - F(R-H) = 0$$

을 얻는다. 이에 따라 원통이 계단을 오르기 위한 최소의 힘은 $F = \frac{Mg\sqrt{2RH - H^2}}{R-H}$이다. 수직력 N_2는 원통이 구르기 시작하면 0이 되고 대신에 N_1이 수직력으로 작용한다.

문제 161 그림과 같이 반경이 $R=10cm$이고 질량이 $M=1kg$인 원통이 평면에 놓여 있다. 이 원통에 그림과 같이 $F=2N$의 힘이 주어져 물체가 굴러간다고 한다. 원통이 미끄러지지 않고 굴러간다고 할 때 원통의 가속도를 구하라.

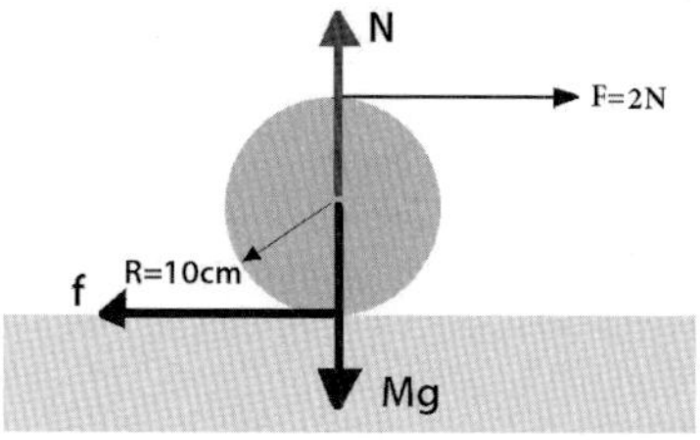

[답] 물체에 주어지는 힘들은 그림에서와 같다. 수평방향의 힘에 의해 수평방향으로 가속되므로 $F-f=Ma$를 얻는다. 토크에 대한 운동방정식은 $(f+F)R=I\alpha$이다. 원통의 관성모멘트는 $\frac{1}{2}MR^2$이고 원통은 굴러가므로 $a=R\alpha$를 만족한다. 따라서 $f+F=\frac{1}{2}Ma$를 얻는다. 위 식과 연립하여 풀면(더하면) $a=\frac{4F}{3M}=\frac{8}{3}m/s^2=2.67m/s^2$을 얻는다.

문제 162 원통이 그림과 같이 굴러 떨어지는 경우 가속도와 줄의 장력을 구하라. 그리고 h만큼 떨어진 후의 속도와 각속도를 구하라.

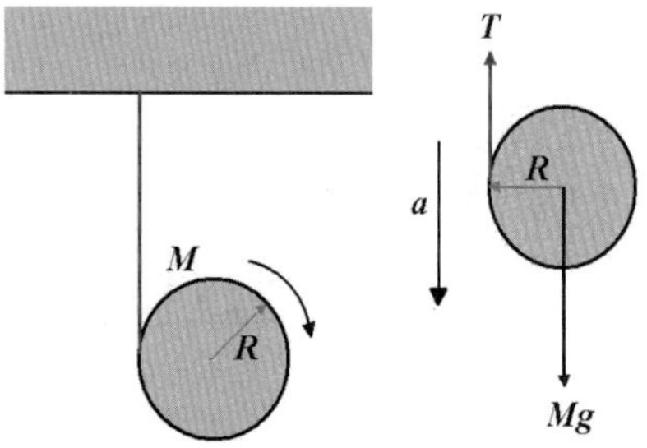

[답] 원통의 병진운동방정식은 $Mg-T=Ma$이다. 그리고 회전운동방정식에서

$$\tau=I\alpha \rightarrow RT=I\alpha=\frac{1}{2}MR^2\frac{a}{R} \rightarrow \therefore T=\frac{1}{2}Ma$$

를 구할 수 있다. 이를 운동방정식에 대입하여 가속도를 구하면 $a=\frac{2}{3}g$이다. h만큼 떨어진 후의 속도는 식 $v^2-v_0^2=2ah$를 이용하면 $v=\sqrt{2ah}=\sqrt{\frac{4gh}{3}}$를 구할 수 있다. 이때의 각가속도는 $\omega=\frac{v}{R}=\sqrt{\frac{4gh}{3R^2}}$이다. 그리고 장력은 가속도를 대입하면 $T=\frac{Mg}{3}$로 구해진다.

문제 163 그림과 같은 도르래 계에서 질량 m_2의 바닥에서의 속도와 각속도, 도르래의 회전각도를 구하라. 그리고 질량 m_2가 바닥에 도달할 때까지 걸린 시간을 구하라. $m_2>m_1$이다.

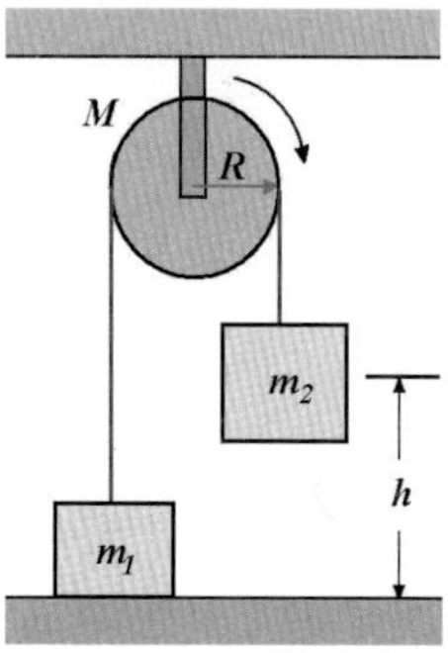

[답] 에너지 보존칙을 적용해 보자. 초기의 에너지는 m_2의 위치에너지 $E_i=m_2gh$밖에 없다. 그리고 질량 m_2가 바닥에 도달할 때의 총 에너지는 m_1과 m_2의 운동에너지, m_1의 위치에너지, 도르래의 회전운동에너지 등의 합이다. 즉,

$$E_f = \left(\frac{1}{2}m_1 v^2 + \frac{1}{2}m_2 v^2 + \frac{1}{2}I\omega^2\right) + m_1 gh$$

와 같이 주어진다. 에너지 보존칙 $E_i = E_f$에서 질량 m_2의 바닥에서의 속도는

$$v = \sqrt{\frac{2(m_2 - m_1)gh}{m_1 + m_2 + M/2}}$$

와 같이 구해진다. 여기서 $I = \frac{MR^2}{2}$과 $v = R\omega$를 사용하였다. 각속도는 $\omega = \frac{v}{R}$에서

$$\omega = \frac{v}{R} = \frac{1}{R}\sqrt{\frac{2(m_2 - m_1)gh}{m_1 + m_2 + M/2}}$$

와 같이 구해진다. 질량 m_2가 h만큼 이동하여 바닥에 도달할 때까지 도르래가 회전하는 거리 또한 $\Delta s = h$이다. $\Delta s = R\Delta\theta$의 관계식에서 도르래가 회전하는 각도는 $\Delta\theta = h/R$이다. 따라서

$$\Delta t = \frac{\Delta s}{v/2} = \frac{2h}{v} = \sqrt{\frac{(2m_1 + 2m_2 + M)h}{(m_2 - m_1)g}}$$

를 구할 수 있다. 여기서 속도는 평균속도 $\frac{v}{2}$를 사용하였다.

문제 164 그림과 같이 마찰이 없는 비탈면을 질량 m인 물체가 미끄러져 내려와 수직으로 놓인 질량이 l이고 M인 막대에 부딪힌다고 하자. 막대의 회전축은 막대의 끝에 있다. 막대와 부딪힌 물체는 막대와 붙어서 움직인다. 막대와 물체가 회전하는 최대각 θ를 구하라.

[답] 충돌 전과 후의 각운동량이 보존된다. 충돌 전의 각운동량은 $L_i = |\vec{r} \times \vec{p}| = lmv$이다. 여기서 충돌 직전의 물체의 속도는 $v = \sqrt{2gh}$이다. 충돌 후의 각운동량은 관성모멘트가 $I = \frac{1}{3}Ml^2 + ml^2$이므로 $L_f = I\omega = \left(\frac{M}{3} + m\right)l^2\omega$이다. 각운동량 보존칙 $L_i = L_f$에서

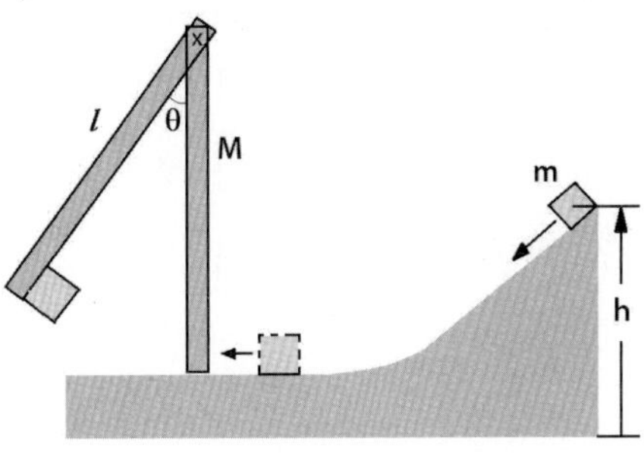

$$lmv = \left(\frac{M}{3} + m\right)l^2\omega$$

이다. 충돌 직후의 회전운동에너지는

$$K_i = \frac{1}{2}I\omega^2 = \frac{1}{2}\left(\frac{M}{3}+m\right)l^2\omega^2$$

이고, 위치에너지는 막대의 질량중심이 $\frac{l}{2}$이므로 $U_i = \frac{Mgl}{2}$이다. 반면에 최고점에서는 운동에너지는 0이고 위치에너지는

$$U_f = mgl(1-\cos\theta) + Mgl\left(1-\frac{1}{2}\cos\theta\right)$$

이다. 따라서 에너지 보존칙 $K_i + U_i = 0 + U_f$에서

$$\frac{1}{2}\left(\frac{M}{3}+m\right)l^2\omega^2 = \left(m+\frac{M}{2}\right)gl(1-\cos\theta)$$

를 얻을 수 있다. 위의 각운동량 보존칙에서 주어진 식에서

$$\omega = \frac{mv}{\left(\frac{M}{3}+m\right)l} = \frac{m\sqrt{2gh}}{\left(\frac{M}{3}+m\right)l}$$

를 얻는다. 위 식에서 ω^2을 구하여 에너지 보존칙 식에 대입하면 각 θ는

$$\theta = \cos^{-1}\left[1-\frac{6m^2h}{l(2m+M)(3m+M)}\right]$$

와 같이 구해진다.

문제 165 그림과 같이 길이가 L이고 질량이 M인 막대가 놓여 있다. 질량 m인 총알이 속도 v로 막대에 대해 각도 θ방향으로 날아와서 막대의 모서리에 박혔다. 막대는 중앙에 회전축이 있어서 각속도 ω로 회전한다. 총알의 속도를 주어진 변수로 표현하라.

[답] 외부 토크가 주어지지 않았기 때문에 각운동량이 보존된다. 즉, 총알이 충돌하기 전과 후의 각운동량은 동일해야 된다. 충돌 전의 각운동량은 총알의 각운동량밖에 없다. 즉,

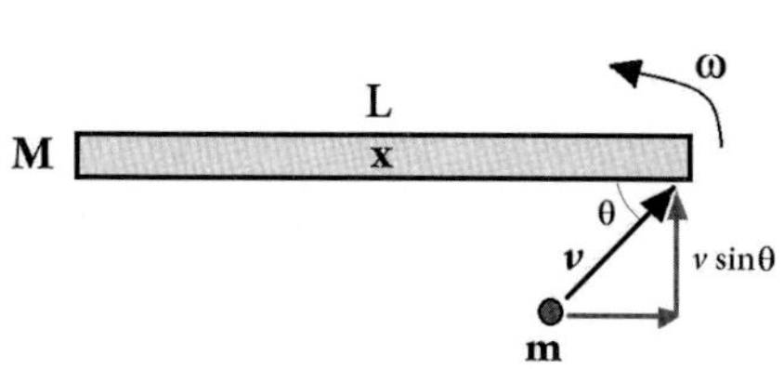

$$L_i = |\vec{r}\times\vec{p}| = (mv)\left(\frac{L}{2}\sin\theta\right)$$

이다. 충돌 후에는 총알이 나무막대에 박혀서 회전하므로 각운동량은

$$L_f = (I_b + I_L)\omega = \left[\frac{1}{12}ML^2 + m\left(\frac{L}{2}\right)^2\right]\omega$$

이다. 따라서 각운동량 보존칙 $L_i = L_f$에서 $v = \frac{(M+3m)L}{6m\sin\theta}\omega$와 같이 구해진다.

문제 166 그림과 같이 질량이 M이고 반경인 R인 원판이 각속도 ω_1으로 돌고 있다. 위쪽에서 원판과 동일한 재질로 만든 반경 $\frac{R}{2}$인 원판을 회전축에 놓았을 경우 각속도는 어떻게 변하는가?

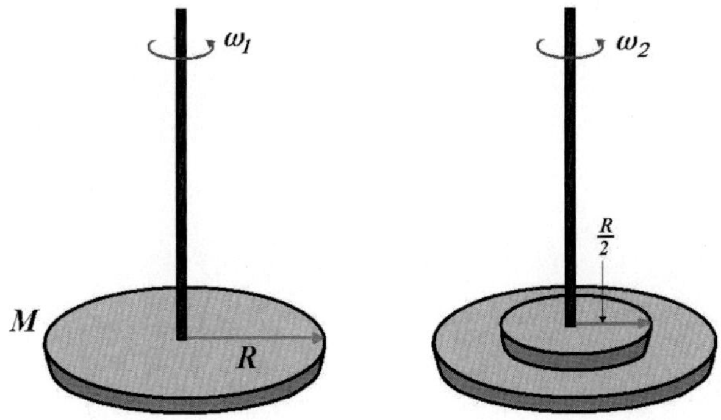

[답] 외부의 토크가 주어지지 않았으므로 각운동량이 보존된다. 초기의 각운동량은

$$L_i = I_i\omega_i = \frac{MR^2}{2}\omega_1$$

이다. 반면에 다른 원판을 놓았을 경우 새 원판이 덧붙어 관성모멘트가 증가하므로 각운동량은

$$L_f = I_f\omega_f = \frac{1}{2}\left[MR^2 + \frac{M}{4}\left(\frac{R}{2}\right)^2\right]\omega_2 = \frac{17}{16}\left(\frac{1}{2}MR^2\right)\omega_2$$

가 된다. 각운동량 보존칙 $L_i = L_f$에서 $\omega_2 = \frac{16\omega_1}{17}$이 구해진다.

문제 167 질량 $m = 200g$인 다람쥐가 속도 $3m/s$로 쳇바퀴 안에서 달리고 있다. 쳇바퀴의 반경은 $15cm$이고 관성모멘트는 $I_w = 0.3\,kg\,m^2$이다. 쳇바퀴의 각속도를 구하라.

[답] 다람쥐가 달리기 전의 각운동량은 $L_i = 0$이다. 따라서 각운동량 보존칙에서 $L_i = L_f$이다. 여기서 $L_f = L_w + L_s$이다. L_w와 L_s는 각각 쳇바퀴와 다람쥐의 각운동량이다. $L_w = -I\omega$이고 $L_s = mvr$이다. 여기서 다람쥐는 점 질량으로 가정하였다. 그리고 $-$부호는 방향이 반대임을 나타낸다. 따라서 $\omega = \frac{mvr}{I} = 0.3rad/s$를 구할 수 있다.

문제 168 문의 폭이 $l = 1m$이고 질량은 $M = 10kg$이다. 질량 $m = 20g$인 탄환이 속도 $v = 300m/s$로 문의 중앙으로 날아와 박혔다. 문의 각속도를 구하라.

[답] 초기의 각운동량은 탄환의 각운동량뿐이다. 즉, $L_i = mv\left(\frac{l}{2}\right)$이다. 탄환이 박힌 후 각운동량은 문의 각운동량과 총알의 각운동량의 합이다. 즉, $L_f = \frac{ml^2}{4}\omega + \frac{1}{3}Ml^2\omega$이다. 여기서 문의 관성모멘트는 $\frac{1}{3}Ml^2$, 탄환의 관성모멘트는 $m\left(\frac{l}{2}\right)^2$을 이용하였다. 각운동량 보존칙인 $L_i = L_f$를 이용하면 $\omega = \frac{mv}{(m/2+2M/3)l} = 1.8rad/s$를 구할 수 있다.

문제 169 반경 $R = 30cm$인 원판이 평면에 놓여 있다. 이 원판은 중심을 축으로 회전할 수 있다. 원판의 질량은 $2kg$이다. 질량 $m = 50g$인 점토가 속도 $6m/s$로 원판의 중심에서 $20cm$ 떨어진 가장자리로 날아와 붙었다. 원판이 정지하고 있었다면 점토와 충돌 후 각속도를 구하라.

[답] $L_i = mvb$이다. 여기서 $b = 20cm$이다. 충돌 후 각운동량은 점토와 원판의 각운동량의 합이다. 점토의 각운동량은 $mR^2\omega$이고 원판의 각운동량은 $\frac{1}{2}MR^2\omega$이다. 따라서 각운동량 보존칙에서 $mvb = R^2\left(m + \frac{M}{2}\right)w$이다. 따라서 각속도는 $\omega = 0.63\,rad/s$로 구해진다.

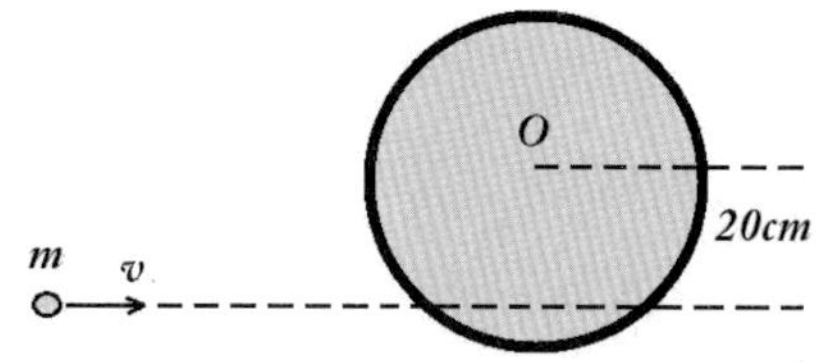

문제 170 그림과 같이 3개의 구로 구성된 구조가 그 중심축에 대해 각속도 ω_1으로 회전하고 있다. 양쪽의 작은 구가 그림과 같이 접혔을 때 각속도 ω_2를 구하라. 3개의 구는 동일한 재질로 만들어졌으며 막대의 두께와 관성모멘트는 무시할 수 있다.

[답] 작은 구와 큰 구가 동일한 재질로 되어 있으므로 큰 구의 질량이 M이면 작은 구의 질량은 $\frac{M}{8}$이다. 작은 구의 관성모멘트를 계산하기 위해 평행축 정리를 이용해야 한다. 작은 구가 중심축으로 회전하는 경우 관성모멘트는 $\frac{2}{5}\frac{M}{8}\left(\frac{R}{2}\right)^2$이다. 작은 구의 중심과 큰 구의 중심은 $\frac{7R}{2}$만큼 떨어져 있다. 그런데 큰 구의 질량중심으로 회전하고 있으므로 하나의 작은 구의 초기 관성모멘트는

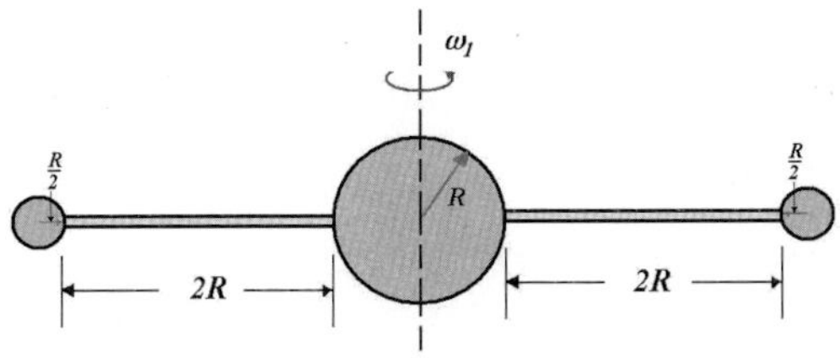

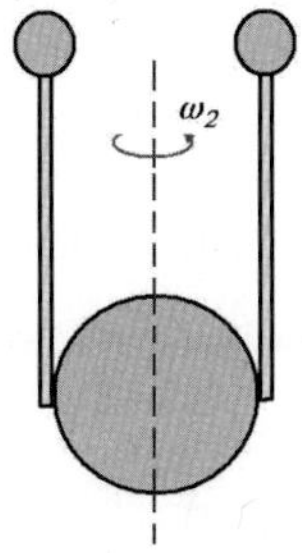

$I_s = \frac{2}{5}\frac{M}{8}\left(\frac{R}{2}\right)^2 + \frac{M}{8}\left(\frac{7R}{2}\right)^2 = \frac{247}{160}MR^2$으로 주어진다. 따라서 회전구조의 초기관성모멘트는 $I_i = \frac{2}{5}MR^2 + 2I_s = \frac{279}{80}MR^2$이다. 반면에 두 개의 작은 구가 접혔을 때의 관성모멘트는

$$I_f = \frac{2}{5}MR^2 + 2\left[\frac{2}{5}\frac{M}{8}\left(\frac{R}{2}\right)^2 + \frac{M}{8}R^2\right] = \frac{27}{40}MR^2$$

이다. 각운동량 보존칙 $I_i\omega_1 = I_f\omega_2$를 이용하면 $\omega_2 = \frac{31\omega_1}{6} = 5.17\omega_1$이다.

문제 171 질량 $100kg$(우주복 포함)인 우주인이 우주유영을 하다가 우주선에 연결된 줄이 끊어져 버렸다. 우주인은 정지상태에서 가지고 있던 질량 $2kg$인 도구를 우주선의 반대방향으로 시속 $60km/h$로 던졌다. 현 위치에서 우주선까지의 거리가 $30m$라고 할 때 우주인이 우주선에 도달하는 데 몇 초가 걸리겠는가?

[답] 운동량 보존칙에서 $p_i = 0$이고 $p_f = m_t v_t + mv$이므로 $p_i = p_f$에서 $v = -\frac{1}{3}m/s$로 구해진다. 여기서 m_t와 v_t는 각각 도구의 질량과 우주인이 던진 속도이다. $s = vt$에서 $t = 90\,s$가 구해진다.

문제 172 양팔을 쭉 펴고 양손에 질량 m인 아령을 든 사람이 회전판 위에 서서 각속도 ω_1으로 돌고 있다. 그러다가 아령을 떨어뜨렸을 때 각속도 ω_2는 얼마인가? 손은 사람의 중심축에서 L만큼 떨어져 있다. 그리고 I_m은 팔을 쭉 편 사람의 관성모멘트이다.

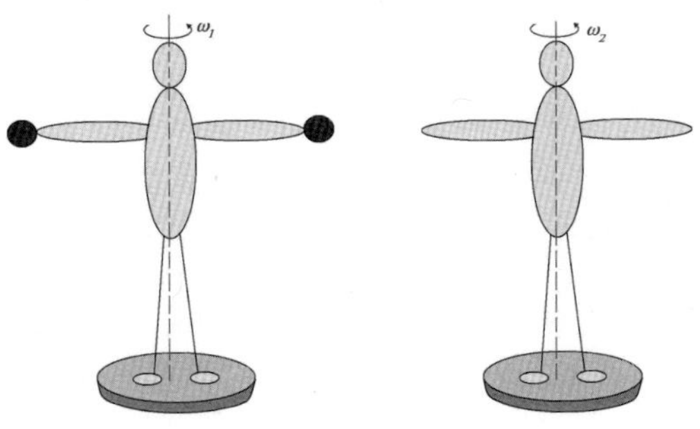

[답] 관성모멘트가 바뀐다. 즉, $I_i = I_m + 2mL^2$이고 $I_f = I_m$이다. 각운동량 보존칙 $I_i\omega_1 = I_f\omega_2$에서 $\omega_2 = \frac{I_m + 2mL^2}{I_m}\omega_1$과 같이 구해진다.

문제 173 질량이 $100kg$이고 반경이 $2m$인 원형 놀이기구가 있다. 중심에서 $1.5m$ 떨어진 지점에 질량 $20kg$인 아이가 타고 있다. 반경에 수직한 방향으로 $400N$의 힘을 가하여 놀이기구를 돌린다. 이때 마찰은 무시한다. (a) 각가속도를 구하라. (b) $400N$의 힘을 2초 동안 가한 후 놓았을 때 각속도를 구하라. (c) 아이가 중심에서 $50cm$ 떨어진 지점까지 이동했을 때의 각속도를 구하라.

[답] (a) 외력에 의한 토크는 $\tau = rF = 800Nm$이다. 이 토크에 의해 각가속도가 발생한다. 원판의 관성모멘트는 $I_p = \frac{1}{2}MR^2 = 200\,kg\,m^2$이고 아이에 의한 관성모멘트는 $I_c = mr^2 = 45\,kg\,m^2$이다. 총 관성모멘트는 두 관성모멘트의 합이므로 $I = I_p + I_c = 245\,kg\,m^2$이다. 따라서 $\tau = I\alpha$에서 $\alpha = 3.27\ rad/s^2$을 구할 수 있다.

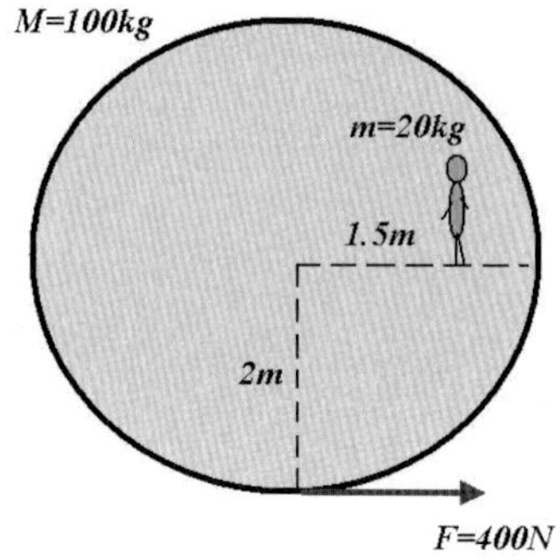

(b) 일정 각가속도 운동이므로 $\omega = \omega_0 + \alpha t$ 에서 $\omega = \alpha t = 6.54 rad/s$를 구할 수 있다. 여기서 초기 각속도 $\omega_0 = 0$을 사용하였다.

(c) 각운동량 보존법칙 $I\omega = I'\omega'$에서 구하면 된다. 아이가 움직임에 따라 관성모멘트가 변한다. 새로운 관성모멘트는 $I' = I_p + mr'^2 = 205\ kg\,m^2$로 구할 수 있다. 따라서 $I\omega = I'\omega'$에서 $\omega' = 7.82\ rad/s$를 얻는다.

문제 174 반경 R_1과 R_2로 구성된 실패(spool)가 평면에 놓여 있다. 안쪽과 바깥쪽에 그림과 같이 힘 F_1과 F_2가 주어진다고 하자. 실패와 평면 사이에 마찰이 없어지기 위한 두 힘의 비를 구하라.

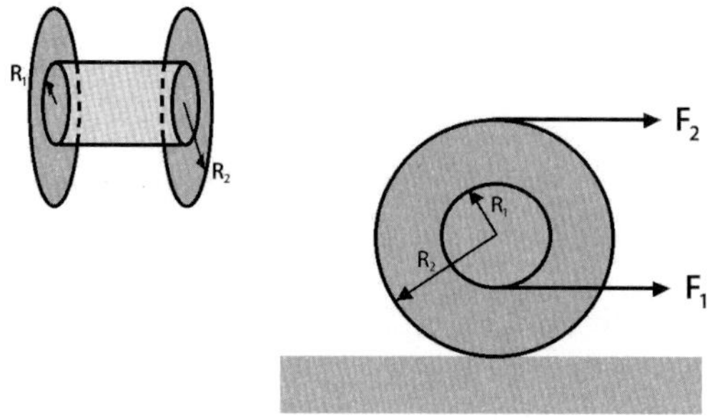

[답] 마찰이 없는 조건에서 병진운동은 $F_1 + F_2 = Ma$로 표현된다. 그리고 회전운동은 $F_2R_2 - F_1R_1 = I\alpha$이다. 위 두 식을 조합하여 $\frac{F_2}{F_1}$를 구하면 $\frac{F_2}{F_1} = \frac{I + MR_1R_2}{MR_2^2 - I}$이다.

문제 175 정지상태에서 높이 h인 비탈면에서 질량이 M이고 반경이 R인 원통이 미끄러지지 않고 굴러서 내려온다. 경사면의 경사각은 θ이다. 원통의 가속도를 운동방정식과 에너지 보존칙으로 각각 구하라. 이 결과에서 (정지)마찰력이 일을 하지 않음을 보여라.

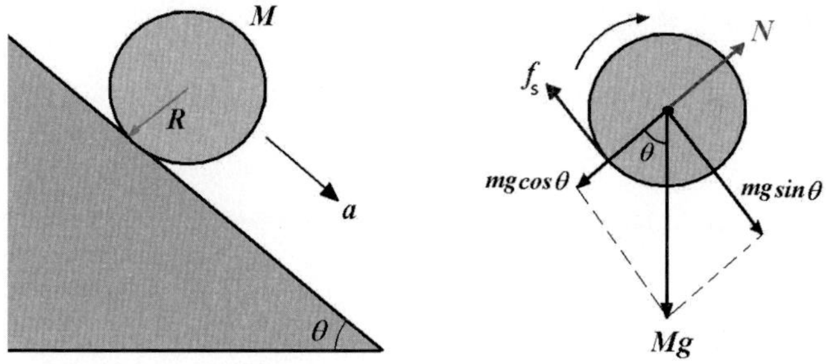

[답] 원통이 굴러 내려오므로 병진운동과 회전운동이 함께 일어난다. 병진운동의 경우에는 비탈면으로의 힘은 $Mg\sin\theta - f_s$ 이므로 $Mg\sin\theta - f = Ma$로 주어진다. 반면에 회전운동의 원인은 토크인데 토크의 힘은 정지마찰력이 준다. 따라서 회전운동방정식 $\tau = I\alpha$에서 $f_s R = \frac{1}{2}MR^2\left(\frac{a}{R}\right)$ $\rightarrow \therefore f_s = \frac{1}{2}Ma$를 얻는다. 여기서 원통의 관성모멘트 $\frac{MR^2}{2}$와 병진운동과 회전운동의 가속도 사이의 관계식 $a = R\alpha$를 이용하였다. 위 식을 병진운동방정식에 대입하여 가속도를 구하면 $a = \frac{2}{3}g\sin\theta$와 같이 주어진다. 그리고 정지마찰력은 $f_s = \frac{1}{3}mg\sin\theta$이다.

다음에는 가속도를 에너지 보존칙을 이용하여 구해 보도록 하자. 먼저 경사면의 바닥에서의 속도를 구하자. 그리고 $v^2 - v_o^2 = 2a\Delta s$에서 가속도 a를 구하면 된다. 원통이 높이 h에서부터 정지상태에서 구르기 시작했으므로 이 위치에서의 에너지는 위치에너지 Mgh밖에 없다. 반면에 바닥에서는 운동에너지밖에 없다. 그런데 운동에너지는 병진운동에너지와 회전운동에너지도 있으므로 에너지 보존칙에서 $Mgh = \frac{1}{2}Mv^2 + \frac{1}{2}I\omega^2$와 같다. 병진운동의 속도와 회전운동의 속도 사이에는 $v = R\omega$의 관계가 있고, 원통의 관성모멘트는 $\frac{MR^2}{2}$이므로 에너지 보존칙 식에서 원통의 속도는 $v = \sqrt{\frac{4gh}{3}}$로 구해진다. $v^2 - v_o^2 = 2a\Delta s$에서 $a = \frac{2}{3}g\sin\theta$를 구할 수 있다. 여기서 $\Delta s = \frac{h}{\sin\theta}$를 이용하였다. 위 가속도의 결과는 운동방정식에서 구한 결과와 일치한다. 에너지 보존칙에서 마찰이 한 일을 고려하지 않았음에도 결과가 일치한다는 것은 정지마찰력은 일을 하지 않는다는 사실을 보여 준다. 실제로 정지마찰력은 병진운동을 방해하지만 회전운동을 가능하게 한다. 따라서 정지마찰력은 병진운동에너지의 감소를 가져오지만 회전운동에너지를 가지게 만든다.

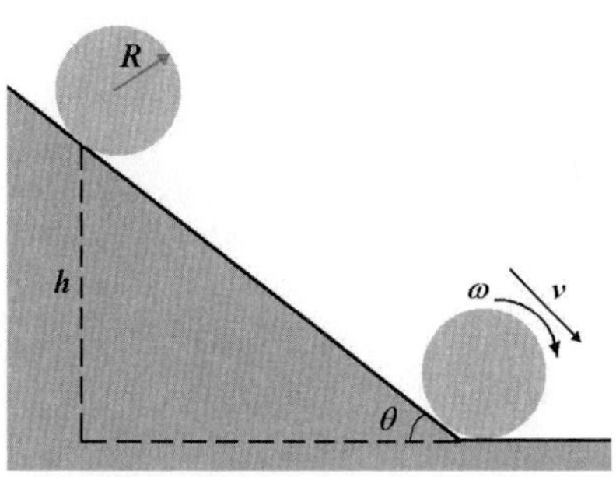

문제 176 그림과 같이 두 반경의 원판으로 구성된 도르래가 있다. 도르래의 반경은 $R_1 = 20cm$, $R_2 = 40cm$이고 관성모멘트는 $I = 3\,kg\,m^2$이다. 이 도르래에 그림과 같이 두 개의 질량이 연결되어 있다. 각각의 질량은 $m_1 = 3kg, m_2 = 5kg$이다. 각가속도와 줄에 작용하는 장력을 구하라.

[답] 각 질량에 대한 운동방정식은

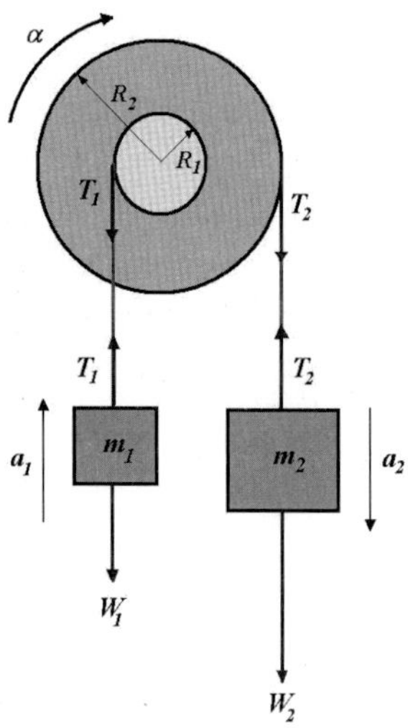

$$T_1 - m_1 g = m_1 a_1 \rightarrow \therefore T_1 - 29.4 = 0.6\,\alpha$$

$$m_2 g - T_2 = m_2 a_2 \rightarrow \therefore 49 - T_2 = 2\alpha$$

와 같이 구할 수 있다. 여기서 각속도와 선속도의 관계인 $a_1 = R_1\alpha$, $a_2 = R_2\alpha$를 이용하였다. 그리고 도르래의 회전운동에 대한 운동방정식은

$$-T_1 R_1 + T_2 R_2 = I\alpha \rightarrow \therefore -2T_1 + 4T_2 = 30\alpha$$

이다. 위 두 식을 이용하면 $\alpha = 3.5\,rad/s^2$, $T_1 = 31.5N$, $T_2 = 42N$을 구할 수 있다.

문제 177 바깥쪽 반경 R과 안쪽 반경 r인 요요(yoyo)가 있다. 두 반경의 비는 $R = 10r$이다. 가속도와 장력을 구하라.

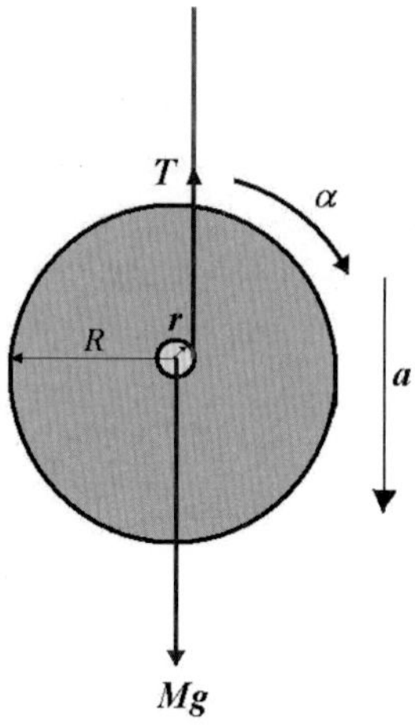

[답] 병진운동방정식은 $Mg - T = Ma$이다. 그리고 회전운동방정식은

$$Tr = I\alpha \rightarrow \therefore Tr = \left(\frac{1}{2}MR^2\right)\frac{a}{r}$$

이다. 여기서 $R = 10r$이므로 안쪽 반경의 관성모멘트는 무시하였다. 그리고 선가속도와 각가속도와의 관계 $a = R\alpha$를 이용하였다. $T = Mg - Ma$이므로 이를 위 식에 대입하면

$$a = \frac{g}{1 + \dfrac{R^2}{2r^2}} = \frac{g}{51}$$

를 구할 수 있다. 그리고 장력은 $T=\frac{50}{51}Mg\approx Mg$를 구할 수 있다.

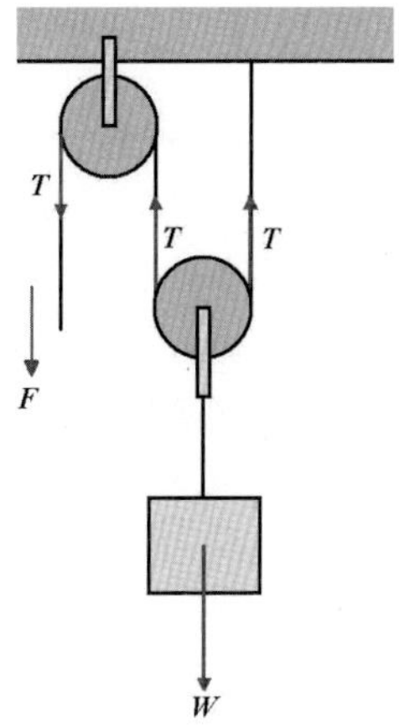

문제 178 두 개의 도르래로 구성된 계가 있다. 힘 F로 줄을 길이 l만큼 당길 경우, 무게 W인 물체가 이동한 거리는 얼마인가? 그리고 평형상태를 유지하기 위해 당겨야 하는 힘의 크기는 얼마인가?

[답] 힘 F로 길이 L을 당기면 물체는 $\frac{L}{2}$만큼 이동함을 볼 수 있다. 평형상태에서 $W=2T$이므로 장력은 $T=\frac{W}{2}$이고 이 장력과 동일한 힘으로 당겨야 평형상태에 있게 된다. 따라서 $F=T=\frac{W}{2}$이다.

2-9. 정적평형

문제 179 그림에서 A와 B는 동일한 줄이다. 이 줄의 장력은 $300N$ 이상을 지탱하지 못한다. 이 경우 최대질량 m을 구하라.

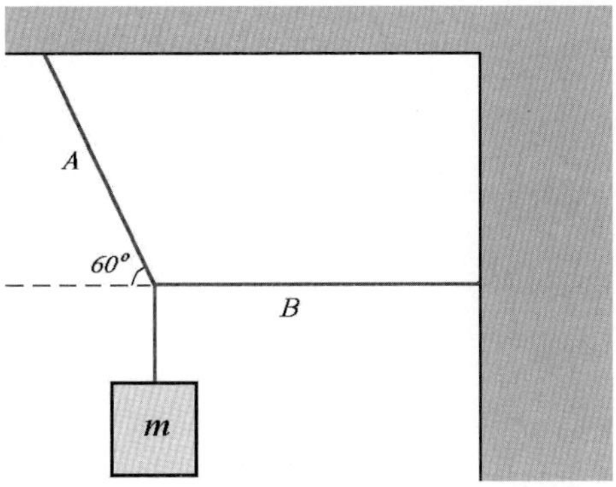

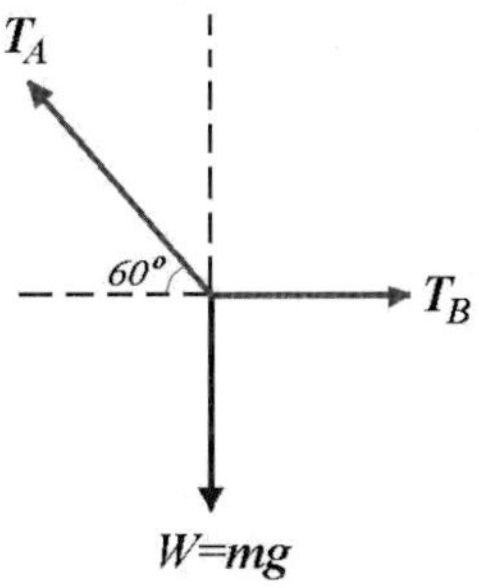

[답] $T_B=300N$이라고 가정해 보자. 토크는 없으므로 x, y좌표에 작용하는 힘의 합이 0이면 정적평형상태에 있게 된다.

$$\sum_i F_{ix}=0;\ T_B=T_A\cos 60^o \rightarrow \therefore T_A=\frac{T_B}{\cos 60^o}=600N$$
$$\sum_i F_{iy}=0;\ W=T_A\sin 60^o=520N$$

과 같이 구해진다. A에 걸리는 장력이 $600N$이 될 수 없으므로 B에 $300N$이 걸릴 수 없다. 다음에 A줄에 $300N$이 걸린다고 가정하면 힘의 평형조건에서

$$\sum_i F_{ix} = 0;\ T_B = T_A \cos 60^o \rightarrow \therefore T_B = 150N$$
$$\sum_i F_{iy} = 0;\ W = T_A \sin 60^o = 130N$$

과 같이 구해지고 장력의 조건이 만족된다. 따라서 최대질량은 $13kg$이다.

문제 180 그림과 같이 마찰이 없는 도르래에 3개의 질량이 매달려 있다. $W_1 = 300N$일 때 줄의 장력과 각 질량을 구하라.

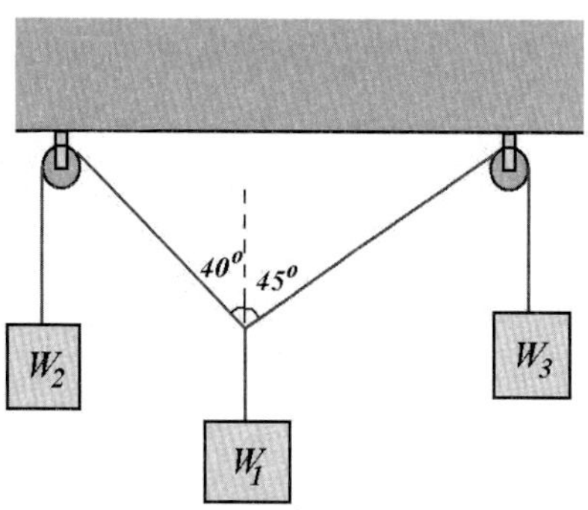

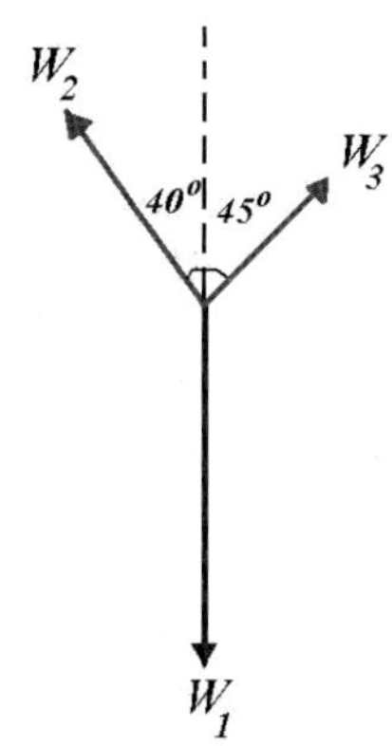

[답] 줄의 장력은 각각 $T_1 = W_1$, $T_2 = W_2$, $T_3 = W_3$이다. 토크는 없으므로 힘의 평형조건만 생각하면 된다. 따라서 평형조건에서

$$\sum_i F_{ix} = 0;\ W_3 \cos 45^o = W_2 \cos 50^o$$
$$\sum_i F_{iy} = 0;\ W_1 = W_2 \cos 40^o + W_3 \cos 45^o$$

와 같이 구해진다. $W_1 = 300N$이므로 $W_2 = 213N$, $W_3 = 194N$을 구할 수 있다. 각 줄의 장력은 각 줄에 매달린 질량의 무게와 동일하다.

문제 181 질량이 $10kg$인 상자가 평편한 면에 놓여 있다. 상자와 면 사이의 정지마찰계수는 0.3이다. 그림과 같은 방향으로 힘 F가 주어질 경우 상자를 움직이기 위한 최소의 힘 F의 값은 얼마인가?

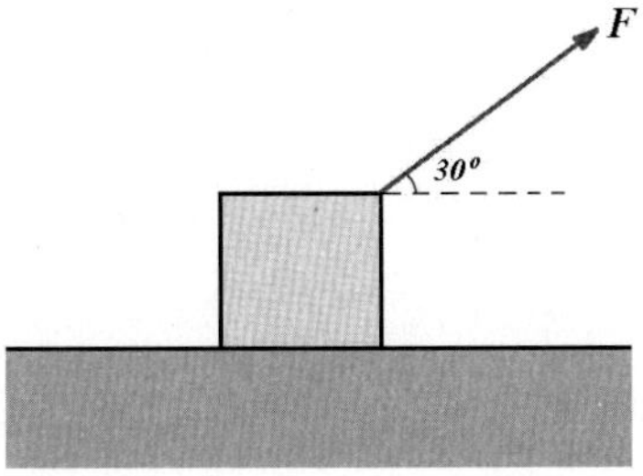

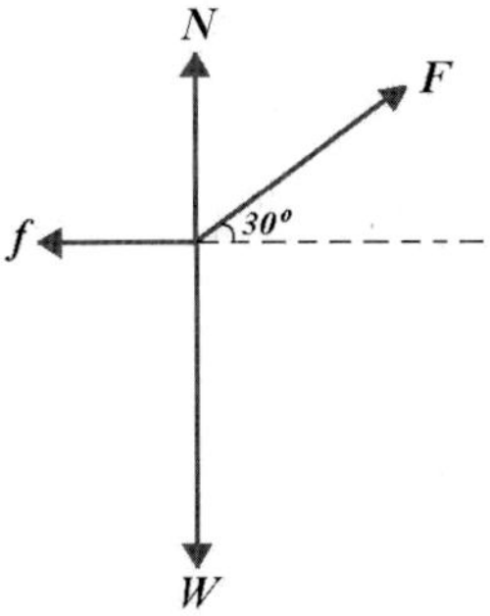

[답] 토크는 없으므로 물체가 움직이기 직전에 힘의 평형에서

$$\sum_i F_{ix} = 0;\ F\cos 30^o - f = 0 \rightarrow \therefore\ F\cos 30^o = \mu_s N$$
$$\sum_i F_{iy} = 0;\ N + F\sin 30^o - W = 0$$

를 얻는다. 두 식을 연립하여 풀면 $F = 29N$과 $N = 83.5N$을 얻을 수 있다.

문제 182 그림과 같은 계가 정적평형상태에 있다. 각 줄에 작용하는 장력을 구하라.

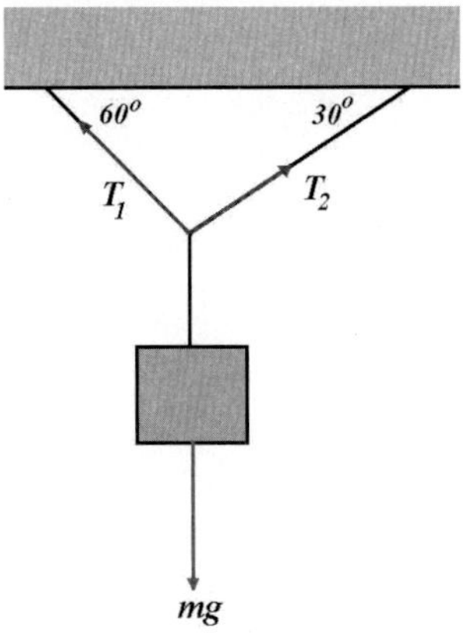

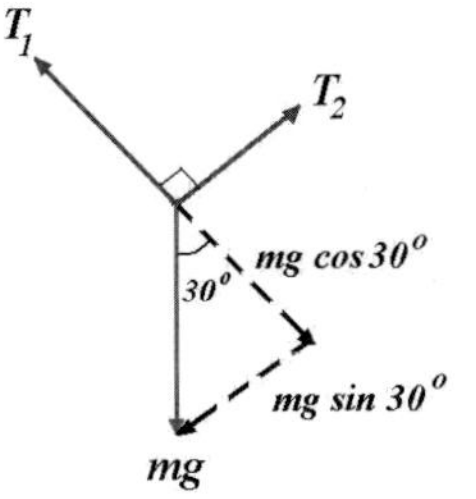

[답] 계에 작용하는 토크는 없으므로 알짜 힘만 0이어야 된다. 그림과 같은 좌표를 사용하면 각 좌표축 방향의 알짜 힘이 0이어야 한다는 조건에서 각 줄에 작용하는 장력은 $T_1 = mg\cos 30^o$, $T_2 = mg\sin 30^o$와 같이 구해진다.

문제 183 그림과 같이 $100kg$인 물체가 매달려 있다. 막대는 벽에 고정된 핀(pin)과 줄에 의해 지탱되고 있다. 줄은 막대 길이의 $\frac{2}{3}$지점에 연결되어 수평하게 벽에 고정되어 있다. 줄의 장력과 핀에 작용하는 힘의 크기와 방향을 구하라.

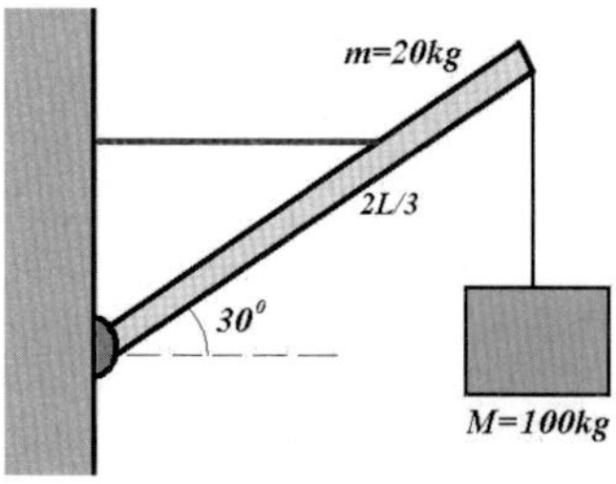

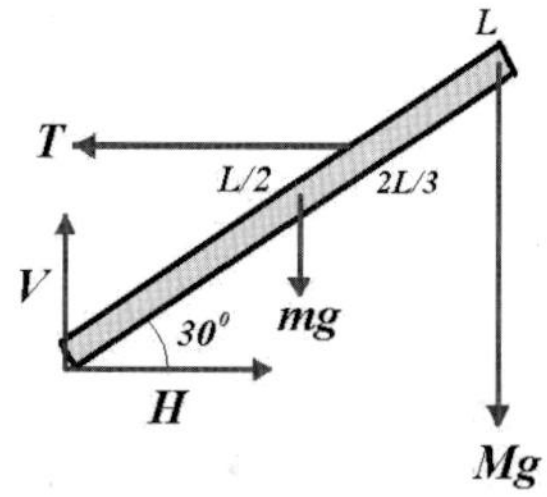

[답] 그림에서와 같이 평형을 위해서 수평 알짜 힘이 0이 되어야 하므로 $T = F_H$이다. 그리고 수직 알짜 힘이 0이 되어야 하는 조건에서 $F_V = mg + Mg = 1,176\,N$을 얻는다. 또한 알짜 토크가 0이 되어야 한다는 조건에서 $mg\left(\frac{L}{2}\cos\theta\right) + Mg\,(L\cos\theta) = T\left(\frac{2}{3}L\sin\theta\right)$를 얻는다. 여기서 회전축은 핀을 선택하였다. 위 식에서 $T = \frac{3(m+2M)g\cos\theta}{4\sin\theta}$를 얻는다. 값들을 대입하면 $T = 2,801\,N$을 얻는다. 따라서 $F_H = 2,801N$을 얻는다. 핀에 작용하는 힘의 크기와 방향은 $F = \sqrt{F_V^2 + F_H^2} = 3,038N$, $\theta = \tan^{-1}\frac{F_H}{F_V} = 23^o$이다.

문제 184 그림과 같이 막대와 $W = 2,000N$의 물체가 균형을 이루고 있다. 막대는 균일하고 무게는 $800N$이다. 각 줄의 장력을 구하라.

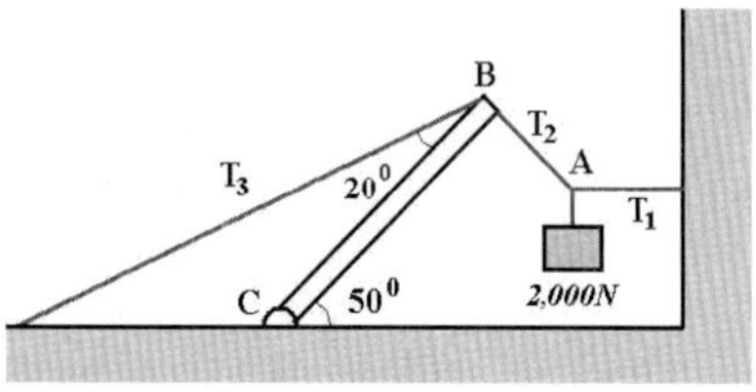

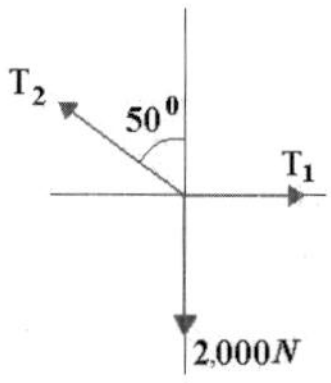

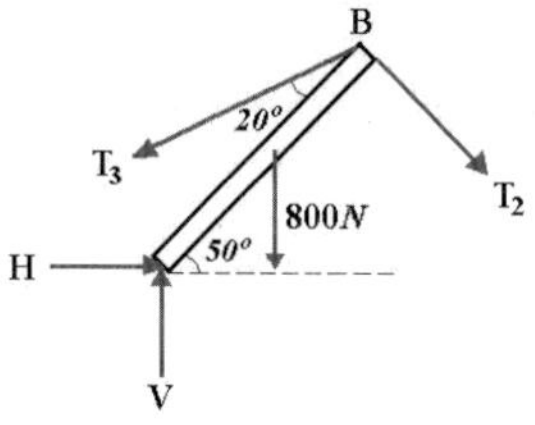

[답] 점 A에서의 힘의 평형에서

$$\sum_i F_{ix} = 0 : T_2\cos 50^o - 2,000 = 0 \rightarrow \therefore T_2 = 3,111N$$
$$\sum_i F_{iy} = 0 : T_1 - T_2 \sin 50^o = 0 \rightarrow \therefore T_1 = 2,384N$$

을 구할 수 있다. 점 C를 중심으로 하여 회전하는 토크가 0이어야 하므로

$$\sum_i \tau_i = 0 \rightarrow T_3(L\sin 20^o) - T_2 L - mg\left(\frac{L}{2}\cos 50^o\right) = 0$$

에서 $T_3 = 9{,}840N$을 얻을 수 있다.

문제 185 그림과 같은 구조에서 핀(pin)에 작용하는 힘을 구하라.

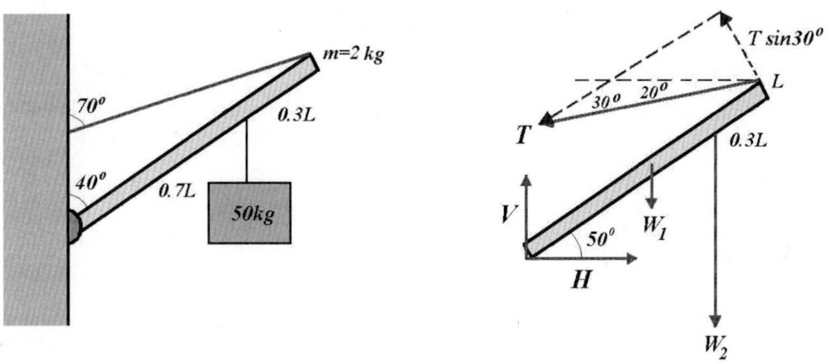

[답] 구조가 정적평형상태에 있으므로 알짜 힘과 토크가 0이 되는 조건을 만족하여야 한다. 알짜 힘이 0이 되어야 하는 조건에서

$$\sum_i F_{ix} = 0:\ H - T\cos 20^o = 0$$
$$\sum_i F_{iy} = 0:\ V - W_1 - W_2 - T\sin 20^o = 0$$

을 구할 수 있다. 그리고 토크가 0이 되는 조건에서

$$\sum_i \tau_{ix} = 0:\ 0.7L\,W_2\cos 50^o + 0.5L\,W_1\cos 50^o = L\,T\sin 30^o$$

를 얻을 수 있다. 위 3개의 식을 조합하면 $H = 426N,\ V = 665N,\ T = 453N$을 구할 수 있다.

문제 186 그림과 같은 구조에서 핀(pin)에 작용하는 힘을 구하라. 물체의 질량은 $m = 200kg$이고

나무의 질량은 $M=40kg$이다.

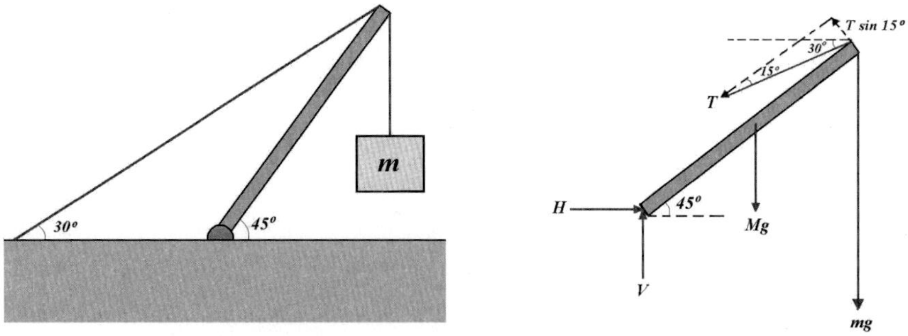

[답] 구조가 정적평형상태에 있으므로 알짜 힘과 토크가 0이 되는 조건을 만족하여야 한다. 알짜 힘이 0이어야 한다는 조건에서

$$\sum_i F_{ix}=0:\ H-T\cos 30^o=0$$
$$\sum_i F_{iy}=0:\ V-Mg-mg-T\sin 30^o=0$$

을 구할 수 있다. 그리고 토크가 0이 되는 조건에서

$$\sum_i \tau_{ix}=0:\ Mg\frac{L}{2}\cos 45^o+mg\,L\cos 45^o=L\,T\sin 15^o$$

를 얻을 수 있다. 위 3개의 식을 조합하면 $H=5,101N$, $V=5,297N$, $T=5,890N$을 구할 수 있다.

문제 187 사람이 사다리를 오르고 있다. 벽에는 마찰력이 없고 바닥은 마찰력(운동마찰계수는 0.5)이 존재한다. 사다리와 지면의 각도는 45^o이다. 사람의 질량은 $m=60\,kg$이고 사다리의 질량은 $M=40kg$이다. 사람이 어느 정도 높이까지 오르면 사다리가 미끄러지겠는가?

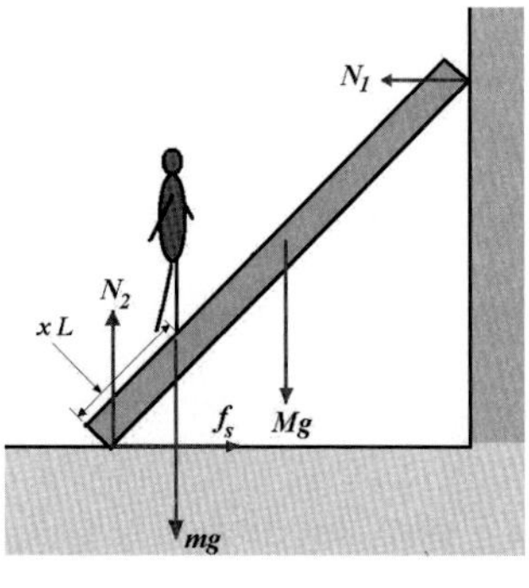

[답] 사다리가 미끄러지기 직전에는 정적평형상태에 있으므로 알짜 힘과 토크가 0이 되는 조건을 만족하여야 한다. 알짜 힘이

0이 되어야 하는 조건에서

$$\sum_i F_{ix} = 0: f_s - N_1 = 0$$
$$\sum_i F_{iy} = 0: N_2 - Mg - mg = 0$$

을 구할 수 있다. 그리고 토크가 0이 되는 조건에서

$$\sum_i \tau_{ix} = 0: (xL)\, mg\cos 45^o + \left(\frac{L}{2}\right) Mg\ \cos 45^o = N_1 L \cos 45^o$$

를 얻을 수 있다. 마찰력은 $f_s = \mu_s N_2$이므로 첫 번째 식에서 $N_2 = 2N_1$을 얻는다. 그리고 두 번째 식에서 $N_2 = 980N$을 얻는다. 따라서 $N_1 = 490N$이고 $x = 0.5$를 얻을 수 있다. 즉, 사람이 사다리의 반을 올라갔을 때 사다리가 미끄러지기 시작한다.

문제 188 불균일한 막대가 그림과 같이 줄에 매달려 정지하고 있다. 왼쪽 끝에서 막대의 질량중심까지의 거리를 구하라. 막대의 길이는 $10m$이다.

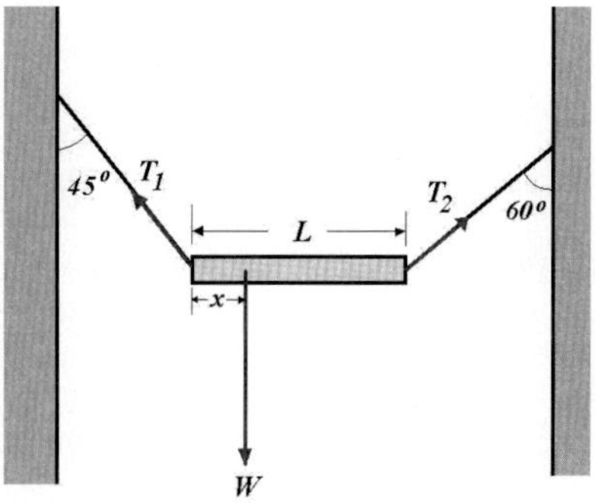

[답] 구조가 정적평형상태에 있으므로 알짜 힘과 토크가 0이 되는 조건을 만족하여야 한다. 알짜 힘이 0이 되어야 한다는 조건에서

$$\sum_i F_{ix} = 0:\ T_1 \sin 45^o - T_2 \sin 60^o = 0 \rightarrow \therefore\ \sqrt{3}\ T_2 = \sqrt{2}\ T_1$$
$$\sum_i F_{iy} = 0:\ T_1 \cos 45^o + T_2 \cos 60^o - W = 0 \rightarrow \therefore\ \sqrt{2}\ T_1 + T_2 - 2W = 0$$

을 구할 수 있다. 그리고 질량중심을 회전축으로 할 경우 토크가 0이 되는 조건에서

$$\sum_i \tau_{ix} = 0:\ T_1 \cos 45^o\ x = T_2 \cos 60^0 (L - x) \rightarrow \therefore\ \sqrt{2}\ T_1\, x = T_2 (L - x)$$

를 얻을 수 있다. 위 3개의 식을 조합하면 $x = 0.37L$를 구할 수 있다. 따라서 왼쪽 끝에서 질량중심

까지의 거리는 $3.7m$이다.

문제 189 그림과 같은 구조에서 막대의 끝을 밑으로 잡아당김으로써 장치(machine)에 힘이 주어진다. 장치는 적어도 $200N$의 힘이 주어져야 작동된다. 막대의 질량은 무시하라.

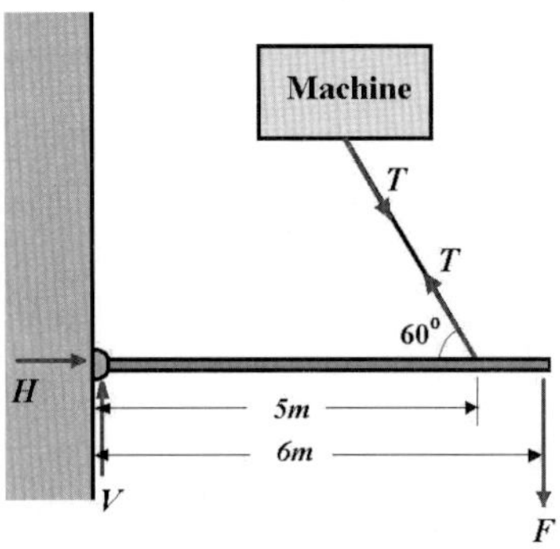

[답] 장치가 작동할 때 줄의 장력은 $200N$이 된다. 알짜 힘이 0이 되어야 하는 조건에서

$$\sum_i F_{ix} = 0: H = T\cos 60^o = 100$$
$$\sum_i F_{iy} = 0: V + T\sin 60^o = F$$

을 얻는다. 그리고 토크가 0이 되는 조건에서

$$\sum_i \tau_{ix} = 0: F \times 6 = T\sin 60^o \times 5 \rightarrow \therefore F = 144N$$

을 얻을 수 있다. 그리고 $V = F - T\sin 60^o = -29N$을 얻는다. 여기서 마이너스 값은 힘 H의 방향이 그림에서 표시된 방향과 반대라는 뜻이다. 위의 결과에서 막대를 잡아당기는 힘이 $144N$ 이상이 되어야 장치가 작동함을 알 수 있다.

문제 190 그림과 같이 질량이 $100g$이고 길이가 $60cm$인 막대가 벽에 핀(pin)으로 고정되어 있다. 벽에서 $40cm$ 위치에 줄이 도르래를 통해 기계장치에 연결되어 있다. 이 기계장치는 $50N$ 이상의 힘에 의해 작동된다. 벽에서 $50cm$ 떨어진 지점에서 손으로 막대를 잡아당겨 기계장치를 작동시키려고 한다. 이때 잡아당기는 힘의 최소값을 구하라.

[답] 도르래의 양단의 줄의 장력은 같다. 그렇지 않을 경우 도르래는 회전하게 된다. 따라서 기계장치를 작동하는 데 필요한 줄의 장력은 최소한 $50N$이 되어야 한다. 힘의 평형조건에서

$$\sum F_x = 0: H = T\cos 60^o = 25N$$
$$\sum F_y = 0: V + T\sin 60^o = mg + F$$

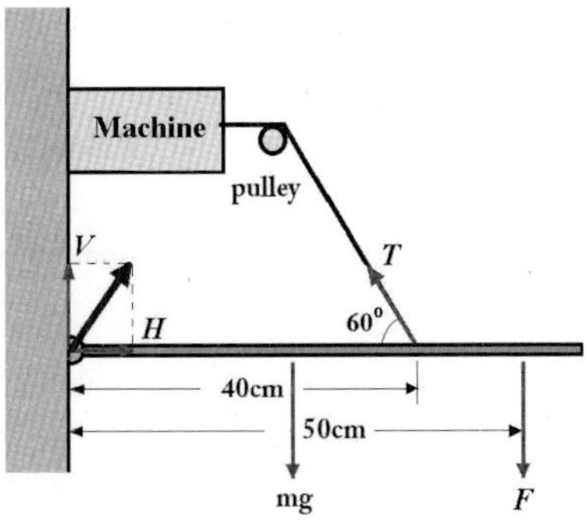

을 구할 수 있다. 그리고 토크의 평형조건에서

$$\sum \tau = 0: mg \times 30 + F \times 50 = T\sin 60^o \times 40$$

이 얻어진다. 위 식에서 $F = 34N$이 구해진다. 이를 힘의 평형조건의 두 번째 식에 대입하면 $V = -8.3N$을 얻는다. 핀에 작용하는 힘의 크기는 $N = \sqrt{V^2 + H^2} = 26.3N$이고 방향은 $\theta = \tan^{-1}(V/H) = 18^o$이다. 힘이 작용하는 방향은 그림과 반대방향인 아래이다.

문제 191 그림과 같이 길이 $L = 2m$인 지지대가 벽에 핀으로 고정되어 있고 이 지지대에 간판이 걸려 있다. 간판을 지탱하기 위해 지지대를 철사 줄로 벽에 고정시켰다. 지지대의 질량은 $m = 10kg$이고 간판의 무게는 $M = 50kg$이다. 간판은 그 질량중심이 지지대의 질량중심에 일치하도록 걸려 있다고 한다. 철사 줄이 지탱할 수 있는 최대장력이 $T_{\max} = 500N$이라고 할 때 이 계가 평형상태로 있기 위해서 철사 줄이 벽에 고정되어야 하는 위치(h)의 최소값은 지지대에서 몇 m여야 하나? 그리고 핀에 작용하는 힘의 크기와 방향을 구하라.

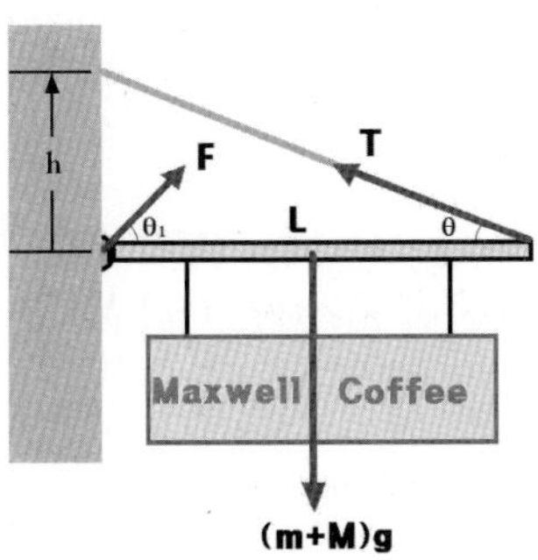

[답] 힘의 평형조건에서

$$\sum F_x = 0: F\cos\theta_1 = T\cos\theta$$
$$\sum F_y = 0: F\sin\theta_1 + T\sin\theta = (m+M)g$$

를 얻는다. 그리고 토크의 평형조건에서

$$\sum \tau = 0: (m+M)g \times 1 = T\sin\theta \times 2$$

를 구한다. $\sin\theta = \frac{h}{\sqrt{4+h^2}}$ 이므로 이를 $T_{\max} = 500N$과 함께 위 식에 적용하면 $h = 1.45m$가 된다. 따라서 $\theta = \tan^{-1}\frac{h}{L} = 36^o$이다. 힘의 평형조건의 두 식을 나누면 $\tan\theta_1 = 0.727$이므로 $\theta_1 = 36^o$이다. 그리고 $F = 500N$을 얻을 수 있다.

문제 192 길이가 $2m$이고 질량이 $1kg$인 사다리가 그림과 같이 마찰력이 없는 벽에 걸쳐 있다. 바닥은 마찰이 존재한다. 벽이 사다리에 미치는 힘과 바닥이 사다리에 미치는 힘을 구하라.

[답] 구조가 정적평형상태에 있으므로 알짜 힘과 토크가 0이 되는 조건을 만족하여야 한다. 알짜 힘이 0이 되어야 한다는 조건에서

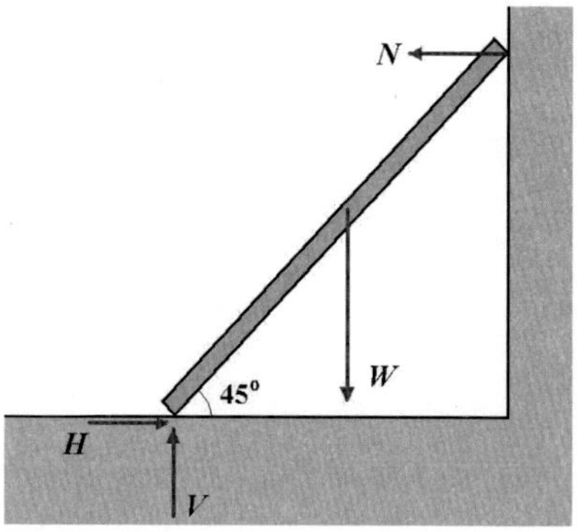

$$\sum_i F_{ix} = 0:\ H = N$$
$$\sum_i F_{iy} = 0:\ V = W = 9.8$$

을 구할 수 있다. 그리고 토크가 0이 되는 조건에서

$$\sum_i \tau_{ix} = 0:\ N \times L\sin 45^o = W \times \frac{L}{2}\cos 45^o \rightarrow \therefore\ 2N\sin 45^o = W\cos 45^o$$

를 얻을 수 있다. 따라서 $N = 4.9N$과 $H = 4.9\,N$을 구할 수 있다. 여기서 H는 마찰력이다.

문제 193 길이 $50cm$인 장난감 다리의 양단이 지지대에 의해 고정되어 있다. 다리의 질량은 $500g$이다. 왼쪽에서 $10cm$인 지점에 질량 $50g$인 장난감 자동차가 놓여 있다. 다리 양단에 있는 지지대가 다리에 작용하는 힘을 구하라. 다리는 휘어지지는 않는다고 한다.

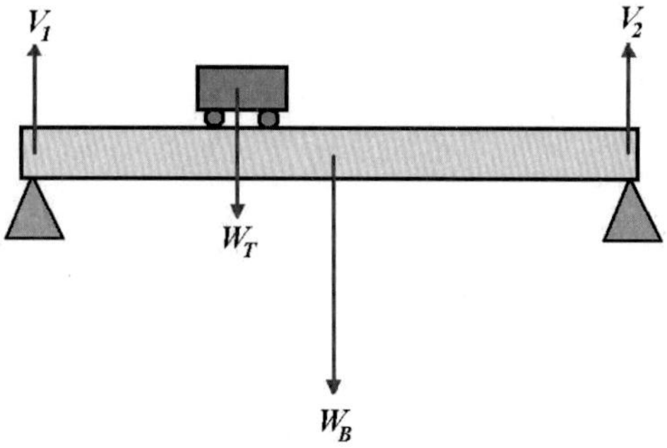

[답] 자동차가 없다면 각 지지대는 다리 무게의 반을 지지하면 된다. 즉, $2.45N$이다. 반면에 다리 위에 물체가 놓임으로써 토크가 작용한다. 따라서 토크의 합이 0이라는 평형조건도 만족되어야 한다. 즉, 알짜 힘과 토크가 0이라는 조건에서

$$\sum_i F_{iy} = 0:\ V_1 + V_2 - W_B - W_T = 0$$
$$\sum_i \tau_i = 0:\ 10\,W_T + 25\,W_B = 50\,V_2$$

을 구할 수 있다. 위 식에서 $V_2 = 2.55N$, $V_1 = 2.84N$을 구할 수 있다. 자동차가 있는 쪽 지지대에 더 많은 지지력이 필요함을 볼 수 있다.

문제 194 길이가 $50cm$이고 무게를 무시할 수 있는 막대의 양단에 두 질량이 매달려 있다. 막대의 지지대는 W_1에서 $20cm$ 떨어진 위치에 있다. 이 계가 평형상태에 있다면 $W_1 = 100N$일 때 W_2는 얼마인가?

[답] 정적평형에서 알짜 힘과 토크가 0이 되어야 하는 조건에서

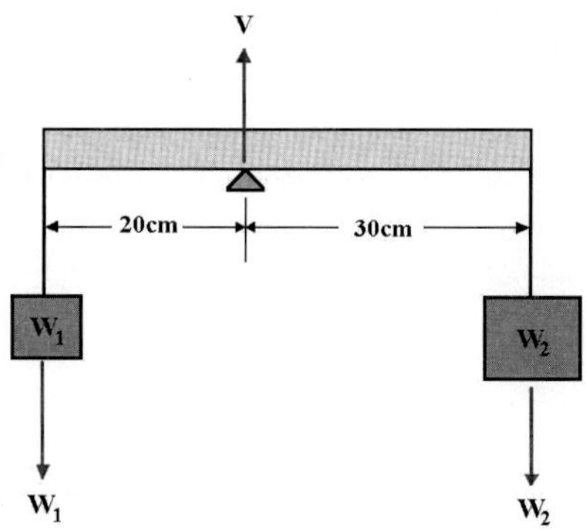

$$\sum_i F_{iy} = 0 : V = W_1 + W_2$$
$$\sum_i \tau_i = 0 : 20\,W_1 = 30\,W_2$$

을 구할 수 있다. 위 식에서 $W_2 = 66.7N$을 구할 수 있다. 그리고 지지대가 막대에 미치는 힘은 $V = 166.7N$이다.

문제 195 길이가 $2m$이고 질량이 $3kg$인 판 위에 질량 $10kg$인 물체가 올려져 있다. 판의 양끝을 A와 B 두 사람이 들고 있다. 물체는 A쪽에서 $50cm$인 지점에 놓여 있다. 평형상태에서 A와 B가 작용해야 하는 힘을 구하라.

[답] 정적평형에서 알짜 힘과 토크가 0이 되어야 하는 조건에서

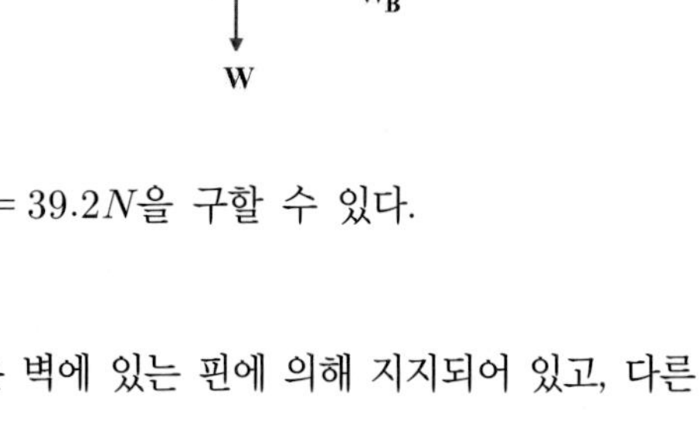

$$\sum_i F_{iy} = 0 : F_A + F_B = W + W_B$$
$$\sum_i \tau_i = 0 : 50\,W + 100\,W_B = 200\,F_B$$

을 구할 수 있다. 위 식에서 $F_A = 88.2\,N$과 $F_B = 39.2N$을 구할 수 있다.

문제 196 그림과 같이 질량 $3kg$인 막대가 한쪽 끝은 벽에 있는 핀에 의해 지지되어 있고, 다른 쪽 끝은 벽에 고정된 줄에 의해 지지되고 있다. 줄에 작용하는 장력과 핀에 작용하는 힘을 구하라.

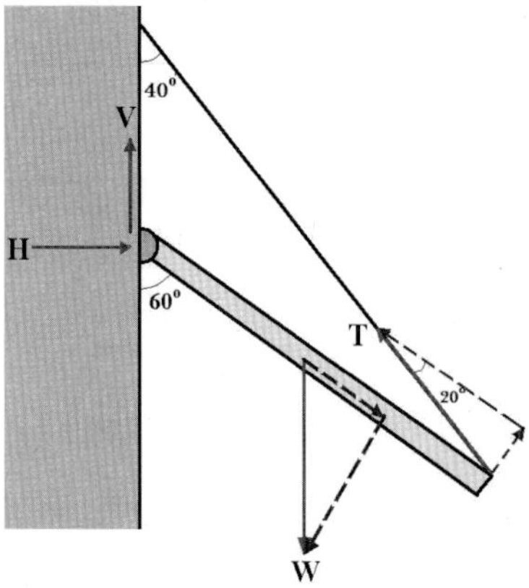

[답] 힘의 평형조건에서

$$\sum_i F_{ix} = 0 : H = T\cos 50^o$$
$$\sum_i F_{iy} = 0 : V + T\sin 50^o = W$$

을 구할 수 있다. 그리고 토크의 평형조건에서

$$\sum_i \tau_i = 0 : (T\sin 20^o)L = W\cos 30^o\left(\frac{L}{2}\right)$$

이 구해진다. 위 식에서 $T = 37.2N$을 얻는다. 그리고 힘의 평형조건의 식들에서 $H = 23.9N$과 $V = 0.9N$을 구할 수 있다.

문제 197 그림에서와 같이 질량이 $M = 25kg$이고 길이 $L = 30cm$인 막대가 벽에 핀으로 고정되어 있다. 그리고 핀에서 $20cm$ 떨어진 위치에 줄이 각도 10^o로 벽에 고정되어 있다. 막대의 끝에 질량 $m = 6kg$인 물체가 매달려 있다. 줄에 작용하는 장력과 핀에 작용하는 힘의 크기와 방향을 구하라.

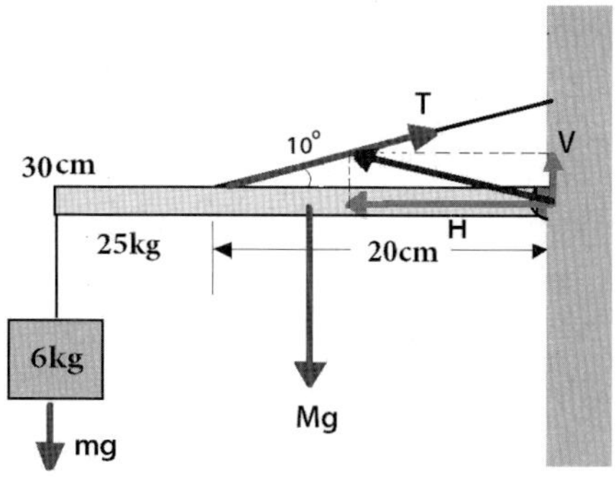

[답] 힘의 평형에서

$$\sum F_x = 0 : mg + Mg = T\sin 10^o + V$$
$$\sum F_y = 0 : H = T\cos 10^o$$

를 얻는다. 핀을 고정점으로 할 때 토크의 평형에서는

$$\sum \tau = 0 : 20 \times T\sin 10^o = Mg \times 15 + mg \times 30$$

을 얻는다. 위 식에서 $T = 1,556N$이 구해지고, 이를 힘의 평형조건 식들에 대입하면 $H = 1,532\,N$,

$V=34N$을 구할 수 있다. 핀에 작용하는 힘의 크기는 $F=\sqrt{V^2+H^2}=1,532N$이고 힘의 방향은 $\theta=\tan^{-1}\frac{V}{H}=1.27^o$이다.

문제 198 그림에서와 같이 질량이 $M=6kg$이고 길이가 $L=40cm$인 균일한 막대가 벽에 핀으로 고정되어 있다. 그리고 핀에서 $5cm$ 떨어진 위치에 줄이 각도 15^o로 벽에 고정되어 있다. 막대의 끝에 질량 $m=2kg$인 물체가 매달려 있다. 줄에 작용하는 장력과 핀에 작용하는 힘의 크기와 방향을 구하라.

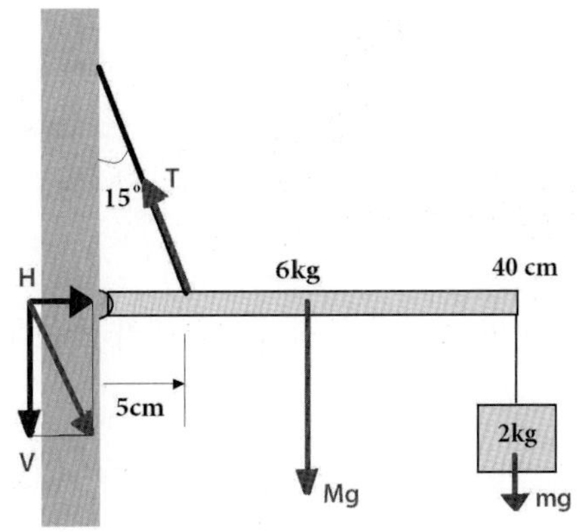

[답] 힘의 평형에서

$$\sum F_x=0:\ mg+Mg+V=T\cos 15^o$$
$$\sum F_y=0:\ H=T\sin 15^o$$

를 얻는다. 핀을 고정점으로 할 때 토크의 평형에서는

$$\sum \tau=0:\ 5\times T\cos 15^o=Mg\times 20+mg\times 40$$

을 얻는다. 위 식에서 $T=406N$이 구해지고, 이를 힘의 평형 식들에 대입하면 $H=105N$, $V=314N$을 구할 수 있다. 따라서 핀에 작용하는 힘의 크기는 $F_{\pi n}=\sqrt{H^2+V^2}=331N$이다. 그리고 이 힘의 방향은 $\theta=\tan^{-1}\frac{V}{H}=71.5^o$이다.

문제 199 질량 $70kg$인 사람이 두 발끝으로 서 있다. 그의 체중이 양발의 끝에 균일하게 주어진다고 한다. 경골(tibia)에 의해 발목(다리와 발이 연결되는 지점)에 힘 F가 각 β방향으로 주어진다. 그리고 아킬레스건(Archilles tendon)의 장력 T가 각 $\alpha=35^o$ 방향으로 걸린다. 발목에서 아킬레스건까지의 거리는 $b=7cm$이고 발목에서 발끝까지의 거리는 $s=3cm$이다. 발의 질량은 무시할 경우 T, F, β를 구하라.

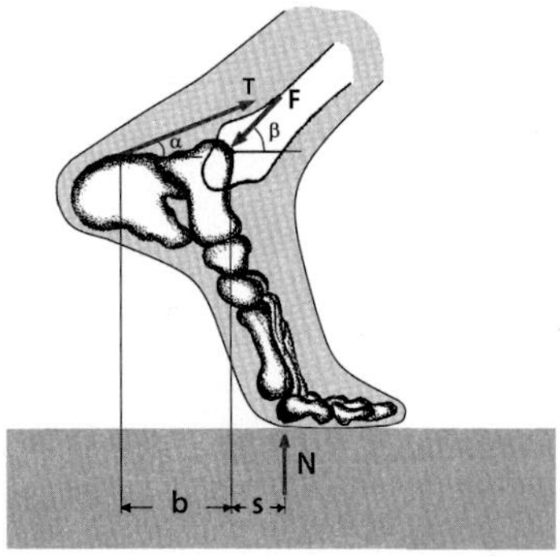

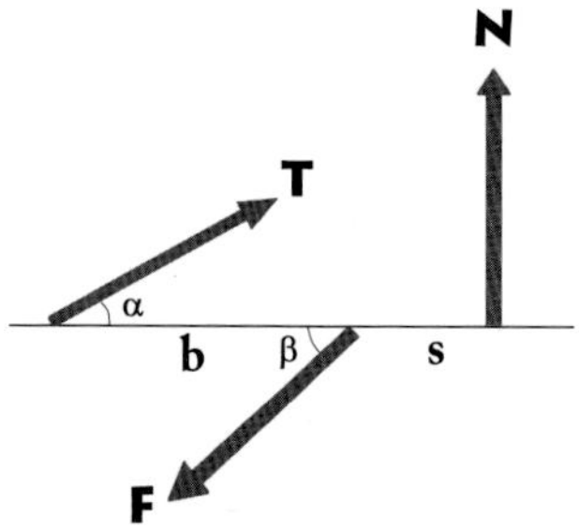

[답] 양 발끝의 수직력은 체중의 반이다. 즉, $N=\frac{1}{2}mg=343N$이다. 힘의 평형에서

$$\sum F_x = 0 : F\cos\beta = T\cos\alpha$$
$$\sum F_y = 0 : F\sin\beta = N + T\sin\alpha$$

를 얻는다. 토크의 평형조건에서(F지점을 회전축으로 잡음) $\sum \tau = 0 : (T\sin\alpha)b = Ns$을 얻는다. 위 식에서 $T = 256\,N$이 구해진다. 힘의 평형 식들에서 두 번째 식을 첫 번째 식으로 나누면 $\tan\beta = \dfrac{N+T\sin\alpha}{T\cos\alpha} = 2.34 \rightarrow \therefore \beta = 67^o$가 구해진다.

문제 200 그림과 같이 손에 질량 $M = 2kg$인 물체를 들고 있다. 이때 팔의 각도는 90^o이다. 팔꿈치(elbow) 뼈의 연결점(joint)에 힘 F가 아래로 작용한다. 그리고 팔을 지탱하기 위해 연결점에서 $d = 3cm$ 떨어진 위치의 뼈에 연결된 이두박근(biceps)에 장력 T가 걸린다. 팔의 질량중심은 연결점에서 $x_{cm} = 15cm$ 위치에 있고 손에 들린 물체도 팔의 질량중심에서 $x_{cm} = 15cm$ 위치에 있다고 가정한다. 팔의 질량 $m = 4kg$이라고 할 때 힘 F와 장력 T를 구하라.

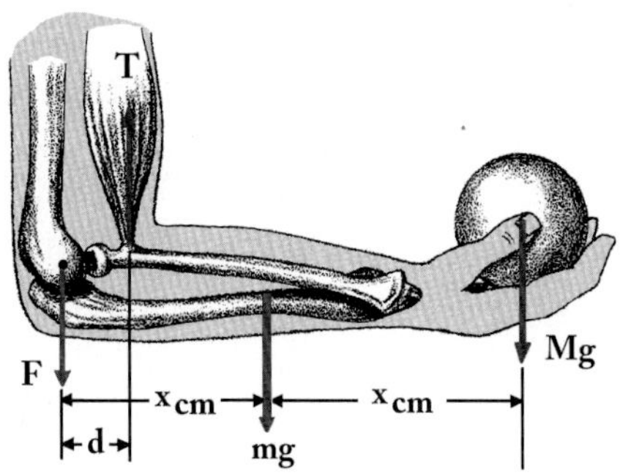

[답] 힘의 평형에서

$$\sum F_y = 0 : T - F - mg - Mg = 0$$

을 얻는다. 토크의 평형에서(힘 F의 위치를 회전축으로 함)

$$\sum \tau = 0:\ Td = mg\,x_{cm} + Mg\,(2x_{cm})$$

를 구한다. 위 식에서 $T = 392\,N$을 얻는다. 그리고 이를 힘의 평형 식에 대입하면 $F = 451\,N$을 구할 수 있다.

제3장 진동과 파동

단진동: 복원력에 의한 반복적인 운동	단진자: $\theta \ll 1$인 경우
$F=-kx \rightarrow \therefore m\frac{d^2x}{dt^2}=-kx$ $\frac{d^2x}{dt^2}+\omega^2x=0 \quad \leftarrow \omega^2=\frac{k}{m}$ $x=x_{max}\sin\omega t$ 주기: $T=\frac{2\pi}{\omega}=2\pi\sqrt{\frac{m}{k}}$ 진동수: $f=\frac{1}{T}$ ※ 문제에 특별한 언급이 없는 경우 스프링의 질량과 바닥면과의 마찰은 무시한다.	$F=-mg\sin\theta \simeq -mg\theta$ $\frac{d^2\theta}{dt^2}+\omega^2\theta=0 \leftarrow \omega^2=\frac{g}{l}$ 주기: $T=\frac{2\pi}{\omega}=2\pi\sqrt{\frac{l}{g}}$
물리진자: $\theta \ll 1$인 경우	**파동**
$\tau=-mgL\sin\theta$ $\frac{d^2\theta}{dt^2}+\omega^2\theta=0 \quad \leftarrow \omega^2=\frac{mgL}{I}$ 주기: $T=2\pi\sqrt{\frac{I}{mgL}}$ L: 회전축에서 질량중심까지의 거리	전자기파: 전파에 매질이 필요 없음 역학파: 전파에 매질이 필요함 소리: 인간의 귀로 관측되는 음파(역학파) (20~20,000Hz) 음파의 속도 $v_g=\sqrt{\frac{\gamma P}{\rho_g}}$ (기체), $v_l=\sqrt{\frac{B}{\rho_l}}$ (액체) $v_s=\sqrt{\frac{Y}{\rho_s}}$ (고체)
파동의 중첩	**Doppler 효과**
간섭: 두 파동이 진동수와 진폭은 같으나 위상이 다른 경우의 중첩 정지파: 동일한 두 파동이 반대방향으로 진행하는 경우의 중첩 비트(beat) 수: 진동수가 조금 다른 두 파의 중첩, $f_{beat}=\lvert f_1-f_2\rvert$	음원과 관측자 사이의 상대적 운동에 따라 관측 진동수가 달라짐 $f_o=f\frac{v\pm v_o}{v\pm v_s}$ f: 음원의 진동수, f_o: 관측 진동수 v_s: 음원의 속도, v_o: 관측자의 속도 v: 음파의 속도

3-1. 진동의 표현, 진동수, 주기, 위상

문제 1 단진동의 변위가 $x=10\sin\left(3\pi t+\frac{\pi}{3}\right)$인 경우 다음을 구하라. x의 단위는 cm이다. (a) 진동수, 주기, 위상, (b) $t=2s$일 때의 변위와 속도

[답] (a) 단진동의 일반식은 $x=A\sin(\omega t+\phi)$로 주어진다. 따라서 $\omega=3\pi$이고 위상은 $\phi=\frac{\pi}{3}=60^o$이다. 그리고 $T=\frac{2\pi}{\omega}=0.67s$, $f=\frac{1}{T}=1.5Hz$이다.

(b) $x(t=2s)=10\sin\left(6\pi+\frac{\pi}{3}\right)=8.7cm$이다. 속도는 $v=\frac{dx}{dt}=30\pi\cos\left(3\pi t+\frac{\pi}{3}\right)$이다. 여기에 $t=2s$를 대입하면 $v(t=2)=47\,cm/s$를 구할 수 있다.

문제 2 $10g$의 물체가 스프링상수 k인 스프링에 붙어서 단진동을 한다. 단진동의 진폭과 주기는 각각 $5cm$와 $0.5\,s$로 관찰되었다. (a) 스프링상수 k를 구하라. (b) 한 주기 동안 물체가 이동한 거리를 구하라. (c) 최대속도와 그 위치를 구하라. (d) 최대가속도와 그 위치를 구하라.

[답] (a) 단진동은 $x=A\sin\omega t$로 표현된다. $A=5cm$이고 $\omega=2\pi f=\frac{2\pi}{T}=4\pi$이다. 따라서 $\omega^2=\frac{k}{m}$에서 $k=1.58\,N/m$이다.

(b) $A=5cm$이므로 한 주기 동안 이동한 거리는 $x=4A=20cm$이다.

(c) $v=\frac{dx}{dt}=A\omega\cos\omega t$이므로 최대속도는 $\omega t=\pm\pi$에서 일어난다. 따라서 최대속도의 크기는 $v_{\max}=A\omega=62.8\,cm/s$이다. 그 위치는 $x=0$이다.

(d) $a=\frac{dv}{dt}=-A\omega^2\sin\omega t$이므로 최대가속도는 $\omega t=\pm\frac{\pi}{2}$에서 일어난다. 최대가속도의 크기는 $a_{\max}=A\omega^2=7.89\,m/s^2$이고 그 위치는 $x=\pm A$이다.

문제 3 질량 m인 물체가 스프링상수 $k=20\,N/m$인 스프링에 붙어 단진동을 한다. 단진동의 진폭은 $10cm$임이 관찰되었다. 물체가 평형위치와 오른쪽 끝점의 중간지점을 통과할 때 속도를 측정하였더니 $50cm/s$이었다. (a) 질량 m을 구하라. (b) 주기와 진동수를 구하라. (c) 최대속도와 최대가속도를 구하라.

[답] (a) $x=A\sin\omega t$이므로 $v=A\omega\cos\omega t$이다. $x=\frac{A}{2}$일 때의 시간은 $\frac{A}{2}=A\sin\omega t_1$에서 $t_1=\frac{\pi}{6\omega}$이다. 이때의 속도가 $v=50cm/s$이므로 $50=10\omega\cos\left(\omega\frac{\pi}{6\omega}\right)$에서 $\omega=5.77\,rad/s$가 구해진다. 그리고 $\omega^2=\frac{k}{m}$에서 $m=60g$을 얻을 수 있다.

(b) $f=\frac{\omega}{2\pi}=0.92\,Hz$, $T=\frac{1}{f}=1.09s$을 얻는다.

(c) $v = A\omega\cos\omega t$이므로 $a = -A\omega^2\sin\omega t$이다. 따라서 최대속도는 $v_{max} = A\omega = 58\,cm/s$이고 최대가속도는 $a_{max} = A\omega^2 = 3.33\,m/s^2$이다. 속도가 최대인 위치는 $x = 0$이고 가속도가 최대인 위치는 $x = \pm A$이다.

문제 4 $t = 0$에서 단진동을 관찰하니 변위는 평형위치에서 $-5cm$이고 속도와 가속도는 각각 $-1m/s$와 $30\,m/s^2$임이 관찰되었다. 이 단진동 변위의 시간에 따른 변화를 식으로 표현하라.

[답] 단진동은 $x(t) = A\sin(\omega t + \phi)$로 표현된다. $t = 0$에서 주어진 값들을 대입하면

$$x(0) = A\sin\phi = -0.05m$$

$$v(0) = A\omega\cos\phi = -1m/s$$

$$a(0) = -A\omega^2\sin\phi = 30m/s^2$$

이다. 그리고 단진동은 $\ddot{x} + \omega^2 x = 0$에서 $\ddot{x} = a$이므로 $a(t) = -\omega^2 x(t)$가 만족된다. 따라서 $a(0) = -\omega^2 x(0)$도 만족되므로 $\omega = \sqrt{-\frac{a(0)}{x(0)}} = 24.5\,Hz$를 얻는다. 첫 번째와 두 번째 식을 나누면 $\tan\phi = 1.23$을 얻고 $\phi = 231^o = 1.28\pi$이다. 그리고 $A = 0.064\,m$이다. 따라서 $x(t) = 6.4\sin(\omega t + 1.28\pi)$를 얻는다. 여기서 x의 단위는 cm이다.

문제 5 스프링상수 k인 스프링에 질량 $100g$인 물체를 매달았더니 $5cm$ 늘어남이 관찰되었다. 이 스프링에 $20g$의 물체를 매달아 단진동을 시켰을 때 단진동의 진동수와 주기를 구하라.

[답] 스프링의 스프링상수 k를 구하자. $mg = kx$에서 $k = \frac{mg}{x} = 19.6\,N/m$를 얻는다. 따라서 $\omega = \sqrt{\frac{k}{m}} = 31.3\,rad/s$이고 $f = \frac{\omega}{2\pi} = 4.98\,Hz$, $T = \frac{1}{f} = 0.2s$이다.

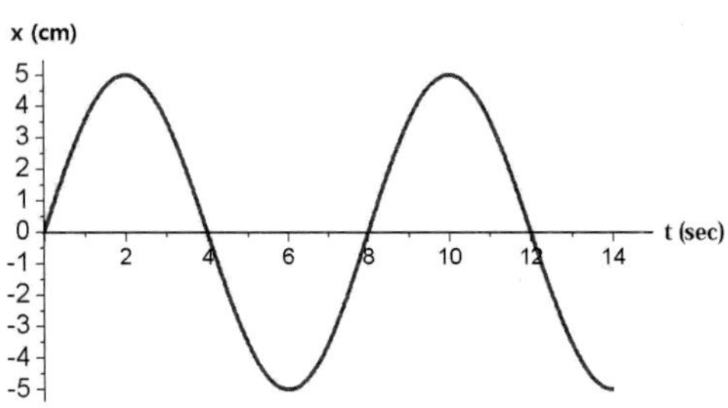

문제 6 단진동하는 물체의 변위의 시간에 따른 변화가 주어져 있다. 이 단진동의 변위와 속도를 표현하는 식을 구하라.

[답] $x = A\sin\omega t$에서 $A = 5cm$이고 $T = 8\,s$이다. 따라서 $\omega = \frac{2\pi}{T} = \frac{\pi}{4}$이다. 변위는 $x = 5\sin\left(\frac{\pi}{4}t\right)$이고 속도는 $v = \frac{dx}{dt} = \frac{5\pi}{4}\cos\left(\frac{\pi}{4}t\right)$이다.

문제 7 단진동의 진폭은 $4cm$이고 진동수는 $2Hz$이다. $t=0$에서의 물체의 위치가 $2cm$였다. $0.2s$ 후의 물체의 위치를 구하라.

[답] $x=A\sin(\omega t+\phi)$에 $t=0$을 대입하면 $2=4\sin\theta_o$에서 $\theta_o=30^o$이다. 따라서 임의의 시간에서 물체의 위치는 $x=4\sin(\omega t+\pi/6)$로 주어진다. 그리고 $\omega=2\pi f=4\pi$이므로 $0.2s$에서의 위치는 $x=0.42cm$이다.

3-2. 스프링에 의한 단진동, 단진동의 에너지, 에너지 보존칙

문제 8 수직단진동에서 포텐셜은 중력포텐셜과 관계없이 $\frac{1}{2}ky^2$임을 보여라.

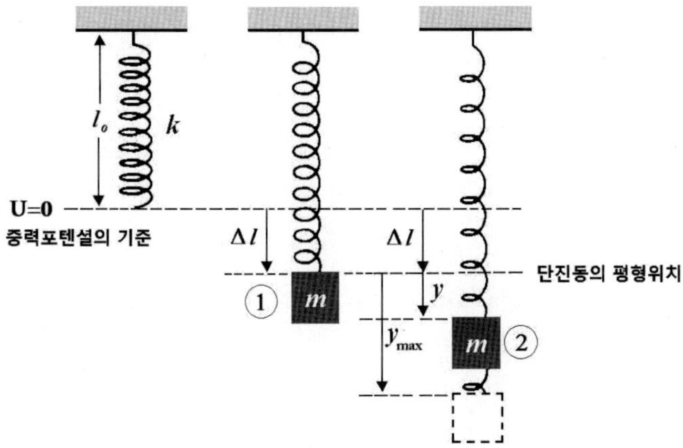

[답] 질량 m을 스프링상수 k인 스프링에 매달면 스프링의 늘어난 길이는 $\Delta l=\frac{mg}{k}$이다. 이를 y_{max}까지 아래로 당겼다가 놓으면 단진동을 한다. 임의의 위치 y에서 포텐셜은 탄성포텐셜과 중력포텐셜의 합이다. 물체를 매단 후의 평형위치인 ①에서의 포텐셜은

$$U_1=-mg\Delta l+\frac{1}{2}k(\Delta l)^2 \tag{1}$$

로 주어진다. 여기서 중력포텐셜의 기준은 물체를 달지 않은 스프링의 끝으로 잡았다. 그리고 단진동하고 있는 동안의 임의의 위치 ②에서의 포텐셜은

$$U_2 = -mg\Delta l - mgy + \frac{1}{2}k(y+\Delta l)^2 \tag{2}$$

와 같이 표현된다. 단진동할 때의 포텐셜의 기준을 U_1으로 잡을 경우 임의의 위치 y에서의 포텐셜은

$$U(y) = U_2 - U_1 = \frac{1}{2}ky^2 + (k\Delta l - mg)y = \frac{1}{2}ky^2 \tag{3}$$

을 얻을 수 있다. 위 식에서 $mg = k\Delta l$을 이용하였다. 식 (3)은 임의의 위치에서의 포텐셜은 중력포텐셜과 관계없이 $\frac{1}{2}ky^2$으로 표현됨을 보여 준다. 그리고 포텐셜의 표현이 y^2에 비례하므로 평형위치의 위와 아래에 관계없이 $\frac{1}{2}ky^2$으로 주어짐을 볼 수 있다.

임의의 위치에서의 스프링의 복원력도

$$F(y) = -mg + k(\Delta l + y) = ky + (k\Delta - mg) = ky \tag{4}$$

로 표현된다. 위 식에서 $mg = k\Delta l$을 이용하였다. 식 (4)는 평형위치의 아래에 있는 경우인데 평형위치의 위에 있을 경우, 힘은 $F(y) = -ky$로 표현된다.

문제 9 질량 m인 물체가 스프링상수 k인 스프링에 붙어 단진동을 한다. 이 진동의 진폭은 A이다. (a) 단진동의 최대속도의 반이 되는 위치에서의 변위는 얼마인가? (b) 탄성포텐셜이 총 에너지의 반이 되는 위치에서의 변위는 얼마인가?

[답] (a) 단진동의 총 에너지는 $E = \frac{1}{2}kA^2$이다. 그리고 최대속도는 이 에너지가 모두 운동에너지가 되는 경우이므로 $\frac{1}{2}kA^2 = \frac{1}{2}mv_{\max}^2$에서 $v_{\max} = A\sqrt{\frac{k}{m}}$이다. $v = \frac{v_{\max}}{2}$에서의 변위 x는 에너지 보존칙

$$\frac{1}{2}kA^2 = \frac{1}{2}m\left(\frac{v_{\max}}{2}\right)^2 + \frac{1}{2}kx^2$$

에서 $x = \sqrt{\frac{3}{4}}A$로 구해진다.

(b) $\frac{1}{2}kx^2 = \frac{1}{2}\left(\frac{1}{2}kA^2\right)$에서 $x = \frac{A}{\sqrt{2}}$임을 알 수 있다.

문제 10 그림과 같이 질량 $m = 1kg$인 물체가 스프링상수 $k = 200\,N/m$인 스프링 위 $h = 0.5m$

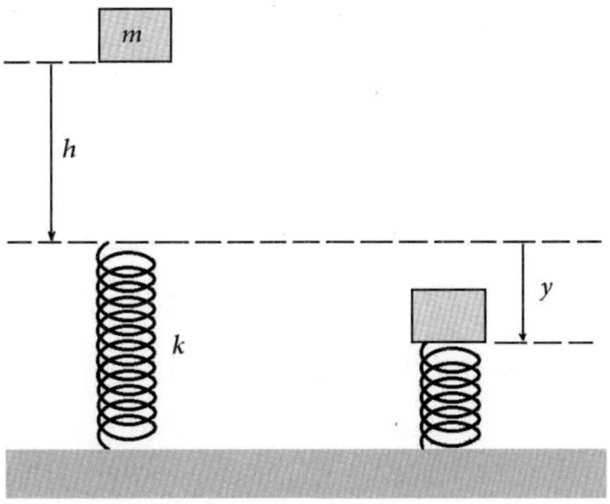

높이에서 떨어진다고 하자. 수축되는 스프링의 길이 y를 구하라.

[답] 에너지 보존칙에서 $mg(h+y)=\frac{1}{2}ky^2$이다. 주어진 값을 대입하여 y에 대한 2차방정식을 풀면 $y=37cm$를 얻을 수 있다.

문제 11 질량 $M=1kg$인 물체가 스프링상수 $k=50\,N/m$인 스프링에 붙어 있다. 평형상태에서 질량 $m=10g$인 총알이 수평으로 속도 $v=100\,m/s$로 날아와 질량 M에 박혔다. 이 후 물체와 스프링은 단진동을 한다. (a) 물체와 바닥의 마찰이 없는 경우 단진동의 진폭을 구하라. (b) 물체가 평형위치에 다시 돌아오는 데 걸리는 시간을 구하라. (c) 물체와 바닥 사이의 마찰계수 $\mu_k=0.2$인 경우 단진동의 진폭과 주기를 구하라.

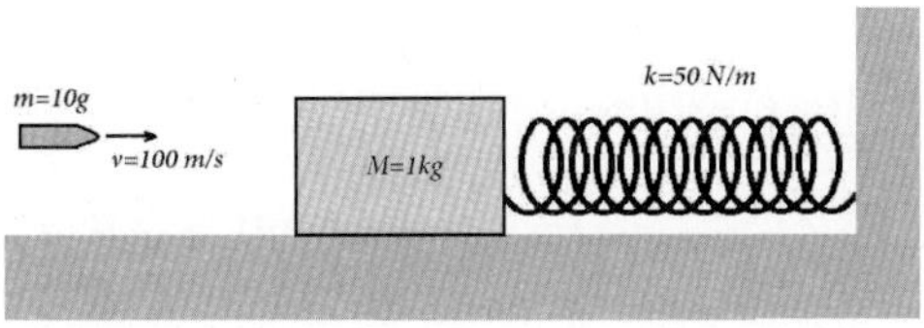

[답] (a) 충돌 후 총알이 물체에 박혀서 단진동을 한다. 충돌 직후의 물체의 속도는 운동량 보존칙 $mv=(m+M)V$에서 $V=0.99\,m/s$로 구해진다. 단진동의 진폭은 에너지 보존칙

$$\frac{1}{2}(m+M)V^2=\frac{1}{2}kA^2$$

에서 $A=14\,cm$로 구해진다.

(b) 단진동의 주기는 $T=2\pi\sqrt{\frac{m+M}{k}}=0.89\,s$이다. 물체가 평형위치에 다시 도달하는 데 걸리는 시간은 $\frac{T}{2}=0.445\,s$이다.

(c) 마찰력은 $f=\mu_k(m+M)g$이다. 스프링이 수축하는 동안 마찰력이 작용하므로 에너지 보존칙은

$$\frac{1}{2}(m+M)V^2-\mu_k(m+M)gA'=\frac{1}{2}kA'^2$$

으로 고쳐 쓸 수 있다. 주어진 값을 대입하여 2차방정식을 풀면 $A' = 10.66cm$를 얻는다. 주기는 마찰이 없는 경우와 동일하다. 그러나 마찰이 있는 경우에는 시간이 지남에 따라 진폭이 감소한다.

문제 12 $100g$인 물체가 스프링상수 $50N/m$인 스프링에 붙어서 단진동을 한다. 단진동의 진폭은 $5cm$이다. 물체와 바닥면 사이에는 마찰이 없다고 가정한다. (a) 이 계의 총 에너지를 구하라. (b) 변위가 $2cm$인 지점에서의 속도를 구하라. 이 지점에서의 탄성위치에너지와 운동에너지를 구하라.

[답] (a) 총 에너지는 $E = \frac{1}{2}kA^2 = 0.0625J$이다.

(b) 탄성위치에너지는 $U = \frac{1}{2}kx^2 = 0.01J$이고 운동에너지는 $K = E - U = 0.0525J$이다. 따라서 속도는 $K = \frac{1}{2}mv^2$에서 $v = 1.025\,m/s$를 구할 수 있다.

문제 13 스프링을 수직으로 매달아 질량 $100g$을 붙여 단진동을 시켜 주기를 측정하니 $1s$이었다. 그리고 질량을 모르는 물체를 붙여 주기를 측정하니 $2s$이었다. 스프링상수와 질량을 구하라.

[답] $T = 2\pi\sqrt{\frac{m}{k}}$ 에서 질량 $m = 100g$일 때 $T = 1s$이므로 $k = 3.9\,N/m$를 구할 수 있다. 그리고 질량을 모르는 물체를 매달았을 때 $T = 2s$이므로 $m = \frac{T^2k}{4\pi^2} = 0.4kg = 400g$을 얻을 수 있다.

문제 14 스프링상수 $k = 20N/m$인 스프링의 원래 길이는 $l_o = 30cm$이었다. 이 스프링에 경사각 $\theta = 30^o$인 경사면에서 질량 $200g$의 물체를 달았다. 경사면의 마찰은 무시한다. (a) 물체를 단 후 늘어난 스프링의 길이를 구하라. (b) 경사면을 따라 물체를 $7cm$ 민 후 놓으면 물체는 단진동을 한다. 물체의 최대속도를 구하라. (c) 단진동의 주기를 구하라.

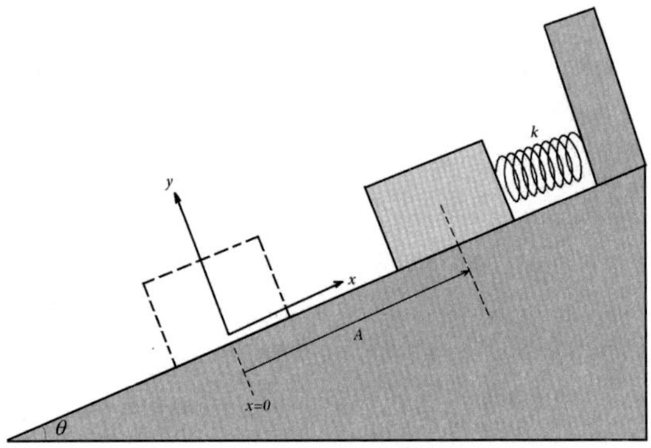

[답] (a) 질량의 무게에 의한 x방향으로의 힘은 $mg\sin\theta$이다. 이 힘이 스프링의 복원력과 같아지는 지점까지 스프링이 늘어난다. 즉, $mg\sin\theta = k(l - l_o)$에서 $l = l_o + \frac{mg\sin\theta}{k} = 34.9cm$이다.

(b) 최대속도가 되는 위치는 $x = 0$인 위치(질량에 의해 늘어난 위치)이고 단진동의 진폭은 $A = 7cm$이다. 에너지 보존칙인

$$\frac{1}{2}kA^2 + mgA\sin\theta = \frac{1}{2}mv_{\max}^2$$

에서 $v_{\max} = 1.08\,m/s$를 구할 수 있다.

(c) 운동방정식은

$$F = mg\sin\theta - kx$$

이다. x의 기준점은 $l = l_o + \frac{mg\sin\theta}{k}$이다. 위 식에서 변수를 $z = x-(l-l_o) = x - \frac{mg\sin\theta}{k}$로 바꾸면 $m\frac{d^2z}{dt^2} = -kz$가 된다. 따라서 이 진동의 주기는 $T = 2\pi\sqrt{\frac{m}{k}} = 0.63s$로 구할 수 있다.

문제 15 (a) 수평단진동에서 질량 $m_1 = 200g$이 스프링상수 $k = 20N/m$인 스프링에 붙어 단진동을 한다. 질량 m_1 위에 질량 $m_2 = 100g$이 놓여 있다. m_1과 m_2면 사이의 마찰계수가 0.2라고 할 때 m_2가 m_1 위에 붙어서 단진동할 수 있는 최대진폭을 구하라. (b) 수직단진동에서 질량 $m_1 = 200g$이 스프링상수 $k = 20N/m$인 스프링에 붙어 단진동을 한다. 질량 m_1 위에 질량 $m_2 = 100g$이 놓여 있다. m_2가 m_1 위에 붙어서 단진동할 수 있는 최대진폭을 구하라. 바닥면과의 마찰은 무시한다.

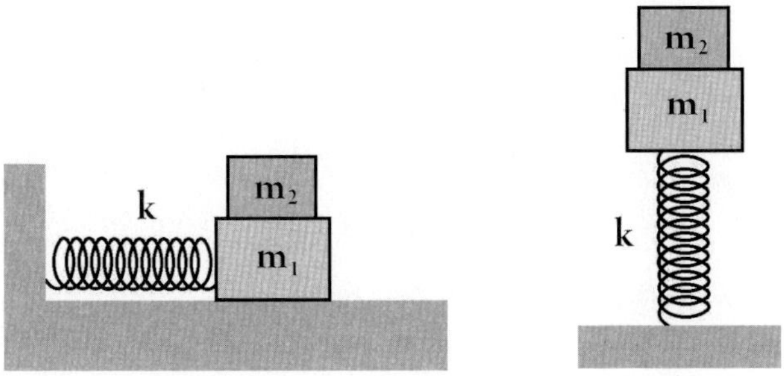

[답] (a) 질량 m_1이 왼쪽으로 가속도 a로 가속될 때 m_2면에 마찰력 $u_s mg$가 작용한다. 두 힘이 평형이 되는 한도에서 물체 m_2가 m_1면에 붙어서 진동할 수 있다. 단진동의 최대가속도는 $\omega^2 A$이고 $\omega^2 = \frac{k}{m_1+m_2}$이다. 따라서 $m_2 a = \mu_s m_2 g$에서 이 관계식을 대입하면

$$m_2\frac{k}{m_1+m_2}A = \mu_s m_2 g \rightarrow \therefore A = \frac{(m_1+m_2)\mu_s g}{k}$$

을 얻는다. 주어진 값을 대입하면 $A = 2.94\,cm$를 얻는다.

(b) 수직단진동에서 m_1과 m_2가 접촉하고 있는 경우 수직력이 작용한다. 두 물체 상호 간에 작용하는 수직력은 동일하다. m_1에 대한 운동방정식은 $m_1 g + N = m_1 a$이고 m_2에 대한 운동방정식은 $m_2 g - N = m_2 a$이다. 두 식을 더하면 $a = g$를 구할 수 있다. 즉, 이 조건을 만족할 때까지는 m_2가 m_1면에 붙어 있다. 단진동에서 최대가속도는 $\omega^2 A$이고 $\omega^2 = \frac{k}{m_1 + m_2}$이므로

$$A = \frac{(m_1 + m_2)g}{k}$$

를 구할 수 있다. 주어진 값을 대입하면 $A = 14.7\,cm$를 얻는다.

[별해] 질량 m_2의 최대가속도는 자유낙하하는 경우인 중력가속도 g이다. 가속도 a가 이보다 크면 m_2는 m_1면에 있지 않고 공중에 뜨게 된다. 따라서 m_2가 m_1면에 붙어 있을 조건은 $a = g$임을 알 수 있다.

문제 16 그림과 같이 질량 M_1 위에 질량 M_2가 놓여 있고 M_1에는 스프링상수 k의 스프링이 연결되어 있다. 이 계를 단진동시켰을 때 두 물체가 일체가 되어 단진동을 할 경우 진폭의 최대치를 구하라. M_1과 M_2 사이의 정지마찰계수는 μ_s이다. 그리고 바닥은 마찰이 없다고 한다.

[답] M_1과 M_2가 하나가 되어 단진동을 하므로 진동수는 $\omega = \sqrt{\frac{k}{M_1 + M_2}}$이고 최대가속도는 $a = \omega^2 A = \frac{kA}{M_1 + M_2}$이다. 이에 따른 복원력은 $F_k = M_2 a = \frac{kAM_2}{M_1 + M_2}$이다. 반면에 마찰력은 $F_f = \mu_s M_2 g$이다. 질량 M_2가 질량 M_1 위에 붙어 있으려면 $F_k \le F_f$를 만족해야 한다. 따라서 최대진폭은 $A = \frac{\mu_s (M_1 + M_2)}{k} g$이다.

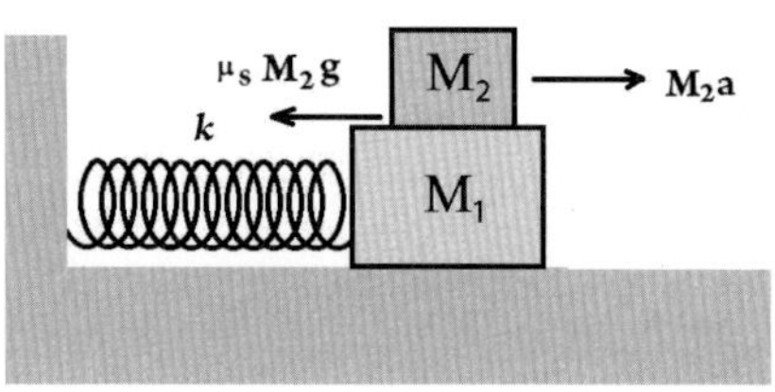

문제 17 진폭 $5cm$로 수직으로 단진동하는 판이 있다. 이 판 위에 물체를 놓을 경우 물체가 판 위에 놓여 있을 최대의 진동수를 구하라.

[답] 물체의 아랫방향으로의 최대의 가속도는 중력가속도이다. 따라서 판이 아랫방향으로 중력가속도보다 크게 진동하는 경우 물체는 판 위에 붙어 있지 못하고 뜨게 된다. 즉, 판 위에 물체가 붙어 있을 조건은 $a = g$이다. 단진동의 최대가속도는 $\omega^2 A$이므로 위 조건은 $\omega^2 A = g$이다.

$\omega = 2\pi f$이므로 $f = \frac{1}{2\pi}\sqrt{\frac{g}{A}} = 2.23\,Hz$이다.

문제 18 질량 $m_1 = 1kg$이 스프링상수 $k = 20N/m$인 스프링에 붙어 있다. 질량 m_2는 스프링이나 m_1에 붙어 있지 않다. m_2를 m_1에 수평으로 밀어 스프링의 평형상태에서 $d = 10cm$로 수축시킨 후 놓을 경우 m_2는 스프링계를 떠나고 m_1은 단진동을 한다. 이 단진동의 진폭을 구하라. 바닥면과의 마찰은 무시한다.

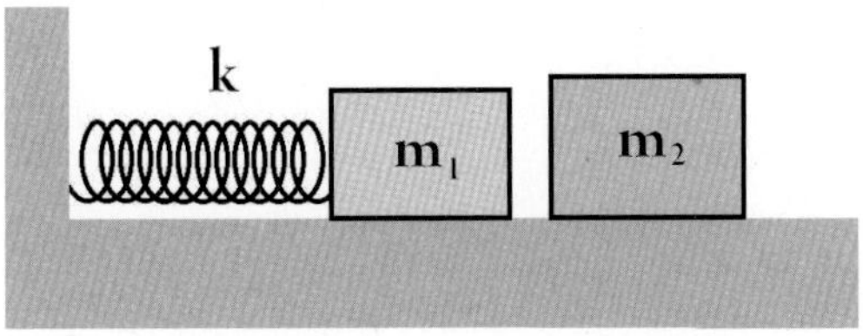

[답] m_1과 m_2의 최대속도는 스프링의 평형위치에서이다. 이 위치에서 에너지 보존칙은

$$\frac{1}{2}kd^2 = \frac{1}{2}(m_1 + m_2)v_{max}^2 \qquad (1)$$

로 표현된다. 이때 m_2가 스프링계를 떠나고 m_1의 단진동이 시작된다. 이 단진동의 진폭은

$$\frac{1}{2}m_1 v_{max}^2 = \frac{1}{2}kA^2 \qquad (2)$$

로 주어진다. 식 (1)에서 v_{max}를 구하여 식 (2)에 대입하면

$$A = \sqrt{\frac{m_1}{m_1 + m_2}}\,d$$

을 얻는다. 주어진 값을 대입하면 $A = 5.77\,cm$이다.

문제 19 스프링상수 $k = 400\,N/m$인 스프링에 $25g$인 물체가 매달려 있다고 한다. 물체를 평형상태에서 $10cm$ 당겼다 놓으면 단진동이 시작된다. 아래 물리량들을 구하라.

(a) 주기, (b) 진동수, (c) 각진동수, (d) 총 에너지, (e) 진폭, (f) 최대속도, (g) 최대 가속도, (h) 진동 시작 후 3초 후의 위치, 속도, 가속도

[답] (a) $T = 2\pi\sqrt{\frac{m}{k}} = 0.05s$, (b) $f = \frac{1}{T} = 20Hz$, (c) $\omega = 2\pi f = 40\pi\ rad/s$

(d) $E = \frac{1}{2}kA^2 = 2J$, (e) $A = 0.1\,m$, (f) $\frac{1}{2}mv_{max}^2 = E = 2J \rightarrow \therefore v_{max} = 12.65\,m/s$

(g) $F_{max} = -kA = ma_{max} \rightarrow \therefore a_{max} = \frac{kA}{m} = 1{,}600\,m/s^2$

(h) $x = A\sin(\omega t + \frac{\pi}{2}) \rightarrow \therefore x = A = 0.1m$, 최대변위위치($x = A$)에서 속도는 0이고 가속도는 최대이다. 따라서 $v = 0\,m/s$, $a = 1{,}600\,m/s^2$이다.

문제 20 스프링상수 $400\,N/m$의 스프링에 $2kg$의 물체가 매달려 단진동을 하고 있다. 단진동의 진폭은 $5cm$이다. 물체가 평형위치에서 $2cm$일 때 진동하는 물체의 속도는 얼마인가?

[답] 물체가 평형위치에서 $2cm$일 때 운동에너지는

$$\frac{1}{2}mv^2 = \frac{1}{2}ky_{\max}^2 - \frac{1}{2}ky^2$$

이므로 이 식으로부터 물체의 속도는 $v = 0.65\,m/s$로 구해진다.

문제 21 그림과 같은 스프링 시스템에서 각각의 효과적인 스프링상수를 구하라.

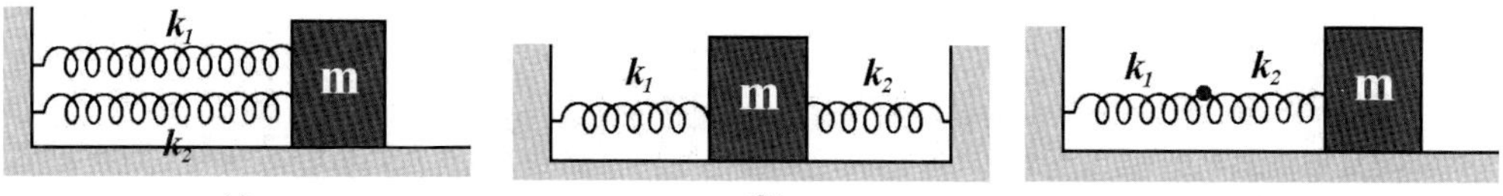

(a) (b) (c)

[답] (a) 스프링을 오른쪽으로 x만큼 움직였을 때 각각의 스프링에 작용하는 힘은 $F_1 = -k_1x$, $F_2 = -k_2x$이다. 따라서 스프링계에 작용하는 힘은

$$F = F_1 + F_2 = -(k_1 + k_2)x$$

이므로 스프링계의 효과적인 스프링상수는 $k_{eff} = k_1 + k_2$이다.

(b) 이 계는 (a)와 동일하게 $k_{eff} = k_1 + k_2$이다.

(c) 스프링을 오른쪽으로 x만큼 움직였을 때 k_1 스프링은 x_1만큼, k_2 스프링은 x_2만큼 변형된다. 스프링계의 변위는 $x = x_1 + x_2$이다. 그리고

$$x_1 = -F/k_1,\ x_2 = -F/k_2$$

이므로 $F=-kx$에서 $k_{eff}=\frac{k_1k_2}{k_1+k_2}$이다.

문제 22 스프링상수 $k=100N/m$인 스프링에 $M=1kg$의 물체가 매달려 있다. 스프링이 평형위치에 있을 때 질량 $m=50g$의 총알이 $v=30m/s$의 속도로 질량 M에 박혔다. 이에 따라 스프링은 단진동을 한다. 이 단진동의 진폭, 각진동수, 진동수, 주기를 구하라. 질량 M과 바닥면 사이의 마찰은 없다고 한다.

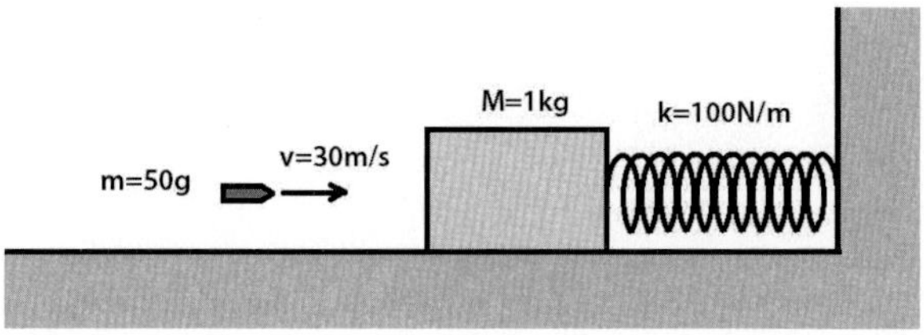

[답] 운동량 보존칙 $mv=(m+M)V$과 에너지 보존칙 $\frac{1}{2}(m+M)V^2=\frac{1}{2}kA^2$에서 진폭은 $A=\sqrt{\frac{1}{k(m+M)}}mv=14.6cm$이다. 그리고 각진동수는 $\omega=\sqrt{\frac{k}{m+M}}=9.76\,rad/s$이고 진동수와 주기는 각각 $f=\frac{\omega}{2\pi}=1.55Hz$, $T=\frac{1}{f}=0.64s$이다.

문제 23 스프링상수 $k=500N/m$인 스프링의 끝에 질량 $M=200g$인 물체가 붙어서 평면에 놓여 있다. 질량 $M=200g$인 물체 안에 있는 스트링에 의해 질량 $m=10g$인 총알이 속도 $v=20m/s$로 물체를 떠난다. 이후 물체는 단진동을 하게 된다. 이 단진동의 진폭, 각진동수, 진동수, 주기 등을 구하라. 마찰은 무시한다.

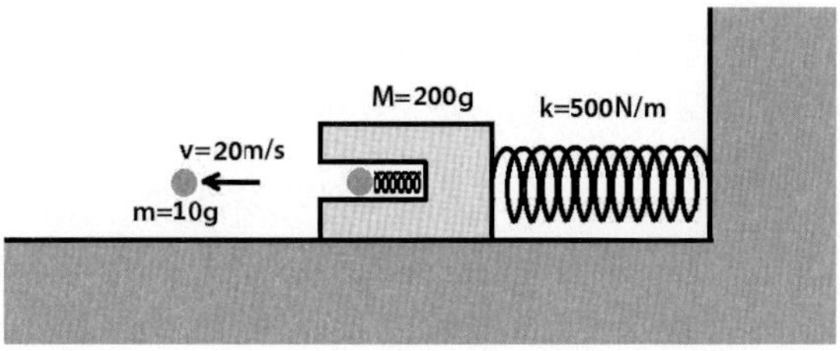

[답] 운동량 보존칙 $mv=MV$에서 $V=1m/s$로 구해진다. 진폭은 운동에너지가 모두 탄성에너지로 변하는 위치를 말하므로 $\frac{1}{2}MV^2=\frac{1}{2}kA^2$에서 $A=2cm$이다. 각진동수는 $\omega=\sqrt{\frac{k}{M}}=50rad/s$이고 진동수와 주기는 각각 $f=7.96Hz$, $T=\frac{1}{f}=0.13s$이다.

문제 24 스프링상수 $k=100N/m$인 스프링에 질량 $m_1=100g$의 물체가 붙어 있다. 질량 m_1을 밀어 스프링의 평형상태에서 $A=10cm$로 수축시킨 후 놓으면 스프링계는 평형위치에서 $x=5cm$에 놓인 질량 $m_2=50g$인 물체와 탄성충돌을 한다. 충돌 후 m_2의 속도를 구하라. 그리고 충돌 후 스프링계는 단진동 운동을 한다. 이때 이 단진동 운동의 진폭을 구하라. 마찰은 무시한다.

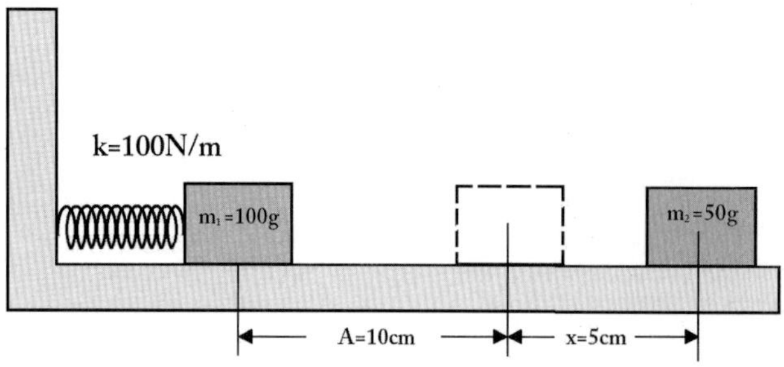

[답] $x=5cm$ 위치에서의 속도를 구하면 $\frac{1}{2}kA^2=\frac{1}{2}kx^2+\frac{1}{2}m_1v_1^2$에서 $v_1=2.74\,m/s$이다. 그리고 운동량 보존칙에서 $m_1v_1=m_1v_1{'}+m_2v_2{'}$이다. 탄성충돌이므로

$$v_1-v_2=-(v_1{'}-v_2{'})\rightarrow \therefore v_1=v_2{'}-v_1{'}$$

을 만족한다. 위 두 식을 연립하여 풀면 $v_2{'}=3.65\,m/s$, $v_1{'}=0.91m/s$를 얻는다. 충돌에 의해 에너지가 줄어들었으므로 총 에너지는 $E=\frac{1}{2}kA^2-\frac{1}{2}m_2v_2{'^2}=0.166J$이고 이에 따라 진폭은 $\frac{1}{2}kA'^2=0.166$에서 $A'=5.78\,cm$가 구해진다.

문제 25 질량 M인 물체가 스프링상수 k인 스프링에 매달려 마찰이 없는 평면에서 진동하고 있다. 물체의 진동 주기는 T이다. 물체가 평형위치의 오른쪽 $x=\frac{A}{2}$인 위치를 통과할 때 질량 m인 진흙이 위에서 떨어져 물체에 붙었다. (a) 진흙이 붙기 전의 물체의 속도를 구하라. (b) 진흙이 붙은 직후의 물체의 속도를 구하라. (c) 진흙이 붙은 후 달라진 주기를 구하라. (d) 진흙이 붙은 후의 진폭을 구하라. (e) 진흙이 떨어질 때의 위치가 달랐다면 주기는 어떻게 달라지나? (f) 진흙이 떨어질 때의 위치가 달랐다면 진폭은 달라지는가?

[답] (a) 역학적 에너지 보존칙 $\frac{1}{2}Mv^2+\frac{1}{2}k\left(\frac{A}{2}\right)^2=\frac{1}{2}kA^2$에서 $v=A\sqrt{\frac{3k}{4M}}$와 같이 구해진다.

(b) 진흙은 수직으로 떨어지므로 수평방향의 운동량에는 변함이 없다. 따라서 운동량 보존칙

$Mv = (M+m)v'$ 에서

$$v' = \frac{Mv}{M+m} = \frac{A}{M+m}\sqrt{\frac{3kM}{4}} \tag{1}$$

을 구할 수 있다.

(c) 질량이 더해졌으므로 주기는 $T = 2\pi\sqrt{\frac{M+m}{k}}$ 이다.

(d) 새로운 진폭을 A'라고 두면 에너지 보존칙에서

$$\frac{1}{2}(M+m)v'^2 + \frac{1}{2}k\left(\frac{A}{2}\right)^2 = \frac{1}{2}kA'^2 \tag{2}$$

이다. 위 식에 식 (1)을 대입하면 새로운 진폭은

$$A' = \frac{1}{2}A\sqrt{\frac{4M+m}{M+m}}$$

와 같이 구해진다.

(e) 주기는 질량에만 관련되므로 진흙이 떨어지는 위치와 관련이 없다.

(f) 진폭은 에너지에 관련되므로 진흙이 떨어지는 위치에 따라 진폭이 달라질 수 있다.

문제 26 스프링상수 $k = 100N/m$인 스프링에 질량 $M = 200g$의 물체가 매달려 진폭 $A = 10cm$로 단진동하고 있다. 물체가 평형위치를 통과하고 있을 때 질량 $m = 10g$인 슈퍼파리(super-fly)가 진동에 수직한 방향으로 날아와 물체에 앉았다. 파리가 앉기 직전의 물체의 속도와 파리가 앉은 직후의 물체의 속도를 각각 구하라. 파리가 앉은 후의 단진동의 주기와 진폭을 구하라. 이 값들을 파리가 앉기 전의 값들과 비교하라.

[답] 파리가 앉기 직전에는 물체가 평형위치를 통과하고 있으므로 속도는

$$\frac{1}{2}Mv^2 = \frac{1}{2}kA^2 \rightarrow \therefore v = A\sqrt{\frac{k}{M}} = 2.24\,m/s$$

와 같이 구해진다. 그리고 파리가 앉은 직후의 속도는 운동량 보존칙에서

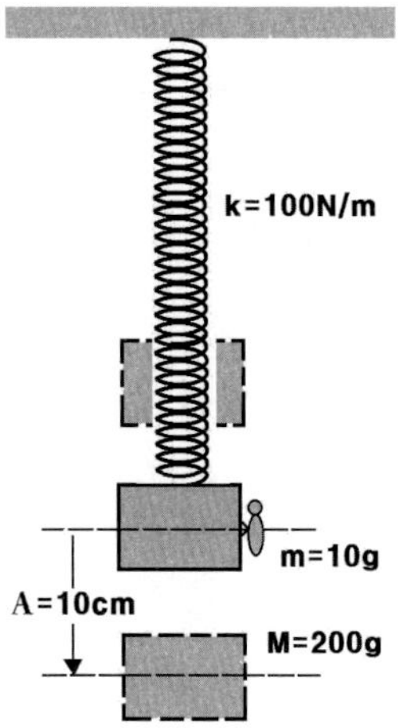

$$Mv = (m+M)V \rightarrow \therefore V = 2.13\,m/s$$

이다. 파리가 붙은 후에 달라진 주기는 $T' = 2\pi\sqrt{\frac{M+m}{k}} = 0.288\,s$이다. 파리가 붙기 전의 주기는 $T = 2\pi\sqrt{\frac{M}{k}} = 0.281\,s$이다. 따라서 파리가 앉음으로써 주기는 증가하였다. 파리가 붙은 후의 진폭은

$$\frac{1}{2}(m+M)V^2 = \frac{1}{2}kA'^2 \rightarrow \therefore A' = \sqrt{\frac{m+M}{k}}\,V = 9.8cm$$

이다. 따라서 진폭은 0.2cm 줄어들었다.

문제 27 길이 l_o, 스프링상수 k인 수직으로 매달린 스프링에 질량 m인 물체를 매달았더니 길이가 l만큼 늘어났다. 이 상태에서 물체를 아래로 y만큼 당긴 후 놓으면 물체는 단진동을 한다. 이 단진동의 주기를 구하라.

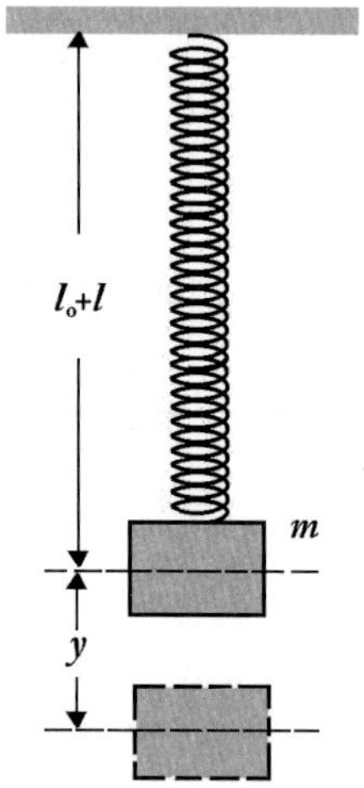

[답] 스프링의 늘어난 길이는 Hooke의 법칙 $mg = kl$에서 주어진다. 이 평형상태에서 물체를 길이 y만큼 아래로 당길 경우 복원력 $F_k = k(l+y) - mg = ky = \frac{mgy}{l}$이 위쪽으로 작용한다. 여기서 $k = \frac{mg}{l}$를 사용하였다. 따라서 가속도는 y에 비례함을 볼 수 있다. 즉, $a = -\frac{g}{l}y = -\omega^2 y$이므로 단진동을 하고 그 주기는 $T = \frac{2\pi}{\omega} = 2\pi\sqrt{\frac{l}{g}}$임을 알 수 있다.

문제 28 어떤 질량 m이 스프링에 붙어 단진동을 한다. 단진동의 진폭은 10cm이다. 총 에너지의 50%가 탄성포텐셜에너지인 위치에서의 변위를 구하라.

[답] 총 에너지는 $E = \frac{1}{2}kA^2$이다. $U = \frac{1}{2}kx^2 = 0.5E$에서 $x = \sqrt{0.5}\,A = 7.07cm$이다.

문제 29 그림과 같이 동일한 스프링상수 $k = 10N/m$를 가진 2개의 스프링에 질량 $m = 100g$이 붙어 있다. 각각의 경우 단진동의 주기를 구하라.

[답] (a) 스프링이 수평으로 연결된 경우 질량에 변위 x가 주어지면 한쪽 스프링은 x만큼 늘어나고 다른 쪽 스프링은 x만큼 수축한다. 따라서 질량에 작용하는 복원력은 $F_k = -2kx$가 된다. 이에 따라 운동방정식은 $m\ddot{x} + 2kx = 0$으로 표현되므로 각진동수는 $\omega = \sqrt{\frac{2k}{m}}$이고 주기는 $T = 2\pi\sqrt{\frac{m}{2k}} =$

$0.31s$로 구해진다.

(b) 스프링을 수직으로 연결한 경우 질량을 y만큼 당기면 각 스프링의 복원력은 $F_k{}' = -ky$이다. 따라서 물체에 작용하는 전체 복원력은 $F_k = 2F_k{}' = -2ky$이므로 이 경우에도 $T = 2\pi\sqrt{\frac{m}{2k}} = 0.31s$이다.

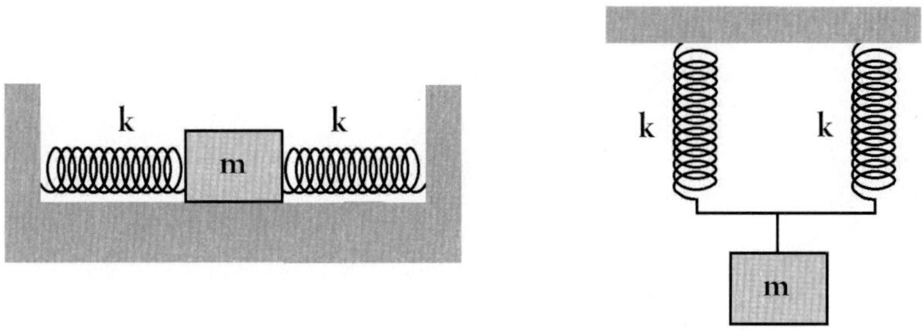

문제 30 길이 L이고 질량을 무시할 수 있는 막대 끝에 질량 m인 물체가 매달려 있다. 그리고 높이 h인 위치에 스프링상수 k인 스프링이 막대에 연결되어 있고 그 스프링의 다른 쪽 끝은 벽에 고정되어 있다. 막대를 각도 θ만큼 스프링 쪽으로 이동하였다가 놓으면 물체는 단진동을 한다. 이 단진동의 주기를 구하라.

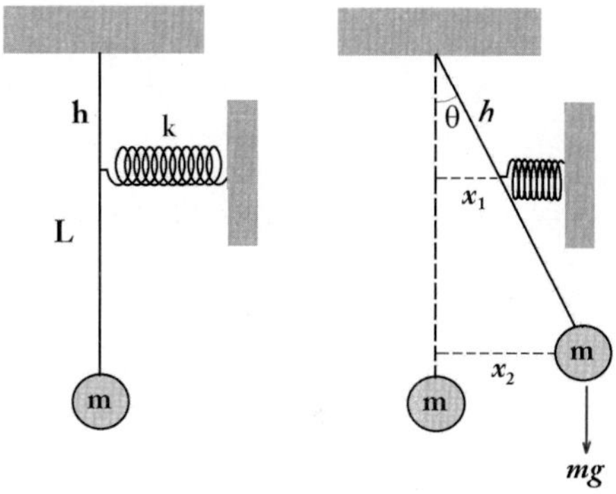

[답] 총 토크는 질량 m과 스프링에 의한 토크의 합으로서 $mg\sin\theta L + (kx_1)h\cos\theta$로 표현된다. $\tau = I\alpha$에서 막대의 질량은 없으므로 관성모멘트는 질량 m에 의한 $I = mL^2$이다. 따라서 운동방정식은

$$mL^2\ddot{\theta} = -mg\sin\theta L - (kx_1)h\cos\theta$$

이다. 여기서 각도가 작을 경우 $\sin\theta \approx \theta$, $\cos\theta \approx 1$이므로 위 운동방정식은

$$\ddot{\theta} + \left(\frac{g}{L} + \frac{kh^2}{mL^2}\right)\theta = 0$$

으로 고쳐 쓸 수 있다. 따라서 주기는 $T = \frac{2\pi}{\omega} = 2\pi\sqrt{\frac{mL^2}{kh^2 + mgL}}$ 이다.

문제 31 질량을 무시할 수 있는 길이 L인 막대 끝에 질량 m이 붙어 있다. 그리고 높이 h에 스프링상수 k인 스프링이 양쪽에 붙어 있고 그 다른 끝은 벽에 고정되어 있다. 물체를 각도 θ가 되도록 기울였다가 놓으면 단진동을 한다. 이 단진동의 주기를 구하라.

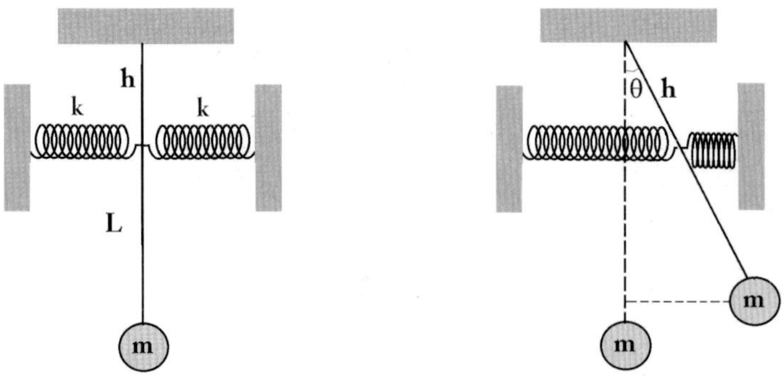

[답] 각도 θ로 기울였을 때 질량 m의 위치에너지는 $mgL(1-\cos\theta)$이다. 각도 θ일 때 오른쪽 스프링은 $h\theta$만큼 수축하고 왼쪽 스프링은 $h\theta$만큼 늘어난다. 따라서 이 두 스프링의 탄성포텐셜에너지는 $\frac{1}{2}k(h\theta)^2\times 2=kh^2\theta^2$이다. 따라서 계의 포텐셜에너지는 위 에너지들의 합인

$$U=mgL(1-\cos\theta)+kh^2\theta^2$$

이다. 운동에너지는 물체 m의 속도가 $L\dot{\theta}$이므로 $K=\frac{1}{2}mL\dot{\theta}^2$이므로 총 에너지는

$$E=\frac{1}{2}mL^2\dot{\theta}^2+mgL(1-\cos\theta)+kh^2\theta^2$$

이다. 위 총 에너지는 보존되어야 하므로 $\frac{dE}{dt}=0$을 만족한다. 즉,

$$\frac{dE}{dt}=mL^2\dot{\theta}\ddot{\theta}+mgL\sin\theta\dot{\theta}+2kh^2\dot{\theta}\theta=0$$

을 만족한다. 이를 정리하면 운동방정식은

$$\ddot{\theta}+\left(\frac{g}{L}+\frac{2kh^2}{mL^2}\right)\theta=0$$

으로 표현된다. 여기서 $\theta \ll 1$인 경우, $\sin\theta \approx \theta$를 이용하였다. 따라서 단진동의 주기는 $T=\frac{2\pi}{\omega}=2\pi\sqrt{\frac{gL+2kh^2}{mL^2}}$ 이다.

문제 32 지금까지 스프링에 관련된 문제에서 스프링 자체의 무게를 무시하였다. 스프링 자체의 무게는 스프링을 수직으로 매단 단진동에서 특히 중요하다. 이 문제에서는 스프링의 무게가 수직단진동에서 어떤 영향을 미치는지 보기로 한다. 질량이 M인 스프링에 질량 m을 매달아 단진동 시키는 경우 단진동의 주기를 구하라.

[답] 단진동을 할 때 스프링 각 부분의 속도는 다르다. 질량 m에 가까운 쪽의 스프링 부분은 질량 m과 거의 같은 속도로 움직일 것이나, 스프링의 위쪽 고정점 근방의 스프링 부분은 속력이 0에 가깝다. 그러므로 질량 m의 속력이 V일 때 스프링의 위쪽 고정점에서 x떨어진 위치의 스프링 부분의 속력 $v(x)$를 직선적인 근사식 $v(x)=V\frac{x}{l}$로 두자. 이렇게 질량 m에 가까운 쪽의 스프링 부분($x \simeq l$)은 질량 m과 거의 같은 속력으로 움직이고, 위쪽 고정점($x \simeq 0$) 위치의 스프링 부분은 속력이 0이 된다. 결국 임의의 위치의 스프링 부분의 속력은 고정점에서 떨어진 거리에 비례하는 속력을 가지게 된다고 가정한다. 그러면 계의 운동에너지는

$$K=\frac{1}{2}mV^2+\int_{x=0}^{x=l}[v(x)]^2\,dm$$

과 같이 표현된다. 스프링의 미소 부분의 질량 dm은 $dm=\frac{M}{l}dx$이고 $v(x)=V\frac{x}{l}$로 가정하였으므로

$$K=\frac{1}{2}mV^2+\frac{M}{2l^3}\int_0^l x^2\,dm=\frac{1}{2}\left(m+\frac{M}{3}\right)V^2$$

을 얻을 수 있다. 위 식은 총질량 $m+\frac{M}{3}$의 계가 속도 V를 가지고 운동할 때의 운동에너지를 나타낸다. 결국 스프링 각 부분의 속력이 다르다는 사실은 (물론 근사적인 방법에 의한 것이지만) 단진동 운동방정식에서 질량 m 대신에 질량 $m+\frac{M}{3}$를 치환시키는 효과를 가져왔다. 따라서 운동방정식은 $\left(m+\frac{M}{3}\right)\ddot{x}+kx=0$으로 주어진다. 이 단진동의 주기는 $T=\frac{2\pi}{\omega}=2\pi\sqrt{\frac{m+M/3}{k}}$ 이다.

문제 33 질량 m인 두 개의 블록이 길이 L이고 스프링상수 k인 스프링에 연결되어 마찰이 없는 면에 놓여 있다. 질량 m인 다른 블록이 이 두 개의 블록으로 속도 v로 접근한다. 충돌 후 스프링의

최대 수축을 구하라.

[답] 스프링이 최대수축이 일어나는 경우에는 충돌 후 다가온 질량 m이 멈추는 경우이다. 이때 운동량 보존칙은 $mv=2mV$이므로 스프링으로 연결된 계의 속도는 $V=\frac{v}{2}$이다. 따라서 충돌 후 스프링계의 운동에너지는 $\frac{mv^2}{4}$이다. 다가와서 부딪힌 질량 m의 운동에너지는 $\frac{1}{2}mv^2$이었는데 이 에너지가 스프링계의 운동에너지와 탄성위치에너지로 바뀌었다. 따라서 스프링계의 탄성위치에너지는 $\frac{1}{4}mv^2$이다. 즉, $\frac{1}{2}kx_{\max}^2=\frac{1}{4}mv^2$에서 $x_{\max}=\sqrt{\frac{m}{2k}}v$이다.

문제 34 그림과 같이 스프링상수 $k=20N/m$인 두 개의 동일한 스프링이 질량이 $m=1kg$이고 길이 $L=1m$인 균일한 막대에 붙어 있다. 막대를 각 θ만큼 변위를 주었다가 놓으면 단진동을 한다. 이 단진동의 주기를 구하라.

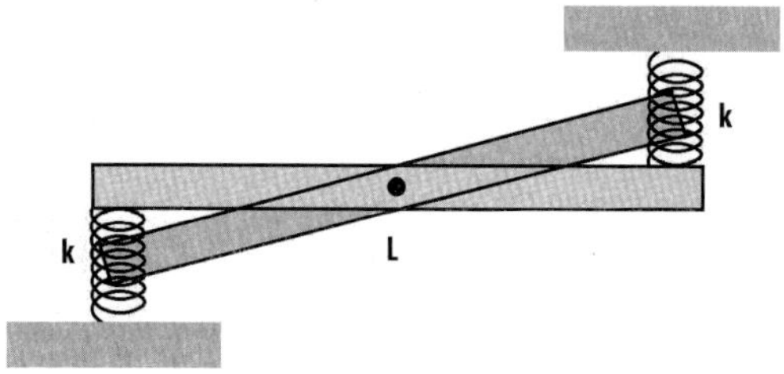

[답] 막대가 그 중심을 축으로 θ만큼 변위하면 두 스프링은 각각 $\frac{L\theta}{2}$만큼 수축되고 이에 따른 복원력은 $k\left(\frac{L\theta}{2}\right)$이다. 이 복원력에 의한 토크는 $\tau=k\left(\frac{L\theta}{2}\right)\left(\frac{L}{2}\right)\times 2$이다. 그리고 $\tau=I\alpha$에서 운동방정식은

$$\frac{d^2\theta}{dt^2}+\frac{6k}{m}\theta=0$$

으로 표현된다. 여기서 막대의 관성모멘트는 $I=\frac{mL^2}{12}$을 이용하였다. 따라서 단진동의 주기는 $T=\frac{2\pi}{\omega}=2\pi\sqrt{\frac{m}{6k}}=0.57s$를 얻을 수 있다.

문제 35 줄에 질량 m이 붙어 있고 줄의 다른 쪽은 스프링이 연결되어 천장에 매달려 있다. 질량 m을 아래로 당겼다가 놓으면 단진동을 한다. 줄이 팽팽하게 유지되기 위한 단진동의 최대진폭을 구하라.

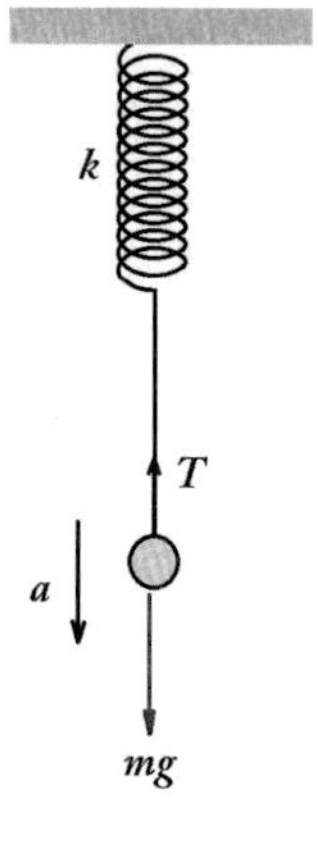

[답] 질량 m이 아래로 가속되는 경우, 임의의 시간에서 가속도는 $mg-T=ma$에서 $a(t)=g-\frac{T(t)}{m}$이다. 줄이 팽팽하게 유지되려면 장력은 $T>0$을 만족해야 하므로 가속도는 중력가속도보다 클 수는 없다. 즉, 가속도의 최대값은 중력가속도이다. 단진동에서 최대가속도는 $\omega^2 A$이다. 따라서 $A=\frac{g}{\omega^2}=\frac{mg}{k}$이다.

3-3. 단진자 운동

문제 36 길이 $50cm$인 막대의 중앙에 줄(wire)을 연결하여 비틀림 진자를 만들었다. 막대의 질량은 $2kg$이다. 이 비틀림 진자의 주기는 1분으로 관찰되었다. 사용한 줄의 비틀림 상수를 구하라.
[답] $T=2\pi\sqrt{\frac{I}{\kappa}}$이다. 그리고 막대의 관성모멘트는 $I=\frac{1}{12}ML^2=0.042kgm^2$이다. 따라서 $\kappa=\frac{4\pi^2 I}{T^2}=5.11\times10^{-5}Nm/rad$을 구할 수 있다.

문제 37 질량 $2kg$인 쇠공이 길이 $0.5m$인 줄에 연결되어 단진자 운동을 한다. 단진자 운동의 주기는 $T_1=2s$로 관찰되었다. 단진자의 주기를 $T_2=5s$로 하려면 무엇을 어떻게 바꾸어야 하나?
[답] 단진자의 주기는 $T=2\pi\sqrt{\frac{l}{g}}$이므로 쇠공의 질량과 주기는 무관하다. 주기는 단지 줄의 길이에만 관련되어 있다. 따라서 $\frac{T_2}{T_1}=\sqrt{\frac{l_2}{l_1}}$에서 $l_2=3.125m$를 구할 수 있다.

문제 38 길이 $l=2m$인 줄에 쇠공이 붙어 있다. 쇠공을 각도 $\theta=15^o$에서 놓으면 단진자 운동을 시작한다. 쇠공이 최저점에 왔을 때 칼에 의해 줄이 끊어진다. 쇠공이 떨어지는 위치 s를 구하라.

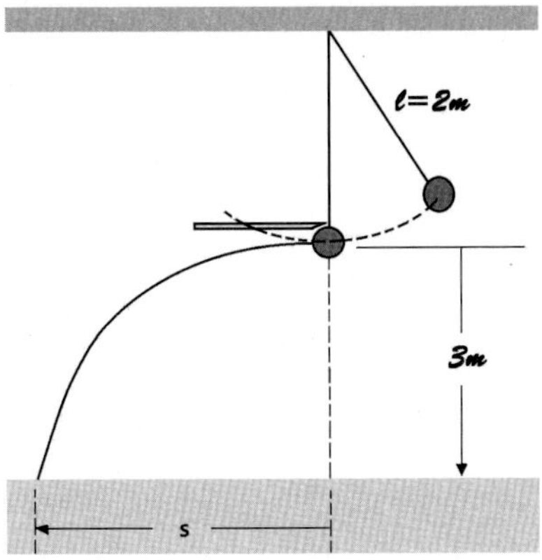

[답] 줄이 끊어진 직후 쇠공의 속도를 구하자. 에너지 보존칙에서 $mgl(1-\cos\theta)=\frac{1}{2}mv^2$에서 $v=\sqrt{2gl(1-\cos\theta)}=1.156m/s$이다. 바닥에 떨어지는 데 걸리는 시간은 $\frac{1}{2}gt^2=3$에서 $t=0.78s$이다. 따라서 쇠공이 떨어지는 위치는 수직위치에서 $s=vt=0.9m$이다.

문제 39 길이 l인 단진자가 가속도 a로 가속되는 기차에서 단진동할 때의 주기를 구하라.
[답] 가속도 a인 기차 안에서의 평형상태가 각 ϕ라고 하자. 그러면 이때 힘의 평형조건에서 $T\sin\phi=ma$, $T\cos\phi=mg$을 만족한다. 이 두 식에서 $T=m\sqrt{g^2+a^2}$임을 알 수 있다. 이 평형상태에서 각 θ만큼 변위시켰다가 놓으면 질량 m은 단진동을 한다. 단진동의 운동방정식은

$$m\ddot{x}=-T\sin(\theta+\phi)$$

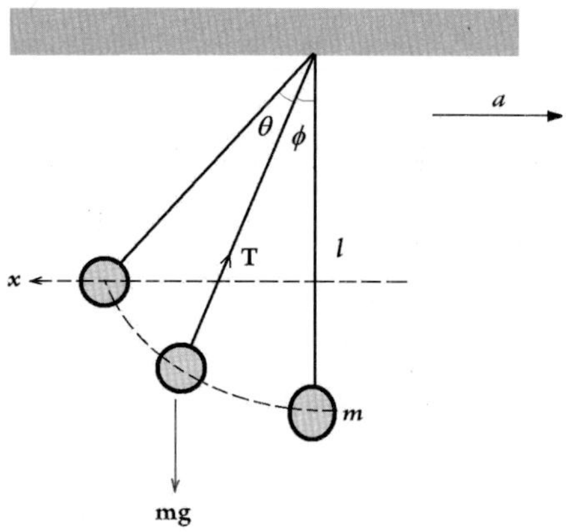

이다. 작은 진동의 경우($\theta \ll 1$), $\sin\theta \simeq \theta, \cos\theta \simeq 1$ 이다. 따라서 $\sin(\theta+\phi) = \theta\cos\phi + \sin\phi$로 근사된다. 이를 이용하면 위 식은

$$m\ddot{x} = -mg\theta - ma$$

로 고쳐 쓸 수 있다. 여기서 $\sin\phi = \frac{ma}{T}$, $\cos\phi = \frac{mg}{T}$를 이용하였다. 위 식에는 변위 x와 각 θ가 혼합되어 있으므로 먼저 변위 x와 각 θ와의 관계를 구해 보자. $x = l\sin(\theta+\phi)$이고 위의 근사식을 대입하면 $x = l\theta\cos\phi + l\sin\phi$를 얻는다. 이를 시간에 대해 두 번 미분하면 $\ddot{x} = l\cos\phi\ddot{\theta}$을 얻고 이를 위 식에 대입하면

$$\ddot{\theta} + \frac{g}{l\cos\phi}\left(\theta + \frac{a}{g}\right) = 0$$

과 같이 고쳐 쓸 수 있다. 위 식에서 변수를 $\psi = \theta + \frac{a}{g}$로 바꾸면 $\ddot{\psi} + \frac{g}{l\cos\phi}\psi = 0$이 된다. 그리고 $\cos\phi = \frac{mg}{T} = \frac{mg}{m\sqrt{a^2+g^2}} = \frac{g}{\sqrt{g^2+a^2}}$이므로 운동방정식은

$$\ddot{\psi} + \frac{\sqrt{g^2+a^2}}{l}\psi = 0$$

이다. 따라서 단진동의 주기는 $\frac{2\pi}{\omega}$이므로 $2\pi\sqrt{\frac{l}{g^2+a^2}}$이다.

※ 위에서 작은 각의 단진동에서 줄의 장력은 θ와 $\theta+\phi$일 때 동일함을 이용하였다.

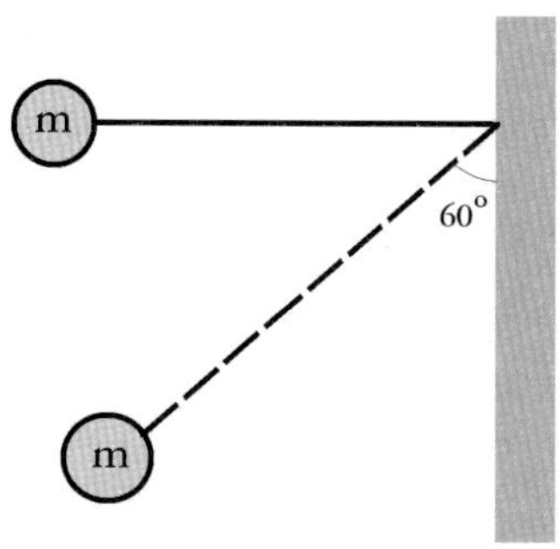

문제 40 길이 L인 단진자가 벽에 수직인 위치에서 놓인다. 물체 m이 벽에 부딪힐 경우 반발계수는 $e = 0.9$이다. 단진자의 각이 60° 미만이 될 때까지 물체는 벽에 몇 번 부딪히는가?

[답] 물체 m이 벽에 처음 충돌하기 직전의 속도는 에너지 보존칙 $mgL = \frac{1}{2}mv^2$에서 $v = \sqrt{2gL}$과 같다. 첫 번째 충돌

후의 속도는 $v_1 = e\sqrt{2gL}$ 이다. 마찬가지로 두 번째 충돌 후의 속도는 $v_1 = e^2\sqrt{2gL}$ 이고 n번 충돌 후의 속도는 $v_n = e^n\sqrt{2gL}$ 이다. 단진자의 각도가 60^o가 되는 경우의 위치에너지는 $mgL(1-\cos 60^o)$이고 운동에너지는 $\frac{1}{2}mv_n^2$이라면 두 에너지가 동일하다는 조건에서 $v_n^2 = gL$이 구해진다. 따라서 $e^{2n} = \frac{1}{2}$이 구해지고 이는 $n = 3.28$이다. 결과적으로 적어도 네 번을 충돌하여야 단진자의 각도가 60^o가 됨을 볼 수 있다.

문제 41 가속되는 계의 안쪽에서 단진자 실험을 한다고 하자. 다음 경우에 대해 단진자의 주기를 구하라. (a) 위로 가속도 a로 가속되는 경우, (b) 아래로 가속도 a로 가속되는 경우, (c) 자유낙하하는 경우, (d) 수평으로 가속도 a로 가속되는 경우

[답] (a) 단진자가 느끼는 가속도는 $g' = g + a$이다. 따라서 주기는

$$T = 2\pi\sqrt{\frac{L}{g'}} = 2\pi\sqrt{\frac{L}{g+a}}$$

이다.

(b) 단진자가 느끼는 가속도는 $g' = g - a$이므로

$$T = 2\pi\sqrt{\frac{L}{g'}} = 2\pi\sqrt{\frac{L}{g-a}}$$

이다.

(c) 이 경우에는 $g' = g - g = 0$이므로 단진자 운동을 하지 못한다.

(d) 이 경우에는 방향이 서로 수직인 두 가속도의 합이므로 가속도의 크기는 $g' = \sqrt{g^2 + a^2}$ 이다. 따라서 주기는

$$T = 2\pi\sqrt{\frac{L}{g'}} = 2\pi\sqrt{\frac{L}{g^2+a^2}}$$

로 구해진다.

문제 42 길이 $50cm$인 단진자의 주기를 엘리베이터 안에서 측정한다고 하자. 엘리베이터가 위로

$6m/s^2$으로 가속될 때와 동일한 가속도로 아래로 가속될 때의 주기를 구하라. 그리고 동일한 단진자를 $6m/s^2$으로 수평으로 가속되는 기차 안에서 측정할 때의 주기를 구하라.

[답] 가속도 a로 위로 가속될 때의 가속도는 $g+a$이고 가속도 a로 아래로 가속될 때의 가속도는 $g-a$이다. 따라서 위로 가속될 때의 주기는 $T=2\pi\sqrt{\frac{l}{g+a}}=1.12s$이고 아래로 가속될 때의 주기는 $T=2\pi\sqrt{\frac{l}{g-a}}=2.28s$이다. 그리고 수평으로 가속되는 경우, 가속도 a가 중력가속도 g와 수직이므로 효과적인 가속도는 $g'=\sqrt{g^2+a^2}=11.49\,m/s^2$이다. 따라서 단지자의 주기는 $T=2\pi\sqrt{\frac{l}{g'}}=1.31s$이다.

문제 43 질량 $M=10g$인 물체가 길이 $L=50cm$인 줄의 한쪽 끝에 매달려 있다. 줄의 다른 쪽 끝은 천장에 고정되어 있다. 질량 M에 수평으로 질량 $m=5g$인 진흙이 속도 $v=2m/s$로 날아와서 질량 M에 붙었다. 질량 $m+M$은 얼마나 높이 올라가겠는가? 이 높이에서 수직축과의 각도를 구하라. 이 진자의 주기를 구하라.

[답] 운동량 보존칙에서 $mv=(m+M)V$에서 $V=0.67\,m/s$로 구해진다. 두 질량이 붙어서 움직이게 되는데, 올라갈 수 있는 높이는 에너지 보존칙에서

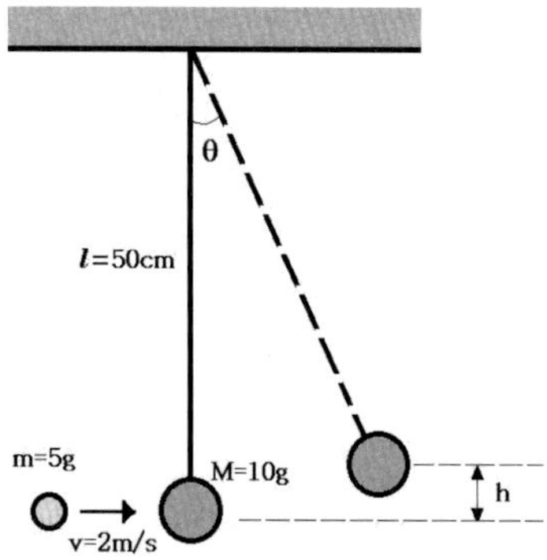

$$\frac{1}{2}(m+M)\frac{m^2v^2}{(m+M)^2}=(m+M)gh$$

이므로 올라갈 수 있는 최대의 높이는 $h=2.27\,cm$이다. 각도는 $\theta=\tan^{-1}(2.27/48)=2.7^o$이다. 진자의 주기는 $2\pi\sqrt{\frac{L}{g}}=1.4s$이다.

3-4. 물리진자, 비틀림 진자

문제 44 길이 L이고 질량 m인 막대의 한쪽 끝을 회전축으로 진동시켰을 경우 이 진자의 주기를 구하라.

[답] 회전운동방정식에서 $\tau=I\alpha$인데 토크는

$$\tau=-mg\left(\frac{L}{2}\sin\theta\right)$$

이다. 그리고 관성모멘트는 $I = I_{CM} + m\left(\frac{L}{2}\right)^2 = \frac{mL^2}{3}$이다. 여기서 $I_{CM} = \frac{1}{12}mL^2$을 이용하였다. 따라서 운동방정식은 $\sin\theta \approx \theta$를 이용하면

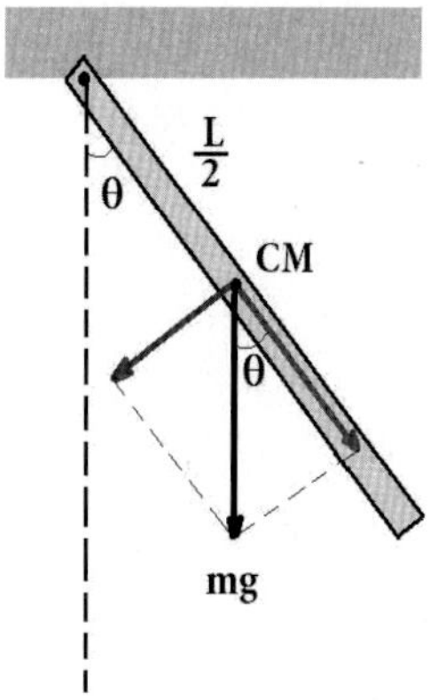

$$\ddot{\theta} + \frac{3g}{2L}\theta = 0$$

을 얻을 수 있다. 이에 따라 진자의 주기는

$$T = \frac{2\pi}{\omega} = 2\pi\sqrt{\frac{2L}{3g}}$$

이다.

문제 45 질량이 $0.8kg$인 $1m$짜리 막대 자의 $20cm$ 지점을 회전축으로 하여 물리진자를 구성하였다. 이 진자의 주기와 진동수를 구하라.

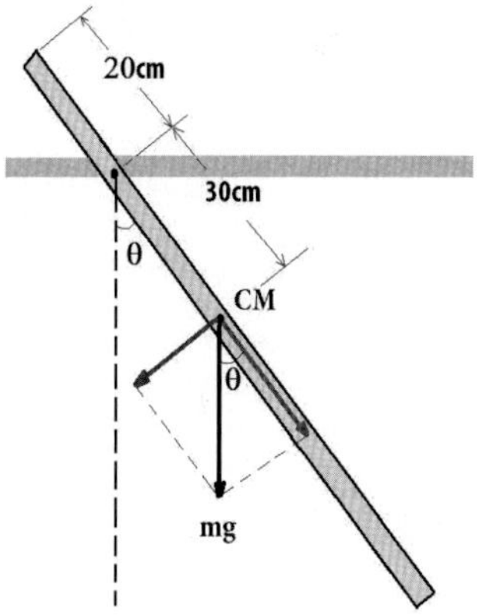

[답] 회전운동방정식에서 $\tau = I\alpha$인데 토크는

$$\tau = -mgl\sin\theta$$

이다. 여기서 $l = 30cm$이다. 그리고 관성모멘트는 $I = I_{CM} + ml^2 = \frac{mL^2}{12} + ml^2$이다. 여기서 $L = 50cm$이다. 따라서 운동방정식은 $\sin\theta \approx \theta$를 이용하면

$$\ddot{\theta} + \frac{gl}{L^2/12 + l^2}\theta = 0$$

을 얻을 수 있다. 이에 따라 진자의 주기는

$$T = \frac{2\pi}{\omega} = 2\pi\sqrt{\frac{L^2/12 + l^2}{gl}}$$

이다. 주어진 값을 대입하면 $T = 1.22\,s$이고 $f = \frac{1}{T} = 0.82\,Hz$이다.

문제 46 반경 R이고 질량 M인 원판의 끝을 회전축으로 진동시켰을 때의 진자의 주기를 구하라.

[답] 회전운동방정식에서 $\tau = I\alpha$인데 토크는

$$\tau = -mg(R\sin\theta)$$

이다. 그리고 원판의 끝을 회전축으로 할 경우의 관성모멘트는 평행축 정리에서

$$I = I_{CM} + MR^2 = \frac{3}{2}MR^2$$

이다. 원판의 중심에 대한 관성모멘트 $I_{CM} = \frac{MR^2}{2}$을 사용하였다. 따라서 운동방정식은 $\sin\theta \approx \theta$를 이용하면

$$\ddot{\theta} + \frac{2g}{3R}\theta = 0$$

을 얻을 수 있다. 이에 따라 진자의 주기는

$$T = \frac{2\pi}{\omega} = 2\pi\sqrt{\frac{3R}{2g}}$$

이다.

문제 47 길이 L이고 질량 m인 균일한 막대의 끝에 반경 R이고 질량이 M인 원판이 붙어 있다. 막대의 다른 쪽 끝을 회전축으로 하는 물리진자의 주기를 구하라. 원판 대신에 반경 R이고 질량 M인 구를 막대에 붙인 경우의 물리진자의 주기를 구하라.

[답] 회전운동방정식에서 $\tau = I\alpha$인데 토크는 막대와 원판에 의해 주어지므로

$$\begin{aligned}\tau &= \tau_R + \tau_L \\ &= -mg\left(\frac{L}{2}\sin\theta\right) - Mg(R+L)\sin\theta\end{aligned}$$

이다. 그리고 관성모멘트는 평행축 정리를 사용하면

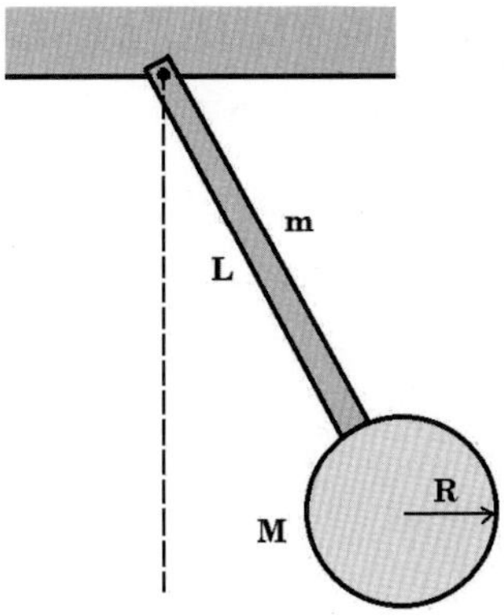

$$I = I_L + I_R = \frac{mL^2}{3} + \left[\frac{MR^2}{2} + M(R+L)^2\right]$$

이다. 따라서 운동방정식은 $\sin\theta \approx \theta$를 이용하면

$$\ddot{\theta} + \frac{\frac{mgL}{2} + Mg(R+L)}{\frac{mL^2}{3} + \frac{3}{2}MR^2 + 2MRL + ML^2}\theta = 0$$

을 얻을 수 있다. 이에 따라 진자의 주기는

$$T = \frac{2\pi}{\omega} = 2\pi\sqrt{\frac{\frac{mL^2}{3} + \frac{3}{2}MR^2 + 2MRL + ML^2}{\left(MR + ML + \frac{mL}{2}\right)g}}$$

과 같이 구해진다. 막대에 구를 붙인 경우, 주기는

$$T = 2\pi\sqrt{\frac{\frac{mL^2}{3} + \frac{7}{5}MR^2 + 2MRL + ML^2}{\left(MR + ML + \frac{mL}{2}\right)g}}$$

와 같이 주어진다. 여기서 구의 관성모멘트는 $\frac{2}{5}MR^2$을 이용하였다.

문제 48 균일한 막대의 중앙에 줄(wire)을 연결하여 비틀림 진자를 만들었다. 막대에 $10\,Nm$의 토크를 작용하였더니 막대는 10° 비틀어짐이 관찰되었다. 이 상태에서 막대를 놓으면 비틀림 진동을 한다. 이 진동의 주기가 $1s$로 관측되었다. 막대의 관성모멘트를 구하라.

[답] 비틀림의 복원력은 $\tau = \kappa\theta$의 관계를 만족한다. 따라서 $\kappa = \frac{\tau}{\theta} = 57.32\,Nm/rad$을 얻을 수 있다. 그리고 비틀림 진자의 주기는 $T = 2\pi\sqrt{\frac{I}{\kappa}}$ 이므로 $I = \frac{T^2}{4\pi^2}\kappa = 1.45\,kgm^2$을 얻는다.

문제 49 질량 $1kg$이고 반경 $10cm$인 균일한 구의 끝에 줄(wire)을 연결하여 비틀림 진자를 만들었다. 이 구에 $2\,Nm$의 토크를 작용하였더니 구는 50° 비틀어짐이 관찰되었다. 이 상태에서 구를 놓으면 비틀림 진동을 한다. 이 진동의 주기를 구하라.

[답] 비틀림의 복원력은 $\tau = \kappa\theta$의 관계를 만족한다. 따라서 $\kappa = \frac{\tau}{\theta} = 2.29\,Nm/rad$을 얻을 수 있다. 그리고 구의 관성모멘트는 $I = \frac{2}{5}mr^2 = 0.004\,kgm^2$이므로 비틀림 진자의 주기는 $T = 2\pi\sqrt{\frac{I}{\kappa}} = 0.26\,s$를 얻는다.

문제 50 구리선이 천장에 고정되어 있고 그 아래 끝에 길이 $L = 20cm$이고 질량 $m = 100g$인 막대가 연결되어 있다. 구리선을 비튼 후 놓으면 막대는 비틀림 진동을 하는데 진동의 주기 $T = 12\,s$임이 관찰되었다. 구리선의 비틀림 상수를 구하라.

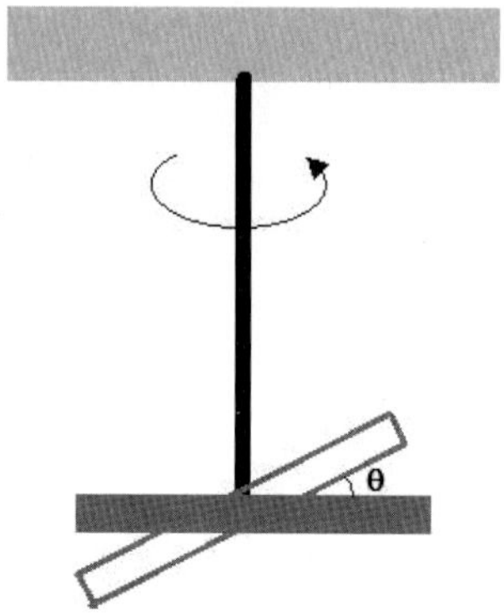

[답] 구리선의 복원력은 $\kappa\theta$이다. 이는 스프링의 경우 복원력이 kx임과 유사하다. 따라서 회전운동방정식은 $\tau = -\kappa\theta$이다. $\tau = I\alpha$를 적용하면 운동방정식은

$$\frac{d^2\theta}{dt^2} + \frac{\kappa}{I}\theta = 0$$

으로 표현된다. 따라서 각진동수는 $\omega = \sqrt{\frac{\kappa}{I}}$이다. $T = 12\,s$이므로 $\omega = 0.52\,rad/s$이다. 막대의 관성모멘트는 $I = \frac{1}{12}mL^2 = 3.3\times10^{-4}\,kgm^2$이다. 따라서 $\kappa = I\omega^2 = 9\times10^{-5}\,Nm$이다.

3-5. 기타 진동

문제 51 줄(wire)의 한쪽은 바닥에 고정되어 있다. 그리고 다른 쪽에는 질량 $m = 1kg$의 공이 달려 있다. $10N$의 힘을 이용하여 공을 $5cm$만큼 수평으로 변위시켰다가 놓으면 공은 단진동을 한다. 이 단진동의 주기를 구하라.

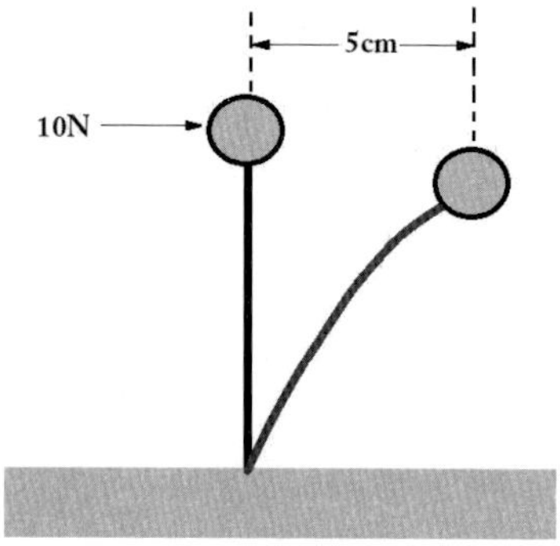

[답] 줄의 스프링상수는 $F = kx$에서 $k = \frac{F}{x} = 200N/m$으로 구해진다. 따라서 단진동의 주기는 $T = 2\pi\sqrt{\frac{k}{m}} = 0.44\,s$이다.

문제 52 질량 m인 공이 두 벽에 고정된 줄 사이에 붙어 있다. 평형상태에서 줄의 장력은 T_o이다. 공을 평형위치에서 위로 y만큼 변위시킨 뒤 놓으면 질량 m은 단진동을 한다. 이 단진동의 주기를 구하라.

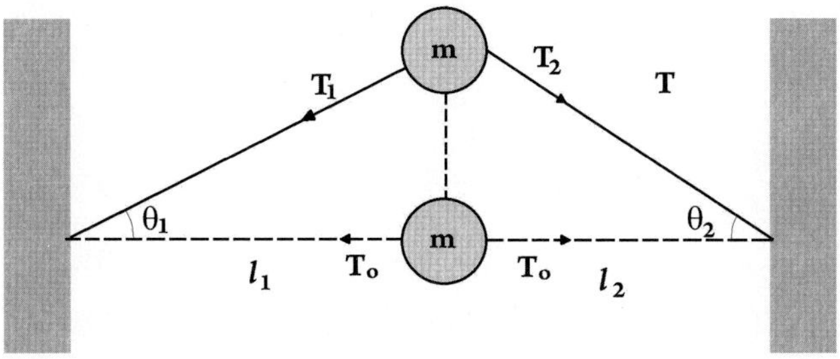

[답] 복원력은 $F_s = T_1 \sin\theta_1 + T_2 \sin\theta_2$이다. 변위 y가 아주 작은 경우 $T_1 \approx T_2 \approx T_o$로 근사할 수 있다. 그리고 $\sin\theta_1 \simeq \tan\theta_1 = \frac{y}{l_1}$, $\sin\theta_2 \simeq \frac{y}{l_2}$로 근사된다. 따라서 운동방정식은

$$m\ddot{y} = -T_o\left(\frac{1}{l_1} + \frac{1}{l_2}\right)y$$

이다. 단진동의 주기는 $T = \frac{2\pi}{\omega} = 2\pi\sqrt{\frac{ml_1 l_2}{T_o(l_1 + l_2)}}$ 이다.

문제 53 대기가 없는 질량 $M = 1.57 \times 10^{15} kg$이고 반경 $R = 5km$인 작은 행성이 있다고 하자. 이 행성의 중심을 관통하는 구멍을 뚫어 질량 $m = 1kg$인 물체를 떨어뜨릴 때 이 물체가 단진동을 함을 보여라. 단진동의 주기와 물체의 최대속도를 구하라. 행성의 밀도는 균일하다고 가정한다.
[답] 행성 표면에서의 중력가속도는 $mg_s = \frac{GMm}{R^2}$에서 $g_s = \frac{GM}{R^2} = 0.0042 m/s^2$이다. 물체가 행성의 중심에서 반경 r인 위치에 있을 때 행성과 물체 사이의 인력은 물체와 반경 r 안의 행성의 질량과의 만유인력이므로

$$\vec{F} = -\frac{GM_i m}{r^2}\hat{r} = -\frac{Gm}{r^2}\left(\rho\frac{4\pi r^3}{3}\right)\hat{r}$$

이다. 여기서 $\rho = \frac{M}{4\pi R^3/3}$으로서 행성의 밀도이다. 따라서 위 식은

$$\vec{F} = -\frac{GMm}{R^3} r\hat{r} = -\frac{mg_s}{R} r\hat{r}$$

과 같이 고쳐 쓸 수 있다. 여기서 힘의 방향은 행성의 중심방향 $-\hat{r}$이다. 위 식은 스프링에서의 복원력과 동일한 형태임을 볼 수 있다. 즉, 운동방정식은

$$m\frac{d^2r}{dt^2}=-\frac{mg_s}{R}r$$

이 되어 스프링의 단진동 운동방정식인 $m\frac{d^2x}{dt^2}=-kx$와 동일하다는 것을 볼 수 있다. 즉, 스프링상수 k에 대응되는 값은 $\frac{mg_s}{R}$이다. 따라서 이 단진동의 주기는 $T=\frac{2\pi}{\omega}=2\pi\sqrt{\frac{R}{g_s}}$로 주어진다. 위 식에 값을 대입하면 주기는 $T=6,962\,s$로 구해진다. 그리고 탄성포텐셜과 동일하게 이 계의 포텐셜은

$$U=\frac{1}{2}\frac{mg_s}{R}r^2$$

으로 정의된다. 이는 포텐셜의 정의인

$$\Delta U_{ab}=-\int_a^b\vec{F}\cdot d\vec{r}=-\int_a^b\left(-\frac{mg_s}{R}r\right)\hat{r}\cdot(dr\,\hat{r})$$
$$=\int_a^b\frac{mg_s}{R}r\,dr=\frac{1}{2}\frac{mg_s}{R}(r_a^2-r_b^2)$$

에서 확인할 수 있다. 단진동에서 물체의 최대속도는 표면에서의 포텐셜에너지가 모두 운동에너지로 변하는 때(행성의 중심)이므로 $\frac{1}{2}\frac{mg_s}{R}R^2=\frac{1}{2}mv_{\max}^2$에서 $v_{\max}=4.58\,m/s$이다. 그리고 행성의 중심에 도달하는 데 걸리는 시간은 $\frac{T}{4}=1,715s$임을 알 수 있다.

문제 54 길이 L인 줄에 질량 m이 매달려 원뿔진동을 한다. 이 진동의 진동수를 구하라.

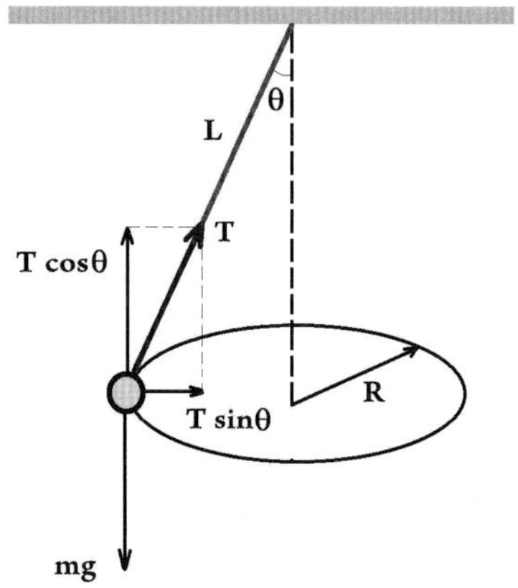

[답] 원운동의 구심력은 중심으로 향하는 장력이다. 따라서 $T\sin\theta=\frac{mv^2}{R}$이다. 그리고 수직방향으로의 장력은 물체의 무게와 평형을 이룬다. 즉, $T\cos\theta=mg$이다. 위 두 식을 나누면 $\tan\theta=\frac{v^2}{R}$을 얻는다. 원운동의 속도는 $v=R\omega=2\pi Rf$로 표현된다. 그리고 원운동의 반경은 $R=L\sin\theta$이

므로 $v = 2\pi L\sin\theta f$이다. 따라서 $\tan\theta = \frac{4\pi^2 L^2 \sin\theta}{L} f^2$을 얻고 이 식에서 $f = \frac{1}{2\pi}\sqrt{\frac{g}{L\cos\theta}}$ 를 얻을 수 있다. 이 진동수는 단진자의 진동수 $f = \frac{1}{2\pi}\sqrt{\frac{g}{L}}$ 와 비교된다.

3-6. 음파, 음파의 속도

문제 55 인간의 귀로 들을 수 있는 음파의 진동수 영역은 $20Hz$에서 $20,000Hz$ 사이이다. 이를 파장영역으로 표현하라. 음파의 속도는 $340m/s$이다.

[답] $v = f\lambda$에서 $20Hz$는 $17m$이고 $20,000Hz$는 $1.7cm$이다.

문제 56 돌고래가 $60kHz$의 초음파를 발사하여 반사되어 오는 초음파를 측정하여 물체를 감지한다. 이 초음파의 파장을 구하라. $100m$ 전방의 물체를 감지하는 데 몇 초가 걸리는가? 물속의 음파의 속도는 $1,500m/s$이다.

[답] 초음파의 파장은 $\lambda = \frac{v}{f} = 2.5cm$이다. 그리고 초음파가 $100m$를 왕복해야만 하므로 이에 걸리는 시간은 $t = \frac{2d}{v} = 0.13s$이다.

문제 57 깊이를 모르는 우물에 돌을 떨어뜨렸더니 $2s$ 후에 돌이 수면에 닿는 소리가 들려왔다. 우물의 깊이를 구하라. 공기 중 음파의 전달속도는 $340m/s$이다.

[답] 우물의 깊이를 h라고 두면 돌이 자유낙하하는 데 걸리는 시간은 $t_1 = \sqrt{\frac{2h}{g}}$ 이다. 이 시간에 돌이 수면에 닿으면 그 소리가 귀에 들리기까지 걸리는 시간은 $t_2 = \frac{h}{v}$이다. 따라서 돌이 물에 떨어진 것을 듣는 데까지 걸리는 시간은 $t = t_1 + t_2 = \sqrt{\frac{2h}{g}} + \frac{h}{v}$이다. $t = 2s$를 대입하고 $y = \sqrt{h}$로 두면 y에 대한 이차방정식을 얻고, 이를 풀면 $y \equiv \sqrt{h} = 4.3m$를 얻는다. 따라서 깊이 $h = 18.5m$이다.

문제 58 현의 진동에서 파의 속도가 $300m/s$임이 관찰되었다. 이때 줄의 장력은 $200N$이었다. 파의 속도를 10% 증가시키기 위해 장력은 몇 % 증가시켜야 하나?

[답] $v = \sqrt{\frac{T}{\rho}}$ 이므로 $v_1 = \sqrt{\frac{T_1}{\rho}}$, $v_2 = \sqrt{\frac{T_2}{\rho}}$ 라 두면 $\frac{v_2}{v_1} = \sqrt{\frac{T_2}{T_1}}$ 이다. 따라서 $\frac{T_2}{T_1} = \frac{v_2^1}{v_1^2} = 1.21$이다. 따라서 $T_2 = 1.21\, T_1$이므로 장력을 21% 증가시켜야 한다.

문제 59 강철의 밀도는 $10^4\,kg/m^3$이고 Young률은 $2.3\times10^{11}\,N/m^2$이다. 강철 안에서 전달되는 음파의 속도를 구하라.

[답] $v=\sqrt{\dfrac{Y}{\rho}}=4{,}795\,m/s$

문제 60 물의 체적탄성률은 $2{,}000\,MPa$이다. 물속에서 음파의 전달속도를 구하라.

[답] $v=\sqrt{\dfrac{B}{\rho}}=\sqrt{\dfrac{2\times10^9\,N/m^2}{1000\,kg/m^3}}=1{,}414\,m/s$

문제 61 헬륨의 밀도는 STP 상태(0℃, 1기압)에서 $0.18\,kg/m^3$이다. STP 상태에서 헬륨에서의 음파의 전달속도를 구하라.

[답] $v=\sqrt{\dfrac{\gamma p}{\rho}}=\sqrt{\dfrac{1.67\times1.013\times10^5\,N/m^2}{0.18\,kg/m^3}}=969\,m/s$

문제 62 두 개의 기체로 구성된 혼합기체에서의 음파의 전달속도에 대한 표현을 구하라. 기체 A와 기체 B의 분자량은 각각 M_A, M_B이다. 그리고 섞인 질량비는 $t=\dfrac{m_B}{m_A}$이다.

[답] $v=\sqrt{\dfrac{\gamma p}{\rho}}$이므로 p, ρ를 알아야 한다. $\rho=\dfrac{m}{V}=\dfrac{m_A+m_B}{V}$이고 분압의 법칙에서

$$p=p_A+p_B=\frac{(n_A+n_B)RT}{V}$$

로 주어진다. $n_A=\dfrac{m_A}{M_A}$, $n_B=\dfrac{m_B}{M_B}$이므로 이를 위 식에 대입하여 정리하면

$$\frac{p}{\rho}=\left(\frac{1}{M_A}+\frac{t}{M_B}\right)\left(\frac{1}{1+t}\right)RT$$

를 구할 수 있다. 위 식에서 $t=\dfrac{m_B}{m_A}$를 사용하였다. 따라서 혼합기체에서의 음파의 전달속도는

$$v=\sqrt{\frac{\gamma p}{\rho}}=\sqrt{\frac{\gamma RT(M_B+tM_A)}{M_AM_B(1+t)}}$$

로 구할 수 있다.

문제 63 산소와 질소는 2원자 분자이다. 분자량은 각각 $32\,g/mole$과 $28\,g/mole$이다. 상온에서

산소와 질소에서의 음파의 속도를 구하라. 기체상수 $R = 8.31\,J/mole$이다. 공기는 질소 70%, 산소 29%로 이루어져 있다. 공기 중에서의 음파의 속도를 구하라.

[답] $v = \sqrt{\frac{\gamma p}{\rho}} = \sqrt{\frac{\gamma nRT}{\rho V}} = \sqrt{\frac{\gamma RT}{M}}$ 이므로 산소는 $v = 330\,m/s$, 질소는 $353\,m/s$를 구할 수 있다. 여기서 질소와 산소는 2원자 분자이므로 $\gamma = 1.4$를 이용하였다. 공기 중 산소와 질소의 질량비는 $t = \frac{0.7 \times M_B}{0.29 \times M_A} = 2.11$이다. 문제 62의 결과를 이용하면 $v = 346\,m/s$를 구할 수 있다.

문제 64 전체 길이가 $2m$이고 질량이 $5g$인 줄의 한쪽 끝은 벽에 고정되어 있고 다른 쪽 끝에는 질량 $3kg$이 도르래를 통해 매달려 있다. 이 줄에서 진동이 발생했을 경우 파의 전파속도를 구하라.

[답] 줄의 장력과 질량의 무게가 평형을 이루고 있으므로 $T = mg = 29.4\,N$이다. 그리고 줄의 밀도는 $\rho = \frac{m}{L} = 2.5 \times 10^{-3}\,kg/m$이다. 따라서 $v = \sqrt{\frac{T}{\rho}} = 108\,m/s$이다.

문제 65 기계장치에서 $1m$ 떨어진 지점에서 소음을 측정하였더니 $80dB$이었다. $2m$ 떨어진 지점에서의 소음의 크기는 얼마이겠는가?

[답] 소리는 사방으로 퍼지므로 음원에서 r만큼 떨어진 위치에서의 소리의 세기는 $I = \frac{P}{4\pi r^2}$로 표현된다. 여기서 P는 음원의 소리의 세기이다. 우선 $80dB$에 해당되는 소리의 세기를 구해야 된다. $\beta_1 = 10\log\left(\frac{I_1}{I_o}\right)$에서 $\beta_1 = 80$일 때 $I_1 = 10^{-4}\,W/m^2$이 구해진다. 여기서 I_o는 가청한계로서 $10^{-12}\,W/m^2$이다. 그리고 $2m$ 떨어진 위치에서 소리에너지는

$$I_2 = \left(\frac{r_2}{r_1}\right)^2 I_1 = 2.5 \times 10^{-5}\,W/m^2$$

이다. 따라서 $\beta_2 = 10\log\left(\frac{I_2}{I_o}\right) = 74dB$이다.

문제 66 스피커에서 $1m$ 떨어진 지점에서의 소리의 세기가 $2\,m\,W/m^2$으로 관찰되었다. 이 지점에서 소음의 크기를 $5dB$ 올리려면 소리의 세기를 얼마나 올려야 하나?

[답] 소리의 세기 $I_1 = 2\,m\,W/m^2$에 해당되는 소음의 크기는 $\beta_1 = 10\log\left(\frac{I_1}{I_o}\right) = 93dB$이다. 이 값에서 $5dB$ 증가시키면 소음의 세기는 $\beta_2 = 98dB$가 된다. 이에 대응되는 소리의 세기는 $I_2 = I_o e^{\beta_2/10}$ $= 6.3\,m\,W/m^2$이다.

문제 67 사이렌 소리를 음원에서 $10m$ 떨어진 위치에서 관찰하였더니 $10^{-5}\,W/m^2$이었다. 이 사이렌 소리를 들을 수 있는 최대의 거리는 사이렌에서 얼마나 떨어진 거리인가?

[답] 두 지점에서의 소리 세기의 비는 $\frac{I_2}{I_1}=\frac{P/4\pi r_2^2}{P/4\pi r_1^2}=\left(\frac{r_2}{r_1}\right)^2$이다. $I_1=10^{-5}$, $I_2=10^{-12}\ W/m^2$(가청한계)이므로 $r_2=31.622km$로 구해진다. 이 값은 이론적인 값이다. 실제로는 소리의 공기에 의한 흡수, 시끄러운 주위환경 등에 의해 이보다 훨씬 작다.

문제 68 음원에서 동쪽으로 $10m$의 거리에 있는 A가 듣는 소리의 세기는 음원에서 북쪽에 있는 B가 듣는 소리의 세기의 2배였다. A와 B 사이에 떨어진 거리를 구하라.

[답] 두 지점에서 소리의 세기의 비는 $\frac{I_B}{I_A}=\left(\frac{r_A}{r_B}\right)^2$이다. $\frac{I_B}{I_A}=2$이므로 $r_B=\sqrt{2}\,r_A=14m$이다. 따라서 $r_{AB}=\sqrt{r_A^2+r_B^2}=17m$이다.

문제 69 질량 $10g$의 공이 $1m$의 높이에서 떨어진다. 땅에 떨어진 공의 에너지가 시간 $2s$ 동안에 소리에너지로 완전히 변했다고 가정하자. 이 소리를 들을 수 있는 최대거리를 구하라.

[답] 공의 위치에너지는 $U=mgh=0.098J$이다. 이 에너지가 모두 2초 동안에 소리에너지로 되었다고 가정했으므로 일률은 $P=\frac{U}{t}=0.049\,W$이다. 공이 떨어진 위치에서 r 떨어진 위치에서의 소리에너지는 $I=\frac{P}{4\pi r^2}$이다. 가청한계 $I=I_o$를 대입하여 거리를 구하면 $r=62.46\,km$를 구할 수 있다. 이 값은 이론적인 값이다. 실제로는 소리의 공기에 의한 흡수, 시끄러운 주위환경 등에 의해 이보다 훨씬 작다.

3-7. 파동의 중첩, 정지파, 간섭, 비트(beat) 수

문제 70 두 파 $y_1=10\sin(2\pi t-5x)$와 $y_2=10\sin(2\pi t+5x)$의 중첩파를 구하라. y의 단위는 cm이다. 그리고 $x=10cm$에서의 변위를 구하라.

[답] $y=y_1+y_2=20\cos 5x\sin 2\pi t$이다. $x=10cm$에서의 변위는 $28.5cm$이다.

문제 71 $1m$ 떨어진 두 벽 사이에 형성되는 음파의 정지파 중에 가장 낮은 진동수는 얼마인가?

[답] $\lambda_1=2L=2m$이므로 $f_1=\frac{v}{\lambda}=170\,Hz$이다.

문제 72 길이가 $1m$이고 밀도가 $1g/m$인 줄이 양끝이 고정된 채 진동하고 있다. 줄에 작용한 장력은 $10N$이다. 기본진동수를 구하라.

[답] $v=\sqrt{\dfrac{T}{\rho}}=100m/s$이고 $\lambda_1=2L=2m$이다. 따라서 $f_1=\dfrac{v}{\lambda_1}=50Hz$이다.

문제 73 밀도가 $8g/m$이고 길이 $50cm$인 줄의 양단이 고정되어 있다. 줄의 장력은 $200N$이다. 이 줄이 3차 화음에서 진동하고 있다. 파의 속도, 파장, 진동수를 구하라.

[답] $v=\sqrt{\dfrac{T}{\rho}}=158.1m/s$이다. 3차 화음의 정지파 조건에서 $\lambda_3=\dfrac{2L}{3}=0.33m$을 구할 수 있다. 이에 따라 $f_3=\dfrac{v}{\lambda_3}=479\,Hz$이다.

문제 74 양끝이 고정된 길이 $1m$인 줄에서 발생한 세 번째 화음(harmonic)의 진동수가 $1,200Hz$였다. 첫 번째 화음의 진동수(기본진동수)와 두 번째 화음의 진동수를 구하고, 파의 속도를 구하라.

[답] $f_3=1,200\,Hz$이므로 $f_1=\dfrac{f_3}{3}=400Hz$, $f_2=2f_1=800Hz$이다. $v=f_1\lambda_1=800m/s$이다. 여기서 $\lambda=2L=2m$를 이용하였다.

문제 75 한쪽이 닫힌 오르간 파이프의 길이가 $50cm$이다. 기본진동수와 2개의 배음의 진동수를 구하라.

[답] $\lambda_1=4L=2m$, $\lambda_2=\dfrac{4L}{3}=0.67m$, $\lambda_3=\dfrac{4L}{5}=0.4m$이다. 따라서 $f_1=\dfrac{v}{\lambda_1}=170Hz$, $f_2=510Hz$, $f_3=850Hz$를 구할 수 있다.

문제 76 양쪽 끝이 열린 오르간 파이프의 길이가 $1m$이다. 기본진동수와 2개의 배음의 진동수를 구하라.

[답] $\lambda_1=2L=2m$이므로 $f_1=\dfrac{v}{\lambda_1}=170Hz$, $f_2=2f_1=340Hz$, $f_3=3f_1=510\,Hz$이다.

문제 77 그림은 $230Hz$인 음(note)을 내는 오르간 파이프에서의 음파의 모양이다. 관의 길이를 구하라.

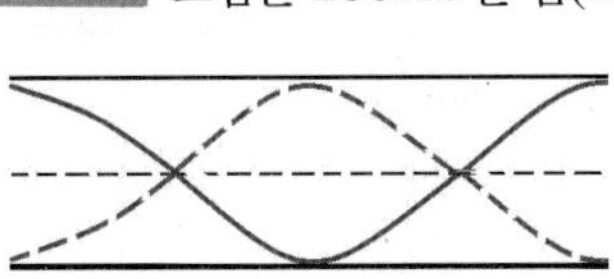

[답] 그림의 파는 2배수파이다. 파장과 길이와의 관계는 $\left(\dfrac{\lambda_2}{4}\right)\times 4=L$이다. 따라서 $\lambda_2=L$이고 $L=\lambda_2=\dfrac{v}{f_2}=1.48m$이다.

문제 78 그림은 $330Hz$인 음(note)을 내는 오르간 파이프에서의 음파의 모양이다. 관의 길이를 구하라.

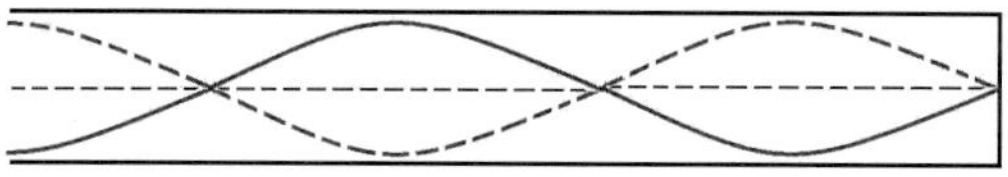

[답] 그림의 파는 3배수파이다. 파장과 길이와의 관계는 $\left(\frac{\lambda_3}{4}\right)\times 5 = L$이다. 따라서 $\lambda_3 = \frac{4L}{5}$이고 $L = \frac{5\lambda_3}{4} = \frac{5c}{4f_3} = 1.29m$이다.

문제 79 귀에서 고막까지 거리는 대략 $3cm$이다. 즉, 귀의 구멍(canal)은 $3cm$ 깊이의 닫힌 파이프에 해당된다. 귀의 가장 낮은 공명진동수를 구하라. 음파의 속도는 $340m/s$이다.

[답] $f_1 = \frac{v}{4L} = 2.83kHz$

문제 80 한쪽 끝이 닫힌 두 오르간 파이프의 길이는 각각 $70cm$와 $75cm$이다. 두 파이프에서 형성된 기본진동수에서 나오는 파들에 의해 만들어지는 beat 수를 구하라.

[답] $\lambda_1 = 4L$, $f_1 = \frac{v}{\lambda_1}$이다. $70cm$ 파이프에서는 $121Hz$의 기본파가 나오고 $75cm$에서 나오는 기본파는 $113Hz$이다. 따라서 beat 수는 $8Hz$이다.

문제 81 한쪽 끝이 닫혀 있는 관(tube)의 기본진동수가 $440Hz$이다. 공기 중의 소리의 속도가 $343m/s$이다.

(a) 관의 길이를 구하라. (b) 첫 번째 배수 진동수(next higher harmonic frequency)를 구하라.
(c) 만약 끝이 모두 열린 관인 경우, 위 (a), (b)의 답을 구하라.

[답] (a) $f_1 = \frac{v}{4L} \to \therefore L = \frac{v}{4f_1} = 0.195m$, (b) $f_n = \frac{nv}{4L} \to \therefore f_3 = 3f_1 = 1{,}320Hz$

(c) $f_n = \frac{nv}{2L} \to L = \frac{v}{2f_1} = 0.39m$, $f_2 = 2f_1 = 880Hz$

문제 82 기주(공기기둥) 공명실험은 그림과 같이 물이 든 관의 높이를 조절하면서 정지파를 관찰하는 실험이다. 소리굽쇠에서 발생한 음파가 관속의 공기기둥에서 정지파가 형성되면 강한 공명소리가 관찰된다. 소리굽쇠에서 발생하는 음파의 진동수는 $1{,}000Hz$라고 한다. 공기기둥의 높이 h가 $10cm$와 $30cm$인 곳에서 공명이 관찰되었다. 이 사이의 높이에서 다른 공명은 관찰되지 않았다고 한다. 음파의 전달속도를 구하라.

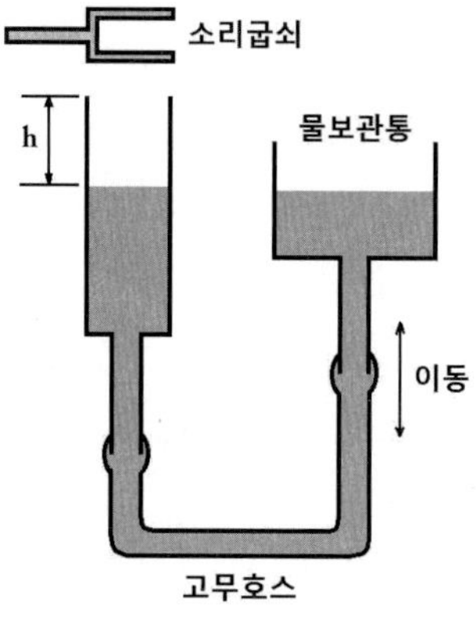

[답] 공명은 $\frac{\lambda}{4} = h_1$와 $\frac{3\lambda}{4} = h_2$에서 관찰된다. 두 식을 빼면

$$\frac{\lambda}{2} = h_2 - h_1 \rightarrow \therefore \lambda = 2(h_2 - h_1) = 0.4m$$

이다. 따라서 음속은 $v = f\lambda = 400m/s$이다.

문제 83 진동수 $676Hz$의 소리굽쇠를 이용하여 기주의 공명실험을 하였더니 기주의 길이가 $12.4cm$일 때와 $37.2cm$일 때 공명하였다. 이 사이에 다른 공명은 없었다. 소리의 속도를 구하라.

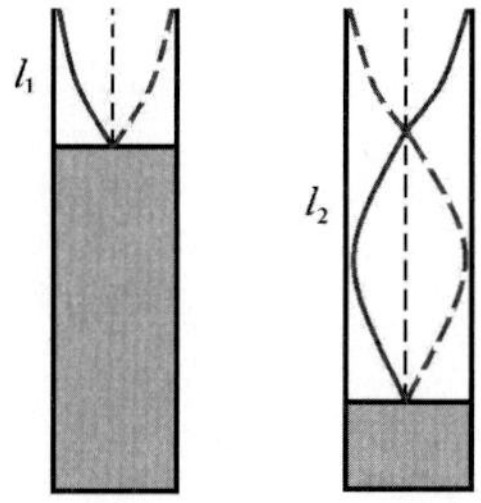

[답] 기주의 진동은 그림과 같으므로 파장은 $\frac{\lambda}{2} = l_2 - l_1 = 24.8cm$에서 $\lambda = 49.6\,cm$이다. 그리고 속도는 $v = f\lambda = 335\,m/s$이다.

문제 84 길이 $l = 2\,m$이고 질량 $m = 10g$인 균일한(늘어나지 않는) 줄의 한쪽 끝은 벽에 고정되어 있고 다른 쪽 끝은 질량 $M = 5kg$인 물체가 도르래를 통해 매달려 있다. 줄을 진동시켰을 때 기본파와 3배수파의 진동수는 각각 몇 Hz인가?

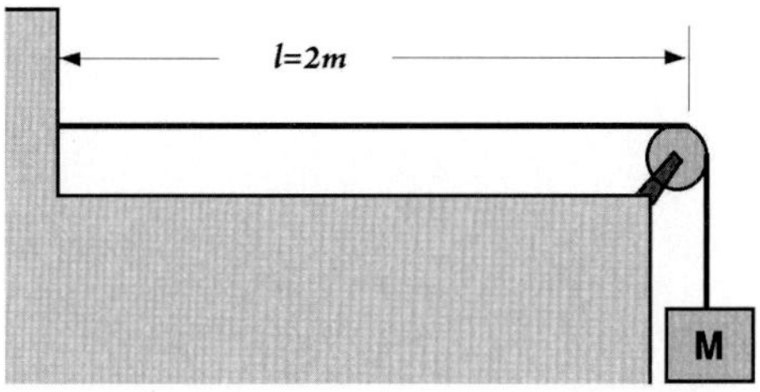

[답] 줄의 밀도는 $\rho = \frac{m}{l} = 0.005kg/m$이다. 그리고 장력은 $T = Mg = 49N$이다. 따라서 줄에서의 음파의 속도는 $v = \sqrt{\frac{T}{\rho}} = 99m/s$이다. 기본파와 3배수파의 파장은 각각 $\lambda_1 = 2l = 4m$, $\lambda_3 = \frac{2l}{3} = \frac{4}{3}m$이다. $f\lambda = v$ 에서 진동수는 각각 $f_1 = \frac{v}{\lambda_1} = 24.7Hz$, $f_3 = 3f_1 = 74.24Hz$이다.

문제 85 그림과 같이 줄이 도르래를 통해 매달린 물체 M에 의해 팽팽히 유지되고 있다. 이 줄을 튕겼을 때 발생하는 기본진동수가 $400Hz$임이 관찰되었다. 다음에는 물체 M을 완전히 물속에 잠그고 줄을 튕겼을 때 기본진동수가 $350Hz$로 변하는 것이 관찰되었다. 물체의 밀도를 구하라.

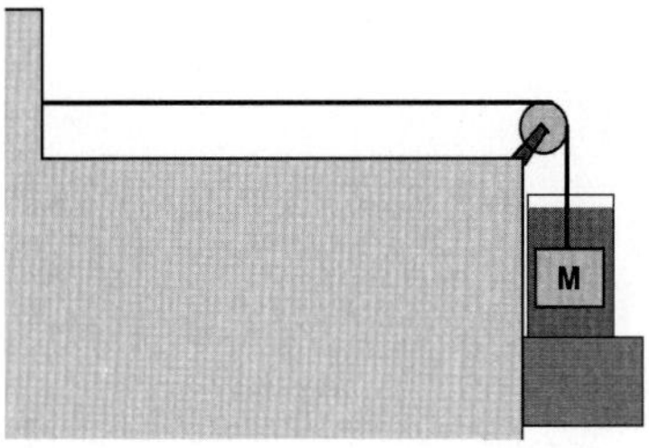

[답] 공기 중과 물속에 잠갔을 때의 진동수는 각각

$$f_1 = \frac{1}{2L}\sqrt{\frac{V\rho g}{\mu}}$$

$$f_2 = \frac{1}{2L}\sqrt{\frac{V(\rho-\rho_f)g}{\mu}}$$

로 표현된다. 위에서 μ는 줄의 밀도를 나타낸다. 두 진동수의 비를 구하면

$$\frac{f_2^2}{f_1^2} = \frac{\rho-\rho_f}{\rho} = \left(\frac{350}{400}\right)^2$$

이다. 따라서 $\rho = 4.27\,g/cc$이다.

문제 86 두 스피커가 $d=1m$만큼 떨어져 놓여 있다. 스피커에서 $L=3m$만큼 떨어진 위치에 사람이 앉아 있다. 그 사람은 두 스피커의 중앙 위치에 앉아 있다. 두 스피커에서는 동일한 진동수의 음파가 발생한다고 한다. 사람이 위쪽으로 이동할 때 소리가 들리지 않는 첫 번째 위치가 $h=60cm$로 관찰되었다. 스피커에서 나오는 음파의 진동수를 구하라. 음파의 속도는 $v=340m/s$이다.

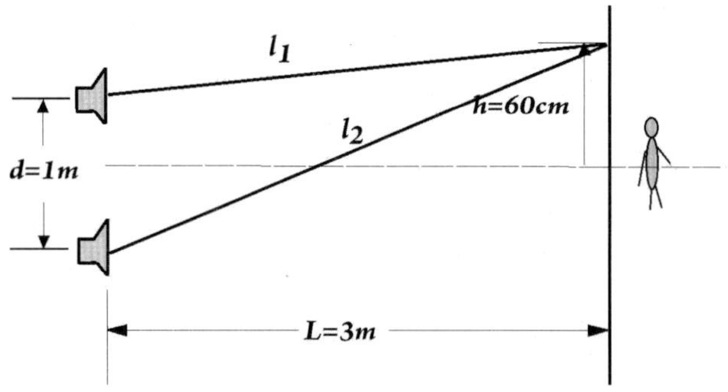

[답] 두 음파가 이동하는 거리가 다르므로 이에 따라 간섭이 일어난다. 두 파의 이동거리의 차이를 Δl이라고 두면 두 파는 각각

$$y_1 = y_m \sin(kx-\omega t)$$

$$y_2 = y_m \sin[k(x+\Delta l)x-\omega t]$$

와 같이 표현된다. 이 두 파를 합성하면

$$y = y_1 + y_2 = 2y_m \cos\frac{k\Delta l}{2}\sin\left(kx - \omega t + \frac{k\Delta l}{2}\right)$$

이다. 첫 번째 소멸간섭의 조건은 $\frac{k\Delta l}{2} = \frac{\pi}{2}$에서 $k\Delta l = \pi$를 얻는다. $k = \frac{2\pi}{\lambda}$에서 $\lambda = 2\Delta l$이고 $f\lambda = v$에서 $f = \frac{v}{\lambda} = \frac{v}{2\Delta l}$이다. 이에 따라

$$l_1 = \sqrt{L^2 + (h - 0.5)^2} = 3.00166\,m$$

$$l_2 = \sqrt{L^2 + (h + 0.5)^2} = 3.195\,m$$

가 구해진다. 따라서 $\Delta l = 0.1936m$이고 $f = 879\,Hz$가 구해진다.

문제 87 두 개의 스피커가 $1m$ 떨어져 놓여 있다. 한쪽 스피커 앞쪽의 $2m$ 떨어진 지점에 앉아 음악을 들을 경우 보강간섭이 되는 파 중에 가장 작은 진동수를 구하라.

[답] 청취자가 앉아 있는 위치와 한쪽 스피커까지의 거리는 $r_1 = 2m$이고 다른 쪽 스피커까지의 거리는 $r_2 = \sqrt{2^2 + 1^2} = \sqrt{5}\,m$이다. 보강간섭은 $\Delta d = m\lambda$에서 발생한다. 가장 작은 진동수는 파장이 가장 긴 것이다. 즉, $m = 1$이고 $\lambda = \Delta d = 0.236m$이다. 따라서 $f = \frac{v}{\lambda} = 1{,}440Hz$이다.

문제 88 두 스피커의 중앙 지점에 사람이 서 있다. 두 스피커에서는 $300Hz$의 음이 나오고 있다. 사람이 한 스피커 쪽으로 얼마를 이동하면 음이 들리지 않는가? 그리고 첫 번째 보강간섭이 일어나는 지점은 얼마를 이동하였을 때인가?

[답] 한 스피커 쪽으로 d_1만큼 이동하면 두 스피커 사이의 거리 차이는 $2d_1$이 된다. 소멸간섭은 $\Delta d = \left(m + \frac{1}{2}\right)\lambda$에서 발생하는데 $m = 0$인 경우에 처음으로 소멸간섭이 일어난다. 즉, 두 스피커 사이의 거리 차이가 $\frac{\lambda}{2}$인 경우이다. 이는 사람이 $d_1 = \frac{\lambda}{4}$만큼 이동할 때이다. 따라서 $d_1 = \frac{\lambda}{4} = \frac{v}{4f} = 28cm$이다. 보강간섭은 $\Delta d = m\lambda$에서 일어나므로 $m = 1$인 경우 $\Delta d = \lambda$이다. 따라서 첫 번째 보강간섭은 $d_1 = \frac{\lambda}{2}$만큼 이동하였을 때 일어난다. 즉, $d_2 = 56\,cm$이다.

문제 89 양쪽이 고정된 두 개의 동일한 줄이 있다. 두 줄을 튕기면 진동수 $600Hz$의 음을 발생한다.

줄 하나의 장력을 5% 증가시킨 후 두 줄을 동시에 튕기면 관찰되는 beat 수는 얼마인가?

[답] 공명진동수는 $f_n = \frac{n}{2L}\sqrt{\frac{T}{\mu}}$ 이다. 두 줄이 내는 기본진동수의 차이는

$$f_{beat} = \frac{1}{2L}\sqrt{\frac{1.05\,T}{\mu}} - \frac{1}{2L}\sqrt{\frac{T}{\mu}} = \frac{1}{2L}\sqrt{\frac{T}{\mu}}\,(\sqrt{1.05}-1) = 14.8Hz$$

이다. 여기서 $f_1 = \frac{1}{2L}\sqrt{\frac{T}{\mu}} = 600Hz$를 사용하였다.

문제 90 피아노 조율사가 소리굽쇠와 피아노의 어떤 건반 사이에서 $3Hz$의 beat 수를 관찰하였다. 소리굽쇠의 공명진동수는 $260Hz$이다. 이 건반에서 생성되는 음의 진동수를 구하라.

[답] $|f_P - f_T| = 3Hz$이므로 $f_P = f_T \pm 3$에서 $263Hz$ 또는 $257Hz$이다. 이 중에서 어느 것인지를 모르기 때문에 조율사는 피아노 줄을 조금 팽팽하게 하여(진동수를 높임) beat 수를 측정하여, 증가하면 $263\,Hz$이고, 반대로 감소하면 $257Hz$일 것이다.

3-8. 도플러 효과

문제 91 기차가 역 안으로 들어오기 전에 $500Hz$의 경적을 울린다. 역에 정지해 있는 승객이 들은 경적 소리의 진동수는 $520Hz$였다. 기차의 속도를 구하라. 음파의 속도는 $c = 340m/s$이다.

[답] $\frac{f'}{f} = \frac{c}{c-v}$에서 $\frac{f'}{f} = 1.04$이므로 $v = 13.5\,m/s = 48.5\,km/h$를 구할 수 있다.

문제 92 속도 $v_1 = 70km/h$로 달리는 모터사이클을 경찰차가 $v_2 = 80km/h$로 추격하면서 진동수 $500Hz$의 사이렌을 울린다. 모터사이클 운전자가 듣는 사이렌 소리의 진동수를 구하라.

[답] $f' = \frac{c-v_1}{c-v_2}f = 504\,Hz$

문제 93 정지한 사람이 구급차가 다가오면서 내는 사이렌 소리를 $480Hz$로 들었고 구급차가 지나간 후의 사이렌 소리는 $420Hz$로 들었다. 구급차의 속도를 구하라.

[답] 다가오는 경우 $f_1 = \frac{c}{c-v}f$이고 지나간 경우 $f_2 = \frac{c}{c+v}f$이다. 두 식에서 f를 구하여 같게 놓으면 $v = \frac{f_1 - f_2}{f_1 + f_2}c = 23.4m/s = 84km/h$이다.

문제 94 기차가 속도 $120km/h$로 터널로 진입하려고 한다. $350Hz$의 기적을 울릴 경우 이 기적 소리가 터널 외곽에서 반사되어 오는 것을 기관사가 듣는다. 이 음의 진동수를 구하라.

[답] 벽에서 듣는 기적 소리의 진동수는 $f_w = \frac{c}{c-v}f = 388Hz$이다. 이 음이 반사되어 기관사가 듣는다. 따라서 $f = \frac{c+v}{c}f_w = 426Hz$이다.

문제 95 시속 $100km/h$로 지나가는 기차가 $2,000Hz$의 기적 소리를 낸다. 정지한 관측자가 기차가 다가올 때와 기차가 지나간 후에 듣는 기적 소리의 진동수를 구하라.

[답] 기차가 다가올 때 듣는 진동수는 $f_o = \frac{c}{c-v_s}f = 2,179\,Hz$이고 기차가 지나간 후에 듣는 진동수는 $f_o = \frac{c}{c+v_s}f = 1,848\,Hz$이다.

문제 96 철로와 평행한 길을 자동차가 달리고 있다. 자동차의 속도는 시속 $70km/h$이다. 철로에서 기차가 자동차 쪽으로 시속 $100km/h$로 달려오면서 $1,000Hz$의 기적소리를 낸다. 자동차 운전자가 듣는 기적 소리의 진동수를 구하라.

[답] $f_o = \frac{c+v_o}{c-v_s}f = 1,151\,Hz$

문제 97 건널목에 서 있는 관측자가 기차가 다가오면서 내는 기적 소리의 진동수와 기차가 지나간 후의 기적 소리의 진동수를 각각 $300Hz$와 $270Hz$로 관측하였다. 기차의 속도와 기차에서 내는 기적 소리의 진동수를 구하라.

[답] 다가올 때는 $f_o = \frac{c}{c-v_s}f = 300$이고, 멀어질 때는 $f_o = \frac{c}{c+v_s}f = 270$이다. 두 식을 연립하여 풀면 $v_s = 17.9\,m/s$(시속 $64km/h$)이고 $f = 284Hz$이다.

문제 98 속도 $v_1 = 60km/h$로 달리는 자동차의 뒤에서 $f = 400Hz$의 사이렌을 울리는 구급차가 속도 $v_2 = 80km/h$로 지나갔다. 구급차가 자동차로 다가올 때와 추월하여 지나갔을 때, 자동차 안에 있는 사람이 듣는 사이렌의 진동수 차이를 구하라. 음파의 전달속도는 $340m/s$이다.

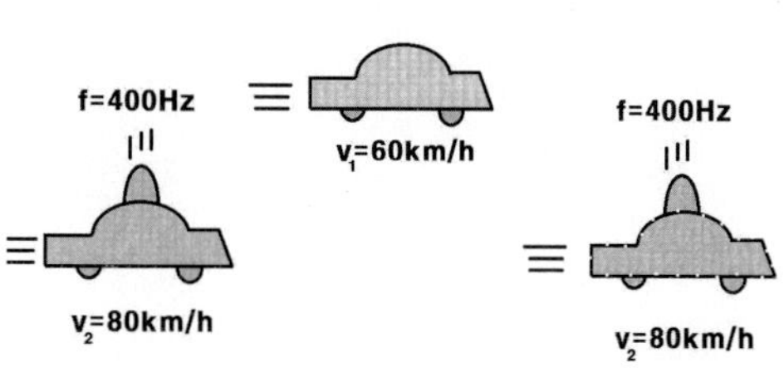

[답] 구급차가 뒤에서 다가올 때 듣는 진동수는 $f_o^1 = f\frac{c-v_1}{c-v_2} = 407Hz$이다. 여기서 $c = 340\,m/s$ $= 1,224km/s$를 사용하였다. 그리고 구급차

가 지나갔을 때 듣는 진동수는 $f_o^2 = f\frac{c+v_1}{c+v_2} = 394Hz$이다. 따라서 자동차 안에 있는 사람이 듣는 진동수의 차이는 $|f_o^1 - f_o^2| = 13Hz$이다.

문제 99 속도 $v = 60km/h$로 달리는 자동차의 전방에서 속도 $v_1 = 90km/h$로 달려오는 구급차에서 진동수 $f_1 = 400Hz$의 사이렌을 울린다. 그리고 자동차의 후방에서 속도 $v_2 = 90km/h$로 달리는 구급차에서는 $f_2 = 440Hz$의 사이렌을 울린다. 자동차 안의 사람이 듣는 beat 수를 구하라.

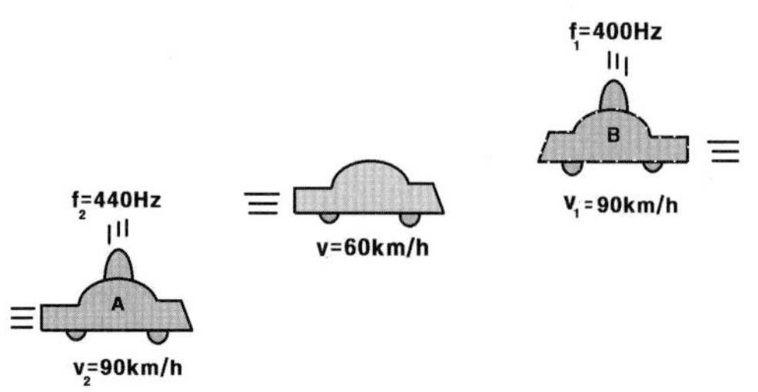

[답] 전방에서 오는 구급차의 사이렌은 $f_o^1 = f\frac{c+v}{c-v_1} = 453Hz$로 들린다. 반면에 후방에서 오는 구급차의 사이렌은 $f_o^2 = f\frac{c-v}{c-v_2} = 452Hz$로 들린다. 따라서 자동차 안에 있는 사람이 듣는 beat 수는 $|f_o^1 - f_o^2| = 1Hz$이다.

문제 100 어떤 사람이 $f = 400Hz$인 사이렌을 들고 벽에서 멀어지면서 속도 $v = 5m/s$로 달린다고 하자. 이때 이 사람이 듣는 beat 수를 구하라.

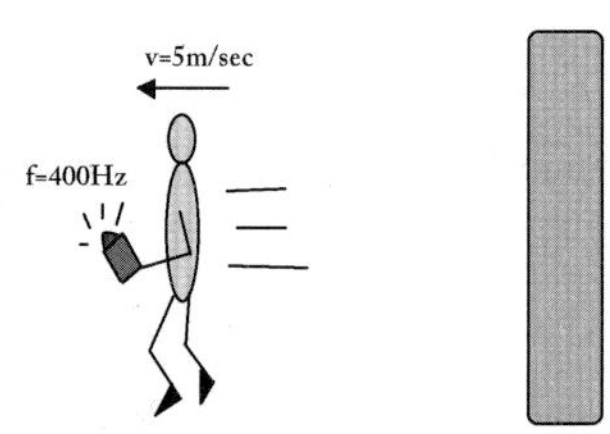

[답] 벽에서 반사되는 진동수는 $f_w = \frac{c}{c+v}f = 394Hz$이고 달리는 사람은 이 진동수를 $f' = \frac{c-v}{c}f_w = 388Hz$로 듣는다. 따라서 관찰하는 beat의 수는 $12Hz$이다.

문제 101 태아의 심장 박동 측정에 초음파 도플러(Doppler) 효과가 이용된다. 초음파가 태아의 심장 막에 수직으로 입사한다고 하자. 그리고 심장 막의 속도를 v_s라고 하자. 진동수 f인 초음파를 입사시켰을 때 태아의 심장 막에서 반사되어 오는 초음파의 진동수 f_o에 대한 표현을 구하라. f와 f_o의 차이(beat 신호)에서 태아 심장의 박동 수를 구할 수 있다.

[답] 진동수 f인 초음파를 심장 막에서 관찰할 때 진동수는 $f_w = \frac{c+v_s}{c}f$이다. 이는 심장 막(관찰자)이 음원 쪽으로 다가가기 때문이다. 심장 막에서 반사된 초음파(위의 진동수)가 관찰자에게는 $f_o = f_w\frac{c}{c-v_s} = f\frac{c+v_s}{c-v_s}$로 관찰된다. 이는 음원(심장 막)이 관찰자 쪽으로 다가오기 때문이다. 심장 막의 박동 수는 $|f-f_o| = f\frac{2v_s}{c-v_s}$로 계산된다.

문제 102 어떤 사람이 $f = 400Hz$의 사이렌을 들고 벽을 향해 속도 $v_o = 3m/s$로 달려간다고 하자. 이 사람은 사이렌 소리와 벽에서 반사된 사이렌 소리를 모두 듣는다. 이 사람이 듣는 맥놀이 진동수와 beat 수를 구하라. 공기 중의 소리의 전파속도는 $c = 350m/s$이다.

[답] 벽에서 반사되는 진동수는 $f_w = \frac{c+v_o}{c}f$이고 이 반사된 음파를 달려오는 사람은 $f_o = \frac{c}{c-v_o}f_w = \frac{c+v_o}{c-v_o}f = 407\,Hz$로 듣는다. 따라서 맥놀이 진동수는 $\frac{f+f_o}{2} = 403.5Hz$이고 beat 수는 $7Hz$이다.

문제 103 벽을 향해 $5m/s$의 속도로 달리면서 $200Hz$의 소리를 지른다고 하자. 벽에서 반사되어 오는 소리가 그 사람에게 도착할 때 beat 수를 구하라.

[답] 벽에서 반사되는 진동수는 음원이 벽에 가까이 가므로 $f_w = \frac{c}{c-v_o}f$이다. 그리고 이 진동수의 소리를 관찰자가 벽으로 다가가면서 들으므로 벽에서 반사되는 소리를 관찰자는 $f_o = \frac{c+v_o}{c}f_w$의 진동수로 듣는다. 위 두 식을 조합하면 $f_o = \frac{c+v_o}{c-v_o}f = 206Hz$을 구한다. 따라서 beat 수는 $\Delta f = |f_o - f| = 6Hz$이다.

문제 104 그림과 같이 $2MHz$의 초음파를 발사하고 측정하는 초음파 진동자에서 인체 내부로 초음파가 발사된다. 발사된 초음파는 진동자의 수평면과의 각도 10^o인 혈관 속의 혈소판에 의해 반사된다. 반사되어 오는 초음파는 진동자에 의해 다시 관찰된다. 진동자에서 발사된 파와 반사되어 오는 파가 합쳐질 경우 생기는 beat 수를 구하라.

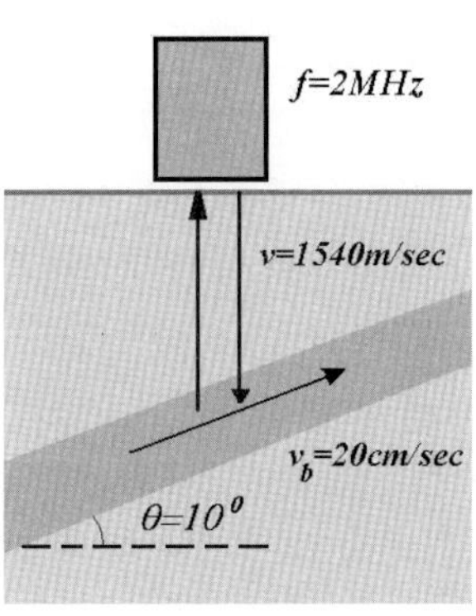

[답] 혈소판 위치(관찰자가 다가감)에서 관찰되는 진동수는 $f_{ob} = f\frac{c+v_b\sin\theta}{c}$이다. 여기서 혈소판이 관찰자 쪽으로의 속도가 $v_b\sin\theta$를 이용하였다. 다음에 음원(혈소판)이 진동자 쪽으로 이동(음원이 다가감)하므로 진동자에서 관찰되는 진동수는

$$f_{ob}' = f_{ob}\frac{c}{c-v_b\sin\theta} = f\frac{c+v_b\sin\theta}{c-v_b\sin\theta} = 2.000090\times10^6Hz$$

이다. 따라서 beat 수는 $|f - f_{ob}'| = 90\,Hz$이다.

문제 105 도플러(Doppler) 효과를 이용한 유량계(flow meter)의 개념도가 아래 그림에 주어져 있다. 기본적인 원리는 유체 안에 포함된 알갱이나 방울에서 반사되는 초음파와 입사 초음파 사이의 beat 수를 관측함으로써 유체의 유속을 결정할 수 있다는 것이다. 대략적으로 직경이 $30\mu m$인

알갱이나 방울이면 도플러 효과를 관찰할 수 있고 사용하는 초음파의 진동수는 $1MHz$ 이상이다. 그리고 유체 속에 대략 $25\,ppm$ 정도 섞여 있는 알갱이에 의해 위와 같은 원리를 이용하여 유속 및 유량(유속×단면적)을 결정할 수 있다. 유체의 속도 방향과 각도 θ로 입사하는 초음파가 알갱이에 의해 반사되어 관찰된다. 유체의 속도 v를 구하는 관계식을 구하라.

[답] 유체의 진동자 방향으로의 속도가 $v\cos\theta$이므로 알갱이 위치에서 관찰되는 진동수는

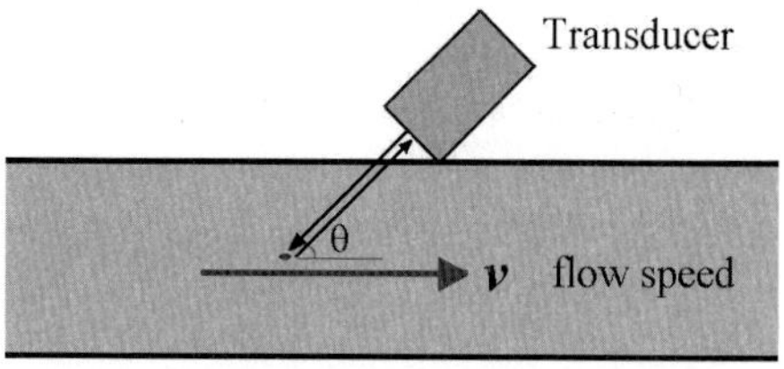

$$f_{ob} = f_0 \frac{c + v\cos\theta}{c}$$

로 표현된다. 이 진동수의 음파가 알갱이에서 반사되어 진동자에 의해 관찰된다. 따라서 알갱이의 진동자 쪽으로 속도 $v\cos\theta$(음원의 속도)로 이동하므로 알갱이에서 반사된 음파가 진동자에서 관찰될 때 진동수는

$$f_{ob}' = f_{ob}\frac{c}{c - v\cos\theta} = f_0\frac{c + v\cos\theta}{c - v\cos\theta}$$

로 표현된다. 그리고 beat 수는 $f_b = |f_0 - f_{ob}'|$로 정의되므로

$$f_b = |f_o - f_{ob}'| = \frac{2f_o v\cos\theta}{c - v\cos\theta} \approx \frac{2f_o v\cos\theta}{c}$$

이다. 위 식에서 $c \gg v$를 이용하였다. 따라서 유체의 속도 v는

$$v = \frac{f_b c}{2f_o\cos\theta}$$

로 구해진다. 유량은 위 식에 관의 단면적을 곱하면 된다.

문제 106 두 개의 초음파 진동자를 이용하여 이동시간(transit time)의 차이를 측정함으로써 유속을 구할 수 있다. 아래 그림에 이동시간 유량계(transit time flow meter)의 개념도가 주어져 있다. 위쪽에 있는 진동자에서 발사된 초음파가 아래쪽에 있는 진동자에 의해 관찰되고 아래쪽 진동자에

서 발사된 초음파가 위쪽 진동자에 의해 관찰된다. 유체가 움직이고 있기 때문에 두 경우 초음파의 이동시간(transit time)에 차이가 있다. 유속을 그림에 주어진 양으로 표현하라.

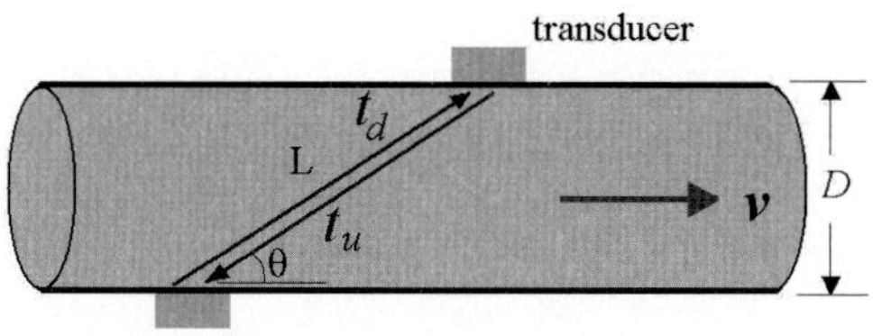

[답] 아래쪽 진동자에서 발사된 초음파가 위쪽 진동자에 관찰될 때까지 걸린 시간을 t_d라 하고 위쪽 진동자에서 발사된 초음파가 아래쪽 진동자에 관찰될 때까지 걸린 시간을 t_u라고 하자. 그러면 이 시간들은 각각

$$t_d = \frac{L}{c+v\cos\theta}, \quad t_u = \frac{L}{c-v\cos\theta} \tag{1}$$

로 표현된다. 두 시간의 차이는

$$\Delta t = t_u - t_d = \frac{2vL\cos\theta}{c^2 - v^2\cos^2\theta} \tag{2}$$

과 같이 구할 수 있다. $v \ll c$이므로 위 식에서 분모는 c^2으로 근사되므로

$$\Delta t \approx \frac{2vL\cos\theta}{c^2} \tag{3}$$

과 같이 표현된다. 위 식에서 초음파의 속도 c는 온도와 밀도에 따라 달라질 수 있으므로 이를 이동시간 t_u와 t_d로 표현하는 것이 좋다. 식 (1)은

$$c + v\cos\theta = \frac{L}{t_d}, \quad c - v\cos\theta = \frac{L}{t_u} \tag{4}$$

로 표현되고, 두 식을 합하면 c는

$$c = \frac{(t_d + t_u)L}{2t_d t_u} \tag{5}$$

로 나타낼 수 있다. 식 (3)에서 $v=\frac{c^2\Delta t}{2L\cos\theta}$를 구할 수 있고 이 식에 c 대신에 식 (5)를 대입하면 유속 v는 거리 L과 측정치 t_u와 t_d만으로 표현된다.

$$v=\frac{L^2}{8L\cos\theta}\left[\frac{t_u+t_d}{t_ut_d}\right]^2\Delta t=\frac{L^2}{8L\cos\theta}\frac{(t_u+t_d)^2(t_u-t_d)}{t_u^2t_d^2} \tag{6}$$

위 식에서 $\Delta t=t_u-t_d$를 이용했다. 그리고

$$(t_u+t_d)^2=4\left(t_u-\frac{\Delta t}{2}\right)\left(t_d+\frac{\Delta t}{2}\right)=4\left(t_ut_d+\frac{\Delta t^2}{4}\right)\approx 4t_ut_d \tag{7}$$

이므로 식 (6)은

$$v\approx\frac{L\Delta t}{2t_ut_d\cos\theta} \tag{8}$$

로 표현된다. 식 (8)에서 보듯이 유속 v는 두 진동자 사이의 거리 L과 측정치 t_u와 t_d만으로 표현된다.

제4장 유체역학

유체(fluid): 기체와 액체를 통칭

압력: 단위면적당 누르는 힘. $N/m^2 = Pa$
대기압: 대기가 누르는 힘
1기압: 수은기둥을 760cm 올리는 압력

$1.013 \times 10^5\, Pa$ 또는 $760\, mmHg$ or $Torr$

Pascal의 원리

정지한 밀폐된 공간에 있는 유체의 한 지점에서 가해진 압력은 유체의 모든 지점에 변함없이 전달된다.

응용: 유압계, 자동차 제동장치 등

유체의 깊이에 따른 압력의 변화

유체의 경계면에서 h_1, h_2 깊이에 있는 두 지점 사이의 압력차이

$$P_2 - P_1 = \rho g (h_2 - h_1)$$

ρ: 유체의 밀도

Archimedes의 원리

부력: 유체에 잠겨 있는 물체의 부피에 해당하는 유체의 무게

Bernoulli의 정리(정상류에 적용)

연속의 정리(질량 보존칙)

$$A_1 v_1 = A_2 v_2$$

단면이 적은 위치에서 유체의 속도가 빠름

에너지 보존칙

$$P + \frac{\rho}{2} v^2 + \rho g h = \text{일정}$$

점성계수: 층밀림력과 층밀림의 비(점성유체)

$$\eta = \frac{F/A}{v/l}$$

단위: $1\, poise = 1\, g/cm\sec,$
$1\, Pa\sec = 1\, kg/m\sec$
$\therefore 1\, Pa\sec = 10\, poise$

Poiseuille의 법칙

관 속을 흐르는 점성유체의 흐름률(Q)과 관의 양단의 압력변화(ΔP) 사이의 관계식

$$\Delta P = \frac{8\eta L Q}{\pi R^4} = \frac{8\eta L \bar{v}}{R^2}$$

$$Q = A\bar{v} = \pi R^2 \bar{v}$$

R, L: 관의 직경과 길이

r: 물체의 반경, η: 유체의 점성계수

종단속도(terminal speed)

구형의 물체가 점성유체에 낙하하는 경우의 종단속도(일정한 속도: 가속도=0)

$$F_d + F_B = W$$

$$6\pi\eta r v_t + \frac{4\pi r^3}{3}\rho_f g = \frac{4\pi r^3}{3}\rho g$$

$$\therefore v_t = \frac{2r^2 g}{9\eta}(\rho - \rho_f)$$

ρ: 물체의 밀도, ρ_f: 유체의 밀도

Reynolds number

관 속을 흐르는 유체가 난류가 되는 조건

$$Re = \frac{\rho v D}{\eta}$$

v: 유체의 속도, D: 관의 직경
$Re < 2{,}000$: 층류(정상류)
$2{,}000 < Re < 3{,}000$: 불안정한 상태
$Re > 3{,}000$: 난류

4-1. 밀도, 압력, 대기압

문제 1 18K 금은 금 75%, 은 16%, 구리 9%의 합금이다. 금의 밀도는 $\rho_{Au} = 19.3 g/cc$이다. 그리고 은과 구리의 밀도는 각각 $\rho_{Ag} = 10.5 g/cc$, $\rho_{Cu} = 8.9 g/cc$이다. 18K 금의 밀도를 구하라.

[답] 18K 금의 질량을 m이라 두면 각 물질의 질량은 $m_{Au} = \rho_{Au} V_{Au} = 0.75m$, $m_{Ag} = \rho_{Ag} V_{Ag} = 0.16m$, $m_{Cu} = \rho_{Cu} V_{Cu} = 0.09m$로 표현된다. 위 식에서 각 물질의 부피는 각각 $V_{Au} = 0.0389 m$, $V_{Ag} = 0.0152 m$, $V_{Cu} = 0.0101 m$이다. 따라서 18K 금의 밀도는 $\rho = \frac{m}{V_{Au} + V_{Ag} + V_{Cu}} = 15.6 g/cc$이다.

문제 2 에탄올 $3l$의 질량을 측정하니 $2,360g$이었다. 에탄올의 밀도를 구하라. $10cc$의 에탄올의 질량은 얼마인가?

[답] $\rho = \frac{m}{V} = 0.79 g/cc$이다. $m = \rho V = 7.87g$이다.

문제 3 혈관을 파이프로 가정한다. 피의 밀도는 $1,060 kg/m^3$이다. 키가 $170cm$인 사람이 똑바로 서 있을 경우, 발과 머리의 혈압 차이를 구하라.

[답] $\Delta P = \rho g h = 1.77 \times 10^4 Pa$

문제 4 대기압이 $980 HPa$인 날에 수은 기압계의 높이는 얼마인가?

[답] $P = \rho g h$에서 $h = 73.6 cm$이다.

4-2. Pascal의 원리

문제 5 U자형 관에 물이 들어 있다. 작은 실린더 관의 반경은 $30cm$이다. 그리고 큰 실린더의 반경은 $90cm$이다. 두 실린더 위에 동일한 질량 $m = 1kg$을 올릴 경우, 두 관의 물의 높이 차이를 구하라.

[답] 동일한 질량이 두 실린더에 놓이면 면적 차이로 압력의 차이가 생긴다. 이에 따라 물의 높이 차이가 발생한다. 압력 차이는 $\Delta P = \frac{mg}{A_1} - \frac{mg}{A_2}$이고 $A_2 = 9A_1$이므로 $\Delta P = \frac{8mg}{9A_1}$이다. 이 압력

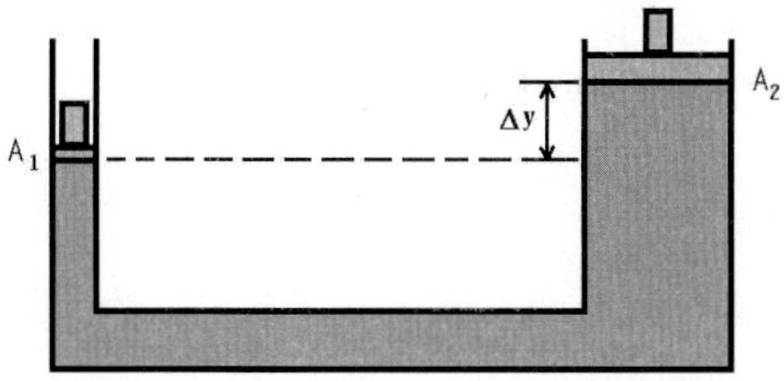

차이가 물의 높이 차이와 동일할 때 평형이 이루어지므로 $\Delta P = \rho_w \Delta y g$이다. 위 두 식을 이용하면 $\Delta y = 0.3mm$가 구해진다.

문제 6 U자형 관에 물이 들어 있다. 작은 실린더 관의 반경은 $30cm$이다. 그리고 큰 실린더의 반경은 $90cm$이다. 작은 실린더 위에 질량 $M = 2kg$을 올릴 경우, 두 관의 물의 높이 차이가 생긴다. 이 차이를 없애기 위해 큰 실린더에 얹어야 하는 질량을 구하라.

[답] 두 실린더에 작용하는 압력이 동일해야 물의 높이가 같아진다. 작은 실린더의 압력은 $P_1 = \frac{Mg}{A_1}$이고 큰 실린더의 압력은 $P_2 = \frac{xg}{A_2}$이다. 따라서 $P_1 = P_2$와 $A_2 = 9A_1$에서 $x = 9M = 9kg$을 구할 수 있다.

문제 7 유압기를 이용하여 $2{,}000kg$의 차를 $2m$ 들어 올리고자 한다. 차를 올려 놓는 부분(큰 피스톤)의 면적은 $10m^2$이고 반대편의 부분(작은 피스톤)의 면적은 $0.4m^2$이다. 차를 들어 올리기 위해 작은 피스톤에 작용해야 하는 힘과 작은 피스톤의 이동거리를 구하라.

[답] Pascal의 원리에서 $P = \frac{F_1}{A_1} = \frac{F_2}{A_2}$에서 $F_2 = \left(\frac{A_1}{A_2}\right)F_1 = 784N$이다. 사람이 하는 일과 자동차의 위치 에너지의 증가는 동일하다. 즉, $F_1 d_1 = F_2 d_2$이다. 이동거리는 $d_1 = \frac{F_2}{F_1} d_2 = 50m$이다. 이 이동거리는 너무 크기 때문에 사람이 계속 피스톤을 작동하기는 힘이 든다. 주로 컴프레서(compressor)를 이용한다.

4-3. Archimedes의 원리

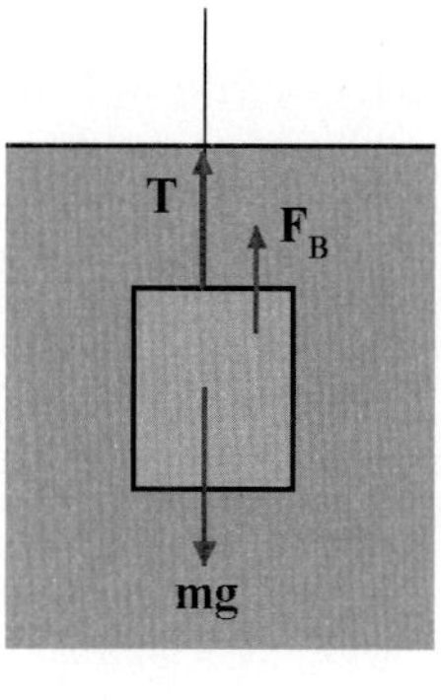

문제 8 $10g$의 금속 공을 물속에 잠긴 상태에서 용수철 저울로 측정해 보니 질량이 $7g$이었다. 이 공의 밀도를 구하라.

[답] $T + F_B = mg$에서 $F_B = mg - T$이다. 그리고 $F_B = \rho_w g V$에서 $V = \frac{F_B}{\rho_w g}$이다. 그런데 $\rho = \frac{m}{V}$이므로 $\rho = \frac{m}{V} = \frac{\rho_w mg}{F_B} = \frac{\rho_w mg}{mg - T} = 3.33g/cc$이다.

[별해] 공기 중과 물속에서의 무게 차이가 부력이다. $F_B = 3g$이고 $F_B = \rho_w Vg$이므로 $V = 3cc$이다. 따라서 $\rho = \frac{m}{V} = 3.33 g/cc$이다.

문제 9 어떤 물체의 밀도가 $0.8g/cc$이다. 이 물체를 밀도 $0.9g/cc$의 액체에 넣었을 경우 가라앉는 부피는 전체 부피의 몇 %인가?

[답] $F_B = \rho_f V_m g$이다. 여기서 V_m은 가라앉는 부피를 나타낸다. 그리고 물체의 무게는 $W = \rho Vg$이고 평형상태에서 $F_B = W$이다. 따라서 $\rho_f V_m g = \rho Vg$ 에서 $\frac{V_m}{V} = \frac{\rho}{\rho_f} = 0.89$이다. 가라앉는 부분은 전체 부피의 89%이다.

문제 10 얼음의 밀도는 $0.92g/cc$이다. 빙산이 바닷물 위에 떠 있는 부분은 전체 빙산 부피의 몇 %인가?

[답] 부력과 빙산의 무게가 평형을 이루고 있다. 부력은 $V_m \rho_w g$이다. 여기서 V_m은 물속에 잠긴 빙산의 체적이고 ρ_w는 바닷물의 밀도이다. 그리고 빙산의 무게는 $V\rho g$이다. ρ는 빙산(얼음)의 밀도이다. 부력과 무게가 같아야 하므로 잠긴 부피의 비율 f는 $V_m \rho_w g = V\rho g$ 에서 $f = \frac{V_m}{V} = \frac{\rho}{\rho_w} = 0.92$이다. 따라서 바닷물에 떠 있는 부분은 전체 빙산의 8%에 불과하다.

문제 11 열기구에 사람이 탔을 때의 전체질량은 $1,000kg$이다. 열기구에 사용해야 하는 헬륨의 부피를 구하라. 헬륨과 공기의 밀도는 각각 $\rho_{He} = 0.189 kg/m^3$, $\rho_a = 1.29 kg/m^3$이다.

[답] 힘의 평형에서 $F_B = W_{He} + W$이다. 여기서 $F_B = \rho_a V_{He} g$, $W_{He} = \rho_{He} V_{He} g$이다. 따라서 $V_{He} = \frac{W}{(\rho_a - \rho_{He})g}$이므로 $V_{He} = 900 m^3$이다.

문제 12 큰 풍선에 기체가 채워져 있다. 이 풍선을 공중으로 날아가지 못하도록 하기 위해서는 $10N$의 힘이 필요하다. 기체의 밀도를 구하라. 풍선의 부피는 $2m^3$이다. 공기의 밀도는 $\rho_a = 1.29 kg/m^3$이다.

[답] 힘의 평형에서 $F_B = F + W_G$이다. 여기서 $F_B = \rho_a Vg$, $W_G = \rho_G Vg$이므로 위 식에서 $\rho_G = \frac{\rho_a Vg - F}{V_G} = 0.78 kg/m^3$이다.

문제 13 어떤 물체의 밀도는 $2g/cc$이다. 물속에서 이 물체가 가라앉는 가속도를 구하라. 그리고 이 물체가 수면에서부터 깊이 $2m$의 물탱크 바닥에 도달하는 데 걸리는 시간을 구하라.

[답] 물체가 액체에 가라앉는 가속도는 저항력을 무시하면 $mg - F_B = ma$에서 구할 수 있다. 그리고 $mg = V\rho g$이고 $F_B = \rho_f Vg$이므로 $a=\left(1-\frac{\rho_f}{\rho}\right)g$로 구해진다. 위 식을 이용하면 $a = 4.9m/s^2$이다. $s=\frac{1}{2}at^2$에서 $t = 0.9s$를 구할 수 있다.

문제 14 질량 $1kg$의 물체가 용수철저울의 끝에 매달려 물속에 완전히 잠겨 있다. 물체의 밀도는 $2g/cc$이다. 용수철저울로 측정한 물속에서의 물체의 무게를 구하라.

[답] 힘의 평형에서 $T+F_B = mg$이다. 여기서 T는 장력으로서 용수철저울로 측정한 물속에서의 물체의 무게이다. $F_B = V\rho_f g = \frac{m}{\rho}\rho_f g$이므로 $T = mg - F_B = m\left(1-\frac{\rho_f}{\rho}\right)g = 4.9N$과 같이 구해진다. 이 무게는 질량 $0.5kg$에 해당된다.

문제 15 단면이 A이고 높이가 H인 배(ship)를 생각해 보자. 배의 무게가 W라면 물에 가라앉는 깊이 h를 구하라. 그리고 배가 물에 잠기기 직전까지 짐(load)을 싣는다고 가정할 때 실을 수 있는 최대 무게는 얼마인가?

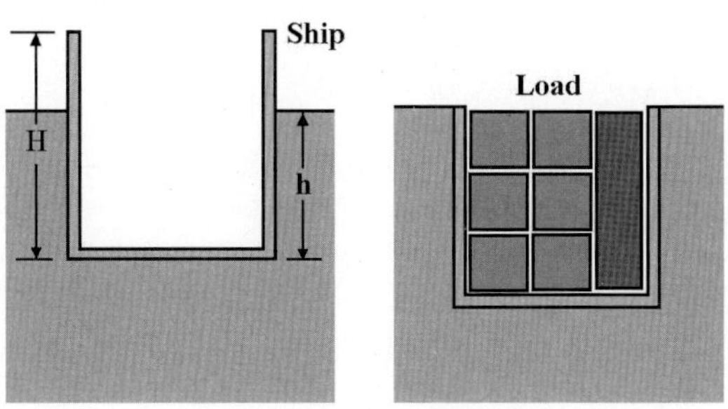

[답] 깊이 h까지 잠길 때 부력은 $Ah\rho_w g$이다. 이 부력이 배의 무게와 동일할 때 평형상태이므로 $hA\rho_w g = W$에서 배의 잠기는 깊이는 $h=\frac{W}{A\rho_w g}$이다. 짐(load)을 W'까지 실을 경우 배가 물에 잠기기 직전이라면 이때 부력은 $AH\rho_w g$이고 배와 짐 무게의 합은 $W+W'$이다. 이 두 힘이 평형을 이루므로 최대 짐의 무게는 $AH\rho_w g = W+W'$에서 $W' = AH\rho_w g - W$로 주어진다.

문제 16 $1m \times 1m \times 2mm$의 철판이 있다. 이 철판에 동일한 면적의 나무를 붙여서 물에 띄우려고 한다. 나무의 두께를 구하라. 철판의 밀도는 $8{,}000kg/m^3$이고 나무의 밀도는 $400kg/m^3$이다.

[답] 물에 뜨려면 철판과 나무를 합친 물체의 밀도가 물의 밀도인 $1{,}000kg/m^3$가 되어야 한다. $M = \rho_{Fe}V_{Fe} + \rho_w V_w = 16 + 400t$이고 $V = V_{Fe} + V_w = 0.002 + t$이다. 따라서 나무의 두께 t는 $\rho=\frac{M}{V}=1{,}000$에서 $t = 2.33cm$이다.

문제 17 공기 중에서 나무토막의 질량은 $20g$이었다. 금속조각을 나무토막 밑의 줄에 매달았다. 금속조각만 물에 잠갔을 때 나무토막과 금속조각의 총 질량은 $28g$으로 관찰되었다. 그리고 나무토막과 금속조각을 모두 물에 잠갔을 때 총 질량은 $4g$으로 관찰되었다. 나무토막의 체적과 밀도를 구하라.

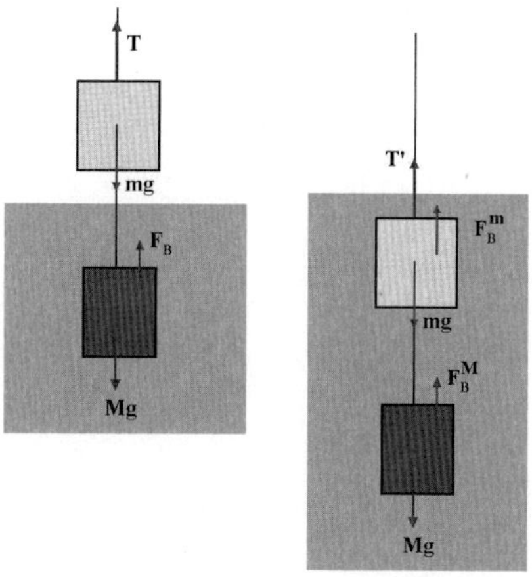

[답] 금속조각만 잠갔을 때 평형조건에서 $T = mg + Mg - F_B^M$을 얻는다. 그리고 모두 잠갔을 때 평형조건에서 $T' = mg + Mg - F_B^M - F_B^m$을 얻는다. 위 두 식을 빼 주면 $T - T' = F_B^m = \rho_w Vg$을 얻는다. 주어진 값을 대입하면 체적은 $V = 24cc$로 구해진다. 그리고 나무토막의 밀도는 $\rho = \frac{m}{V} = 0.83g/cc$이다.

문제 18 공기 중에서 $100N$인 나무토막이 있다. 이 나무토막을 물에 잠그기 위해 나무토막 밑에 철을 매달았다. 물속에 철 부분만 잠갔을 경우 $250N$으로 측정되었고 나무와 철을 모두 잠갔을 때 $125N$으로 측정되었다. 나무토막의 밀도를 구하라.

[답] 철을 잠갔을 때의 힘의 평형에서 $T_1 = (W_B + W_S) - F_{BS}$이다. 여기서 $T_1 = 250N$이고 F_{BS}는 철에 의한 부력이다. 모두 잠갔을 때 $T_2 = (W_B + W_S) - F_{BS} - F_{BB}$이다. 여기서 $T_2 = 125N$이고 F_{BB}는 나무토막에 의한 부력이다. 위 두 식을 빼면 $F_{BB} = T_1 - T_2$를 얻는다. 그리고 나무토막의 부력은 $F_{BB} = \rho_w V_B g$이므로 $V_B = 0.0128m^3$를 얻는다. 따라서 나무토막의 질량은 $m_B = 10.2kg$이다. 그리고 밀도는 $\rho = 797kg/m^3$이다.

문제 19 뚜껑이 없는 철로 만든 $1m \times 1m \times 1m$인 정육면체 상자가 있다. 철판의 두께는 $2mm$이다. 이 상자의 밀도를 구하라. 이 상자를 물속에 넣을 때 잠기는 깊이를 구하라. 철의 밀도는 $\rho_{Fe} = 7,800kg/m^3$이다.

[답] 뚜껑이 없는 정육면체이므로 $1m \times 1m$ 넓이의 철판 5개가 사용되었다. 두께가 $2mm$이므로 철판 하나의 부피는 $0.002m^3$이다. 따라서 철판 5개의 부피는 $V_{Fe} = 0.01m^3$이다. 이에 따라 철판들의 질량은 $m_{Fe} = \rho_{Fe} V_{Fe} = 78kg$이다. 그리고 $1m^3$의 상자 안에 있는 공기의 무게는 $m_a = 1.29kg$이다. 따라서 상자 안에 있는 공기를 포함한 상자의 밀도는 $\rho_B = \frac{m_{Fe} + m_a}{V_B} = 79.29kg/m^3$이다. 이 상자를 물에 넣으면 평형상태에서 $F_B = W_a + W_{Fe}$이 만족된다. 여기서 상자에 의한

부력은 $F_B = \rho_w Vg$이고 V는 물에 잠긴 상자의 부피이다. $W_a + W_{Fe} = 79.29\,g$이므로 $V = 0.079\,m^3$이다. 단면은 $1m^2$이므로 가라앉는 깊이는 $7.9cm$이다. 가라앉는 상자의 부분이 크지 않음을 볼 수 있다. 철판을 이용한 배도 위와 같은 원리이다.

문제 20 직경이 $5cm$이고 높이가 $10cm$인 유리 비커의 $\frac{1}{3}$이 물속에 잠겨 있다. 유리 비커가 완전히 물에 잠길 때까지 유리 비커 안에 넣을 수 있는 질량은 얼마인가?

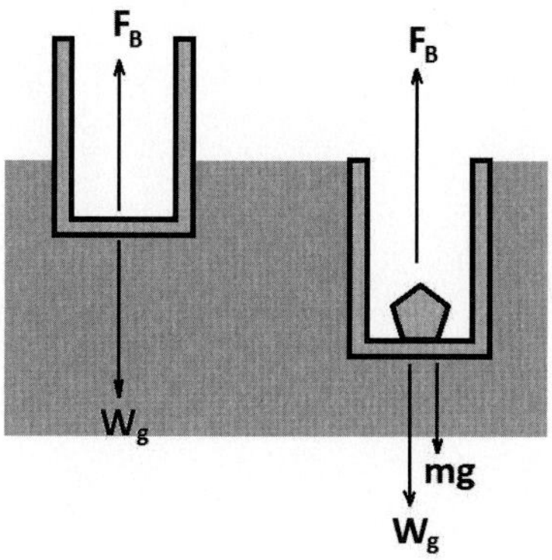

[답] 비커의 부피는 $V_g = \pi r^2 h = 196.25\,cc$이다. 평형상태에서 $F_B = W_g$이다. 비커의 $\frac{1}{3}$이 물에 잠기므로 $\frac{1}{3}V_g\rho_w g = \rho_g V_g g$에서 $\rho_g = \frac{1}{3}\rho_w$이다. 이 밀도는 비커를 만든 유리의 밀도가 아니라는 데 유의하자. 질량 m을 비커에 넣어 비커가 전부 물에 잠기는 경우, 힘의 평형에서 $F_B = mg + W_g$이고 부력은 $F_B = \rho_w V_g g$이다. 따라서 질량은 $m = (\rho_w - \rho_g)V_g = 0.13kg$이다.

문제 21 밀도 $0.8\,g/cc$의 나무토막 위에 질량 $60kg$의 사람이 서 있다. 사람의 발이 물에 젖지 않을 수 있는 나무토막의 최소의 부피는 얼마인가?

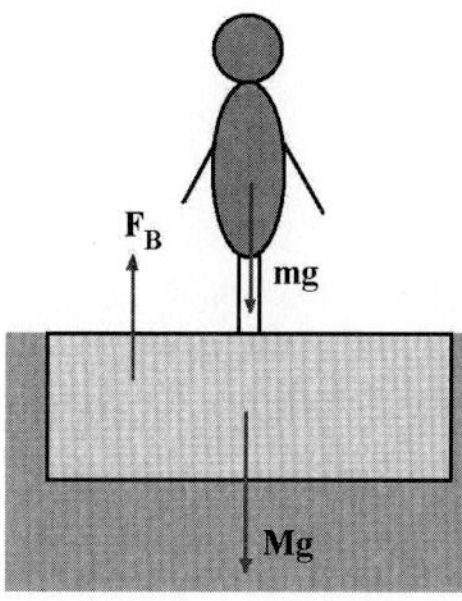

[답] 평형상태이므로 $mg + Mg = F_B$를 만족한다. 여기서 사람의 발이 물에 젖지 않을 최소의 조건에서 나무토막은 완전히 잠기므로 $F_B = \rho_w Vg$이다. 따라서 $mg + \rho Vg = \rho_w Vg$에서 $V = \frac{mg}{(\rho_w - \rho)g} = 0.3m^3$를 구할 수 있다.

문제 22 공기 중에서 스프링상수 $k = 100N/m$인 스프링에 질량 m인 물체를 매달았을 때 스프링의 길이가 평형위치에서 $x = 5cm$ 늘어나는 것이 관찰되었다. 이 스프링계의 질량 m을 저울 위에 놓여 있는 물이 담긴 비커에 완전히 잠갔을 때 저울의 눈금이 $\Delta N = 300g$ 증가하는 것이 관찰되었다. 이때 공기 중과 물속에서 스프링의 늘어난 길이의 차이 Δx를 구하라. 물체 m의 부피를 구하라.

[답] 공기 중에서는 물체의 무게와 복원력이 같은 상태에서 평형상태를 유지한다. 즉,

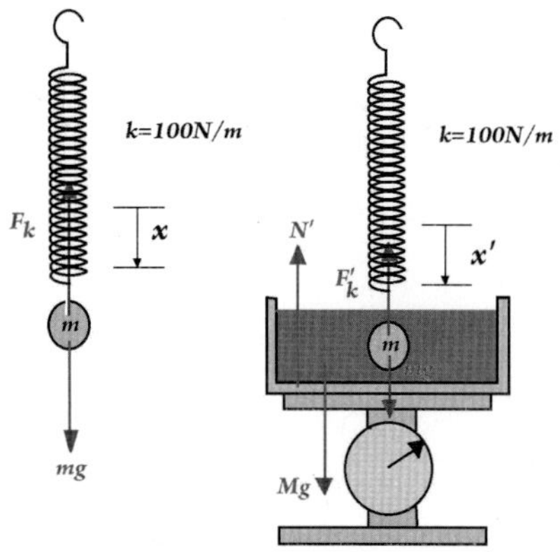

$F_k = mg = kx$ 이다. 반면에 물체를 물에 잠갔을 때는 부력이 작용하므로 평형조건은

$$F_k{}' = mg - F_B = mg - \rho_f Vg = k(x - \Delta x)$$

이다. 즉, 스프링의 늘어나는 길이가 줄어든다. 따라서 $\Delta F_k = F_k - F_k{}' = k\Delta x = \rho_f Vg$ 이다. $\Delta x = \frac{\rho_f Vg}{k}$ 이므로 물체의 체적 V를 구해야 된다. 비커와 물의 질량을 합하여 M이라고 두자. 그러면 비커와 물만 놓여 있을 때 저울의 눈금은 $N = Mg$이다. 반면에 물체를 물에 잠갔을 때 저울의 눈금은 $N' = Mg + mg - F_k{}'$이다. 위 식에서 $F_k{}' = mg - \rho_f Vg$이므로 문제의 조건에서

$$\begin{aligned} \Delta N = N' - N &= (Mg + mg - F_k{}') - Mg \\ &= (Mg + mg - mg + \rho_f g V) - Mg \\ &= \rho_f Vg \\ &= 300g\,(\text{주어진 값}) \end{aligned}$$

이다. 따라서 $\rho_f Vg = 300\,g$ 에서 $V = 300cc$이다. 그리고 $\Delta x = \frac{\rho_f Vg}{k} = 2.9cm$이다.

문제 23 공기 중에서 $20g$이고 물에 잠갔을 때 $16g$인 금속조각의 부피와 밀도를 구하라. 그 금속을 어떤 기름 속에 잠갔더니 $18g$이었다. 이 기름의 밀도는 얼마인가?

[답] 공기 중에서의 무게와 물속에서의 무게의 차이는 부력이므로 $W' = W - \rho_w Vg$이다. 이에 따라 $V = 4cc$를 구할 수 있다. 밀도는 $\rho = m/V = 5g/cc$이다. 기름에서도 마찬가지로 공기 중에서의 무게와 물속에서의 무게의 차이는 부력이므로 $W - W' = \rho_f Vg$에서 $\rho_f = 0.5\,g/cc$를 구할 수 있다.

문제 24 물이 담긴 비커의 총 질량은 $100g$이었다. 이를 저울 위에 올려 놓고 줄에 매달린, 질량이 $10g$이고 밀도가 $4g/cc$인 금속조각을 완전히 물에 잠갔다. 금속조각은 비커의 바닥에는 닿지

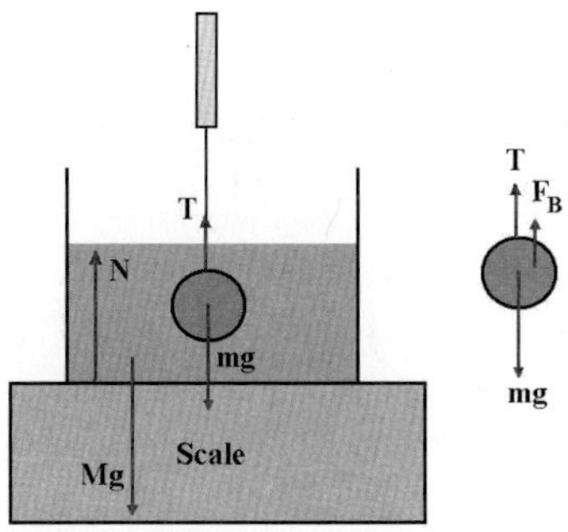

않고 물속에 있다. 저울의 눈금은 얼마일까?

[답] 힘의 평형에서 저울의 눈금은 $N = mg + Mg - T$이다. 그리고 $T = mg - \rho_w Vg$이므로

$$N = (m+M)g - (mg - \rho_w Vg)$$
$$= Mg + \rho_w Vg = 102.5\,g$$

이다. 여기서 금속조각의 부피는 $V = \dfrac{m}{\rho} = 2.5\,cc$이다.

문제 25 한 변이 $1cm$인 정육각형 모양의 구리가 줄에 매달려 물속에 잠겨 있다. 줄에 작용하는 장력을 구하라. 구리의 밀도는 $8.9\,g/cc$이다.

[답] $T = mg - \rho_w Vg = 0.077N$이다. 즉, 약 $7.9g$의 무게에 대응된다.

문제 26 단면적이 $5m^3$이고 높이가 $50cm$인 배가 있다. 짐을 싣지 않았을 때 높이 $25cm$까지 물이 찬다고 한다. 배의 질량을 구하라. 이 배에 질량 $60kg$인 사람과 짐을 싣는다고 하자. 최대로 실을 수 있는 짐의 질량을 구하라.

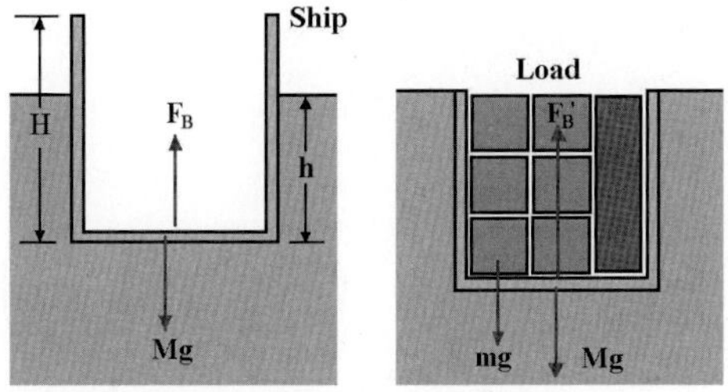

[답] $W = mg = \rho_w V_m g$에서 $1,250kg$을 구할 수 있다. 짐을 실을 경우 힘의 평형에서 $mg + Mg = \rho_w Vg$ 이다. 즉, $m = 1,250kg$이다. 사람의 질량 $60kg$을 빼면 최대로 실을 수 있는 짐의 질량은 $1,190kg$이다.

문제 27 질량 $M = 400kg$인 나무토막이 바닷물($\rho_f = 1.09\,g/cc$)에 80% 잠긴 채 떠 있다. 이 나무토막 위에 질량 m인 사람이 올라갔더니 나무토막의 90%가 바닷물에 잠겼다. 나무토막의 부피와 사람의 질량 m을 구하라.

[답] 나무토막이 떠 있는 평형조건은 $mg = F_B$이다. 80%가 잠긴다고 하므로 $V\rho g = 0.8\,V\rho_f g$이고 $\rho = 0.8\rho_f = 0.872\,g/cc$이다. 나무토막의 부피 $\rho V = 400kg$에서 $V = 0.459\,m^3$를 구할 수 있다. 그리고 사람이 올라갔을 경우 평형조건인 $(m+M)g = 0.9\,V\rho_f g$에서 $m = 50\,kg$이 구해진다.

문제 28 순금으로 만들었다고 주장하는 금관을 공기 중에서 무게를 달아 보니 $100N$이었다. 만약 이 금관을 정말 순금으로 만들었다면 물속에 완전히 잠긴 후 무게를 측정하면 몇 N이 되겠는가? 금의 밀도는 $19.3g/cc$이다.

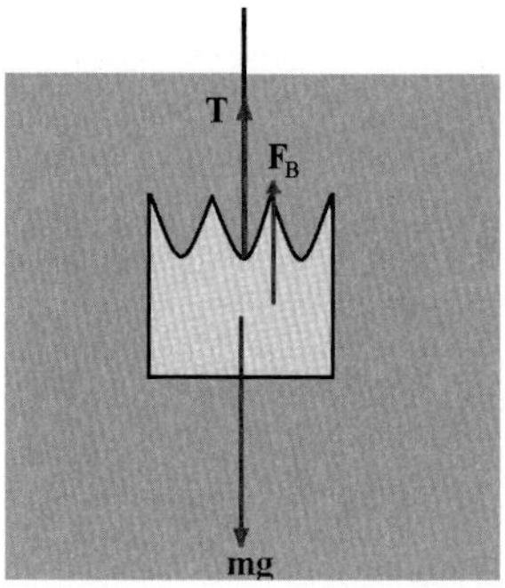

[답] 평형조건은 $T+F_B=W$이다. 부력이 $F_B=\rho_w g V$이므로 $W=\rho_{Au}Vg=100N$에서 $T=(\rho_{Au}-\rho_w)Vg=94.8N$을 구할 수 있다.

문제 29 질량 $m=1kg$이고 밀도가 $0.8g/cc$인 나무토막이 스프링상수 $k=50N/m$인 스프링에 연결되어 풀장의 바닥에 고정되어 있다. 나무토막은 물속에 완전히 잠겨 있다고 할 때 스프링의 늘어난 길이를 구하라. 물속에서 스프링에 대한 부력은 고려하지 않아도 된다.

[답] 나무토막의 무게와 스프링의 복원력의 합이 부력과 평형을 이루고 있다. 즉, $F_B=mg+F_k$이다. 그리고 $F_B=\rho_f Vg$이고 $mg=V\rho g$이므로

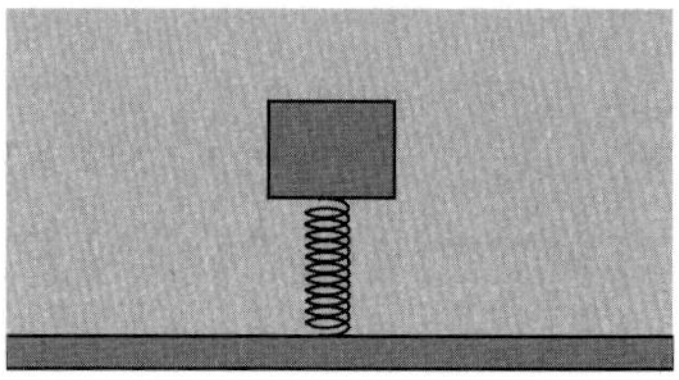

$$\rho_f Vg=\rho Vg+k\Delta x \rightarrow \therefore \Delta x=\frac{1}{k}(\rho_f-\rho)Vg$$

이다. 여기서 $\rho=\frac{m}{V}$에서 $V=\frac{m}{\rho}=1{,}250cc$이다. 따라서 $\Delta x=4.9cm$이다.

문제 30 반경 R인 구가 밀도 ρ_f인 액체에 반이 잠겨 있다. 이 구에 아래로 약간의 변위를 주고 놓으면 단진동을 한다. 단진동의 주기를 구하라.

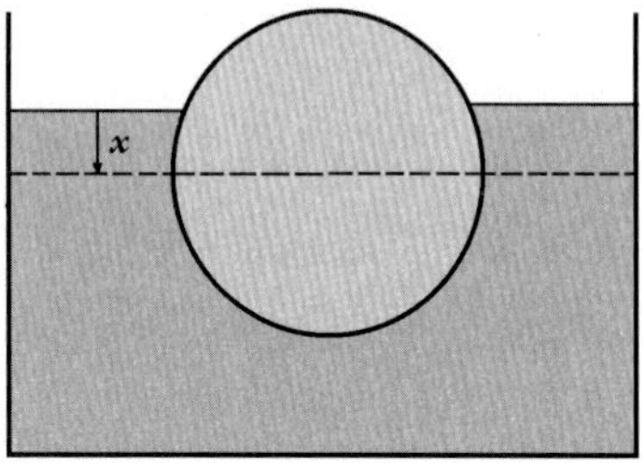

[답] 평형상태에서 무게와 부력이 일치하므로 $\frac{4\pi R^3}{3}\rho g=\frac{1}{2}\left(\frac{4\pi R^3}{3}\right)\rho_f g$이다. 위 식에서 $\rho=\frac{\rho_f}{2}$임을 알 수 있다. 구를 x만큼 밑으로 밀면 복원력은

$$F_s=\frac{4\pi R^3}{3}\rho g-\frac{1}{2}\left(\frac{4\pi R^3}{3}+\pi R^2 x\right)\rho_f g=-\pi R^2\rho g x$$

이다. 따라서 운동방정식은 $m\ddot{x}+\pi R^2\rho g x=0$이다. 여기서 $m=\frac{4\pi R^3}{3}\rho$이므로 위 식은 $\ddot{x}+\frac{3g}{2R}x=0$으로 고쳐 쓸 수 있다. 따라서 단진동의 주기는 $T=\frac{2\pi}{\omega}=2\pi\sqrt{\frac{2R}{3g}}$이다.

문제 31 단면 $r=10cm$이고 높이 $h=20cm$인 원통의 일부분이 물에 잠겨 있다. 원통은 밀도 $\rho=0.6\,g/cc$인 물질로 되어 있다. 이 원통의 질량중심축으로 눌렀다가 놓으면 원통은 단진동운동을 한다. 이 단진동의 주기를 구하라.

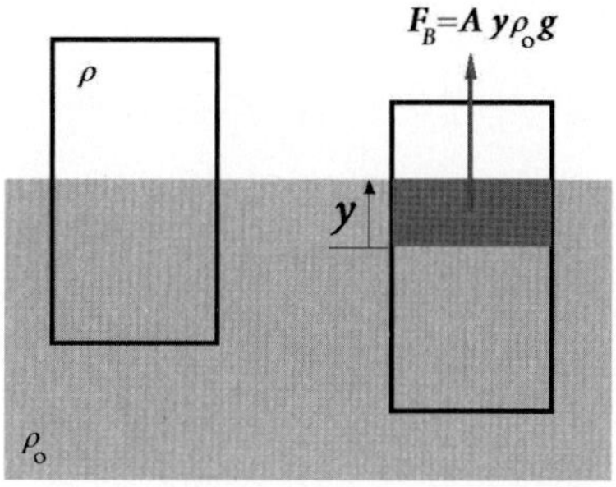

[답] 원통을 y만큼 눌렀다면 복원력(부력)은 $Ay\rho_o g$이다. 여기서 ρ_o는 원통이 잠겨 있는 유체(물)의 밀도이다. 따라서 운동방정식은 $F=-A\rho_o g y$이고 이는

$$(Ah\rho)\frac{d^2y}{dt^2}=-A\rho_o g y \rightarrow \therefore \frac{d^2y}{dt^2}+\frac{\rho_o g}{\rho h}y=0$$

과 같이 표현된다. 여기서 원통의 질량이 $m=Ah\rho$인 것을 사용하였다. 따라서 단진동의 각진동수는 $\omega=\sqrt{\frac{\rho_o g}{\rho h}}$이다. 그리고 주기는 $T=\frac{2\pi}{\omega}=2\pi\sqrt{\frac{\rho h}{\rho_o g}}$로 주어진다. 주어진 값을 위 식에 넣으면 주기는 $0.69\,s$로 구해진다.

4-4. Bernoulli의 정리

문제 32 물통이 높이 $1.5m$인 책상 위에 놓여 있다. 물통의 제일 아래쪽에 있는 작은 구멍을 통해 나온 물이 책상에서 $3m$ 떨어진 바닥에 떨어지는 것이 관찰되었다. 물통에 담긴 물의 높이를 구하라.

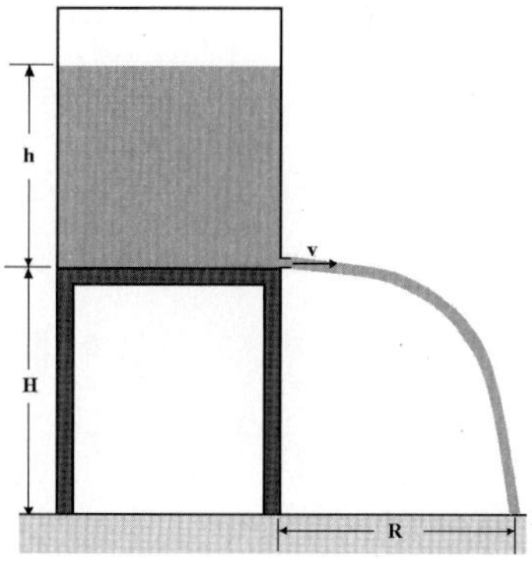

[답] 물의 속도는 Bernoulli의 정리에서 $v=\sqrt{2gh}$이다. 책상에서 바닥으로 떨어지는 데 걸리는 시간은 $H=\frac{1}{2}gt^2$에서 $t=\sqrt{\frac{2H}{g}}$이다. 따라서 $R=vt=2\sqrt{hH}$에서 $h=1.5m$를 구할 수 있다.

문제 33 높이 $H=1m$인 책상 위에 직경 $40cm$인 물통이 놓여 있다. 물은 물통의 바닥에서 높이 $h=50cm$까지 차 있다. 물은 공기 중에 노출되어 있다. 물통의 밑바닥에서 $5cm$ 높이에 잠금장치가 설치되어 있다. 잠금장치를 열면 물이 방출된다. 물이 나오는 구멍의 직경은 $2mm$이다. 물통에서 나오는 물을 바닥에 컵을 두고 받으려고 한다. 컵을 두어야 하는 위치 R을 구하라. R은 책상 끝에서 물이 떨어지는 위치까지의 거리이다. 컵의 부피가 $50cc$일 때 컵을 가득 채우기 위해 걸리는 시간은 잠금장치를 열 때부터 몇 초인가?

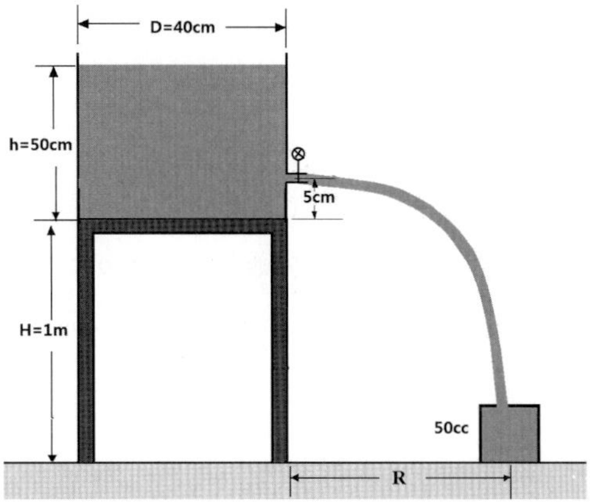

[답] 물통의 수면과 물이 나오는 꼭지 사이에 Bernoulli 정리를 적용하면

$$P_a + \frac{1}{2}\rho_w v_1^2 + \rho_w g h_1 = P_a + \frac{1}{2}\rho_w v_2^2 + \rho_w g h_2$$

이다. $v_1 \approx 0, h_1 = 50\,cm, h_2 = 5cm$이므로 $v_2 = \sqrt{2g(h_1 - h_2)} = 2.97\,m/s$이다. 물이 떨어지는 데 걸리는 시간은

$$\frac{1}{2}gt^2 = H + h_2 \Rightarrow \therefore t = \sqrt{\frac{2(H+h_2)}{g}} = 0.46\,s$$

이다. 따라서 $R = v_2 t = 1.37m$이다. 유량은 $Q = (Av_2)t_1 = \pi r^2 v_2 t$인데 $Q = 50cc, r = 1mm$이므로 $t_1 = 5.36\,s$이다. 그런데 처음에 물이 컵에 도달하는 데 $t = 0.46\,s$가 걸리므로 전체적으로 컵을 채우는 데 필요한 시간은 $t = 5.82\,s$이다.

문제 34 큰 물탱크의 제일 아래쪽 부분에 단면적 $2mm^2$의 작은 구멍이 있다. 물탱크의 높이가 $5m$라면 1분 동안 새는 물의 양은 얼마인가?

[답] 물의 속도는 Bernoulli의 정리에서 $v = \sqrt{2gh}$이다. 빠져나오는 물의 양은 vAt이므로 $1.19l$를 구할 수 있다.

문제 35 반경 $1m$인 물탱크가 있다. 이 물탱크는 지상에서 $5m$ 높이에 설치되어 있다. 물탱크의 제일 아래쪽에 반경 $1cm$인 구멍이 있는데, 마개로 막혀 있다. 물탱크는 높이 $3m$까지 물이 채워져 있다. 구멍의 마개를 뺄 경우 구멍에서 나오는 물의 속도를 구하라. 초기에 물은 물탱크에서 얼마나 떨어진 지점에 떨어지는가? 그리고 물탱크를 비우는 데 걸리는 시간을 구하라.

[답] 그림은 문제 33을 참조. 초기에 물탱크에서 나오는 물의 속도는 $v=\sqrt{2gh}$이다. 물이 바닥에 떨어지는 데 걸리는 시간은 $t=\sqrt{\frac{2H}{g}}$이므로 물이 떨어지는 위치는 $R=vt=7.75m$이다. 탱크 안의 물이 빠져나감으로써 물의 높이가 줄어든다. 물의 높이가 변하는 속도는 dh/dt이다. 연속방정식에서 $-A_1\frac{dh}{dt}=A_2v_2$를 구할 수 있다. $v_2=\sqrt{2gh}$이고 탱크에서 물이 줄어드는 속도 dh/dt는 항상 v_2보다 작다. 즉, $dh/dt \ll v_2$이다. 위 식을 적분하면

$$dt=-\frac{A_1}{A_2}\frac{dh}{\sqrt{2gh}} \rightarrow \therefore t=-\frac{A_1}{A_2}\frac{1}{\sqrt{2g}}\int_H^0\frac{dh}{\sqrt{h}}=\frac{A_1}{A_2}\sqrt{\frac{2H}{g}}$$

를 구할 수 있다. 주어진 값을 대입하면 물탱크에서 물이 모두 빠져나가는 데 걸리는 시간은 2시간 48분이다.

문제 36 Venturi 관은 유체의 속도를 측정하는 기기이다. 단면적 A와 a의 비는 $A/a=10$이다. 공기가 관 속으로 이동함으로써 관에 있는 수은 기둥의 높이 차이가 $h=15cm$가 발생한다. 공기의 속도 v_1을 구하라. 공기의 밀도는 $1.3kg/m^3$이고 수은의 밀도는 $13.6\times10^3kg/m^3$이다.

[답] 연속의 정리에서 $Av_1=av_2 \rightarrow 10v_1=v_2$이다. 그리고 Bernoulli 정리에서

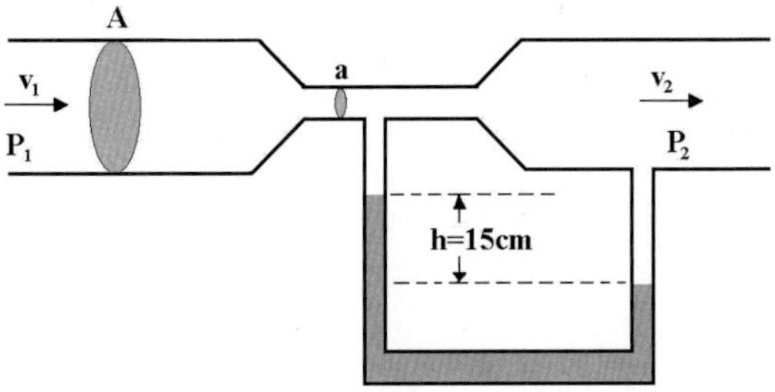

$$\frac{1}{2}\rho_{air}v_1^2+p_1=\frac{1}{2}\rho_{air}v_2^2+p_2$$

이다. 압력 차이 때문에 높이 차이가 나므로 $p_1-p_2=\rho gh$이다. 따라서 위 식은

$$\frac{1}{2}\rho_{air}v_1^2-\frac{1}{2}\rho_{air}(10v_1)^2=p_2-p_1=-\rho gh$$

가 된다. 따라서 $v_1=\sqrt{\frac{2\rho gh}{99\rho_{air}}}=17.6m/s$이다.

문제 37 맥주 통이 높이 $1.5m$인 탁자 위에 놓여 있다. 맥주 통의 밑바닥에서 $10cm$인 위치에 직경 $6mm$인 구멍이 뚫려 있다. 맥주 통에는 맥주가 바닥에서 $50cm$까지 차 있다. 맥주 통에서 거리 s에 $500cc$의 컵이 놓여 있다. 맥주가 컵에 도달하기 위한, 컵과 맥주 통 사이의 거리 s를 구하라. 맥주가 구멍에서 나오기 시작할 때(밸브를 연 순간)부터 컵에 맥주가 찰 때까지 걸리는 시간을 구하라. 맥주의 밀도는 $1.05g/cc$이다.

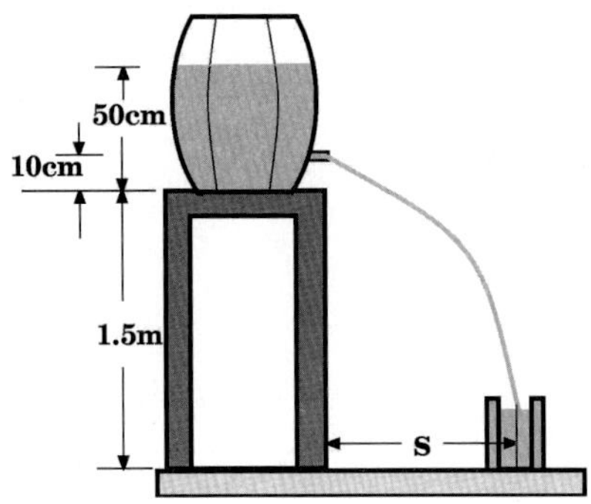

[답] Bernoulli 정리에서 $v = \sqrt{2gh} = 2.8m/s$를 구할 수 있다($h = 40cm$). 물이 바닥에 떨어지는 데 걸리는 시간은 $\frac{1}{2}gt^2 = H + h'$에서 $t = \sqrt{\frac{2(H+h')}{g}} = 0.57s$이다 ($h' = 10cm$). 따라서 $s = vt = 1.6m$이다. $V = AvT$에서 $T = \frac{V}{vA} = 6.32s$이므로 총 걸리는 시간은 $t + T = 6.89s$이다.

문제 38 그림과 같이 큰 물통 안에 바닥에서 높이 $h_1 = 10m$까지 물이 차 있다. 물통의 바닥에서 높이 $h_2 = 1m$에 물통의 직경과 비교하여 무시할 수 있을 정도로 직경이 작은 구멍을 뚫었다. 이 구멍으로부터 나온 물이 물통에서 $x = 10m$ 지점에 도달할 수 있도록 하기 위해서 물통에 주어야 하는 압력 P는 몇 기압인가? 1기압은 $1.013 \times 10^5 N/m^2$이다.

[답] 물통의 윗부분과 작은 구멍 부분에 Bernoulli의 정리를 적용하면

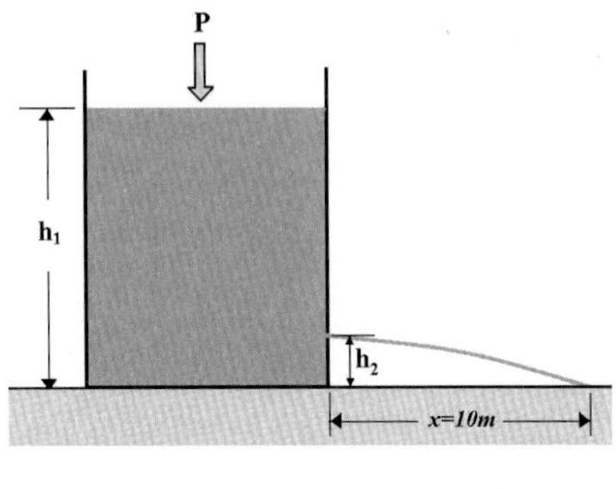

$$P + \rho g h_1 + \frac{1}{2}\rho v_1^2 = P_a + \rho g h_2 + \frac{1}{2}\rho v_2^2$$

을 얻는다. 여기서 P_a는 대기압이다. 물통 윗부분의 유체의 움직임은 아주 느려 $v_1 \approx 0$으로 둘 수 있으므로

$$P = P_a + \rho g(h_2 - h_1) + \frac{1}{2}\rho v_2^2$$

을 얻는다. 높이 h_2에 있는 구멍에서 나오는 물이 바닥에 도달하는 데 걸리는 시간은 자유낙하 공식 $h_2 = \frac{1}{2}gt^2$에서 $t = \sqrt{\frac{2h_2}{g}}$ 이다. 물이 떨어지는 위치는 $x = v_2 t = v_2\sqrt{\frac{2h_2}{g}}$ 와 같이 주어지고 속도는

$v_2 = \sqrt{\frac{g}{2h_2}}x$를 이용하여 구해진다. 이를 위 식에 대입하면

$$P = P_a + \rho g(h_2 - h_1) + \frac{1}{2}\rho\frac{g}{2h_2}x^2$$

을 얻는다. 주어진 값을 대입하면 $P = 2.581 \times 10^5 N/m^2 = 2.55$기압을 얻는다.

문제 39 바닥에 놓여 있는 물탱크에 작은 구멍이 두 개 있다. 구멍은 바닥에서 각각 $4cm$와 $10cm$ 위에 있다. 두 구멍에서 나온 물이 같은 위치에 떨어지기 위해서 물의 높이는 얼마여야 하나?

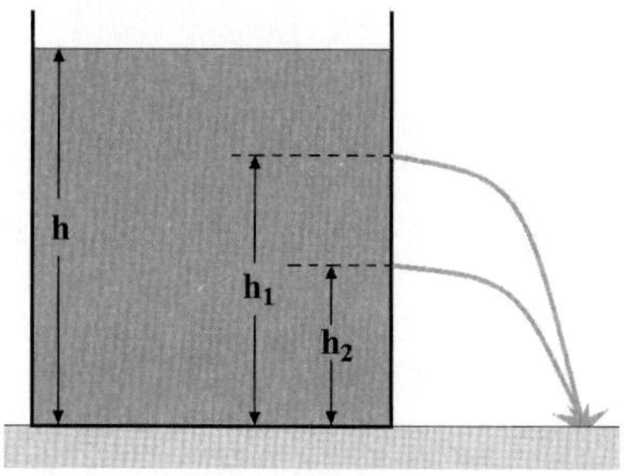

[답] Bernoulli 정리를 적용하면 물의 속도는 구멍과 수면 사이의 거리에만 관계된다. 즉, 위 구멍과 아래 구멍에서 나오는 유체의 속도는 각각 $v_1 = \sqrt{2g(h-h_1)}$, $v_2 = \sqrt{2g(h-h_2)}$이다. 두 구멍에서 나온 물이 바닥에 떨어지는 시간은 자유낙하에서 $t_1 = \sqrt{\frac{2h_1}{g}}$, $t_2 = \sqrt{\frac{2h_2}{g}}$와 같이 구해진다. 거리는 속도와 시간의 곱이므로 $v_1t_1 = v_2t_2 \rightarrow (v_1t_1)^2 = (v_2t_2)^2$에서 $h = h_1 + h_2 = 14\,cm$를 얻는다.

문제 40 자동차의 카뷰레터(carburetor)에서 공기와 연료통 사이의 압력 차이를 최소 $2{,}000Pa$로 유지하기 위한 공기흡입구의 최소압력을 구하라. 공기의 밀도는 $1.29\,kg/m^3$이다.

[답] Bernoulli 정리에서 $\Delta P = \frac{1}{2}\rho v^2$이다. 따라서 $v = 55.7\,m/s$이다.

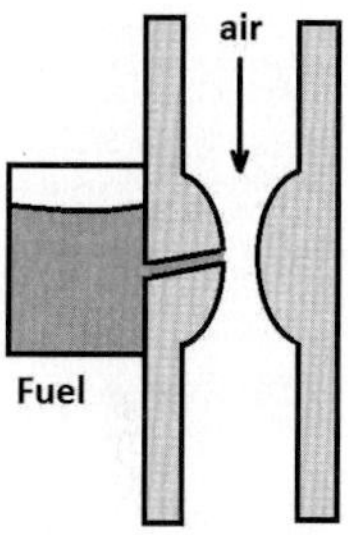

문제 41 단면이 $A = 50cm^2$인 실린더에 바닥에서 높이 $H = 30cm$만큼 물이 차 있다. 바닥에서 높이 $h = 10cm$에 구멍이 뚫려 있다. 이 구멍의 단면은 실린더 단면의 $\frac{1}{5}$이다. 실린더 위에 힘 $F = 5N$이 주어질 때 구멍으로 나오는 액체의 속도를 구하라.

[답] Bernoulli의 정리에서

$$\frac{F}{A} + P_a + \frac{1}{2}\rho v_1^2 + \rho g H = P_a + \frac{1}{2}\rho v_2^2 + \rho g h$$

이다. 그리고 연속의 정리 $v_1 A = v_2\left(\frac{A}{5}\right)$에서 $v_2 = 10v_1$을 얻는다. 이를 위 식에 대입하여 주어진 값들을 넣으면 $v_2 = 14.6m/s$를 구할 수 있다.

문제 42 향수병 안에 향수가 들어 있다. 노즐(nozzle)과 향수 면 사이의 높이는 $h = 3cm$이다. 향수의 밀도는 $\rho_p = 950\,kg/m^3$이다. 향수가 노즐까지 올라오기 위한 최소의 공기 속도를 구하라. 공기의 밀도는 $\rho_a = 1.29\,kg/m^3$이다.

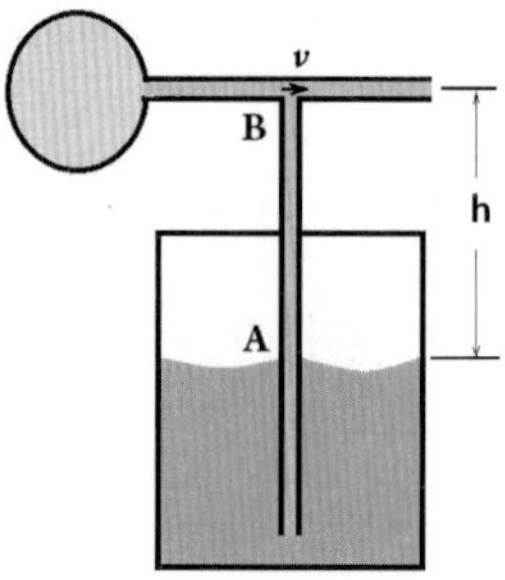

[답] A지점과 B지점 사이의 압력 차이는 $P_A - P_B = \rho_p gh = 279Pa$이다. 이러한 압력 차이를 만드는 속도를 구하기 위해 노즐 부분과 향수병에서 먼 위치 사이에 Bernoulli 정리를 적용하면 $\frac{1}{2}\rho_a v_1^2 + P_1 = \frac{1}{2}\rho_a v_2^2 + P_2$이다. 먼 위치에서의 속도는 0이므로 $v_2 = \sqrt{\frac{2(P_2 - P_1)}{\rho_a}} = 21m/s$를 얻는다.

문제 43 비행기의 날개 윗면에서의 공기속도는 $120\,m/s$이고 아랫면에서의 속도는 $100m/s$이다. 양력을 구하라. 공기의 밀도는 $1.29\,kg/m^3$이다. 비행기 날개의 면적은 $20m^2$이다.

[답] 비행기 날개 두 면의 속도 차이가 압력 차이를 만든다. Bernoulli 정리에서 $\Delta P = \frac{1}{2}\rho\left(v_2^2 - v_1^2\right)$이다.

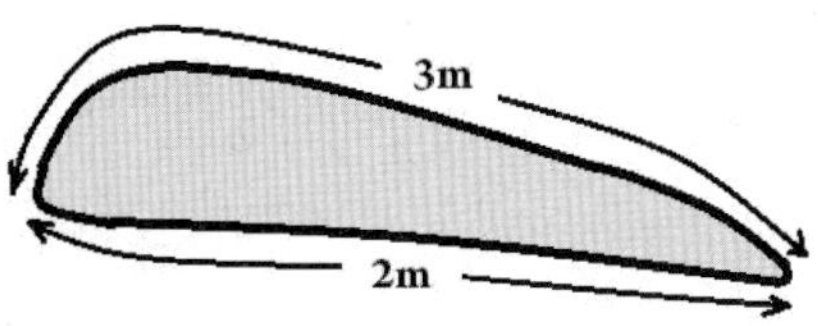

따라서 주어진 값을 대입하면 $\Delta P = 2{,}838\,Pa$이다. 양력은 $F = \Delta P A = 56{,}800N$이다. 이는 약 $5.7t$의 질량을 들어 올리는 힘이다.

문제 44 비행기가 $10km$ 상공을 날고 있다. 공기밀도는 $0.4\,kg/m^3$이다. 그리고 압력은 $20{,}000N/m^2$이다. 비행기 날개 아래에서의 공기의 속도는 $20\,m/s$이다. 날개 위에서의 공기속도를 구하라. 날개 위와 아래의 압력 차이를 구하라. 날개 면적이 $200m^2$라면 양력은 얼마인가?

[답] 공기가 날개 위와 아래를 통과하는 시간이 같으므로 $t = 0.1s$이다. 따라서 날개 위의 공기 속도는 $v = 30\,m/s$이다. 비행기 날개 두 면의 속도 차이가 압력 차이를 만든다. 즉, $\Delta P = \frac{1}{2}\rho\left(v_2^2 - v_1^2\right) = 100Pa$이다. 양력은 $F = \Delta P A = 20{,}000N$이다. 이는 약 $2t$의 질량을 들어 올리는 힘이다.

문제 45 비행기의 속도를 측정하는 데 Pitot관이 많이 사용된다. 비행기의 속도가 $100m/s$일 때

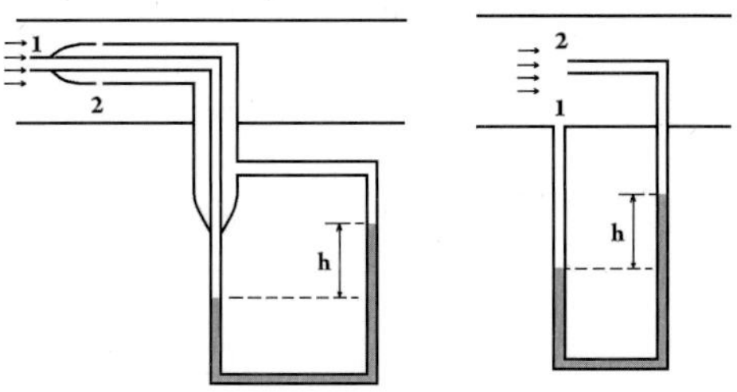

관의 압력 차이를 구하라. 공기의 밀도는 $1kg/m^3$ 이다.

[답] Pitot관은 2개의 관으로 구성되어 있다. 공기가 들어오면 1번 지점과 2번 지점으로 들어가는 공기의 압력 차이를 측정한다. 1번 위치에서의 공기의 속도 $v_1 = 0$이다. 따라서 두 지점에서 Bernoulli 정리를 적용하면 $P_1 = P_2 + \frac{1}{2}\rho v_2^2$이다. 따라서 $\Delta P = P_1 - P_2 = \frac{1}{2}\rho v_2^2$이고 값을 대입하면 $\Delta P = 5,000Pa$이다.

문제 46 Pitot관에서 압력 차이가 $6,000Pa$로 관찰되었다. 비행기의 속도를 구하라. 비행기의 고도에서 공기의 밀도는 $0.9kg/m^3$이다.

[답] $\Delta P = \frac{1}{2}\rho v^2$에서 $v = 115m/s$를 구할 수 있다.

문제 47 산토끼가 그림과 같이 굴을 뚫었다. 바람이 그림과 같이 불 경우, 굴 안의 바람의 방향을 구하라.

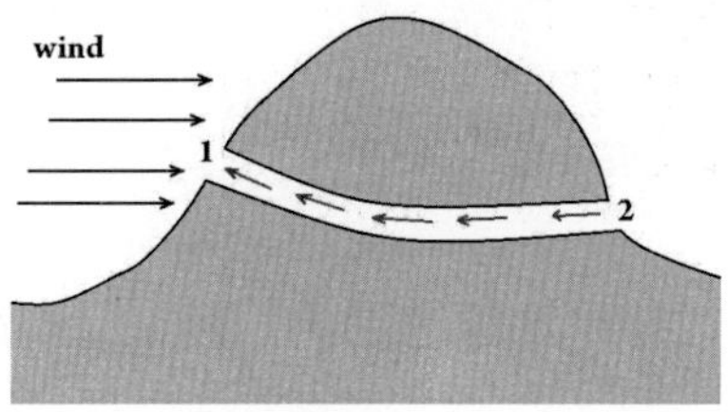

[답] Bernoulli 정리에서 속도가 증가하면 압력이 감소한다는 것을 알 수 있다. 따라서 1의 공기 속도가 2의 공기 속도보다 빠르므로 2의 압력이 1의 압력보다 크다. 따라서 굴 안에서는 바람이 2에서 1쪽으로 분다.

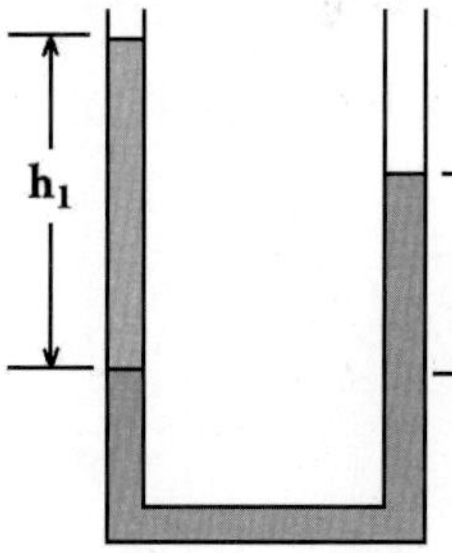

문제 48 서로 섞이지 않는 두 액체(물과 기름)를 U자 관에 넣었더니 $h_1 = 20cm$, $h_2 = 30cm$로 관찰되었다. 기름의 밀도를 구하라.

[답] $P_a + \rho g h_1 = P_a + \rho g h_2$에서 $\frac{\rho}{\rho_w} = \frac{h_2}{h_1}$이므로 $\rho = \frac{2}{3}\rho_w = \frac{2}{3}g/cc$이다.

문제 49 직경 $D_1 = 10cm$인 관에서 직경 $D_2 = 5cm$인 노즐로 물이 방출된다. 1지점과 2지점 사이의 높이는 $5m$이다. 노즐에서의 물의 속도는 $v_2 = 20m/s$가 되어야 한다면 1지점에서의 물의 속도와 압력을 구하라.

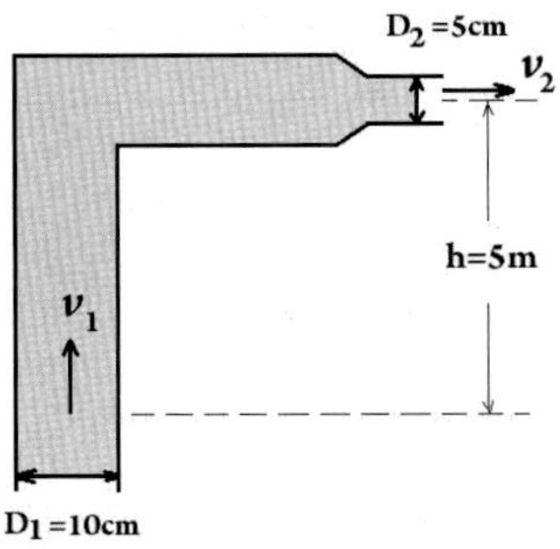

[답] 1지점과 2지점 사이에 Bernoulli의 정리를 적용하면

$$P_1 + \frac{1}{2}\rho v_1^2 + \rho g z_1 = P_2 + \frac{1}{2}\rho v_2^2 + \rho g z_2$$

이다. 정리하면 $P_1 - P_2 = \frac{1}{2}\rho\left(v_2^2 - v_1^2\right) + \rho g(z_2 - z_1)$이다. 연속방정식에서 $v_1 A_1 = v_2 A_2$에서 $v_1 = \left(\frac{A_2}{A_1}\right) v_2$이므로 $v_2 = 4v_1$이다. 따라서 $v_1 = 5m/s$를 얻는다. 위 식에서 주어진 값을 대입하면 $P_1 - P_2 = 236.5\,kPa$을 얻는다. 이는 2.33기압에 해당된다. $P_2 = 1$기압이므로 P_1에서는 3.33기압이 되어야 한다.

문제 50 큰 물탱크에서 직경 $5cm$인 파이프를 통해 물이 흘러 나간다. 압력계로 측정하니 높이 차이가 $20cm$로 관찰되었다. 물의 속도와 흐름률을 구하라. 물은 관에서 $5m$까지 차 있다.

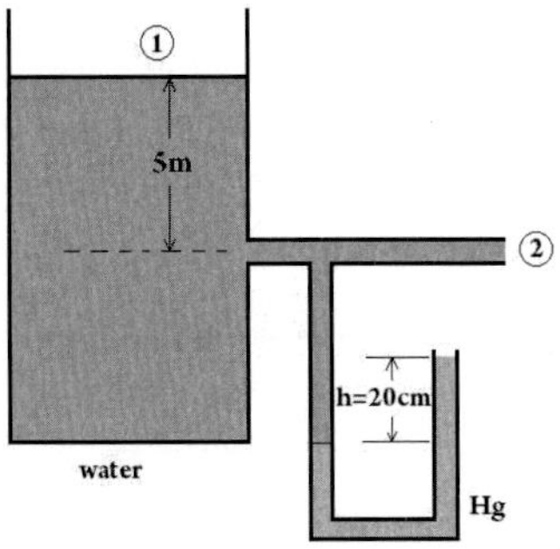

[답] 1지점과 2지점 사이에 Bernoulli의 정리를 적용하면

$$P_1 + \frac{1}{2}\rho v_1^2 + \rho g z_1 = P_2 + \frac{1}{2}\rho v_2^2 + \rho g z_2$$

이다. $v_1 \approx 0$, $P_1 - P_2 = \rho_{Hg} gh = 26,650 Pa$, $\rho g(z_1 - z_2) = 49,000 Pa$이므로 이 값을 위 식에 대입하면 $v_2 = 12.3\,m/s$를 얻는다. 흐름률은 $Q = v_2 A_2 = 0.024 m^3/s = 24 l/s$이다.

문제 51 헬륨을 넣은 풍선이 공기로 채워진 밀폐된 공간 바닥에 연결되어 있다. 이 전체 공간이 오른쪽으로 가속된다고 하자. 풍선이 움직이는 방향과 그 이유를 설명하라.

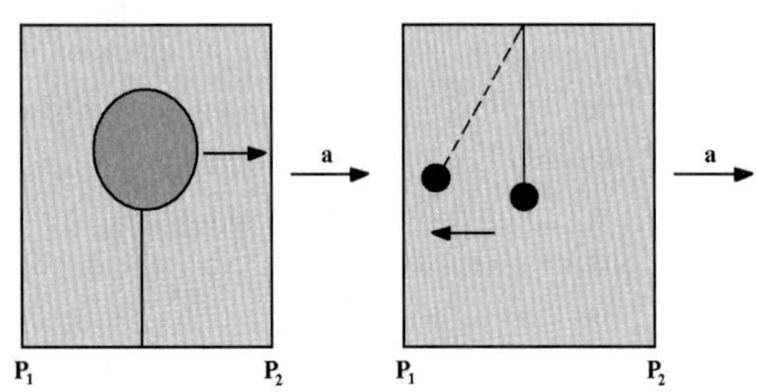

[답] 전체 공간이 오른쪽으로 가속되면 그 안에 있는 공기는 왼쪽으로 이동한다. 이에 따라 왼쪽이 오른쪽보다 압력이 높다. 이 압력 차이에 의해 풍선은 오른쪽으로 움직이게 된다. 이러한 풍선의 운동방향은 천장에 매달린 진자의 경우 가속되는 반대방향으로 움직이는 것과 대비된다.

문제 52 깔때기에 탁구공을 넣고 좁은 목에 입으로 공기를 불어 넣는다. 깔때기의 방향을 위쪽으로 둘 경우 아무리 세게 불어도 공이 잘 올라가지 않음이 관찰된다. 마찬가지로 깔때기의 방향을 아래쪽으로 두고 바람을 불어 넣으면 공은 잘 떨어지지 않음이 관찰된다. 그 이유를 설명하라.

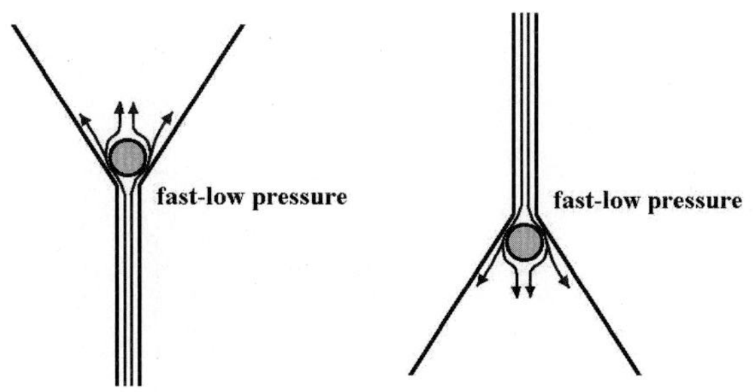

[답] 공기를 불어 넣음으로써 깔때기의 목 부분에서는 공기의 속도가 빨라지므로 압력이 낮아진다. 이에 따라 깔때기의 위쪽 부분과 목 부분 사이에는 압력 차이가 발생하여 탁구공을 목 부분으로 밀어 넣음으로써 공은 올라가지 않는다. 마찬가지로 깔때기가 아래를 향하는 경우에도 불어넣는 공기에 의해 목 부분에서는 압력이 낮아져서 공이 깔때기의 목 부분으로 밀어 넣어짐으로써 공이 떨어지지 않게 된다.

문제 53 반경이 다른 두 파이프가 연결되어 있다. 파이프의 반경은 각각 $r_1 = 2cm$와 $r_2 = 1cm$이다. 두 파이프 사이의 압력 차이는 $P_1 - P_2 = 2 \times 10^3\,Pa$이다. 이 파이프를 통해 1초당 흘러가는 물의 양은 몇 cc인가?

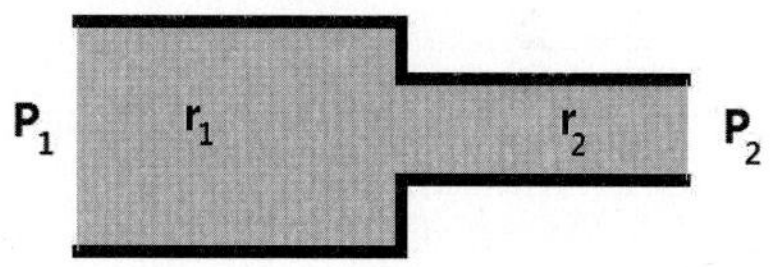

[답] Bernoulli 정리에서

$$P_1 + \frac{1}{2}\rho v_1^2 = P_2 + \frac{1}{2}\rho v_2^2 \rightarrow P_1 - P_2 = \frac{1}{2}\rho(v_2^2 - v_1^2)$$

이다. 연속방정식 $A_1 v_1 = A_2 v_2$에서 $\frac{v_2}{v_1} = \frac{A_1}{A_2} = 4$이므로 $v_2 = 4v_1$이다.

$$v_2^2 - v_1^2 = 15v_1^2 = \frac{2(P_1 - P_2)}{\rho} = 4\,m^2/s^2$$

이므로 $v_1 = 0.52\,m/s$이고, 초당 흐르는 물의 양은 $Q = A_1 v_1 = 163\,cc$이다.

문제 54 대동맥의 내경은 $0.5cm$이다. 그리고 모세혈관의 내경은 $10\mu m$이다. 대동맥에서 피의 속도는 $1m/s$이고 모세혈관에서의 피의 속도는 $1cm/s$이다. 대동맥의 모든 피가 모세혈관으로 흘러간다고 가정할 때 모세혈관의 수를 구하라.

[답] 대동맥의 단면은 $A_a = \pi r_a^2 = 1.96 \times 10^{-5} m^2$이고 모세혈관의 단면은 $A_c = 7.85 \times 10^{-11} m^2$이다. 연속방정식에서 $A_a v_a = A_c^t v_c$이고 $A_c^t = NA_c$라고 두면 모세혈관의 수는 $N = 2.5 \times 10^7$을 구할 수 있다. 즉, 25만 개의 모세혈관이 필요하다.

문제 55 그림과 같은 siphon 구조에서 물이 나오는 호스 끝 부분에서의 물의 속도를 구하라.

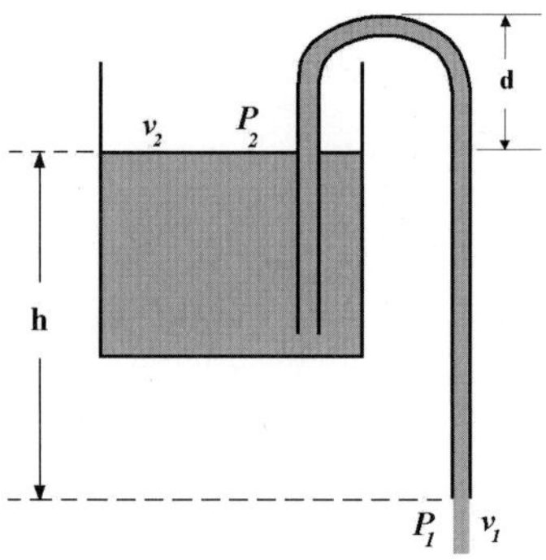

[답] 탱크 안의 수면 부분과 호스 끝 사이에 Bernoulli 정리를 적용하면 물의 속도는 $v_1 = \sqrt{2gh}$ 이다.

4-5. 점성유체, 난류, 종단속도

문제 56 직경 $1mm$의 알루미늄 구가 점성계수 $\eta = 0.8 \times 10^{-3} poise$이고 밀도가 $0.7g/cc$인 유체로 떨어질 때의 종단속도를 구하라. 알루미늄의 밀도는 $2.7g/cc$이다.

[답] $v_t = \frac{2}{9}\frac{r^2 g}{\eta}(\rho - \rho_f) = 1.36 m/s$

문제 57 직경이 $1cm$인 파이프 안으로 물이 흐른다. 물의 흐름이 층류(laminar flow)가 되기 위한 물의 최대속도를 구하라. 물의 점성계수는 $10^{-2} poise$이다.

[답] $Re = \frac{\rho v D}{\eta} \le 2{,}000$의 조건을 만족해야 흐름이 층류가 된다. 이에 따라 층류가 되기 위한 유체의 속도 조건은 $v \le \frac{2{,}000\eta}{\rho D} = 20cm/s$이다. 따라서 층류가 되기 위한 물의 최대속도는 $20cm/s$이다.

문제 58 유리잔에서 올라오는 반경 $0.3mm$의 공기방울의 종단속도를 구하라. 공기의 밀도는 $0.0012g/cc$이고 물의 점성계수는 $10^{-2} poise$이다.

[답] $v_t = \frac{2}{9}\frac{r^2 g}{\eta}(\rho_w - \rho) = 19.6 cm/s$

문제 59 반경 $1mm$의 금속 구가 물속에서 $20cm/s$의 속도로 떨어지고 있다. 금속 구가 받는 점성 저항력을 구하라.

[답] $F_d = 6\pi\eta r v = 3.8 \times 10^{-6} N$

문제 60 점성계수 $0.05\,poise$인 액체가 직경 $10cm$의 파이프 안을 $0.6m/s$의 속도로 흘러간다. 액체가 $100m$를 흘러가는 동안의 압력감소를 구하라.

[답] $Q = \frac{\pi}{8}\frac{R^4}{\eta L}\Delta P$에서 $\Delta P = \frac{8Q\eta L}{\pi R^4}$이다. $Q = Av$로 주어진다. 여기서 $A = \pi R^2$는 단면적이다. 따라서 $\Delta P = \frac{8\eta L v}{R^2} = 960\,N/m^2$이다.

문제 61 직경이 $2\mu m$이고 길이가 $2mm$인 모세혈관에 피가 흐르고 있다. 혈관 중앙의 피의 최대속도가 $0.8mm/s$라고 할 때 이 모세혈관을 통과하는 피의 압력감소를 구하라. 피의 점성계수는 $0.04\,poise$이다.

[답] 압력감소는 $\Delta P = \frac{4\eta L v_m}{R^2}$로 주어진다. 여기서 $\bar{v} = \frac{v_m}{2}$를 사용하였다. 점성계수는 MKS 단위로는 $0.004\,Pa\,\sec$이고 나머지 값들을 대입하면 $\Delta P = 6,400\,Pa$이다.

문제 62 소화를 하기 위해 위벽에 있는 혈관에 흐르는 피의 양이 $15cc/s$에서 $80cc/s$로 증가되었다. 혈관이 얼마나 팽창했겠는가?

[답] Poiseuille 법칙에서 $Q = \frac{\pi R^4 \Delta P}{8\eta L}$로 주어진다. 다른 양은 변함이 없고 직경 R만 변했다고 하면 피의 흐름량의 비는 $\frac{Q_2}{Q_1} = \frac{R_2^4}{R_1^4}$이다. $Q_1 = 15$, $Q_2 = 80$을 대입하면 $\frac{R_2}{R_1} = 1.52$를 얻는다. 즉, 혈관의 반경이 52% 증가하였다.

문제 63 $3cc$의 수용액을 직경 $1cm$인 주사기를 사용하여 주사한다고 하자. 주사용액에서 주삿바늘 끝까지의 길이는 $3cm$이다. 그리고 주삿바늘의 직경은 $1mm$이다. $0.3s$에 모두 주사한다고 할 때 주사하는 데 주어지는 힘을 구하라. 주삿바늘로 나오는 수용액의 속력을 구하라. 수용액의 점성계수는 $10^{-3}\,poise$이다.

[답] $Q = \frac{V}{t} = 10cc/s$이다. $\Delta P = \frac{8Q\eta L}{\pi R^4}$에서 $\Delta P = 12,229\,dyne/cm^2 = 1,222.9\,Pa$이 구해진다. 주사기에 주어진 힘은 $F = PA = 0.096\,N$이다. 수용액이 주삿바늘로 나오는 속도는 $v = Q/A' = 12.7\,m/s$이다. 여기서 A'은 주삿바늘의 면적이다.

문제 64 주사기에 주사액이 $20cc$ 담겨 있다. 주사액의 점성계수는 $\eta = 0.002\,Pa\,\sec$이다. 주사기의 실린더 직경은 $1cm$이고 바늘 부분의 내경은 $0.5mm$이다. 바늘의 길이는 $4cm$이다. 주사액은 환자의 정맥($3\,Torr$ 압력)에 투여된다. 실린더에 $1N$의 힘이 주어질 때 주사액을 모두 주사하는 데 걸리는 시간을 구하라.

[답] Poiseuille 법칙에서 $Q = \frac{\pi}{8}\frac{R^4}{\eta L}\Delta P$이다. 여기서 R과 L은 주삿바늘의 내경과 길이이다. $Q = \frac{V}{t}$로서 주사하는 흐름률이다. 그리고 압력 차이 ΔP는 실린더에 주어지는 압력과 정맥 압력과의 차이이다. 즉, $\Delta P = \frac{F}{A} - 399$이다. 여기서 $3\,Torr = 399Pa$을 이용하였다. Poiseuille 법칙에 주어진 값을 대입하면 $Q = 3.78 \times 10^{-6}\,cc/s$가 구해진다. 따라서 $t = 5.3\,s$이다.

문제 65 스노클(snorkel)에서 $100cc/s$로 공기를 빨아들여야 된다고 하자. 이를 위한 흡입구의 최소 반경을 구하라. 공기의 점성계수는 $\eta = 0.018 \times 10^{-3}\,Pa\sec$이다. 스노클의 길이는 $1m$이다. 그리고 호흡압력은 $3\,Torr$이다.

[답] 체적 흐름률은 $Q = 100cc/s$로 주어져 있다. Poiseuille 법칙에서 $Q = \frac{\pi}{8}\frac{R^4}{\eta L}\Delta P$이다. 여기서 $\Delta P = 3\,Torr = 399\,Pa$이므로 $R = 0.0018m$를 구할 수 있다. 즉, 반경은 $1.8mm$이다. 따라서 직경은 $3.6mm$이다. 실제 스노클의 직경은 이보다 훨씬 큰 것을 사용한다.

문제 66 반경 $1mm$의 알루미늄 구가 물속으로 떨어질 때의 종단속도를 구하라. 알루미늄의 밀도는 $2.7g/cc$이다.

[답] $v_t = \frac{2}{9}\frac{r^2 g}{\eta}(\rho - \rho_f) = 3.7m/s$

문제 67 밀도 $2.6g/cc$의 유리 구들이 기름에서 낙하한다. 기름의 밀도는 $0.9g/cc$이고 점성계수는 $0.2\,poise$이다. 유리 구를 떨어뜨리고 $100s$ 후에 $50cm$ 떨어짐이 관측되었다. 유리 구의 크기를 구하라.

[답] 속도는 $v = 0.5\,cm/s$이다. $v = \frac{2}{9}\frac{r^2 g}{\eta}(\rho - \rho_f)$에서 $r = 0.16\,mm$이다.

문제 68 직경 $1cm$인 긴 수도관에서 나오는 물이 난류가 되는 속도를 구하라. 그리고 이 속도에서 단위시간당 흘러나오는 물의 양은 얼마인가?

[답] $Re = \frac{\rho v D}{\eta} = 3{,}000$에서 $v = \frac{3{,}000\eta}{\rho D} = 0.3m/s$이다. $Q = \frac{\pi D^2}{4}v = 0.024l/s$이다.

문제 69 (a) 밀도 ρ, 반경 r인 구형의 구슬을 밀도 ρ_f인 액체에 떨어뜨릴 때 구슬의 종단속도 v_T의 표현을 유도하라. (b) 밀도가 $1.5g/cc$인 물질로 만든 구슬을 물이 든 컵 속에 넣었을 때 바닥에 닿는 데 1시간이 걸리려면 구슬의 직경은 몇 mm여야 하는가? 컵 속에는 물이 바닥에서부터 $10cm$까지 차 있다. 물의 점성계수는 $10^{-2}\,poise$이다.

[답] (a) 부력, 저항력, 무게의 세 힘이 균형을 이루고 있으므로 $F_B + F_\eta = mg$이고

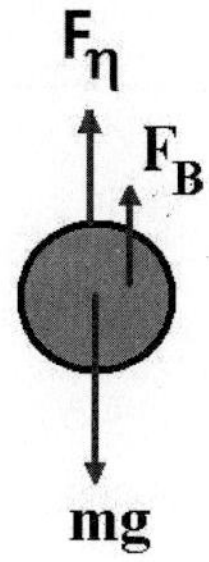

$$\frac{4}{3}\pi r^3 \rho_f g + 6\pi\eta r v_T = \frac{4}{3}\pi r^3 \rho g \rightarrow \therefore v_T = \frac{2}{9}\frac{r^2 g}{\eta}(\rho - \rho_f)$$

을 구할 수 있다.

(b) $v_T = \frac{10}{3600}\,cm/s$가 되어야 한다. 이를 위한 구슬의 크기는

$$r^2 = \frac{9}{2}\frac{\eta v_T}{g(\rho - \rho_f)} = 2.55 \times 10^{-7}\,cm^2$$

이다. 따라서 $r = 5.05 \times 10^{-4} cm \rightarrow \therefore D = 2r = 0.01mm$이다.

문제 70 기름방울의 밀도는 $930kg/m^3$이다. 공기 중에서 종단속도가 $0.2\,m/s$로 관찰되었다. 공기의 밀도는 $1.29kg/m^3$이다. 그리고 공기의 점성계수는 $18\,\mu Pa\sec$이다. 기름방울의 반경을 구하라.

[답] $r = \sqrt{\frac{9}{2}\frac{\eta v_T}{g(\rho - \rho_a)}} = 42\,\mu m$

문제 71 내경이 $5mm$인 관에 액체가 흐르고 있다. 액체의 점성계수는 $0.004\,Pa\sec$이다. 관 속을 액체가 흐름률 $10^{-6}\,m^3/s$로 흐르고 있다. $2m$ 길이의 관 사이의 압력 차이를 구하라.

[답] $\Delta P = \frac{8Q\eta L}{\pi R^4} = 32.6\,Pa$

제5장 열역학

이상기체 상태방정식	열팽창
$PV = NkT$ $PV = nRT$ $R = 8.31\,J/mole\,K,\ k = 1.38 \times 10^{-23}\,J/K$ $n = N/N_A,\ N_A = 6.02 \times 10^{23}$ 개 기체운동론(이상기체) $K = \frac{3}{2}kT$ (자유도: x, y, z 세 방향)	$\Delta L = \alpha L \Delta T$ (α: 선팽창계수) $\Delta V = \beta V \Delta T$ (β: 체적팽창계수) $\beta = 3\alpha$
열의 전달	**물체에 열이 주어질 때(액체, 고체)**
대류: 물체 내부에서의 열의 순환 전도: 접촉에 의한 열의 전달 $\frac{dQ}{dt} = -\kappa A \frac{\Delta T}{L}$ 복사: 전자기파 복사(매질 필요 없음)	온도의 증가(비열) 비열: $c = \frac{Q}{m\Delta T}$: $cal/kg\,K$ $Q = mc\Delta T$ 상태의 변화(변환열) $L = \frac{Q}{m}$: cal/kg $Q = mL$
기체에 열이 주어질 때(온도의 증가)	**기체에 관련된 일과 내부에너지**
정적비열 $c_V = \frac{Q}{n\Delta T}$: $cal/mole\,K$ $Q = nc_V\Delta T$ 정압비열 $c_P = \frac{Q}{n\Delta T}$: $cal/mole\,K$ $Q = nc_P\Delta T$	기체가 한 일: $W_{12} = \int_1^2 PdV$ 기체의 내부에너지(이상기체) $U = N(3+n)\frac{1}{2}kT$ n: 이동(3) 이외의 자유도, 회전, 진동 단원자 기체: $U = \frac{3}{2}NkT = \frac{3}{2}nRT$ 이원자 기체: $U = \frac{5}{2}NkT = \frac{5}{2}nRT$ (회전운동 자유도, 진동은 높은 온도)

<table>
<tr><th>열역학 제1법칙(에너지 보존칙)</th><th>열역학적 과정</th></tr>
<tr><td>$Q=\Delta U+W=\Delta U+PdV$
등적과정: $\Delta U=Q=nc_V\Delta T$
$\Delta U=nc_V\Delta T\rightarrow\therefore U=nc_VT$</td><td rowspan="5">등적과정: $W=0,\ Q=\Delta U=nc_V\Delta T$
등온과정: $\Delta U=0,\ Q=W$
$W=\int_1^2 PdV=nRT\ln\frac{V_2}{V_1}$
등압과정: $W=P\Delta V,\ Q=nc_P\Delta T$
$\Delta U=Q-W$
단열과정: $Q=0,\Delta U=-W$
순환과정: $\Delta U=0, Q=W$</td></tr>
<tr><th>열역학 제2법칙</th></tr>
<tr><td>효율이 100%인 열기관은 있을 수 없다.
열역학 과정은 엔트로피가 증가하는 방향으로 이루어진다.</td></tr>
<tr><th>Carnot 기관</th></tr>
<tr><td>$\eta=1-\frac{T_L}{T_H}$</td></tr>
<tr><th>단열과정(이상기체)</th><th>엔트로피</th></tr>
<tr><td>$PV^{\gamma}=$ 일정, $TV^{\gamma-1}=$ 일정
$\gamma=c_P/c_V$
$W_{12}=\frac{P_2V_2-P_1V_1}{1-\gamma}$</td><td>$S=\frac{\Delta Q}{T}$
이상기체의 경우
$dS=\frac{dQ}{T}=nc_V\frac{dT}{T}+nR\frac{dV}{V}$
$\Delta S=\int_1^2 dS=nc_V\ln\frac{T_2}{T_1}+nR\ln\frac{V_2}{V_1}$</td></tr>
</table>

5-1. 온도, 온도체계, 열팽창, 열전달

문제 1 섭씨와 화씨가 같아지는 온도는 몇 도인가?

[답] $F=\frac{9}{5}C+32$에서 $F=C=x$라 두고 x를 구하면 $x=-40$이다. 따라서 -40^oF와 -40^oC가 동일한 온도이다.

문제 2 어떤 온도체계 ^oR에서 이상기체를 이용하여 온도에 따른 압력을 측정해 보니 그림과 같은 실험치를 얻었다. 이 온도체계에서 절대영도는 몇 ^oR인가?

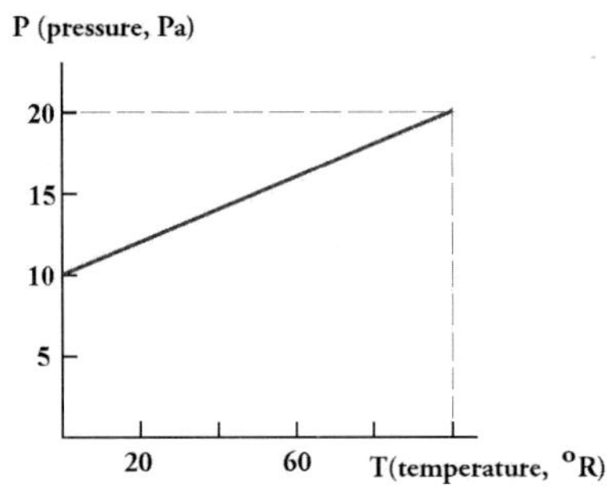

[답] 절대영도에서 기체의 압력은 0이 된다. 따라서 절대영도에서는 그림의 직선의 방정식에서 $P=10+\frac{T}{10}=0$이고 $T=-100^oR$이다.

문제 3 어떤 도선의 저항을 물의 삼중점과 끓는점에서 측정하였더니 각각 2Ω과 20Ω이었다. 저항은 이 온도영역에서 직선적으로 변한다고 한다. 이 도선저항을 이용하여 어떤 용액에서 저항을 측정하였더니 8Ω이었다. 이 용액의 온도는 얼마인가?

[답] 저항과 온도의 직선적 관계에서 기울기는 $m=\frac{\Delta R}{\Delta T}=0.18$이다. 따라서 저항과 온도와의 관계는 $R=0.18T$로 표현되므로 8Ω인 경우 온도는 $T=44^oC$이다.

문제 4 길이 $10m$인 구리막대가 있다. 온도가 10^oC에서 30^oC로 변할 때 구리막대는 얼마나 늘어나는가? 구리의 길이팽창계수는 $1.67\times10^{-5}\,/^oC$이다.

[답] $\Delta L=\alpha L_o \Delta T=0.334cm$

문제 5 길이 $1m$의 구리막대를 사용하는 기기의 정확도를 백만분의 일로 유지하려고 한다. 기기를 설치한 방의 최대 온도 변화는 얼마여야 하나?

[답] $\frac{\Delta L}{L}=\pm10^{-6}$이어야 된다. $\frac{\Delta L}{L}=\alpha\Delta T$에서 $\Delta T=\pm0.06^oC$이다.

문제 6 나무바퀴의 바깥에 철로 된 얇은 원판을 끼우고자 한다. 측정해 보니 나무바퀴와 철 원판의 직경은 각각 $50.1\,cm$와 $50\,cm$였다. 철 원판의 온도를 얼마로 올려야 철 원판을 나무바퀴에 끼울 수 있는가? 철의 길이팽창계수는 $1.2\times10^{-5}/^{o}C$이다.

[답] $\Delta L=\alpha L\Delta T$에서 $L=50\pi$와 $\Delta L=0.1\pi$를 사용하면 $\Delta T=167^{o}C$이다.

문제 7 수은온도계의 끝에는 $1cc$의 통(bulb)에 수은이 담겨 있다. 이 통에 연결된 가는 관(capillary)의 직경은 $0.5mm$이다. 온도가 $50^{o}C$ 증가할 때, 수은이 올라가는 가는 관의 높이는 얼마나 변하는가? 수은의 부피팽창계수는 $1.82\times10^{-4}/^{o}C$이다.

[답] $\Delta V=\beta V\Delta T=0.0091\,cc$이다. 직경이 $0.5mm$이므로 단면적은 $0.001965\,cm^2$이다. 따라서 $\Delta V=Ah$에서 $h=4.63cm$이다.

문제 8 회중시계에서 사용한 시계추의 줄은 황동으로 만들어졌다. $20^{o}C$에서 진동주기가 1초가 되도록 맞추었다. 온도가 $40^{o}C$가 되면 주기의 변화는 얼마인가? 황동의 길이팽창계수는 $1.93\times10^{-5}/^{o}C$이다.

[답] 시계추의 주기는 $\tau_o=2\pi\sqrt{\frac{L_o}{g}}$ 이다. 온도에 의해 늘어나는 길이는 $L=L_o(1+\alpha\Delta T)$이므로

$$\tau=2\pi\sqrt{\frac{L_o(1+\alpha\Delta T)}{g}}=2\pi\sqrt{\frac{L_o}{g}}\,(1+\alpha\Delta T)^{1/2}\approx\tau_o(1+\frac{\alpha}{2}\Delta T)$$

이다. 따라서 주기의 변화는 $\Delta\tau=1.93\times10^{-4}\,s$이다.

문제 9 $20^{o}C$에서 $10cm^2$의 구리판의 면적이 $50^{o}C$에서는 얼마가 되는가? 구리의 길이팽창계수는 $1.67\times10^{-5}/^{o}C$이다.

[답] $\Delta A=2\alpha A\Delta T=0.01\,cm^2$이다. 즉, $10.01\,cm^2$가 된다.

문제 10 부피가 $5cc$인 유리용기에 수은이 꽉 차 있다. 온도가 $20^{o}C$ 증가할 때 넘치는 수은의 양은 얼마인가? 수은의 부피팽창계수는 $1.82\times10^{-4}/^{o}C$이다.

[답] $\Delta V=\beta V\Delta T=0.018cc$

문제 11 구리로 만든 통이 있다. 온도가 20^oC 증가하면 통의 부피는 몇 % 증가하는가? 구리의 길이팽창계수는 $1.67\times10^{-5}\,/^oC$이다.

[답] $\Delta V=\beta V\Delta T$에서 $\frac{\Delta V}{V}=\beta\Delta T=3\alpha\Delta T=0.1\%$이다.

문제 12 수은온도계의 수은 통의 부피는 V_o이다. 0^oC일 때 수은 통이 꽉 차 있다. 수은 통 위의 가는 관의 단면을 A라고 하자. 수은의 부피팽창률은 β이다. 유리용기의 부피 증가는 수은의 부피 증가에 비해 무시할 수 있다고 가정한다. 온도 T에서 수은의 높이를 구하라.

[답] $V=V_o(1+\beta\Delta T)$에서 $\Delta T=T$이다. 그리고 $\Delta V=Ah$이므로 $h=\frac{\Delta V}{A}=\frac{V_o}{A}\beta T$이다.

문제 13 강철 빔의 길이가 20^oC에서 $50m$이다. 더운 날 온도가 37^oC로 올라가면 강철 빔은 얼마나 늘어나는가? 강철의 선팽창계수는 $1.2\times10^{-5}\,/^oC$이다.

[답] $\Delta L=\alpha L_o\Delta T=1.02cm$

문제 14 수은이 가정용 온도계에 사용된다. 20^oC에서 $600\,mm^3$의 수은이 온도계에 들어 있다. 관의 단면은 $0.1\,mm^2$이다. 온도가 37^oC가 되면 수은의 높이 변화는 얼마가 될까? 온도에 따른 유리관의 팽창은 무시한다. 수은의 부피팽창계수는 $1.82\times10^{-4}\,/^oC$이다.

[답] $\Delta V=\beta V_o\Delta T=1.84\times10^{-9}\,m^3$이고 높이 변화는 $\Delta h=\frac{\Delta V}{A}=1.84cm$이다.

문제 15 크기 $0.7m\times0.7m\times1.5m$(높이)인 냉장고가 그 내부에 두께 $5cm$의 스티로폼으로 둘러싸여 있다. 냉장고 안의 온도는 -10^oC이다. 그리고 바깥 온도는 25^oC이다. 컴프레서(compressor)가 단위시간당 뽑아내야 하는 열량을 구하라. 스티로폼의 열전도도는 $0.035\,W/m\,K$이다.

[답] $\frac{dQ}{dt}=\kappa\frac{A}{L}\Delta T=127W$이다. 여기서 $L=5cm$이고 면적은 $A=5.18\,m^2$이다.

문제 16 반경이 $5cm$이고 길이가 $50cm$인 구리 봉이 있다. 측면은 단열이 된 상태이고 구리 봉의 두 끝 면에는 온도가 다른 두 지점이 연결되어 있다. 구리 봉 중간의 온도는 150^oC이고 구리 봉을 따라 이동되는 열은 $800\,W$로 관찰되었다. 구리 봉의 끝 면에 접촉하고 있는 지점의 온도를 구하라. 구리의 열전도도는 $380\,W/m\,K$이다.

[답] $\frac{dQ}{dt}=\kappa A\frac{\Delta T}{L}$에서 $\Delta T=134K$로 구해진다. 여기서 $\frac{dQ}{dt}=800W$이다. 따라서 끝 면의 온도는

각각 $T_1 = 150 + 134 = 284^oC$, $T_2 = 150 - 134 = 16^oC$이다.

문제 17 반경 $10cm$인 구가 온도 $1,000K$로 유지되고 있다. 이 구를 흑체라고 가정할 경우 발산하는 열량과 10분 동안 발산하는 복사에너지를 구하라.

[답] $E_b = \sigma T^4 = 56.7\,kW/m^2$이다. 여기서 $\sigma = 5.67 \times 10^{-8}\,W/m^2K^4$을 이용하였다. 10분 동안 발산되는 총 에너지는 $Q = E_b A_b \Delta t = 1,068\,kJ$이다.

5-2. 비열, 열량, 열량계

문제 18 온도가 80^oC인 어떤 금속 $100g$을 10^oC인 물 $200g$에 넣었더니 평형온도가 15^oC였다. 이 금속의 비열은 얼마인가?

[답] 금속이 잃은 열량은 물이 얻은 열량과 같다. 따라서 $m_m c_m \Delta T_m = m_w c_w \Delta T_w$에 주어진 값들을 대입하면 $c_m = 0.15\,cal/g\,^oC$이다.

문제 19 금의 비열은 $130J/kg\,K$이고 나무의 비열은 $1,800J/kg\,K$이다. 각 물질 $100g$에 $2,000J$의 열이 주어진다. 각 물질에서의 온도 변화를 구하라.

[답] $Q = mc\Delta T$에서 $\Delta T_{gold} = 154^oC$, $\Delta T_{wood} = 11^oC$로서, 같은 열량에 의해 금속이 훨씬 온도 변화가 크다는 것을 알 수 있다. 이는 금속 내의 자유전자의 역할 때문이다.

문제 20 $10kg$의 얼음이 0^oC 물로 변할 때까지 흡수하는 열량은 얼마인가? 얼음의 융해열은 $80\,cal/g$이다.

[답] $Q = m\,L_f = 800,000\,cal$

문제 21 $1,000kg$의 자동차가 $100km/h$로 달리고 있다. 이 차의 운동에너지를 이용하여 20^oC의 물을 100^oC로 끓인다고 할 때 몇 g을 끓일 수 있는가?

[답] $K = \frac{1}{2}mv^2 = 38,580J$이다. $Q = mc\Delta T$에서 $c = 4.2\,cal/g$이므로 $m = 1,148g$을 구할 수 있다.

문제 22 -10^oC인 얼음 $1kg$을 120^oC의 수증기로 만드는 데 필요한 열량을 구하라. 얼음과 수증기의 비열은 각각 $c_i = 0.488\,cal/g$, $c_s = 0.479\,cal/g$이다.

[답] $Q = mc_i \Delta T_i + mL_f + mc_w \Delta T_w + mL_v + mc_s \Delta T_s = 3.085 \times 10^6 J$

문제 23 어떤 사람이 $500kcal$의 햄버거를 먹었다. 이 햄버거의 에너지를 소비하기 위해 $60kg$의 바벨을 $2m$씩 들어 올리는 운동(역도의 용상)을 몇 회 해야 하는가? 또는 질량 $70kg$의 사람인 경우 이 열량을 소비하기 위해 올라야 하는 산의 높이는 얼마인가? 신진대사에 의해 소비되는 열량은 무시한다.

[답] $Q = 500kcal = 2.1 \times 10^6 J$이다. $60kg$의 바벨을 $2m$ 들어 올리는 데 필요한 에너지는 $U = mgh = 1{,}176J$이므로 $N = \frac{Q}{U} = 1{,}786$이다. 그리고 산을 오르는 경우 위치에너지의 증가가 열량과 같아야 하므로 $Q = mgh$에서 $h = 3{,}061m$이다.

문제 24 집에서 온수를 틀면 구리로 만든 파이프의 온도를 높이는 데도 에너지가 소모된다. 구리관의 질량이 $4kg$이라면 파이프의 온도를 20^oC에서 80^oC까지 증가시키는 데 소비되는 열량을 구하라. 이는 물 $1l$를 몇 도 올리는 열량에 해당되는가? 구리의 비열은 $380J/kg\,K$이다.

[답] $Q_{cu} = m_{cu} c_{cu} \Delta T_{cu} = 91{,}200J$이다. 이 열량이 물 $1l$의 온도를 높이는 데 사용된다면 $Q_{cu} = m_w c_w \Delta T_w$에서 $\Delta T_w = 22^oC$가 구해진다.

문제 25 욕조 안에 $60l$의 더운 물을 채우는 데 소비되는 전력은 몇 kWh인가? 물을 15^oC에서 40^oC까지 데워 욕조를 채운다고 한다.

[답] 필요한 열량은 $Q = m_w c_w \Delta T_w = 6.3 \times 10^6 J$이다. 그리고 $1kWh = 3.6 \times 10^6 J$이므로 Q는 $1.75\,kWh$에 해당된다.

문제 26 60^oC의 물 $200g$이 140^oC의 수증기로 되기 위해 흡수해야 하는 열량은 얼마인가? 물의 기화열은 $540\,cal/g$이고 수증기의 비열은 $2{,}020kJ/kg\,K$이다.

[답] $Q = mc_w \Delta T_w + mL_v + mc_s \Delta T_s = 5.03 \times 10^5 J$

문제 27 $300ml$의 물을 15^oC에서 끓는점까지 올리는 데 5분 걸리는 히터가 있다. 이 히터로 물 대신에 알코올 $400ml$를 15^oC에서 끓는점 79^oC까지 올리는 데 2분 20초가 걸렸다. 알코올의 비열을 구하라. 그리고 이 히터를 이용하여 $400ml$의 알코올을 모두 증발시키는 데 13분 20초가 걸렸다. 알코올의 기화열을 구하라. 알코올의 밀도는 $0.8g/cc$이다.

[답] $Q = m_w c_w \Delta T_w = 25,500\,cal$이므로 이 히터의 일률은 $P = \frac{Q}{t} = 85cal/s$이다. 알코올의 온도를 올리는 경우 $Q = m_{al} c_{al} \Delta T_{al} = Pt$에서 $t = 140s$이므로 $c_{al} = 0.581\,cal/g$을 얻는다. 그리고 기화열의 경우 $Q = mL_v = Pt$에서 $t = 800s$이므로 $L_v = 212.5\,cal/g$을 얻을 수 있다.

문제 28 $100\,W$의 히터로 어떤 용액 $200g$을 완전히 증발시키는 데 5분이 소요되었다. 이 용액의 기화열을 구하라.

[답] $Q = Pt = mL_v$에서 $L_v = 150J/g = 35.8cal/g$을 얻는다.

문제 29 열량계의 안쪽에는 질량 $50g$의 알루미늄으로 만든 통이 있다. 이 통 안에 물과 얼음의 혼합물 $95g$이 0^oC로 존재한다. $100g$의 알루미늄 덩어리를 100^oC로 가열한 후 열량계에 넣었더니 온도가 5^oC 오르는 것이 관찰되었다. 원래 있었던 얼음의 양을 구하라. 알루미늄의 비열은 $0.22cal/g^oC$이고 얼음의 융해열은 $80\,cal/g$이다.

[답] 알루미늄이 잃은 열량은 $Q = m_{al} c_{al} \Delta T_{al} = 2,090\,cal$이다. 그리고 원래의 얼음의 양을 y라고 두면 얼음의 융해열은 $Q_l = 80y$이다. 물이 얻은 열량은 $Q_w = m_w c_w \Delta T_w = 475\,cal$이고 알루미늄 통이 얻은 열량은 $Q_{Al} = m_{Al} c_{Al} \Delta T_{Al} = 55\,cal$이다. 따라서 $Q = Q_l + Q_w + Q_{Al}$에서 $y = 19.5\,g$을 구할 수 있다.

문제 30 10^oC의 물이 순간온수기 속에 들어가면 60^oC의 물이 되어 나온다. 유속은 초당 $10cc$이다. 온수기 히터가 제공해야 하는 일률을 구하라. 히터에 의해 공급되는 열은 모두 물의 온도를 높이는 데 사용하였다고 가정한다.

[답] 초당 $10g$의 물이 나오므로 $\Delta Q = mc\Delta T = 500\,cal$이다. $1cal = 4.184J$이므로 $2.092kW$이다.

문제 31 온도 20^oC인 $5g$의 금을 녹여서 완전히 액체로 만드는 데 필요한 열량을 구하라. 금의 비열은 $0.031cal/g^oC$이고 융해열은 $15\,cal/g$이다. 그리고 금의 녹는점은 $1,064^oC$이다.

[답] $\Delta Q = mc\Delta T + mL_f = 236.82\,cal$이다. 즉, $991J$이다.

문제 32 대기압에서 -10^oC의 얼음 $10g$을 녹여 최종적으로 130^oC의 수증기로 만들려고 한다. 필요한 열량을 구하라. 1기압에서 수증기의 비열은 $0.48cal/g^oC$이다. 얼음의 비열은 $0.5\,cal/g^oC$이다. 얼음의 융해열은 $80\,cal/g$이고 기화열은 $540\,cal/g$이다.

[답] $Q = mc\Delta T_i + mL_f + mc_w\Delta T_w + mL_v + mc_s\Delta T_s = 7{,}394cal$

문제 33 20^oC의 물 $30cc$을 냉동실에 넣었다. 이를 -10^oC의 얼음으로 만들기 위해 뽑아내야 하는 열량을 구하라. 얼음의 비열은 $0.5\,cal/g^oC$이다.

[답] $Q = mc_w\Delta T_w + mL_f + mc_i\Delta T_i = 3{,}150\,cal$

문제 34 석탄 $10g$을 태우면 물 $1{,}000cc$를 10^oC에서 50^oC로 데울 수 있음이 관찰되었다. $1g$의 석탄이 내는 열량은 얼마인가? 석탄 자체의 비열은 무시한다.

[답] 석탄 $10g$이 내는 열량은 $Q = mc\Delta T = 40{,}000cal$이다. 따라서 단위 g당 석탄이 내는 열량은 $4{,}000\,cal/g$이다.

문제 35 20^oC인 $1kg$의 철을 완전히 녹여 액체로 만들기 위해 필요한 열량을 구하라. 이 열량은 20^oC인 물 몇 cc를 100^oC 수증기로 만드는 데 필요한 열량과 동일한가? 철의 녹는 온도는 $1{,}535^oC$이고, 비열은 $0.11\,cal/g^oC$이며, 융해열은 $30\,cal/g^oC$이다.

[답] $Q = mc\Delta T + mL_f = 196{,}650\,cal$이다. 20^oC인 물 m_w를 100^oC 수증기로 만드는 데 필요한 열량은 $Q_w = m_w c_w \Delta T_w + m_w L_f^w$이므로 $Q_w = Q$로 두면 $m_w = 317g$이다. 따라서 $317cc$의 물을 수증기로 바꾸는 데 필요한 열량과 동일하다.

문제 36 그림과 같은 열량계가 있다. $800g$의 열량계에 20^oC의 물 $1{,}000\,cc$가 담겨 있다. 130^oC의 알루미늄 $500g$을 물속에 떨어뜨렸다. 최종온도는 30^oC였다. 열량계의 비열을 구하라. 열은 외부로 달아나지 않는다고 가정한다. 알루미늄의 비열은 $0.22\,cal/g^oC$이다.

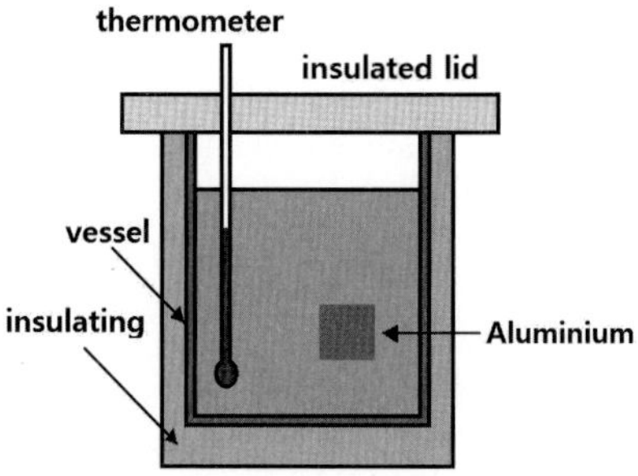

[답] $m_{al}c_{al}\Delta T_{al} = m_w c_w \Delta T_w + m_c c_c \Delta T_c$에서 $c_c = 0.125 cal/g^o C$이다.

문제 37 열량계는 구리 $300g$으로 만들어졌다. 열량계 속에 $500cc$의 물이 들어 있다. 온도를 측정해 보니 $20^o C$였다. 온도가 $150^o C$이고 질량이 $500g$인 금속을 열량계에 넣으니 최종적인 온도는 $50^o C$가 되었다. 구리의 비열은 $0.093 cal/g^o C$이다. 이 금속의 비열을 구하라.
[답] 금속이 잃은 열량은 물이 얻은 열량과 열량계가 얻은 열량의 합과 같다. 즉,

$$m_m c_m \Delta T_m = m_w c_w \Delta T_w + m_c c_c \Delta T_c$$

이다. 위 식에서 금속의 비열을 구하면 $c_m = 0.317 cal/g$이다.

문제 38 $200g$의 구리 통에 $100^o C$의 물 $500cc$가 담겨 있다. 이 구리 통에 $0^o C$의 얼음 몇 g을 넣어야 물의 온도가 $40^o C$가 되겠는가? 구리의 비열은 $0.093 cal/g^o C$이다.
[답] 얼음이 잃은 열량은 구리 통과 물이 얻은 열량과 동일하다. 즉,

$$m_i L_f + m_i c_w \Delta T_i = m_w c_w \Delta T_w + m_c c_c \Delta T_c$$

이다. 따라서 $m_i = 38.5 g$으로 구해진다.

문제 39 $100cc$ 커피의 온도가 $90^o C$이다. $0^o C$인 얼음 몇 g을 넣어야 커피의 온도가 $40^o C$로 떨어지는가? 커피의 비열은 물의 비열과 동일하다고 가정하고 주위(컵 등)로 열이 방출되지는 않는다고 한다.
[답] 얼음이 얻은 열량은 커피가 잃은 열량과 동일하다. 즉,

$$m_i L_f + m_i c_w \Delta T_{ice} = m_c c_w \Delta T_w$$

이다. 따라서 $m_i = 41.7g$으로 구해진다.

문제 40 질량 200g의 구리 통으로 된 열량계가 있다. 열량계 안에는 20^oC의 물 400cc가 들어 있다. 온도 0^oC인 100g의 얼음을 열량계에 넣었다. 물의 최종온도는 얼마인가? 구리의 비열은 0.093cal/g^oC이다.

[답] 최종온도가 0^oC 이상이라고 가정하면 얼음은 모두 녹는다. 얼음이 얻은 열량은 열량계와 물의 온도를 내린다. 즉, 얼음이 얻은 열량과 물과 열량계가 잃은 열량은 같으므로

$$m_i L_f + m_i c_w \Delta T_i = m_c c_c \Delta T_c + m_w c_w \Delta T_w$$

이다. 최종온도를 T라고 두면 $\Delta T_i = T$이고 $\Delta T_w = \Delta T_c = T - 20$이다. 값들을 대입하면 $T = 0.89^oC$를 구할 수 있다.

문제 41 75^oC인 알코올 500g을 30^oC인 물 500g이 담긴 유리그릇(유리그릇의 질량은 300g이고 유리의 비열은 $c_g = 0.14\, cal/g^oC$)에 넣었다고 하자. 알코올과 물 혼합물의 온도가 46^oC였다고 할 때 알코올의 비열은 얼마인가?

[답] 알코올이 잃은 열량은 물과 유리그릇이 얻은 열량과 같으므로

$$m_{al}\, c_{al}\, \Delta T_{al} = m_g\, c_g\, \Delta T_g + m_w\, c_w\, \Delta T_w$$

에서 $c_{al} = 0.598\, cal/g^oC$를 구할 수 있다.

문제 42 온도가 80^oC인 뜨거운 커피 100cc에 얼음을 넣어 0^oC인 냉커피를 만들려고 하면 얼음을 몇 g 넣어야 하나? 커피의 밀도는 1g/cc로 가정한다.

[답] 커피가 필요한 열량은 $Q = m_w c_w \Delta T_w = 8{,}000\, cal$이다. 얼음의 융해열은 80$cal/g$이므로 이 열량을 주는 얼음의 양은 $m_i = \frac{Q}{L_f} = 100g$이다.

문제 43 5kg의 얼음이 바닥에서 미끄러진다. 2m/s의 속도인 얼음이 멈추기까지 마찰열에 의해 녹는 얼음의 양은 얼마인가?

[답] 얼음의 운동에너지의 변화는 $\Delta K = \frac{1}{2}mv^2 = 10J$이고 이 에너지가 얼음을 녹이는 데 모두 사용되

었다면 $m_i = \frac{\Delta K}{L_f} = 0.03g$이다.

문제 44 은으로 만든 $2g$의 총알이 단열이 잘된 벽에 $230m/s$의 속도로 날아와 박혔다. 총알의 온도는 몇 도 상승하였겠는가? 은의 비열은 $235J/kg\,K$이다.

[답] $K = \frac{1}{2}mv^2 = 52.9J$이다. $Q = mc\Delta T$와 $K = Q$에서 $\Delta T = 112.6^oC$이다.

문제 45 얼음 $60g$을 질량이 $300g$인 구리 컵에 담긴 $200cc$인 물속에 넣었다. 물과 구리 컵의 온도는 60^oC였다. 얼음이 완전히 녹은 후의 평형온도를 구하라. 구리의 비열은 $390J/kg\,K$이다.

[답] 최종온도를 T라고 두면 얼음이 얻은 열량은 $Q_i = m_iL_f + m_ic_w T$이고 물과 구리 컵이 잃은 열량은 $Q_s = (m_{cu}c_{cu} + m_wc_w)(60 - T)$이다. 따라서 $Q_i = Q_s$에서 $T = 0.15^oC$이다.

문제 46 -10^oC인 얼음 $100g$을 80^oC인 물 $300cc$에 넣을 경우 최종온도는 얼마인가? 얼음의 비열은 $0.5cal/g$이다.

[답] 최종온도를 T라고 두면 얼음이 얻은 열량은 $Q_i = m_ic_i\Delta T + m_iL_f + m_ic_wT$이고 물이 잃은 열량은 $Q_w = m_wc_w(80 - T)$이다. $Q_i = Q_w$에서 $T = 38.75^oC$를 얻는다.

문제 47 100^oC인 물 $50ml$가 단열이 잘된 컵에 담겨 있다. 물의 온도를 20^oC로 만들기 위해 넣어야 하는 얼음은 몇 g인가?

[답] 물이 20^oC가 될 때 잃는 열량은 $Q_w = m_wc_w\Delta T_w = 16,800J$이다. 컵에 넣은 얼음이 x그램이라면 얼음이 얻는 열량은 $Q_i = x\,L_f + x\,c_w\,\Delta T = 420x$이다. $Q_i = Q_w$에서 $x = 408\,g$을 얻을 수 있다.

문제 48 납에 $500J$의 열을 공급하였을 때 온도 변화는 12^oC였다. 동일한 열이 동일한 질량의 구리에 주어지면 구리의 온도 변화는 얼마이겠는가? 납과 구리의 비열은 각각 $0.13\,J/kg\,K$, $0.39\,J/kg\,K$이다.

[답] $Q_{pb} = m\,c_{pb}\Delta\,T_{pb}$에서 $m = 320g$이 구해진다. 따라서 $Q_{pb} = mc_{cu}\,\Delta\,T_{cu}$에서 $\Delta\,T_{cu} = 4^oC$이다.

5-3. 이상기체, 기체의 내부에너지, 열역학 제1법칙

문제 49 30^oC에서 산소기체의 평균속도를 구하라.

[답] $K=\frac{1}{2}mv_{ave}^2=\frac{3}{2}kT$에서 $v_{ave}=\sqrt{\frac{2kT}{m}}=\sqrt{\frac{3RT}{mN_A}}=\sqrt{\frac{3RT}{M}}$로 주어진다. 여기서 $k=\frac{R}{N_A}$, $mN_A=M$을 이용하였다. 주어진 값들을 대입하면 $v_{ave}=486\,m/s$이다.

문제 50 STP 상태(0^oC, 1기압)에서 $1mole$의 기체가 차지하는 부피는 얼마인가?

[답] $PV=nRT$에서 $V=\frac{nRT}{P}=0.0224\,m^3=22.4\,l$이다.

문제 51 상온($300K$)에서 공기 $1cc$ 안에 존재하는 분자의 수를 구하라. 분자 사이의 거리는 얼마인가? Boltzman 상수는 $k=1.38\times10^{-23}\,J/K$이다.

[답] $PV=NkT$에서 $N=\frac{PV}{kT}=2.45\times10^{19}$이다. 분자 사이의 거리는 $N=\frac{V}{a^3}=2.45\times10^{19}$에서 $a=3\times10^{-9}\,m$로 구해진다. 여기서 $V=1\,cc$를 사용하였다.

문제 52 진공펌프로 공기를 뽑아내어 챔버(chamber) 안의 압력을 $10^{-6}\,Torr$로 만들었다. 이때 $1cc$ 안에 있는 공기의 분자 수는 얼마인가? 온도는 상온이다.

[답] $N=\frac{PV}{kT}=3.2\times10^{10}$이다. 여기서 압력단위에서 $1\,Torr=133\,Pa$을 사용하였다.

문제 53 상온에서 $100l$의 고압산소통에 계기압 150기압의 산소가 들어 있다. 산소통 안에 있는 산소의 질량을 구하라.

[답] $PV=nRT$에서 $n=\frac{PV}{RT}=613.6\,mole$이다. 여기서 산소통의 계기압이 150기압이면 산소통의 압력은 151기압이라는 것을 이용하였다. 산소의 질량은 $m=nM=19.6\,kg$이다. 여기서 $M=32\,g/mole$을 사용하였다.

문제 54 어떤 기체의 부피가 상온에서 $100l$이다. 압력을 일정하게 유지한 채 이 기체의 온도를 100^oC로 올릴 경우 부피는 얼마인가?

[답] $PV=nRT$에서 P가 일정하므로 $\frac{T_i}{V_i}=\frac{T_f}{V_f}$에서 $V_f=124l$가 구해진다.

문제 55 어떤 기체의 부피가 상온에서 $100l$이다. 그리고 기체의 압력은 100기압이다. 이 기체를 1기압, 50^oC로 팽창시켰을 때 부피를 구하라.

[답] 기체의 수는 일정하므로 $PV = nRT$에서 $\frac{P_iV_i}{T_i} = \frac{P_fV_f}{T_f}$이고 $V_f = 10,767\,l$이다.

문제 56 자동차 타이어의 부피는 $6,000\,cc$이다. 상온에서 타이어의 압력은 2기압이다. 몇 $mole$의 기체가 타이어 안에 있는가? 자동차를 운전한 후 타이어의 온도가 45^oC가 되었다면 압력은 얼마인가?

[답] $PV = nRT$에서 $n = \frac{PV}{RT} = 0.49\,mole$이다. 기체의 수와 부피가 일정하므로 $\frac{P_f}{P_i} = \frac{T_f}{T_i}$이다. 따라서 $P_f = 2.12$기압이 된다.

문제 57 반경 $10cm$인 실린더에 온도 80^oC인 $0.5\,mole$의 기체가 들어 있다. 실린더 바닥에서 높이 $30cm$에 있는 피스톤에 미치는 기체들의 힘을 구하라.

[답] 실린더의 부피는 $V = \pi r^2 h = 9.42 \times 10^{-3}m^3$이다. $P = \frac{nRT}{V} = 1.56 \times 10^5\,Pa$이고 피스톤에 미치는 힘은 $F = PA = 4,898N$이다.

문제 58 실린더에 $0.5\,mole$의 산소기체가 들어 있다. 피스톤을 고정시키고 $1,000J$의 열이 주어졌을 때 온도 변화를 구하라. 그리고 피스톤이 자유롭게 움직이도록 한 등압과정에서의 온도 변화는 얼마인가? 산소의 정적비열은 $c_V = 20.8\,J/mole\,K$이다.

[답] 등적과정에서의 온도 변화는 $Q = nc_V\Delta T$에서 $\Delta T = 96K$이고 등압과정에서의 온도 변화는 $Q = nc_P\Delta T = n(c_V + R)\Delta T$에서 $\Delta T = 69K$이다.

문제 59 $0.6\,mole$의 단원자 이상기체($c_V = 12.5\,J/mole\,K$, $c_P = 20.8\,J/mole\,K$)가 1기압 상태에서 등압적으로 $10l$에서 $30l$로 팽창하였다. 처음상태와 나중상태의 온도를 구하라. 이 과정에서 기체가 한 일을 구하라. 이 과정에서 기체에 유입된 열량은 얼마인가? 그리고 내부에너지 변화를 구하라.

[답] 처음과 나중의 온도는 $T_i = \frac{P_iV_i}{nR} = 203K$, $T_f = \frac{P_fV_f}{nR} = 610K$로 구해진다. 기체가 한 일과 유입된 열은 각각 $W = P\Delta V = 2,026J$, $Q = nc_P\Delta T = 5,079J$이다. 그리고 열역학 제1법칙에서 $\Delta U = Q - W = 3,053J$이다.

문제 60 $3kg$의 수소가 STP 상태에서 등압적으로 체적이 2배로 팽창한다. 수소기체의 등적비열은 $c_V = 10\,kJ/kg\,K$이다. (a) 기체의 최종온도는 얼마인가? (b) 기체가 팽창할 때 한 일은 얼마인가? (c) 기체의 내부에너지의 변화는 얼마인가? (d) 기체에 유입된 열은 얼마인가?

[답] (a) $\frac{P_1 V_1}{T_1} = \frac{P_2 V_2}{T_2}$에서 $P_1 = P_2$이고 $T_1 = 273\,K$이므로 $T_2 = T_1 \frac{V_2}{V_1} = 546K$이다.

(b) STP 상태에서 $1kmole$의 부피는 $22.4\,m^3$이다. 수소분자(H_2) $1mole$은 $2g$이므로 $3kg$의 수소기체는 $1.5\,kmole$이다. 따라서 부피는 $V_1 = 33.6\,m^3$이다. 그리고 기체가 한 일은 $\Delta V = 33.6\,m^3$이므로 $W = P\Delta V = 3.4MJ$이다.

(c) 등압상태에서 수소기체의 온도가 $273K$ 증가했으므로 계에 유입되는 열량은 $\Delta Q = nc_P \Delta T = n(c_V + R)\Delta T = 11.59MJ$이다. 여기서 $c_P = c_V + R = 28.3J/mole\,K$를 사용하였다. 따라서 열역학 제1법칙에서 내부에너지 변화는 $\Delta U = \Delta Q - W = 8.2MJ$과 같이 구해진다.

(d) 위에서 계산하였듯이 $\Delta Q = 11.59\,MJ$이다.

문제 61 $100\,m^3$의 공간에 산소가 채워져 있다. 온도는 $300K$이고 압력은 1기압이다. 주어진 열이 모두 산소의 온도를 높이는 데 사용되었다고 가정할 때 정적상태와 정압상태에서 온도를 $1\,^oC$ 올리는 데 필요한 열량을 각각 구하라. 산소의 정적비열은 $0.65\,J/g\,K$이다.

[답] 산소의 $mole$ 수를 구해 보자. $n = \frac{PV}{RT} = 4{,}063\,mole$이다. 단위 $mole$당 비열을 구해야 한다. 즉, $c_V = c_V{}' M = 20.8J/mole\,K$이다. 여기서 M은 분자량으로서 산소는 $32\,g/mole$이다. 따라서 $R = 8.31\,J/mole\,K$이므로 $c_P = c_V + R = 29.11\,J/mole\,K$이다. 정적상태에서 온도를 높일 경우 필요한 열량은 $Q_V = n\,c_V \Delta T = 84{,}510J$이다. 그리고 정압상태에서 온도를 높일 경우 필요한 열량은 $Q_P = n\,c_P \Delta T = 118{,}284J$이다.

문제 62 $1mole$의 수소가 STP 상태에서 용기에 갇혀 있다. 기체의 압력을 2배로 만들기 위해 외부에서 공급해야 되는 열량은 얼마인가? 수소의 비열은 $c_V = 2.4\,cal/g\,K$이다.

[답] 압력이 2배로 바뀌므로 $P_1 V_1 = nRT_1$에서 $(2P_1)V_1 = nRT_2$로 변한다. 따라서 $T_2 = 2T_1$이다. 단위 $mole$당 비열을 구해야 한다. 즉, $c_V = c_V{}' M = 4.8\,cal/mole K$이다. 여기서 M은 분자량으로서 수소는 $2\,g/mole$이다. 따라서 $Q = nc_V \Delta T = 1{,}310\,cal$이다.

문제 63 CO_2 기체($\gamma = 1.3$)가 단열적으로 1기압 상태에서 부피가 2배로 팽창하였다. 최종압력은 얼마인가?

[답] 단열과정에서는 $P_1 V_1^{\gamma} = P_2 V_2^{\gamma}$이다. 따라서 $P_2 = 1/2^{\gamma} = 0.4$기압이다.

문제 64 단원자 기체 1.5 $mole$이 단열적으로 팽창하여 7,500J의 일을 하였다. 이 과정 동안 온도 변화를 구하라.

[답] 단열과정이므로 $Q = 0$이다. 열역학 제1법칙 $\Delta U = Q - W = -W = -7,500J$이다. 따라서 $\Delta T = \frac{2}{3}\frac{\Delta U}{nR} = -400K$이다. 즉, 온도가 $400K$ 감소하였다.

문제 65 질소기체 $1mole$을 $10^{o}C$에서 $40^{o}C$로 정적상태 및 정압상태에서 온도를 올리는 데 필요한 열량은 얼마인가? 두 경우 내부에너지의 변화는 얼마인가? 질소의 정적비열은 $0.74\,J/g\,K$이다.

[답] $mole$당 비열을 구하면 $c_V = c_V' M = 20.72\,J/mole\,K$이다. 여기서 M은 분자량으로서 질소는 $28\,g/mole$이다. 그리고 $R = 8.31\,J/mole\,K$이므로 $c_P = c_V + R = 29.03\,J/mole\,K$이다. 따라서 정압과 정적상태에서 필요한 열량은 각각 $Q_V = nc_V \Delta T = 621J$, $Q_P = nc_P \Delta T = 871J$과 같이 구해진다. 이원자($N_2$) 이상기체의 내부에너지는 $U = nc_V T = \frac{5}{2}nRT$이므로 정적과 정압상태 모두 $\Delta U = \frac{5}{2}nR\Delta T = 623\,J$이다. 정적상태에서는 외부에 일을 하지 않는 반면에 등압상태에서는 외부에 일을 한다. 이때 외부에 한 일의 양은 $W_P = Q_P - \Delta U = 248\,J$이다.

문제 66 피스톤이 있는 실린더에 $100^{o}C$의 물 200cc가 들어 있다. 등압적(1기압)으로 이 물이 모두 $100^{o}C$인 수증기로 변할 때 내부에너지 변화를 구하라. 수증기의 밀도는 $0.6\,g/cc$이다.

[답] 필요한 열의 유입은 $Q = mL_v = 4.536 \times 10^5 J$이다. 그리고 이 과정 동안 등압적으로 한 일은 $W = P\Delta V = 3.37 \times 10^4 J$이다. 여기서 ΔV는 물의 부피, $V_w = 2 \times 10^{-4} m^3$와 수증기의 부피, $V_v = 0.333m^3$를 이용하여 구하였다. 따라서 내부에너지 변화는 $\Delta U = Q - W = 4.2 \times 10^5 J$이다.

문제 67 단원자 이상기체 ($\gamma = 1.67$)가 가역적으로 팽창하여 처음압력의 $\frac{1}{3}$이 되었다. 등온과정과 단열과정에서 나중부피와 처음부피의 비를 각각 구하라.

[답] 등온과정에서 $PV =$일정이다. 따라서 $\frac{V_f}{V_i} = \frac{P_i}{P_f} = 3$이고, 단열과정에서는 $PV^{\gamma} =$일정이므로

$\frac{V_f}{V_i}=\left(\frac{P_i}{P_f}\right)^{1/\gamma}=1.9$이다.

문제 68 이상기체에서 단열적으로 P_1, V_1에서 P_2, V_2로 변할 때 하는 일을 구하라. 그리고 단열적으로 T_1에서 T_2로 변할 때 하는 일을 구하라.

[답] 단열적으로 P_1, V_1에서 P_2, V_2로 변할 때 하는 일은

$$W=\int_{V_1}^{V_2} P\,dV=C\int_{V_1}^{V_2}\frac{dV}{V^\gamma}=\frac{C}{\gamma-1}\left(\frac{1}{V_1^{\gamma-1}}-\frac{1}{V^{\gamma-1}}\right)=\frac{P_1V_1-P_2V_2}{\gamma-1}$$

로 주어진다. 여기서 $PV^\gamma=C$과 $P_1V_1^\gamma=P_2V_2^\gamma$을 이용하였다. 그리고 단열적으로 T_1에서 T_2로 변할 때 하는 일은 $W=nc_V\int_{T_1}^{T_2}dT=nc_V(T_1-T_2)$이다. 여기서 제1법칙 $Q=\Delta U+W=0$에서 $W=-\Delta U=nc_V\Delta T$를 이용하였다.

문제 69 질소 $14g$이 등온적으로 팽창하여 부피가 2배로 늘었다. 온도는 20^oC이다. 이 등온과정에서 기체가 한 일을 구하라.

[답] $W=\int_{V_i}^{V_f}PdV=nRT\int_{V_i}^{V_f}\frac{dV}{V}=nRT\ln\left(\frac{V_f}{V_i}\right)=844J$

문제 70 STP 상태에 있는 헬륨 $10l$가 등압적으로 부피가 $6l$가 될 때까지 압축되었다. 온도 변화를 구하라. 헬륨에서 빠져나온 열량을 구하라. 헬륨의 비열은 $3.1\,J/g\,K$이다.

[답] $\frac{P_1V_1}{T_1}=\frac{P_2V_2}{T_2}$에서 $P_1=P_2$이므로 $T_2=163.8K$를 구할 수 있다. 헬륨의 $mole$ 수를 구해보면 $n=\frac{P_1V_1}{RT_1}=0.447mole$이다. 그리고 $mole$당 비열은 $c_V=c_V{}'M=12.4\,J/mole\,K$이다. 여기서 M은 분자량으로서 헬륨은 $4\,g/mole$이다. $\Delta Q=nc_P\Delta T=n(c_V+R)\Delta T=-1{,}010\,J$이다. 열이 외부로 빠져나갔다.

문제 71 STP 상태에 있는 이상기체가 등온적으로 $30l$에서 $10l$로 압축되었다. 기체에서 빠져나온 열을 구하라.

[답] 등온이므로 $\Delta U=0$이다. 따라서 $\Delta Q=W$이다. 즉, 기체에 주어진 일(음의 부호)은 모두 열로 빠져나온다(음의 열). 등온상태에서 한 일은

$$W = nRT\ln\frac{V_2}{V_1} = P_1 V_1 \ln\frac{V_2}{V_1} = -3,339J$$

이다. 음의 부호이므로 외부에서 기체에 일을 해 주었다. 열도 $\Delta Q = W = -3,369J$이다. 음의 부호이므로 기체에서 빠져나오는 열이다.

문제 72 이상기체의 부피가 단열적으로 2배 증가하였다. 이 과정 동안 기체는 외부에 $100J$의 일을 해 주었다. 기체의 내부에너지의 변화는 무엇인가? 그리고 기체에서 빠져나오는 열은 얼마인가?
[답] 단열과정이므로 $\Delta Q = 0$이다. 따라서 $\Delta U = -W = -100J$이다. 내부에너지 변화가 음이므로 내부에너지가 감소하였다. 즉, 팽창에 의해 기체의 온도가 내려갔다.

문제 73 풍선이 부풀면서 $100J$의 열을 흡수했다. 부푸는 동안 온도의 변화가 없었다면 풍선을 부풀게 하는 데 사용한 일은 얼마인가?
[답] $\Delta U = 0$이므로 열역학 제1법칙에서 $W = Q = 100J$이다.

문제 74 $500g$의 질량을 가진 알루미늄에 드릴(drill)로 구멍을 뚫었다. 이 작업에 의해 알루미늄의 온도가 3^oC 올랐다면 드릴이 한 일은 얼마인가? 이 과정 동안 외부에서 열의 유입은 없었다. 알루미늄의 비열은 $900J/kg\,K$이다.
[답] $Q = 0$이므로 열역학 제1법칙에서 $W = \Delta U = mc\Delta T = 1,350J$이다.

문제 75 어떤 사람이 질량 $50kg$의 해머로 속도 $5m/s$로 $2kg$의 납판을 내려쳤다. 납의 온도가 2^oC 증가함이 관찰되었다. 에너지 보존칙을 설명하라. 납의 비열은 $130\,J/kg\,K$이다.
[답] $K = \frac{1}{2}mv^2 = 625J$이고 $\Delta U = mc\Delta T = 520J$이다. 따라서 운동에너지 $625J$ 중에 일부는 납의 내부에너지를 올리는 데 사용되었고 나머지는 외부(소리에너지 등)로 달아났다.

문제 76 $2,000kg$의 자동차가 $60km/h$로 달리다가 브레이크를 작동하여 멈추었다. 브레이크는 $30kg$의 알루미늄으로 되어 있다. 모든 에너지가 브레이크에 전달된다고 할 때 브레이크의 온도 변화는 얼마인가? 알루미늄의 비열은 $900J/kg\,K$이다.
[답] 자동차의 운동에너지가 모두 브레이크의 온도를 올리는 데 사용되었다. 자동차의 운동에너지

는 $K=\frac{1}{2}mv^2=2.78\times10^5 J$이므로 $\Delta U=mc\Delta T=K$에서 $\Delta T=10.3^oC$이다.

문제 77 산소기체 $16g$이 실린더에 들어 있다. 산소기체의 정적비열과 정압비열은 각각 $c_V=12.5\,J/mole\,K$, $c_P=20.8\,J/mole\,K$이다. 등압적(1기압)으로 부피가 $10l$에서 $30l$로 팽창하였다. 그 후 피스톤을 고정시킨 채 가열하니 압력이 2배가 되었다. 처음온도와 나중온도를 구하라. 이 과정 동안 기체가 한 일을 구하라. 기체에 유입 또는 유출되는 열을 구하라. 내부에너지 변화를 구하라.

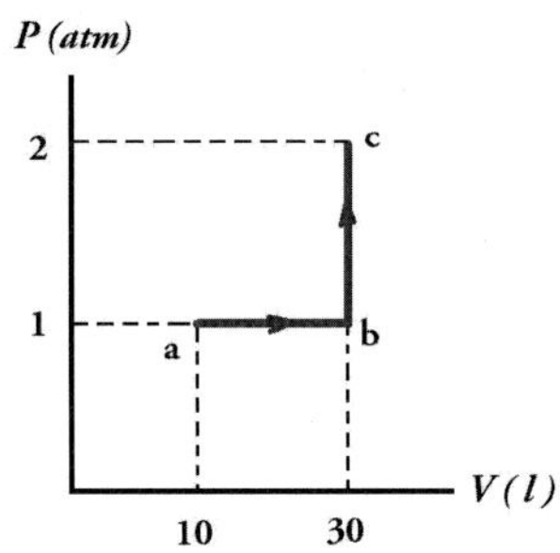

[답] $PV=nRT$에서 $T_a=244K,\ T_b=731K,\ T_c=1,463K$를 구할 수 있다. 각 과정 동안 기체가 흡수하는 열은 $Q_{ab}=nc_P\Delta T_{ab}=5,065J,\ Q_{bc}=nc_V\Delta T_{bc}=4,575J$이다. 기체가 하는 일은 $W_{ab}=P\Delta V_{ab}=2,026J,\ W_{bc}=0$을 얻는다. 내부에너지의 변화는 $\Delta U_{abc}=Q-W=7,614J$이다.

문제 78 이상기체인 이원자(diatomic) 기체 $0.4\,mole$이 있다. 이 기체는 천천히(가역적으로) 상태 a에서 상태 b, 그리고 상태 b에서 상태 c를 거쳐서 원래의 상태 a로 돌아오는 순환과정을 거친다. 경로 ab는 등온과정이다. 기체의 정적비열은 $c_V=20.80\,J/mole\,K$이고 정압비열은 $c_P=29.11\,J/mole\,K$이다. 기체상수는 $R=8.31\,J/mole\,K$이다. (a) 상태 a, b, c의 온도를 구하라. (b) 과정 ab, bc, ca에서의 내부에너지 변화를 구하라. (c) 과정 ab에서 기체가 한 일을 구하라. (d) 순환과정 abcd 동안 전체 일은 얼마인가? (e) 과정 ab에서 얼마의 열이 유입 또는 유출되었는가? (f) 순환과정에서 열역학 제1법칙이 만족됨을 보여라.

[답] (a) 상태 a에 이상기체 상태방정식을 이용하면 $T_a=\frac{P_aV_a}{nR}=601.68K$를 구할 수 있다. 과정 ab는 등온과정이므로 $T_b=601.68K$이다. 상태 c의 온도는 $T_c=150.42K$이다.

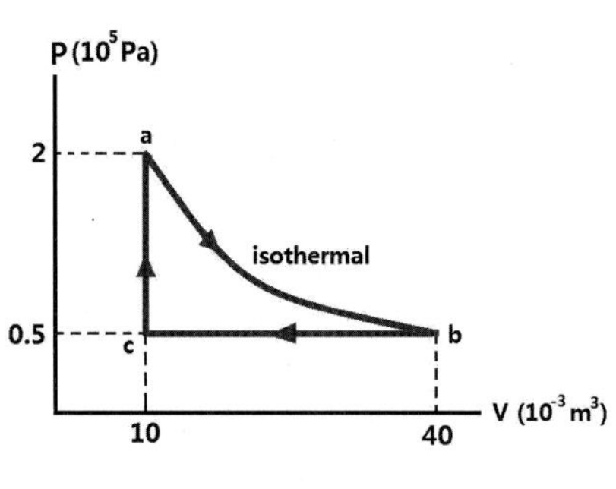

(b) ab과정은 등온과정이므로 온도의 변화가 없다. 따라서 $\Delta U_{ab}=0$이다. bc과정은 등압과정이다. bc과정에 열역학 제1법칙을 적용하면 $\Delta U_{bc}=Q_{bc}-W_{bc}$이고

$$Q_{bc} = nc_p \Delta T_{bc} = -5254.47J, \quad W_{bc} = P\Delta V_{bc} = -1,500J$$

이다. 따라서 $\Delta U_{bc} = Q_{bc} - W_{bc} = -3,754.47J$이다. ca과정은 등적과정이다. 이에 따라 이 과정 동안 기체가 하는 일은 없다. 즉, $W_{ca} = 0$이다. 따라서

$$\Delta U_{ca} = Q_{ca} - W_{ca} = Q_{ca} \rightarrow \therefore \Delta U_{ca} = Q_{ca} = nc_V \Delta T_{ca} = 3,754.47J$$

이다. 순환과정에서 $\Delta U_{abca} = 0$임을 확인할 수 있다.

(c) ab과정은 등온과정이다. 이 과정 동안 기체가 한 일은

$$W_{ab} = \int_a^b PdV = \int_a^b \frac{nRT}{V} dV = nRT_a \ln \frac{V_b}{V_a} = 2,772.57\,J$$

이다.

(d) $W_{cycle} = W_{ab} + W_{bc} + W_{ca} = W_{ab} + W_{bc} = (2,772.57J) + (-1,500J) = 1,272.57J$이다.

(e) $\Delta U_{ab} = Q_{ab} - W_{ab}$에서 ab과정이 등온과정이므로 $\Delta U_{ab} = 0$이다. 따라서 $Q_{ab} = W_{ab} = 2,772.57J$이다. Q값이 양이므로 기체가 열을 흡수한다.

(f) 순환과정 동안 기체가 한 일은 (d)에서 $W_{cycle} = 1,272.57J$이다. 그리고 순환과정 동안 기체가 흡수한 열은 $Q_{cycle} = Q_{ab} + Q_{bc} + Q_{ca} = 1,272.57J$이다. $\Delta U_{cycle} = 0$이므로 열역학 제1법칙이 만족됨을 볼 수 있다.

문제 79 $0.5\,mole$의 단원자 이상기체가 그림과 같은 순환과정을 거친다. 기체의 정적비열은 $c_V = 12.5\,J/mole\,K$이고 정압비열은 $c_p = 20.8\,J/mole\,K$이다. 다음을 구하라.

(a) a, b, c 위치에서의 온도를 구하라. (b) ab과정에서 기체가 한 일, 내부에너지 변화, 유입 또는 유출되는 열량 등을 구하라. (c) bc과정에서 기체가 한 일, 내부에너지 변화, 유입 또는 유출되는 열량 등을 구하라. (d) ca과정에서 기체가 한 일, 내부에너지 변화, 유입 또는 유출되는 열량 등을 구하라. (e) 순환과정 동안 기체가 한 일, 내부에너지 변화, 유입 또는 유출되는 열량 등을 구하고 열역학 제1법칙이 맞는지 확인하라.

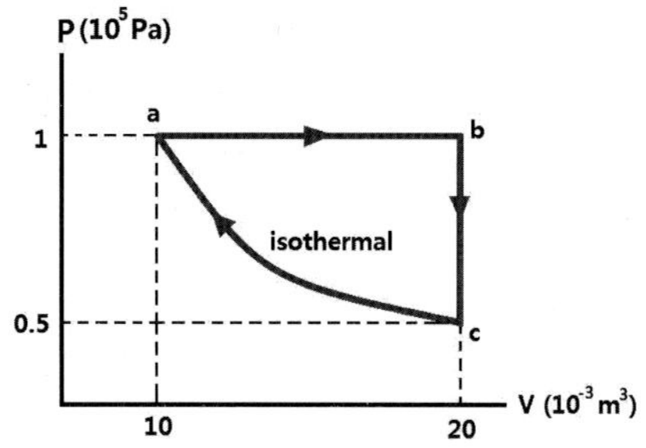

[답] (a) 이상기체 상태방정식, $PV = nRT$를 이용하면 $T_a = 241K$, $T_b = 482K$, $T_c = 241K$를 얻을 수 있다. 과정 ac는 등온과정이므로 $T_a = T_c$이다.

(b) ab과정은 등압과정이므로 이 과정에서 기체가 한 일은 $W_{ab} = P\Delta V_{ab} = 1{,}000J$이다. 그리고 내부에너지 변화는 $\Delta U_{ab} = nc_P \Delta T_{ab} = 2{,}506J$이다. 그리고 열역학 제1법칙에서

$$Q_{ab} = \Delta U_{ab} + W_{ab} \ \rightarrow \Delta U_{ab} = Q_{ab} - W_{ab} = 1{,}506J$$

이다.

(c) bc과정은 등적과정이므로 기체가 하는 일은 없다. 따라서 $W_{bc} = 0$이다. 그리고 이 과정에서 $Q_{bc} = nc_V \Delta T_{bc} = -1{,}506J$과 같이 열이 기체로 유입된다. 열역학 제1법칙에서

$$\Delta U_{bc} = Q_{bc} - W_{bc} = -1{,}506J$$

을 얻는다.

(d) ca과정은 등온과정이다. 등온과정에서 기체가 한 일은

$$W_{ca} = \int_c^a PdV = nRT_c \int_c^a \frac{dV}{V} = nRT_c \ln \frac{V_a}{V_c} = -693J$$

이다. ca과정은 등온과정이므로 내부에너지 변화는 없다. $\Delta U_{ca} = 0$이다. 열역학 제1법칙에서

$$Q_{ca} = \Delta U_{ca} + W_{ca} = -693\,J$$

이다.

(e) 순환과정에서 기체가 한 일은 $W_{cycle} = W_{ab} + W_{bc} + W_{ca} = 307\,J$이다. 순환과정이므로 $\Delta U_{cycle} = 0$이고 $Q_{cycle} = Q_{ab} + Q_{bc} + Q_{ca} = 307J$이므로 열역학 제1법칙이 만족됨을 볼 수 있다.

문제 80 압력이 2기압인 부피 $1l$의 이상기체가 등온적으로 팽창하여 부피가 2배로 되었다. 그 후 일정한 압력 하에서 원래의 부피로 압축되었다. 그리고 다시 등온적으로 압축되어 원래의 압력으로 돌아갔다고 한다. (a) 전체 과정을 통해 기체에 행해진 일의 양은 얼마인가? (b) 등온과정에서 발생한 내부에너지의 변화는 얼마인가? (c) 등압과정에서 $50J$의 열이 빠져나갔다고 할 때 이 과정에서 생긴 내부에너지 변화는 얼마인가?

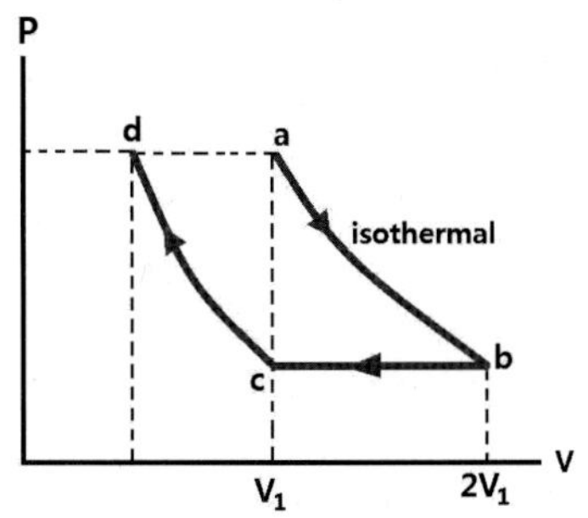

[답] (a) a지점은 2기압이므로 $P_a = 2.026 \times 10^5 N/m^2$이다. 그리고 $V_a = 1l = 10^{-3} m^3$이다. 따라서 ab과정에서 기체가 한 일은

$$W_{ab} = \int_{V_a}^{V_b} P dV = \int_{V_a}^{V_b} \frac{nRT}{V} dV = nRT_a \ln\left(\frac{V_b}{V_a}\right) = P_a V_a \ln\left(\frac{V_b}{V_a}\right) = 140.44J$$

이다. 그리고 ab과정은 등온과정이므로 $nRT = P_a V_a = P_b V_b = P_b(2V_a)$에서 $P_b = \frac{1}{2}P_a$이다. 이를 이용하면 bc과정에서 기체가 한 일은

$$W_{bc} = P_b \Delta V_{bc} = \frac{1}{2} P_a (V_a - 2V_a) = -101.3J$$

과 같이 구해진다. 그리고 cd과정에서 기체가 한 일은 등온과정이므로

$$W_{cd} = nRT_c \int_{V_c}^{V_d} \frac{dV}{V} = P_c V_c \ln\left(\frac{V_d}{V_c}\right) = P_c V_c \ln\left(\frac{P_c}{P_d}\right) = -70.22J$$

과 같다. 여기서 cd과정이 등온과정이므로 $P_c V_c = P_d V_d = nRT$를 이용하였다. 그리고 $P_c = P_b = \frac{P_a}{2} = 1$기압이고 $P_d = P_a$이다. 또한 $V_c = 1l$이다. 등온압축이어서 기체가 외부로부터 일을 받았으므로 일의 부호는 마이너스이다. 따라서 전 과정에서 기체가 한 일은 $W = W_{ab} + W_{bc} + W_{ca}$ $31.08J$이다.

(b) 이상기체의 내부에너지는 온도에만 의존한다. 등온과정에서 온도 변화가 없으므로 내부에너지는 변화가 없다. 즉, $\Delta U = 0$이다.

(c) 열역학 제1법칙은 $\Delta U_{bc} = Q_{bc} - W_{bc}$로 주어진다. 여기서 Q_{bc}는 기체에 유입된 열의 양을

나타내고 W_{bc}는 기체가 한 일이다. 따라서 $Q_{bc}=-50J$이고 $W_{bc}=-101.3J$이다. 여기서 등압압축과정에서 외부에서 기체에 일이 행해졌으므로 일의 부호는 마이너스이다. 따라서 내부에너지의 변화는 $\Delta U_{bc}=51.3J$이다.

문제 81 $0.5mole$의 이상기체가 그림과 같이 a에서 시작하여 화살표 방향의 과정을 거쳐 다시 a로 되돌아온다. 이 순환과정에서 (a) 내부에너지의 변화, (b) 기체가 한 일, (c) 외부에서 기체로 유입되는 열량을 구하라.

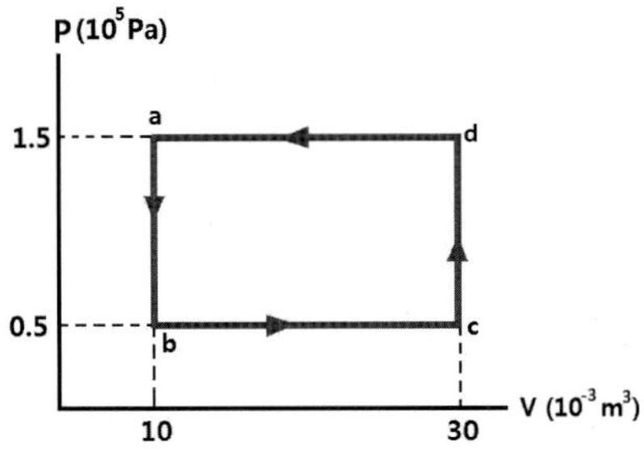

[답] (a) 순환과정이므로 내부에너지의 변화는 없다. 즉, $\Delta U=0$이다.

(b) ab와 cd과정은 등적과정이므로 일을 하지 않는다. bc과정에서 한 일은 $W_{bc}=P_b\Delta V_{bc}=1,000J$이고 da과정에서 한 일은 $W_{da}=P_d\Delta V_{da}=-3,000J$이다. 따라서 순환과정에서 기체가 한 일은 $W_{cycle}=W_{bc}+W_{da}=-2,000J$이다. 즉, 외부에서 기체에 일이 주어졌다. (c) 열역학 제1법칙에서 $Q=\Delta U+W=-2,000J$이다. 즉, 열이 기체에 유입되었다.

문제 82 단원자 이상기체 $1mole$이 STP 상태에 있다(a위치). 이 기체가 등적과정(ab과정)과 등압과정(bc과정)을 거칠 때 기체가 한 일을 구하라. 동일한 기체가 등온과정(ac과정)을 거칠 때 한 일은 얼마인가? abc과정을 거치는 동안 내부에너지의 변화는 얼마인가? 그리고 이 과정 동안 계에 유입 또는 유출된 열은 얼마인가? ac과정에서의 내부에너지 변화와 유입 또는 유출된 열을 구하라. abca의 순환과정에서 열역학 제1법칙이 만족됨을 보여라.

[답] 첫째, ab과정(등적과정)에 대해 알아보도록 하자. 등적과정이므로 기체가 한 일은 없다. 즉,

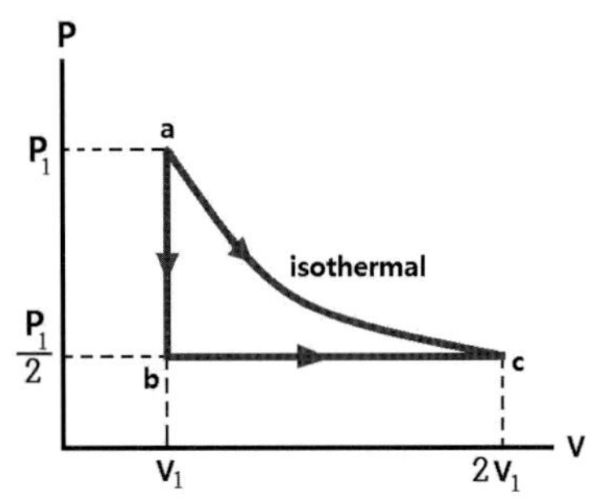

$W_{ab}=0$이다. 점 b에서의 온도를 구해 보자. a와 b에서 이상기체 상태방정식을 적용하면 $P_1V_1=RT_a$, $\left(\frac{P_1}{2}\right)V_1=RT_b$에서 $T_b=T_a/2=136.58K$를 구할 수 있다. 따라서 ab과정에서 내부에너지 변화는 $\Delta U_{ab}=\frac{3}{2}R\Delta T_{ab}=-1,706J$이다. 즉, 온도가 감소함에 따라 내부에너지가 감소했다. 열역학 제1법칙에서 $\Delta Q_{ab}=\Delta U_{ab}+W_{ab}=-1,706J$과 같

이 구해진다. 이에 따라 이 과정 동안 열이 방출되었음을 알 수 있다. 결과적으로 ab과정 동안은 등적과정이므로 기체가 한 일은 없고, 압력이 감소함에 따라 외부로 열을 방출하고 기체의 온도가 감소되었다.

둘째, bc과정은 등압팽창과정이므로 기체가 한 일은 $W_{bc}=P\Delta V=\frac{P_1V_1}{2}=\frac{RT_a}{2}=1,134J$이다. 그리고 이 과정 동안 기체의 온도가 올라갔으므로 내부에너지의 변화는 $\Delta U_{bc}=\frac{3}{2}R\Delta T_{bc}=1,706J$이다. 즉, 온도가 증가함에 따라 내부에너지가 증가되었다. 그리고 이 과정(팽창) 동안 $1,134J$의 일을 외부에 했으므로 $\Delta Q_{bc}=\Delta U_{bc}+W_{bc}=2,840J$이다. 즉, 이 과정 동안 열이 유입되었다.

다음에 ac과정은 등온팽창과정이므로 기체가 한 일은 $W_{ac}=\int_{V_1}^{2V_1}PdV=RT_a\ln 2=1,573J$이다. abc 과정에서 기체가 한 일은 $W_{abc}=W_{ab}+W_{bc}=1,134J$이었다. 반면에 $W_{ac}=1,573J$이므로 $W_{ac}\neq W_{ab}+W_{bc}$임을 알 수 있다. 즉, 일은 과정에 따라 다르다.

셋째, ca과정은 등온압축과정이므로 내부에너지의 변화는 없다. 즉, $\Delta U_{ca}=0$이다. 이 과정(압축) 동안 외부에 한 일은 $W_{ac}=1,573J$이므로 $W_{ca}=-1,573J$이다. 열의 유입 또는 유출은 열역학 제1법칙에서 $Q_{ca}=\Delta U_{ca}+W_{ca}=-1,573J$을 구할 수 있다. 즉, 등온압축과정에서 열이 유출되었다.

abca의 순환과정에서 내부에너지의 변화는 없어야 한다. 이는 위에서 구한 값들을 이용하면 $\Delta U_{abca}=\Delta U_{ab}+\Delta U_{bc}+\Delta U_{ca}=0$을 확인할 수 있다. 순환과정 동안 기체가 한 일은 $W_{abca}=W_{ab}+W_{bc}+W_{ca}=-439J$을 구할 수 있다. 즉, 기체에 일이 행해졌다. 그리고 순환과정 동안 기체에 유입 또는 유출된 열은 $Q_{abca}=Q_{ab}+Q_{bc}+Q_{ca}=-439J$을 구할 수 있다. 즉, 열이 유입되었다. 따라서 순환과정에서 $\Delta Q_{abca}=\Delta U_{abca}+W_{abca}$과 같이 열역학 제1법칙이 만족됨을 볼 수 있다.

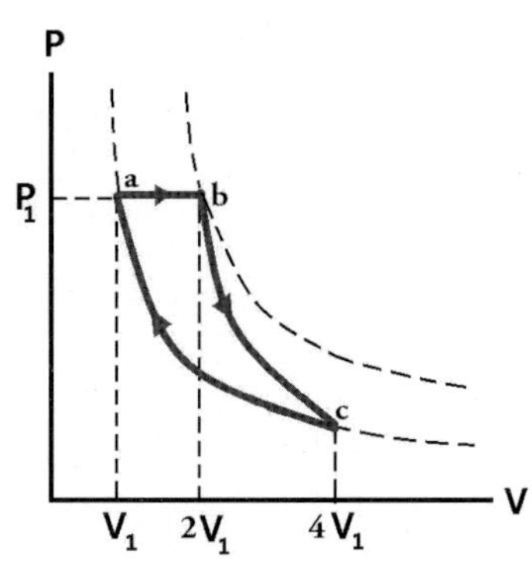

문제 83 STP 상태(a위치)의 헬륨기체 $1mole$이 그림과 같이 등압(ab), 단열(bc), 등온(ca)과정을 통해 순환과정을 거친다. ab과정에서는 등압팽창과정으로 부피가 2배로 늘었다. 그리고 bc과정에서는 단열팽창과정으로 원래 부피의 4배로 늘었다. 마지막으로 ca과정은 등온압축과정으로 원래의 상태로 돌아온다. 각 과정에서 기체가 한 일, 내부에너지 변화, 열의 유입 또는 유출 등을 구하라. 순환과정

에서 열역학 제1법칙이 만족됨을 보여라. 헬륨의 정적비열은 $12.4\,J/mole\,K$이다.

[답] 첫째, ab과정은 등압팽창과정이다. 이 과정 동안 기체가 한 일은

$$W_{ab} = P\Delta V = P_1 V_1 = RT_a = 2{,}269J$$

이다. 내부에너지 변화를 구하기 위해서는 b지점의 온도를 구해야 한다. a, b위치에서 이상기체 상태방정식을 적용하면

$$P_1 V_1 = RT_a,\ P_1(2V_1) = RT_b \rightarrow \therefore T_b = 2T_a = 546.3K$$

를 구할 수 있다. 따라서 내부에너지의 변화는

$$\Delta U_{ab} = \frac{3}{2}nR(T_b - T_a) = 3{,}403J$$

이다. 따라서 이 과정 동안 기체에 유입된 열은 $\Delta Q_{ab} = W_{ab} + \Delta U_{ab} = 5{,}672J$이다.

둘째, bc과정은 단열팽창과정이므로 열의 유입은 없다. 즉, $\Delta Q_{bc} = 0$이다. 이 과정 동안 기체가 한 일은

$$W_{bc} = \frac{P_b V_b - P_c V_c}{\gamma - 1} = \frac{P_1(2V_1) - (P_1/4)(4V_1)}{\gamma - 1} = \frac{RT_a}{\gamma - 1} = 3{,}403J$$

이다. 여기서 $P_c = \frac{P_1}{4}$을 이용하였다(등온과정 ca에서 $P_a V_a = P_c V_c$에서 구해짐). 그리고 내부에너지의 감소는 $\Delta Q_{bc} = W_{bc} + \Delta U_{bc} = 0$에서 $\Delta U_{bc} = -W_{bc} = -3{,}403J$이다.

셋째, ca과정은 등온압축과정이므로 $\Delta U_{ca} = 0$이다. 그리고 기체가 한 일은

$$W_{ca} = RT_c \ln\frac{V_a}{V_c} = RT_a \ln\frac{V_1}{4V_1} = -3{,}145J$$

이다. 이 과정에서 열의 유입은 $\Delta U_{ca} = 0$이므로 $\Delta Q_{ca} = W_{ca} + \Delta U_{ca} = -3{,}145J$이다. 즉, 열이 유입되었다. 순환과정 동안 기체가 한 일은 $W_{abca} = W_{ab} + W_{bc} + W_{ca} = 2{,}527J$이다. 그리

고 내부에너지 변화는 $\Delta U_{abca} = \Delta U_{ab} + \Delta U_{bc} + \Delta U_{ca} = 0$임을 확인할 수 있다. 또한 기체에 유입되는 열은 $Q_{abca} = Q_{ab} + Q_{bc} + Q_{ca} = 2,527J$이다. 따라서 $Q_{abca} = \Delta U_{abca} + W_{abca}$임을 확인할 수 있다.

문제 84 이상기체 $n\,mole$이 있다. 압력이 4배, 체적은 $\frac{1}{3}$배로 변했을 때 최종상태의 내부에너지는 최초의 내부에너지의 몇 배인가?

[답] 이상기체 상태방정식에서 $\frac{p_i V_i}{T_i} = \frac{p_f V_f}{T_f}$이다. $P_f = 4P_i$, $V_f = \frac{1}{3}V_i$를 위 식에 대입하면 $T_f = \frac{4}{3}T_i$를 얻는다. 따라서 내부에너지는

$$U_f = \frac{3}{2}nRT_f = \frac{3}{2}nR\left(\frac{4}{3}T_i\right) = \frac{4}{3}\left(\frac{3}{2}nRT_i\right) = \frac{4}{3}U_i$$

이다. 따라서 내부에너지가 $\frac{4}{3}$배로 증가하였다.

5-4. 엔트로피, 열역학 제2법칙, 열기관의 효율

문제 85 등적과정에서 열이 유입되어 100^oC인 기체의 온도가 1^oC 올랐다. 이 과정에서 단위 $mole$당 엔트로피의 변화를 구하라.

[답] 엔트로피의 변화는 $\Delta S = \frac{Q}{T}$인데 $Q = \Delta U + W = \Delta U$이므로 $\Delta S = \frac{\Delta U}{T}$로 표현된다. 여기서 등적과정이므로 $W = 0$인 것을 이용하였다. $mole$당 내부에너지 변화는 $\Delta U = \frac{3}{2}R\Delta T = 12.5\,J$이므로 엔트로피의 변화는 $\Delta S = \frac{\Delta U}{T} = 0.033\,J/\,mole\,K$로 계산된다.

문제 86 등압과정에서 단원자 이상기체의 부피가 2배로 증가하였다. 이 과정에서 $mole$당 엔트로피의 변화를 구하라.

[답] 열역학 제1법칙은 $dQ = dU + PdV$이고 $dS = \frac{dQ}{T}$에서 $TdS = dU + PdV$이다. 단원자 이상기체의 내부에너지는 $U = \frac{3}{2}nRT$이다. 상태방정식 $PV = nRT$를 이용하면 $U = \frac{3}{2}PV$이다. 이를 미분하면 $dU = \frac{3}{2}PdV$이다. 여기서 등압과정이므로 $dP = 0$임을 이용하였다. 따라서 $TdS = \frac{5}{2}PdV$이고 $dS = \frac{5}{2}\frac{P}{T}dV = \frac{5}{2}nR\frac{dV}{V}$로 고쳐 쓸 수 있다. 등압과정 동안 엔트로피의 변화는 $\Delta S = \int_{V_i}^{V_f} dS =$

$\frac{5}{2}nR\ln\left(\frac{V_f}{V_i}\right)$로 주어진다. 따라서 등압적으로 부피가 2배로 늘어나는 기체의 경우 단위 $mole$당 엔트로피 변화는 $\Delta S = 14.4\,J/mole\,K$이다.

문제 87 -10^oC의 얼음 500g과 110^oC의 수증기 100g이 섞였다. 최종적인 온도와 엔트로피 변화를 구하라. 얼음의 비열은 $0.5\,cal/g\,K$이고 수증기의 비열은 $0.45\,cal/g\,K$이다.

[답] 얼음이 얻은 열량은 수증기가 잃은 열량과 같다. 즉,

$$m_i c_i \Delta T_i + m_i L_f + m_i c_w T = m_s c_s \Delta T_s + m_s L_v + m_s (100 - T)$$

와 같다. 따라서 $T = 37^oC$를 구할 수 있다. 엔트로피의 변화는

$$\Delta S = m_i c_i \int_{263}^{273} \frac{dT}{T} + \frac{m_i L_f}{273} + m_i c_w \int_{273}^{310} \frac{dT}{T}$$
$$+ m_s c_s \int_{383}^{373} \frac{dT}{T} + \frac{m_s L_v}{373} + m_s c_w \int_{373}^{310} \frac{dT}{T}$$
$$= 344.48\,cal/K$$

를 구할 수 있다. 또는 $Joule$ 단위로 표시하면 $1,447\,J/K$이다.

문제 88 n $mole$의 단원자 이상기체가 초기에는 온도와 체적이 T_i와 V_i였다. (a) 초기 내부에너지는 얼마인가? (b) 이 기체가 단열적으로 T_f와 V_f로 변했을 때 내부에너지는 얼마인가? (c) 이렇게 변하는 동안 한 일은 얼마인가? (d) 이 과정에서 엔트로피의 변화는 얼마인가?

[답] (a) $U_i = \frac{3}{2}nRT_i$, (b) $U_f = \frac{3}{2}nRT_f$

(c) 단열적이므로 $\Delta Q = \Delta U + W = 0$에서 $W = -\Delta U = -nR(T_f - T_i)$이다.

(d) 단열과정이므로 열의 유입과 유출이 없다. 따라서 $\Delta S = 0$이다.

문제 89 $0.3\,mole$의 단원자 이상기체가 그림과 같은 순환과정을 거친다. 여기서 ab, cd과정은 등온과정이다. 다음 물음에 답하라. 기체상수는 $R = 8.31\,J/mole\,K$이다. 그리고 단원자 이상기체

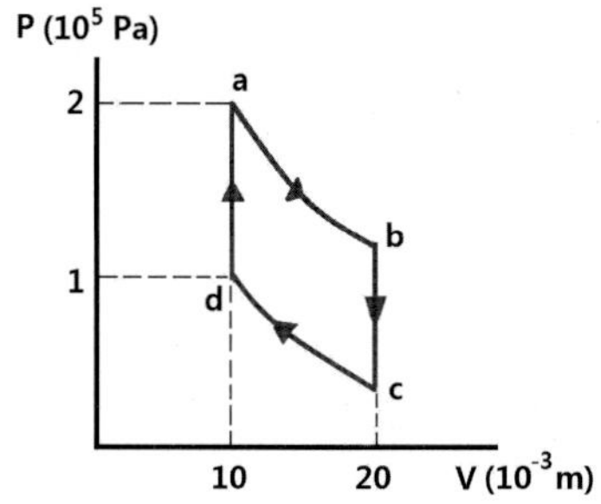

에서 $c_V = \frac{3}{2}R, c_P = \frac{5}{2}R$을 사용하라. (a) a, b, c, d에서의 온도를 구하라. (b) ab, bc, cd, da과정에서 내부에너지 변화, 유입 또는 유출되는 열량, 일, 엔트로피 변화를 각각 구하라. (c) 순환과정에서 열역학 제1법칙이 만족됨을 보여라. 그리고 순환과정에서 엔트로피의 변화를 구하라. (d) 순환과정에서의 효율을 구하라.

[답] (a) $PV = nRT$에서 $T_a = T_b = 802K,\ T_c = T_d = 401K$를 구할 수 있다.

(b) 첫째, ab과정은 등온팽창과정이다. 따라서 $\Delta U_{ab} = 0$이다. 이 과정에서 기체가 한 일은

$$W_{ab} = \int_a^b PdV = nRT_a \int_a^b \frac{dV}{V} = nRT_a \ln\frac{V_b}{V_a} = 1{,}386J$$

이다. 따라서 기체에 유입되는 열은 $\Delta Q_{ab} = W_{ab} = 1{,}386J$이다. 엔트로피의 경우

$$dQ = dU + PdV = nc_V dT + PdV \rightarrow \therefore dS = \frac{dQ}{T} = nc_V\frac{dT}{T} + nR\frac{dV}{V}$$

이므로

$$\Delta S_{ab} = \int_a^b dS = nR\int_a^b \frac{dV}{V} = nR\ln\frac{V_b}{V_a} = 1.72\,J/K$$

와 같이 구해진다. 위에서 등온과정에서는 $dT = 0$임을 이용하였다.

둘째, bc과정은 등적과정이다. 따라서 $W_{bc} = 0$이다. 그리고 $\Delta U_{bc} = \frac{3}{2}nR\Delta T_{bc} = -1{,}500J$이다. 이 과정에서 유출되는 열은

$$\Delta Q_{bc} = nc_V \Delta T_{bc} = \frac{3}{2}nR\Delta T_{bc} = -1{,}500J$$

이다. 또는 $W_{bc} = 0$이므로 $\Delta Q_{bc} = \Delta U_{bc}$에서 구할 수도 있다. 엔트로피의 변화는

$$\Delta S_{bc} = \frac{3}{2}nR\int_b^c \frac{dT}{T} = \frac{3}{2}nR\ln\frac{T_c}{T_b} = -2.59\,J/K$$

와 같다.

셋째, cd과정은 등온압축과정이다. 따라서 $\Delta U_{cd} = 0$이다. 그리고 $W_{cd} = nRT_c \ln\frac{V_d}{V_c} = -693J$, $\Delta Q_{cd} = W_{cd} = -693\,J$이다. 또한 $\Delta S_{cd} = nR\ln\frac{V_d}{V_c} = -1.72\,J/K$이다.

넷째, da과정은 등적과정이다. 따라서 $W_{da} = 0$ 이다. 그리고 $\Delta U_{da} = \frac{3}{2}nR\Delta T_{da} = 1{,}500J$이고 $\Delta Q_{da} = nc_V\Delta T_{da} = \frac{3}{2}nR\Delta T_{da} = 1{,}500J$이다. 이는 $W_{da} = 0$이므로 $\Delta Q_{da} = \Delta U_{da}$에서도 구해진다. 엔트로피 변화는 $\Delta S_{da} = \frac{3}{2}nR\ln\frac{T_a}{T_d} = 2.59\,J/K$이다.

(c) $\Delta Q_{abcda} = 693J$, $\Delta U_{abcda} = 0$, $W_{abcda} = 693J$이므로 열역학 제1법칙이 만족된다. 순환과정의 엔트로피 변화는 $\Delta S_{abcda} = 0$임을 볼 수 있다.

(d) 효율은 $\eta = \frac{\text{계가 한 일}}{\text{계에 유입된 열}} = \frac{W}{Q_{\text{유입}}} = \frac{693}{2{,}886} = 0.24\,(24\%)$와 같이 구해진다.

문제 90 $0.3\,mole$의 이원자(diatomic) 이상기체가 그림과 같은 순환과정을 거친다. 여기서 bc, da 과정은 등온과정이다. 다음 물음에 답하라. 기체상수는 $R = 8.31\,J/mole\,K$이다. 그리고 이원자 이상기체에서 $c_V = \frac{5}{2}R$, $c_P = \frac{7}{2}R$을 사용하라. (a) a, b, c, d에서의 온도를 구하라. (b) ab, bc, cd, da과정에서 내부에너지 변화, 유입 또는 유출되는 열량, 일, 엔트로피 변화를 각각 구하라. (c) 순환과정에서 열역학 제1법칙이 만족됨을 보여라. 그리고 순환과정에서 엔트로피의 변화를 구하라. (d) 순환과정에서의 효율을 구하라.

[답] (a) $PV = nRT$에서 $T_d = T_a = 1{,}203K$, $T_c = T_b = 1{,}604K$를 구할 수 있다.

(b) 첫째, ab과정은 등압팽창과정이다. a와 b에서의 체적은

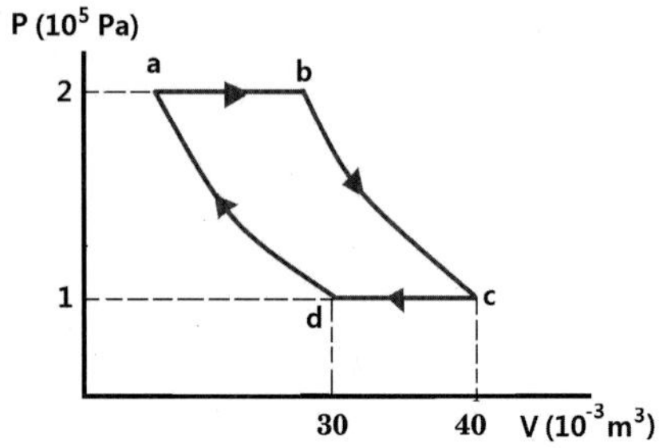

$$V_a = \frac{nRT_a}{P_a} = 15\times10^{-3}m^3$$
$$V_b = \frac{nRT_b}{P_b} = 20\times10^{-3}m^3$$

이다. 따라서 $W_{ab} = P_a\Delta V_{ab} = 1{,}000J$이다. 내부에너지 변화와 유입되는 열은

$$\Delta U_{ab} = \frac{5}{2}nR\Delta T_{ab} = 2{,}499J$$
$$\Delta Q_{ab} = nc_p\Delta T_{ab} = \frac{7}{2}nR\Delta T_{ab} = 3{,}499J$$

과 같이 구해진다. 그리고 등압과정에서는 $dS = \frac{dQ}{T} = \frac{nc_P dT}{T}$이므로

$$\Delta S_{ab} = \int_a^b dS = nc_P \ln \frac{T_b}{T_a} = \frac{7}{2} nR \ln \frac{T_b}{T_a}$$

$$\therefore \Delta S_{ab} = nc_p \ln \frac{T_b}{T_a} = 2.51\, J/K$$

이다.

둘째, bc과정은 등온팽창과정이므로 $\Delta U_{bc} = 0$이다. 그리고 이 과정에서 기체가 한 일은

$$W_{bc} = \int_b^c p dV = \int_b^c \frac{nRT}{V} dV = nRT_b \ln \frac{V_c}{V_b} = 2{,}773 J$$

이다. 그리고 유입되는 열은 $\Delta Q_{bc} = \Delta U_{bc} + W_{bc} = 2{,}773 J$이다. 등온과정에서는

$$dQ = dU + pdV = pdV = nR\frac{dV}{V}$$

이므로

$$\Delta S_{bc} = \int_b^c \frac{dQ}{T} = nR\int_b^c \frac{dV}{V} = nR \ln \frac{V_c}{V_b} = 1.73\, J/K$$

와 같이 구해진다.

셋째, cd과정은 등압압축과정이다. 따라서 기체가 한 일은 $W_{cd} = P_c \Delta V_{cd} = -1{,}000 J$이다. 그리고 내부에너지 변화와 열의 유출은

$$\Delta U_{cd} = \frac{5}{2} nR \Delta T_{cd} = -2{,}499 J$$

$$\Delta Q_{cd} = nc_p \Delta T_{cd} = \frac{7}{2} nR \Delta T_{cd} = -3{,}499 J$$

과 같이 구해진다. 그리고 엔트로피 변화는

$$\Delta S_{cd} = nc_p \ln \frac{T_d}{T_c} = \frac{7}{2} nR \ln \frac{T_d}{T_c} = -2.51\, J/K$$

이다.

넷째, da과정은 등온압축과정이다. 따라서 $\Delta U_{da}=0$이고 기체가 한 일과 유출되는 열은

$$W_{da}=nRT_a\ln\frac{V_a}{V_d}=-2,079J$$
$$\Delta Q_{da}=W_{da}=-2,079J$$

이다. 엔트로피 변화는 $\Delta S_{da}=nR\ln\frac{V_a}{V_d}=-1.73\,J/K$이다.

(c) $\Delta Q_{abcda}=694J$, $\Delta U_{abcda}=0$, $W_{abcda}=694J$이므로 열역학 제1법칙이 만족된다. 그리고 $\Delta S_{abcda}=0$이다. 즉, 순환과정에서는 엔트로피가 0이다.

(d) 이 엔진의 효율은 $\eta=\frac{\text{엔진이 한 일}}{\text{엔진에 들어온 열량}}=\frac{W}{Q_H}=\frac{694}{2,773}=0.25\ (25\%)$이다.

문제 91 그림에서와 같은 과정에서 abc과정의 엔트로피와 ac과정의 엔트로피가 같음을 보여라. 기체는 단원자 이상기체로서 $1mole$의 양이다. 이 결과는 엔트로피가 상태함수임을 보여 준다.

[답] abc과정에서의 엔트로피 변화는

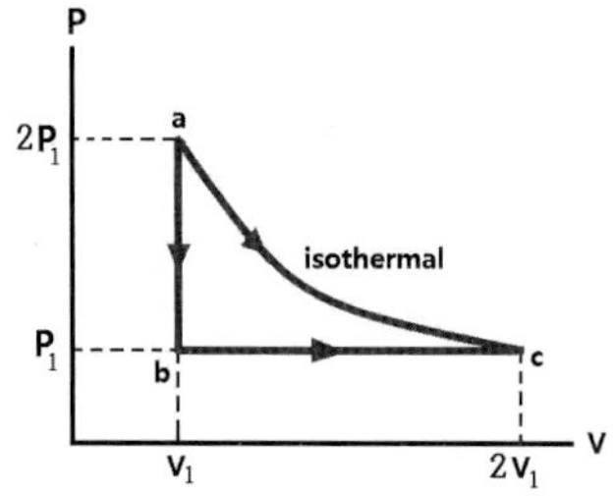

$$\Delta S_{abc}=\int_{T_a}^{T_b}\frac{c_V dT}{T}+\int_{T_b}^{T_c}\frac{c_P dT}{T}=c_V\ln\frac{T_b}{T_a}+c_P\ln\frac{T_c}{T_b}$$

이다. 여기서 단원자 이상기체의 경우 $c_V=\frac{3R}{2}$, $c_P=\frac{5R}{2}$이다. 이상기체 상태방정식에서

$$P_1V_1=RT_b,\ (2P_1)V_1=RT_a,\ P_1(2V_1)=RT_c$$

이다. 위 식에서 $T_a=T_c=2T_b$를 구할 수 있다. 이에 따라 엔트로피 변화는 $\Delta S_{abc}=R\ln 2$를 구할 수 있다.

ac과정은 등온과정이므로 $\Delta U_{ac}=0$이다. 따라서 $\Delta Q_{ac}=\Delta U_{ac}+W_{ac}=W_{ac}$이고

$$W_{ac}=RT_a\ln\frac{V_c}{V_a}=RT_a\ln 2$$

이다. 이에 따라 ac과정에서의 엔트로피 변화는

$$\Delta S_{ac}=\frac{\Delta Q_{ac}}{T}=\frac{W_{ac}}{T}=R\ln 2$$

이다. 따라서 abc과정과 ac과정에서의 엔트로피 변화는 동일하다. 두 과정에서의 처음과정과 나중과정이 같다. 엔트로피는 상태함수이므로 처음상태와 나중상태가 같을 때 엔트로피의 변화는 동일해야 된다. 위 예로 이를 확인할 수 있다.

문제 92 N개의 분자로 구성된 단원자 이상기체가 등압적으로 부피 V_1에서 부피 V_2로 팽창될 때 엔트로피의 변화를 구하라.

[답] 등압적인 경우 기체에 유입 또는 유출되는 열은 $dQ=nc_P dT$로 주어진다. 단원자 이상기체의 경우 $c_P=c_V+R=5R/2$이다. 따라서 엔트로피의 변화는

$$\Delta S=\int dS=\int\frac{dQ}{T}=\frac{5}{2}\frac{N}{N_A}R\int\frac{dT}{T}=\frac{5}{2}Nk\int_{V_1}^{V_2}\frac{dV}{V}=\frac{5}{2}Nk\ln\frac{V_2}{V_1}$$

이다. 여기서 $k=\frac{R}{N_A}$와 이상기체 상태방정식을 이용하였다.

[별해] 이상기체의 내부에너지는 $U=\frac{3}{2}NkT$이고 $PV=NkT$이므로 $U=\frac{3}{2}PV$이다. 등압적이므로 $dU=\frac{3}{2}PdV$이다. 열역학 제1법칙 $dQ=dU+dW$에서 $TdS=dU+PdV$이므로 $TdS=\frac{5}{2}PdV$가 된다. 따라서 엔트로피의 변화는

$$\Delta S=\frac{5}{2}Nk\int_{V_1}^{V_2}\frac{dV}{V}=\frac{5}{2}Nk\ln\frac{V_2}{V_1}$$

이다.

문제 93 등적과정에서 온도 T인 단원자 이상기체의 온도가 ΔT 올라갈 때 엔트로피의 변화를 구하라. $1mole$의 이상기체가 50^oC에서 52^oC로 변할 때 엔트로피의 변화를 구하라.

[답] 등적과정이므로 $W=0$이다. 따라서 $\Delta Q=\Delta U+W=\Delta U$이다. 그리고 $U=\frac{3}{2}NkT$이므로 $\Delta Q=\Delta U=\frac{3}{2}Nk\Delta T=\frac{3}{2}nR\Delta T$이다. 온도 변화가 작을 경우 과정이 가역적이라고 가정할 수 있으므로 엔트로피의 변화는 $\Delta S=\frac{\Delta Q}{T}=\frac{3}{2}nR\frac{\Delta T}{T}$로 주어진다. 값을 대입하면 $\Delta S=0.077J/K$이다.

문제 94 100^oC인 알루미늄 $30g$을 10^oC인 물 $100cc$에 넣었을 때 엔트로피 변화를 구하라. 알루미늄의 비열은 $0.2\,cal/g\,K$이다.

[답] 최종온도 T를 구하면 $m_{al}c_{al}(100-T)=m_wc_w(T-10)$에서 $T=15^oC=288K$이다. 엔트로피 변화는

$$\Delta S=\int_{373}^{288}\frac{m_{Al}c_{Al}dT}{T}+\int_{283}^{288}\frac{m_wc_wdT}{T}=0.2\,cal/K$$

와 같이 구해진다.

문제 95 0^oC의 물 $200cc$와 50^oC의 물 $100cc$를 섞을 때 엔트로피의 변화를 구하라.

[답] 먼저 섞은 물의 평형온도를 구해야 된다. $200cc$의 물이 얻은 열과 $100cc$의 물이 잃은 열량이 같다는 조건 $m_1c_wT=m_2c_w(50-T)$에서 $T=16.7^oC$를 구할 수 있다. 그리고 엔트로피의 변화는

$$\Delta S=m_1c_w\int_{273}^{289.7}\frac{dT}{T}+m_2c_w\int_{323}^{289.7}\frac{dT}{T}=0.994\,cal/K$$

와 같이 구해진다.

문제 96 -5^oC인 얼음 $30g$을 10^oC인 물 $100cc$ 속에 넣었더니 최종온도가 0^oC임이 관찰되었다. 이 과정에서 녹은 얼음의 양은 얼마인가? 그리고 이 과정에서 엔트로피의 변화를 구하라. 얼음의 비열은 $0.5\,cal/g\,K$이다.

[답] x그램의 얼음이 녹았다고 하자. 물이 잃은 열량과 얼음이 얻은 열량은 같다는 조건인 $m_ic_i\Delta T_i+xL_f=m_wc_w\Delta T_w$에서 $x=11.56g$을 구할 수 있다. 위에서 $m_i=30g$, $L_f=80\,cal/g$을 사용하였다. 그리고 엔트로피의 변화는

$$\Delta S=\int_{268}^{273}\frac{m_ic_idT}{T}+\frac{80x}{T}+\int_{283}^{273}\frac{m_wc_wdT}{T}=0.067\,cal/K$$

와 같이 구해진다.

문제 97 100^oC의 알루미늄 $10g$과 200^oC의 구리 $20g$이 열적으로 접촉하여 열평형이 된다. 이 과정에서 엔트로피의 변화를 구하라. 알루미늄과 구리의 비열은 각각 $0.91\,J/g\,K$와 $0.39\,J/g\,K$이다.

[답] 먼저 평형온도를 구해 보자. 구리가 잃은 열량은 알루미늄이 얻은 열량과 동일하므로

$$m_{al}c_{al}(T-100)=m_{cu}c_{cu}(200-T)\to \therefore T=146^oC$$

이다. 엔트로피의 변화는

$$\Delta S=m_{al}c_{al}\int_{373}^{419}\frac{dT}{T}+m_{cu}c_{cu}\int_{473}^{419}\frac{dT}{T}=0.113J/K$$

와 같이 구해진다.

문제 98 고온부가 500^oC이고 저온부가 50^oC인 Carnot 기관이 있다. 이 Carnot 기관은 매 순환과정에서 $1{,}000J$의 일을 한다. 다음을 구하라. (a) Carnot 기관의 효율을 구하라. (b) 고온부에서 공급되는 열을 구하라. (c) 저온부로 내보내는 열을 구하라. (d) 고온부에서 받은 열에 의한 엔트로피 증가와 저온부로 방출한 열에 의한 엔트로피의 감소를 구하라.

[답] (a) $\eta=1-\frac{T_L}{T_H}=0.58$, (b) $\eta=\frac{W}{Q_H}\to\therefore Q_H=\frac{W}{\eta}=1724J$

(c) $Q_H=Q_L+W\to\therefore Q_L=724J$, (d) $\Delta S_H=\frac{Q_H}{T_H}=2.23\,J/K$, $\Delta S_L=\frac{-Q_L}{T_L}=-2.24J/K$

따라서 $\Delta S_{univ}=\Delta S_H+\Delta S_L=0$이다. 즉, Carnot 기관은 가역기관이므로 엔트로피의 변화는 없다.

문제 99 0^oC의 얼음 $10g$이 녹아서 10^oC의 물이 될 때의 엔트로피 변화를 구하라.

[답] 엔트로피의 변화는 얼음이 녹아서 물이 되는 과정에서의 엔트로피 변화와 0^oC의 물이 10^oC의 물이 될 때까지의 엔트로피 변화의 합이다. 즉,

$$\Delta S=\frac{mL_f}{T_{273}}+mc_w\int_{273}^{283}\frac{dT}{T}=\frac{mL_f}{273}+mc_w\ln\frac{283}{273}=3.29\,cal/K$$

이다.

문제 100 비열이 c이고 질량이 m인 물질이 T_1에서 T_2로 가열될 때 상변화가 일어나지 않았다고 가정하면 이 과정에서 엔트로피의 변화는 얼마인가?

[답] $\Delta S = \int_{T_1}^{T_2} \frac{dQ}{T} = \int_{T_1}^{T_2} \frac{mcdT}{T} = mc \ln \frac{T_2}{T_1}$

문제 101 질량 m인 이상기체가 가역적인 등온팽창에 의해 부피가 V_1에서 V_2로 변할 때 엔트로피의 변화를 구하라.

[답] 기체의 분자량을 M이라고 두면 기체의 $mole$ 수는 $n = \frac{m}{M}$이다. 등온과정이므로 내부에너지 변화는 없다. 즉, $\Delta U = 0$이다. 열역학 제1법칙에서 $dQ = dU + W = PdV$이다. 이상기체이므로 $PV = nRT = \frac{m}{M}RT$이다. 따라서 엔트로피의 변화는

$$\Delta S = \int_{V_1}^{V_2} \frac{dQ}{T} = \frac{1}{T} \int_{V_1}^{V_2} PdV = \frac{mR}{M} \int_{V_1}^{V_2} \frac{dV}{V} = \frac{mR}{M} \ln \frac{V_2}{V_1}$$

와 같다.

문제 102 하나의 열원에서 열을 받아 열을 방출하지 않고 모두 일로 만드는, 순환하는 열기관은 불가능하다는 것을 보여라.

[답] 전체 엔트로피는 열원의 엔트로피, 열기관의 엔트로피, 주위의 엔트로피이다. 열원은 열 Q를 열기관에게 주므로 엔트로피의 변화는 $-\frac{Q}{T_H}$이다. 열기관은 순환과정을 거치므로 엔트로피의 변화가 없다. 주위(surrounding)는 단지 열기관으로부터 일을 받으므로 엔트로피의 변화가 없다. 따라서 전체 엔트로피의 변화는

$$\Delta S_{univ} = \Delta S_{res} + \Delta S_{sys} + \Delta S_{sur} = -\frac{Q}{T_H} < 0$$

이다. 엔트로피의 변화가 음이므로 위와 같은 열기관은 불가능하다.

문제 103 온도가 낮은 곳에서 온도가 높은 곳으로 열이 이동하지 못함을 보여라.

[답] 열이 높은 온도에서 낮은 온도로 전달되는 경우의 엔트로피 변화는 $\Delta S_{univ} = \frac{(-Q)}{T_H} + \frac{Q}{T_L} > 0$와 같다. 높은 온도에서는 열을 잃고 낮은 온도에서는 열을 얻기 때문에 우주의 엔트로피 변화는

증가하므로 이는 가능한 과정이다. 반면에 낮은 온도에서 높은 온도로 열이 전달되는 경우 엔트로피의 변화는 $\Delta S_{univ} = \frac{Q}{T_H} + \frac{(-Q)}{T_L} < 0$이다. 이 경우 높은 온도에서는 열을 잃고 낮은 온도에서는 열을 받기 때문에 우주의 엔트로피 변화는 음이 되므로 이 과정은 불가능하다.

문제 104 어떤 열기관에서 $5,000 J/s$의 연료를 소모하여 $2,000 J/s$의 일을 한다고 하자. 이 열기관의 효율은 얼마인가?

[답] $\eta = \frac{W}{Q} = 0.4 = 40\%$

문제 105 어떤 열기관에서 $300^o C$의 고온부에서 $50J$의 열에너지를 받아 일을 하고 난 후 $40^o C$의 저온부로 $30J$의 열에너지를 방출한다. 이 과정 동안 엔트로피 변화를 구하라. 이 엔진의 효율은 얼마인가?

[답] $\Delta S = \Delta S_H + \Delta S_L = -\frac{Q_H}{T_H} + \frac{Q_L}{T_L} = 0.0086 J/K$이다. 여기서 고온부에서는 열이 달아나고 저온부에서는 열을 받았다는 것을 이용하였다. 효율은 $\eta = \frac{W}{Q_H} = 40\%$이다.

문제 106 어떤 열기관이 고온부에서 $1,000J$의 열을 받아 저온부에 $600J$을 방출한다. 열기관이 한 일과 효율을 구하라.

[답] $W = Q_H - |Q_C| = 400J$, $\eta = \frac{W}{Q_H} = 40\%$

문제 107 어떤 발명자가 $500^o C$의 고온부와 $30^o C$의 저온부에서 작동하는 효율 65%의 열기관을 발명했다고 한다. 맞는 말인가?

[답] Carnot 기관의 효율은 $\eta = 1 - \frac{T_C}{T_H} = 60.8\%$이다. 따라서 Carnot 기관보다 효율이 크므로 맞지 않다.

문제 108 온도가 다른(T_H, T_L) 두 개의 물체를 접촉시켰을 때 두 물체는 같은 온도(T_M)에서 평형상태가 된다. 이 과정 동안 계의 엔트로피 변화를 구하라.

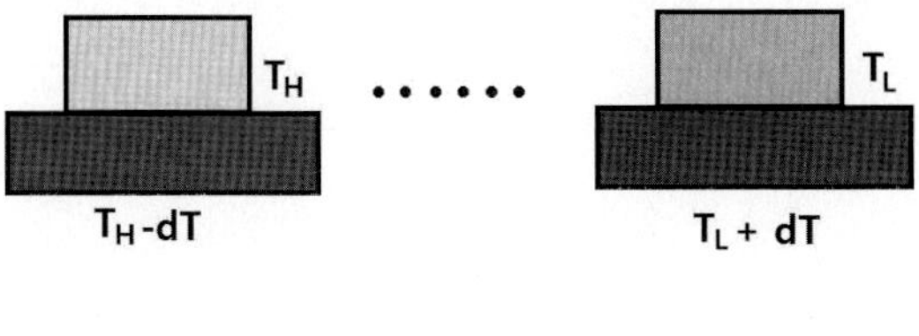

[답] 이 과정은 가역적인 과정이 아니다. 따라서 동일한 결과를 나타내는 가역적

인 과정을 고려해야 한다. 이를 위해 많은 수의 열원을 생각해 보자. 즉, $T_H - dT$, $\cdots$, $T_L + dT$의 연속적인 열원들이 두 물체와 열의 교환을 통해 평형상태가 된다고 하자. T_H인 물체는 그보다 낮은 열원들과 가역적으로 반응하여 열을 잃어 평형상태가 되고 T_L인 물체는 그보다 높은 열원과 가역적으로 반응하여 열을 얻어 평형상태가 된다. 각 과정에서 교환되는 열의 양은 $dQ = CdT$이므로 온도가 높은 물체의 엔트로피 변화는

$$\Delta S_H = \int_{T_H}^{T_M} \frac{CdT}{T} = C\ln\frac{T_M}{T_H}$$

이다. 그리고 낮은 물체의 엔트로피 변화는

$$\Delta S_C = \int_{T_L}^{T_M} \frac{CdT}{T} = C\ln\frac{T_M}{T_L}$$

이다. 따라서 계의 전체 엔트로피의 변화는

$$\Delta S_{sys} = C\left[\ln\frac{T_M}{T_H} + \ln\frac{T_M}{T_L}\right] = C\ln\frac{T_M^2}{T_H T_L} > 0$$

을 얻을 수 있다. 이 과정은 비가역과정임을 알 수 있다.

문제 109 자유팽창(free expansion)과 가역적 등온팽창(reversible isothermal expansion)에서의 엔트로피 변화를 비교하라.

[답] V_1, T_1상태에서 V_2, T_2상태로 변할 때의 엔트로피 변화는

$$\Delta S = \int_1^2 dS = \int_1^2 \frac{dU}{T} + \int_1^2 \frac{PdV}{T}$$

이다. 등온과정이므로 $dU = 0$이고 이상기체 상태방정식을 이용하면 $\Delta S = nR\ln\frac{V_2}{V_1}$를 얻을 수 있다. 자유팽창은 비가역적인 과정인데, 이는 처음상태와 나중상태가 같은 가역적 등온팽창으로 생각할 수 있다. 따라서 두 경우 모두 엔트로피 변화는 위 식으로 주어진다. 첫째, 자유팽창의 경우 $\Delta S_{sys} = nR\ln\frac{V_2}{V_1}$, $\Delta S_{sur} = 0$이다. 자유팽창의 경우 주위는 계와 상호작용을 하지 않으므로 엔트로피의

변화는 없다. 따라서 전체 엔트로피는

$$\Delta S_{univ} = \Delta S_{sys} + \Delta S_{sur} = nR\ln\frac{V_2}{V_1} > 0$$

로서 비가역적 과정임을 볼 수 있다.

둘째, 등온팽창의 경우 계는 주위로부터 열을 받으므로 주위의 엔트로피의 변화는 $\Delta S_{sur} = -\frac{Q}{T}$이다. 계가 받은 열은 열원이 잃은 열량과 동일하므로 계의 엔트로피 변화는 $\Delta S_{sys} = \frac{Q}{T}$이다. 따라서 우주의 엔트로피 변화는 $\Delta S_{univ} = \Delta S_{sys} + \Delta S_{sur} = 0$이므로 가역적인 등온과정은 가역적인 과정이다.

문제 110 Otto 순환과정에서 효율의 표현을 구하라.

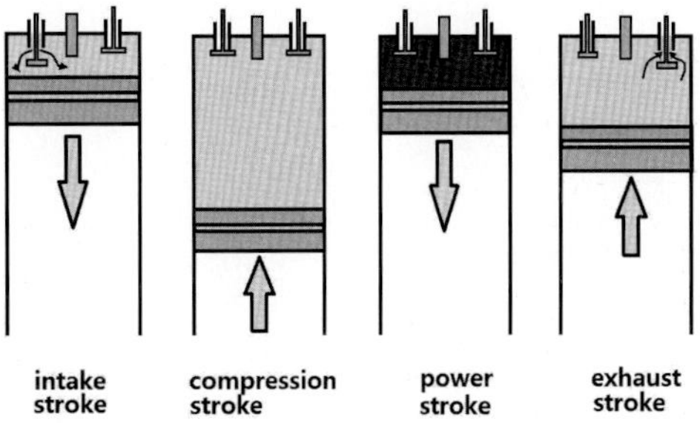

[답] Otto 순환과정은 가솔린 엔진의 기본원리를 준다. 그림에서와 같이 4개의 과정으로 이루어져 있다. 즉, 흡입, 압축, 폭발, 배기과정 등 네 개의 과정이다. 이를 PV 상그림으로 표현하면 아래 그림과 같다.

첫째, ab과정(압축과정)은 실린더 내부로 들어온 가솔린과 공기의 혼합기체가 단열적으로 a에서 b까지 압축되는 과정이다. 이때 외부에서 계에 일이 행해진다. 둘째, bc과정(폭발과정)에서는 등적으로 가솔린이 폭발한다. 이 폭발과정을 거친 가솔린의 에너지 Q_H가 계에 유입된다. 셋째, cd과정(폭발 후 팽창과정)에서는 기체가 단열적으로 팽창되면서 외부에 일을 하게 된다. 이 일이 자동차의 기관에 전달되어 차를 움직이게 한다. 넷째, da과정(배기과정 및 그 후의 흡입과정)에서는 기체가 배기되어 열기관을 떠난다. 이때 외부로 열 Q_L이 방출된다. 그리고 다시 동일한 양의 가솔린이 흡입되어 순환과정을 되풀이한다. bc과정에서 유입되는 열은 과정이 등적이므로 $Q_H = nc_V(T_c - T_b)$이다. 이 열은 계에 유입되므로 양의 값이다. 그리고 da과정에서 외부로 유출되는 열은 과정이 등적이므로 $Q_L = nc_V(T_a - T_d)$이다. 이 열은 외부로 유출되므로 음의

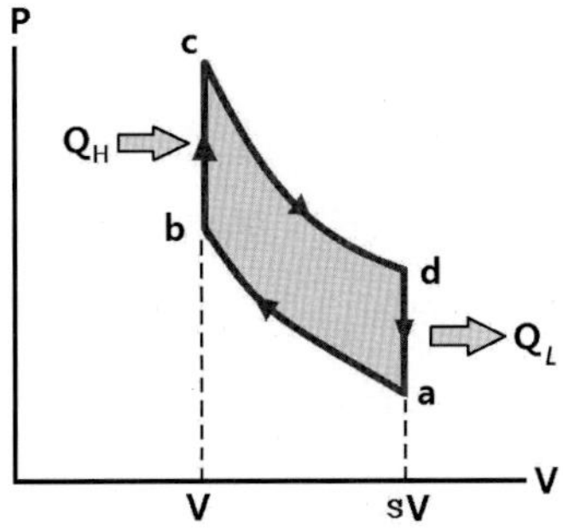

값이다. 따라서 기체가 한 일은 $W = Q_H - |Q_L|$이 된다. 이에 따라 Otto 기관의 열효율은

$$\eta = \frac{W}{Q_H} = \frac{Q_H + Q_C}{Q_H} = \frac{T_c - T_b + T_a - T_d}{T_c - T_b}$$

로 구해진다. ab와 cd는 단열과정이므로

$$T_a(sV)^{\gamma-1} = T_b V^{\gamma-1},\ T_d(sV)^{\gamma-1} = T_c V^{\gamma-1}$$

이 만족된다. 위 식에서 $V^{\gamma-1}$로 나누면 $T_a s^{\gamma-1} = T_b$, $T_d s^{\gamma-1} = T_c$가 되고 이를 효율의 식에 대입하여 정리하면 $\eta = 1 - \frac{1}{s^{\gamma-1}}$을 구할 수 있다.

문제 111 Carnot 냉장고의 성능지수(coefficient of performance)를 구하라.

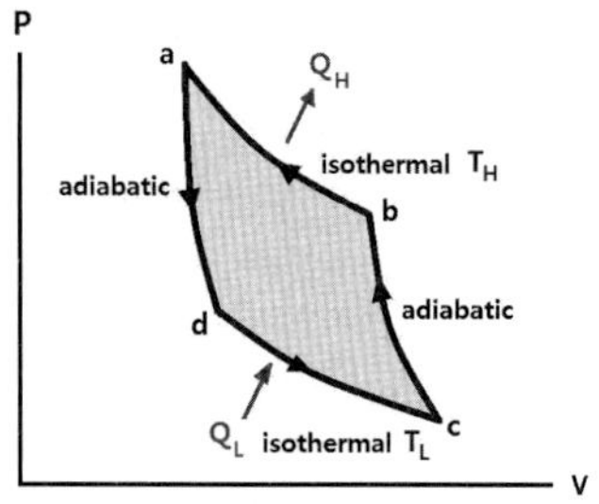

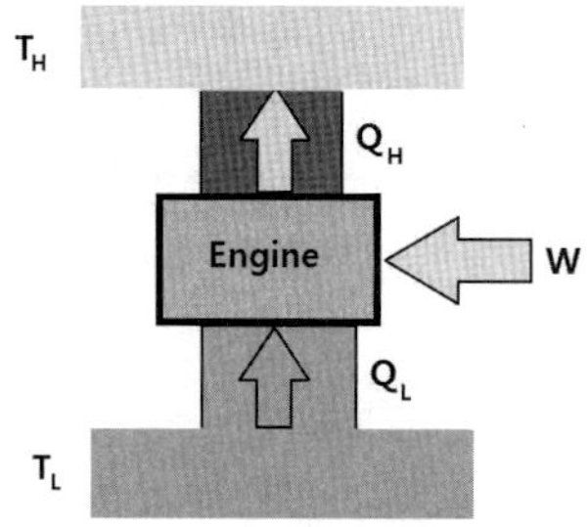

[답] Carnot 기관은 가역적이므로 전 과정을 뒤집으면 열기관은 냉장고로 바뀐다. 냉장고는 외부에서 주어진 일 W에 대해 최대의 열 Q_L을 빼내는 것이 목적이다. 따라서 성능지수는

$$K = \frac{Q_L}{W} = \frac{Q_L}{Q_H - Q_L} = \frac{T_H}{T_H - T_L}$$

와 같이 구해진다. 여기서 $\frac{Q_L}{Q_H} = \frac{T_L}{T_H}$를 이용하였다.

제6장 전자기 현상

Coulomb의 법칙	전기장(Electric field)
$\overrightarrow{F}_{12} = -\overrightarrow{F}_{21} = k_e \dfrac{q_1 q_2}{r_{12}^2} \widehat{r_{12}}$ $k_e = \dfrac{1}{4\pi\epsilon_o} = 9 \times 10^9 \; Nm^2/C^2$	$\overrightarrow{E} = \dfrac{k_e Q}{r^2} \hat{r}$: 점전하 Q $\overrightarrow{E} = \sum_{i=1}^{n} \dfrac{k_e q_i}{r_i^2} \hat{r}_i$: 불연속적 전하분포 $\overrightarrow{E} = \int_V \dfrac{k_e dq}{r^2} \hat{r}$: 연속적 전하분포
전기 선속(flux)	**전위(Electric potential)**
$\Phi_E = \oiint \overrightarrow{E} \cdot d\overrightarrow{A}$	$V = \sum_i \dfrac{k_e q_i}{r_i}$: 불연속적 전하분포 $V = \int_V \dfrac{k_e dq}{r}$: 연속적 전하분포
Gauss의 법칙	**전위와 전기장의 관계**
$\Phi_E = \oiint \overrightarrow{E} \cdot d\overrightarrow{A} = \sum_i \dfrac{q_i}{\epsilon_o}$	$V = -\int_\infty^r \overrightarrow{E} \cdot d\overrightarrow{r}$ $V_A - V_B = \int_{r_A}^{r_B} \overrightarrow{E} \cdot d\overrightarrow{r}$
전기쌍극자(Electric dipole)	**축전기의 정전용량**
$\overrightarrow{p} = q\overrightarrow{d}$: 쌍극자 모멘트 $\overrightarrow{\tau} = \overrightarrow{p} \times \overrightarrow{E}$: 전기장에서의 토크 $U = -\overrightarrow{p} \cdot \overrightarrow{E}$: 전기장에서의 에너지	$C = \dfrac{Q}{V}$ $C = \dfrac{\epsilon_o A}{d}$: 평행판 축전기의 정전용량
축전기의 연결	**Ohm의 법칙**
$\dfrac{1}{C_{eq}} = \sum_i \dfrac{1}{C_i}$: 축전기의 직렬연결 $C_{eq} = \sum_i C_i$: 축전기의 병렬연결	$\overrightarrow{J} = \sigma \overrightarrow{E} \quad \Rightarrow V = IR$ $R = \rho \dfrac{L}{A}, \; \rho = \dfrac{1}{\sigma}$ **저항에 소비되는 전력** $P = IV = I^2 R = \dfrac{V^2}{R}$

Kirchhoff의 법칙	축전기의 충전과 방전
분기점의 법칙(전하 보존칙) 환선의 법칙(에너지 보존칙)	$q(t) = CE\left(1-e^{-t/RC}\right)$: 축전기의 충전 $q(t) = Q\,e^{-t/RC}$: 축전기의 방전
하전입자가 받는 자기력	**자기장에 수직 입사한 하전입자의 원운동**
$\overrightarrow{F_B} = q\vec{v}\times\vec{B}$ **전류가 흐르는 도선이 받는 자기력** $\overrightarrow{F_B} = I\,\vec{L}\times\vec{B}$	$F_B = qvB = \dfrac{mv^2}{r} \Rightarrow \therefore r = \dfrac{mv}{qB}$
Biot-Savart의 법칙	**자기쌍극자(Magnetic dipole)**
$\vec{B} = \dfrac{\mu_o I}{4\pi}\displaystyle\int \dfrac{d\vec{l}\times\vec{r}}{r^3}$	$\vec{\mu} = I\vec{A}$: 쌍극자 모멘트 $\vec{\tau} = \vec{\mu}\times\vec{B}$: 자기장에서의 토크 $U = -\vec{\mu}\cdot\vec{B}$: 자기장에서의 에너지
Ampere의 법칙	**자기선속(Magnetic flux)**
$\oint \vec{B}\cdot d\vec{l} = \mu_o \sum_i I_i$	$\Phi_M = \oiint \vec{B}\cdot d\vec{A}$ **Faraday의 법칙** $\epsilon = -\dfrac{d\Phi_M}{dt} = -\dfrac{d}{dt}\oiint \vec{B}\cdot d\vec{A}$
인덕턴스(inductance)	**전기에너지밀도와 자기에너지밀도**
$\epsilon = -L\dfrac{dI}{dt}$	$u_E = \dfrac{1}{2}\epsilon_o E^2$: 전기에너지밀도 $u_B = \dfrac{B^2}{2\mu_o}$: 자기에너지밀도
변압기	**RLC교류회로**
$\dfrac{V_2}{V_1} = \dfrac{N_2}{N_1}$ 1: 1차코일, 2: 2차코일 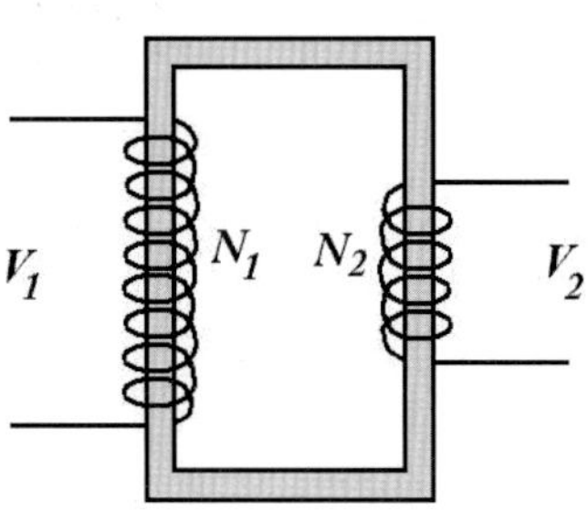 	임피던스: $Z = \sqrt{R^2 + (X_L - X_C)^2}$ $X_L = \omega L,\ X_C = \dfrac{1}{\omega C}$ Ohm의 법칙: $V = IZ$ 전압과 전류의 각: $\phi = \tan^{-1}\dfrac{X_L - X_C}{R}$ 전력: $P_{ave} = \dfrac{1}{2}VI = V_{rms}I_{rms}$ $V_{rms} = \dfrac{V_p}{\sqrt{2}},\ I_{rms} = \dfrac{I_p}{\sqrt{2}}$ $P_{ave} = I_{rms}^2 R = \dfrac{V_{rms}^2}{R} = V_{rms}I_{rms}$

6-1. Coulomb의 법칙, 전기장, 전기장의 계산, Gauss의 법칙

문제 1 NaCl은 Na^+와 Cl^-가 이온결합을 하고 있다. Na^+와 Cl^-의 거리는 11 Å이다. 두 이온 사이의 전기적 인력을 구하라.

[답] $|\vec{F}|= \dfrac{k_e e^2}{r^2} = 1.9\times10^{-10}N$

문제 2 3×10^{10}개의 잉여전자가 있는 직경 $1mm$인 전하와 4×10^{10}개의 잉여전자가 있는 동일한 직경의 전하가 $10cm$ 떨어져 놓여 있다. 두 전하 사이에 작용하는 전기적 반발력을 구하라.

[답] $D=1mm,\ r=10cm$로 $D \ll r$이므로 전하는 점전하로 가정할 수 있다. Coulomb의 법칙에서 $|\vec{F}|= \dfrac{k_e q_1 q_2}{r^2} = 2.76\times10^{-5}N$이다. 여기서 $q_1=4.8\times10^{-9}C,\ q_2=6.4\times10^{-9}C$을 이용하였다. 전자의 전하량은 $1.6\times10^{-19}C$이다.

문제 3 그림과 같이 원점에 $+q$, $(3a,0)$에 $+2q$, $(0,2a)$에 $-q$의 전하가 분포되어 있다. $+q$가 받는 전기적 힘을 구하라.

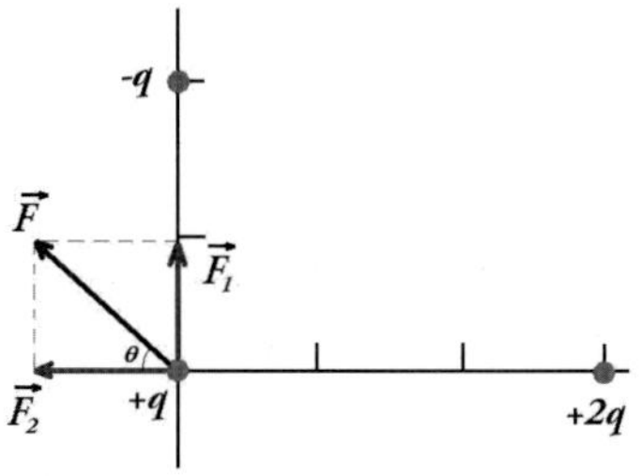

[답] 위치 $(3a,0)$에 있는 전하에 의한 힘은 $\vec{F_1}= \dfrac{k_e(2q)(q)}{(3a)^2}(-\hat{i})$이고 위치 $(0,2a)$에 있는 전하에 의한 힘은 $\vec{F_1}= \dfrac{k_e(q)(q)}{(2a)^2}\hat{j}$이다. 따라서 힘은 $\vec{F}= \dfrac{k_e q^2}{a^2}\left(-\dfrac{2}{9}\hat{i}+\dfrac{1}{4}\hat{j}\right)$이다. 이 힘은 크기는 $|\vec{F}|= \dfrac{0.33k_e q^2}{a^2}$이고 방향은 $\theta=\tan^{-1}\dfrac{F_1}{F_2}=42^o$이다.

문제 4 그림과 같이 $+2q$와 $+3q$가 d만큼 떨어져 놓여 있다. 두 전하의 연장선에 어떤 전하를 놓았을 때 전기적 힘이 미치지 않는 지점을 구하라.

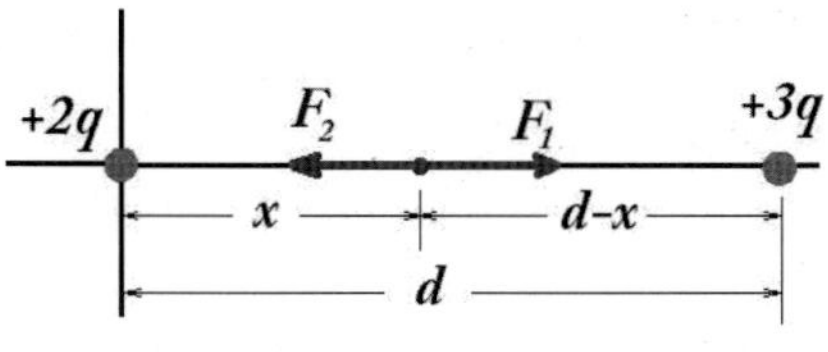

[답] 원점을 $+2q$ 지점으로 잡고 원점에서 x위치에서 전기적인 힘이 0이 된다고 가정한다. 두 전하가 +전하이므로 두 전하 사이의 지점에서만 전기적인 힘이 0이 될 수 있다.

$$\vec{F}=\vec{F_1}+\vec{F_2}=\frac{k_e(2q)(Q)}{x^2}\hat{i}+\frac{k_e(3q)(Q)}{(d-x)^2}(-\hat{i})=0$$

위 식에서 $x=\frac{\sqrt{2}}{\sqrt{2}+\sqrt{3}}d=0.45d$를 구할 수 있다.

문제 5 그림과 같이 세 개의 음의 전하가 일직선상에 놓여 있다. q_1과 q_2 사이의 거리는 d이고 이 전하들은 고정되어 있다. q_3는 두 전하 사이에서 이동이 가능하다고 한다. q_1과 q_2는 음의 전하이고 q_3는 양의 전하이다. q_3의 평형위치를 구하라. $q_1=q_2$인 경우 평형위치는 어디인가? $q_1=q_2=q_3=q$인 경우 q_3를 평형위치에서 약간 변위를 주면 평형위치를 중심으로 단진동함을 보여라.

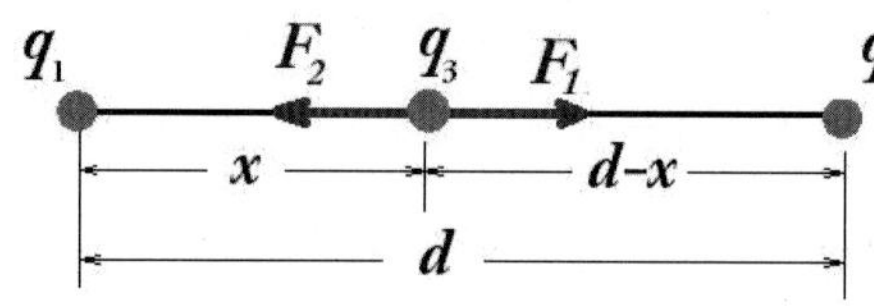

[답] $|\overrightarrow{F_1}|=|\overrightarrow{F_2}|$인 경우 평형이다. 이는 $\frac{k_e q_1 q_3}{x^2}=\frac{k_e q_2 q_3}{(d-x)^2}$이므로 $x=\frac{\sqrt{q_1}}{\sqrt{q_1}+\sqrt{q_2}}d$를 구할 수 있다. $q_1=q_2$인 경우 $x=\frac{d}{2}$이다. q_3가 Δx만큼 오른쪽으로 변위하는 경우 전기력은

$$F=\frac{k_e q^2}{\left(\frac{d}{2}+\Delta x\right)^2}-\frac{k_e q^2}{\left(\frac{d}{2}-\Delta x\right)^2}$$

으로 구해진다. $\Delta x \ll d$인 경우

$$F=\frac{4k_e q^2}{d^2}\left(1+\frac{2\Delta x}{d}\right)^{-2}+\frac{4k_e q^2}{d^2}\left(1-\frac{2\Delta x}{d}\right)^{-2}\simeq-\frac{32k_e q^2}{d^3}$$

과 같이 근사할 수 있다. 여기서 $(1+x)^n=1+nx+\cdots$을 이용하였다. 복원력이 변위 Δx에 비례하므로 단진동을 한다. $\omega^2=\frac{32k_e q^2}{d^3}$이므로 주기는 $T=\frac{2\pi}{\omega}=2\pi\sqrt{\frac{d^3}{32k_e q^2}}$이다.

문제 6 길이 $4cm$인 정사각형의 두 꼭짓점에 $1.5pC$의 전하가 놓여 있다. 정사각형의 중심에 놓여 있는 $-6nC$의 전하가 받는 힘은 몇 N인가?

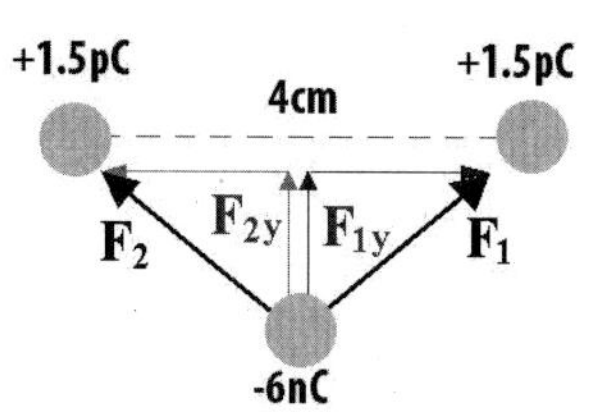

[답] 그림에서와 같이 힘의 수평성분은 상쇄되어 없어진다. 힘의 수직성분은 더해지므로

$$F_E = 2F\sin 45^o = 2\frac{k_e qQ}{r^2}\sin 45^o = 0.143N$$

을 얻을 수 있다.

문제 7 질량이 m이고 전하가 $+q$인 두 물체가 그림과 같이 길이 L인 줄에 매달린 채 전기적 척력에 의해 서로 x만큼 떨어진 위치에서 평형을 이룬다. 이때 x에 대한 표현을 구하라.

[답] 평형상태에서 장력의 수직성분은 전하의 무게와 동일하다. 그리고 장력의 수평성분은 전기적 반발력과 동일하다. 즉, $F_T\cos\theta = mg$, $F_T\sin\theta = F_E$이다. 따라서

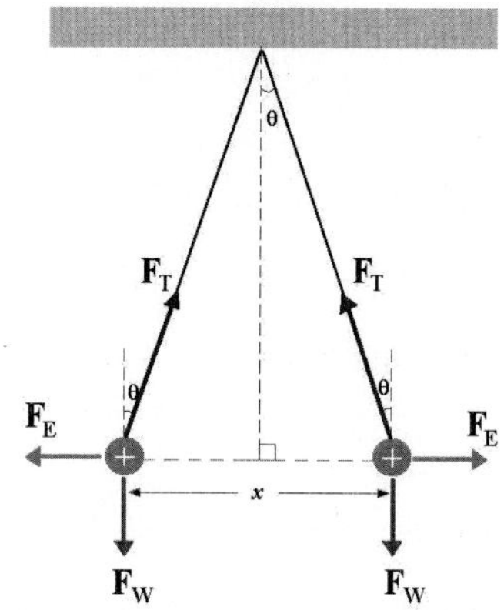

$$\tan\theta = \frac{F_E}{mg} = \frac{k_e q^2/x^2}{mg} = \frac{k_e q^2}{mgx^2}$$

을 얻을 수 있다. 그리고 $\theta \ll 1$인 경우 $\tan\theta \approx \sin\theta = \frac{x}{2L}$ 이므로 $x = \sqrt[3]{\frac{2k_e q^2}{mg}L}$로 표현된다.

문제 8 두 점전하가 $2a$만큼 떨어져 놓여 있다. $+q$는 $(-a,0)$위치에 있고 $-q$는 $(a,0)$위치에 있다. x좌표축의 $(x,0)$에서의 전기장을 구하라. 그리고 y좌표축의 $(0,y)$에서의 전기장을 구하라.

[답] $(x,0)$위치에서의 전기장은

$$\vec{E} = \vec{E_1} + \vec{E_2} = \frac{k_e q}{(x+a)^2}\hat{i} + \frac{k_e q}{(x-a)^2}(-\hat{i}) = \frac{2k_e qa}{(x^2-a^2)^2}(-\hat{i})$$

이다. $(0,y)$위치에서의 전기장은 $|\vec{E_1}| = |\vec{E_2}|$이므로 전기장의 y성분은 상쇄되고 x성분만 남는다. 즉,

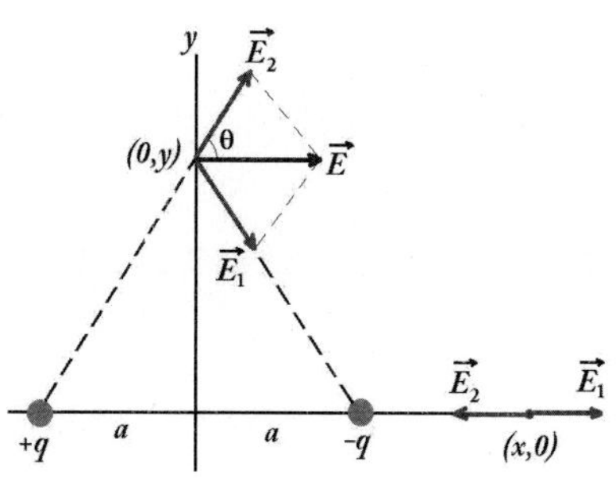

$$|\vec{E}_x| = 2|\vec{E_1}|\cos\theta = \frac{2k_e qa}{(a^2+y^2)^{3/2}}$$

이다. 따라서 $\vec{E} = \frac{2k_e qa}{(a^2+y^2)^{3/2}}\hat{i}$로 표현된다.

문제 9 두 전하 $+Q$와 $+2Q$가 그림과 같이 놓여 있다. 아래 물음에 답하라.

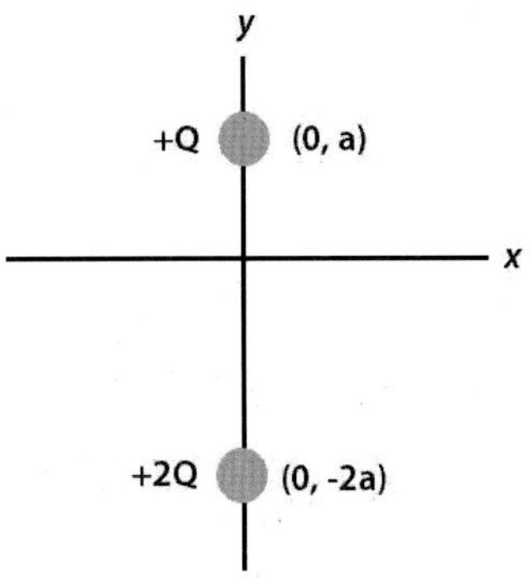

(a) $+Q$가 $+2Q$ 때문에 받는 전기적인 힘의 크기와 방향을 구하라. (b) 두 전하 때문에 발생하는 원점에서의 전기장의 크기와 방향을 구하라. (c) x축에서 전기장이 0이 되는 위치가 존재하는가? 그 이유를 설명하라. (d) y축에서 전기장이 0이 되는 위치가 존재하는가? 그 이유를 설명하라. (e) 질량 m, 전하량 $-q$인 물체를 원점에 놓을 경우 초기 가속도의 크기와 방향을 구하라.

[답] (a) Coulomb의 법칙에서 $\overrightarrow{F_1}=k_e\dfrac{(Q)(2Q)}{(a+2a)^2}\hat{j}=k_e\dfrac{2Q^2}{9a^2}\hat{j}$이다.

(b) $\vec{E}=\overrightarrow{E_1}+\overrightarrow{E_2}=k_e\dfrac{Q}{a^2}(-\hat{j})+k_2\dfrac{Q}{2a^2}(+\hat{j})=-k_e\dfrac{Q}{2a^2}\hat{j}$이다.

(c) x축에서 각 전하에 의한 전기장이 정확하게 일치하는 지점이 없으므로 전기장이 0이 되는 위치가 없다.

(d) y축 상의 임의의 지점 $(0, -y)$에서 두 전하에 의한 전기장이 같을 수 있다. 이곳에서 두 전하에 의한 전기장을 같게 놓으면 $k_e\dfrac{Q}{(a+y)^2}=k_e\dfrac{2Q}{(2a-y)^2}$에서 $y=(-4\pm3\sqrt{2})a$를 구할 수 있다. -부호는 맞지 않으므로 전기장이 0이 되는 위치는 $P=(0,(4-3\sqrt{2})a)$이다.

(e) (b)의 결과와 Newton의 제2법칙을 이용하면 가속도는 $\vec{a}=\dfrac{\vec{F}}{m}=\dfrac{-q\vec{E}}{m}=k_e\dfrac{qQ}{2ma^2}\hat{j}$와 같이 주어진다.

문제 10 길이 l인 두 막대가 크기를 무시할 수 있는 절연체를 사이에 두고 놓여 있다. 왼쪽 막대에는 $+Q$, 오른쪽 막대에는 $-Q$의 전하가 균일하게 분포되어 있다. 두 막대의 접점에서 수직하게 y만큼 떨어진 지점에서의 전기장을 구하라.

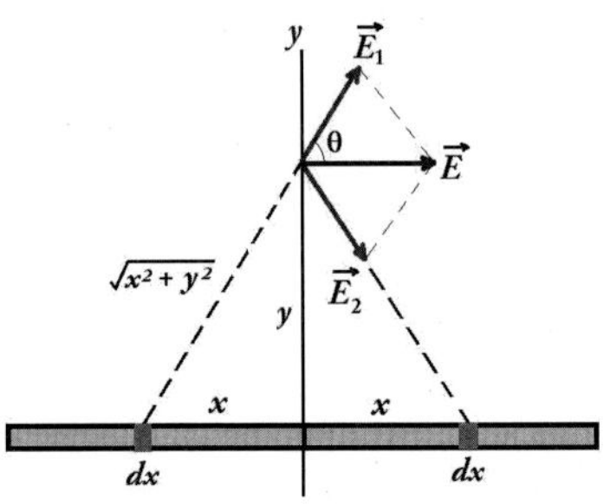

[답] 그림과 같이 좌표를 잡는다. 왼쪽 막대의 어떤 지점 $-x$를 생각하면 오른쪽 막대의 $+x$지점이 항상 존재한다. $-x$위치의 작은 부분 dx에 의한 전기장은 $|\Delta\overrightarrow{E_1}|=|\Delta\overrightarrow{E_2}|$이므로 $|\Delta\overrightarrow{E_x}|=2|\overrightarrow{E_1}|\cos\theta$이고 $|\Delta\overrightarrow{E_1}|=\dfrac{k_e\Delta Q}{x^2+y^2}$이다. 여기서 $\Delta Q=\dfrac{Q}{l}\Delta x$이다. 따라서 미소부분에 의한 전기장은

$$|\Delta\vec{E}|=2|\Delta\overrightarrow{E_1}|\cos\theta=\frac{2k_eQ}{l}\frac{\Delta x}{x^2+y^2}\frac{x}{\sqrt{x^2+y^2}}$$

와 같이 주어진다. 그리고 전체적인 전기장은 적분을 통해

$$E_x = \frac{2k_e Q}{l}\int_{-l}^{0}\frac{(-x)}{(x^2+y^2)^{3/2}}dx$$

$$= \frac{k_e Q}{l}\left[-\frac{2}{\sqrt{x^2+y^2}}\right]_{-l}^{0} = \frac{2k_e Q}{l}\left[\frac{1}{y}-\frac{1}{\sqrt{l^2+y^2}}\right]$$

과 같이 구할 수 있다. 적분에서 $x^2+y^2=t$로 대치하는 치환적분을 이용하였다. 전기장은 x성분만 존재한다.

문제 11 그림과 같은 전하분포에서 P점의 전기장을 구하라.

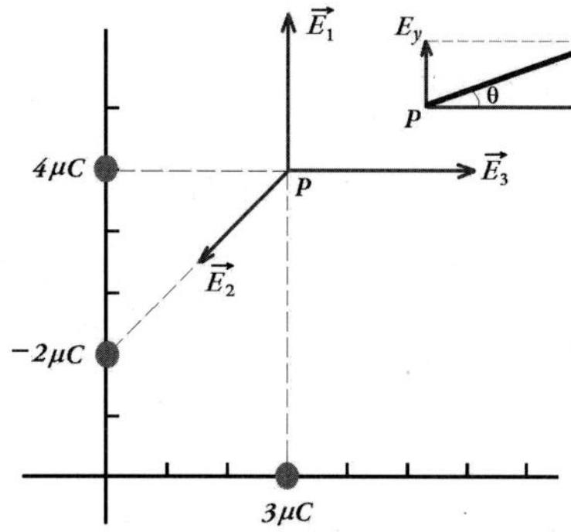

[답] $E=\frac{k_e q}{r^2}$를 이용하면 $E_1=1{,}080N/C$, $E_2=1{,}080N/C$, $E_3=2{,}250N/C$을 구할 수 있다. 좌표를 그림과 같이 정하면 각 성분은

$$E_x = E_3 - E_2\cos\theta = 1{,}386\,N/C$$

$$E_y = E_1 - E_2\sin\theta = 432\,N/C$$

으로 주어진다. 전기장의 크기와 방향은 각각 $E=\sqrt{E_x^2+E_y^2}=1{,}452\,N/C$, $\theta=\tan^{-1}\frac{E_y}{E_x}=17.3^o$이다.

문제 12 양의 전하가 아주 넓은 판에 균일하게 분포되어 있다. $5g$의 물체가 판 위의 $2cm$ 위치에 놓인다고 하자. 판에 의한 전기장이 $10^6\,N/C$이라 하고 전기적인 척력과 중력이 균형을 이루어 물체가 떠 있을 때 물체의 전하량을 구하라.

[답] $qE=mg$에서 $q=mg/E=50nC$이다.

문제 13 쌍극자가 전하 $+4nC$과 $-4nC$으로 구성되어 있다. 두 전하는 $60cm$ 떨어져 있다. 쌍극자의 중간지점에서의 전기장을 구하라. 쌍극자의 중간에 $-5nC$의 전하가 받는 힘을 구하라.

[답] $E=2\frac{k_e Q}{r^2}=8\times10^4\,N/C$이다. 전기장의 방향은 $-4nC$의 방향이다. $-5nC$이 받는 힘의 크기는 $F=qE=4\times10^{-7}N$이다. 힘의 방향은 $+4nC$의 방향이다.

문제 14 그림에서와 같은 전하분포에서 P점의 전기장을 구하라. P점에 전하 $6\mu C$을 놓을 경우 이 전하가 받는 힘을 구하라.

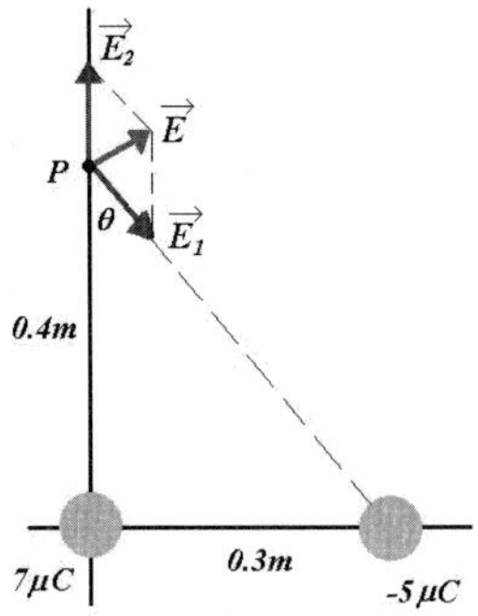

[답] P점의 전기장은 $\vec{E}=\sum_i \frac{k_e q_i}{r_i^2}\hat{r_i}$를 사용하면 된다. 각 전하가 만드는 전기장의 크기는 각각 $|\vec{E_1}|= 3.9\times 10^5$, $|\vec{E_2}|= 1.8\times 10^5\ N/C$이다. $\vec{E_1}$은 y성분밖에 없다. $\vec{E_2}$의 x, y성분들을 구해 보면 $E_{2x} = E_2 \sin\theta = 1.1\times 10^5 N/C$, $E_{2y} =- E_2 \cos\theta =- 1.4\times 10^5\ N/C$이다. 따라서 $\vec{E} = E_x\,\hat{i} + E_y\,\hat{j} = 1.1\times 10^5\,\hat{i} + 0.4\times 10^5\,\hat{j}$이다. 전하 $6\mu C$이 받는 힘은 $\vec{F}= q\vec{E}= 0.66\hat{i} + 0.24\hat{j}$이다.

문제 15 총 전하 Q가 단위길이당 λ로 분포된 길이 l인 막대에서 a만큼 떨어진 P점에서의 전기장을 구하라.

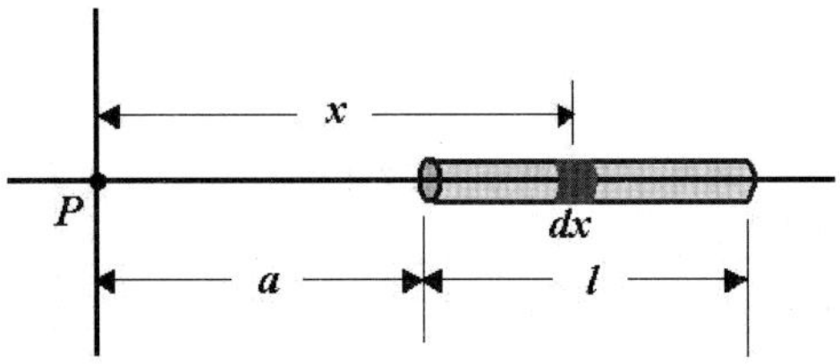

[답] P에서 x만큼 떨어진 미소전하 $dq = \lambda\, dx$에 의한 P점의 전기장은 $dE = k_e\frac{\lambda dx}{x^2}$이다. 막대 전체에 의한 전기장은 적분하면 된다. 전기장의 방향은 $-x$이다. 전기장은

$$E = \int dE = k_e \int_a^{a+l} \frac{\lambda\, dx}{x^2} = k_e \lambda \left[-\frac{1}{x}\right]_a^{a+l} = \frac{k_e \lambda l}{a(l+a)}$$

로 구해진다. 그리고 $Q = \lambda l$이므로 $E=\frac{k_e Q}{a(l+a)}$이다. $a \gg l$인 경우(막대에서 먼 거리의 전기장) $E\approx\frac{k_e Q}{a^2}$로 표현된다. 이는 점전하에 의한 전기장과 동일하다.

문제 16 총 전하 $+Q$가 반경 R인 원환에 고루 분포되었을 때 원환의 중심에서 x만큼 떨어진 지점에서의 전기장을 구하라.

[답] 원환의 미소부분의 전하 dq에 의해 x지점에 만들어지는 전기장은 $|d\vec{E}|= k_e\frac{dq}{r^2}$이다. 이 전기장의 방향은 그림과 같다. 이 전기장의 y성분은 아래쪽에 대칭적인 부분이 있으므로 전체적으로 합산하면 0이 된다. 반면에 x방향의 전기장은 합산된다. 미소부분에 의한 전기장의 x성분은

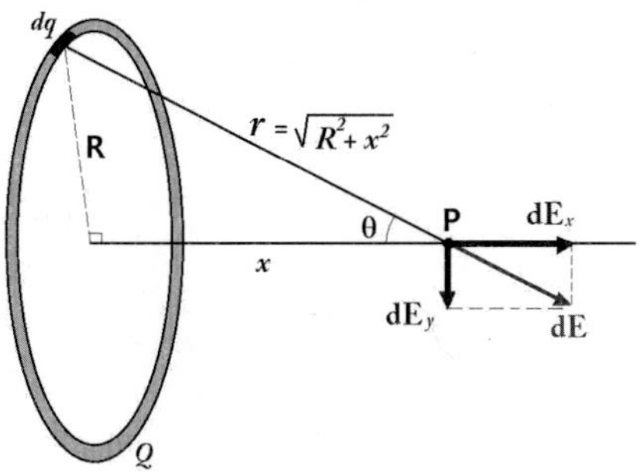

$$dE_x = dE\cos\theta = \left(k_e \frac{dq}{r^2}\right)\frac{x}{r} = \frac{k_e x}{(x^2+R^2)^{3/2}}\,dq$$

와 같이 주어진다. 그리고 총 전기장의 x성분은 원환 전체에 대해 적분하면

$$E_x = \int dE_x = \int \frac{k_e x}{(x^2+R^2)^{3/2}}dq$$
$$= \frac{k_e x}{(x^2+R^2)^{3/2}}\int dq = \frac{k_e x Q}{(x^2+R^2)^{3/2}}$$

이다. 원환의 중심($x=0$)에서의 전기장은 $E_x = 0$이다. 그리고 $x \gg R$인 경우 전기장은

$$E_x = \frac{k_e x Q}{x^3(1+R^2/x^2)^{3/2}} \approx \frac{k_e Q}{x^2}$$

이다. 즉, 점전하의 경우와 동일하다.

문제 17 그림과 같이 반경 R인 얇은 원판에 전하가 균일한 전하밀도 σ로 분포되어 있다. 원판의 중심에서 x만큼 떨어진 위치에서의 전기장을 구하라.

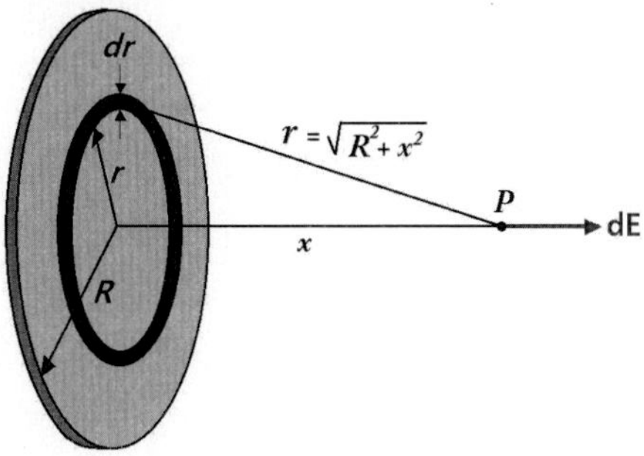

[답] 그림에서와 같이 두께가 dr인 아주 얇은 원환에 의한 P점의 전기장은 위 문제에 주어져 있다. 원환의 전하량은 $dq = (2\pi r\,dr)\sigma$ 이므로 이 원환에 의해 P점에 발생되는 축 방향의 전기장은

$$dE_x = \frac{k_e\,(2\pi\,r\,dr)\,\sigma\,x}{(x^2+R^2)^{3/2}}$$

와 같이 주어진다. 전체 원판에 의한 전기장은 적분하면

$$E_x = \frac{\sigma x}{4\epsilon_o}\int_0^R \frac{2r\,dr}{(x^2+r^2)^{3/2}} = \frac{\sigma}{2\epsilon_o}\left[1 - \frac{x}{\sqrt{x^2+R^2}}\right]$$

와 같이 구해진다. 위 식에서 $k_e = \frac{1}{4\pi\epsilon_o}$을 사용하였고 부분적분을 하였다. 위 식에서 원판이

아주 크다면, 즉 $R \rightarrow \infty$ 이면, 전기장은 $E_x = \frac{\sigma}{2\epsilon_o}$ 로 일정하게 됨을 볼 수 있다.

문제 18 한 변의 길이가 $10cm$ 인 정육면체가 있다. 왼쪽 면에서의 전기장은 면에 수직이고 크기는 $3N/C$이며 오른쪽 면에서의 전기장은 면에 수직이고 $5N/C$이다. 다른 면에서의 전기장은 면에 수평이다. 정육면체 안에 있는 전하량을 구하라.

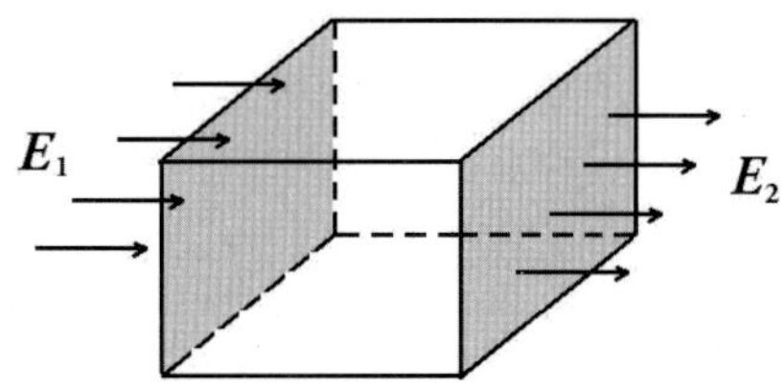

[답] Gauss 법칙에서 $\Phi_E = \frac{Q_{en}}{\epsilon_o}$ 이다. $\Phi_E = E_2A - E_1A = 0.02\,Nm^2/C$이다. 따라서 전하량은 $Q_{en} = 0.02\epsilon_o = 1.77 \times 10^{-13}\,C$이다.

문제 19 균일한 전하가 분포되어 있는 (선 전하밀도 λ) 무한도선에서 거리 r만큼 떨어진 위치에서의 전기장을 구하라.

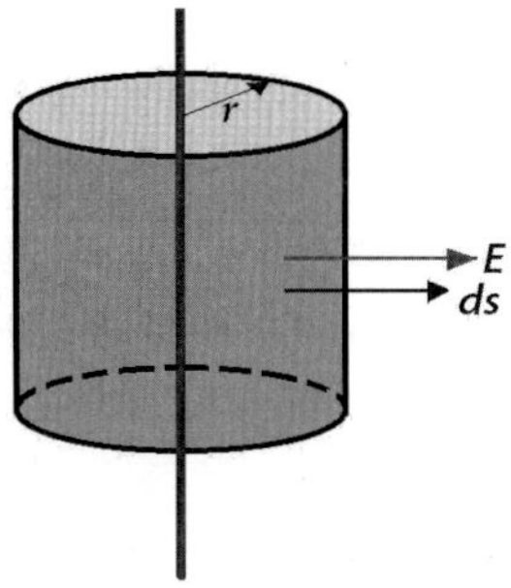

[답] 균일한 전하가 분포되어 있는 유한한 도선의 경우 도선에서 거리 r만큼 떨어진 위치에서의 전기장은 각 위치에 따라 다르다. 즉, 거리 r만큼 떨어진 위치가 어디인가에 따라 도선의 각 위치가 전기장에 기여하는 것이 대칭이 되지 않으므로 위치에 따라 전기장이 달라진다. 반면에 무한한 도선의 경우 도선에서 거리 r만큼 떨어진 곳은 도선이 무한해 그 점의 아래와 위가 항상 대칭이므로 거리 r만큼 떨어진 모든 위치에서 전기장은 동일하다. 이에 따라 Gauss 적분 면을 그림에서와 같이 원통으로 잡을 수 있다. 이 원통 면에서의 전기장은 모두 동일하므로 전기선속의 적분에서 전기장은 적분 바깥으로 나올 수 있다.

$$\Phi_E = \int \vec{E} \cdot d\vec{A} = E \int dA = \frac{q_{\mathrm{en}}}{\epsilon_o}$$

여기서 $\int dA$는 원통의 표면적이므로 $2\pi rl$이고 $q_{\mathrm{en}} = \lambda l$이므로 전기장은

$$\Phi_E = E(2\pi rl) = \frac{q_{\mathrm{en}}}{\epsilon_0} \Rightarrow \therefore E = \frac{\lambda}{2\pi\epsilon_0 r} = \frac{2k_e\lambda}{r}$$

로 구해진다.

문제 20 균일한 전하가 분포되어 있는 (면 전하밀도 σ) 무한 평면 근방에서의 전기장을 구하라.

[답] 면 전하밀도 σ인 무한평면 근방에서 단면이 A인 원통형의 Gauss 면을 고려하자. 원통의 측면으로의 전기장은 없고 면에 수직한 전기장(양쪽)만 존재하므로

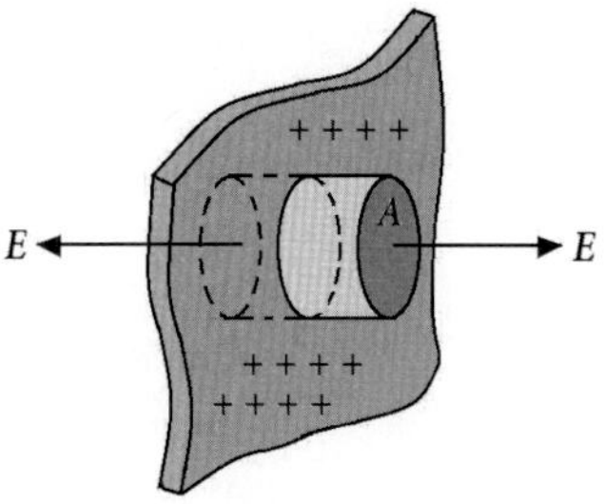

$$\Phi_E = 2E\int dA = 2EA = \frac{q_{\rm en}}{\epsilon_o} \Rightarrow \therefore E = \frac{\sigma}{2\epsilon_0}$$

로 주어진다. 여기서 $\sigma = \frac{q_{\rm en}}{A}$이다.

문제 21 세 개의 무한평면이 수평하게 놓여 있다. 왼쪽 판에는 면 전하밀도 $+\sigma$, 중간 판에는 $-\sigma$, 오른쪽 판에는 $+\sigma$가 분포되어 있다. 각 지점에서의 전기장을 구하라.

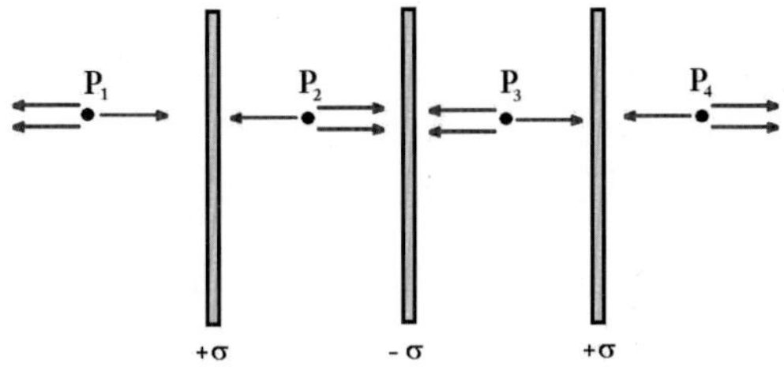

[답] 오른쪽 방향을 +로 잡으면 각 지점에서의 전기장은 $E_1 = -\frac{\sigma}{2\epsilon_o}$, $E_2 = \frac{\sigma}{2\epsilon_o}$, $E_3 = -\frac{\sigma}{2\epsilon_o}$, $E_4 = \frac{\sigma}{2\epsilon_o}$이다.

문제 22 내경 a인 부도체구에 전하 $+2Q$가 대전되어 있다. 그리고 이 부도체구의 바깥쪽에 동심으로 내경이 b이고 외경이 c인 도체구각이 놓여 있다. 이 도체구각에는 전하 $+3Q$가 분포되어 있다. 각 영역, 즉 $r < a$, $a < r < b$, $b < r < c$, $r > c$영역에서의 전기장을 구하라.

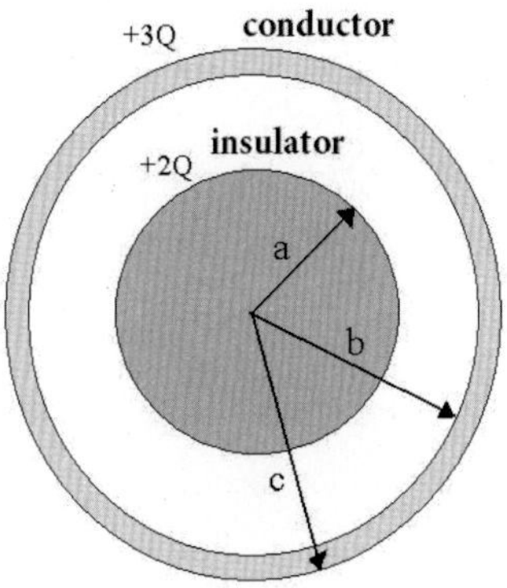

[답] (1) $r < a$에서는 Gauss 법칙에서 $\int EdA = \frac{1}{\epsilon_o}\frac{r^3}{a^3}(2Q) \rightarrow$ $\therefore E = \frac{2k_e Q}{a^3}r$이 구해진다.

(2) $a < r < b$, $\int EdA = \frac{2Q}{\epsilon_o} \rightarrow \therefore E = \frac{2k_e Q}{r^2}$

(3) $b < r < c$, $E = 0$(도체 안이므로 전하가 없음)

(4) $r > c$, $\int EdA = \frac{5Q}{\epsilon_o} \rightarrow \therefore E = \frac{5k_e Q}{r^2}$

문제 23 반경 R인 부도체구에 전하가 분포되어 있다. 구의 중심에서 r만큼 떨어진 지점의 전하밀도

는 $\rho(r)=\rho_o(\frac{r}{R})^2$이다. 여기서 ρ_o는 상수이다. 구의 내외부에서의 전기장을 구하라.

[답] 반경 r인 구에서 두께 dr인 구각에 존재하는 전하를 구해 보도록 하자. 구각의 체적이 $dV=4\pi r^2 dr$이므로 구각에 존재하는 전하는

$$dq=\rho dV=\rho_o\left(\frac{r}{R}\right)^2 4\pi r^2 dr$$

이다. 따라서 반경 r인 구 내부에 존재하는 전하량은

$$q=\int dq=\int_0^r \rho_o\left(\frac{r}{R}\right)^2 4\pi r^2 dr=\frac{4\pi\rho_o}{5R^2}r^5$$

이다. Gauss 법칙에서 반경 r인 구 내부에서의 전기장은

$$\int \vec{E}\cdot d\vec{A}=\frac{q_{en}}{\epsilon_o}\Rightarrow \therefore E=\frac{\rho_o}{5\epsilon_o R^2}r^3$$

이다. 구 외부의 전기장은 구에 분포되어 있는 전체 전하량을 구해야 한다. 이는 q에 관한 위 식에서 $r=R$이라 두면 된다. 즉, $Q=\frac{4\pi\rho_o R^3}{5}$이다. 따라서 구 외부에서의 전기장은

$$E=\frac{\rho_o R^3}{5\epsilon_o r^2}$$

이다. 즉, 구 외부에서의 전기장은 $\frac{1}{r^2}$에 비례하고, 구 내부에서는 r^3에 비례한다. 구 표면에서의 전기장은 $E=\frac{\rho_o R}{5\epsilon_o}$로 상수 값을 가진다.

문제 24 균일한 체적 전하밀도 ρ가 분포된 구형의 절연체에서 r만큼 떨어진 내부와 외부의 각 지점에서의 전기장을 구하라. 절연체에 분포되어 있는 총 전하량은 Q이다.

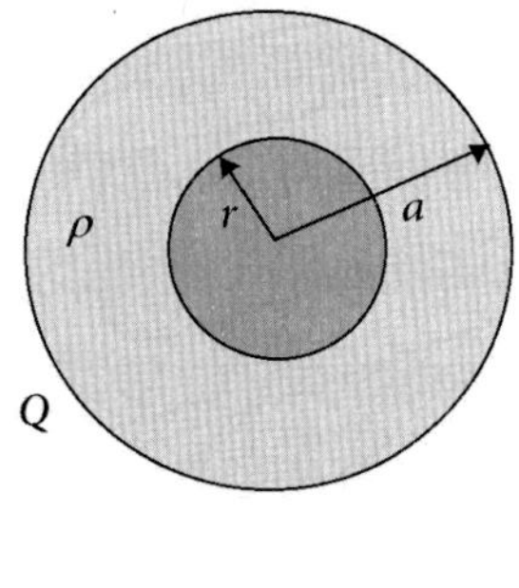

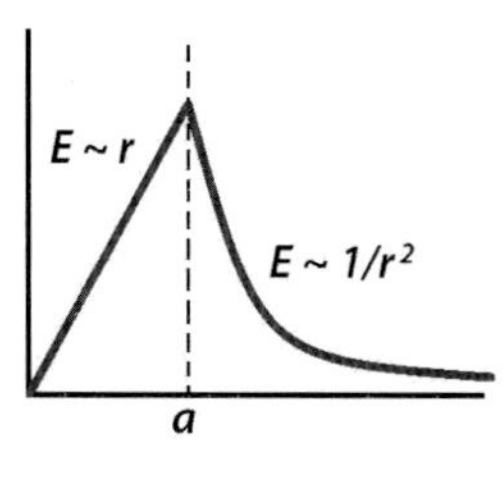

[답] 절연체의 외부에서의 전기장은 총 전하 Q인 점전하에 의한 전기장과 동일하므로 구 외부에서의 전기장은 $E_{r>a} = \frac{k_e Q}{r^2}$이다. 반면에 절연체 내부의 반경 r에서의 전기장은 반경 r 안에 포함된 전하가

$$q_{\mathrm{en}} = \rho\left(\frac{4\pi r^3}{3}\right) = \frac{Q}{(4\pi a^3/3)}\left(\frac{4\pi r^3}{3}\right) = \frac{Q}{a^3}r^3$$

이므로 절연체 내부인 $0<r<a$에서의 전기장은

$$\Phi_E = \int \vec{E} \cdot d\vec{A} = E\int dA = E(4\pi r^2) = \frac{q_{\mathrm{en}}}{\epsilon_0} \Rightarrow \therefore E = k_e \frac{Q}{a^3}r$$

과 같이 구해진다.

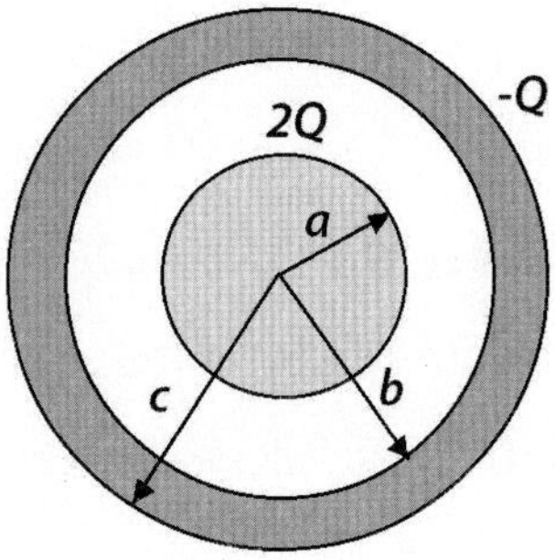

문제 25 그림과 같이 도체구와 도체구 껍질에 전하가 분포되어 있다. 각 영역에서의 전기장을 구하라.

[답] 도체에서는 내부에 전하가 존재할 수 없고(자유전자들이 전하를 표면으로 밀어낸다) 모든 전하는 표면에 분포한다. $r<a$인 영역은 도체 내부이므로 $E_1 = 0$이다. $a<r<b$인 영역에서는 내부에 존재하는 전하가 $2Q$이므로 전기장은 $E_2 = \frac{2k_e Q}{r^2}$이다. 그리고 $b<r<c$인 영역은 도체의 내부이므로 $E_3 = 0$이다. $r>c$인 영역의 내부에 존재하는 알짜 전하는 $2Q-Q=Q$이므로 전기장은 $E_4 = \frac{k_e Q}{r^2}$임을 알 수 있다.

문제 26 반경 R인 무한 절연체 원통에 체적 전하밀도 $\rho = \rho_o(R-r)$로 대전되어 있다. 여기서 r은 중심에서의 거리이다. 원통의 내부($r<R$)와 외부($r>R$)에서의 전기장을 구하라.

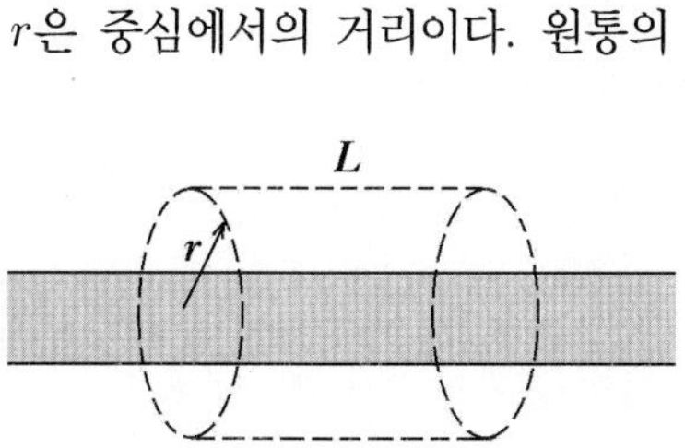

[답] Gauss 법칙에서 $\int \vec{E} \cdot d\vec{A} = 2\pi r L E$이다. $r<R$인 경우 그 안에 존재하는 전하의 양은

$$q_{en} = \int_0^r \rho_o(R-r)2\pi r L\,dr = 2\pi\rho_o L\left[\frac{R}{2}r^2 - \frac{r^3}{3}\right]$$

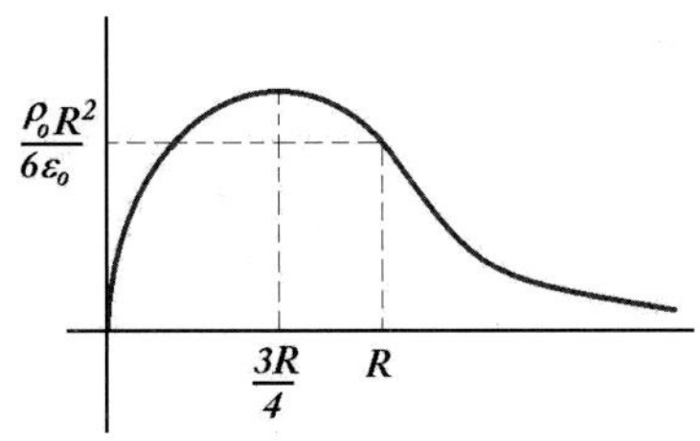

이다. 따라서 전기장은 $E = \frac{\rho_o}{\epsilon_o}\left[\frac{Rr}{2} - \frac{r^2}{3}\right]$이다. 반면에 $r > R$인 경우 전하량의 식 $r = R$을 대입하면 $q_{en} = \frac{\pi\rho_o}{3}R^2 L$이다. 이에 따라 전기장은 $E = \frac{\rho_o R^2}{6\epsilon_o r}$이다.

문제 27 물방울이 전하 $-e$로 대전되어 있다. 이 물방울은 지구의 전기장에 의해 공기 중에 떠 있다. 지구의 전기장은 $120\,V/m$로 지구 중심방향이다. 물방울의 반경을 구하라. 지구표면의 면 전하밀도와 총 전하를 구하라.

[답] 전기력과 무게가 균형을 이루고 있다. 즉, $eE = mg$이다. $m = \frac{4\pi r^3}{3}\rho$이므로 물방울의 반경은 $r = \left(\frac{3eE}{4\pi\rho g}\right)^{1/3} = 77nm$이다. 여기서 $\rho = 1{,}000kg/m^3$를 이용하였다. 무한평면에서의 전기장은 $E=$ $E = \frac{\sigma}{2\epsilon_o}$이므로 $\sigma = 2.12 \times 10^{-9}\,C/m^2$이다. 지구가 가지고 있는 총 전하는 $Q = 4\pi R^2 \sigma = 1.08 \times 10^6\,C$이다.

문제 28 질량 $10^{-14}kg$인 기름방울이 $-3e$로 대전되어 있다. 이 기름방울이 $d = 1cm$ 떨어진 두 금속판 사이에 걸린 전기장에 의해 떠 있다. 두 금속판 사이의 전위차를 구하라.

[답] 평형조건은 $mg = qE$이다. 그리고 $V = Ed$이므로 $V = \frac{mgd}{q} = 2{,}041\,V$이다. 여기서 $q = 3e$를 대입하였다.

문제 29 Millikan의 기름방울 실험은 전자의 전하량을 결정한 실험이다. 그림에서와 같이 기름방울이 노즐을 나올 때 마찰에 의해 대전된다. 대전된 기름방울은 전기장이 걸리는 금속판의 구멍으로 들어간다. 금속판에 전기장이 걸려 있지 않을 경우 기름방울은 종단속도로 떨어진다. 이 종단속도는 망원경과 그것에 그어져 있는 눈금에 의해 관찰할 수 있다. 이때 공기의 부력을 무시할 경우

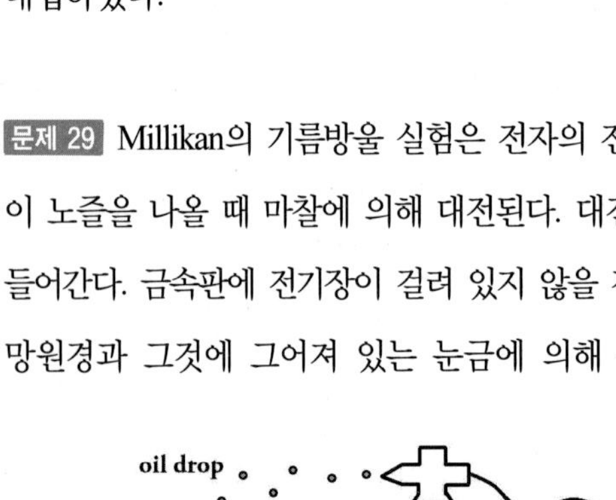

저항력과 공기방울의 무게가 같아지는 조건에서 종단속도가 결정된다. 즉, $6\pi\eta r v_t = mg$에서 종단속도는 $v_t = \frac{mg}{6\pi\eta r}$이다. 따라서 측정된 종단속도를 통해 기름방울의 반경이 결정되고 이를 통해 기름방울의 질량이 결정된다. 이때 $m = \frac{4\pi r^3}{3}\rho$를 이용한다. 그리고 전기장이 걸리는 경우 종단

속도는 전기장에 의한 힘을 고려하면 $qE = mg + 6\pi\eta r v_t$의 조건에서 $v_t = \frac{qE - mg}{6\pi\eta r}$로 주어진다. 즉, 전기장에 의해 기름방울의 종단속도가 변하며 이를 관찰하여 기름방울의 전하량이 결정된다. 두 도체판 사이의 거리는 $1mm$이고 두 판 사이의 전위차는 $1{,}000\,V$이다. 이 두 판 사이에 $-5e$로 대전된 기름방울의 종단속도가 아래로 $100mm/s$로 관찰되었다. 그리고 기름방울을 $-8e$로 대전시켰더니 종단속도 $100mm/s$로 위로 올라가는 것이 관찰되었다. 기름방울의 질량을 구하라.

[답] 두 경우 종단속도는 각각 $v_1 = \frac{q_1 E - mg}{6\pi\eta r}$, $v_2 = \frac{q_2 E - mg}{6\pi\eta r}$이다. 두 식을 나누어 질량의 표현을 구하면

$$m = \frac{\left(q_1 - \frac{v_1}{v_2} q_2\right)}{\left(1 - \frac{v_1}{v_2}\right) g}$$

이다. 위에서 $\frac{v_1}{v_2} = -1$, $q_1 = 5e$, $q_2 = 8e$이므로 $m = 1.06 \times 10^{-13}\,kg$이다. 여기서 두 도체판 사이의 전기장은 $E = \frac{V}{d} = 10^6\,V/m$를 이용하였다.

문제 30 Millikan의 실험 장치에서 두 판 사이의 거리는 $2cm$, 사용한 기름의 밀도는 $0.8\,g/cc$이다. 기름방울의 직경은 $10^{-3}\,mm$이다. 기름방울이 $-5e$로 대전된다면 기름방울을 정지시키기 위해 필요한 전기장은 얼마인가? 이때 두 판 사이의 전위차는 얼마인가? 어떤 기름방울의 경우 정지시키기 위해 $61.5\,V$가 필요했다. 이 기름방울의 전하량을 구하라.

[답] 평형조건은 $qE = mg$이다. 여기서 $m = \frac{4\pi r^3}{3}\rho$를 이용하면 $E = 5{,}129\,V/m$가 구해진다. 전위차는 $V = Ed = 102.6\,V$이다. 어떤 기름방울의 경우 $q = \frac{E}{mg} = 3e$를 구할 수 있다. 즉, 전하량은 $-3e$이다.

문제 31 $+Q$인 두 전하가 거리 $2a$만큼 떨어져 놓여 있다. 그 중앙에 전하 $+q$가 있다. 이 전하에 약간의 변위를 주고 놓을 때 전하 $+q$는 단진동함을 보여라. 이 단진동의 진동수를 구하라.

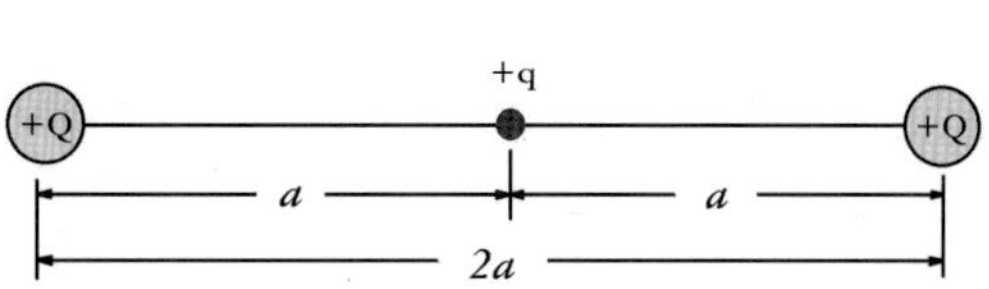

[답] 전하 $+q$를 오른쪽으로 x만큼 변위시킬 경우 전하에 작용하는 힘은

$$F = \frac{k_e qQ}{(a+x)^2} - \frac{k_e qQ}{(a-x)^2} = -\frac{k_e(4aqQx)}{(a^2-x^2)^2}$$

이다. 위 식은 $x \ll a$일 경우 위 힘은 $F = -\frac{k_e(4qQ)}{a^3}x$이다. 따라서 전하 $+q$의 운동방정식은

$$m\ddot{x} + \frac{k_e(4qQ)}{a^3}x = 0$$

이다. 따라서 단진동의 진동수는 $f = \frac{\omega}{2\pi} = \frac{1}{2\pi}\sqrt{\frac{4k_e qQ}{ma^3}}$ 이다.

문제 32 반경 R인 원환에 전하 $+Q$가 고르게 분포되어 있다. 구각의 중심에서 x만큼 떨어진 위치에 전하 $-q$가 놓여 있다. 이 전하를 약간 변위시키면 전하는 단진동을 한다는 것을 보여라. 이 단진동의 진동수를 구하라.

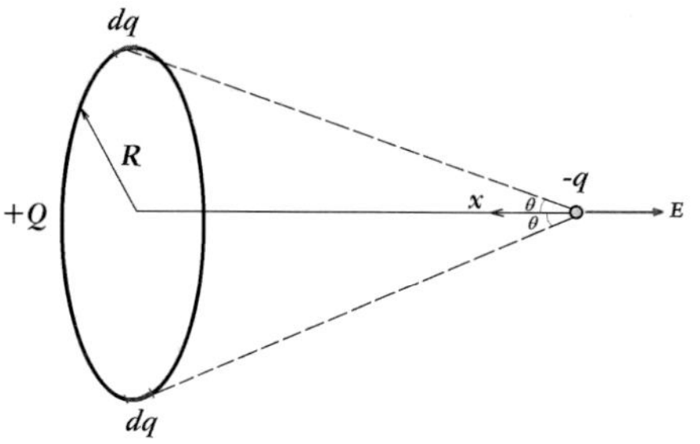

[답] 전하 $-q$에서의 전기장은 $E = \frac{k_e Qx}{(R^2+x^2)^{3/2}}$ 이므로 전하 $-q$가 받는 힘은

$$F = -qE = -\frac{k_e qQx}{(R^2+x^2)^{3/2}}$$

이다. 그리고 위 힘은 $x \ll 1$일 경우 $F = -\frac{k_e qQx}{R^3}$ 이므로 전하 $-q$의 운동방정식은

$$m\ddot{x} + \frac{k_e qQ}{R^3}x = 0$$

이다. 따라서 단진동의 진동수는 $f = \frac{\omega}{2\pi} = \frac{1}{2\pi}\sqrt{\frac{k_e qQ}{mR^3}}$ 이다.

문제 33 두께 t인 절연체 무한평면이 있다. 이 면은 체적 전하밀도 ρ로 균일하게 대전되어 있다. 판의 중간을 원점으로 잡을 경우 위치 x에 따른 전기장을 구하라. 면에 작은 구멍을 뚫고 질량 m, 전하 $-q$인 물체를 구멍 속에 놓고 변위를 주면 전하는 단진동함을 보여라.

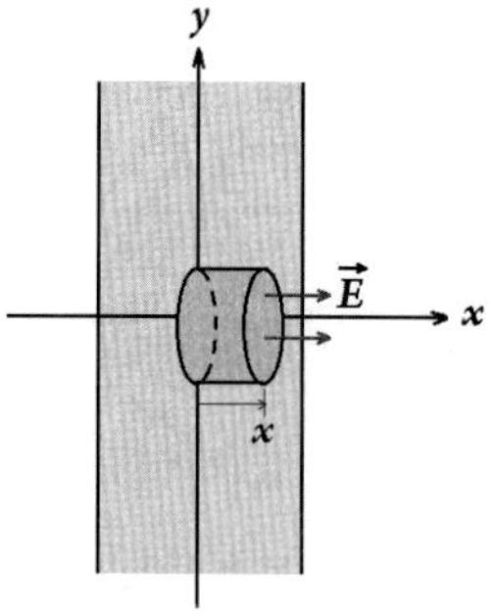

[답] 그림과 같은 Gauss 면을 잡으면 $\int \vec{E} \cdot d\vec{A} = \frac{q_{en}}{\epsilon_o}$에서 $q_{en} = Ax\rho$이므로 전기장은 $E = \frac{\rho}{\epsilon_o}x$이다. 전하가 받는 힘은 $F = -qE = -\frac{q\rho}{\epsilon_o}x$에서 복원력이 변위에 비례한다. 즉, 운동방정식은

$$\frac{d^2x}{dt^2} + \frac{\rho q}{m\epsilon_o}x = 0$$

이므로 $\omega^2 = \frac{\rho q}{m\epsilon_o}$이고 $T = \frac{2\pi}{\omega} = 2\pi\sqrt{\frac{m\epsilon_o}{\rho q}}$이다.

문제 34 길이 L인 두 도체판이 거리 d만큼 떨어져 놓여 있다. 이 판 사이의 중앙지점으로 전자가 속도 v로 들어간다고 한다. 전자가 도체판에 부딪히지 않고 판을 통과할 수 있는 속도를 구하라.

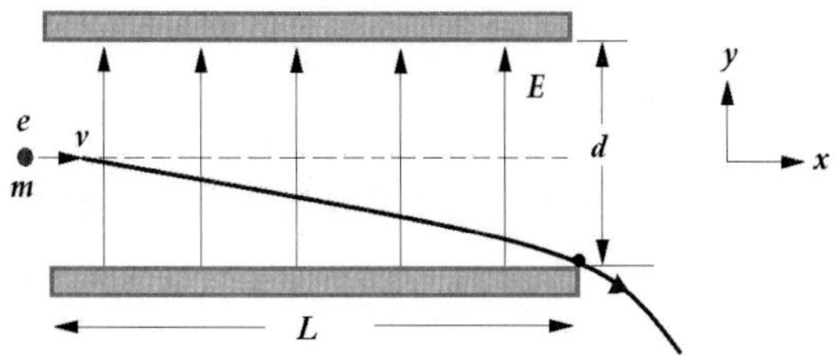

[답] x방향으로의 운동은 $x = vt$로 주어진다. 그리고 y방향으로의 운동은 $y = \frac{1}{2}a_y t^2$으로 주어진다. 여기서 $a_y = \frac{eE}{m}$이다. 전자가 판을 빠져나가려면 x방향으로는 L만큼 움직이므로 통과하는 데 걸리는 시간은 $t = \frac{L}{v}$이다. 그리고 전자가 판에 부딪히지 않고 통과하려면 판의 끝에서 $y = \frac{d}{2}$가 되어야 한다. 이들을 y방향의 운동에 대입하여 전자가 입사하는 속도를 구하면 $v = \sqrt{\frac{eE}{md}}L$이 된다.

문제 35 그림과 같이 절연체 판이 면 전하밀도 $\sigma = 50\mu C/m^2$로 대전되어 있다. 이 판에 $10nC$으로 대전되어 있는 질량 $m = 10g$의 물체가 실에 매달려 붙어 있다. 판이 만드는 전기장에 의해 판과 실은 각도 θ를 만든다. 이 각도와 줄의 장력을 구하라.

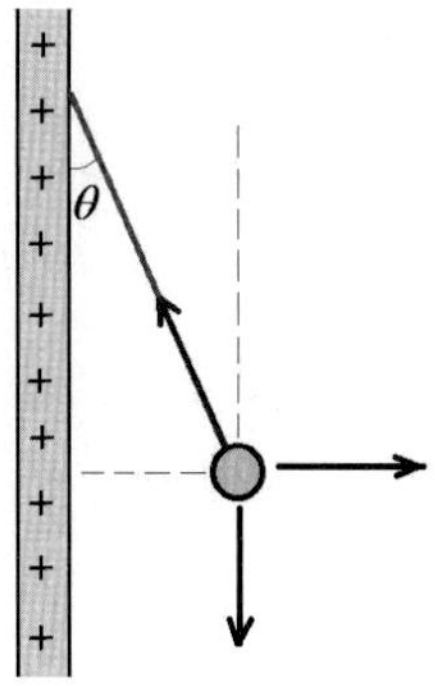

[답] 힘의 평형조건에서 $T\cos\theta = mg$, $T\sin\theta = qE$를 얻는다. 여기서 판이 만드는 전기장은 $E = \frac{\sigma}{2\epsilon_o}$이다. 위 두 식을 나누면 $\tan\theta = \frac{q\sigma}{2mg\epsilon_o}$이다. 따라서 주어진 값들을 대입하면 $\theta = 16^o$를 얻는다. 또한 $T = \frac{mg}{\cos\theta} = 0.01N$을 얻는다.

문제 36 $+Q$와 $-Q$로 균일하게 대전된, 길이 L인 두 막대가 길이를 무시할 수 있는 절연체를 사이에 두고 붙어 있다. 연결점에서 막대 길이 방향으로 x만큼 떨어진 지점의 전기장을 구하라.

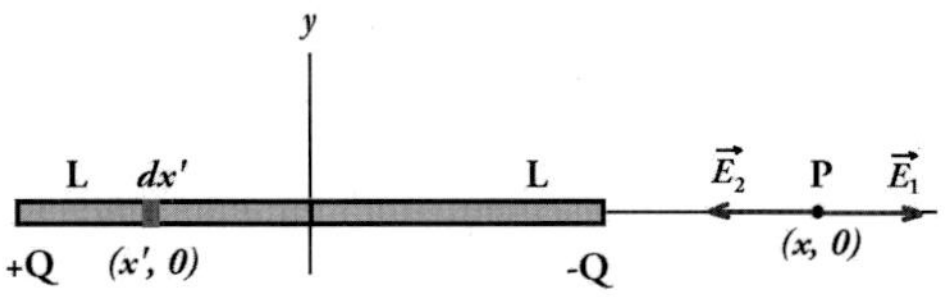

[답] $+Q$막대에 의한 x지점의 전기장은

$$E_1 = \int_{x+L}^{x} \frac{k_e \lambda}{x'^2} dx' = k_e \lambda \left[\frac{1}{x+L} - \frac{1}{x} \right]$$

로 주어진다. 그리고 $-Q$막대에 의한 x지점의 전기장은

$$E_2 = \int_{x}^{x-L} \frac{k_e \lambda}{x'^2} dx' = k_e \lambda \left[\frac{1}{x} - \frac{1}{x-L} \right]$$

이다. E_1의 식에서 $\lambda = \frac{Q}{L}$이고, E_2의 식에서 $\lambda = -\frac{Q}{L}$이다. 이를 대입하여 두 막대에 의해 x위치에 만들어지는 전기장은

$$E = E_1 + E_2 = \frac{2k_e QL}{x(x^2 - L^2)}$$

로 구해진다. $x \to \infty$ 인 경우 전기장은 $E = \frac{k_e(2QL)}{x^3}$이 된다. 이는 쌍극자 모멘트 $p = 2QL$에 의한 전기장과 동일하다.

6-2. 전위차, 전기에너지

문제 37 Na^+와 Cl^- 이온이 $1.5nm$ 떨어져 있다. 공기 중에서 두 이온 사이의 포텐셜을 구하라. 수용액(유전율 78)에서의 포텐셜을 구하라.

[답] 공기 중의 포텐셜은 $V = \frac{k_e q^2}{r} = 1.54 \times 10^{-19} J$이다. 반면에 물속에서는 유전율을 고려하면 $V = \frac{k_e q^2}{\epsilon_r r} = 1.97 \times 10^{-21} J$이다.

문제 38 공기 중에 있는 두 개의 1가 이온의 포텐셜에너지가 열에너지 kT와 동일해지는 두 이온의 떨어진 거리를 구하라. 수용액(물의 비유전율 78)에서 열에너지 kT와 동일해지는 두 이온의 떨어진 거리를 구하라. 온도는 $300K$이다.

[답] $\frac{k_e e^2}{r} = kT$에서 $r = 55nm$를 구할 수 있다. 물속에서는 $\frac{k_e e^2}{\epsilon_r r} = kT$이므로 $r = 0.71nm$이다. 이에 따라 두 이온이 물속에서 반응하기가 더 쉬움을 알 수 있다.

문제 39 전위차 $10kV$에서 가속되는 CH_4^+ 이온의 가속 후의 운동에너지와 속도를 구하라.

[답] $K = qV = 1.6 \times 10^{-15} J$이다. CH_4^+ 의 분자량은 $16g$이므로 이온 하나의 질량은

$$m = \frac{16}{mole} = \frac{16}{6.023 \times 10^{23}} = 2.66 \times 10^{-26} kg$$

으로 구해진다. 따라서 $\frac{1}{2}mv^2 = K$에서 $v = 3.47 \times 10^5 m/s$이다.

문제 40 태양의 반경은 $7 \times 10^5 km$이고 표면온도는 $6{,}000K$이다. 이 온도는 $kT = 0.34\,eV$에 해당한다. 만약 태양이 도체라고 가정할 경우 이 전위를 위해 태양 표면에 분포해야 하는 전하량은 얼마인가?

[답] $V = \frac{k_e Q}{R} = 0.34\,eV$에서 $Q = 2.64 \times 10^{-2}\,C$이다. 이는 아주 작은 값이다. 1.65×10^{17}개의 전자를 합친 전하량이다.

문제 41 가정용 전원의 전위차는 $220\,V$이다. 전자가 한끝에서 다른 끝으로 이동할 때 얻는 에너지를 구하라.

[답] $K = eV = 3.5 \times 10^{-17} J$

문제 42 $+2q$와 $-q$가 $d = 4m$만큼 떨어져 놓여 있다. $+2q$에서 x만큼 떨어진 위치에서의 전위를 구하라. 전위가 0이 되는 지점을 구하라.

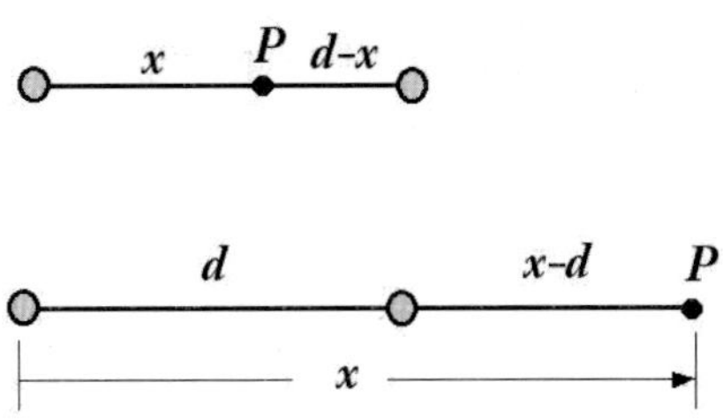

[답] $x < d$인 경우 $V(x) = \frac{k_e(2q)}{x} - \frac{k_e q}{(d-x)} = 0$에서 $x = \frac{2d}{3}$이다. 반면에 $x > d$인 경우에는 $V(x) = \frac{k_e(2q)}{x} - \frac{k_e q}{(x-d)} = 0$에서 $x = 2d$이다.

문제 43 그림과 같은 전하 분포에서 P점의 전위를 구하라. 그리고 $3\mu C$의 전하를 무한대에서 P점으로 가져오는 데 드는 일을 구하라.

[답] 두 개의 전하가 존재하므로 P점의 전위는

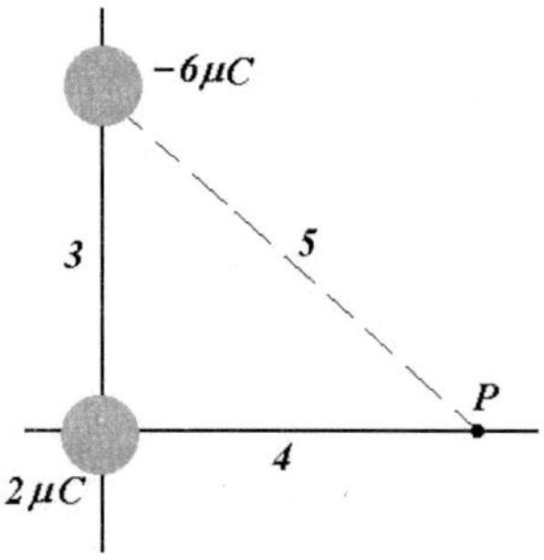

$$V_P = k_e \sum \frac{q_i}{r_i} = k_e \left(\frac{q_1}{r_1} + \frac{q_2}{r_2} \right) = -6.3 \times 10^3 \ V$$

로 구해진다. 그리고 $3\mu C$의 전하를 무한대에서 P점으로 가져오는 데 드는 일은 $W = \Delta U = q_3 V_P - q_3 V_\infty$에서 $V_\infty = 0$이므로 $W = q_3 V_P = -1.9 \times 10^{-2} \ J$이다. 이 경우 위치에너지의 감소에 따라 계가 일을 한다.

문제 44 길이 $2l$인 절연체 막대에 전하 Q가 고르게 분포되어 있다. 막대의 중앙에서 r만큼 떨어진 위치 P에서의 전위를 구하라.

[답] $dq = \frac{Q}{l} dx$에 의한 P점의 전위는 $dV = \frac{k_e Q dx}{l\sqrt{x^2 + r^2}}$이고 전체 막대에 의한 P점의 전위는

$$V = \frac{k_e Q}{l} \int_{-l/2}^{l/2} \frac{dx}{\sqrt{x^2 + r^2}} = \frac{2k_e Q}{l} \int_0^{l/2} \frac{dx}{\sqrt{x^2 + r^2}} = \frac{2k_e Q}{l} \ln \left| \frac{l}{2r} + \sqrt{1 + \frac{l^2}{4r^2}} \right|$$

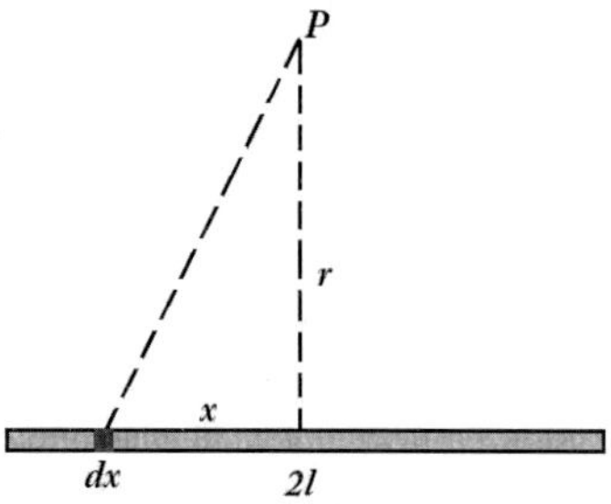

과 같이 구해진다. 여기서 부분적분에 의한 적분공식인

$$\int \frac{dx}{\sqrt{x^2 + a^2}} = \ln \left| x + \sqrt{x^2 + a^2} \right|$$

을 이용하였다. 무한도선인 $l \gg r$에 대해서 $\sqrt{1 + \frac{l^2}{4r^2}} \approx \frac{l}{2r}$이므로 $V = \frac{2k_e Q}{l} \ln \frac{l}{r}$이다. 전위를 이용하여 전기장을 구해 보면

$$E_r = -\frac{\partial V}{\partial r} = \frac{2k_e}{r} \frac{Q}{l} = \frac{\lambda}{2\pi\epsilon_o r}$$

와 같다. 이는 Gauss 법칙에서 구한 결과와 동일함을 볼 수 있다.

문제 45 총 전하 Q가 반경 R인 원환에 고루 분포되었을 때 원환의 중심에서 x만큼 떨어진 지점에서의 전위를 구하라. 전위를 이용하여 P점의 전기장을 구하라.

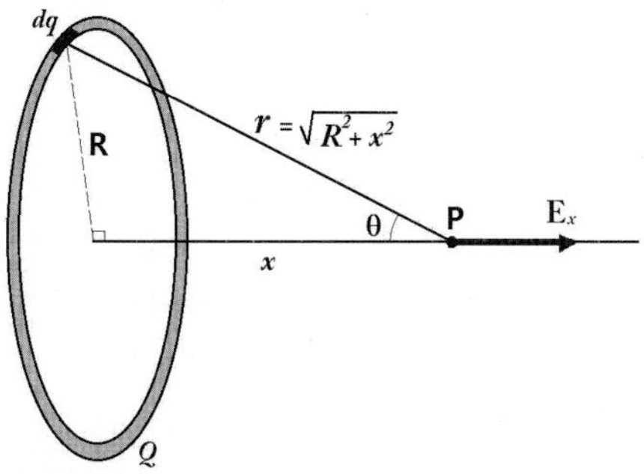

[답] 전위는 $V = k_e \int \frac{dq}{r} = \frac{q}{\sqrt{x^2+a^2}} \int dq = \frac{k_e Q}{\sqrt{x^2+a^2}}$ 로 구해진다. 위 식에 주어진 전위는 x만의 함수이므로 이 전위로부터 전기장을 구할 수 있다. 즉, $E_x = -\frac{\partial V}{\partial x} = \frac{k_e Qx}{(x^2+a^2)^{3/2}}$와 같이 구할 수 있다.

문제 46 그림과 같이 반경 R인 얇은 원판에 전하가 균일한 전하밀도 σ로 분포되어 있다. 원판의 중심에서 x만큼 떨어진 위치 P에서의 전위를 구하라. 전위를 이용하여 P점의 전기장을 구하라.

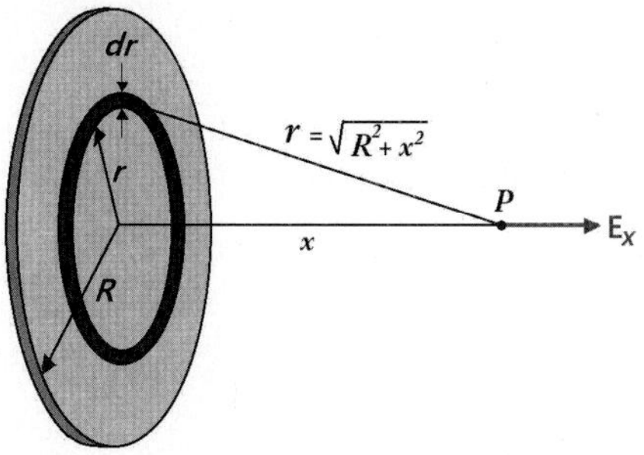

[답] 반경 r지점에 두께 dr인 원환을 생각하면 이 원환의 전하량은 $dq = (2\pi r\,dr)\sigma$이다. 따라서 이 전하에 의한 P점의 전위는

$$dV = \frac{k_e\,dq}{\sqrt{x^2+r^2}} = \frac{k_e(2\pi r\,dr)\sigma}{\sqrt{x^2+r^2}}$$

이다. 전체 전하분포에 의한 전위는 원판 전체에 대해 적분을 해 주면 되므로

$$V = \int_0^R dV = 2\pi k_e \sigma \left[\sqrt{x^2+R^2} - x\right]$$

와 같이 구해진다. 위 식은 x만의 함수이므로 전기장은 x방향이고

$$E = -\frac{\partial V}{\partial x} = 2\pi k_e \sigma \left[1 - \frac{x}{\sqrt{x^2+R^2}}\right] = \frac{\sigma}{2\epsilon_o}\left[1 - \frac{x}{\sqrt{x^2+R^2}}\right]$$

와 같다.

문제 47 중앙에 반경 a인 구멍이 있는 반경 R인 원판에 면 전하밀도 σ가 균일하게 분포되어 있다. 원판의 중심에서 x만큼 떨어진 위치 P에서의 전위를 구하라.

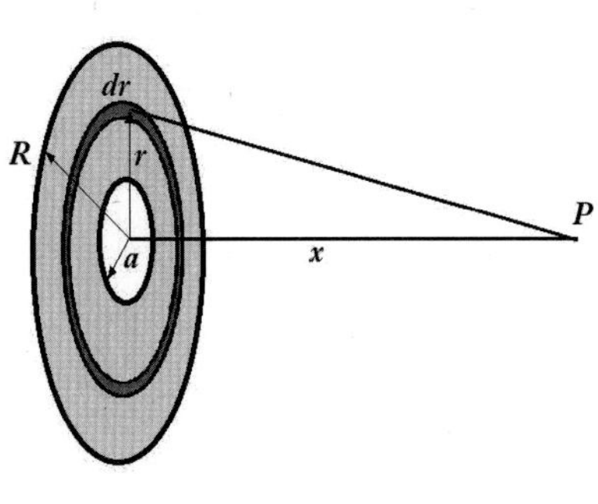

[답] 반경 r위치의 두께 dr인 원환에 의한 P점의 전위는 $dV=\frac{k_e(2\pi r\,dr\sigma)}{\sqrt{x^2+r^2}}$이다. 따라서 전체 원판에 의한 전위는

$$V=\int dV=2\pi k_e\sigma\int_a^R\frac{r\,dr}{\sqrt{x^2+r^2}}$$
$$=2\pi k_e\sigma\left[\sqrt{x^2+R^2}-\sqrt{x^2+a^2}\right]$$

과 같이 구해진다. $a\to0$인 경우 $V=2\pi k_e\sigma\left[\sqrt{x^2+R^2}-x\right]$로서 원판의 경우와 일치함을 볼 수 있다.

문제 48 그림과 같이 반경 R인 절연체 구에 전하 Q가 균일하게 분포하고 있다. 구의 내부와 외부에서의 전위를 구하라.

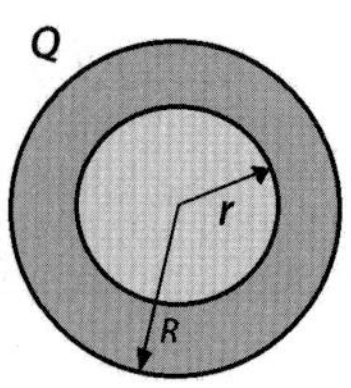

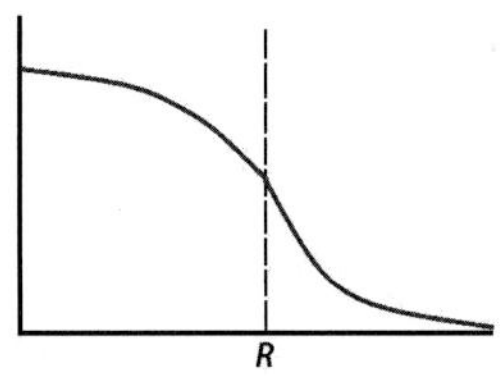

[답] 구 외부의 임의의 반경 r에서의 전위는 총 전하 Q가 중심에 놓여 있는 경우와 동일하므로

$$V(r)=\frac{k_e Q}{r}$$

와 같이 구할 수 있다. 위 결과를 전위의 정의에 의해 다시 확인해 보도록 하자. 임의의 반경 r에서의 전기장은 $E(r)=\frac{k_e Q}{r^2}$이므로 전위의 정의에서

$$V(r)=-\int_\infty^r\vec{E}\bullet d\vec{r}=\frac{k_e Q}{r}$$

와 같이 구할 수도 있다. 위 식에서 구의 표면에서의 전위는 $V(R)=\frac{k_e Q}{R}$로 주어진다. 그리고 구 내부의 임의의 반경 r에서의 전위를 구하기 위해서는 구 내부의 임의의 위치 r에서의 전기장을 구해야 된다. 이는 $E=\frac{k_e Q}{R^3}r$로 주어진다. 이를 이용하여 구 표면과 구 내부의 반경 r에서의 전위차를 구하면

$$V(r)-V(R)=-\int_R^r E_r\,dr=-\int_R^r\frac{k_e Q}{R^3}r\,dr=\frac{k_e Q}{2R^3}(R^2-r^2)$$

과 같다. 따라서 구 내부의 임의의 반경 r에서의 전위는

$$V(r) = \frac{k_e Q}{2R^3}(R^2 - r^2) + \frac{k_e Q}{R} = \frac{k_e Q}{2R}\left(3 - \frac{r^2}{R^2}\right)$$

과 같이 주어진다.

문제 49 점전하 $+2q$가 $(0, a, 2a)$에 있고 점전하 $-q$가 $(-a, 0, a)$에 있다. 원점에서의 전위를 구하라. 전하 $-q$를 무한대에서 원점까지 가져오는 데 드는 일을 구하라.

[답] 원점과 $(0, a, 2a)$ 사이의 거리는 $\sqrt{5}\,a$이고 원점과 $(-a, 0, a)$ 사이의 거리는 $\sqrt{2}\,a$이다. 따라서 원점의 전위는 $V = \sum \frac{k_e q_i}{r_i}$를 이용하면 $V = \frac{k_e q}{a}\left(\frac{2}{\sqrt{5}} - \frac{1}{\sqrt{2}}\right) = \frac{0.187 k_e q}{a}$이다. 무한대에서 전하 $-q$를 원점까지 가져오는 데 드는 일은 $W = q(V - V_\infty) = -\frac{0.187 k_e q^2}{a}$이다. 부호가 −이므로 이 과정 동안 전하 $-q$가 일을 하였다.

문제 50 반경 $R_1 = 1cm$인 도체구에 $q_1 = 1\mu C$의 전하가 분포되어 있다. 이 도체구에서 $d = 2m$ 떨어진 위치에 반경 $R_2 = 0.5cm$인 도체구가 있는데, 거기에 $q_2 = 2\mu C$의 전하가 분포되어 있다. 두 도체 사이의 전위차를 구하라. 두 도체구를 가는 선으로 연결할 때 전하의 이동을 구하라.

[답] 도체구의 반경에 비해 두 구의 떨어진 거리가 훨씬 크므로 도체구의 반경 효과는 무시할 수 있다. 도체구 표면의 전위는 $V_1 = \frac{k_e q_1}{R_1} = 9\times10^5\,V$, $V_2 = \frac{k_e q_2}{R_2} = 3.6\times10^6\,V$와 같이 구해진다. 따라서 두 구 사이의 전위차는 $\Delta V = V_2 - V_1 = 2.7\times10^6\,V$이다. 가는 선을 연결한 후 두 구에 분포되어 있는 전하를 $q_1{}', q_2{}'$라 두면 전하의 보존칙에서 $q_1 + q_2 = q_1{}' + q_2{}'$이다. 전하의 이동은 두 구 표면에서의 전위가 같아질 때까지 진행된다. $V_1{}' = \frac{k_e q_1{}'}{R_1}$, $V_2{}' = \frac{k_e q_2{}'}{R_2}$이므로 $V_1{}' = V_2{}'$에서 $q_1{}'R_2 = q_2{}'R_1$을 얻는다. 위 두 식을 풀면 $q_1{}' = 2\mu C$, $q_2{}' = 1\mu C$을 구할 수 있다. 즉, q_2에서 q_1으로 $1\mu C$의 전하가 이동하였다.

문제 51 아래 그림에서 점 A에서의 전위가 $6V$일 때 점 B의 전위는 얼마인가? 그리고 질량 $10kg$, 전하량 $+10\,C$인 입자를 A에서 놓을 경우 이 입자가 B를 통과할 때의 속도는 얼마인가?

[답] 점 A에서 전위가 $6V$이므로 $V = k_e \frac{Q}{r}$에서

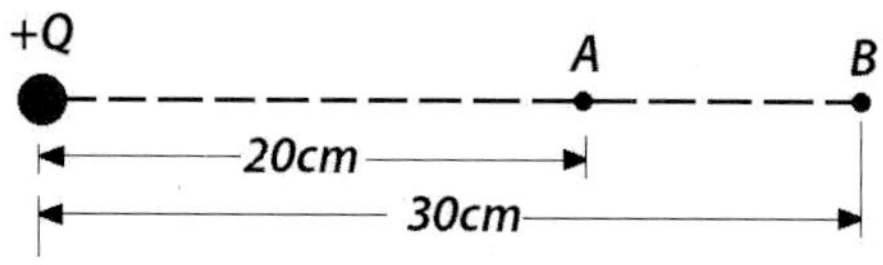

$\frac{V_B}{V_A} = \frac{r_A}{r_B} = \frac{2}{3}$이다. 따라서 B지점에서의 전위는 $V_B = \frac{2}{3}V_A = 4V$이다. 그리고 에너지 보존칙에서

$$\frac{1}{2}mv_A^2 + qV_A = \frac{1}{2}mv_B^2 + qV_B$$

이다. 여기서 $v_A = 0$이므로 $v_B = \sqrt{\frac{2q(V_A - V_B)}{m}} = 2\times10^4\ m/s$이다.

문제 52 그림과 같은 전하분포에서 O점에서의 전기장을 구하라. 그리고 O점의 전위를 구하라.

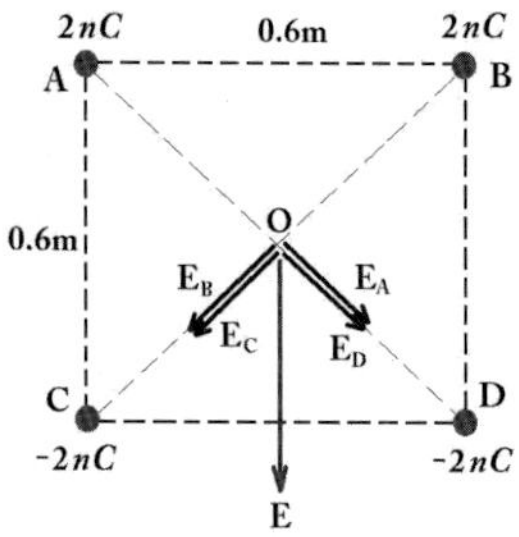

[답] 각 전하에 의한 전기장의 크기는 모두 동일하며 $|\overrightarrow{E_A}| = |\overrightarrow{E_B}| = |\overrightarrow{E_C}| = |\overrightarrow{E_D}| = k_e\frac{Q}{r^2} = 1\times10^5\ N/C$이다. 최종적인 전기장의 크기는 $E = \sqrt{(E_A^2 + E_D^2) + (E_B + E_C)^2} = 2.8\times10^5 N/C$과 같고, 방향은 그림에 표시된 것과 같다. 반면에 전위는 스칼라양이므로 더해 주면 된다. 각 전하에 의한 전위는 다음과 같다.

$$V_A = V_B = k_e\frac{Q}{r} = 4.2\times10^4\ V$$

$$V_C = V_D = k_e\frac{Q}{r} = -4.2\times10^4\ V$$

따라서 $V = V_A + V_B + V_C + V_D = 0$이다.

문제 53 점전하 $q_1 = 2\mu C$이 고정되어 있다. 다른 점전하 $q_2 = -10nC$이 q_1에서 $10cm$ 떨어진 지점에서 출발하여 점전하 q_1에 $1cm$ 접근하는 순간의 운동에너지를 구하라.

[답] q_1이 $r_A = 10cm$에서 $r_B = 1cm$로 이동할 때의 위치에너지의 변화는

$$\Delta U = k_e q_1 q_2\left(\frac{1}{r_A} - \frac{1}{r_B}\right) = -0.016J$$

이다. 이 에너지가 전하 q_1의 운동에너지가 된다. 즉, q_1의 운동에너지는 $0.016J$이다.

문제 54 균일한 전기장 $E = 300\,N/C$에 두 지점이 전기장에 평행하게 $1m$ 떨어져 있다. 두 지점의

전위차를 구하라. 전기장 방향으로 전자를 두 지점으로 속도를 일정하게 하면서 이동시키는 데 드는 일을 구하라.

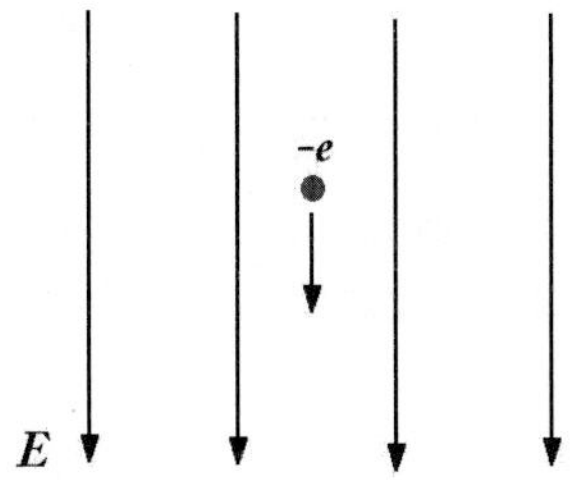

[답] $\Delta V = -\int_1^2 \vec{E} \cdot d\vec{l}$인데 전기장이 균일하고 전기장 방향으로 $1m$ 떨어져 있으므로 두 지점의 전위차는 $|\Delta V| = El = 300\,V$이다. 전자의 전하가 $-e$이므로 전기장 방향으로 이동하려면 외부에서 일을 해 주어야 한다. $W = e\Delta V = 4.8 \times 10^{-27}\,J$이다.

문제 55 균일한 전기장 $E = 500N/C$에서 세 지점 A, B, C가 있다. ΔV_{AB}, ΔV_{BC}, ΔV_{AC}를 구하라. 여기서 AB와 BC의 거리는 $1m$이다. $q = 3nC$의 전하가 $A \to B \to C$로 이동하는 데 드는 일을 구하라.

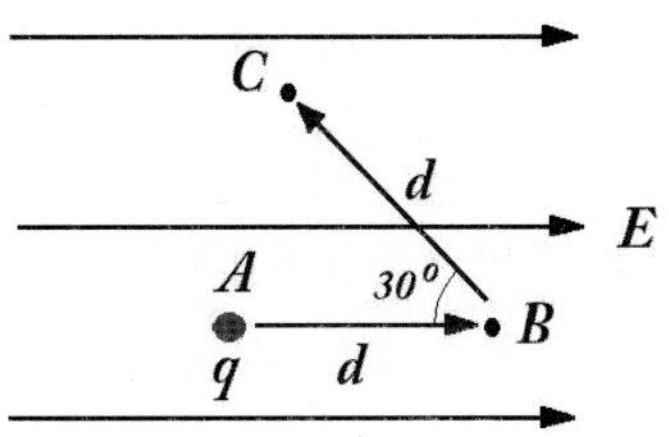

[답] 전위차에 대한 정의를 이용하면

$$\Delta V_{AB} = V_B - V_A = -\int_A^B \vec{E} \cdot d\vec{l} = -Ed = -500\,V$$

$$\Delta V_{BC} = V_C - V_B = -\int_B^C \vec{E} \cdot d\vec{l} = \int_B^C E\cos 30^o dl = 0.87\,Ed = 435\,V$$

$$\Delta V_{AC} = V_C - V_A = \Delta V_{AB} + \Delta V_{BC} = -0.13\,Ed = -65\,V$$

을 구할 수 있다. 전하가 $A \to C$로 이동하는 데 드는 일은 $W = q\Delta V_{AC} = 1.95 \times 10^{-7}\,J$이다. 이는 $W = q(\Delta V_{AB} + \Delta V_{BC})$와 동일하다.

문제 56 α입자(He의 핵)가 $100\,V$의 전위차에서 가속될 때 얻는 에너지를 구하라. α입자의 속도를 구하라. α입자의 원자량은 $4g/mole$이다.

[답] α입자가 얻는 운동에너지는 $K = qV = 2e\,V = 3.2 \times 10^{-17}\,J$이다. 그리고 α입자 한 개의 질량은

$$m = \frac{4}{1mole} = \frac{4}{6.023 \times 10^{23}} = 6.64 \times 10^{-24}\,kg$$

과 같이 구해진다. 따라서 $K=\frac{1}{2}mv^2$에서 $v=2.2\times10^3\,m/s$를 얻는다.

문제 57 직경이 $10cm$인 구의 최대 전위를 구하라. 공기의 유전파괴 전기장은 $3MV/m$이다.

[답] 공기의 유전파괴 전기장까지 가능하다. 구 표면의 전기장은 $\frac{k_eQ}{R^2}$이고 이에 대응되는 전위는 $\frac{k_eQ}{R}$이다. 조건 $E\leq 3MV/m$에서 $\frac{k_eQ}{R^2}\leq 3MV/m$이므로 $V\leq 3MV/m\times R$, 즉, $V\leq 150kV$이다. 따라서 구 표면의 최대 전위는 $150kV$이다.

문제 58 그림과 같이 정사각형의 꼭짓점에 전하들이 분포되어 있다. 정사각형의 중심에서의 전위를 구하라. 무한대에서 $50\,nC$의 전하가 정사각형의 중심까지 이동하는 데 드는 일을 구하라.

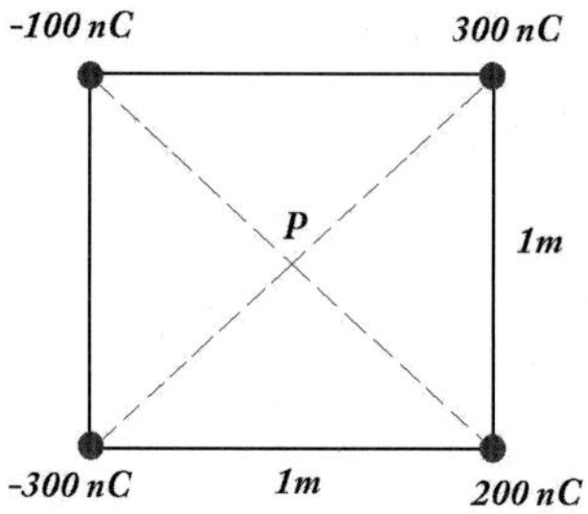

[답] 전하에서 중심까지의 거리는 모두 같으므로 $V_P=\frac{k_e}{r}\sum q_i=$ 1,273 V이다. 전하가 이동하는 데 드는 일은 $W=q(V_P-V_\infty)=6.36\times10^{-5}\,J$이다. 여기서 $V_\infty=0$을 사용하였다.

문제 59 $E=10^5N/C$의 전기장이 그림과 같은 방향으로 걸려 있다. $q=2\mu C$의 전하가 일정한 속도로 A에서 B로 이동하는 데 드는 일을 구하라. 여기서 AC의 거리는 $d=1m$이다. 동일한 전하가 $A\rightarrow C\rightarrow B$로 이동하는 데 드는 일은 얼마인가? 위의 $A\rightarrow B$로 이동하는 데 드는 일과 비교하라.

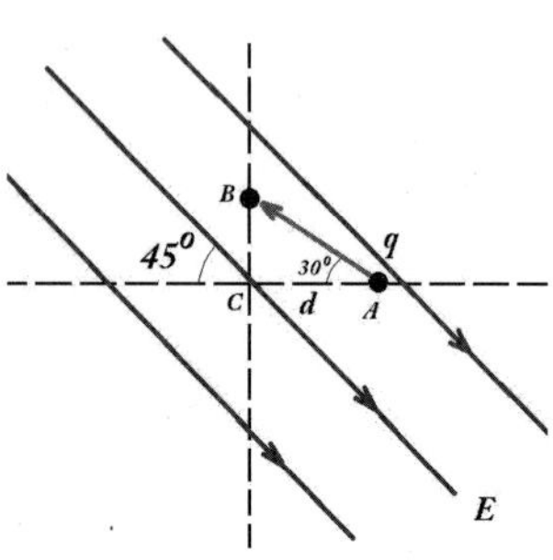

[답] 전위의 정의에 의해 $\Delta V_{AB}=V_B-V_A=-\int_A^B\vec{E}\cdot\vec{dl}=\int_A^B Edl\cos15^o==1.115\times10^5V$를 구할 수 있다. 여기서 $\vec{E}$와 $\vec{dl}$은 서로 반대방향이고 둘 사이의 각도가 15^o인 것을 이용하였다. 따라서 전하가 $A\rightarrow B$로 이동하는 데 드는 일은 $W_{AB}=q\Delta V_{AB}=0.223\,J$이다. $A\rightarrow C\rightarrow B$로 이동하는 경우 우선 전위차를 구해 보면

$$\Delta V_{AC}=V_C-V_A=-\int_A^C\vec{E}\cdot\vec{dl}=\int_A^C Edl\cos45^o=-7.07\times10^4\,V$$

$$\Delta V_{CB}=V_B-V_C=-\int_C^B\vec{E}\cdot\vec{dl}'=\int_C^B Edl'\cos45^o=4.082\times10^4\,V$$

이다. 여기서 $dl = 1m$, $dl' = 0.58m$를 이용하였다. 따라서 $A \rightarrow C \rightarrow B$로 전하가 이동하는 데 드는 일은 $W_{ACB} = q(\Delta V_{AC} + \Delta V_{CB}) = 0.223\,J$이다. 결과적으로 전하가 $A \rightarrow B$로 이동하는 데 드는 일과 전하가 $A \rightarrow C \rightarrow B$로 이동하는 데 드는 일은 같다.

문제 60 그림과 같이 직사각형의 두 꼭짓점에 전하가 분포되어 있다. 위치 A와 B에서의 전위를 구하라. $q = 2\mu C$의 전하가 A에서 B로 이동하는 데 드는 일을 구하라. 그리고 B에서 A로 이동하는 데 드는 일을 구하라.

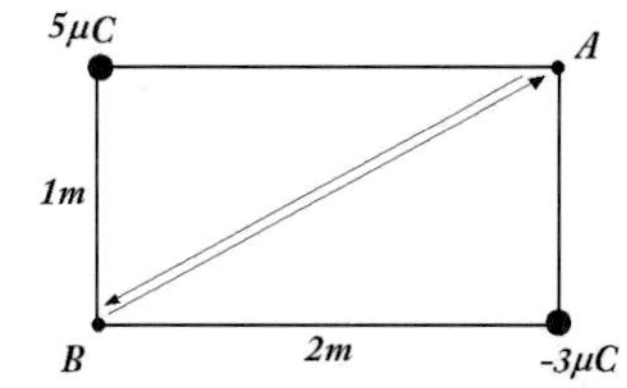

[답] $V = \sum \frac{k_e q_i}{r_i}$에서 $V_A = -4{,}500\,V$, $V_B = 31{,}500\,V$와 같이 구해진다. 전하가 $A \rightarrow B$로 이동하는 데 드는 일은 $W_{AB} = q(V_B - V_A) = 0.072J$이고, 전하가 $B \rightarrow A$로 이동하는 데 드는 일은 $W_{BA} = q(V_A - V_B) = -0.072J$이다.

문제 61 반경이 $5cm$인 고립된 절연체 구에 전하 $Q = -1\mu C$이 분포되어 있다. 구의 표면에 있는 질량 $10\mu g$인 전하가 구를 탈출하기 위한 최소의 속도를 구하라.

[답] 구의 표면의 전위는 $\frac{k_e Q}{R}$이고 ∞에서의 전위는 0이다. 구의 표면에서의 속도는 v이고 탈출 후 최저 속도는 0이 되어야 한다. 따라서 탈출 전과 후의 에너지 보존칙은 $\frac{k_e Q}{R} + \frac{1}{2}mv^2 = 0$과 같이 주어진다. 주어진 값들을 대입하면 $v = 1.9 \times 10^5\,m/s$가 구해진다.

문제 62 반경이 $5cm$인 금속 구 표면에 $+0.5\mu C$의 전하가 분포되어 있다. 양성자가 정지한 상태에서 표면에 놓이면 구에 의해 만들어진 전기장의 영향으로 가속된다. 최종적인 양성자의 속도를 구하라.

[답] 구 표면의 전위는 $V = \frac{k_e Q}{R} = 9 \times 10^4\,V$이다. 이 전위에 의해 양성자가 가속된다. 최종적인 속도는 $qV = \frac{1}{2}mv^2$의 조건에서 $v = 4.15 \times 10^6\,m/s$를 구할 수 있다.

문제 63 두 양(+)의 전하 q_1과 q_2가 거리 s만큼 떨어져 놓여 있다. 그림과 같이 제3의 전하 q_3를 무한대에서부터 가져와서 정삼각형의 다른 꼭짓점에 놓는 데 외부에서 사용한 일의 양을 구하라.

[답] q_1에 의해 q_3지점에 만들어지는 전위는 $V_1 = k_e q_1/s$이고, q_2에 의해 q_3지점에 만들어지는 전위는 $V_2 = k_e q_2/s$이다. 따라서 두 전하에 의해 q_3에 만들어지는 전위는

$$V = V_1 + V_2 = \frac{k_e(q_1 + q_2)}{s}$$

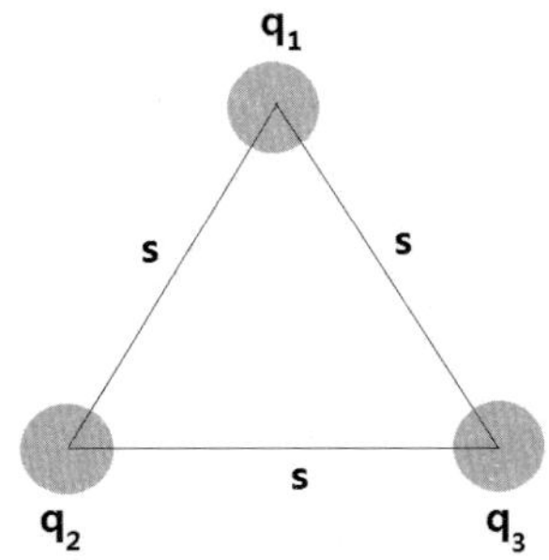

이다. 따라서 q_3를 무한대에서 정삼각형의 꼭짓점에 가져다 놓는 데 사용해야 하는 일은 $W = q_3 V = \frac{k_e q_3}{s}(q_1 + q_2)$이다.

문제 64 $Q = 2nC$의 점전하가 어떤 지점에 놓여 있다. 이 점전하에서 $2cm$ 떨어진 지점 P에서의 전위를 구하라. 무한대에서 P점까지 점전하 $1nC$을 가져다 놓는 데 드는 일을 구하라.

[답] P점에서의 전위는 $V = \frac{k_e Q}{r} = 900V$이다. 따라서 점전하 $1nC$을 P점에 가져다 놓는 데 필요한 일은 $W = qV = 9 \times 10^{-7}J$이다.

문제 65 점전하 $q_1 = 4nC$과 $q_2 = -6nC$이 그림과 같이 놓여 있다. 점 A에서의 전위를 구하라.

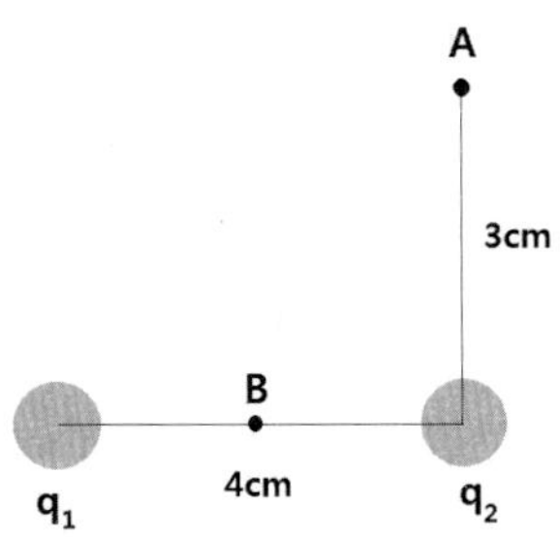

그리고 $q = 0.01C$의 전하를 A지점에서 B지점까지 이동시키는 데 드는 일을 구하라.

[답] $V_A = \frac{k_e q_1}{r_{1A}} + \frac{k_e q_2}{r_{2A}} = -1,080V$이고 $V_B = \frac{k_e q_1}{r_{1B}} + \frac{k_e q_2}{r_{2B}} = -900V$이다. 두 지점의 전위차는 $\Delta V = V_B - V_A = 180V$이다. 따라서 전하 q를 A에서 B로 이동시키는 데 드는 일은 $W = q\Delta V = 1.8J$이다.

문제 66 3개의 전하 $+q$를 한 변의 길이가 a인 정삼각형의 꼭짓점에 배치하는 데 드는 일을 구하라.

[답] $W = \sum_{i \neq j} \frac{k_e q_i q_j}{r_{ij}}$를 이용하면 된다. 그러나 이 문제는 간단하므로 이러한 전하 구조를 만드는 과정을 단계적으로 알아보자. 첫째, $+q$를 이동시키는 데 일이 들지 않는다. 둘째, 이미 놓여진 $+q$에 의한 전위 때문에 $+q$를 가져오는 데 $W_1 = \frac{k_e q^2}{a}$의 일이 든다. 셋째, $+q$는 이미 존재하는 2개의 전하 때문에 $W_2 = \frac{2k_e q^2}{a}$의 일이 든다. 결과적으로 $+q$를 정삼각형의 꼭짓점에 배치하는 데 필요한 일은 $W = \frac{3k_e q^2}{a}$이다. 위의 공식을 이용하면 3개의 전하이므로 $W = \frac{k_e q_1 q_2}{r_{12}} + \frac{k_e q_2 q_3}{r_{23}} + \frac{k_e q_1 q_3}{r_{13}}$에서 전하와 거리가 모두 같다. 따라서 $W = \frac{3k_e q^2}{a}$으로 구해진다.

문제 67 3개의 $+q$ 전하를 각각 a만큼 떨어진 일직선에 배치하는 데 드는 일을 구하라.

[답] 첫 번째 전하를 배치하는 데는 일이 들지 않는다. 두 번째 전하를 배치하는 데는 첫 번째의 전위 $V_1 = \frac{k_e q}{a}$에 의해 $W_1 = \frac{k_e q^2}{a}$의 일이 든다. 세 번째 전하를 배치하는 데는 첫 번째 전하에 의한 전위가 $V_1' = \frac{k_e q}{2a}$이므로 $W_1' = \frac{k_e q^2}{2a}$의 일이 들고 두 번째 전하에 의해 $W_2 = \frac{k_e q^2}{a}$의 일이 든다. 따라서 3개의 전하를 일직선에 배치하는 데 드는 일은 위의 일들을 합치면 $W = W_1 + W_1' + W_2 = \frac{5k_e q^2}{2a}$을 얻는다. 문제 66에서와 같이 $W = \sum_{i \neq j} \frac{k_e q_i q_j}{r_{ij}}$를 이용하면 $W = \frac{k_e q_1 q_2}{r_{12}} + \frac{k_e q_2 q_3}{r_{23}} + \frac{k_e q_1 q_3}{r_{13}}$에서 $r_{12} = r_{23} = a$, $r_{13} = 2a$이므로 $W = \frac{5k_e q^2}{2a}$을 얻을 수 있다.

문제 68 길이가 a인 정사각형의 꼭짓점에 그림과 같이 전하를 분포시키는 데 드는 일을 구하라.

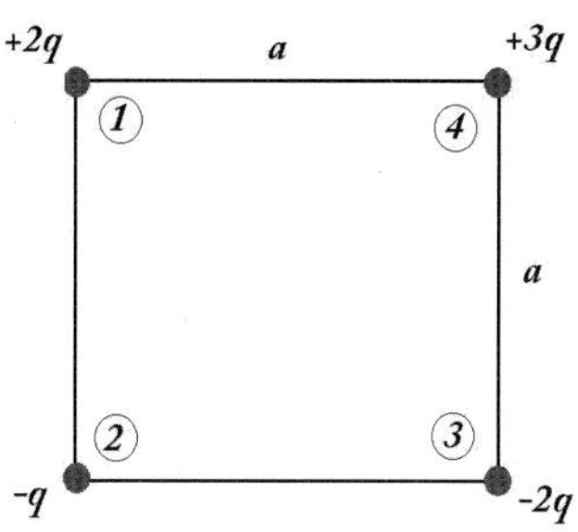

[답] $W = \sum_{i \neq j} \frac{k_e q_i q_j}{r_{ij}}$을 이용하면

$$W = \frac{k_e q_1 q_2}{r_{12}} + \frac{k_e q_1 q_3}{r_{13}} + \frac{k_e q_1 q_4}{r_{14}} + \frac{k_e q_2 q_3}{r_{23}} + \frac{k_e q_2 q_4}{r_{24}} + \frac{k_e q_3 q_4}{r_{34}} = -\frac{7 k_e q^2}{\sqrt{2}\, a}$$

을 구할 수 있다. 여기서 $r_{12} = r_{14} = r_{23} = r_{34} = a$, $r_{13} = r_{24} = \sqrt{2}\, a$를 이용하였다. $W < 0$이므로 전하들이 일을 하였다.

문제 69 물 분자는 그림과 같이 산소$(-2e)$와 수소$(+e)$가 길이 $a = 1\,\text{Å}$이고 각도가 105^o인 이등변 삼각형을 이루는 모형으로 대략적으로 설명할 수 있다. 물 분자에 저장된 에너지를 구하라.

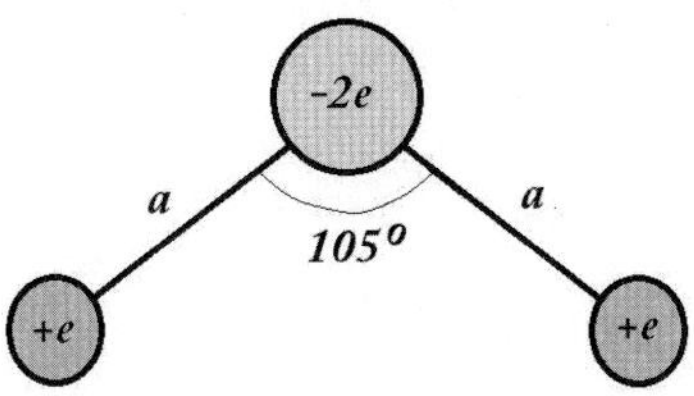

[답] 원자를 배치하는 데 드는 일만큼 전기에너지로 저장된다. $W = \sum_{i \neq j} \frac{k_e q_i q_j}{r_{ij}}$에서 $i = 1$은 산소, $i = 2$는 수소라고 하면

$$W = \frac{k_e q_1 q_2}{r_{12}} + \frac{k_e q_1 q_3}{r_{13}} + \frac{k_e q_2 q_3}{r_{23}} = -\frac{3.37\, k_e e^2}{a}$$

을 얻는다. 여기서 $q_1 = -2e$, $q_2 = e$이고 $r_{12} = r_{13} = a$, $r_{23} = 2a\sin 52.5^o$이다. 이 에너지가 물 분자를 구성함으로써 외부로 방출되었다.

문제 70 한 변의 길이 a인 정사면체의 꼭짓점에 4개의 $+q$전하가 분포되어 있다면 이 전하분포의 전기에너지는 얼마인가? $+q$ 대신에 $-q$를 분포시켰다면 전기에너지는 얼마인가?

[답] $+q$를 분포시킬 경우 $W=\sum_{i\neq j}\frac{k_e q_i q_j}{r_{ij}}$에서 전하 사이의 거리가 모두 같다. 전하가 4개이면 쌍을 이루는 방법은 $4C_2=6$이므로 $W=\frac{6k_e q^2}{a}$이다. $-q$를 분포시킬 경우 W는 두 전하의 곱에 비례하므로 $+q$와 동일한 전기에너지를 가진다.

문제 71 반경 a인 도체구의 바깥을 반경 b인 도체구 껍질이 둘러싸고 있다. 처음에는 모두 대전되어 있지 않다. 이 도체계에 각각 $+Q, -Q$가 대전되도록 하기 위해 드는 일은 얼마인가?

[답] 전하 q가 안쪽 구에 분포되어 있다면 구와 구 껍질 사이의 전위차는

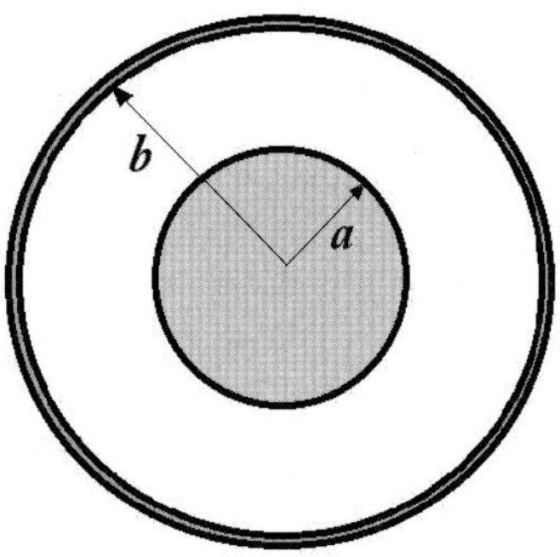

$$\Delta V=-\int\vec{E}\cdot d\vec{l}=-\int_a^b\frac{k_e q}{r^2}dr=k_e q\left(\frac{1}{a}-\frac{1}{b}\right)$$

로 주어진다. 이 상태에서 dq를 도체구로 이동시키기 위해서는 $dW=Vdq$의 일이 필요하고, 전체적으로 Q를 이동시키기 위해 드는 일은

$$W=\int_0^Q\Delta V dq=\frac{k_e Q^2}{2}\left(\frac{1}{a}-\frac{1}{b}\right)$$

이다. 정전용량은 위 ΔV를 이용하면 $C=\frac{Q}{\Delta V}=\frac{b-a}{k_e ab}$로 구할 수 있다.

문제 72 반경 R인 두 도체구가 거리 r만큼 떨어져 놓여 있다. 여기서 $r\gg R$이다. 도체구가 대전되어 있지 않은 상태에서 한 도체구에서 다른 도체구로 전하를 이동시켜 각각 $+Q, -Q$로 대전시키기 위해 필요한 일을 구하라.

[답] $+q, -q$로 각각 대전되어 있을 경우 두 도체구 사이의 전위차는 $\Delta V=\frac{2k_e q}{R}$이다. 이 상태에서 dq를 이동시키는 데 드는 일은 $\Delta W=\Delta V\,dq$이다. 따라서 Q까지 이동시키는 데 드는 일은

$$W=\int\Delta W=\int_0^Q\frac{2k_e q}{R}dq=\frac{k_e Q^2}{R}$$

이다.

문제 73 반경 R인 절연체 구에 전하 Q가 균일하게 분포되어 있다. 구 내부의 임의의 반경 r지점의 전기장은 $E = k_e Qr/R^3$임을 보았다. 구 내부의 임의의 반경 r에서의 전위를 구하라.

[답] 전위는 $V(r) = -\int_{\infty}^{r} \vec{E} \cdot d\vec{r}$로 정의된다. 구의 내부와 외부에서의 전기장이 다르므로 적분을 구간에 따라 달리 구하여야 된다. 즉, 전위는

$$V(r) = -\int_{\infty}^{R} \frac{k_e Q}{r^2} dr - \int_{R}^{r} \frac{k_e Q}{R^3} r dr = \frac{k_e (3R^2 - r^2)}{2R^3}$$

과 같이 구할 수 있다.

문제 74 반경 R인 무한원통에 선(line) 전하밀도 λ로 전하가 고루 분포되어 있다. 원통의 중심에서 r만큼 떨어진 지점의 전기장은 $E = \frac{2k_e \lambda}{r}$로 계산된다. 원통의 표면에 대한 원통 외부의 반경 r에서의 전위를 구하라.

[답] $\Delta V = V_r - V_R = -\int_{R}^{r} \vec{E} \cdot d\vec{r} = -\int_{R}^{r} \frac{2k_e \lambda}{r} dr = 2k_e \ln \frac{R}{r}$

문제 75 선 전하밀도 λ로 대전된 무한도선이 d만큼 떨어져 놓여 있다. 두 도선의 중간 위치에서 r만큼 떨어진 지점 P와 두 도선의 중간지점 O 사이의 전위차를 구하라. 그리고 $d = 1m$, $r = 2m$인 경우 전위차를 구하라.

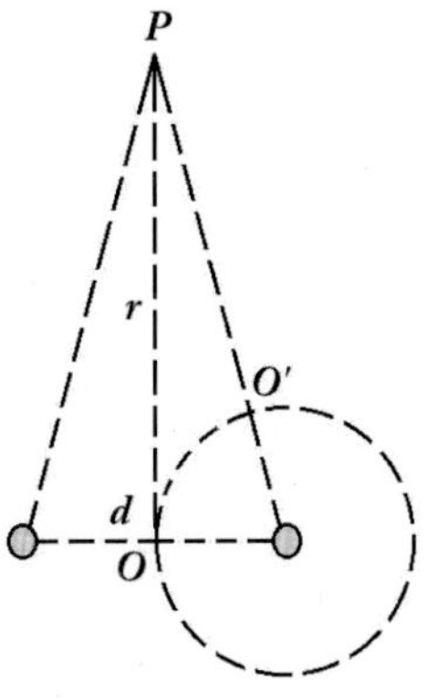

[답] 오른쪽 도선에 반경 $\frac{d}{2}$인 원을 그리면 원주 상에서는 모든 지점의 전위가 동일하다. 따라서 O와 P 사이의 전위차는 O'과 P 사이의 전위차와 동일하다. 즉,

$$V_{O'P} = -\int_{O'}^{P} \vec{E} \cdot d\vec{r} = -\int_{O'}^{P} \frac{\lambda}{2\pi\epsilon_o r} dr$$
$$= \left[-\frac{\lambda}{2\pi\epsilon_o} \ln r \right]_{d/2}^{\sqrt{d^2/4 + r^2}} = -\frac{\lambda}{2\pi\epsilon_o} \ln \frac{\sqrt{d^2/4 + r^2}}{d/2}$$

과 같이 구해진다.

문제 76 어떤 공간에서 전위함수가 $V(x, y) = x^2 + 2xy$로 표현된다고 한다. V의 단위는 $Volt$이고 x, y단위는 m이다. 점 (2, 2)에서의 전기장을 구하라.

[답] $E_x=-\frac{\partial V}{\partial x}=-2(x+y)$, $E_y=-\frac{\partial V}{\partial y}=-2x$이므로 $\vec{E}=-2(x+y)\hat{i}-2x\hat{j}$이다. 따라서 (2, 2)에서의 전기장은 $\vec{E}(2,2)=-8\hat{i}-4\hat{j}$이다.

문제 77 어떤 공간에서 전위함수가 $V(x,y,z)=x^2yz$로 표현된다고 한다. V의 단위는 $Volt$이고 x,y,z단위는 m이다. 점 (1, -2, 3)에서의 전기장을 구하라.

[답] 전위를 통해 전기장을 구해 보면 $E_x=-\frac{\partial V}{\partial x}=-2xyz$, $E_y=-\frac{\partial V}{\partial y}=-x^2z$, $E_z=-\frac{\partial V}{\partial z}=-x^2y$이다. $\vec{E}=-2xyz\,\hat{i}-x^2z\hat{j}-x^2y\hat{k}$이다. (1, -2, 3)에서의 전기장은 $\vec{E}(1,-2,3)=12\hat{i}-3\hat{j}+2\hat{k}$이다.

6-3. 축전기, 축전기의 연결

문제 78 평행판 축전기의 정전용량을 구해 보자.

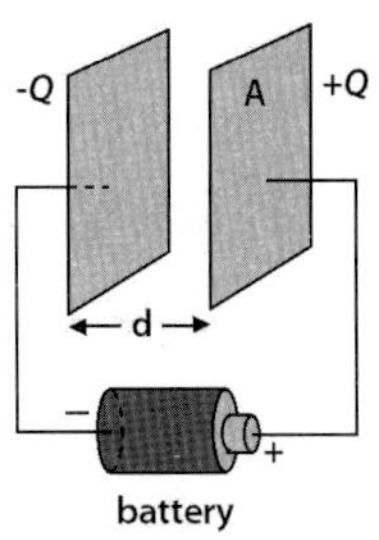

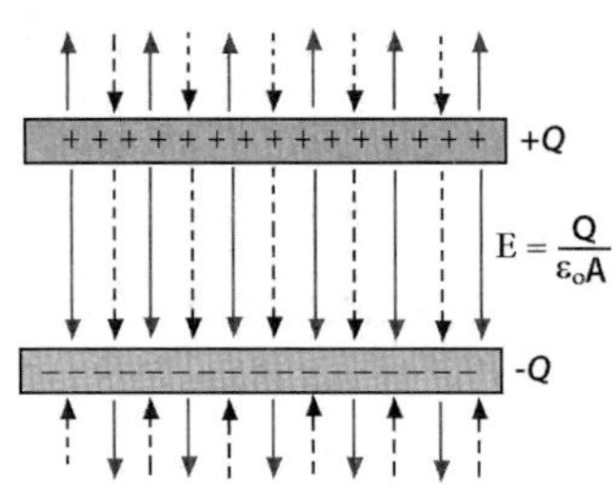

[답] 평행판 축전기에 면적이 A인 두 개의 도체판이 거리 d만큼 떨어져 놓여 있다. 이 두 도체판에 외부의 전기에너지(전원, 배터리)를 연결하면 각 판은 각각 $+Q$와 $-Q$로 대전된다. 이렇게 대전된 전하에 의해 두 도체판 사이에는 전기장이 형성되는데, 이는 무한평면에 의한 전기장과 동일하다. 즉, 두 도체판 사이의 전기장은 $E=\frac{Q}{\epsilon_o A}$로 주어진다. 이 전기장은 두 도체판 사이에는 거의 일정한 전기장을 준다. 이러한 균일한 전기장에 의해 두 도체판 사이에는$\Delta V=V_{+Q}-V_{-Q}=\int_d^0\vec{E}\cdot\vec{ds}=\frac{Qd}{\epsilon_o A}$의 전위차가 발생한다. 여기서 0의 지점은 $-Q$의 도체판의 위치를 사용하였다. 이 경우 적분 안의 전기장은 $E=-\frac{Q}{\epsilon_o A}$이다. 따라서 평행판 축전기의 정전용량은 $C=\frac{Q}{\Delta V}=\frac{\epsilon_o A}{d}$와 같이 주어진다. 평행판 축전기의 정전용량은 두 판의 면적에 비례하고 두 판 사이의 거리에 반비례한다. 즉 판이 넓을수록, 두 판 사이의 간격이 좁을수록 정전용량이 크다. 따라서 두 도체판 사이에 아주 얇은 유전체를 끼워 넣어 두 판 사이의 간격을 최소로 하고, 넓은 도체판을 말아서 크기를 줄이는 방법으로 큰 정전용량의 축전기를 구성하고 있다.

문제 79 원통형 축전기의 정전용량을 구해 보자.

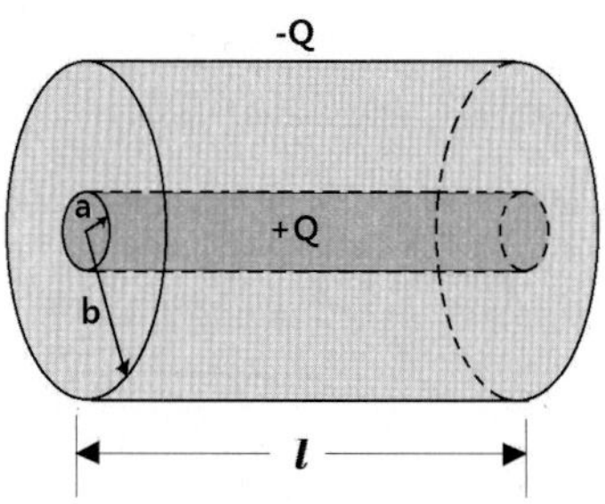

[답] 원통형 축전기에서는 중앙에 도체막대가 있고 이 도체 막대를 원통형 도체가 둘러싸고 있다. 도체막대와 원통형 도체 사이에는 유전체로 채워져 있다. 이 문제에서는 공기로 채워져 있다고 가정한다. 도체막대와 원통형 도체 사이의 임의의 위치에서의 전기장을 우선 계산해 보자. 원통막대의 중심에서 r만큼 떨어진 위치에서의 전기장은 무한도선에 의한 전기장의 계산에서 $E_r = \frac{2k_e\lambda}{r}$로 주어졌다. 따라서 도체막대와 원통형 도체 사이의 전위차는

$$\Delta V = V_a - V_b = \int_a^b \vec{E} \cdot \vec{ds} = \int_a^b \frac{2k_e\lambda}{r} dr = 2k_e\lambda \ln\left(\frac{b}{a}\right)$$

이다. 그러므로 정전용량은 $C = \frac{Q}{\Delta V} = \frac{l}{2k_e \ln\left(\frac{b}{a}\right)}$과 같이 계산된다. 여기서 $\lambda = \frac{Q}{l}$를 이용하였다. 원통형 축전기의 정전용량은 $b \to a$가 됨에 따라 증가한다. 따라서 이 경우에도 두 도체 사이에 아주 얇은 유전체를 끼워 넣는다.

문제 80 구형 축전기의 정전용량에 대해 알아보자.

[답] 구형 축전기에서는 구형 도체가 중앙에 있고, 이를 구형 구 껍질의 도체가 둘러싸고 있다. 구형 도체에서 r만큼 떨어진 지점의 전기장을 계산해 보자. 이는 $E_r = \frac{k_e Q}{r^2}$로 주어지므로 두 도체 사이의 전위차는 $\Delta V = V_a - V_b = \int_a^b \vec{E} \cdot \vec{ds} = k_e Q\left(\frac{1}{a} - \frac{1}{b}\right)$로 주어진다. 따라서 구형 축전기의 정전용량은 $C = \frac{Q}{\Delta V} = \frac{ab}{k_e(b-a)}$와 같이 계산된다. 구형 축전기의 정전용량도 $b \to a$가 되면 증가함을 볼 수 있다. 그리고 바깥 구 껍질의 반경이 아주 크게 될 경우($b \to \infty$) 정전용량은 $C = 4\pi\epsilon_o a$로 주어진다. 이 경우 축전기의 구조는 반경 a인 단일 도체구로 구성된다.

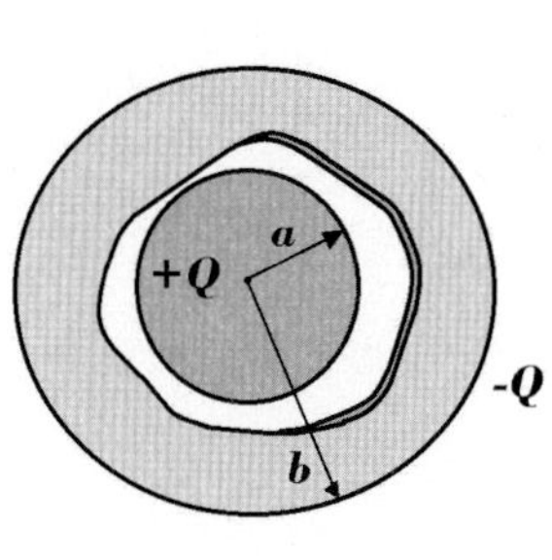

문제 81 반경 a인 도체구에 전하 $+Q$가 고르게 분포되어 있다. 이 구에 저장된 에너지를 구하라.

[답] $U = \frac{Q^2}{2C}$에서 $C = 4\pi\epsilon_o a = \frac{a}{k_e}$이므로 $U = \frac{k_e Q^2}{2a}$이다.

문제 82 면적이 A인 두 도체판이 거리 d만큼 떨어져 놓여 있다. 두 도체판에 각각 $+Q, -Q$를 대전시키기 위해 필요한 일을 구하라.

[답] $+q, -q$가 대전되어 있는 경우 두 도체판 사이의 전기장은 $E=\frac{q}{\epsilon_o A}$이므로 전위차는 $\Delta V= Ed=\frac{qd}{\epsilon_o A}$이다. dq를 이동시키는 데 드는 일은 $\Delta W=\Delta V dq$이므로 Q까지 대전시키기 위해 드는 일은 $W=\int \Delta V dq=\frac{dQ^2}{2\epsilon_o A}$이다. 이 축전기의 정전용량은 $C=\frac{Q}{\Delta V}=\frac{\epsilon_o A}{d}$이다.

문제 83 면적이 A이고 떨어진 거리가 d인 평행판 축전기가 $+Q, -Q$로 대전되어 있다. 축전기가 대전된 후에는 외부전원이 연결되어 있지 않다. 축전기의 면적과 같고 판의 두께는 평행판 사이 거리의 50%인 도체판을 평행판 축전기 사이에 끼워 넣었다. 도체판을 끼운 후의 정전용량을 구하라. 평행판 축전기 사이에 저장된 에너지를 구하라.

[답] 전원이 연결되어 있지 않으므로 전하의 변화는 없다. 따라서 전기장의 변화도 없고 전위의 변화도 없다. 단지 도체판을 끼워 넣음으로써 평행판 축전기의 거리가 $\frac{d}{2}$로 줄어들었다. 따라서 정전용량은 $C'=2C$로서 원래의 용량보다 2배로 증가하였다. 저장되는 에너지는 $U'=\frac{Q^2}{2C'}=\frac{Q^2}{4C}=\frac{U}{2}$로 원래 저장된 에너지의 반으로 감소하였다. 이 줄어든 에너지는 도체판을 끼워 넣을 때 전기장이 한 일로서, 계가 잃어버린 에너지이다.

문제 84 $10nF$의 평행판 축전기에 전하 $50\mu C$이 대전되어 있다. 두 판 사이의 전위차를 구하라. 두 판 사이의 거리가 $0.2mm$라면 두 판의 면적은 얼마인가?

[답] $C=\frac{Q}{V}=5,000V$이다. 그리고 $C=\frac{\epsilon_o A}{d}$이므로 $A=\frac{Cd}{\epsilon_o}=0.23m^2$이다.

문제 85 판의 면적이 $10cm^2$인 평행판 축전기가 있다. 두 판의 떨어진 거리는 $2mm$이다. 두 판 사이에 유전상수 2.6인 유전체를 끼워 넣었다. 이 평행판 축전기의 정전용량을 구하라.

[답] $C=\frac{\kappa\epsilon_o A}{d}=12pF$

문제 86 평행판에 형성된 전기장에 의해 전자 $-e$는 $-y$방향으로 휘어진다. 길이 l인 평행판의 끝부분에서 아래쪽으로 이동한 거리의 표현을 구하라.

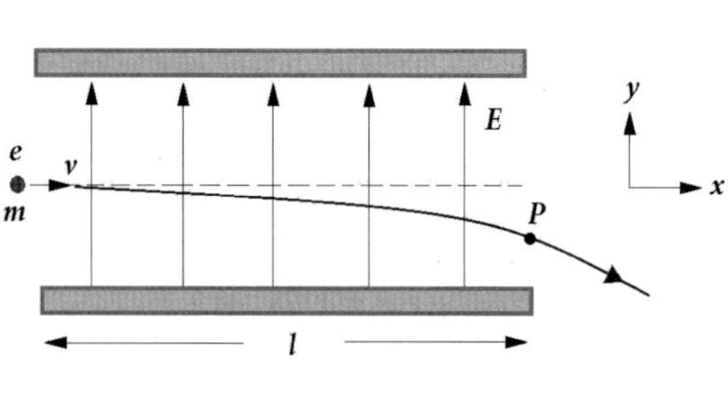

[답] 가속도는 $\vec{a}=-\frac{eE}{m}\hat{j}$이다. $v_x=v$는 x방향의 가속이 없으므로 등속운동을 한다. 따라서 x방향으로의 이동거리는 $x=vt$이다. 평행판의 끝까지 이동하는 데 걸리는 시간은 $t=\frac{l}{v}$이다. 이 동안에 $-y$방향으로 가속되고 그 거리는 $y=\frac{1}{2}a_y t^2=\frac{1}{2}\left(-\frac{eE}{m}\right)\left(\frac{l}{v}\right)=-\frac{eEl}{2mv}$로 주어진다.

문제 87 전기장이 $200N/C$인 평행판 안으로 전자가 속도 $3\times10^6 m/s$로 입사한다고 하자. 전자의 전하량은 $-1.6\times10^{-19}C$이고 질량은 $9.1\times10^{-31}kg$이다. 전자가 평행판을 빠져나올 때 원래의 위치보다 얼마나 아래쪽으로 이동하겠는가?

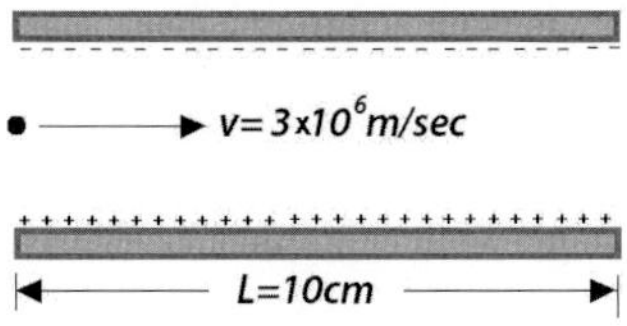

[답] 위 문제의 결과를 이용하면 $a=\frac{eE}{m}=3.51\times10^{13}m/s^2$이고 $t=\frac{l}{v}=3.33\times10^{-8}s$이다. 따라서 $y=\frac{1}{2}at^2=1.95cm$로, 원래의 위치보다 $1.95cm$ 아래로 이동한다.

문제 88 그림과 같이 아래 평행판의 왼쪽 끝에서 전자가 속도 $6\times10^6m/s$로 45° 방향으로 입사한다고 하자. 전자는 전기장($2\times10^3 N/C$)에 의해 가속되어 위 평행판($2cm$ 위에 위치)에 부딪힐 것이다. 전자가 부딪히는 위치(x)는 평행판 끝에서 얼마일 것인가? 전자의 전하량과 질량은 각각 $-1.6\times10^{-19}C$과 $9\times10^{-31}kg$이다.

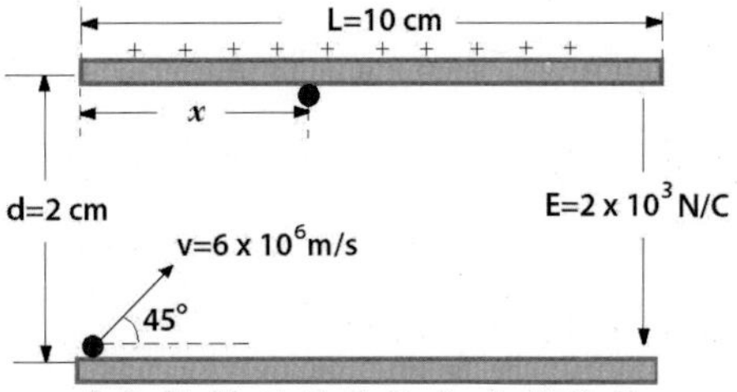

[답] $v_y=v_o\sin\theta+\frac{eE}{m}t$이고 $y=(v_o\sin\theta)t+\frac{1}{2}\frac{eE}{m}t^2$이다. 따라서 $d=(v_o\sin\theta)t+\frac{1}{2}\frac{eE}{m}t^2$에 주어진 값들을 대입하여 t에 대한 2차방정식을 구하고, 이를 풀면 $t=4.03ns$를 얻는다. 전자의 수평속도는 $v_o\sin\theta$이므로 이동한 거리는 $x=(v_o\cos\theta)t$ $=1.71cm$를 얻는다.

문제 89 (a) 아래 그림은 평행판 축전기를 보여 주고 있다. 이 축전기의 정전용량을 구하라. 질량이 m이고 전하량이 $-e$인 전자가 평행하게 두 판의 중간지점에서 초속 v_0로 입사한다고 하자. 전자가 판 사이를 빠져나갈 때 거의 위쪽 판에 부딪힐 뻔한다고 하자. 아래 물음에 답하라(중력은 무시하라). (b) 두 판 사이의 전기장의 세기를 구하라. 답은 변수 L, d, m, e, v_0으로 나타내라. (c) 위쪽 판의 전하량을 구하라. (d) 얼마의 포텐셜에너지가 축전기에 저장되는가?

[답] (a) 판 안쪽의 전기장은 $E=\frac{Q/A}{\epsilon_0}=\frac{Q}{Lw\epsilon_0}$이므로 판 양단의 전위차는 $V=Ed=\frac{Qd}{Lw\epsilon_0}$이다. 정전용

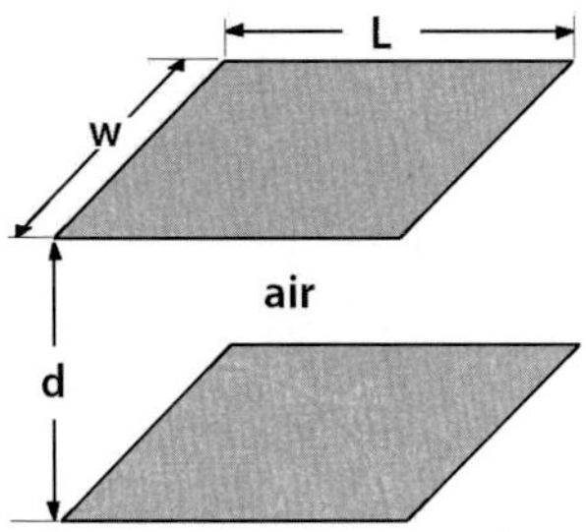

량의 정의에서부터 $C=\frac{Q}{V}=\frac{Lw\epsilon_0}{d}$와 같이 구할 수 있다.

(b) 전자의 가속도는 위쪽으로 $a_y=\frac{F_E}{m}=\frac{eE}{m}$이다. 따라서 전자가 y축 방향으로 움직이는 거리는 $y=v_{0y}t+\frac{1}{2}a_yt^2=\frac{1}{2}\frac{eE}{m}t^2$이다. 전자가 판의 끝부분에 도달하는 시간 t는 전자가 x축 방향으로 L만큼 이동한 시간이다. 즉, $v_{0x}t=L$에서 $t=\frac{L}{v_0}$이고 $y=\frac{d}{2}$이므로

$$\frac{d}{2}=\frac{1}{2}\frac{eE}{m}\left(\frac{L}{v_0}\right)^2 \Rightarrow \therefore E=\frac{dmv_0^2}{eL^2}$$

이다.

(c) 위의 결과 (b)를 이용하면 $V=Ed$에서 $V=\frac{d^2mv_0^2}{eL^2}$이다. 그리고 $Q=CV$에서 $Q=\frac{\epsilon_0 wdmv_0^2}{eL}$과 같이 구해진다.

(d) $U_E=\frac{1}{2}CV^2=\frac{\epsilon_0 wd^3m^2v_0^4}{2e^2L^3}$

문제 90 $+Q$와 $-Q$로 대전된 단면적이 A이고 두 판의 떨어진 거리가 d인 평행판 축전기 안에 저장된 전기에너지 밀도를 구하라.

[답] 대전된 축전기에 저장된 에너지는 축전기를 그렇게 대전시키기 위해 외부에서 해 준 일과 같다. 임의의 시간에서 $+q$와 $-q$로 대전된 평행판 축전기 양단의 전압은 $\frac{q}{C}$이다. 그러면 dq만큼의 전하를 더 대전시키기 위해 필요한 외부에너지는 $dW=vdq=\frac{qdq}{C}$이다. 따라서 축전기를 $+Q$와 $-Q$까지 대전시키 위해 필요한 에너지는 $W=\int dW=\frac{1}{C}\int_0^Q qdq=\frac{Q^2}{2C}=\frac{1}{2}CV^2$과 같다. 여기서 $Q=CV$를 사용하였다. 평행판 축전기의 경우 정전용량은 $C=\frac{\epsilon_o A}{d}$이므로 축전기에 저장된 전기에너지는 $U_E=W$에서 $U_E=\frac{\epsilon_o A}{2d}V^2=\frac{\epsilon_o A}{2d}(Ed)^2=\frac{1}{2}\epsilon_o E^2(Ad)$를 구할 수 있다. 여기서 $V=Ed$의 관계를 이용하였다. 그리고 평행판 축전기의 체적은 Ad이므로 평행판 축전기 안에 단위체적당 저장된 전기에너지, 즉 전기에너지 밀도는 $u_E=\frac{U_E}{Ad}=\frac{1}{2}\epsilon_o E^2$으로 주어진다. 이 전기에너지밀도는 인덕터 안에 저장된 자기에너지 밀도의 표현인 $\frac{B^2}{2\mu_o}$과 대응된다.

문제 91 그림과 같은 축전기 연결에서 등가용량을 구하라.

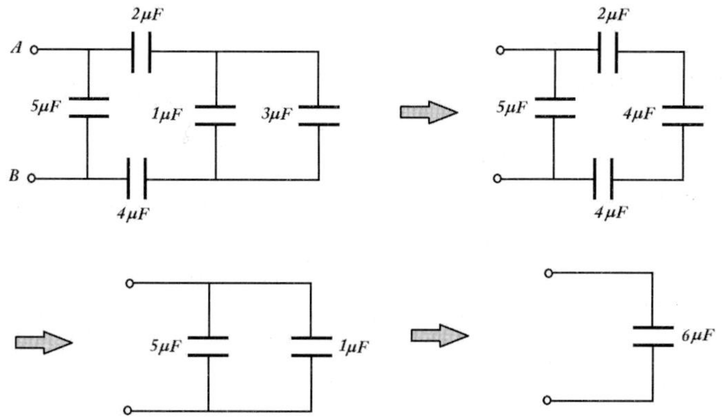

[답] $1\mu F$와 $3\mu F$는 병렬연결이므로 $4\mu F$에 해당된다. 그리고 $2\mu F, 4\mu F, 4\mu F$는 직렬연결이므로 이의 등가용량은 $1\mu F$이다. 이와 $5\mu F$가 병렬연결되어 있으므로 전체 용량은 $6\mu F$이다.

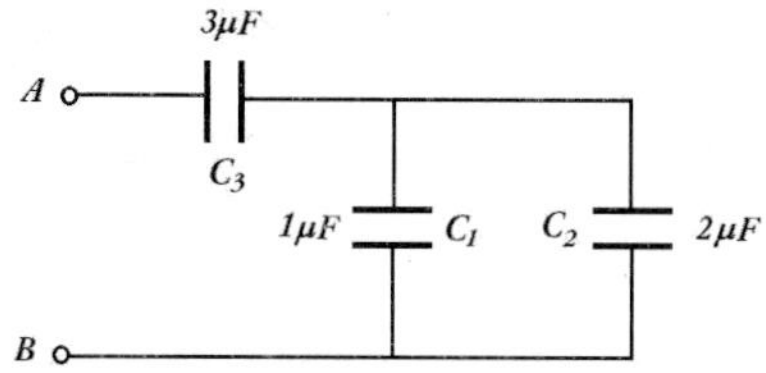

문제 92 AB 양단에 $50\,V$를 걸었을 경우 $2\mu F$의 축전기에 저장되는 에너지를 구하라.

[답] $1\mu F$와 $2\mu F$는 병렬연결이므로 등가용량이 $3\mu F$이고, 이것이 $3\mu F$와 직렬연결되어 있으므로 $1.5\mu F$이다. AB에 $50\,V$가 걸리면 $V = V_3 + V_{12}$이고 $Q = C_3 V_3 = C_{12} V_{12}$이다. 여기서 $C_{12} = 3\mu F$이다. 이에 따라 $V_3 = V_{12}$이므로 $V_3 = V_{12} = 25\,V$이다. C_2에 저장된 에너지는 $U_2 = \frac{1}{2} C_2 V_{12}^2 = 6.25 \times 10^{-4} J$이다.

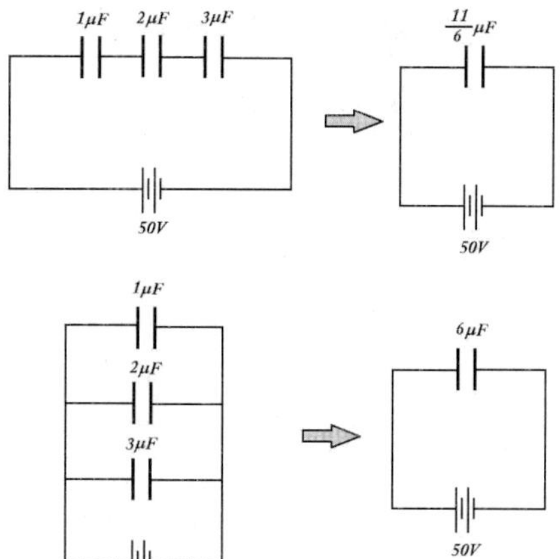

문제 93 그림과 같이 3개의 축전기가 직렬로 연결되어 있다. 각 축전기에 저장된 에너지를 구하라. 그리고 축전기가 병렬로 연결되어 있을 때 축전기의 저장된 에너지를 구하라.

[답] 직렬연결이므로 각 축전기에 떨어지는 전압은 다르다. 따라서 $V_1 + V_2 + V_3 = V$이다. 반면에 각 축전기에 대전된 전하량은 동일하다. 즉, $Q = C_1 V_1 = C_2 V_2 = C_3 V_3$이다. 따라서 $V_1 = 2V_2 = 3V_3$이고 이를 위 식에 대입하면 $V_1 = \frac{300}{11} V$, $V_2 = \frac{150}{11} V$,

$V_3 = \frac{100}{11}V$를 구할 수 있다. 저장된 에너지는 $U_1 = \frac{1}{2}C_1V_1^2 = 3.719 \times 10^{-4}J$, $U_2 = 1.86 \times 10^{-4}J$, $U_3 = 1.24 \times 10^{-4}J$이다. 전체적으로 저장된 에너지는 $U = U_1 + U_2 + U_3 = 6.82 \times 10^{-4}J$이다. 그리고 각 축전기에 대전된 전하량은 $Q_1 = Q_2 = Q_3 = 2.73 \times 10^{-5}C$이다.

병렬연결의 경우 전압은 모두 동일하나 전하량은 모두 다르다. 따라서 각 축전기에 저장되는 에너지는 $U_1 = \frac{1}{2}C_1V^2 = 1.25 \times 10^{-3}J$, $U_2 = 2.5 \times 10^{-3}J$, $U_3 = 3.75 \times 10^{-3}J$이다. 축전기에 저장된 에너지의 합은 $U = 7.5 \times 10^{-3}J$이다. 그리고 각 축전기에 대전된 전하량은 $Q_1 = C_1V = 5 \times 10^{-5}C$, $Q_2 = 1 \times 10^{-4}C$, $Q_3 = 1.5 \times 10^{-4}C$이다.

문제 94 면적이 A이고 간격이 d인 평행판 축전기를 전위 V_o로 충전시킨 후 전원을 분리하였다. 이후 두 판 사이에 유전율 κ인 유전체를 채웠다. 유전체를 채우기 전후의 정전용량, 전위, 저장된 에너지의 변화를 구하라.

[답] 유전체를 채우기 전 정전용량은 $C_o = \frac{\epsilon_o A}{d}$, 전위는 V_o, 저장된 에너지는 $U_o = \frac{1}{2}C_oV_o^2$이다. 유전체를 채운 후 정전용량은 $C = \frac{\kappa\epsilon_o A}{d} = \kappa C_o$이다. 그리고 전원을 분리하였으므로 전하 Q는 유전체를 넣은 후에도 변하지 않았다. 따라서 $Q = C_oV_o = CV$에서 $V = \frac{V_o}{\kappa}$이다. 그리고 저장된 에너지는 $U = \frac{1}{2}CV^2 = \frac{U_o}{\kappa}$임을 알 수 있다.

문제 95 평행판 축전기에 전원을 연결하여 완전히 충전한 후 전원을 제거하였다. 그 후 두 판 사이의 거리를 2배로 늘렸다. 두 판 사이의 전위, 전기장, 저장된 에너지의 변화를 구하라. 다음에 유전율 κ인 유전체를 채웠다. 저장된 에너지의 변화는 무엇인가?

[답] $C = \frac{\epsilon_o A}{d}$에서 거리를 2배로 하면 정전용량도 2배가 된다. 전원을 제거했으므로 전하 Q는 변함이 없다. 따라서 $Q = CV$에서 C가 2배로 되었으므로 V는 반으로 감소함을 알 수 있다. $E = \frac{Q}{\epsilon_o A}$이므로 전하가 변함이 없기 때문에 전기장은 변하지 않는다. $U = \frac{1}{2}QV$이므로 V가 반으로 줄어 에너지도 반으로 감소한다. 다음에 유전체를 넣으면 전압이 $\frac{1}{\kappa}$배로 줄어들므로 $U = \frac{1}{2}QV$에서 U도 $\frac{1}{\kappa}$로 줄어든다. 위에서 판의 거리를 2배로 했을 때 반으로 줄어들었으므로 원래의 에너지보다 $\frac{1}{2\kappa}$배로 감소함을 알 수 있다.

문제 96 그림과 같이 평행판 축전기에 유전체가 끼워져 있는 경우 축전기의 정전용량을 구하라.

[답] 평행판 축전기의 용량 $C_0 = \frac{\epsilon_o A}{d}$라고 두면 유전체 부분의 용량은 $C_1 = \frac{4}{3}\kappa C_0$이고 공기부분은

$C_2 = 4C_0$이다. 두 축전기가 직렬로 연결되어 있으므로 정전용량은

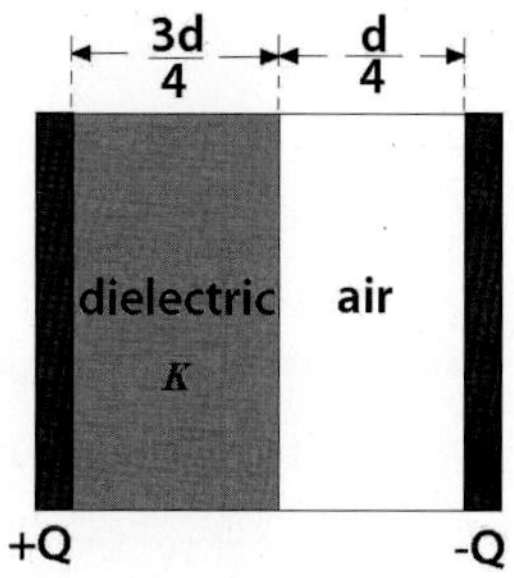

$$\frac{1}{C} = \frac{1}{C_1} + \frac{1}{C_2} = \frac{1}{4\kappa C_0/3} + \frac{1}{4C_0} \Rightarrow \therefore C = \frac{4\kappa}{\kappa+3}C_0$$

으로 주어진다.

문제 97 그림과 같이 평행판 축전기에 유전체가 끼워져 있는 경우 축전기의 정전용량을 구하라.

[답] $C_0 = \frac{\epsilon_0 A}{d}$라고 두면 각 부분은 면적과 유전율이 다르므로 각각의 정전용량은

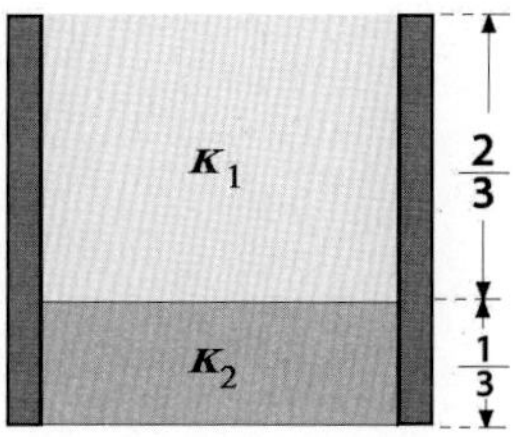

$$C_1 = \frac{\epsilon_0 \kappa_1 (2A/3)}{d}$$

$$C_2 = \frac{\epsilon_0 \kappa_2 (A/3)}{d}$$

이다. 두 축전기가 병렬로 연결되어 있으므로 $C = C_1 + C_2 = \frac{1}{3}(2\kappa_1 + \kappa_2)C_0$ 이다.

문제 98 평행판 축전기 안에 그림과 같이 유전체를 채웠다. 판의 면적은 A이고 길이는 l이다. 그리고 두 판의 간격은 d이다. 정전용량을 구하라.

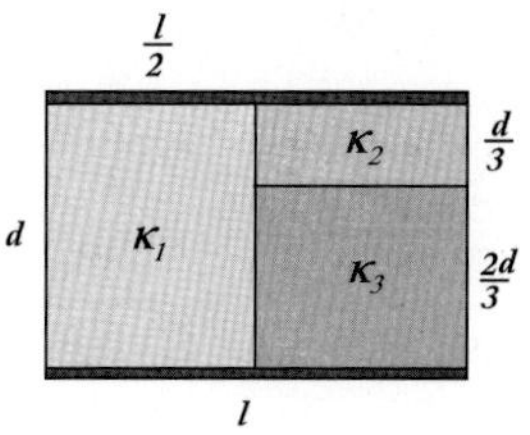

[답] 유전체가 포함된 축전기의 용량은 $C_1 = \frac{\kappa_1 \epsilon_o (A/2)}{d}$, $C_2 = \frac{\kappa_2 \epsilon_o (A/2)}{d/3}$, $C_3 = \frac{\kappa_3 \epsilon_o (A/2)}{2d/3}$이다. 여기서 C_2와 C_3는 직렬인데 C_1과는 병렬이다. 따라서 등가용량은

$$C = C_1 + \left(\frac{1}{C_1} + \frac{1}{C_2}\right)^{-1} = C_1 + \frac{C_2 C_3}{C_2 + C_3} = \frac{\epsilon_o A}{d}\left(\frac{\kappa_1}{2} + \frac{3\kappa_2\kappa_3}{4\kappa_2 + 2\kappa_3}\right)$$

와 같이 구할 수 있다. $\kappa_1 = \kappa_2 = \kappa_3 = 1$인 경우 $C = \frac{\epsilon_o A}{d}$와 같이 평행판 축전기의 용량임을 볼 수 있다.

문제 99 그림과 같이 유전체를 채웠을 때 정전용량을 구하라. 평행판의 면적은 A이고 거리는 d이다.

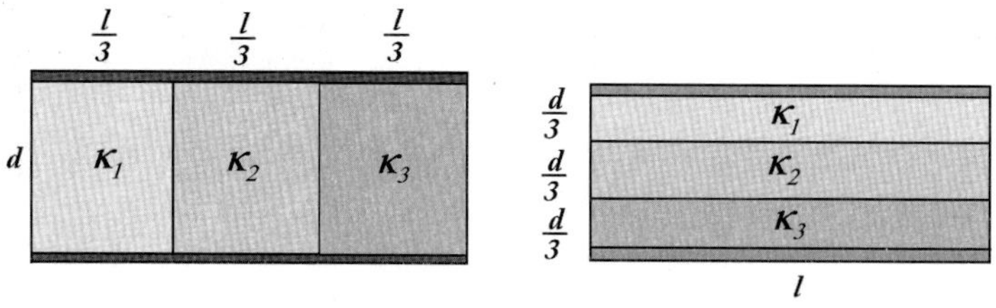

[답] 왼쪽 그림은 3개의 축전기가 병렬로 연결되어 있다. $C_1 = \frac{\kappa_1 \epsilon_o (A/3)}{d}$, $C_2 = \frac{\kappa_2 \epsilon_o (A/3)}{d}$, $C_3 = \frac{\kappa_3 \epsilon_o (A/3)}{d}$이다. 따라서 $C = C_1 + C_2 + C_3 = \frac{\epsilon_o A}{3d}(\kappa_1 + \kappa_2 + \kappa_3)$이다.

오른쪽 그림은 3개의 축전기가 직렬로 연결되어 있으므로 등가용량은

$$\frac{1}{C} = \frac{1}{C_1} + \frac{1}{C_2} + \frac{1}{C_3} = \frac{d}{3\epsilon_o A}\left(\frac{1}{\kappa_1} + \frac{1}{\kappa_2} + \frac{1}{\kappa_3}\right)$$

에서

$$C = \frac{3\epsilon_o A}{d}\left(\frac{\kappa_1 \kappa_2 \kappa_3}{\kappa_1 \kappa_2 + \kappa_1 \kappa_3 + \kappa_2 \kappa_3}\right)$$

와 같이 구해진다. 위 식에서 $\kappa_1 = \kappa_2 = \kappa_3 = 1$인 경우 $C = \frac{\epsilon_o A}{d}$와 같이 평행판 축전기의 용량임을 볼 수 있다.

문제 100 면적이 A이고 간격이 d인 평행판 축전기가 있다. 두 판 사이에 두께가 t이고 유전율이 κ인 유전체 판을 끼울 경우 정전용량을 구하라.

[답] 공기 중에서의 전기장은 $E_o = \frac{\sigma}{\epsilon_o}$이고 유전체 내에서는 $E = \frac{\sigma}{\epsilon_o \kappa}$이다. 여기서 $\sigma = \frac{Q}{A}$이다. 두 판 사이의 전위차는

$$V = -\int \vec{E} \cdot d\vec{l} = \frac{Q}{A\epsilon_o}\left[(d-t) + \frac{t}{\kappa}\right]$$

이다. 따라서 정전용량은 $C = \frac{Q}{V} = \frac{A\epsilon_o}{(d-t) + t/\kappa}$이다. 위의 결과는 두 축전기의 직렬로 생각하고

풀어도 된다. 즉, $C_1 = \frac{\epsilon_o A}{d-t}$, $C_2 = \frac{A\kappa\epsilon_o}{t}$의 직렬로 생각하면 위의 결과를 얻을 수 있다.

문제 101 면적이 A이고 간격이 d인 평행판 축전기가 있다. 이 축전기에 전원 V를 연결하면 Q까지 충전된다. 전원이 연결된 채로 두 판의 간격을 $2d$로 할 경우 정전용량, 전하, 전기장의 변화를 구하라. 만약 $\kappa = 2$인 유전체를 끼워 넣을 경우 위 물리량들은 어떻게 변하는가?

[답] 판의 간격을 2배로 할 경우 $C = \frac{\epsilon_o A}{2d} = \frac{C_o}{2}$, 즉 정전용량은 반으로 줄어든다. $Q = CV$인데 V는 고정되어 있고 C는 반으로 줄었으므로 전하량도 반으로 감소한다. $E = \frac{\sigma}{\epsilon_o} = \frac{Q}{\epsilon_o A}$에서 전하가 반으로 줄었으므로 전기장도 반으로 감소한다.

다음에 유전체를 끼울 경우 $C = \frac{\epsilon_o \kappa A}{d} = \kappa C_o$이므로 용량은 2배로 증가한다. $Q = CV$에서 V는 고정이고 C는 2배로 증가했으므로 전하량도 2배로 증가한다. 즉, 유전체에 의해 더 많은 전하량이 충전된다. $E = \frac{\sigma}{\kappa\epsilon_o} = \frac{Q}{\kappa\epsilon_o A}$에서 Q는 2배로 증가했으나 $\kappa = 2$이므로 전기장은 변함이 없다.

문제 102 반경 R인 절연체 구에 전하가 균일하게 분포되어 있다. 전위를 알기 위해 이러한 전하분포가 형성되는 데 필요한 일을 계산해 보자.

[답] 반경 r까지 전하가 분포되어 있다고 가정한다. 그리고 반경이 r이고 폭이 dr인 구각을 가져오는 데 필요한 일을 계산하고, 이를 반경 R까지 적분하면 전체 일을 계산할 수 있다. 반경 r까지 분포된 전하의 양은 $q = \frac{4\pi r^3 \rho}{3}$이다. 반경이 r이고 두께가 dr인 구각의 전하는 $q' = 4\pi r^2 dr\rho$이다. 이에 따라 구각과 반경 r인 구를 배치하는 데 필요한 일은

$$dW = q\Delta V = \frac{k_e q q'}{r} = \frac{k_e}{r}\left(\frac{4\pi r^3 \rho}{3}\right)(4\pi r^2 dr\rho) = \frac{k_e \rho^2}{3}(4\pi)^2 r^4 dr$$

이다. 따라서 전체적으로 필요한 일은

$$W = \int_0^R \frac{k_e \rho^2}{3}(4\pi)^2 r^5 dr = \left(\frac{4\pi R^3 \rho}{3}\right)\frac{3k_e}{5R} = \frac{3k_e Q^2}{5R}$$

과 같이 구할 수 있다. 이 에너지가 구에 저장되어 있다. 이 결과는 도체구와는 다르다는 것에 유의하자.

문제 103 $100pF$의 축전기를 구성하고자 한다. 두 도체판 사이에 유전체를 채우려고 한다. $\kappa = 5$이고 두께 $t = 0.1mm$인 유전체(mylar sheet)를 사용할 경우 두 도체판의 면적은 얼마인가?
[답] $C = \frac{\epsilon_o \kappa A}{d} = 10^{-10} F$에서 주어진 값들을 대입하면 $A = 2.26\,cm^2$를 구할 수 있다.

6-4. 전류, 직류회로

문제 104 망간의 밀도는 $\rho = 1.74\ g/cc$이다. 그리고 망간 $1mole$의 질량은 $M = 24.31\,g/mole$이다. 망간은 2가 원자로서 원자 1개당 자유전자 2개를 낸다. 망간 $1cc$ 안의 자유전자의 수를 계산하라.
[답] $1cc$가 몇 $mole$인지 계산해야 한다. $x = \frac{\rho}{M} = 0.07 mole/cc$이다. $1mole$ 안에 N_A개의 원자가 있고 각 원자가 2개의 자유전자를 내므로 $1cc$ 안의 자유전자의 수는 $n = 2xN_A$에서 8.7×10^{22} 개$/cc$를 구할 수 있다.

문제 105 구리의 밀도는 $\rho = 8.93\ g/cc$이다. 그리고 구리 $1mole$의 질량은 $M = 63.5\,g/mole$이다. 구리원자 1개당 자유전자가 1개라면 구리 내의 자유전자의 밀도는 얼마인가?
[답] 자유전자의 밀도는 단위체적 안에 존재하는 자유전자의 수이다. 그리고 정의에 의하면 $1mole$의 구리에 $N_A = 6.02 \times 10^{23}$개의 구리원자가 존재한다. 따라서 자유전자의 밀도는 단위체적이 몇 $mole$인지 계산하여 N_A를 곱해 주면 된다. $1cc$는 $x = \frac{\rho}{M} = 0.14 mole$에 해당되므로 $1cc$ 안에 있는 자유전자의 수는 $n = xN_A = 8.46 \times 10^{22}$개$/m^3$이다. 따라서 $1m^3$ 안에는 자유전자가 8.46×10^{28} 개 존재한다.

문제 106 14번(gauge number) 구리선에 $1A$의 전류가 흐를 때 자유전자의 유동속도(drift velocity)를 구하라. 14번 구리선의 직경은 $1.628mm$이다.
[답] 유동속도는 $v_d = \frac{I}{neA} = 3.54 \times 10^{-5}\ m/s$로 계산된다. 이와 같이 전자의 유동속도는 작지만 전자의 수가 워낙 많으므로 전체적으로 볼 때 전압이 구리선에 걸리는 순간 전류가 형성됨이 관찰된다.

문제 107 8번 구리선의 반경은 $1.63mm$이다. 구리 안의 단위체적당 전자의 수는 8.5×10^{28} 개$/m^3$이다. 그리고 구리의 비저항은 $\rho = 1.56 \times 10^{-8}\ \Omega m$이다. 평균전류밀도, 유동속도, 전기장을 구하

라. 구리선에는 전류 $20A$가 흐른다고 한다.

[답] $J=\frac{I}{A}=2.4\times10^6\,A/m^2$이다. $J=nev_d$이므로 $v_d=1.8\times10^{-4}m/s$이고 $J=\sigma E$에서 $E=\frac{J}{\sigma}=\rho J=0.037\,V/m$이다.

문제 108 12번 구리선의 직경은 $2.053mm$이다. 이 구리선의 단위길이당 저항을 계산하라. 구리의 비저항(resistivity)은 $1.7\times10^{-8}\,\Omega\,m$이다.

[답] 저항은 $R=\frac{\rho L}{A}$로 정의된다. 단위길이당 저항은 $\frac{R}{L}=\frac{\rho}{A}=5.13\times10^{-3}\,\Omega/m$로 계산된다.

문제 109 실리콘의 비저항은 $640\Omega\,m$이다. 실리콘을 직경 $2mm$의 선으로 만든다고 할 때 실리콘 선의 단위길이당 저항을 구하라.

[답] $\frac{R}{L}=\frac{\rho}{A}=2\times10^8\,\Omega/m$

문제 110 저항이 $R_1=4\Omega$, $R_2=6\Omega$인 두 개의 전구가 있다. 이들을 직렬로 연결했을 때와 병렬로 연결했을 때 전구의 밝기는 어떻게 다른가?

[답] 직렬인 경우 전류가 같다. 따라서 $P=I^2R$을 이용하면 $P_1=4I^2$, $P_2=6I^2$이므로 R_2 전구가 더 밝다. 병렬의 경우 양단의 전압이 같다. 따라서 $P=\frac{V^2}{R}$에서 $P_1=\frac{V^2}{4}$, $P_2=\frac{V^2}{6}$이므로 R_1 전구가 더 밝다.

문제 111 전압이 $20V$인 전원의 내부저항은 $r=1\Omega$이다. 이 전원에 $R_1=30\Omega$과 $R_2=100\Omega$의 저항이 직렬로 연결되어 있다. 각 저항에서 소비되는 전력을 구하고 이들의 합이 전원에서 공급되는 전력과 같음을 보여라.

[답] 전체 저항은 직렬이므로 $R=131\Omega$이다. 따라서 전류는 $I=\frac{V}{R}=0.229A$이다. 저항에서 소비되는 전력은 $P_1=I^2R_1=1.573\,W$, $P_1=5.244\,W$, $P_r=0.053\,W$이다. 따라서 저항에서 소비되는 전력은 $P=P_1+P_1+P_r=6.87\,W$이다. 그리고 전원이 최근에 공급하는 전력은 $P=IV=6.87\,W$이다. 따라서 전원에서 공급되는 전력이 저항에 의해 소모됨을 보여 준다.

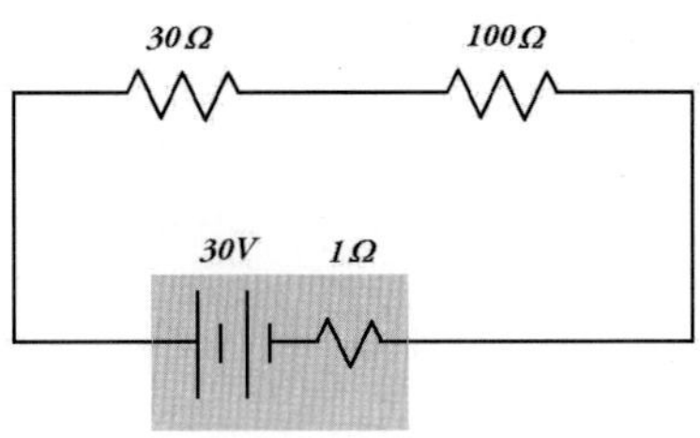

문제 112 저항 $R_1 = 10\Omega$을 어떤 전원에 연결하였더니 전류가 $I_1 = 5A$로 관찰되었다. 저항을 $R_2 = 30\Omega$으로 바꾸었더니 전류가 $I_2 = 2A$가 되었다. 이 전원의 전압 V와 내부 저항 r을 구하라.

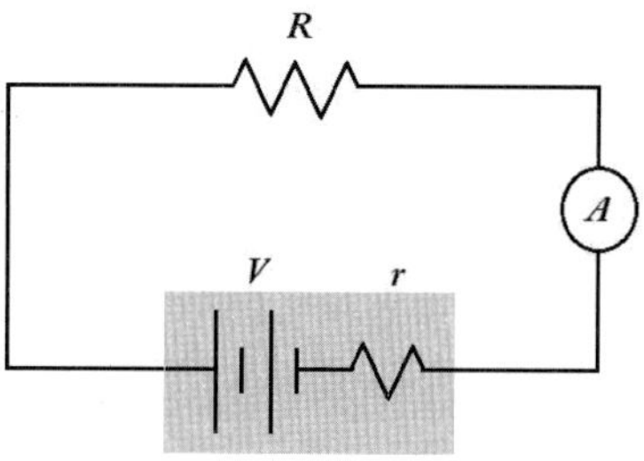

[답] $I = \frac{V}{R+r}$이다. $I_1 = \frac{V}{R_1+r}$, $I_2 = \frac{V}{R_2+r}$에 주어진 값을 대입하면 $V_1 = 66.5V$, $r = 3.3\Omega$이다.

문제 113 그림과 같은 회로에서 I_1, I_2, I_3를 구하라.

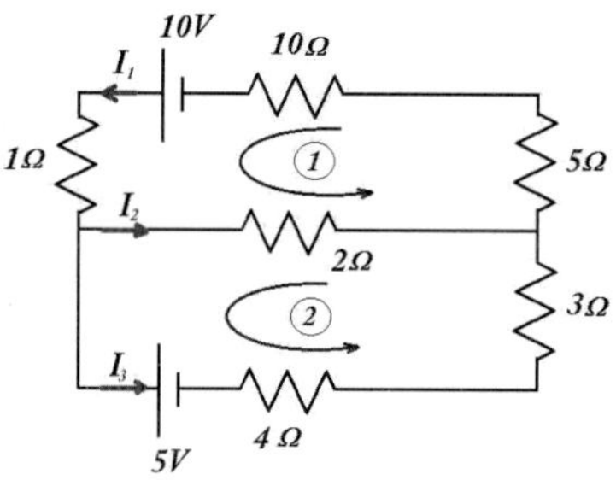

[답] 전류의 법칙에서 $I_1 = I_2 + I_3$이다. 전압의 법칙을 폐회로 1에 적용하면 $10 - 16I_1 - 2I_2 = 0$을 얻는다. 그리고 전압의 법칙을 폐회로 2에 적용하면 $2I_2 - 7I_3 - 5 = 0$을 얻는다. 위 세 식을 풀면 $I_1 = 0.606A$, $I_2 = 0.162A$, $I_3 = 0.443A$를 구할 수 있다.

문제 114 주어진 직류회로에서 각 저항에 흐르는 전류의 크기와 방향을 구하라. 각 저항에서 소비되는 열에너지와 일률을 구하라. 저항에서 열로 소비되는 에너지의 총합이 전원이 공급하는 전기에너지 일률과 같음을 보여라.

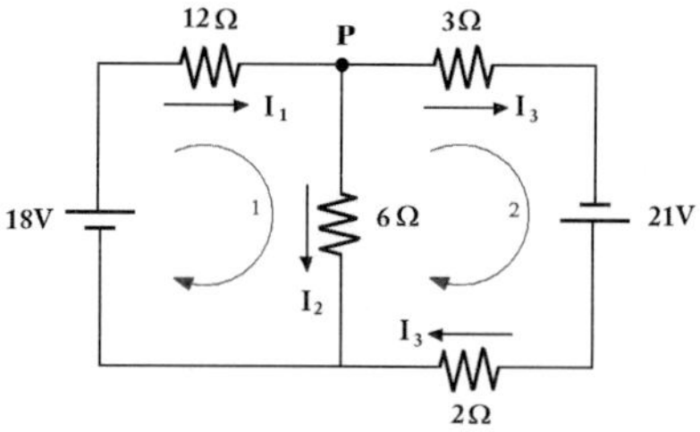

[답] 점 P를 분기점으로 보고 분기점의 법칙을 적용하면 $I_3 + I_2 = I_1$을 얻는다. 폐회로 1과 2에서 전압의 법칙을 적용하면

$$18 - 12I_1 - 6I_2 = 0 \Rightarrow \therefore 2I_1 + I_2 = 3$$

$$-3I_3 + 21 - 2I_3 + 6I_2 = 0 \Rightarrow \therefore 5I_3 - 6I_2 = 21$$

을 얻는다. 위 식들을 연립하여 풀면 $I_1 = 2A$, $I_2 = -1A$, $I_3 = 3A$를 구할 수 있다. 따라서 저항 12Ω, 3Ω, 2Ω, 6Ω에는 각각 $2A, 3A, 3A, 1A$의 전류가 흐른다. 전류의 방향은 그림에 표시되어 있다. 각 소자에 소비되는 일률은 $P = I^2R$에서 저항 12Ω, 3Ω, 2Ω, 6Ω에는 $48W$, $27W$, $18W$, $6W$이다. 즉, 각각의 에너지가 열로 소비된다. 이와 반대로 전원에 의해 $P = IV$의

에너지가 공급되는데 $18\,V$, $21\,V$는 각각 $36\,W$, $63\,W$의 에너지를 회로에 공급한다. 따라서 저항이 소비하는 에너지의 합안 $99\,W$를 전원이 공급하여 회로에 전류가 계속적으로 흐르게 만든다. 그리고 전원의 에너지가 소진되면 더 이상의 에너지 공급이 없어지므로 전류가 흐르지 않게 된다.

문제 115 아래 회로에서 각 저항에 흐르는 전류를 구하라. 각 저항에서 소비되는 전력을 구하라. 각 저항에서 소비되는 전력이 전원에서 공급되는 전력과 같음을 보여라.

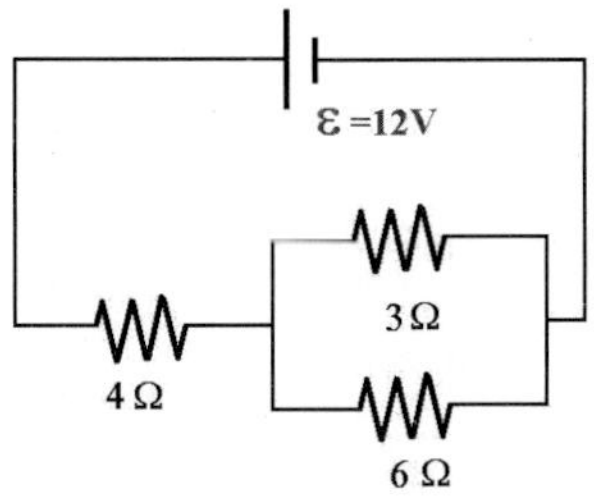

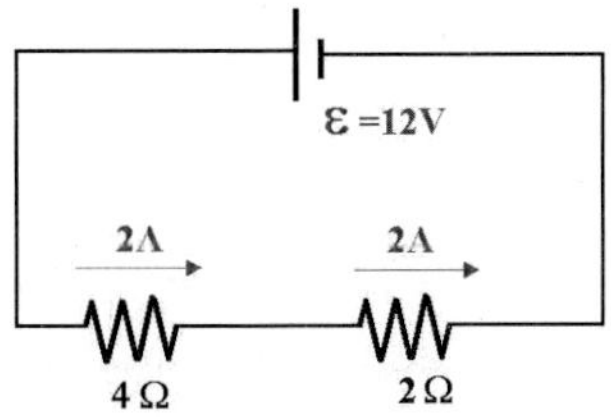

[답] 3Ω과 6Ω이 병렬로 연결되어 있다. 두 저항의 등가저항은 2Ω이다. 따라서 회로를 흐르는 전류는 $2A$이다. $2A$ 중의 $\frac{1}{3}$이 3Ω으로 흐르고 $\frac{2}{3}$가 6Ω으로 흐른다. 따라서 3Ω에 흐르는 전류는 $\frac{2}{3}A$이고 6Ω에 흐르는 전류는 $\frac{4}{3}A$이다. $P = IV = I^2R$에서 4Ω 저항에서 소비되는 전력은 $16\,W$이고, 3Ω에서 소비되는 전력은 $\frac{16}{3}W$이다. 그리고 6Ω에서 소비되는 전력은 $\frac{8}{3}W$이다. 따라서 저항에서 소비되는 전력의 합은 $24\,W$이다. 그리고 전원에서 회로에 공급하는 전력은 $P = IV = 24\,W$이다. 즉, 저항에서 소비되는 전력이 전원에서 공급됨을 알 수 있다.

문제 116 아래의 회로에서 다음 물음에 답하라.

(a) 전원이 회로에 공급하는 에너지율(power)은 얼마인가? (b) 저항 20Ω에 흐르는 전류를 구하라. (c) a와 b 사이의 전압 차이를 구하라. 두 점 중 어느 쪽이 전압이 높은가? (d) 저항 100Ω에서 10초간 소비되는 에너지를 구하라. (e) 저항 100Ω을 만드는데 비저항 $0.45\,\Omega\,m$의 물질을 사용했다. 길이 $4cm$를 사용했다면 이 선의 반경은 얼마인가?

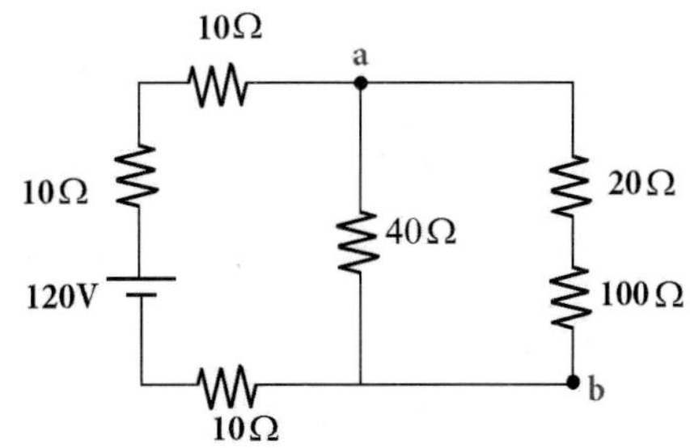

[답] (a) 20Ω과 100Ω이 직렬로 연결되어 있으므로 이들의 등가저항 값은 120Ω이다. 이 120Ω이

40Ω과 병렬로 연결되어 있다. 이들의 등가저항은 30Ω이다. 이 30Ω과 3개의 10Ω이 직렬로 연결되어 있으므로 이 회로의 총 저항의 합은 60Ω이다. 전원이 120V이므로 회로를 흐르는 전류는 $I=\frac{V}{R}=2A$이다. 따라서 전원이 회로에 공급하는 일률은 $P=IV=240\,W$이다.

(b) 40Ω 부분이 20Ω과 100Ω의 병렬부분(120Ω)보다 3배 더 많은 전류가 흐르므로 40Ω에는 전체 전류의 $\frac{3}{4}$이 흐른다. 따라서 $I_{40}=\frac{3I}{4}=1.5A$이다.

(c) $V_a - V_b = IR_{20} + IR_{100} = 60\,V$이다. 따라서 a지점이 b지점보다 전압이 높다.

(d) 에너지는 일률에다 시간을 곱해 준 것이므로 $E=Pt=I^2Rt=250J$이다.

(e) $R=\frac{\rho L}{\pi R^2}$에서 $r=\sqrt{\frac{\rho L}{\pi R}}=7.6mm$이다.

문제 117 아래 그림과 같은 회로에서 각 저항에 흐르는 전류를 구하라. 각 저항에서 소비되는 전력을 구하라. 이 저항에서 소비되는 전력은 전원에서 공급됨을 보여라.

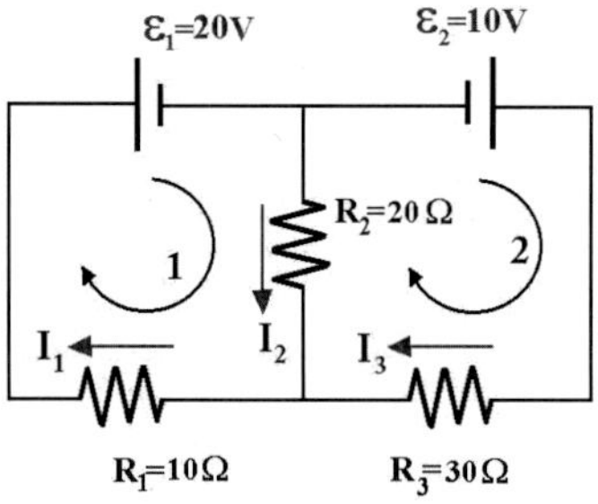

[답] 그림에서와 같이 각 저항에 흐르는 전류를 I_1, I_2, I_3라 두면 분기점의 법칙에서 $I_1 = I_2 + I_3$이다. 폐곡선 1에서 $-20-20I_2-10I_1=0$과 폐곡선 2에서 $10-30I_3+20I_2=0$을 구할 수 있다. 두 식을 연립하여 풀면 $I_1=-\frac{8}{11}A$, $I_2=-\frac{7}{11}A$, $I_3=-\frac{1}{11}A$를 구할 수 있다. 전류의 방향은 그림에 표시한 방향과 모두 반대임을 알 수 있다. 따라서 저항 R_1, R_2, R_3에 소비되는 전력은 각각 $5.29\,W$, $8.1\,W$, $0.25\,W$이다. 저항에 의해 소비되는 전체 전력은 $13.63\,W$이다. 그리고 전원에 의해 공급되는 전력은 $14.54\,W$, $-0.91\,W$이다. 따라서 저항에서 소비되는 전력은 전원에서 공급됨을 볼 수 있다.

문제 118 그림과 같은 회로에서 축전기가 100μC으로 충전된 후 방전된다. 회로의 시정수를 구하라. 30μC까지 방전되는 데 걸리는 시간을 구하라.

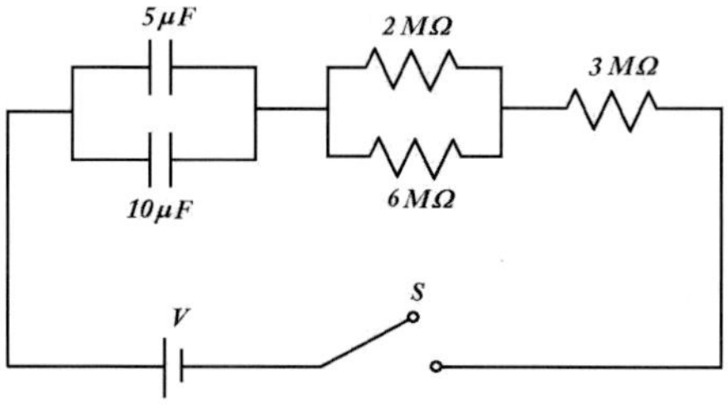

[답] 축전기는 병렬이므로 $C=15\mu F$이다. 저항의 경우 병렬과 직렬이 있으므로 $R=4.5M\Omega$이다. 따라서 시정수는 $\tau=RC=67.5\,s$이다. $q(t)=Qe^{-t/RC}$인데 $q=30\mu C$일 때 $t=81.3\,s$로 구해진다.

문제 119 그림과 같은 회로에서 스위치 S를 닫을 때 닫는 순간 각 저항에 흐르는 전류를 구하라. 스위치를 닫은 후 시간이 많이 경과될 때($t \to \infty$) 각 저항에 흐르는 전류를 구하라.

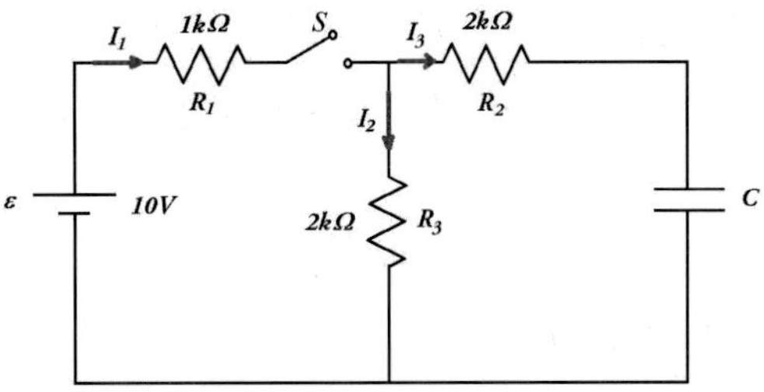

[답] $t=0$에서 축전기는 충전되지 않았으므로 도선과 같다. 이때 R_2와 R_3는 병렬이고 이들과 R_1이 직렬로 연결되어 있으므로 전체적인 저항은 $R=2k\Omega$이다. 따라서 $I_1=5mA$로 계산된다. R_2와 R_3의 저항은 같으므로 $I_2=I_3=\frac{I_1}{2}=2.5mA$이다. $t \to \infty$인 경우 축전기가 완전히 충전되었으므로 축전기는 단락(open)된다. 따라서 $I_3=0$이다. 그리고 $I_1=I_2=3.3mA$이다.

문제 120 아래 회로는 충전되지 않은 축전기, 2개의 저항, 전원 V로 구성되어 있다. 스위치 S가 a쪽으로 $t=0$에서 닫힌다고 할 때 아래 물음에 답하라. 모든 답은 C, r, R, V로 표현하라. (a) $t=0$에서 저항 r로 흐르는 전류를 구하라. (b) 축전기에 충전되는 전하량이 최종전하량의 반(half)이 되는 시간을 구하라. (c) 축전기에 전하가 완전히 충전될 때 어느 쪽 판에 양의 전하가 있는가? (d) 저항 r에 흐르는 전류가 0이 될 때 축전기에 저장되는 포텐셜에너지는 얼마인가? 저항 r에 흐르는 전류가 0이 될 때 스위치 S를 b점으로 움직였다. 이 시간을 $t=0$으로 잡을 때 아래 물음에 답하라. (e) 저항 R에 흐르는 전류의 시간에 따른 변화를 구하라. (f) 저항 R에서 소비되는 일률의 시간에 따른 변화를 구하라. (g) 저항 R에서 열로 소비되는 총 에너지를 구하라.

[답] (a) 초기 전류는 축전기에 떨어지는 전압강하가 없으므로 $I_0=\frac{V}{r}$이다.

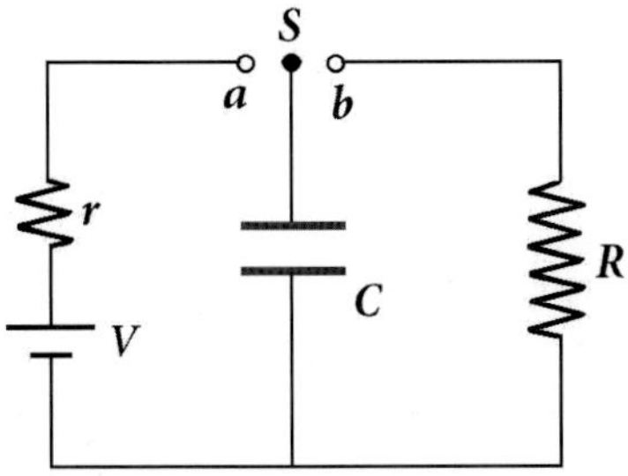

(b) 임의의 시간 t에서 축전기의 충전전하는 $Q(t)=Q_f(1-e^{-t/rC})$이다. $Q=\frac{Q_f}{2}$에서의 시간 t는 $t=rC\ln 2$와 같이 구해진다.

(c) 축전기가 양의 전극에 연결되어 있으므로 위쪽 판에 양의 전하가 축적된다.

(d) 축전기에 전류가 흐르지 않을 때 축전기는 완전히 충전된 상태이다. 따라서 전원의 전압이 축전기에서 모두 소비되므로 $U_E=\frac{1}{2}CV^2$이다.

(e) 방전되는 축전기의 전류는 $I(t)=I_0 e^{-t/\tau}=\frac{V}{R}e^{-t/RC}$이다.

(f) 일률은 $P = I^2R$로 주어진다. 따라서 $P(t) = [I(t)]^2R = \frac{V^2}{R}e^{-2t/RC}$이다.

(g) 저항에서 소비되는 총 에너지는 $E = \int_{t=0}^{\infty} P(t)dt = \int_{0}^{\infty} \frac{V^2}{R}e^{-2t/RC}dt = \frac{CV^2}{2}$이다.

6-5. 자기력

문제 121 균일한 자기장 $B = 0.5T$에서 4개의 전하가 $v = 1,000m/s$로 그림과 같은 방향으로 움직이고 있다. 각 경우에 전하에 작용하는 자기력을 구하라. 전하량의 크기는 모두 $1\mu C$이다.

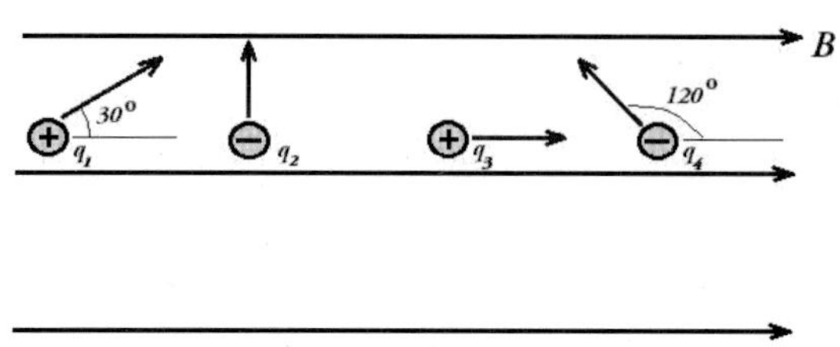

[답] $\vec{F}_m = q\vec{v} \times \vec{B}$에서 q_1에 작용하는 자기력의 방향은 지면으로 들어가는 방향이고 크기는 $F_m = q_1 vB\sin 30^o = 2.5 \times 10^{-4}N$이다. q_2는 -전하이므로 자기력의 방향은 지면에서 나오는 방향이며 크기는 $F_m = q_2 vB\sin 90^o = 5 \times 10^{-4}N$이다. q_3는 자기장 방향으로 움직이므로 $\theta = 0^o$이다. 따라서 $F_m = 0$이다. q_4는 -전하이므로 자기력은 지면에서 나오는 방향이며 그 크기는 $F_m = q_4 vB\sin 120^o = 4.33 \times 10^{-4}N$이다.

문제 122 동위원소를 분석하는 질량분석에 대해 알아보자.

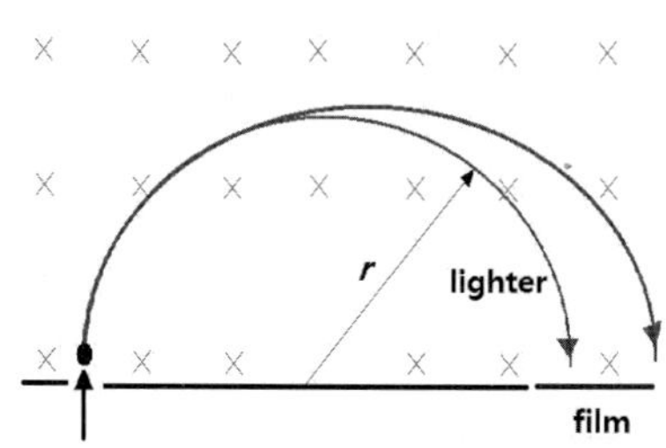

[답] 질량분석은 하전입자의 균일한 자기장 속에서의 원운동을 이용한다. 하전입자 q가 균일한 자기장에 입사하여 반경 r인 원운동을 하면, 자기력 $F_B = qvB$가 원운동의 구심력을 준다. 즉, $F_B = qvB = \frac{mv^2}{r}$이고 이에 따라 원운동의 반경은 $r = \frac{mv}{qB}$로 주어진다. 이와 같이 원운동을 하는 하전입자의 반경은 질량에 비례함을 볼 수 있다. 따라서 질량이 다른 동위원소들의 원운동 반경이 다른 것을 이용하여 동위원소를 분석한다.

문제 123 속도 선택기에 대해 알아보도록 하자.

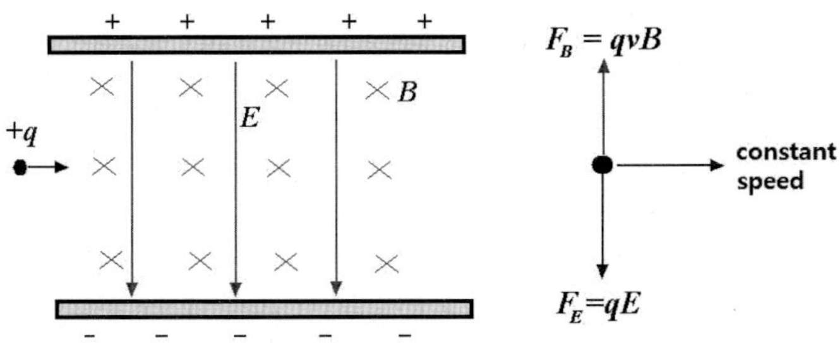

[답] 그림과 같이 하전입자가 전기장과 자기장이 있는 공간에 입사한다고 하자. 여기서 자기장의 방향은 전기장의 방향과 서로 수직이다. 그림에서 보듯이 전기력은 $F_E = qE$로 아래쪽 방향을 향하고 있다. 반면에 자기력은 $F_B = qvB$로서 위쪽 방향으로 향하고 있다. 전기력이 자기력과 동일하도록 전기장과 자기장의 세기를 조절하면 하전입자는 직선적으로 일정한 속도로 움직이게 된다. 속도선택기는 동일한 속도를 가지는 하전입자 빔을 만드는 데 많이 사용되고 있다. 속도선택기를 빠져나오는 하전입자의 속력은 $v = \frac{E}{B}$로 표현된다.

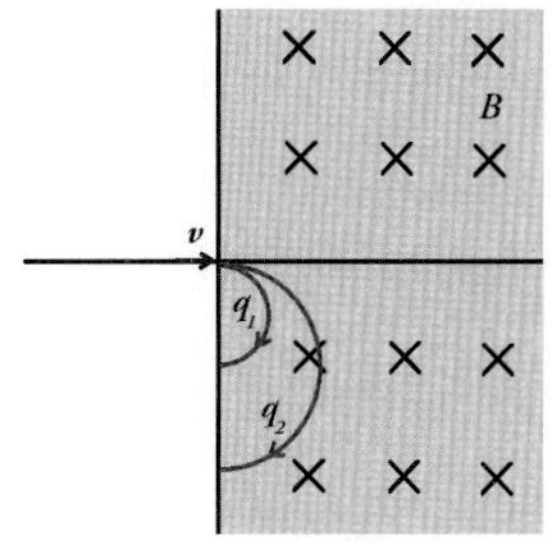

문제 124 동일한 질량 m을 가진 두 하전입자가 지면 속을 향하는 자기장 속으로 속도 v로 들어간다. 그림과 같은 방향으로 원운동을 하는 것이 관찰되었다. 이 하전입자의 전하는 +인가 −인가? q_1 입자에 대한 q_2 입자는 원운동의 반경이 2배였다. 전하량의 비를 구하라.

[답] 아래 방향으로 원운동을 하려면 자기력 F_m이 아래 방향으로 작용해야 한다. $\vec{F}_m = q\vec{v} \times \vec{B}$이므로 F_m이 아래 방향이기 위해서 q_2는 −가 되어야 한다. $qvB = \frac{mv^2}{r}$에서 $r = \frac{mv}{qB}$이다. $\frac{q_1}{q_2} = \frac{r_2}{r_1} = 2$이므로 $q_2 = \frac{q_1}{2}$이다. 즉, 작은 반경을 그리는 입자의 전하가 2배 더 크다.

문제 125 속도가 v인 전자가 길이 l이고 폭 d인 평행판의 중앙으로 들어간다. 평행판 사이에는 지면 속으로 들어가는 균일한 자기장이 걸려 있다. 전자는 위로 올라가는가 아래로 내려가는가? 전자가 판에 부딪히지 않고 판을 빠져나가기 위해서 필요한 속도는 얼마인가?

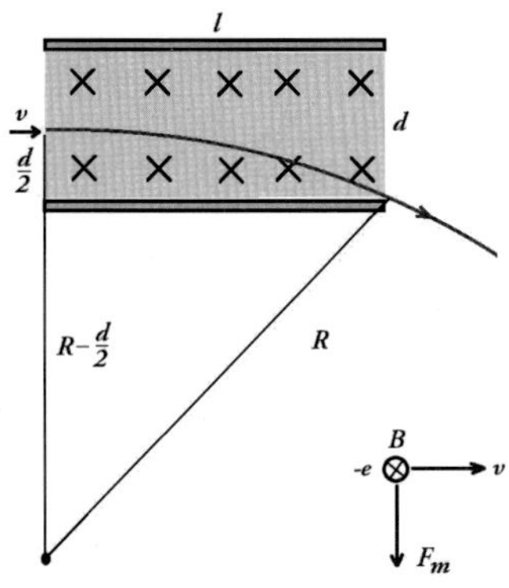

[답] $\vec{F}_m = -e\vec{v}\times\vec{B}$이므로 자기력은 아래 방향이다. 자기장 속에서 원운동을 하므로 $evB = \frac{mv^2}{R}$에서 속도는 $v = \frac{eBR}{m}$로 표현된다. 원운동의 반경과 판의 길이와 폭의 관계는 그림에서 $R^2 = \left(R - \frac{d}{2}\right)^2 + l^2$이다. 따라서 $R = \frac{d}{4} + \frac{l^2}{d}$이므로 $v = \frac{eB}{m}\left(\frac{d}{4} + \frac{l^2}{d}\right)$이다.

문제 126 전자가 어떤 순간 평면에서 속도 $\vec{v} = 2\times10^5\,\hat{i} + 3\times10^5\,\hat{j}$로 움직이고 있다. 속도의 단위는 m/s이다. 이 평면 안에 자기장 $\vec{B} = 0.2\hat{i} - 0.3\hat{j}$가 걸려 있다. 자기장의 단위는 T이다. 전자가 받는 자기력의 크기와 방향을 구하라.

[답] $\vec{F} = -e\vec{v}\times\vec{B} = -1.92\times10^{-14}\,\hat{k}$ 이다. 단위는 N이다.

문제 127 전하 $q = 1\mu C$가 $\vec{B} = \hat{i} + 3\hat{j}$인 자기장 속으로 속도 $v = -2\hat{i} + 4\hat{j} + 2\hat{k}$로 움직이고 있다. 여기서 자기장의 단위는 T이고 속도의 단위는 m/s이다. 전하가 받는 자기력을 구하라.

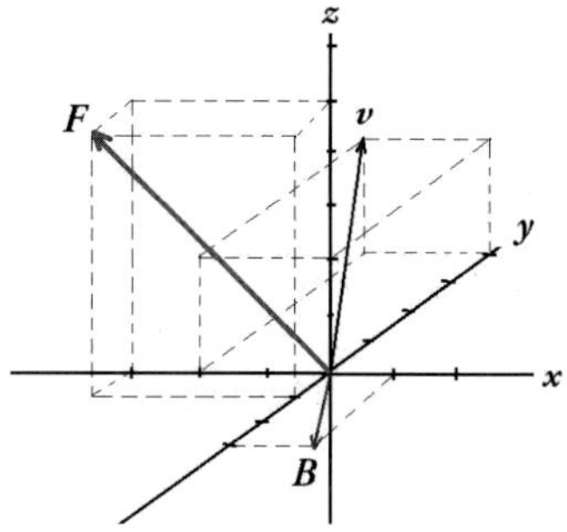

[답] $\vec{F}_m = q\vec{v}\times\vec{B} = 2\times10^{-6}(-3\hat{i} + \hat{j} - 5\hat{k})$ 로 구해진다. 힘의 크기는 $1.18\times10^{-5}\,N$이고 방향은 $\vec{v}$와 $\vec{B}$가 만드는 평면에 수직이다.

문제 128 지구 자기장을 이용한 전기 차의 구조가 그림에 주어져 있다. 폭이 $3m$인 레일 위에 도체막대가 놓이고 전류를 걸어 주면 지구 자기장에 의해 자기력을 받아 막대가 움직이는 구조이다. 자기력이 $10kN$(대략 $1{,}000\,kg$의 차량)이 될 수 있는 전류를 구하라. 지구 자기장의 크기는 $0.5G$이다. 그리고 단위 Ω당 소비되는 전력을 구하라.

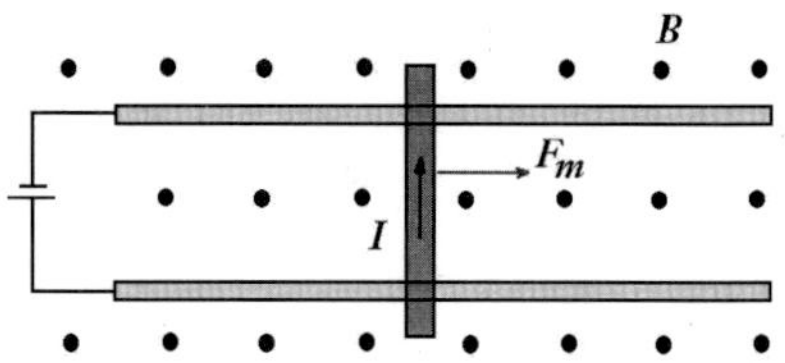

[답] $F = IlB$에서 $I = 6.67\times10^6\,A$를 구할 수 있다. 이 전류는 너무 커서 실용적이지 못하다.

$P = I^2R$에서 단위 Ω당 전력소비는 $\frac{P}{R} = I^2 = 4.44 \times 10^{13}\, W$이다. 이 전력은 너무 큰 값이다.

문제 129 전자가 속도 $\vec{v} = 3 \times 10^3\,\hat{i} + 4 \times 10^3\,\hat{j}$로 움직이고 있다. 속도단위는 m/s이다. 평면에 자기장 $\vec{B} = B_x\,\hat{i} + 4B_x\,\hat{j}$가 걸려 있다. 전자에 작용하는 자기력이 $-5 \times 10^{-16}\,\hat{k}$가 되도록 하기 위한 B_x를 구하라.

[답] $\vec{F} = -e\vec{v} \times \vec{B} = -1.6 \times 10^{-19}(8 \times 10^3)\hat{k} = -5 \times 10^{-16}$에서 $B_x = 0.39\, T$이다.

문제 130 양성자가 $B = 2T$의 균일한 자기장 속으로 속도 $v = 8 \times 10^5\, m/s$로 들어간다. 90° 휘어지는 동안 이동한 거리를 구하라. 양성자의 질량은 $1.67 \times 10^{-27}\, kg$이다.

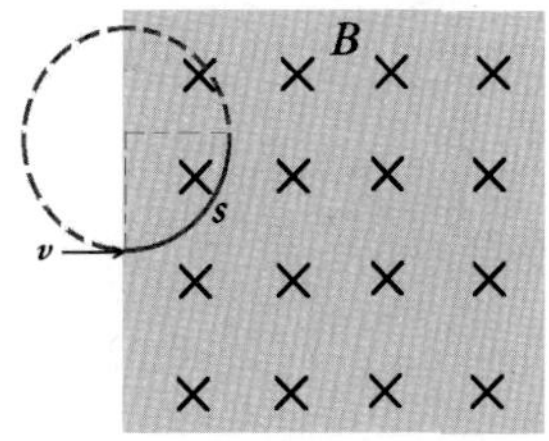

[답] $evB = \frac{mv^2}{R}$에서 $r = 4.18 \times 10^{-3}\, m$이다. 90° 이동할 때 이동거리는 $s = r\theta$에서 $\theta = \frac{\pi}{2}$이므로 $s = 6.55 \times 10^{-3}\, m$이다.

문제 131 속도선택기에서 자기장은 $B = 0.2T$이다. $1keV$의 양성자가 직진하기 위해 축전기에 걸어야 하는 전기장은 얼마인가? 양성자의 질량은 $1.67 \times 10^{-27}\, kg$이다.

[답] 양성자의 속도는 $eV = \frac{1}{2}mv$에서 $v = \sqrt{\frac{2eV}{m}} = 4.38 \times 10^5\, m/s$이다. 속도선택기에서 $v = \frac{E}{B}$이므로 $E = vB = 8.75 \times 10^4\, V/m$이다.

문제 132 $5A$의 전류가 흐르는, 길이 $1m$이고 질량이 $1kg$인 도선이 $2T$의 자기장 속에 놓여 있다. 정지상태에서 출발하여 $20m/s$의 속력이 될 때까지 걸리는 시간을 구하라.

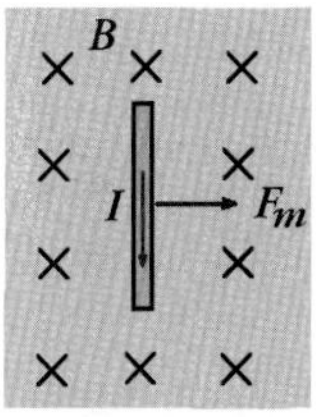

[답] $F = IlB = 10N$이므로 $a = \frac{F}{m} = 10m/s^2$이고 $t = \frac{v}{a} = 2s$이다.

문제 133 동일한 질량 m을 가진 하전입자 1과 2가 자기장 B속으로 들어가서 원운동을 한다. 입자 1의 속도는 v_1, 입자 2의 속도는 v_2이다. 원운동에서 한 바퀴 도는 데 걸리는 시간의 비를 구하라.

[답] $qvB = \frac{mv^2}{R}$에서 $v = \frac{qBr}{m}$이다. 그리고 $T = \frac{2\pi r}{v} = \frac{2\pi m}{qB}$이므로 주기는 속도와 무관하다. 따라서 $T_1 = T_2$이다.

문제 134 고정된 전하 $Q=10\mu C$의 주위에 반경 $r=10m$로 질량 $m=10^{-3}kg$, 전하 $q=-20\mu C$이 원운동을 하고 있다. 이 계에 지면으로 향하는 균일한 자기장 $1T$가 걸려 있다. 전하 q가 시계방향으로 회전하는 경우와 반시계방향으로 회전하는 경우 자기장에 의한 운동을 비교하라.

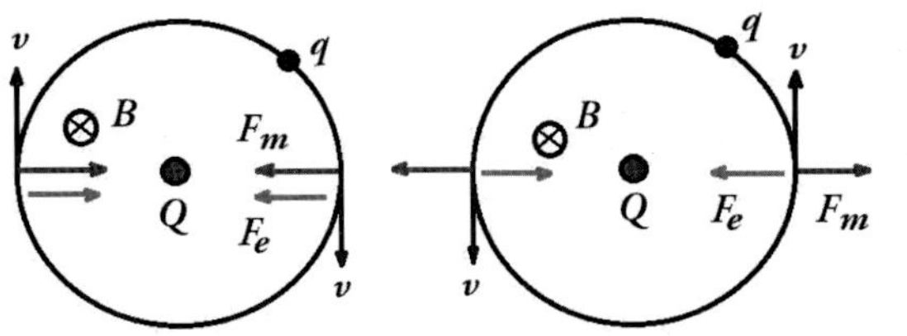

[답] 그림에서와 같이 시계방향의 경우 자기력은 중심방향이고 반시계방향의 경우 자기력은 중심반대방향이다. 그러나 전기력은 인력이므로 중심방향이다. 시계방향의 경우 운동방정식 $qvB+\frac{k_e qQ}{r^2}=\frac{mv^2}{r}$에서 v에 대한 이차방정식을 풀면 $v=13.52\,m/s$를 구할 수 있다. 그리고 반시계방향의 경우 운동방정식 $-qvB+\frac{k_e qQ}{r^2}=\frac{mv^2}{r}$에서 v에 대한 이차방정식을 풀면 $v=13.32\,m/s$를 구할 수 있다. 자기장이 없을 때 속도를 구해 보면 $\frac{k_e qQ}{r^2}=\frac{mv^2}{r}$에서 $v=13.42\,m/s$이다. 따라서 자기장에 의해 시계방향의 경우 속도가 증가하였고 반시계방향의 경우 속도가 감소하였다.

문제 135 균일한 자기장이 있는 공간에 전하 $q=1\mu C$이 속도 $v_1=1{,}000m/s$로 오른쪽으로 움직이고 있다. 이 전하에 미치는 자기력의 방향은 지면으로 들어가는 방향임이 관찰되었다. 그 크기는 $10^{-3}N$이었다. 동일한 전하를 지면 속으로 속도 $v_2=500m/s$로 이동시켰더니 그림과 같이 힘은 F_2방향이었다. 자기장의 크기와 방향을 구하라. 그리고 자기력 F_2를 구하라. 동일한 전하를 $v_3=700m/s$로 그림과 같은 방향으로 이동시켰을 때 자기력의 크기와 방향을 구하라.

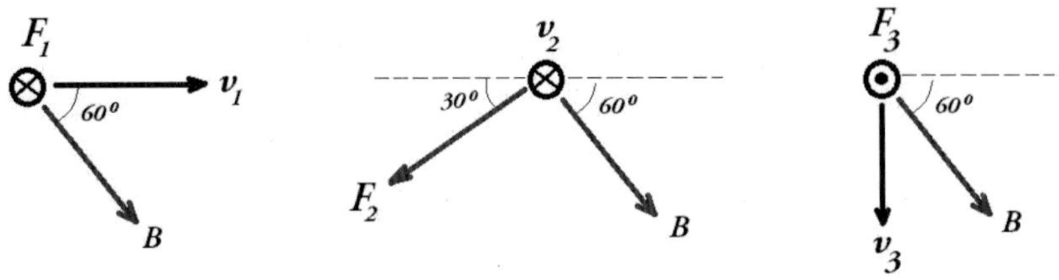

[답] v_1방향의 입자에 대한 정보에서 자기장은 아래 방향임을 알 수 있다. 그리고 v_2방향의 입자에 대한 정보에서 자기장의 방향이 결정된다. 자기장의 방향은 x축과 60^o를 이룬다. v_1방향의 입자에서 $F_1=qvB\sin 60^o=10^{-3}N$에서 $B=1.15T$가 구해진다. 그리고 q_2에 작용하는 힘은 $F_2=qv_2B\sin 90^o=5.75\times10^{-4}N$이다. q_3에 대해서는 $F_3=qv_3B\sin 30^o=4.03\times10^{-4}N$이다. 힘의 방향은 지면으로 향한다.

문제 136 거리 $L = 50cm$ 떨어진 레일이 경사각 30^o인 경사면에 놓여 있다. 질량 $1kg$인 막대가 레일에 걸쳐 놓여 있다. 그림과 같이 전원을 연결하여 막대에 전류를 흘려서 막대가 아래로 내려오지 못하게 하려고 한다. 막대에 흘려야 하는 전류의 크기를 구하라. 마찰은 무시한다.

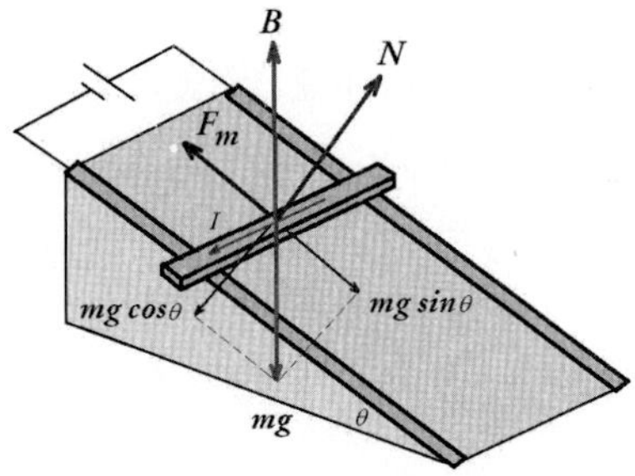

[답] $\vec{F}_m = I\vec{l} \times \vec{B}$에서 F_m의 크기는 IlB이고 방향은 경사면 위쪽이다. 이 힘이 중력 중 $mg\sin\theta$성분과 균형 균형을 이루어야 막대가 정지하게 된다. 따라서 $IlB = mg\sin 30^o$에서 전류는 $I = 9.8A$로 구해진다.

문제 137 적도상에 전류 I가 흐르는 반경 $r = 1mm$, 길이 $l = 2cm$인 구리도선이 동서 방향으로 놓여 있다. 지구 자기장은 $0.5\,G$로 북쪽을 향하고 있다. 이 구리도선을 공중에 떠 있게 하기 위한 전류의 크기와 방향을 구하라. 구리의 밀도는 $\rho_{cu} = 8.9\,g/cc$이고 비저항은 $\rho = 1.7 \times 10^{-8}\,\Omega m$이다. 그리고 $1G = 10^{-4}\,T$이다. 구리도선에서 소비되는 전력을 구하라.

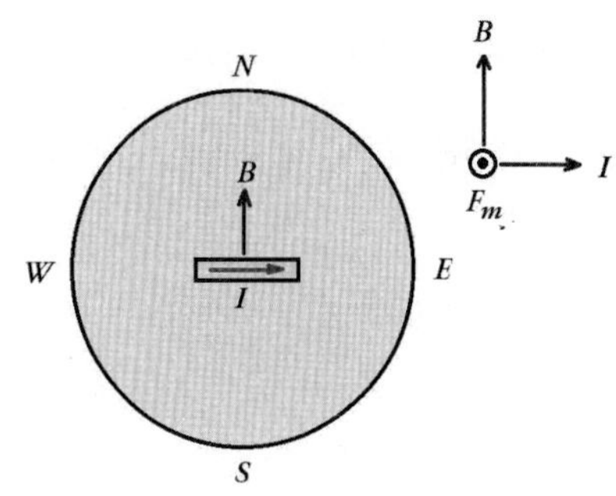

[답] 구리도선이 뜨기 위해서는 지면에서 나오는 방향으로 자기력이 발생해야 한다. 구리도선이 받는 힘은 $\vec{F} = I\vec{l} \times \vec{B}$이므로 이 조건을 만족하기 위해 전류는 서쪽에서 동쪽으로 흘러야 한다. 공중에 떠 있기 위해서는 자기력과 구리도선의 무게가 동일해야 한다. 즉, $IlB = mg$를 만족해야 한다. 여기서 $m = \pi r^2 l \rho_{cu}$이므로 $I = 5.477 \times 10^3 A$를 구할 수 있다. 구리도선의 저항은 $R = \rho\frac{l}{A} = 1.13 \times 10^{-4}\Omega$이므로 소비되는 전력은 $P = I^2 R = 0.38\,W$이다.

문제 138 전자가 자기장 $B = 2\,T$에 각 $\theta = 30^o$ 방향으로 속도 $v = 3 \times 10^5\,m/s$로 진행한다. 자기장에 의해 전자가 받는 힘의 크기와 방향을 구하라.

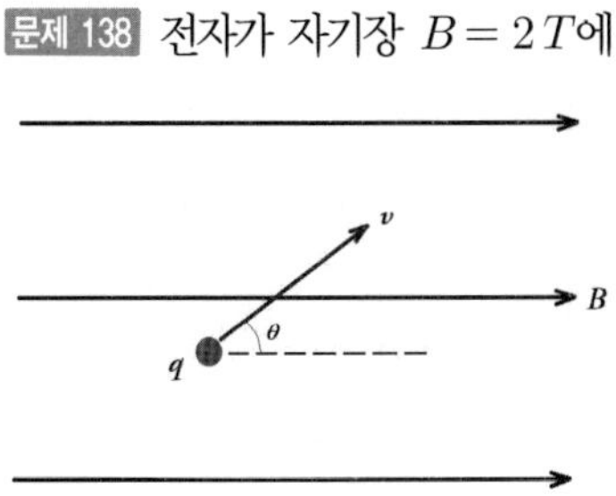

[답] $\vec{F}_m = -e\vec{v} \times \vec{B}$이므로 자기력은 지면에서 나오는 방향이다. 힘의 크기는 $F = evB\sin\theta$이므로 값을 대입하면 $4.8 \times 10^{-14}\,N$이다.

문제 139 선밀도가 $10g/m$인 도선이 $B=2T$의 자기장 속에 놓여 있다. 이 도선이 떠 있기 위해 필요한 전류의 크기와 방향을 구하라.

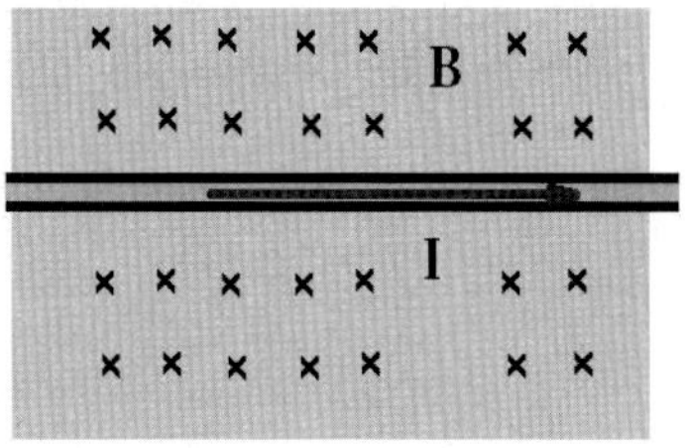

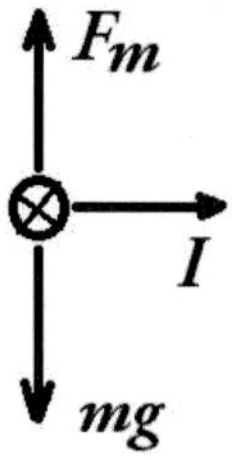

[답] 자기력이 위쪽으로 작용하기 위해서 전류는 왼쪽에서 오른쪽으로 흘러야 한다. 도선이 떠 있기 위해서는 $IlB=mg$의 조건이 만족되어야 한다. 따라서 $I=\frac{mg}{lB}=\frac{\rho g}{B}=0.049A$이다.

문제 140 +1가로 대전된 이온이 전기장 $E=1,000\,V/m$인 축전기 속으로 들어간다고 하자. 축전기 안에는 자기장 $B=1T$가 지면으로 들어가는 방향으로 걸려 있다. 축전기를 빠져나온 이온은 동일한 자기장이 걸려 있는 곳으로 들어가서 위쪽으로 반경 $r=0.5cm$로 원운동하는 것이 관찰되었다. 이온의 질량을 구하라.

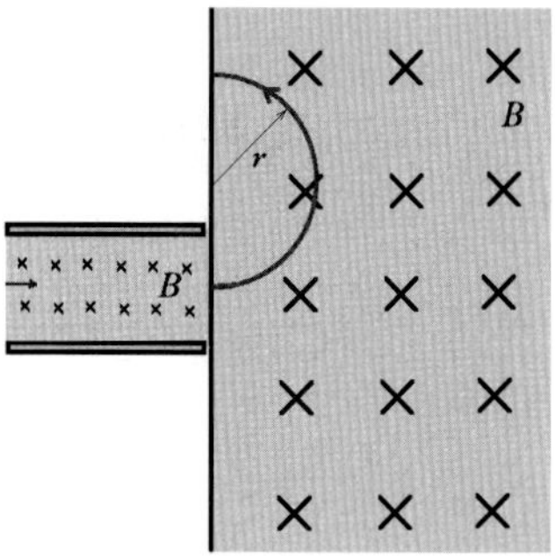

[답] 속도선택기에서는 이온의 속도가 $qE=qvB$를 만족하는 이온들만 통과할 수 있다. 즉, 축전기를 빠져나가는 이온의 속도는 $v=\frac{E}{B}=1,000m/s$이다. 이 속도의 이온이 자기장 속에서 원운동을 하므로 $qvB=\frac{mv^2}{r}$에서 $m=8\times10^{-25}kg$을 구할 수 있다. 여기서 이온은 +1가로 대전되었으므로 $q=1.6\times10^{-19}C$을 사용하였다.

문제 141 전하 $q=6\mu C$이 속도 $v=4\times10^5 m/s$로 그림과 같이 자기장 $B=0.4T$ 속을 움직인다고 하자. 전하 q에 작용하는 자기력을 구하라.

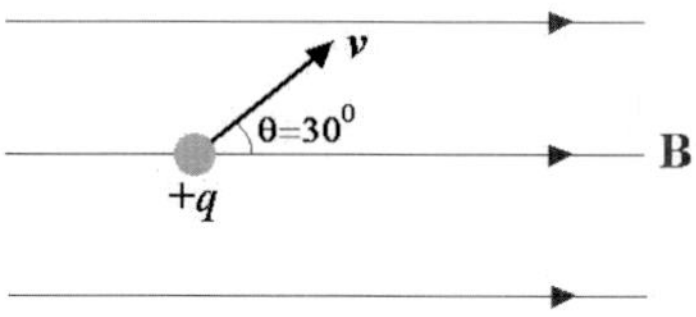

[답] $F_B=qvB\sin\theta=0.48N$

문제 142 전하 q가 그림과 같이 평행판 축전기가 만드는 전기장 $E=2\times10^4 N/C$과 이에 수직한 자기장 $B=0.5T$의 공간을 속도 v로 진행한다. 이 전하가 휘어짐이 없이 평행판 축전기를 통과할 때 그 속도를 구하라.

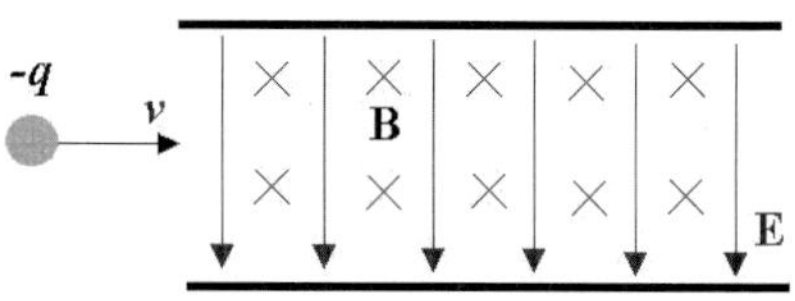

[답] $v=\frac{E}{B}=4\times10^4\,m/s$

문제 143 도선의 중간 부분이 반경 R인 반원으로 굽혀진 도선이 자기장 B에 놓여 있다. 도선에 전류 I가 흐를 때 도선이 받는 자기력의 크기와 방향을 구하라.

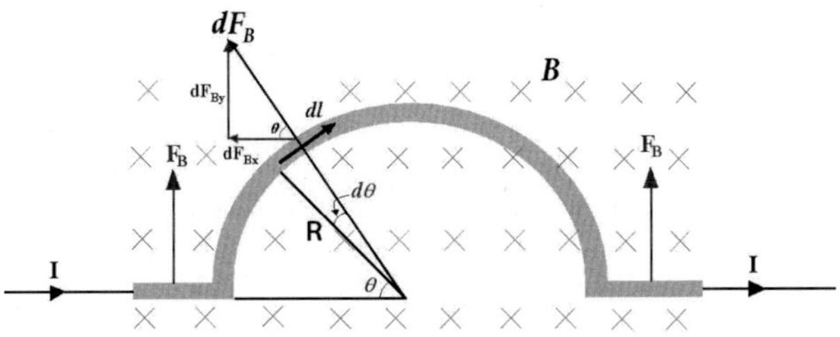

[답] 직선 부분은 $\vec{F}=I\vec{l}\times\vec{B}$이므로 전류의 방향과 자기장 방향이 수직이어서 힘을 받지 않는다. 곡선 부분이 받는 힘은 $d\theta$부분의 선분이 받는 힘을 계산하여 전체적으로 적분해 주면 된다. 힘의 방향 dF_B는 그림에서 표시된 방향인데 이를 성분으로 분리하면 수평성분(x축)은 대칭되는 부분들이 모두 존재하므로 전체적인 힘의 합산은 0이 된다. 따라서 수직성분(y축)만 계산해 주면 된다. 수직성분은 $dF_{By}=dF\sin\theta=Idl\,B\sin\theta$이다. 여기서 $dl=Rd\theta$이므로 $F_{By}=\int dF_{By}=$ $F_{By}=\int\int_{\theta=0}^{\theta=180}I(Rd\theta)B\sin\theta=2IRB$를 구할 수 있다. 힘의 방향은 위쪽이다.

문제 144 그림과 같이 질량이 m인 U자형 도선을 자기장 B인 평면 안으로 내렸을 때 이 도선이 받는 알짜 힘이 0이 되게 하기 위해서 도선에 흘려야 하는 전류는 얼마인가?

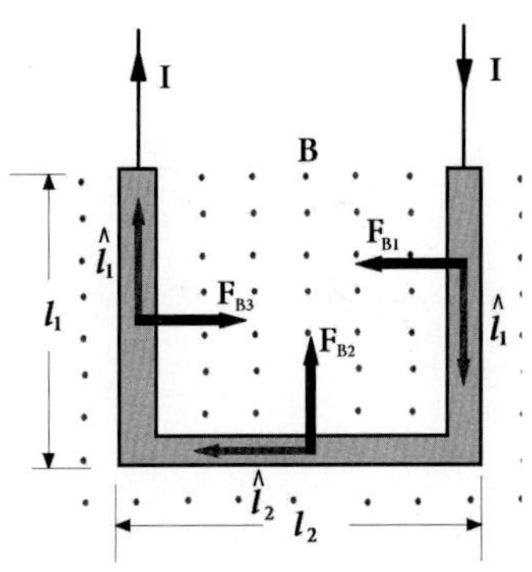

[답] 그림에 각 힘의 방향을 표시해 두었다. $|F_{B1}|=|F_{B3}|$이다. 따라서 F_{B2}가 도선의 무게와 같다면 도선이 받는 알짜 힘이 0이 된다. 즉 $Il_2B=mg$이므로 $I=\frac{mg}{Bl_2}$와 같이 구해진다.

문제 145 운동기전력(일정한 자기장 속에서 움직이는 도체에 유도되는 기전력)에 대해 알아보도록 하자.

[답] 도체막대가 자기장 B 속에서 속도 v로 움직이면, 자기장에 의해 도체 내의 자유전자들이 $\vec{F}_B=-e\vec{v}\times\vec{B}$의 자기력을 받는다. 이 자기력은 아래쪽 방향이므로 이 힘에 의해 전자는 아래쪽

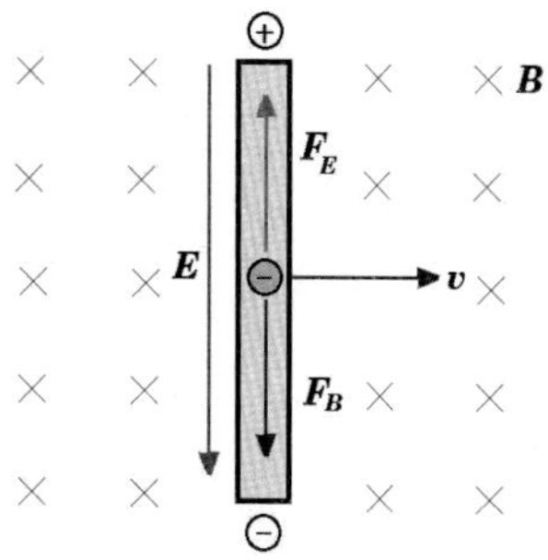

으로 이동한다. 이에 따라 밑에는 -전하가 쌓이고, 위에는 +전하가 남게 되어, 위에서 아래 방향으로의 전기장 $\vec{E}$가 발생되고, 이에 의해 자유전자가 위쪽으로의 전기력 $\vec{F}_E = -e\vec{E}$를 받는다. 자유전자에 전기력과 자기력이 반대방향으로 작용하므로, 자유전자의 운동은 자기력과 전기력이 같아지는 상태에서 평형이 이루어진다. 즉, $evB = eE$의 조건에서 $E = vB$일 때 평형이 이루어지게 된다. 그리고 이 평형 전기장에 의해 도체막대의 양단에는 전위차가 발생하게 되는데, 이는 $\Delta V = El = Blv$로 주어진다. 이와 같이 도체막대가 균일한 자기장 속에서 움직이게 되면 막대의 양단에 전위차가 발생하는데, 이를 운동기전력(motion emf)이라고 부른다.

6-6. Biot-Savart 법칙, 자기장의 계산, Ampere의 법칙

문제 146 전류 I가 흐르는 유한한 도선에서 a만큼 떨어진 주위에 발생하는 자기장을 구하라. 그리고 무한도선에 의한 자기장을 구하라. 이 결과를 이용하여 전류가 흐르는 두 도선에 작용하는 힘에 대해 알아보자.

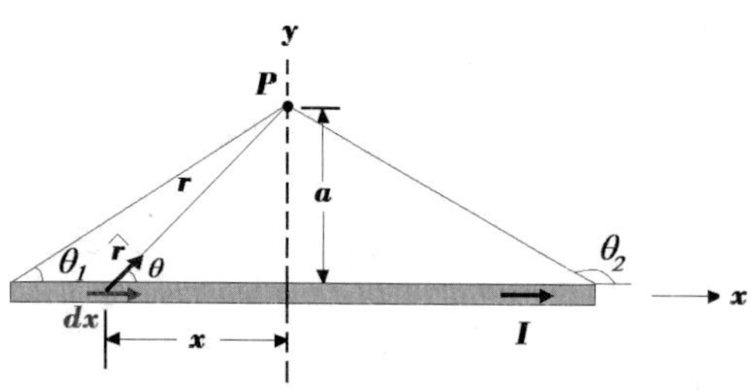

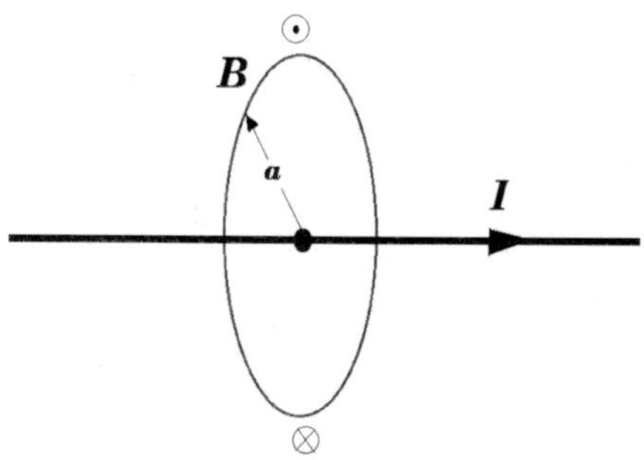

[답] 점 P에 만들어지는 자기장은 우선 P점의 수직선이 도선과 만나는 지점에서 x만큼 떨어진 도선의 미소부분 dx에 의해 만들어지는 자기장 dB를 구하고 이를 전체 도선에 대해 적분하여 구하면 된다. $\vec{dx} \times \vec{r} = r\,dx\sin\theta$이다. 여기서 θ는 $\vec{dx}$와 $\vec{r}$ 사이의 각도이다. 따라서 $\vec{dx}$부분이 점 P에 만드는 자기장 $d\vec{B}$의 크기는 Biot-Savart 법칙에서

$$dB = \frac{\mu_o}{4\pi}\frac{dx\sin\theta}{r^2}$$

로 주어진다. P점의 자기장의 방향은 지면에서부터 나오는 방향이다. 그림에서 보듯이 양단의 각도로 자기장을 표현하는 것이 편리하므로 위 식의 변수를 각도로 바꾸기로 한다. 즉, $a = r\sin\theta$, $x = r\cos\theta$이다. 그리고 $dx = -a\csc^2\theta\, d\theta$이므로

$$dB = \frac{\mu_o I}{4\pi a}\sin\theta\, d\theta$$

를 얻을 수 있다. 도선 전체에 의해 발생하는 자기장은 도선 전체에 대해 적분하면 된다. 즉,

$$B = \int dB = \frac{\mu_o I}{4\pi a}\int_{\theta_1}^{\theta_2}\sin\theta\, d\theta = \frac{\mu_o I}{4\pi a}(\cos\theta_1 - \cos\theta_2)$$

와 같이 구해진다.

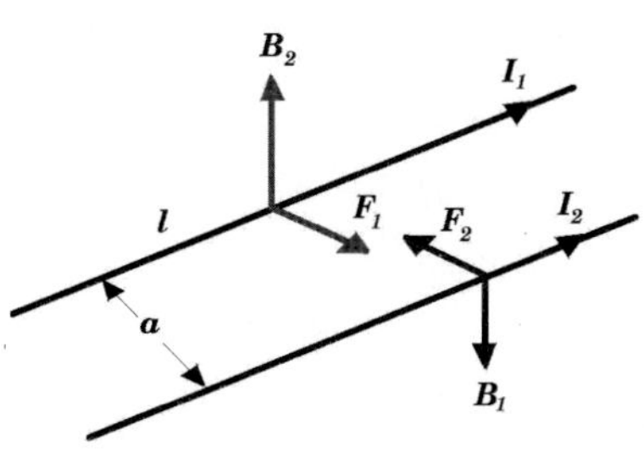

위 결과를 이용하여 무한도선에 의해 만들어지는 자기장은 위 식에서 $\theta_1 = 0$, $\theta_2 = \pi$이므로 자기장은 $B = \frac{\mu_o I}{2\pi a}$와 같이 주어진다. 무한도선에 의한 자기장에 대한 위의 결과를 이용하여 전류가 흐르는 두 도선 사이에 작용하는 자기력을 구해 보도록 하자. 왼쪽 그림은 동일한 방향으로 전류가 흐르는 두 도선이 거리 a만큼 떨어져 놓여 있는 것을 보여 준다. 전류 I_1이 흐르는 도선이 전류 I_2가 흐르는 도선의 위치에 만드는 자기장은 위의 결과에서 $B_1 = \frac{\mu_o I_1}{2\pi a}$이다. 이 자기장의 방향은 그림에 표시해 두었다. 이 자기장에 의해 전류 I_2가 흐르는 도선이 힘을 받는데, 그 힘의 크기는

$$F_2 = I_2 l B_1 = \frac{\mu_o I_1 I_2}{2\pi a} l$$

로 주어진다. 힘의 방향은 그림에서 표시한 바와 같이 전류 I_1이 흐르는 도선방향으로의 인력이다. 전류 I_2가 흐르는 도선에 의해 전류 I_1이 흐르는 도선에 자기장이 발생하고, 이 자기장에 의해 전류 I_1이 흐르는 도선에도 자기력인 $F_1 = F_2$가 작용함을 보일 수 있다. 결과적으로 동일한

방향의 전류가 흐르는 두 도선 사이에는 인력의 자기력이 작용함을 볼 수 있다. 마찬가지로 전류의 방향이 반대인 두 도선 사이에는 척력이 작용함을 보일 수 있다.

문제 147 반경 R인 원환에 전류가 흐를 경우 원환의 중심에서 x만큼 떨어진 지점에 발생하는 자기장을 구하라.

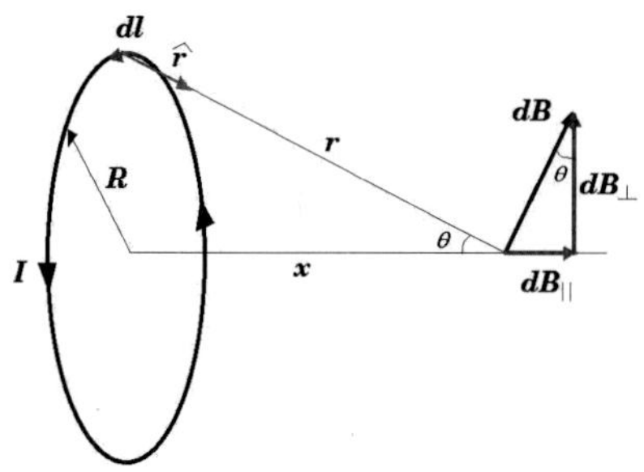

[답] 원환의 dl부분이 x만큼 떨어진 위치 P에 만드는 자기장은 dB이다. 이 중에 $dB_{\perp}$은 대칭적인 부분이 있으므로 모두 상쇄된다. 반면에 $dB_{\parallel}$는 모두 더해진다. 여기서 $dB_{\parallel}$는

$$dB_{\parallel} = \frac{\mu_0 I}{4\pi}\left|\frac{Id\vec{l}\times\hat{r}}{r^2}\right|\sin\theta = \frac{\mu_0 I}{4\pi}\frac{dl}{r^2}\sin\theta$$

로 주어진다. 여기서 $\vec{dl}$과 $\hat{r}$은 서로 수직임을 이용하였다. 원환 전체에 의해 만들어지는 자기장의 수평성분은

$$B_{\parallel} = \int dB_{\parallel} = \frac{\mu_0 I\sin\theta}{4\pi r^2}\int dl = \frac{\mu_0 I\sin\theta}{4\pi r^2}(2\pi R)$$

이다. 여기서 $\sin\theta = \frac{R}{r}$, $r = \sqrt{R^2+x^2}$ 이므로

$$B_{\parallel} = \frac{\mu_0 IR}{4\pi r^2}(2\pi R) = \frac{\mu_0 IR^2}{2r^3} = \frac{\mu_0 IR^2}{2(R^2+x^2)^{3/2}}$$

으로 구해진다. 이때 원환에서 아주 먼 곳에서의 자기장은 $x \gg R$이므로

$$B_{\parallel} = \frac{\mu_0 IR^2}{2x^2(1+R^2/x^2)^{3/2}} \approx \frac{\mu_0 IR^2}{2x^3}$$

으로 근사된다. 즉, 원환에서 멀리 떨어진 지점에서 볼 때 전류가 흐르는 원환은 자기쌍극자 모멘트, $\vec{m} = I\vec{A}$ 에서 $|\vec{m}| = I(\pi R^2)$을 가지는 자기쌍극자와 같이 보인다. 이 자기쌍극자에서 x만큼 떨어진 위치에 만드는 자기장은 $B_{\parallel} = \frac{\mu_0}{2\pi}\frac{m}{x^3}$ 으로 주어진다.

문제 148 반경 R인 원형도선을 그림과 같이 90° 각도로 반으로 접었을 때 중심 P에서의 자기장의 세기와 방향을 구하라.

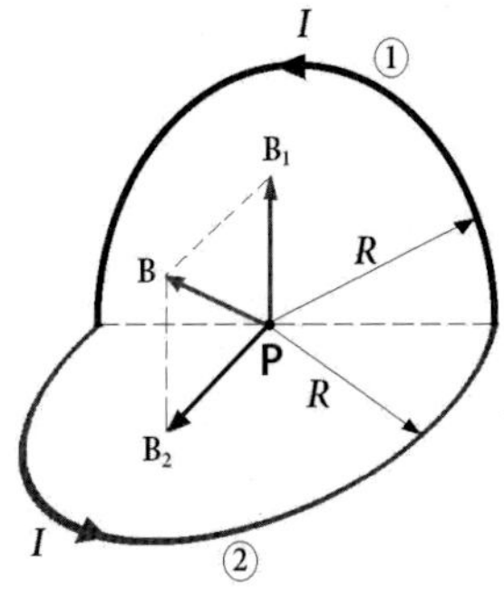

[답] 원환의 중심에서의 자기장은 $B=\frac{\mu_o I}{2R}$이다. 이 문제에서는 두 개의 반 원환으로 분리되어 있어서 각 반 원환이 주는 자기장의 크기는 $B=\frac{\mu_o I}{4R}$로 같으나 자기장의 방향은 다르다. 자기장의 방향은 그림과 같고 크기는 $B=\frac{\sqrt{2}\,\mu_o I}{2R}$이다.

문제 149 전류 I가 흐르는 무한도선에서 r만큼 떨어진 지점의 자기장을 구하라.

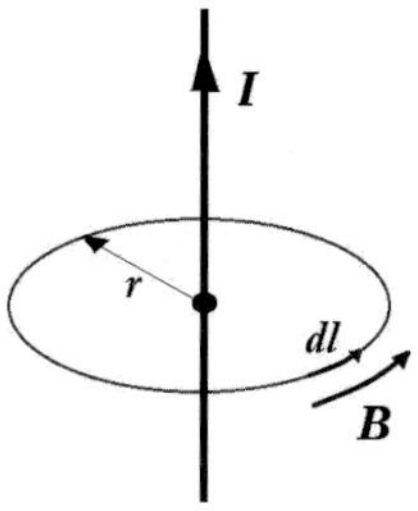

[답] 반경 r인 원주에서의 자기장의 크기는 일정하다. 이 원주를 따라 선(line)적분을 하면 $\oint \vec{B} \cdot d\vec{l} = B\oint dl = \mu_o I$를 구할 수 있다. 위 식에서 $\vec{B}$와 $d\vec{l}$은 평행이다. 그리고 $\oint dl = 2\pi r$이므로 자기장은 $B=\frac{\mu_o I}{2\pi r}$이다.

문제 150 전류가 흐르는 아주 길고 반경이 R인 도선의 내외부에 형성되는 자기장을 구하라.

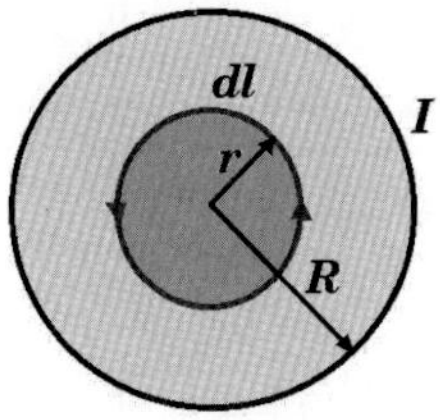

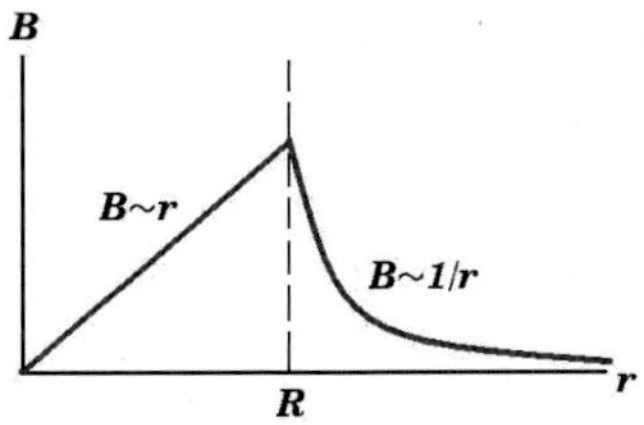

[답] $r > R$인 도선 외부의 경우 r만큼 떨어진 원주에서의 자기장은

$$\oint \vec{B} \cdot d\vec{l} = B(2\pi r) = \mu_0 I_{\text{en}} = \mu_0 I \Rightarrow \therefore B = \frac{\mu_0 I}{2\pi r}$$

와 같이 전류 I가 흐르는 무한도선의 경우와 동일하다. $r < R$인 도선 안의 반경 r인 원주에서의 자기장은 그 내부에 있는 전류가 $I_{\text{en}} = \frac{\pi r^2}{\pi R^2} I = \frac{r^2}{R^2} I$이므로 Ampere의 법칙에서

$$B = \frac{\mu_0 I}{2\pi R^2} r$$

로 구할 수 있다.

문제 151 단위길이당 n번 감긴 솔레노이드(solenoid) 안에 발생하는 자기장을 구하라.

[답] 그림에서와 같은 사각형 모양의 폐곡선을 따라 자기장을 선적분하면

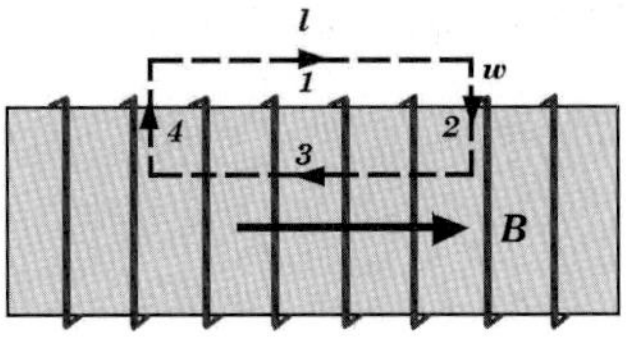

$$\oint \vec{B} \cdot d\vec{l} = \vec{B_1} \cdot \vec{l} + \vec{B_2} \cdot \vec{w} + \vec{B_3} \cdot \vec{l} + \vec{B_4} \cdot \vec{w} = \mu_0 I_{en}$$

을 구할 수 있다. 여기서 B_1은 외곽이므로 $B_1 = 0$이고, B_2, B_4는 $\vec{w}$에 수직이므로 $\vec{B} \cdot \vec{w} = 0$이다. 위 식에서 0이 되지 않는 항은 $\vec{B_3} \cdot \vec{l} = B_3 l$뿐이다. $I_{en} = nI$이므로 솔레노이드 안의 자기장은 $B_3 l = \mu_0 n l I$에서 $B_3 = \mu_0 n I$로 구해진다. 선적분에서 자기장이 일정하다고 가정할 정도로(이 경우 자기장은 적분 밖으로 나올 수 있다) 솔레노이드가 긴 경우에 위의 계산이 성립된다.

문제 152 균일한 자기장을 얻기 위해 토로이드(toroid)를 사용한다. 도선 N이 외부에 감겨 있는 토로이드 내부의 자기장을 구하라.

[답] Ampere의 법칙에서 반경 r인 원주를 폐곡선으로 택하면

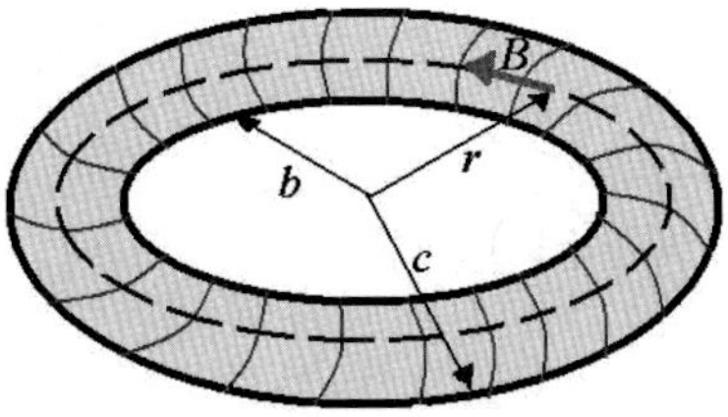

$$\oint \vec{B} \cdot d\vec{l} = B \oint dl = B(2\pi r) = \mu_0 I_{en}$$

을 얻고 위 식에서 $I_{en} = NI$이므로 $B = \frac{\mu_0 NI}{2\pi r} = \mu_0 nI$를 구할 수 있다. 여기서 단위길이당 감은 수는 $n = \frac{N}{2\pi r}$이다.

문제 153 그림과 같이 전류 I_1이 흐르는 도체봉이 있고, 그 외곽에는 전류 I_2(I_1과 반대방향)가 흐르는 도체원통이 놓여 있다. 도체봉과 원통 사이 지점에서의 자기장과 원통 외부 지점에서의 자기장을 각각 구하라. 여기서 $I_1 > I_2$이다.

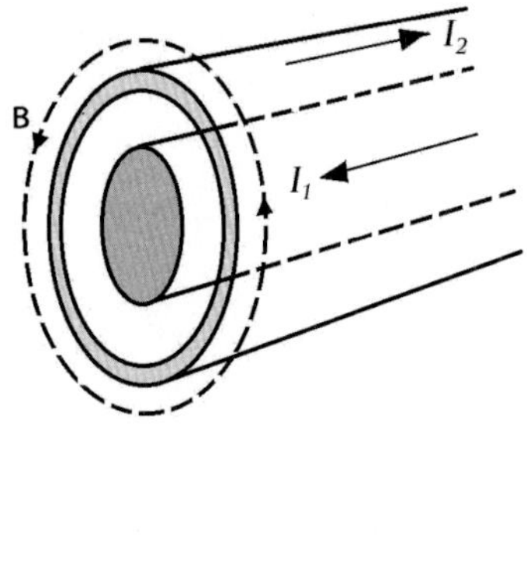

[답] 도체봉과 원통 사이 지점에서의 자기장은 Ampere 법칙에서 선적분 구간 안의 전류는 I_1이 있으므로 $B = \frac{\mu_o I_1}{2\pi r}$이다. 자기장의 방향은 반시계방향이다. 원통 외부의 지점

에서는 Ampere 선적분 구간 안의 전류는 $I_1 - I_2$이므로 자기장은 $B=\frac{\mu_o(I_1-I_2)}{2\pi r}$이다. 자기장의 방향은 $I_1 > I_2$이므로 반시계방향이다.

문제 154 같은 방향으로 전류 I_1과 I_2가 흐르는 무한도선이 거리 R만큼 떨어져 놓여 있다. 두 도선 사이에 자기장이 0이 되는 지점을 구하라.

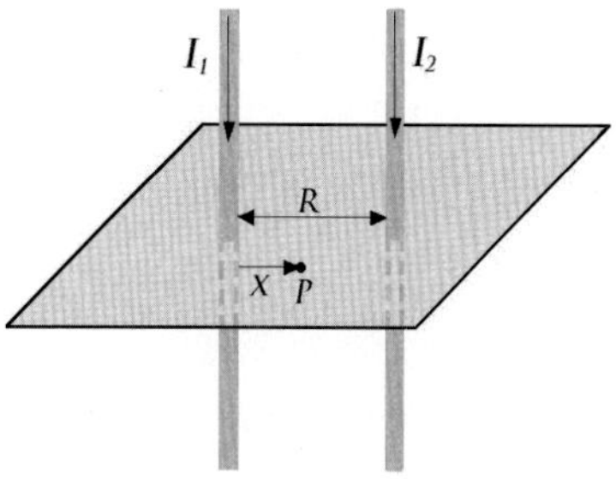

[답] 두 도선 사이의 임의의 지점에서 두 도선에 의해 만들어지는 자기장의 방향은 반대이다. I_1에서 x만큼 떨어진 지점에서 자기장이 0이 된다고 가정하면 $B_x = \frac{\mu_o I_1}{2\pi x} + \frac{\mu_o I_2}{2\pi(R-x)} = 0$에서 $x = \frac{I_1 R}{I_1 - I_2}$을 구할 수 있다.

문제 155 반경 R인 무한도선에 전류 I가 흐르고 있다. 도선의 내외부에서의 자기장을 구하라.

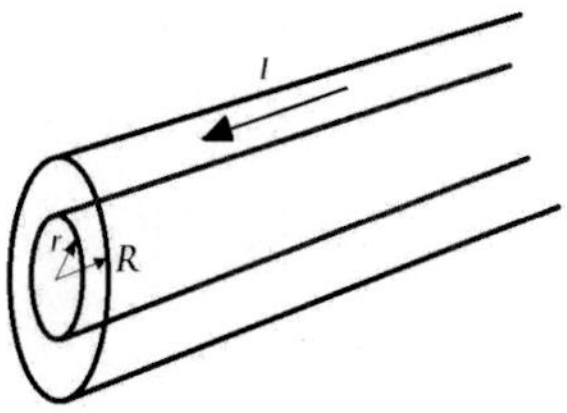

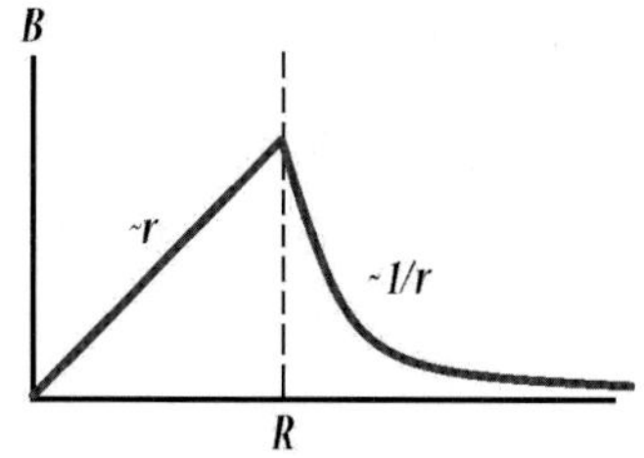

[답] 외부의 자기장은 Ampere 선적분에서 내부에 존재하는 전류는 I이므로 자기장은 $\frac{\mu_o I}{2\pi r}$이다. 반면에 내부의 자기장은 단위면적당 전류가 $\frac{I}{\pi R^2}$이고 Ampere 선적분에서 내부에 존재하는 전류는 $\frac{Ir^2}{R^2}$이므로 자기장은 $\frac{\mu_o I r}{2\pi R^2}$이다.

문제 156 아주 가는 무한도선의 집단이 조밀하게 분포되어 있다. 모든 도선에서는 전류 $I = 5A$가 지면에서 나오는 방향으로 흐르고 있다. 폭 $l = 10cm$에 $N = 100$개의 도선이 놓여 있다. 도선집단의 중심에서 $r = 50cm$ 떨어진 지점의 자기장을 구하라.

[답] 오른쪽$(+x)$ 위치에 dx_1부분의 전류는 $dI_1 = n dx_1 I = \frac{NI}{l} dx_1$이다. 여기서 $n = \frac{N}{l}$은 단위길이당 도선의 수이다. 이 dx_1에 의해 P점에 만들어지는 자기장은 $dB_1 = \frac{\mu_o N I dx_1}{2\pi r l}$이다. 자기장의 방향은

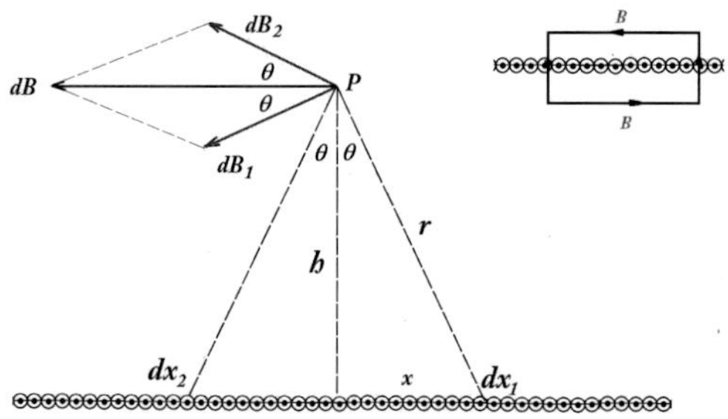

그림에 주어진 바와 같다. 왼쪽 부분($-x$)에도 동일하게 $dB_2 = \frac{\mu_o N I dx_2}{2\pi r l}$이다. 이 자기장의 방향도 그림에 표시되어 있다. 왼쪽 부분에 대응되는 오른쪽 부분이 항상 존재한다. 따라서 y성분은 상쇄되고 x성분은 더해진다. 즉,

$$dB_x = 2\,dB\cos\theta = \frac{\mu_o N I}{\pi l}\frac{h\,dx}{x^2+h^2}$$

이다. 여기서 $dB = dB_1 = dB_2$와 $dx = dx_1 = dx_2$를 사용하였다. 위 식에서 변수를 각도로 바꾸기 위해 $x = h\tan\theta$라고 두면 $dx = h\sec^2\theta\, d\theta$이고 $dB_x = \frac{\mu_o N I}{\pi l}d\theta$이다. 도선 군에 대해 적분을 하면 전체적인 자기장이

$$B_x = \int_0^\theta dB_x = \frac{\mu_o N I}{\pi l}\tan^{-1}\left(\frac{l}{2h}\right)$$

과 같이 구해진다. 여기서 $\tan\theta = \frac{l}{2h}$을 이용하였다. 만약 무한개의 도선 집단의 경우 그림 오른쪽 위에 보여 준 바와 같이 Ampere 선적분 loop를 구성할 수 있다. Ampere 법칙에서 $\oint \vec{B}\cdot d\vec{l} = 2Bl = \mu_o n l I$에서 $B = \frac{\mu_o n I}{2}$와 같이 구해진다. 이는 위 식에서 적분 구간을 $\theta = \frac{\pi}{2}$로 치환하면 구해지는 결과와 동일하다.

문제 157 그림과 같이 전류 $I = 5A$가 흐르고 있다. 반경 $R = 20cm$인 P점에서의 자기장을 구하라.

[답] 반원에 의한 자기장은 지면을 향하는 방향이고 그 크기는 $B_1 = \frac{\mu_o I}{4R}$이다. 직선 도선은 반무한도선이므로 각 도선이 주는 자기장은 $B_2 = \frac{\mu_o I}{4\pi R}$이다.

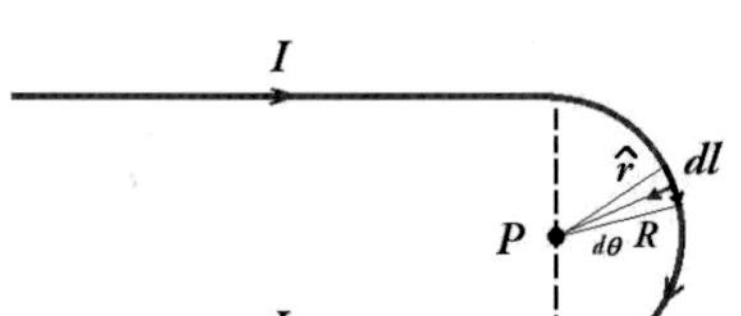

반원과 두 도선이 P점에 만드는 자기장의 방향은 모두 지면으로 들어가는 방향이다. 따라서 전체적인 자기장은 각 요소가 주는 자기장을 더하면 된다. $B = B_1 + 2B_2 = 1.29\times10^{-5}\,T$이다.

문제 158 긴 도선을 굽혀 반경 R인 원 부분을 만들고 전류 I를 흘릴 때 원의 중심에서의 자기장을 구하라.

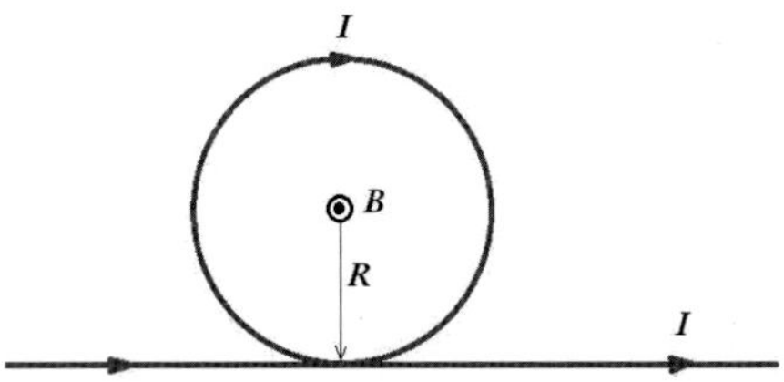

[답] 원 부분과 무한직선 부분이 만드는 자기장의 방향은 모두 지면에서 나오는 방향이다. 따라서 전체적인 자기장은

$$B = B_1 + B_2 = \frac{\mu_o I}{2R} + \frac{\mu_o I}{2\pi R} = \frac{\mu_o I}{2\pi R}(1+\pi)$$

와 같이 구해진다.

문제 159 한 변의 길이가 R인 정사각형의 꼭짓점에 4개의 무한도선이 있다. 위의 두 꼭짓점에는 지면에서 나오는 방향으로 전류 I가 흐르고 아래의 두 꼭짓점에는 지면으로 향하는 방향으로 전류 I가 흐르고 있다. 정사각형의 중심에서의 자기장을 구하라.

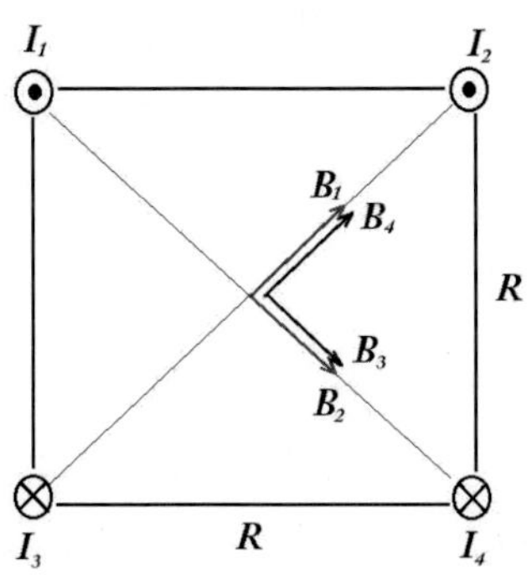

[답] 각 코너에 있는 도선에 의한 자기장의 방향이 그림에 주어져 있다. 전류의 크기가 동일하므로 자기장의 크기도 동일하다. y방향의 자기장은 상쇄되고 x방향의 자기장이 더해진다. 따라서 전체적인 자기장은 $B = 4\frac{\mu_o I}{2\pi(R/\sqrt{2})}\cos 45^o = \frac{2\mu_o I}{\pi R}$로 구해진다.

문제 160 전류 I가 흐르는 무한도선에서 R만큼 떨어진 위치에서 전자가 전류가 흐르는 방향으로 속도 v로 움직인다. 전자가 받는 힘의 크기와 방향을 구하라.

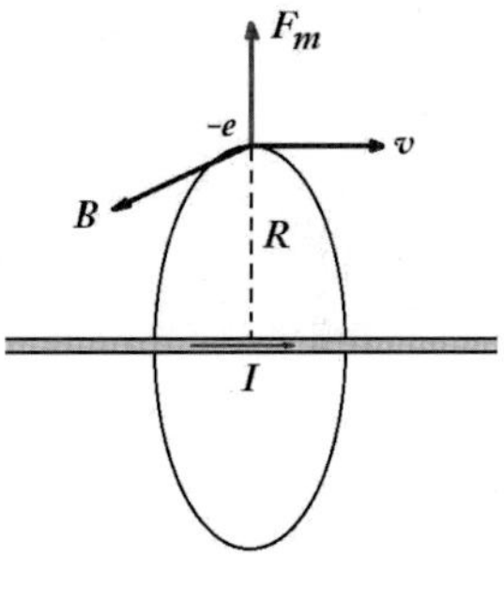

[답] R위치에서의 자기장은 $\frac{\mu_o I}{2\pi R}$이다. 방향은 반경 R인 원의 접선 방향이다. 따라서 $\vec{v}$와 $\vec{B}$는 서로 수직이고 전자의 전하는 $-$이므로 $\vec{F}_m = -e\vec{v}\times\vec{B}$에서 자기장의 방향은 위쪽임을 알 수 있다. 힘의 크기는 $F_m = \frac{\mu_o evI}{2\pi R}$이다.

문제 161 그림과 같은 도선에 전류 I가 흐르고 있다. 점 P에서의 자기장의 크기와 방향을 구하라.

[답] 선분에서 l만큼 떨어진 지점의 자기장은 $B = \frac{\mu_o I}{4\pi l}(\cos\theta_1 + \cos\theta_2)$임을 이용한다. $a\rightarrow b$에서는 $\theta_1 = \frac{\pi}{2}$, $\theta_2 = \frac{\pi}{4}$이므로 $B_1 = \frac{\sqrt{2}\mu_o I}{8\pi R}$이다. $b\rightarrow c$에서는 $\theta_1 = \frac{\pi}{4}$, $\theta_2 = \frac{\pi}{4}$이므로 $B_2 = \frac{\sqrt{2}\mu_o I}{4\pi R}$이다. $c\rightarrow d$

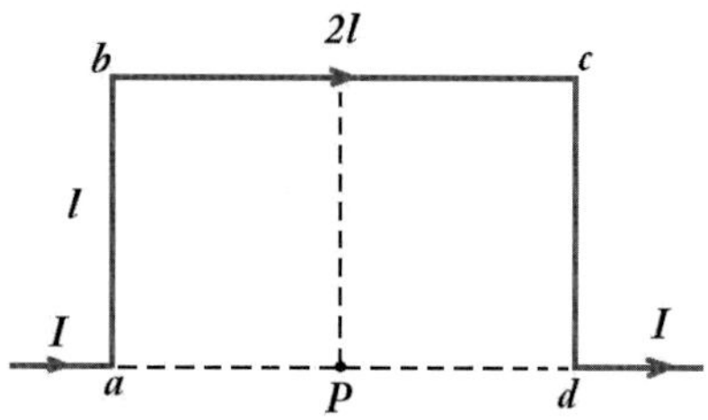

에서는 $\theta_1 = \frac{\pi}{4}$, $\theta_2 = \frac{\pi}{2}$이므로 $B_3 = \frac{\sqrt{2}\,\mu_o I}{8\pi R}$이다. a 앞이나 d 뒤의 도선의 경우 $d\vec{l}$과 $\check{r}$이 평행 또는 반평행하므로 자기장을 주지 못한다. 위의 자기장은 모두 동일한 방향이므로 전체적인 자기장은 더해 주면 된다. 즉, $B = B_1 + B_2 + B_3 = \frac{\sqrt{2}\,\mu_o I}{2\pi l}$이다.

문제 162 아래 그림은 두 개의 긴 선이 반경 R인 원형의 일부분과 연결된 것을 보여 주고 있다. 원형의 일부분은 각도 θ인 원호이다. 이 도선에는 전류 I가 그림에서와 같은 방향으로 흐르고 있다. (a) 점 P에 발생하는 자기장의 크기와 방향을 구하라. (b) 전하량이 $+q$인 전하가 점 P에 놓일 경우 자기장에 의해 받는 힘을 구하라. (c) P에 다른 도선이 지면에 수직하게 놓인다고 하자. 이 도선에 지면에서 나오는 방향으로 전류 I가 흐른다고 할 때 두 도선에 의해 작용하는 단위길이당 자기력을 구하라.

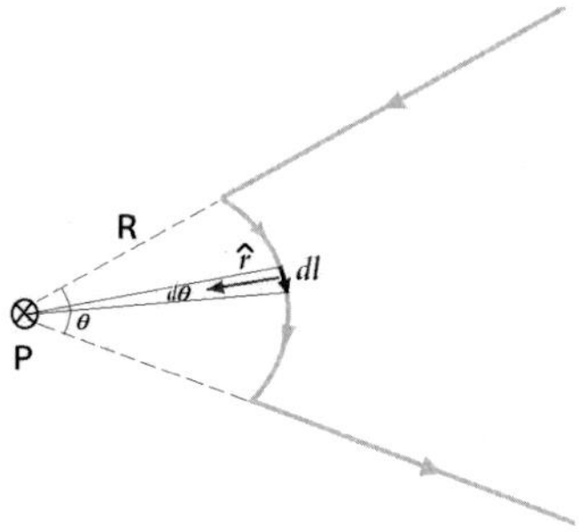

[답] 직선부분은 점 P에 자기장을 만들지 못한다. 이는 단위벡터 $\hat{r}$이 벡터 $\vec{l}$과 평행이어서 $\hat{r}\times\vec{l}$이 0이 되기 때문이다. 따라서 점 P에 자기장을 주는 것은 원호뿐이다. Biot-Savart 법칙을 이용하면 $d\theta$원환에 의한 자기장은

$$dB = \frac{\mu_0}{4\pi}\frac{Idl}{r^2} = \frac{\mu_0}{4\pi}\frac{I(Rd\theta)}{R^2} = \frac{\mu_0 I}{4\pi R}d\theta$$

로 주어진다. 전체 원호에 의해 점 P에 발생하는 자기장의 세기는 $\theta = 0$에서 θ까지 적분하면

$$B = \int_0^{\theta} dB = \frac{\mu_0 I\theta}{4\pi R}$$

로 주어진다. 자기장의 방향은 지면 안으로 들어가는 방향이다.

(b) 전하를 점 P에 놓는다면 자기장에 의해 아무런 힘을 받지 않는다. 전하가 힘을 받는 것은 전하가 움직일 때뿐이다($\overrightarrow{F_B} = q\vec{v}\times\vec{B}$).

(c) 원호에 흐르는 전류에 의해 발생하는 자기장은 지면 안쪽 방향인데 도선에 흐르는 전류는

지면에서 나오는 방향이다. 따라서 $\vec{l}$과 $\vec{B}$가 평행이고 반대방향이므로 도선은 힘을 받지 않는다 ($\vec{F}=I\vec{l}\times\vec{B}$).

문제 163 그림과 같은 도선에 전류 $I=5A$가 흐르고 있다. 점 P에서의 자기장을 구하라. 반경은 $R=30cm$이다.

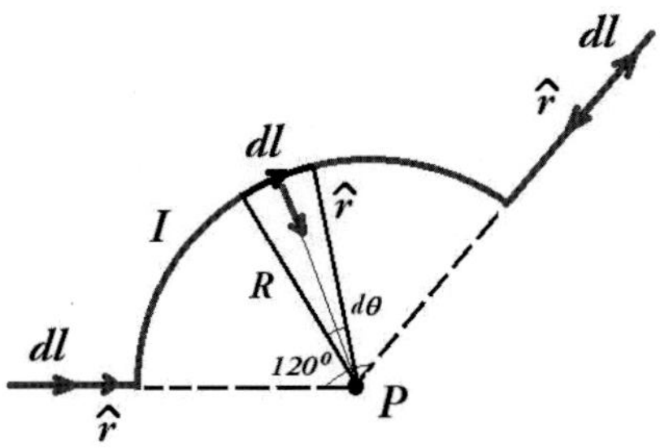

[답] $d\vec{l}$부분에 의한 점 P에서의 자기장은 Biot-Savart의 법칙에서 $d\vec{B}=\frac{\mu_o I}{4\pi}\frac{d\vec{l}\times\hat{r}}{r^2}$이다. 직선부분은 $d\vec{l}$과 $\hat{r}$이 수평이므로 자기장은 0이다. 원환부분에 대해 자기장 방향은 지면으로 들어가는 방향이다. 그 크기는 $dB=\frac{\mu_o}{4\pi}\frac{Idl}{R^2}$이고 전체적인 자기장은

$$B=\int dB=\frac{\mu_o I}{4\pi R^2}\int_0^{2\pi/3}Rd\theta=\frac{\mu_o I}{6R}$$

를 구할 수 있다. 여기서 $dl=Rd\theta$를 이용하였다.

문제 164 그림과 같이 한 변이 L인 정사각형 모양의 도선에 전류 I가 흐르고 있다. 정사각형의 중심에 만들어지는 자기장의 크기와 방향을 구하라.

[답] 정사각형의 각 변이 사각형의 중심에 만드는 자기장의 크기와 방향은 모두 동일하다. 자기장의 방향은 지면에서 나오는 방향이다. 그리고 한 변이 만드는 자기장의 크기는 $B_1=\frac{\mu_o I}{4\pi L}(\cos\theta_1+\cos\theta_2)$에서 $\theta_2=45^o$, $\theta_1=135^o$이므로 $B_1=\frac{\sqrt{2}\,\mu_o I}{4\pi L}$이다. 따라서 4개의 변에 의해 만들어지는 사각형 중심에서의 자기장은 $B=4B_1=\frac{\sqrt{2}\,\mu_o I}{\pi L}$이다.

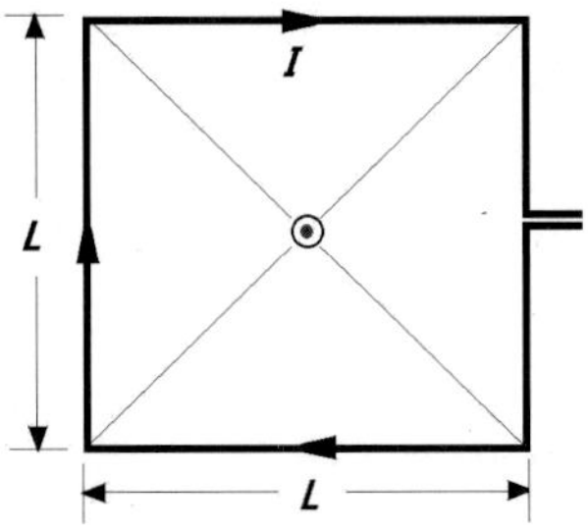

문제 165 그림과 같이 전류가 흐르는 두 원환 사이의 중심에 형성되는 자기장을 구하라. 이 구조를 Helmholtz 코일이라고 부른다.

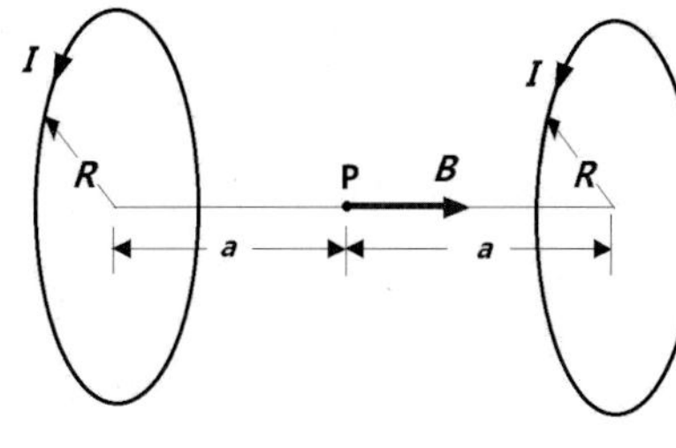

[답] 왼쪽 원환과 오른쪽 원환의 중심에 형성되는

자기장은 크기도 같고 방향도 동일하다. 자기장의 방향은 오른쪽이다. 앞에서 언급한 원환에 대한 자기장의 결과를 이용하면 $B=2B_{\parallel}=\dfrac{\mu_o IR^2}{(R^2+a^2)^{3/2}}$을 구할 수 있다.

문제 166 그림과 같은 구조에서 중심 P에서의 자기장의 세기와 방향을 구하라.

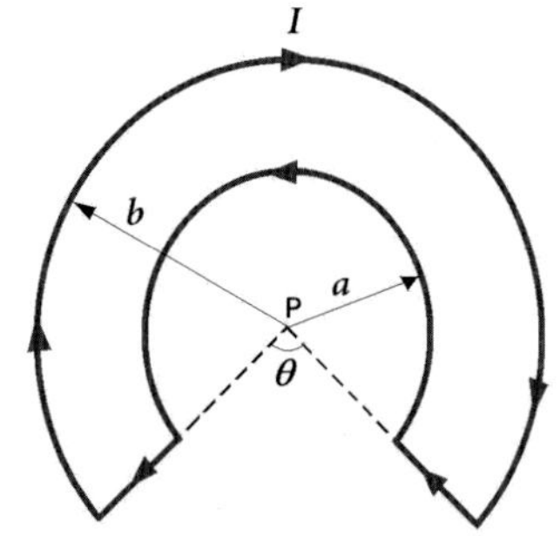

[답] 직선부분은 중심에 자기장을 형성하는 데 기여하지 않는다. 곡선부분이 중심에 자기장을 형성하는 데 얼마나 기여하는지를 알려면 원형도선에 대한 자기장인 $B=\dfrac{\mu_o I}{2R}$를 사용하면 된다. 여기서 각 원호의 길이는 각 θ부분을 빼 주어야 하므로 $(2\pi-\theta)a$와 $(2\pi-\theta)b$가 된다. 따라서 점 P의 자기장은

$$B=\frac{\mu_0 I}{4\pi}\left[\int_a\frac{dl}{r^2}+\int_b\frac{dl}{r^2}\right]=\frac{\mu_0}{4\pi}\left[\frac{(2\pi-\theta)a}{a^2}+\frac{(2\pi-\theta)b}{b^2}\right]=\frac{\mu_0 I(b-a)(2\pi-\theta)}{4\pi ab}$$

로 주어진다.

문제 167 전류 $I=10A$가 흐르는 무한도선 주위에서 전하들이 움직이고 있다. 어떤 순간 전하들이 $d=20cm$인 지점을 통과할 때 모두 속도가 $1{,}000m/s$로 관찰되었다. 각 전하의 속도방향은 그림에 표시되어 있다. 그리고 각 전하의 전하량은 $q_1=-1\mu C$, $q_2=1\mu C$, $q_3=+3\mu C$ 이다. 각 전하에 작용하는 자기력의 크기와 방향을 구하라.

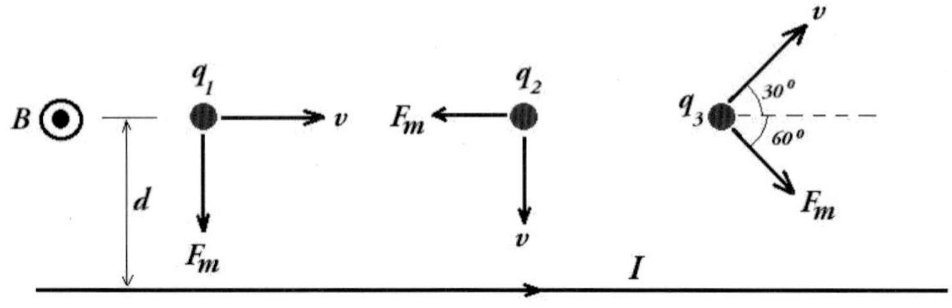

[답] 도선에서 $d=20cm$ 떨어진 지점의 자기장은 지면에서 나오는 방향이고 그 크기는 $B=\dfrac{\mu_o I}{2\pi r}$에서 $1\times10^{-5}T$이다. q_1전하는 −이므로 자기력의 방향은 아래쪽이고 크기는 $F=q_1vB=1\times10^{-8}N$이다. q_2에 작용하는 자기력의 방향은 왼쪽이고 그 크기는 $F=1\times10^{-8}N$이다. q_3에

작용하는 자기력의 방향은 그림에 표시한 방향이고 그 크기는 $F=1\times10^{-8}N$이다.

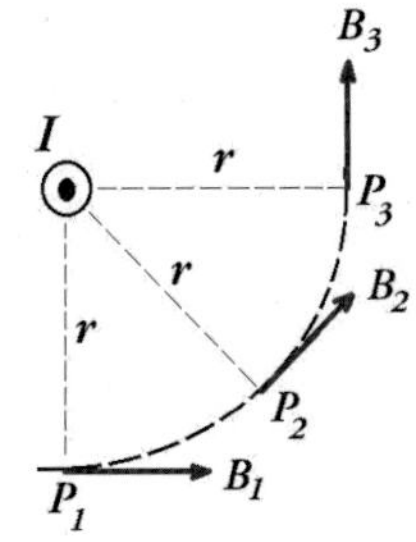

문제 168 전류 I가 지면방향으로 나오는 무한도선이 있다. P_1, P_2, P_3지점의 자기장은 어느 방향인가?

[답] 반경 r인 위치에서의 자기장의 방향은 원의 접선방향이다. 자기장의 크기는 $B=\frac{\mu_o I}{2\pi r}$이다.

문제 169 전류 I가 흐르는 무한도선에서 r만큼 떨어진 지점에서의 자기장이 $0.1T$였다. 전류를 2배로 증가시키고 $\frac{r}{2}$만큼 떨어진 지점에서 자기장을 측정하면 얼마인가? 그리고 전류를 반으로 줄이고 $2r$만큼 떨어진 지점에서 측정하면 자기장은 얼마인가?

[답] $B=\frac{\mu_o I}{2\pi r}=0.1\,T$라고 할 때 전류를 2배로 하고 거리를 $\frac{r}{2}$로 하면 $B_1=\frac{\mu_o(I/2)}{2\pi(r/2)}=0.4T$가 된다. 그리고 전류를 반으로 줄이고 거리를 $2r$로 하면 $B_1=\frac{\mu_o(I/2)}{2\pi(2r)}=0.025T$이다.

문제 170 전류 $I_1=5A, I_2=5A$가 흐르는 무한도선 2개가 그림과 같이 거리 $d=1m$ 떨어져 놓여 있다. 전류의 방향은 지면에서 나오는 방향이다. 전류에서 각각 $\frac{d}{2}$만큼 떨어진 세 지점 P_1, P_2, P_3에서의 자기장을 구하라.

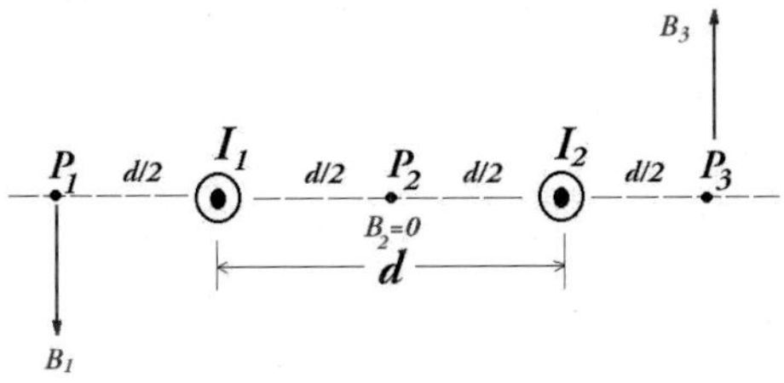

[답] P_1에서는 두 전류가 만드는 자기장의 방향(아래 방향)이 동일하다. 따라서 두 도선에 의한 자기장을 더하면 된다. $B_1=\frac{\mu_o I_1}{2\pi(d/2)}+\frac{\mu_o I_2}{2\pi(3d/2)}$이다. 주어진 값을 대입하면 $2.67\times10^{-5}T$를 얻는다. P_2에서는 두 전류가 만드는 자기장이 서로 반대방향이다. 자기장의 크기가 같으므로 P_2에서의 자기장은 0이다. 그리고 P_3에서는 두 전류가 만드는 자기장이 같은 방향이다. 따라서 $B_3=\frac{\mu_o I_1}{2\pi(3d/2)}+\frac{\mu_o I_2}{2\pi(d/2)}$에서 $2.67\times10^{-5}T$를 얻을 수 있다.

문제 171 전류 $I_1=5A, I_2=5A$가 흐르는 무한도선 2개가 $d=1m$ 떨어져 놓여 있다. 정삼각형의 꼭짓점 P에서의 자기장을 구하라.

[답] I_1에 의한 자기장은 I_1과 P를 잇는 직선에 대해 90° 방향이고 그 크기는 $B_1 = \frac{\mu_o I_1}{2\pi d}$이다. 그리고 I_2에 의한 자기장은 I_2와 P를 잇는 직선에 대해 90° 방향이고 그 크기는 $B_2 = \frac{\mu_o I_2}{2\pi d}$이다. 두 자기장의 y방향의 성분은 서로 상쇄되고 x방향의 성분은 더해진다. 즉, $B_x = 2\frac{\mu_o I}{2\pi d}\cos 30^o$이고 주어진 값($I = 5A$)을 대입하면 $1.73 \times 10^{-5}\ T$를 얻는다.

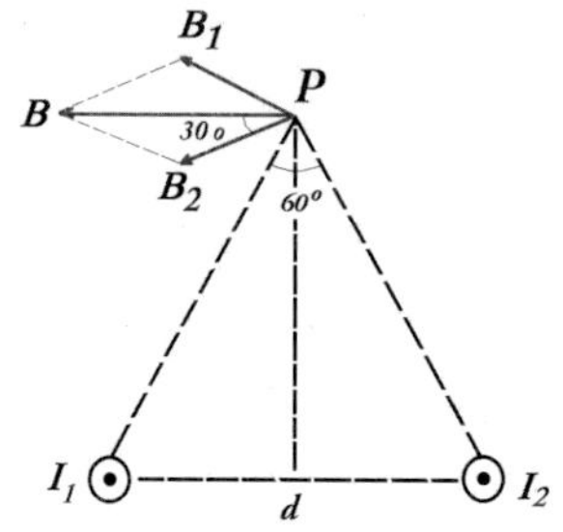

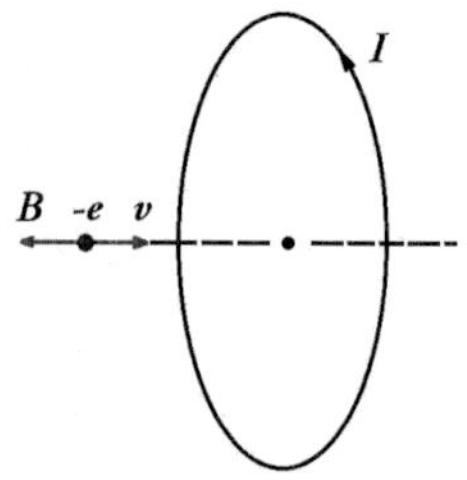

문제 172 전류가 흐르는 원환의 축 상으로 움직이는 전자가 받는 힘은 무엇인가?

[답] 자기장의 방향은 축에 평행하고 전자도 축 상에서 움직이므로 $F = qvB\sin 0^o = 0$임을 알 수 있다.

문제 173 폭 $a = 20cm$와 길이 $b = 30cm$인 환선에 전류 $I = 5A$가 흐르고 있다. 이 환선은 y축을 중심으로 회전이 가능하다. x축 방향으로 자기장 $B = 1T$가 걸려 있다. 자기장과 환선이 이루는 각도는 30^o이다. 이 환선이 받는 토크를 구하라.

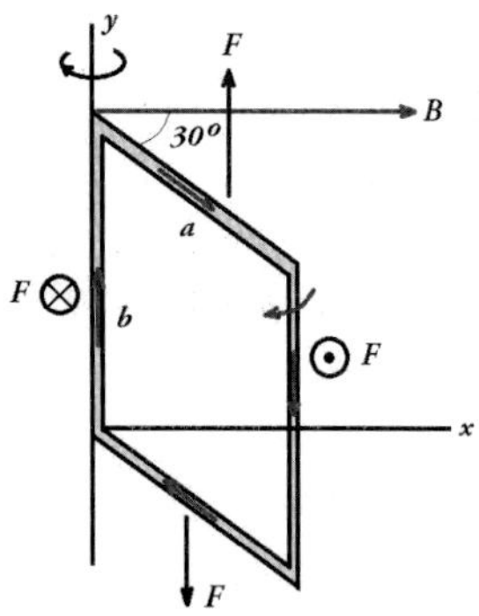

[답] 위와 아래 도선에 미치는 힘은 서로 반대방향이고 그 크기는 같다. 이 힘들은 토크를 발생하지 않는다. 왼쪽 도선에는 지면으로 향하는 힘이 작용하나 이 도선은 y축에 고정되어 있다. 반면에 오른쪽 도선에는 지면으로 나오는 방향으로의 힘이 작용한다. 이 힘과 축에서 오른쪽 도선까지 수직한 팔의 길이는 $d = a\cos 30^o = 0.17m$이다. 힘은 $F = IlB = 1.5N$이고 팔의 길이는 $0.17m$이므로 토크는 $\tau = 0.26\,Nm$이다. 회전방향은 시계방향이다.

문제 174 거리 $d = 30cm$ 떨어져 놓여 있는 두 도선에 각각 $I_1 = 5A, I_2 = 3A$ 전류가 반대방향으로 흐르고 있다. 두 번째 도선에서 $l = 1m$ 떨어진 거리에서 속도 $v = 10^4\,m/s$로 접근하는 전자가 받는 힘의 크기와 방향을 구하라. 그리고 자기장이 0이 되는 위치를 구하라.

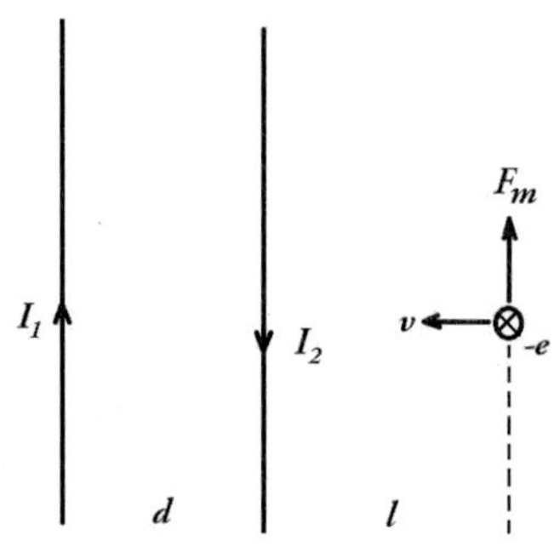

[답] 전류 I_1에 의한 자기장은 지면 속으로 들어가고 전류 I_2에

의한 자기장은 지면 밖으로 나오는 방향이다. 지면으로 들어가는 자기장의 방향을 +로 잡는다. 전자가 거리 l로 접근했을 때의 자기장은

$$B=\frac{\mu_o I_1}{2\pi(d+l)}-\frac{\mu_o I_2}{2\pi l}=\frac{\mu_o l(I_1-I_2)-\mu_o I_2 d}{2\pi l(l+d)}$$

로 주어진다. 주어진 값을 대입하면 $B=1.69\times10^{-7}T$를 구할 수 있다. 위 식에서 $B=0$이 되는 지점은 $l=45cm$로 구해진다.

문제 175 전류 $I_1=5A$가 흐르는 무한도선에서 거리 $d=0.2m$ 떨어진 곳에 환선이 있다. 환선의 크기는 $a=30cm, b=50cm$이다. 이 환선에 전류 $I_2=4A$가 흐르고 있다. 이 환선에 작용하는 자기력을 구하라.

[답] $\vec{F}=I\vec{l}\times\vec{B}$를 이용하면 된다. 환선의 위와 아래 부분의 자기력은 그림에서와 같이 크기는 같고 방향은 반대이므로 균형을 이룬다. 반면에 왼쪽 부분의 경우 이 지점의 자기장은 $B_L=\frac{\mu_o I_1}{2\pi d}$이고 자기력은 $F_L=bI_2B_L$이며 자기력의 방향은 왼쪽이다. 그리고 오른쪽 부분의 경우 이 지점의 자기장은 $B_R=\frac{\mu_o I_1}{2\pi(a+d)}$이고 자기력은 $F_R=bI_2B_R$이며 방향은 오른쪽이다. 주어진 값들을 대입하면 $F_L=1\times10^{-5}N$, $F_R=4\times10^{-6}N$이다. 따라서 알짜 힘은 $F_L-F_R=6\times10^{-6}N$으로 방향은 왼쪽이다.

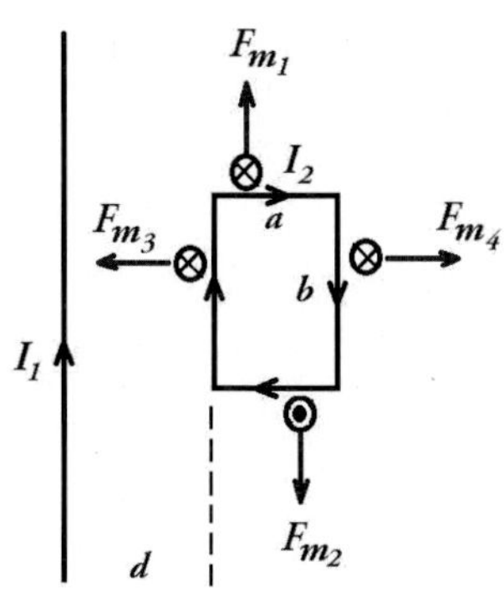

문제 176 전류 I_1이 흐르는 고정되어 있는 무한도선 위의 d만큼 떨어진 위치에 전류 I_2가 흐르는 길이 L인 도선이 있다. 이 도선은 아래위로 이동이 가능하다. 전류의 방향은 서로 반대이다. 위 도선에 변위를 주고 놓으면 단진동을 한다. 이 단진동의 주기를 구하라.

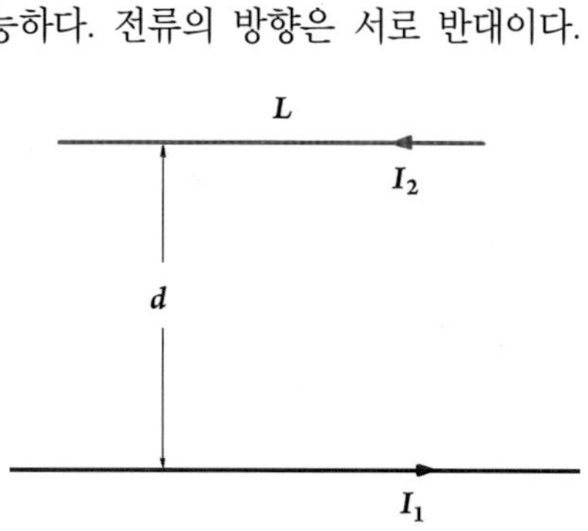

[답] 위쪽 도선의 무게와 전류에 의한 두 도선 사이의 반발력이 균형을 이루고 있다. 즉, $\frac{\mu_o I_1 I_2 L}{2\pi d}=mg$이다. 만약 변위 x가 아래로 주어지면 복원력은

$$F_s = -\frac{\mu_o I_1 I_2 L}{2\pi(d-x)} + mg$$

이다. $x \ll d$인 조건에서 $\frac{1}{d-x} \simeq \frac{1}{d}\left(1-\frac{x}{d}\right)$이므로 복원력은 $F_s = -\frac{\mu_o I_1 I_2 L}{2\pi d^2}x = -\frac{mg}{d}x$이다. 따라서 운동방정식은 $m\ddot{x} + \frac{mg}{d}x = 0$이므로 단진동의 주기는 $T = \frac{2\pi}{\omega} = 2\pi\sqrt{\frac{d}{mg}}$ 이다.

6-7. 전자유도, Faraday의 법칙, 인덕턴스, 자기에너지

문제 177 자기장 $0.2\,T$ 안에서 반경 $3cm$인 원환이 그림에서와 같이 0.5초 사이에 45° 회전하였다. 원환에 유도되는 기전력을 구하라. 그리고 전류가 흐르는 방향을 구하라.

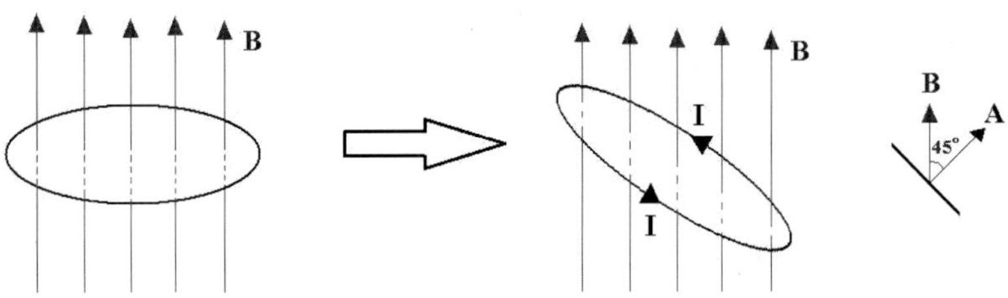

[답] $\epsilon = -\frac{\Delta\Phi_B}{\Delta t} = \frac{-BA + BA\cos 45^o}{\Delta t} = 3.4\times 10^{-4}\,V$이다. 여기서 $\Delta\Phi_B$는 감소하였다. 따라서 이의 감소를 방해하는 방향으로 전류가 흘러야 한다. 즉, 위로 자속을 증가시키기 위해서는 원환의 전류가 반시계방향으로 흘러야 한다.

문제 178 $N = 200$회 감긴 한 변의 길이가 $18cm$인 정사각형 모양 안으로 자기장이 수직으로 지나간다. 0.8초 동안에 자기장의 변화가 $0.5\,T$일 때 도선에 흐르는 전류와 전류의 방향을 구하라. 도선의 저항은 2Ω이다.

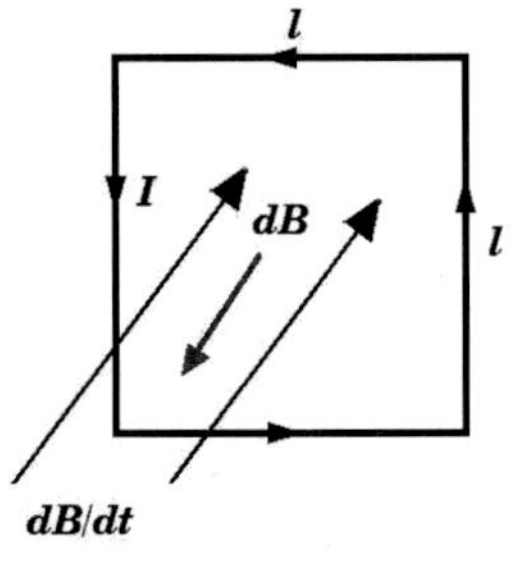

[답] $\frac{dB}{dt}$가 증가하므로 사각형 안으로 통과하는 자기선속이 증가하는데, 이를 방해하기 위해 도선에 전류가 흘러야 한다. 도선을 지나는 자기선속을 감소시키는 방향으로 자기장이 만들어지기 위해서는 그림과 같이 반시계방향으로 전류가 흘러야 한다. 발생하는 기전력의 크기는 Faraday의 법칙에서 $\epsilon = \left|\frac{d\Phi_B}{dt}\right| = NA\frac{dB}{dt} = 4.1\,V$로 구해진

다. 도선의 저항이 2Ω이므로 도선을 흐르는 전류는 $I=\frac{\epsilon}{R}\simeq 2A$이다.

문제 179 코일을 감은 원통 가까이 자석을 가져갔더니 그림과 같은 방향으로 전류가 흐르는 것이 관찰되었다. 자석의 N, S극은 각각 어느 쪽인가?

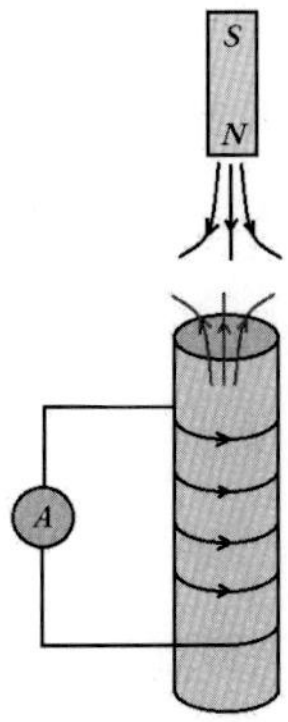

[답] 그림과 같은 전류의 방향은 위쪽으로 자기장을 만든다. 즉, 전류가 흐르는 방향으로 손가락을 감쌀 때 엄지손가락이 가리키는 방향이 자기장이 형성되는 방향이다. 따라서 유도된 전류에 의해 위쪽 방향으로 자속이 증가한다. 이는 아래쪽 방향으로의 자속이 증가하자 이를 방해하기 위해 반대방향인 위쪽으로의 자기장이 증가하였기 때문이다(Lenz의 법칙). 따라서 자석에 의해 아래쪽 방향으로의 자속이 증가하였다. 이는 자석의 아래쪽이 N극임을 나타낸다.

문제 180 코일을 감은 원통 안으로 자석을 떨어뜨릴 때 어떤 현상이 일어나는가?

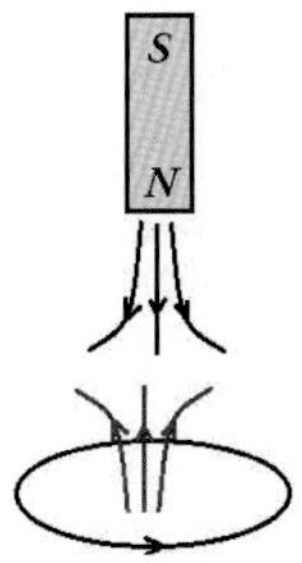

[답] 자석이 떨어지면서 자속이 증가하는데, 이를 상쇄시키기 위해 도선에 전류가 흐른다. 이 전류에 의해 위로 향하는 자기장이 생기기 때문에 자석의 가속도는 중력가속도보다 작게 된다. 또한 자속의 변화가 일정하지 않기 때문에 일정한 가속도 운동은 되지 못한다.

문제 181 한 변의 길이가 $50cm$인 정사각형 환선이 평면에 놓여 있다. 환선 안쪽으로 수직인 자기장이 걸려 있다. 이 자기장이 2초 사이에 $0.02T$에서 $0.01T$로 감소하였다. 환선에 흐르는 전류는 얼마인가? 환선의 저항은 0.02Ω이다.

[답] 안쪽 방향으로의 자속이 감소하므로 바깥쪽 방향으로 자기장을 만들어야 한다. 이에 따라 반시계방향으로 전류가 흘러야 한다. $\epsilon=-\frac{d\Phi}{dt}=-A\frac{\Delta B}{\Delta t}$이고 $I=\frac{\epsilon}{R}=62.5mA$를 구할 수 있다.

문제 182 전류 I가 흐르는 무한도선에서 떨어져 놓여 있는 사각의 환선이 무한도선에서 멀어지면 유도전류가 어느 방향으로 발생하는가? 만약 사각의 환선이 무한도선에 평행한 방향으로 움직이면 어떻게 되는가?

[답] 무한도선의 전류 I에 의해 환선에는 지면으로 들어가는 방향의 자기장이 형성된다. 환선이 무한도선에서 멀어지면 자기장은 거리에 반비례하므로 자기장이 줄어든다. 이에 따라 자속도

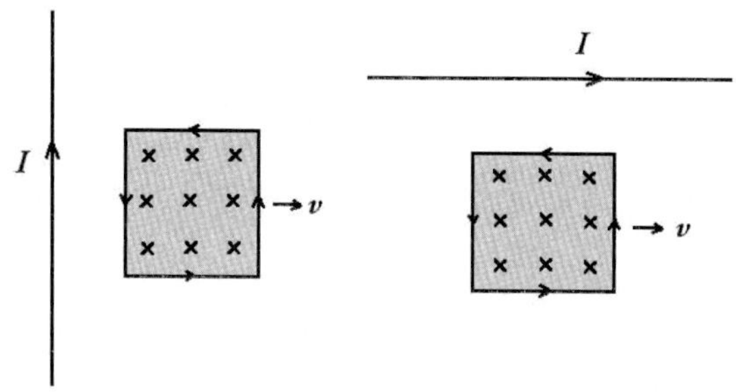

줄어든다. 줄어드는 자속을 방해하기 위해 지면방향으로의 자기장이 환선에 의해 만들어져야 한다. 따라서 환선에는 반시계방향으로의 유도전류가 흐르게 된다. 환선이 무한도선과 평행하게 움직인다면 도선에서 무한도선까지의 거리에는 변함이 없고 이에 따라 자기장이 변함이 없으므로 자속에도 변함이 없다. 따라서 환선에는 유도전류가 발생하지 않는다.

문제 183 질량 $200g$인 도체막대가 수직으로 놓인 레일 위에 정지상태에서 내려온다. 레일의 폭은 $l = 0.5m$이다. 레일의 끝에는 저항 $R = 0.02\Omega$이 연결되어 있다. 그리고 균일한 자기장 $B = 0.5T$가 지면 속으로 걸려 있다. 도체막대가 일정한 속도로 내려오는 경우 그 속도를 구하라.

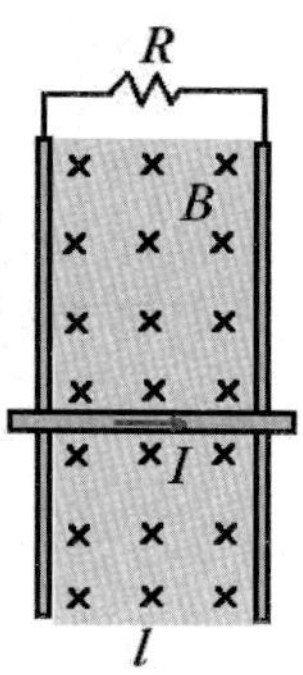

[답] 도체막대가 내려옴에 따라 지면 속으로의 자속이 증가한다. 이를 방해하기 위해 지면에서 나오는 방향으로의 자기장이 만들어져야 한다. 이에 따라 도체막대에 오른쪽 방향으로 유도전류가 발생해야 된다. 자속의 변화는 Blv이고 $\frac{d\Phi}{dt} = \epsilon$에서 $I = \frac{\epsilon}{R} = \frac{Blv}{R}$의 유도전류가 도체막대에 흐른다. 전류가 흐르는 도체막대가 자기장 속에 있으므로 자기력을 받는다. $\vec{F} = I\vec{l} \times \vec{B}$에서 자기력은 위쪽으로 작용한다. 이 자기력의 크기는 $IlB = \frac{B^2l^2v}{R}$이다. 도체막대가 일정한 속도로 내려오기 위해서는 도체막대에 작용하는 알짜 힘이 0이 되어야 한다. 즉, $mg = \frac{B^2l^2v}{R}$가 만족되어야 한다. 따라서 일정한 속도(종단속도)는 $v = \frac{mgR}{B^2l^2} = 0.67m/s$를 구할 수 있다.

문제 184 xy평면에 폭 $a = 0.2m$, 길이 $b = 0.3m$인 직사각형 환선이 놓여 있다. 시간에 따라 변하는 자기장 $B = 0.1(x\sin 10t\,\hat{j} + y\cos 10t\,\hat{k})$가 걸려 있다. 자기장의 단위는 T이다. 환선에 유도되는 기전력을 구하라.

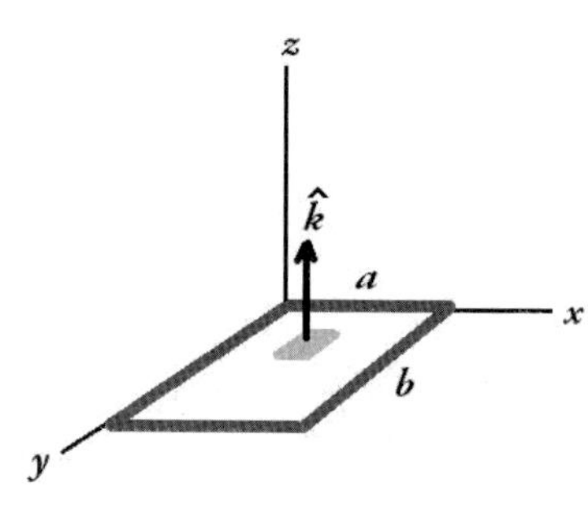

[답] 환선의 미소면적 $d\vec{A} = dxdy\,\hat{k}$를 통과하는 자속은 $d\Phi = \vec{B} \cdot d\vec{A} = 0.1y\cos 10t\,dxdy$이고 전체 자속은

$$\Phi = \int_0^a \int_0^b d\Phi = 0.1\cos 10t \int_0^a dx \int_0^b ydy = 0.018\cos 10t$$

이다. 환선에 유도되는 기전력은 $\epsilon = -\frac{d\Phi}{dt} = 0.018\sin 10t$ 이다.

문제 185 그림과 같이 사각형 환선이 놓여 있다. 여기서 $a = 0.2m$, $b = 0.3m$이다. 균일한 자기장 $B = 0.2T$가 y축 방향으로 걸려 있다. 환선과 자기장 사이의 각도는 30^o이다. 그리고 환선은 z축을 중심으로 회전할 수 있다. $t = 0.2s$ 동안 30° 각도의 환선이 yz면으로 회전한다. 환선에 유도되는 기전력을 구하라.

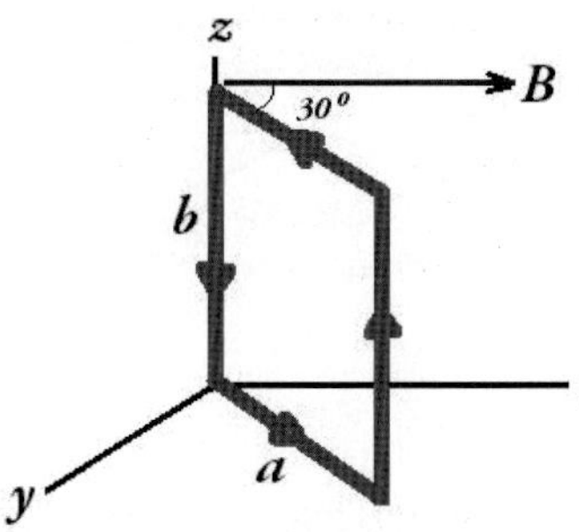

[답] 자속에 관련된 면적이 $ab\sin 30^o$에서 0으로 변했다. 따라서 자속의 변화에 의한 기전력은 $\epsilon = \left|\frac{d\Phi}{dt}\right| = B\frac{\Delta A}{\Delta t} = 0.03\ V$이다.

문제 186 그림과 같이 작은 원환(반경 r)이 전류 I가 흐르는 무한도선에서 x_2만큼 떨어진 위치에서 x_1만큼 떨어진 위치로 이동한다고 하자. 원환의 저항은 R이라고 한다. 원환이 x_2에서 x_1으로 이동하는 데 t초가 걸렸다고 할 때 원환에 유도되는 전류의 크기와 방향을 구하라.

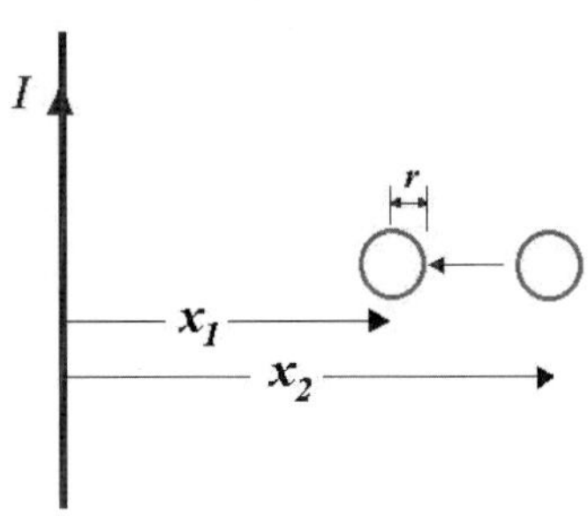

[답] 원환의 반경이 작다고 가정했으므로 원환 안의 자기장은 균일하고 원환의 중앙의 자기장으로 근사된다. 무한도선에 의한 자기장은 $B = \frac{\mu_o I}{2\pi r}$이다. 원환이 움직이는 동안 자속은 변하므로 x_1과 x_2 위치에서의 자속의 변화에 따라 원환에 전류가 유도된다. Faraday의 법칙에서 원환에 유도되는 기전력은

$$\epsilon = -\frac{\Delta\Phi_B}{\Delta t} = -\pi r^2 \frac{\mu_o I/(2\pi x_1) - \mu_o I/(2\pi x_2)}{t} = -\frac{\mu_0 I r^2 (x_2 - x_1)}{2t x_1 x_2}$$

이다. 따라서 유도되는 전류의 크기는 $I = \frac{\epsilon}{R} = \frac{\mu_0 I r^2 (x_2 - x_1)}{2t x_1 x_2 R}$이다. 전류의 방향을 살펴보면, 원환이 이동함으로써 지면으로 향하는 자속이 증가하므로 원환에 흐르는 전류는 이를 방해하기 위해 지면 밖으로 자기장을 형성해야 한다. 따라서 전류의 방향은 반시계방향이다.

문제 187 반경 R인 원환이 평면에 놓여 있다. 이에 수직한 방향으로 자기장 $\vec{B}=(B_o - kr^2t^2)\hat{k}$가 걸려 있다. 원환에 유도되는 기전력을 구하라.

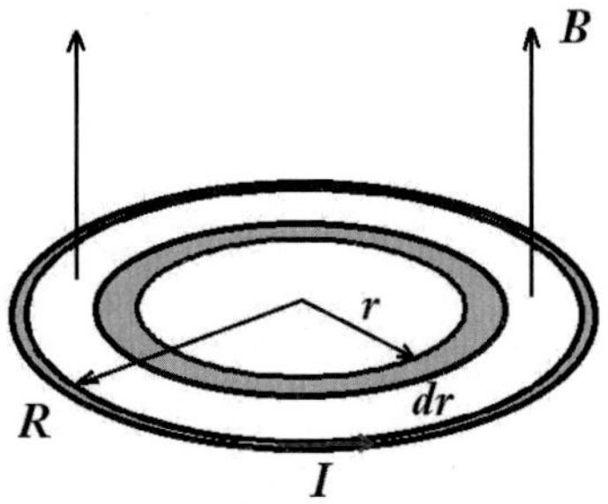

[답] 자기장이 반경에 따라 다르므로 반경 r에 폭이 dr인 띠를 생각하고 이 띠 안을 통과하는 자속을 구해 보자. 이는 $d\Phi = B(2\pi r\,dr)$이고 원환을 통과하는 전체 자속은

$$\Phi = \int_0^R (B_o - kr^2t^2)\,2\pi r\,dr = \pi R^2 B_o - \frac{\pi k}{2}R^4t^2$$

이다. 따라서 기전력은 $\epsilon = -\frac{d\Phi}{dt} = \pi k R^4 t$이다. 여기서 $k>0$이면 자속이 시간에 따라 감소하므로 위쪽 방향의 자기장이 증가하도록 환선에 전류가 유도된다. 따라서 환선에는 시계방향으로 유도전류가 흐른다. 만약 $k<0$이라면 반시계방향으로 전류가 흐른다.

문제 188 폭 a, 길이 b인 환선이 속도 v로 전류 I가 흐르는 무한도선에서 멀어지고 있다. 환선이 무한도선에서 l만큼 떨어진 위치에 있는 순간, 환선에 흐르는 전류의 크기와 방향을 구하라. 환선의 저항은 R이다.

[답] r만큼 떨어진 위치의 띠(면적 $b\,dr$)를 생각하고 이 띠를 통과하는 자속을 구하자. 이 지점에서의 자기장은 $\frac{\mu_o I}{2\pi r}$이다. 따라서 $d\Phi = \frac{\mu_o I}{2\pi r} b\,dr$이므로 환선을 통과하는 전체적인 자속은

$$\Phi = \int_l^{l+a} \frac{\mu_o I b}{2\pi r}dr = \frac{\mu_o I b}{2\pi}\ln\frac{l+a}{l}$$

이다. 그리고 기전력은

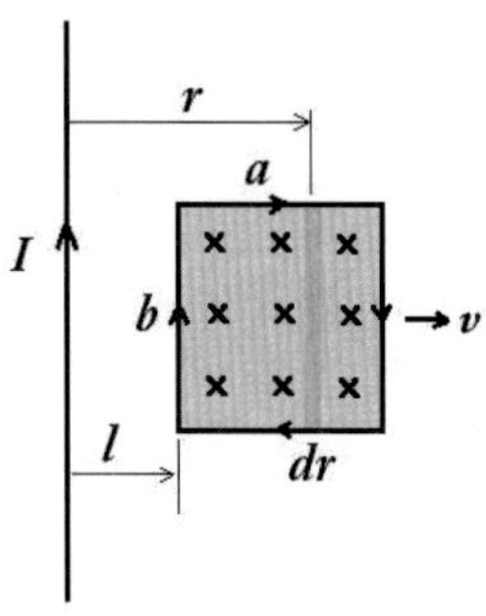

$$\epsilon = -\frac{d\Phi}{dt} = \frac{\mu_o I b}{2\pi}\left(\frac{1}{l+a} - \frac{1}{l}\right)\frac{dl}{dt} = \frac{\mu_o I b}{2\pi}\frac{a}{l(l+a)}v$$

로 주어진다. 따라서 전류는 $I = \frac{\pi I ab}{2\pi R}\frac{v}{l(l+a)}$이다. 환선이 멀어짐에 따라 지면 속으로의 자기장이 감소하고 이에 따라 자속도 감소한다. 이를 방해하기 위해 지면 속으로의 자기장이 만들어져야 한다. 따라서 시계방향으로의 전류가 유도된다.

문제 189 길이 l, 질량 m, 저항 R인 도선이 저항을 무시할 수 있는 레일(rail) 위에 놓여 있다. 그리고 균일한 자기장 B가 그림과 같은 방향으로 걸려 있다. 도선은 레일 위를 자유롭게 움직일 수 있고 도선과 레일 사이의 마찰은 무시한다. $t=0$에서 도선이 오른쪽으로 초기 속도 v_0로 움직인다고 하자. (a) 순간속도 v에서 도선에 흐르는 전류의 크기와 방향을 구하라. (b) 임의의 시간 t에서의 속도를 구하라. (c) $t=0$에서의 속도의 $\frac{1}{e}$배만큼 줄어들 때까지 걸린 시간을 구하라.

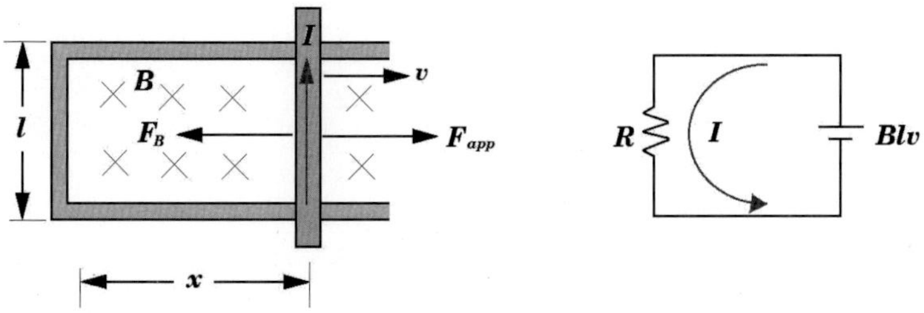

[답] (a) 도선이 이동하면 사각형의 도형을 통과하는 자속은 지면으로 들어가는 방향으로 증가한다. 임의의 길이 x에서의 자속은 $\Phi_B = BA = Blx$이다. Faraday의 법칙에서 자속의 변화에 따라 유도되는 기전력은 $\epsilon = -\frac{d\Phi_B}{dt} = Bl\frac{dx}{dt} = Blv$이다. 따라서 도선에 흐르는 전류의 세기는 $I = \frac{\epsilon}{R} = \frac{Blv}{R}$이다. 전류의 방향을 살펴보면, 지면방향으로의 자속이 증가하므로 이를 방해하기 위해서는 지면 반대방향으로 자기장이 형성되어야 한다. 따라서 도선에 흐르는 전류의 방향은 위에서 아래여야 한다.

(b) 자기장 B에서 도선을 흐르는 전류에 의해 작용하는 자기력은 $\overrightarrow{F_B} = I\vec{l} \times \vec{B}$이다. 따라서 이 자기력의 방향은 왼쪽이다. 이 힘에 의해 도선은 왼쪽으로 힘을 받아 속도가 감소하게 된다. 자기력의 크기는 위 (a)의 I에 대한 표현을 이용하면 $F_B = IlB = \frac{B^2l^2v}{R}$이다. 따라서 Newton의 제2법칙에 의해

$$F_B = ma = m\frac{dv}{dt} \Rightarrow \therefore m\frac{dv}{dt} = -\frac{B^2l^2v}{R}$$

이다. 위 식은 $\frac{dv}{v} = -\frac{B^2l^2}{mR}dt$이므로 이를 적분하면 $v(t) = v_0 e^{-\frac{B^2l^2}{mR}t}$를 얻는다.

(c) 위의 결과에서 $\frac{v}{v_0} = e^{-\frac{B^2l^2}{mR}t}$에서 $\frac{v}{v_0} = \frac{1}{e}$에서 $t = \frac{mR}{B^2l^2}$을 구할 수 있다.

문제 190 경사각 θ로 고정된 폭 L인 ㄷ자 모양의 레일(rail) 위에 자유롭게 움직일 수 있는 질량이

m이고 저항이 R인 도선이 놓여 있다. 그리고 균일한 자기장 B가 그림과 같이 수직으로 걸려 있다. 레일과 도선 사이의 마찰은 무시하고 레일의 전기저항도 무시한다. (a) 순간속도 v로 레일 위에서 도선이 미끄러져 내려온다고 할 때 도선에 유도되는 기전력과 도선에 흐르는 전류의 세기와 방향을 구하라. (b) 금속막대는 최종적으로 일정한 속도로 내려오는데 이 종단속도를 구하라. (c) 위의 (b)에서와 같이 일정한 속도로 내려올 때 도선에서 소비되는 일률은 중력이 한 일과 같음을 보여라.

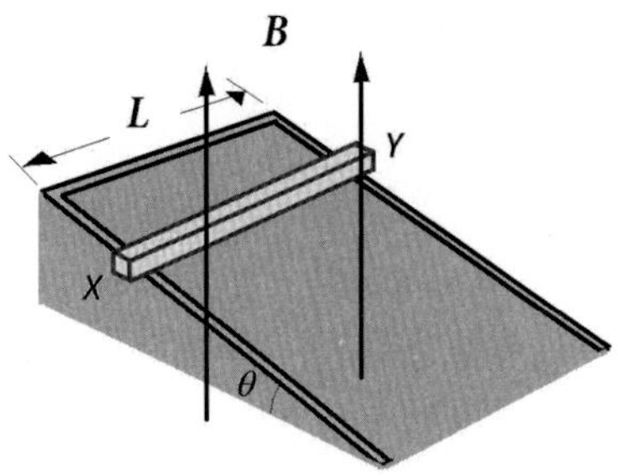

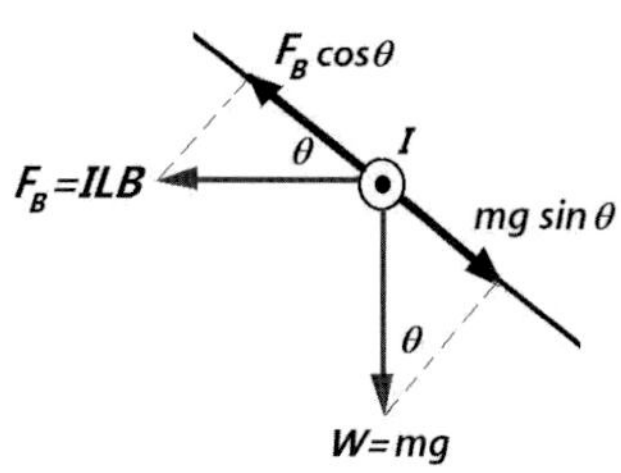

[답] (a) 금속막대가 내려올 때 자속은 위쪽으로 증가한다. 자속 증가에 따라 유도되는 기전력은

$$\epsilon = -\frac{d\Phi_B}{dt} = -\frac{d(BLl cos\theta)}{dt} = -BL\cos\theta\frac{dl}{dt} = -BLv\cos\theta$$

이다. 따라서 도선에 흐르는 전류는 $I = \frac{\epsilon}{R} = \frac{BLv\cos\theta}{R}$이다. Lenz의 법칙에 따라 자속이 위로 증가하므로 이를 방해하기 위해서는 아래 방향으로 자기장을 형성해야 한다. 그러므로 전류의 방향은 $Y \rightarrow X$방향이다.

(b) 일정한 속도로 내려오기 위해서는 막대에 작용하는 전체 힘이 0이 되어야 한다. 위 그림에서 도선에 작용하는 힘이 0이 되기 위해서는 $ILB\cos\theta = mg\sin\theta$의 조건이 만족되어야 한다. I의 값을 대입하여 정리하면 $v = \frac{mgR\sin\theta}{B^2L^2\cos^2\theta}$를 구할 수 있다.

(c) 도선에 전류가 흐름에 따라 단위시간당 발생하는 Joule 열은 I^2R이므로

$$P_I = I^2R = \left(\frac{BLv\cos\theta}{R}\right)^2 R$$

이다. 이 식에 (b)에서 구한 v의 표현을 대입하여 정리하면 $P_I = \frac{m^2g^2R\sin^2\theta}{B^2L^2\cos^2\theta}$를 구할 수 있다.

반면에 중력이 한 일률은

$$P_g = \vec{F} \cdot \vec{v} = mg\sin\theta\, v = \frac{m^2 g^2 R\cos^2\theta}{B^2 L^2 \cos^2\theta}$$

로서 Joule 열과 동일함을 볼 수 있다.

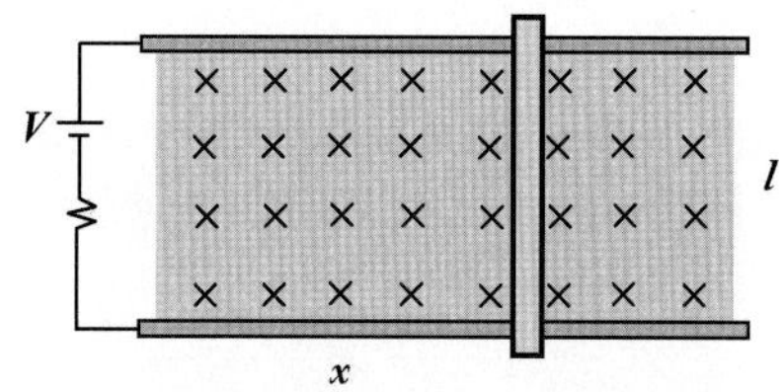

문제 191 폭 $l = 1m$인 레일에 내부저항 2Ω인 $V = 10V$의 전원이 연결되어 있다. 자기장 $B = 0.2T$가 지면으로 들어가는 방향으로 걸려 있고 도체막대가 레일을 가로질러 걸쳐 있다. 자기장이 $0.1s$ 동안 $0.8T$로 증가하였다. 알짜 힘이 0이 되기 위해 도체막대가 있어야 할 위치를 구하라. 그리고 자기장이 $0.8T$로 고정되고 도체막대가 속도 v로 이동할 때 알짜 힘이 0이 되기 위한 막대의 속도는 얼마인가?

[답] 알짜 힘이 0이 되기 위해서는 외부 전원과 자속 증가를 방해하는 기전력이 동일해야 한다. 즉, $V = \frac{d\Phi}{dt}$에서 $x = 1.67m$를 구할 수 있다. 다음에 속도 v로 움직이는 경우 알짜 힘이 0이 되기 위해서는 외부전원과 운동기전력이 동일해야 된다. 즉, $V = Blv$에서 $v = 12.5\,m/s$이다.

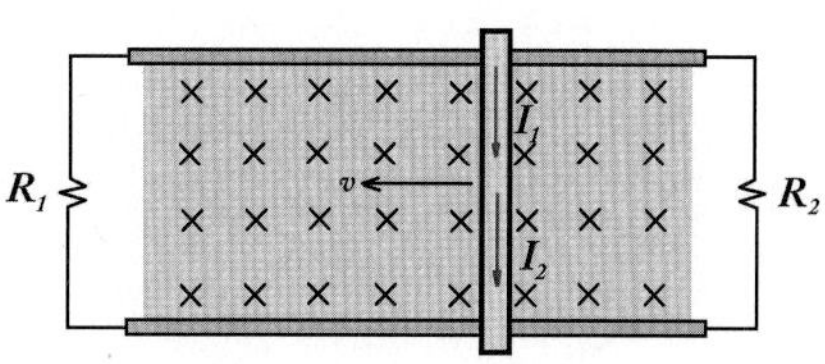

문제 192 저항을 무시할 수 있는, 폭이 l인 레일에 도체막대가 가로놓여 있다. 도체막대가 왼쪽으로 속도 v로 움직인다. 막대 오른쪽 부분에 의해 막대에 유도되는 전류와 막대 왼쪽 부분에 의해 막대에 유도되는 전류를 구하라. 막대에 전체적으로 작용하는 힘을 구하라.

[답] 막대가 움직임에 따라 오른쪽 부분은 지면으로 향하는 자속이 증가한다. 이의 변화를 방해하기 위해 반시계방향으로 전류가 유도되고 이에 따라 막대에는 아래 방향의 전류 I_2가 흐른다. 그 크기는 $I_2 = \frac{|\epsilon|}{R_2} = \frac{1}{R_2}\frac{d\Phi}{dt} = \frac{Blv}{R_2}$이다. 왼쪽 부분은 지면으로 향하는 자속이 감소한다. 그 변화를 방해하기 위해 시계방향으로의 전류가 흐르고 이에 따라 아래 방향의 전류 I_1이 흐른다. 그 크기는 $I_1 = \frac{|\epsilon|}{R_1} = \frac{Blv}{R_1}$이다. 두 전류가 같은 방향이므로 전체적인 전류는 합하면 된다. 이 전류에 의해 막대는 왼쪽방향으로 자기력을 받는다. 그 크기는

$$F = (I_1 + I_2)\,l\,B = B^2 l^2 v\left(\frac{1}{R_1} + \frac{1}{R_2}\right)$$

이다.

문제 193 폭 w, 길이 l, 질량 m인 환선이 지면 속으로 들어가는 균일한 자기장 속을 빠져나오고 있다. 종단속도를 구하라. 환선의 저항은 R이다.

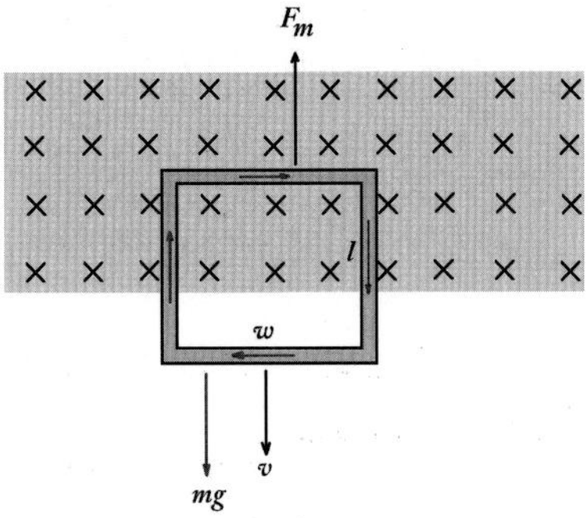

[답] 자속 감속에 의해 환선에 전류가 흐르고 그 전류에 의해 환선은 힘을 받는다. 이 힘이 무게와 동일해질 때 종단속도로 떨어진다. 자속의 변화에 의한 기전력은 $\epsilon = Blv$이므로 환선에 흐르는 전류는 $I = \frac{\epsilon}{R} = \frac{Bwv}{R}$로 주어진다. 이 전류에 의해 환선이 위쪽으로 자기력을 받는다. 즉, $F = IwB = \frac{B^2 w^2 v}{R}$이다. 두 힘이 동일할 때 알짜 힘이 0이고 환선은 종단속도로 떨어진다. 즉, $\frac{B^2 w^2 v_t}{R} = mg$ 에서 $v_t = \frac{mgR}{B^2 w^2}$이다. 중력에 의한 일률은

$$P = Fv = mg\frac{mgR}{B^2 w^2} = \frac{m^2 g^2 R}{B^2 w^2}$$

이다. 그리고 도선에서 열(Joule)로 달아나는 에너지는

$$P = I^2 R = \left(\frac{Bvw}{R}\right)^2 R = \frac{m^2 g^2 R}{B^2 w^2}$$

이다. 따라서 Joule 열에 의한 일이 중력에 의해 주어진다.

문제 194 그림과 같이 반경이 a이고 저항이 R인 도체원환이 자기장 속에 놓여 있다. 자기장은 $0 < t \leq T$에서 $B(t) = B_o\left(1 - \frac{t}{T}\right)$와 같이 시간에 따라 감소한다. 원환에 유도되는 전류를 구하라. $0 < t \leq T$ 사이에 움직이는 전하의 총량을 구하라.

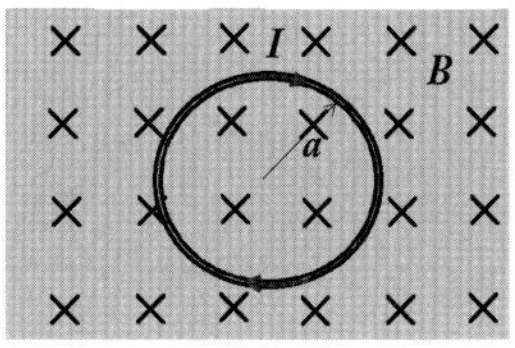

[답] 자기장이 시간에 따라 줄어들므로 원환을 통과하는 자속도 감소한다. 이를 방해하기 위해

시계방향으로 전류가 흘러서 지면 속으로의 자속을 증가시킨다. $0 < t \le T$ 사이에 흐르는 전류는

$$I = \frac{|\epsilon|}{R} = \frac{1}{R}\left|\frac{d\Phi}{dt}\right| = \frac{\pi a^2 B_o}{RT}$$

이다. $0 < t \le T$ 사이에 이동하는 전하의 총량은 $Q = \int_0^T I dt = \frac{\pi a^2 B_o}{R}$ 이다.

문제 195 전류 I가 흐르는 무한도선에서 r만큼 떨어진 위치에 있는 도체막대가 도선에서 속도 v로 멀어지고 있다. 도체막대의 양단에 발생하는 기전력을 구하라.

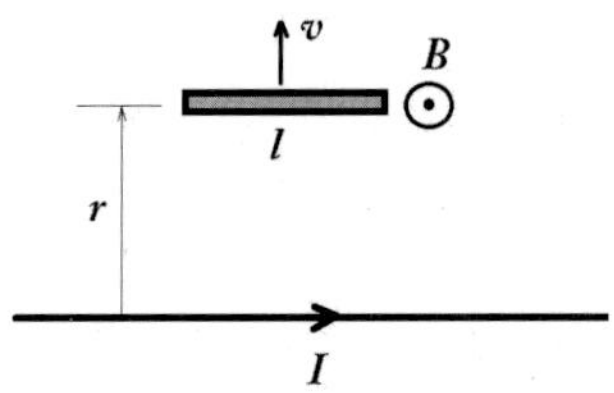

[답] 운동기전력은 $\epsilon = Blv$이고 r만큼 떨어진 지점의 자기장은 $\frac{\mu_o I}{2\pi r}$이므로 $\epsilon = \frac{\mu_o I l v}{2\pi r}$이다.

문제 196 반경이 a이고 저항이 R인 도체원환이 자기장 속에 놓여 있다. 여기서 자기장은 $B(t) = B_o(1+kt)$와 같이 시간에 따라 변한다. 도체원환에 유도되는 전류의 크기와 방향을 구하라.

[답] $k > 0$인 경우 자기장은 시간에 따라 증가한다. 이에 따라 지면 속으로의 자속이 증가한다. 이를 방해하기 위해 반시계방향으로 전류가 흐른다. 전류의 크기는

$$I = \frac{|\epsilon|}{R} = \frac{1}{R}\left|\frac{d\Phi}{dt}\right| = \frac{\pi a^2 B_o k}{R}$$

이다. 반면에 $k < 0$인 경우 자기장은 시간에 따라 감소한다. 이에 따라 지면 속으로의 자속이 감소한다. 이를 방해하기 위해 시계방향으로 전류가 흐른다. 그 크기는

$$I = \frac{|\epsilon|}{R} = \frac{1}{R}\left|\frac{d\Phi}{dt}\right| = \frac{\pi a^2 B_o k}{R}$$

이다.

문제 197 그림과 같이 폭 $b = 0.5m$, 길이 $a = 0.3m$인 사각형 도선뭉치가 균일한 자기장 $B = 0.5\,T$ 속에 놓여 있다. 이 도선뭉치를 모터를 이용하여 진동수 $f = 60Hz$로 회전시킬 경우 유도되는

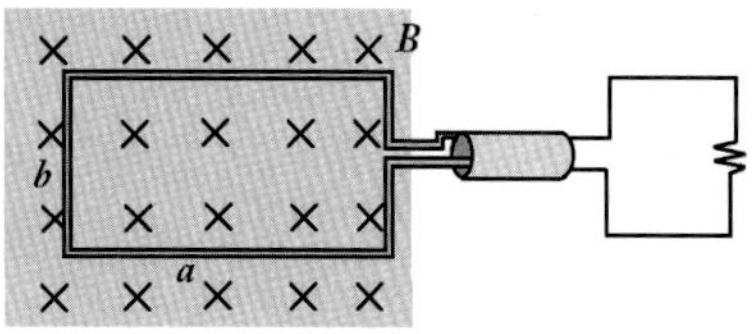

기전력을 구하라. 최대전력을 $220\,V$로 얻고자 할 경우 도선을 감는 횟수를 구하라.

[답] 도선뭉치를 통과하는 자속은 $\Phi = Nab\,B\cos 2\pi ft$이다. 따라서 기전력은

$$|\epsilon| = 2\pi f\,Nab\sin 2\pi ft = \epsilon_{\max}\sin 2\pi ft$$

이다. 여기서 $\epsilon_{\max} = 2\pi f\,Nab$이다. $\epsilon_{\max} = 220\,V$를 얻기 위해서는 $N = 7.78$이다.

문제 198 직경 $10cm$인 원환 모양의 TV 안테나가 있다. TV신호는 이 원환의 면에 들어가는 방향으로 수직이다. 신호에 의한 자기장이 $0.2\,T/s$로 증가한다고 할 때 안테나에 유도되는 기전력을 구하라.

[답] $\frac{dB}{dt} = 0.2\,T/s$이므로 $|\epsilon| = \frac{d\Phi}{dt} = (\pi r^2)\frac{dB}{dt} = 1.57\times 10^{-5}\,V$이다. 안테나에 흐르는 전류는 반시계방향이다.

문제 199 그림과 같이 반경 $5cm$인 원환 모양의 안테나에 자기장이 수직으로 걸려 있다. 자기장의 시간에 따른 변화는 $B(t) = 30t^2 + 7t$로 관찰되었다. 자기장의 단위는 mT이다. $t = 2\,s$에서 안테나에 유도되는 기전력을 구하라. 이때 전류의 크기와 방향을 구하라. 안테나의 저항은 무시하고 $R = 2\Omega$이라고 한다.

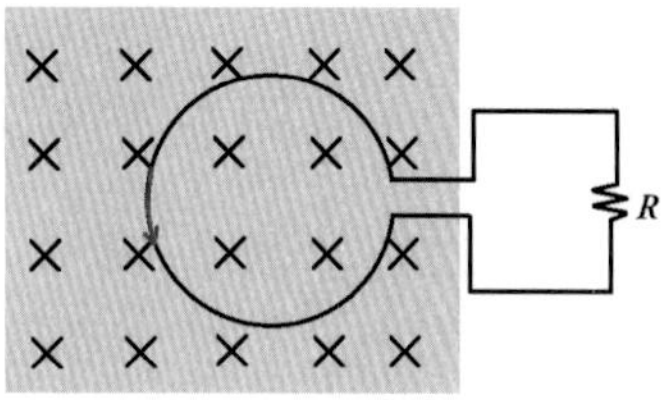

[답] $|\epsilon| = \frac{d\Phi}{dt} = \pi r^2\frac{dB}{dt} = \pi r^2(60t+7)$이다. $t = 2$일 때 $\epsilon = 0.997\,V$로 구해진다. 안테나를 흐르는 전류는 $I = \frac{\epsilon}{R} = 0.5A$를 구할 수 있다. 전류의 방향은 반시계방향이다.

문제 200 반경 $10cm$인 원환이 자기장 속에 놓여 있다. 원환에 $10A$의 유도전류가 생기기 위해서 필요한 자기장의 시간에 따른 변화를 구하라. 원환의 저항은 0.001Ω이다.

[답] $|\epsilon| = \frac{d\Phi}{dt} = \pi r^2\frac{dB}{dt}$이고 $\epsilon = IR = 0.01\,V$이므로 $\frac{dB}{dt} = 0.32\,T/s$를 구할 수 있다.

문제 201 폭 $50cm$, 길이 $1m$인 사각형 모양의 환선을 100번 감은 것을 발전기에 사용한다고 하자. 균일한 자기장 $0.5\,T$ 안에서 환선을 $60Hz$로 회전시킬 경우 발생되는 최대기전력을 구하라.

[답] $|\epsilon| = 2\pi f Nab \sin 2\pi ft = \epsilon_{\max} \sin 2\pi ft$에서 $\epsilon_{\max} = 2\pi f Nab$이므로 $\epsilon_{\max} = 9,420\,V$이다.

문제 202 그림과 같이 전류 $I = 10A$가 흐르는 도선에서 $a = 2cm$ 떨어진 위치에 폭 $l = 5cm$인 레일이 놓여 있다. 레일 위에는 도체막대가 걸쳐져 있고 이 도체막대는 왼쪽으로 속도 $v = 20cm/s$로 움직인다. 도체막대 양단에 유도되는 기전력을 구하라. $R = 0.5\Omega$을 연결할 경우 도체막대에 흐르는 전류의 크기와 방향을 구하라. 레일과 도체막대의 저항은 무시한다. Joule 열로 소비되는 일률을 구하라. 막대의 운동이 계속되기 위한 외부력을 구하라.

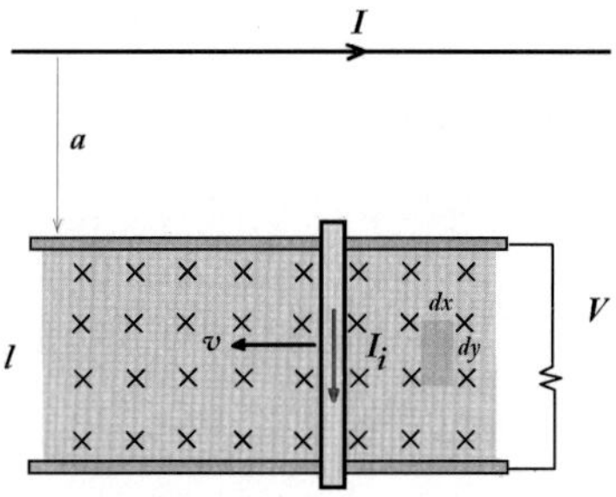

[답] 작은 면적소 $dA = dxdy$를 고려해 보자. $\frac{dx}{dt} = v$이므로 $dA = dy\,v\,dt$이다. 면적소를 통과하는 자속은

$$d\Phi = \left(\int_a^{a+l} B(y)\,dy\right) v\,dt = \left(\int_a^{a+l} \frac{\mu_o I}{2\pi y}\,dy\right) v\,dt = \left(\frac{\mu_o I}{2\pi} \ln \frac{a+l}{a}\right) vdt$$

이다. 따라서 $\frac{d\Phi}{dt} = \frac{\mu_o I v}{2\pi} \ln\left(1 + \frac{l}{a}\right)$이다. 기전력은 $|\epsilon| = \frac{d\Phi}{dt} = 5V$로 구해진다. 그리고 유도되는 전류는 $I_{유도} = \frac{\epsilon}{R} = 10A$이다. Joule 열은 $P_{joule} = I^2 R = 50\,W$이고, 이는 외부에서 주어진 일률과 같아야 한다. 즉, $P_{ex} = F_{ex}\,v = P_{joule}$에서 $F_{ex} = 250N$이 구해진다. 따라서 외부력이 Joule 열에 의해 달아나는 일을 보충한다.

문제 203 길이가 l이고 반경이 R인 원통에 도선이 N번 감긴 솔레노이드가 있다. 솔레노이드의 인덕턴스를 구하라. 솔레노이드에는 전류 I가 흐른다. 솔레노이드 내부에 저장된 자기에너지와 단위부피당 자기에너지를 구하라.

[답] 솔레노이드 안의 자기장은 $B = \mu_o \frac{N}{l} I$이다. 자속은 $\Phi = BA = \mu_o \frac{N}{l} I(\pi R^2)$이므로 자기인덕턴스(self inductance)는 $L = \frac{N\Phi}{I} = \mu_o \frac{N^2}{l} \pi R^2$이다. 단위길이당 감은 수인 $n = \frac{N}{l}$과 솔레노이드 내부의 부피인 $V = \pi R^2$을 이용하면 $L = \mu_o n^2 V$로도 표현된다. 솔레노이드 내부의 자기에너지는 $U_B = \frac{1}{2} LI^2 = \frac{1}{2} \mu_o n^2 I^2 V$이고 여기에 자기장의 표현을 이용하면 $U_B = \frac{B^2}{2\mu_o} V$를 구할 수 있다. 이에 따라 단위부피당 자기에너지는 $u_B = \frac{U_B}{V} = \frac{B^2}{2\mu_o}$을 얻는다.

문제 204 길이가 l이고 단면이 A인 원통에 N_1번 코일이 감긴 솔레노이드가 있다. 이 솔레노이드의 외곽에 동심으로 N_2번 코일이 감겨 있다. 두 코일에 대한 상호인덕턴스를 구하라.

[답] 솔레노이드의 전류 변화에 의해 외부코일에 발생하는 유도기전력은 $\epsilon_2 = -N_2\frac{d\Phi_2}{dt}$이다. 여기서 Φ_2는 솔레노이드의 전류 변화(i_1)에 의해 코일에 유도되는 자속이다. 이는 전류 i_1에 비례하고 그 비례상수가 상호인덕턴스로 정의된다. 즉, $N_2\Phi_2 = M_{21}i_1$이다. 이 관계식을 위 식에 대입하면 $\epsilon_2 = -N_2\frac{d\Phi_2}{dt} = -M_{21}\frac{di_1}{dt}$을 얻는다. 마찬가지로 외부코일의 자기장 변화(유도기전력에 의해 발생)에 따라 솔레노이드에 유도되는 기전력은 $\epsilon_1 = -M_{12}\frac{di_2}{dt}$이다. $M_{12} = M_{21}$이므로 기전력은 $\epsilon_1 = -M\frac{di_2}{dt}$, $\epsilon_2 = -M\frac{di_1}{dt}$로 표현되고 상호인덕턴스는 $M = \frac{N_2\Phi_2}{i_1} = \frac{N_1\Phi_1}{i_2}$으로 정의된다. 솔레노이드 안의 자기장은 $B_1 = \mu_o\frac{N_1}{l}i_1$이다. 이 자기장에 의해 코일에 유도되는 자속은 $\Phi_2 = B_1 A$이다. 여기서 A는 솔레노이드의 단면을 사용할 수 있다. 왜냐하면 솔레노이드 외곽에서는 자기장이 0이므로 솔레노이드 외벽과 코일 사이의 자속은 0이기 때문이다. 따라서 상호인덕턴스는

$$M = \frac{N_2\Phi_2}{i_1} = \frac{N_2\mu_o N_1 i_1 A}{i_1 l} = \frac{\mu_o N_1 N_2 A}{l}$$

로 구해진다. 이와 같이 상호인덕턴스는 솔레노이드에 감은 수와 코일의 감은 수의 곱에 비례한다. 일반적으로 상호인덕턴스는 두 코일의 기하학적 구조에만 의존한다.

문제 205 반지름 a인 도체막대(또는 원통껍질)와 반지름 b인 외부 원통껍질로 구성된 동축케이블이 있다. 이 동축케이블의 길이는 l이다. 내부와 외부 원통에는 전류 I가 반대방향으로 흐르고 있다. 이 동축케이블의 인덕턴스를 구하라.

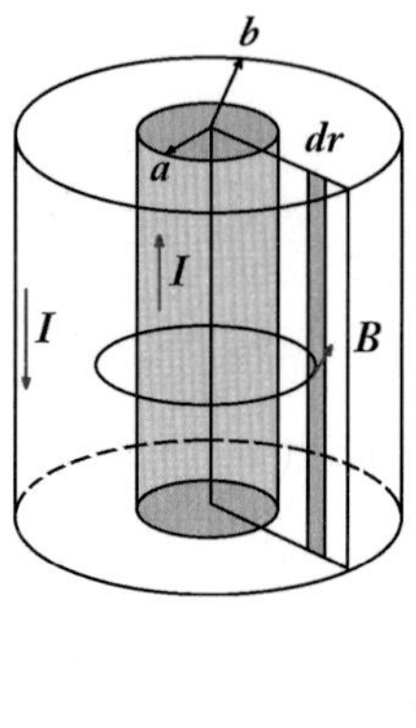

[답] 반경 r인 위치에서의 dr부분을 통과하는 자속은 $d\Phi = Bl\,dr$이고 원통 사이를 통과하는 자속은

$$\Phi = \int_a^b \frac{\mu_o I}{2\pi r} l\,dr = \frac{\mu_o I l}{2\pi}\ln\frac{b}{a}$$

이다. 자기인덕턴스는 $L = \frac{\Phi}{I} = \frac{\mu_o I}{2\pi}\ln\frac{b}{a}$이다.

문제 206 길이 l, 폭 y, 저항 R인 사각형 모양의 환선이 전류 I가 흐르는 무한도선에서 r만큼

떨어진 위치에 놓여 있다. (a) 환선을 통과하는 총 자속을 구하라. (b) 무한도선에 흐르는 전류가 시간에 따라 $a=\frac{dI}{dt}$로 변할 때 도선에 흐르는 전류의 크기와 방향을 구하라. (c) 무한도선과 환선의 상호인덕턴스를 구하라.

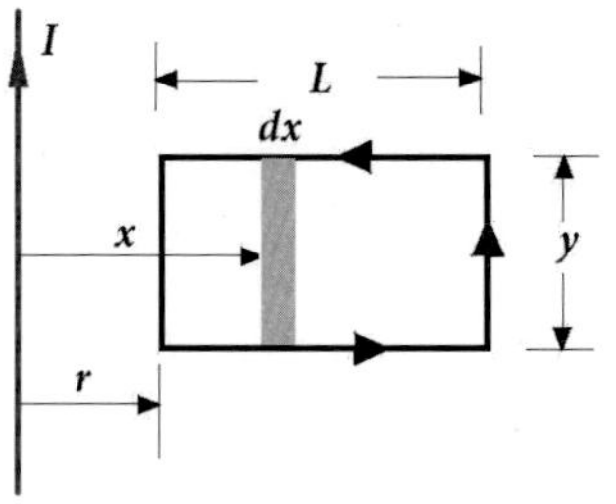

[답] (a) 무한도선에서 x만큼 떨어진 위치의 자기장은 $B=\frac{\mu_0 I}{2\pi x}$이다. 그림에서와 같이 폭 dx인 임의의 띠를 생각하면 이 띠를 통과하는 자속은

$$d\Phi_B = BdA = B(ydx) = \frac{\mu_0}{2\pi}\frac{I}{x}ydx$$

이다. 환선을 통과하는 총 자속은 이 띠의 자속을 $x=r$에서 $x=r+l$까지 적분하면 된다.

$$\Phi_B = \int d\Phi_B = \int_{x=r}^{x=r+l}\frac{\mu_0}{2\pi}\frac{I}{x}ydx = \frac{\mu_0 Iy}{2\pi}ln\frac{r+l}{r}$$

이다.

(b) Faraday의 법칙에 의해 환선에 유도되는 기전력은

$$\epsilon = -\frac{d\Phi_B}{dt} = -\frac{d}{dt}\left(\frac{\mu_0 Iy}{2\pi}ln\frac{r+l}{r}\right) = -\left(\frac{\mu_0 y}{2\pi}ln\frac{r+l}{r}\right)\frac{dI}{dt}$$

이다. 따라서 환선에 흐르는 전류는 $a=\frac{dI}{dt}$를 이용하면

$$I = \frac{\epsilon}{R} = \left(\frac{\mu_0 y}{2\pi R}ln\frac{r+l}{r}\right)a$$

이다. 전류의 증가에 의해 지면으로 향하는 자속이 증가하므로 이를 방해하기 위해 환선의 전류는 반시계방향으로 흘러야 한다.

(c) 상호인덕턴스의 정의인 $M=\frac{\Phi_B}{I}$에서 $M=\frac{\mu_0 y}{2\pi}ln\frac{r+l}{r}$이다.

문제 207 단면이 ab인 토로이드(toroid)가 있다. 토로이드의 반경은 R이다. 도선의 감은 횟수는 N이고 전류 I가 흐르고 있다. 토로이드 내부의 자기에너지를 구하라. 토로이드의 인덕턴스를 구하라.

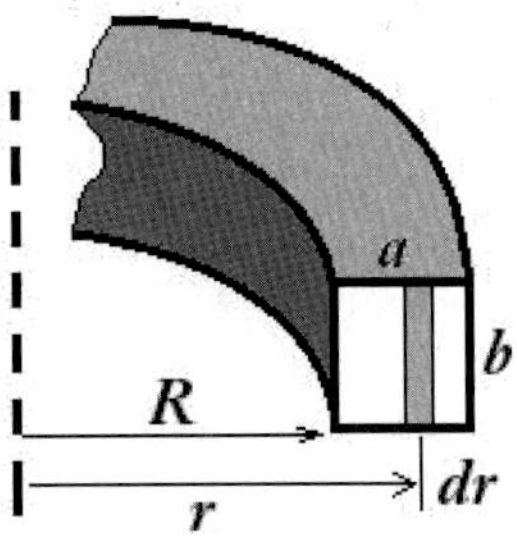

[답] 반경 r인 지점에 dr인 띠를 생각하면 이 띠를 통과하는 자속은 $d\Phi = Bb\,dr$이다. 이 지점의 자기장은 $\frac{\mu_o NI}{2\pi r}$이다. 전체 자속은

$$\Phi = \int_R^{a+R} \frac{\mu_o NI}{2\pi r} b\,dr = \frac{\mu_o NIb}{2\pi} \ln\frac{R+a}{R}$$

이다. 따라서 인덕턴스는 $L = \frac{NI}{I} = \frac{\mu_o N^2 Ib}{2\pi} \ln\frac{R+a}{R}$이다. r지점에서의 자기에너지밀도는

$$u_B = \frac{B^2}{2\mu_o} = \frac{1}{2\mu_o}\left(\frac{\mu_o NI}{2\pi r}\right)^2$$

이다. 그리고 이 지점의 체적소는 $dV = 2\pi r b\,dr$이다. 이 체적소의 자기에너지는 $dU_B = \frac{1}{2\mu_o}\left(\frac{\mu_o NI}{2\pi r}\right)^2 2\pi r b\,dr$이다. 따라서 전체적인 자기에너지는

$$U_B = \frac{\mu_o N^2 I^2 b}{4\pi} \int_R^{R+a} \frac{dr}{r} = \frac{\mu_o N^2 I^2 b}{4\pi} \ln\frac{R+a}{R}$$

로 주어진다. 이는 $U_B = \frac{1}{2}LI^2$과 동일한 결과를 준다.

문제 208 아래 그림에서 스위치 S가 오랫동안 닫혀 있어서 안정한 전류(steady current)가 흐른다고 하자. 인덕터의 저항은 무시한다. 각 저항에 흐르는 전류를 구하라. 스위치를 여는 순간 인덕터 양단의 전압을 구하라. 시간에 따라 인덕터를 흐르는 전류를 구하라. 스위치를 열고 10초 후 인덕터를 흐르는 전류를 구하라.

[답] 스위치가 닫힌 지 오래되어 안정한 전류가 흐르면 인덕터는 도선과 동일하다. 따라서 인덕터 양단의 전압은 0이다. 그리고 전류는 인덕터로 흘러가므로 10Ω으로는 전류가 흐르지 않는다.

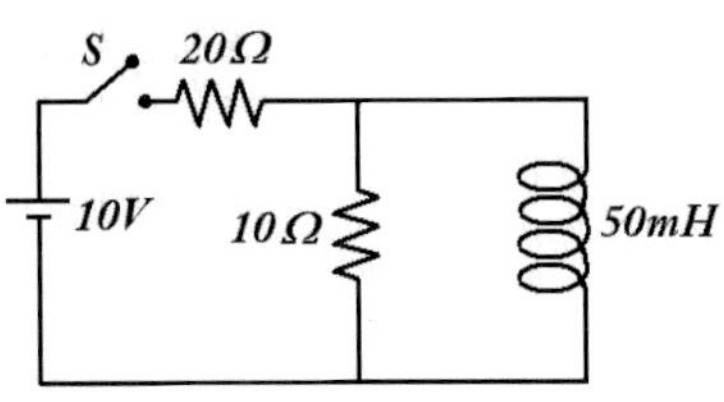

이에 따라 모든 전압은 20Ω 양단에 걸리므로 $I_{20} = 0.5A$가 흐른다. 그리고 $I_{10} = 0$이다. 스위치를 여는 순간 $(t=0)$ 인덕터를 흐르는 전류에는 변함이 없으나$(0.5A)$ 전류는 20Ω쪽으로 흐르지 못한다. 따라서 모든 전류는 10Ω쪽으로만 흐른다. 인덕터를 흐르는 전류는 시간에 따라 $I = I_o e^{-\frac{R}{L}t}$로 감소한다. 여기서 $I_o = 0.5A$이다. 즉, $I = 0.5\,e^{-200t}$로 표현된다.

문제 209 RL회로에서 안정전류(steady state current)의 99%가 되기 위해 필요한 시간은 몇 시정수(time constant)인가?

[답] $I(t)=I_o\left(1-e^{-t/\tau}\right)$로 주어진다. 여기서 $\tau=\frac{L}{R}$로서 시정수이고 I_o은 안정전류이다. $\frac{I}{I_o}=0.99$가 되는 시간을 구하면 된다. 이는 $\tau=6.9\tau$로 구해진다.

문제 210 RL회로에서 안정전류의 50%가 되는 데 3초가 걸렸다. 이 회로의 시정수를 구하라.

[답] $I(t)=I_o\left(1-e^{-t/\tau}\right)$에서 $I(t)=0.5I_o$일 때의 시간은 $\tau=4.32\,s$이다.

문제 211 RL회로에서 전원을 제거했더니 처음 1초 동안에 전류가 $10A$에서 $0.1A$로 떨어지는 것이 관찰되었다. 저항이 10Ω이라면 인덕터의 인덕턴스는 얼마인가?

[답] 전류는 $I(t)=I_o e^{-t/\tau}$로 감소한다. $I_o=10A$, $I(1)=1A$이므로 $\tau=0.22s$이다. 따라서 $L=\tau R=2.17\,H$이다.

문제 212 그림에서 스위치가 a쪽으로 닫혔을 때 시간에 따른 인덕터 전압의 변화를 구하라. 그리고 시간에 따른 전류의 변화를 구하라. 안정전류가 흐른 후 스위치를 b쪽으로 닫았을 때 시간에 따른 전류의 변화를 구하라.

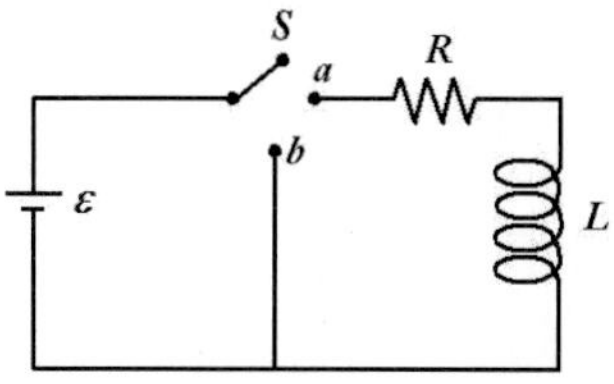

[답] 스위치를 a쪽으로 닫을 경우 Kirchhoff의 법칙에서 $\epsilon-iR-\epsilon_L=0$이다. $\epsilon=-L\frac{di}{dt}$이므로 $\epsilon-iR-L\frac{di}{dt}=0$이다. $Ldi+(iR-\epsilon)dt=0$이고 $\int\frac{di}{iR-\epsilon}+\int\frac{dt}{L}=0$에서 $i_L=\frac{\epsilon}{R}\left(1-e^{-\frac{R}{L}t}\right)$를 구할 수 있다. 전압은 $\epsilon_L=-L\frac{di}{dt}=-\epsilon e^{-\frac{R}{L}t}$로 표현된다. 스위치를 b쪽으로 닫을 경우 $iR+\epsilon_L=0$이고 $\epsilon_L=-L\frac{di}{dt}$이므로 $iR-L\frac{di}{dt}=0$에서 $i_L=i_o e^{-\frac{R}{L}t}$이다.

문제 213 $L=100mH$, $R=200\Omega$의 RL회로에 $30\,V$의 저항을 연결하였다. $t=1ms$에서의 전류의 변화율을 구하라.

[답] $I(t)=I_o\left(1-e^{-t/\tau}\right)$이고 $\tau=\frac{L}{R}=5\times10^{-4}s$이다. $\frac{dI}{dt}=\frac{\epsilon}{L}e^{-\frac{t}{\tau}}=40.6A/s$이다.

문제 214 아래 회로에서 $\epsilon=10V$, $R_1=2\Omega$, $R_2=3\Omega$, $R_3=4\Omega$, $L=20mH$이다. 스위치를 닫는 순간의 I_1, I_2를 구하라. 스위치를 닫은 후 오랜 시간이 지났을 때의 I_1, I_2를 구하라. 그리고

스위치를 연 후 오랜 시간이 경과했을 때의 I_1, I_2를 구하라.

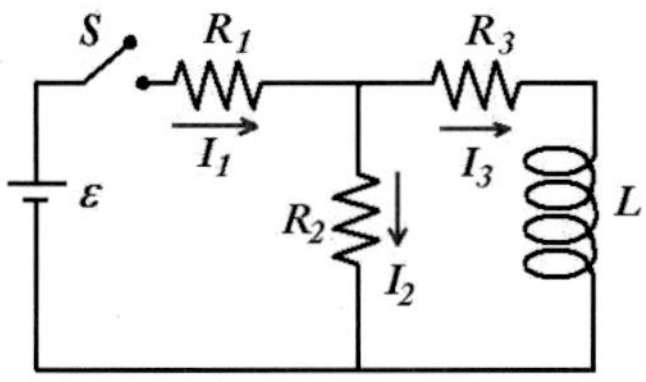

[답] 스위치를 닫는 순간은 L이 열린(open) 상태이므로 L쪽으로 전류가 흐르지 않는다. 즉, $I_3 = 0$이다. 따라서 $I_1 = I_2 = \frac{\epsilon}{R_1 + R_2} = 2A$이다. 스위치를 닫은 후 오랜 시간이 경과하면 인덕터는 도선과 같으므로 두 폐회로에서

$$\epsilon - I_1 R_1 - I_2 R_2 = 0$$
$$-I_3 R_3 + I_2 R_2 = 0$$

을 얻는다. 전류의 연속에서 $I_1 = I_2 + I_3$이다. 주어진 값을 대입하여 위 세 개의 식을 연립하여 풀면 $I_1 = 2.69A$, $I_2 = 1.54A$, $I_3 = 1.15A$를 얻을 수 있다. 스위치를 연 직후에는 인덕터를 흐르는 전류가 그대로 유지된다. 따라서 $I_3 = 1.15A$이다. 그리고 $I_2 = I_3$이고 $I_1 = 0$이다. 스위치를 연 후 오랜 시간이 경과되면 모든 전류는 0이다.

문제 215 아래 회로에서 $\epsilon = 10V$, $R_1 = 3\Omega$, $R_2 = 5\Omega$, $L = 30mH$이다. 스위치를 닫는 순간의 I_1, I_2를 구하라. 그리고 L과 R에 떨어지는 전압을 구하라. R_2에 떨어지는 전류의 시간에 따른 변화를 구하라. 스위치를 닫은 후 오랜 시간이 지났을 때의 위의 값들을 구하라.

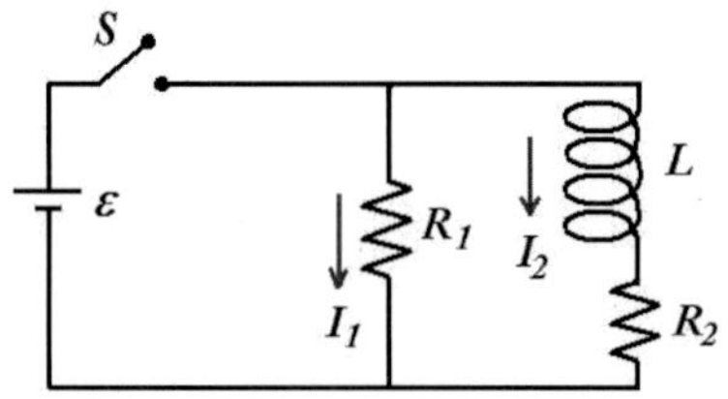

[답] 스위치를 닫은 직후는 인덕터가 열린(open) 상태이다. 따라서 인덕터로는 전류가 흐르지 못한다. 즉, $I_2 = 0$이다. 그리고 $I_1 = \frac{\epsilon}{R_1} = 3.33A$이다. $I_2 = 0$이므로 R_2에 떨어지는 전압은 $V_2 = 0$이다. 그리고 인덕터 양단의 전압은 $\epsilon_L = -\epsilon = -10V$이다. $\frac{dI_2}{dt} = -\frac{\epsilon_L}{L} = 333A/s$이다. 스위치를 닫은 후 오랜 시간이 지나면 인덕터는 도선과 같으므로 $I_1 = \frac{\epsilon}{R_1} = 3.33A$이고 $I_2 = \frac{\epsilon}{R_2} = 2A$이다. 또한 $V_1 = V_2 = I_2 R_2 = 10V$, $V_L = 0$이다. 그리고 평형상태이므로 $\frac{dI_2}{dt} = 0$이다.

문제 216 RL회로에서 인덕터에 흐르는 전류의 변화는 그림과 같다. 여기서 $R = 10\Omega$, $L = 20mH$이다. 구간별로 인덕터에 유도되는 기전력을 구하라.

[답] $\epsilon_L = -L\frac{\Delta i}{\Delta t}$이다. 첫째, $0 < t < 2$에서는 $\frac{\Delta i}{\Delta t} = 2.5 \times 10^3 A/s$이므로 $\epsilon_L = -50V$로 구해진다. 기전

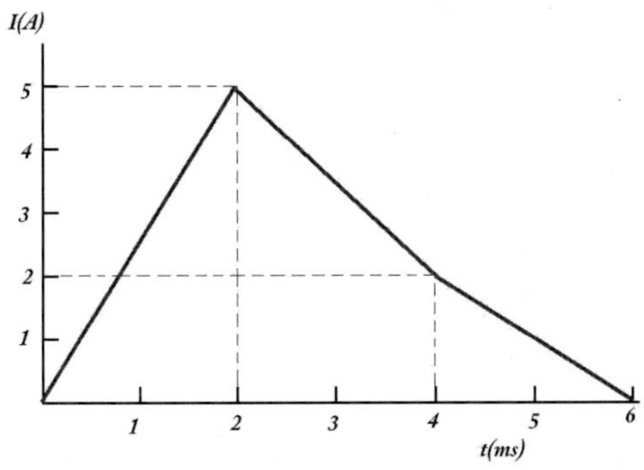

력이 −값이므로 전류 증가를 방해하는 방향으로 유도기전력이 발생한다. 둘째, $2 < t < 4$에서는 $\frac{\Delta i}{\Delta t} = -1.5 \times 10^3 A/s$이므로 $\epsilon_L = 30\,V$로 구해진다. 기전력이 +값이므로 전류를 유지하는 방향으로 유도기전력이 발생한다. 셋째, $4 < t < 6$에서는 $\frac{\Delta i}{\Delta t} = -1 \times 10^3 A/s$이므로 $\epsilon_L = 20\,V$로 구해진다. 기전력이 +값이다. 따라서 전류를 유지하는 방향으로 유도기전력이 발생한다.

문제 217 두 인덕터가 직렬과 병렬로 연결되어 있다. 각 경우의 등가 인덕턴스를 구하라. 두 인덕터는 상호인덕턴스를 무시할 수 있을 정도로 떨어져 있다고 가정한다.

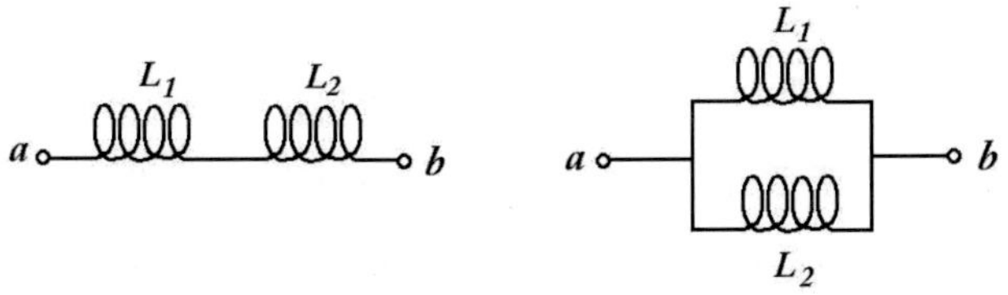

[답] 직렬연결에서는 $\epsilon_{ab} = -L_1\frac{di}{dt} - L_2\frac{di}{dt}$이다. 등가인덕턴스에 대해서는 $\epsilon_{ab} = -L\frac{di}{dt}$이므로 $L = L_1 + L_2$이다. 병렬연결에서는 $\epsilon_{ab} = -L_1\frac{di_1}{dt} = -L_2\frac{di_2}{dt}$이고 $\frac{di}{dt} = \frac{di_1}{dt} + \frac{di_2}{dt}$이다. 등가인덕턴스에 대해서는 $\epsilon_{ab} = -L\frac{di}{dt}$이므로 $\frac{\epsilon_{ab}}{L} = \frac{\epsilon_{ab}}{L_1} + \frac{\epsilon_{ab}}{L_2}$이다. 따라서 $\frac{1}{L} = \frac{1}{L_1} + \frac{1}{L_2}$로 구해진다.

문제 218 어떤 인덕터의 인덕턴스와 내부저항을 측정하기 위해 $5\,V$의 전원을 연결하였다. 최종적인 일정한 전류는 $10A$로 관찰되었다. 다음에 인덕터 양단에 저항을 무시할 수 있는 전선을 연결하였더니 0.1초 안에 전류가 $5A$로 감소하였다. 인덕터의 인덕턴스와 내부저항을 구하라.

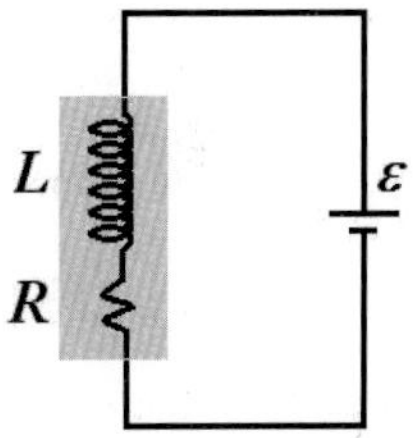

[답] $I(t) = \frac{\epsilon_m}{R}\left(1 - e^{-\frac{R}{L}t}\right)$이므로 $t \to \infty$에서는 $\frac{\epsilon_m}{R}$이다. 따라서 $R = \frac{\epsilon}{I} = 0.5\Omega$이다. 인덕터 양단에 도선을 연결하면 전원을 없애는 효과가 있다. 이때 전류의 감소는 $I = \frac{\epsilon_m}{R}e^{-\frac{R}{L}t}$로 주어지므로 $t = 0.1\,s$를 대입하여 $I = 5A$인 조건에서 $L = 72\,mH$를 구할 수 있다.

문제 219 RLC회로에서 $R = 50\Omega$, $L = 20mH$이다. 이 회로에서 공명진동수는 $\omega_o = 2kHz$로 관찰

되었다. 축전기의 용량을 구하라. 공명에서 회로의 인덕턴스는 얼마인가? $1kHz$에서의 임피던스는 얼마인가?

[답] $\omega_o^2 = \frac{1}{LC}$에서 $C = \frac{1}{\omega_o^2 L} = 0.32\mu F$이다. 공명에서는 $X_L - X_C = 0$이므로 회로의 임피던스는 $Z = \sqrt{R^2 + (X_L - X_C)^2} = R$이다. $1kHz$에 대한 리액턴스는 $X_L - X_C = \omega L - \frac{1}{\omega C} = -372\Omega$이므로 임피던스는 $Z = \sqrt{R^2 + (X_L - X_C)^2} = 375\Omega$으로 구해진다.

문제 220 LC회로에서 축전기를 완전히 충전시킨 후 $t = 0$에서 회로를 전원에서 분리하였다. 회로에 저장되는 에너지를 구하라. 그리고 에너지가 완전히 자기에너지로 변하는 시간과 완전히 전기에너지로 변하는 시간을 구하라. 인덕터의 인덕턴스는 $L = 40mH$이고 축전기의 정전용량은 $C = 10\mu F$이다. 그리고 축전기에 완전히 충전된 전하는 $q_m = 100\mu C$이다.

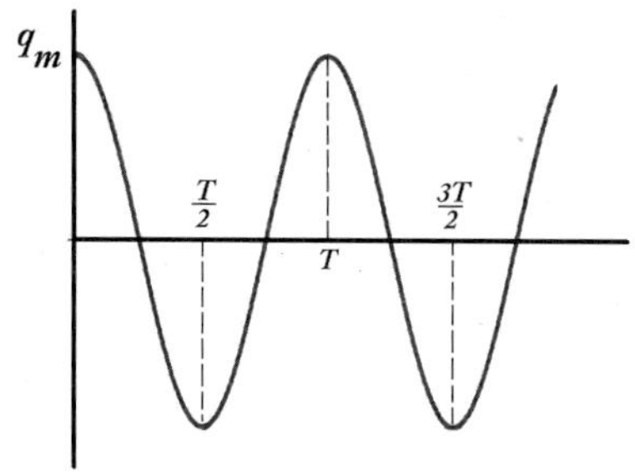

[답] $t = 0$에서 에너지는 완전히 전기에너지이다. $E = \frac{Q^2}{2C} = 5 \times 10^{-4} J$이다. $L\frac{dI}{dt} + \frac{q}{C} = 0$에서 $I = \frac{dq}{dt}$이므로 $\frac{d^2q}{dt^2} + \frac{q}{LC} = 0$에서 $q(t) = q_m \cos\left(\frac{2\pi t}{T}\right)$이다. 여기서 $T = 2\pi\sqrt{\frac{1}{LC}}$이다. 따라서 주기는 $T = 9{,}930\, s$이다. 그림에서와 같이 전기에너지는 $t = 0, \frac{T}{2}, \frac{3T}{2}, \cdots$ 에서 최대가 되고, 자기에너지는 $t = \frac{T}{4}, \frac{3T}{4}, \cdots$ 에서 최대가 된다.

6-8. 교류, 교류회로

문제 221 전구의 평균일률은 $60\,W$이다. 이 전구에 최대전압이 $310\,V$인 $60Hz$의 전원이 연결되어 있다. 전구의 저항을 구하라.

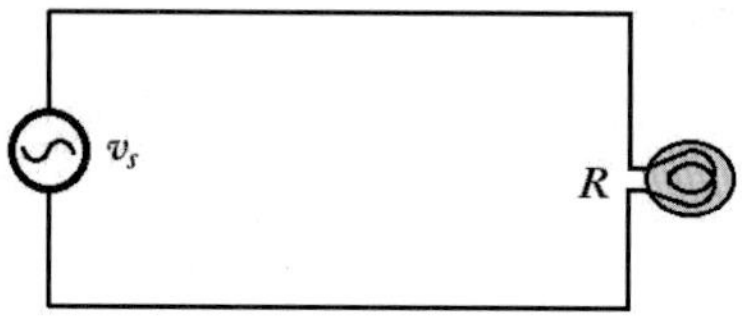

[답] 평균일률은 $P_{ave} = \frac{V_{rms}^2}{R}$로 정의된다. $V_{rms} = \frac{V_p}{\sqrt{2}}$를 이용하면 $P_{ave} = \frac{V_p^2}{2R} = 60\,W$에서 $R = 801\Omega$이다.

문제 222 $10\mu F$의 축전기가 교류전원에 연결되어 있다. 전원의 평균자승근(root mean square) 전압은 $20\,V$이다. 회로의 전류는 $0.5A$로 관찰되었다. 전원의 진동수를 구하라.

[답] $V_C = I_C X_C$에서 $X_C = 40\Omega$이다. $X_C = \frac{1}{\omega C} = \frac{1}{2\pi f C}$에서 $f = 398Hz$를 얻을 수 있다.

문제 223 인덕터를 $50Hz$의 전원에 연결하였더니 리액턴스가 60Ω이었다. 이 인덕터의 인덕턴스는 얼마인가? 그리고 인덕터를 $60Hz$의 전원에 연결하였더니 평균자승근 전압이 $50V$였다. 이때의 최대전류를 구하라.

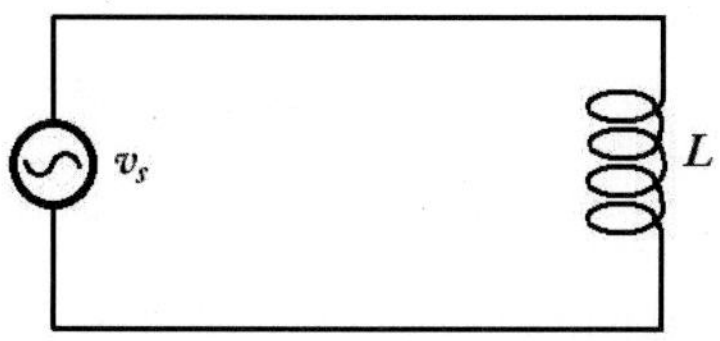

[답] $X_L = \omega L$이다. $X_c = 60\Omega$이고 $f = \frac{\omega}{2\pi} = 50Hz$이므로 $L = 0.19H$이다. $60Hz$ 전원에서의 리액턴스는 $X_L = \omega L = 71.6\Omega$이다. $V_{rms} = 50V$이므로 $V_p = \sqrt{2}\ V_{rms} = 70.7V$이다. 따라서 $I_p = \frac{V_p}{X_L} = 0.99A$이다.

문제 224 RLC회로에 $60Hz$의 전원을 연결하였다. 평균자승근 전류는 $2A$로 관찰되었다. 각 회로요소에 떨어지는 전압을 구하라. 전체적인 전압과 전류 사이의 위상차를 구하라. $R = 10\Omega$, $L = 20mH$, $C = 20\mu F$이다.

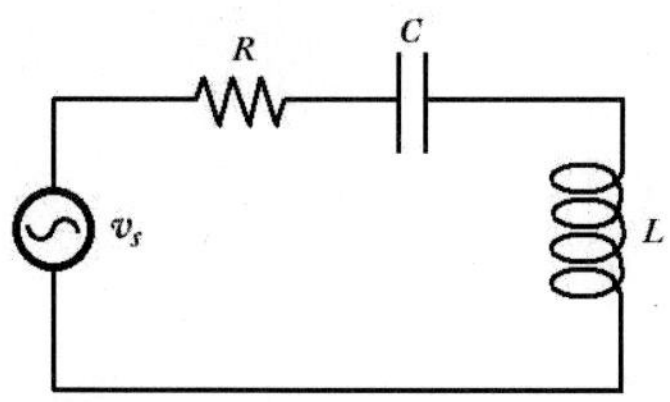

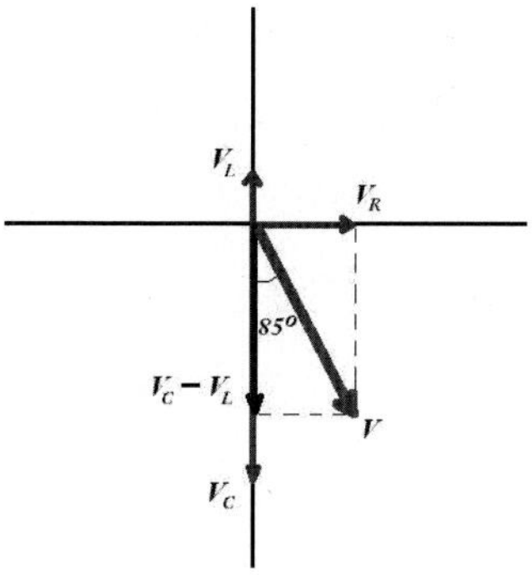

[답] 저항에 떨어지는 전압은 $V_R = IR = 20V$이다. 인덕터의 리액턴스는 $X_L = \omega L = 7.5\Omega$이고 $V_L = IX_L = 15V$이다. 축전기의 리액턴스는 $X_C = \frac{1}{\omega C} = 133\Omega$이고 $V_C = IX_C = 266V$이다. 전체적인 회로의 전압은 $V = \sqrt{V_R^2 + (V_L - V_C)^2} = 252V$이고, 이 전압과 전류 사이의 위상차는 $\phi = \tan^{-1}\frac{X_L - X_C}{R} = -85^o$로 계산된다.

문제 225 RLC회로에서 회로에 흐르는 전류를 구하라. 각 회로 소자에서 소비되는 전력을 구하라. $R = 50\Omega$, $L = 30mH$, $C = 30\mu F$이다. 전원은 $V_{rms} = 20V$, $60Hz$이다.

[답] 인덕터와 축전기의 리액턴스는 $X_L = \omega L = 11.3\Omega$, $X_C = \frac{1}{\omega C} = 88.5\Omega$이다. 따라서 임피던스는

$Z = \sqrt{R^2 + (X_L - X_C)^2} = 92\Omega$이다. 전류는 $I_{rms} = \frac{V_{rms}}{Z} = 0.22A$이다. 저항에 소비되는 평균전력은 $P_{ave} = I_{rms}^2 R = 2.36\,W$이다. 인덕터와 축전기에는 소비되는 전력이 없다.

문제 226 변압기에서 1차코일에 N_1, 2차코일에 N_2가 감겨 있다. 1차코일에 V_1이 입력될 때 2차코일의 전압은 얼마인가?

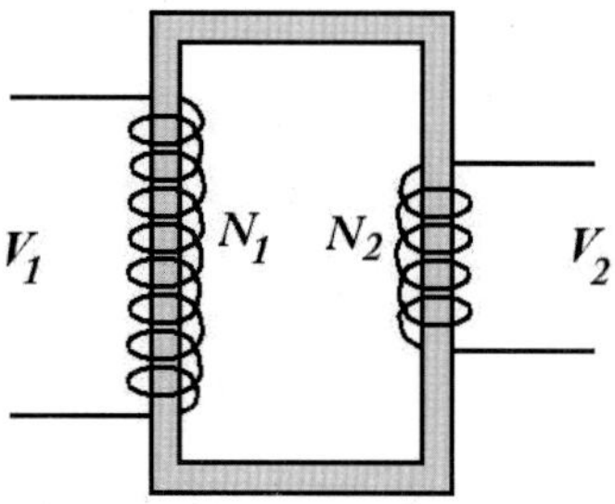

[답] 1차코일과 2차코일이 동일한 단면의 철심에 감겨 있으므로 하나의 코일에 대한 자속은 두 코일에서 동일하다. 두 코일에 유도되는 기전력은 $V_1 = -N_1\frac{d\Phi}{dt}$, $V_2 = -N_2\frac{d\Phi}{dt}$이다. 여기서 $\frac{d\Phi}{dt}$는 하나의 코일(one turn)에 대한 자속변화이다. 두 식에서 $\frac{d\Phi}{dt}$를 같게 놓으면 $\frac{V_2}{V_1} = \frac{N_2}{N_1}$이므로 $V_2 = \frac{N_2}{N_1}V_1$을 얻을 수 있다.

문제 227 초인종의 변압기의 1차코일은 500번 감겨 있고 2차코일은 50번 감겨 있다. 1차코일에 $60Hz$, $220\,V$의 전원이 입력되면 2차코일의 전압은 얼마인가? 초인종이 울릴 때 2차코일에서 $1A$의 전류가 흐른다면 1차코일의 전류는 얼마인가? 변압기는 이상적이라고 가정한다.

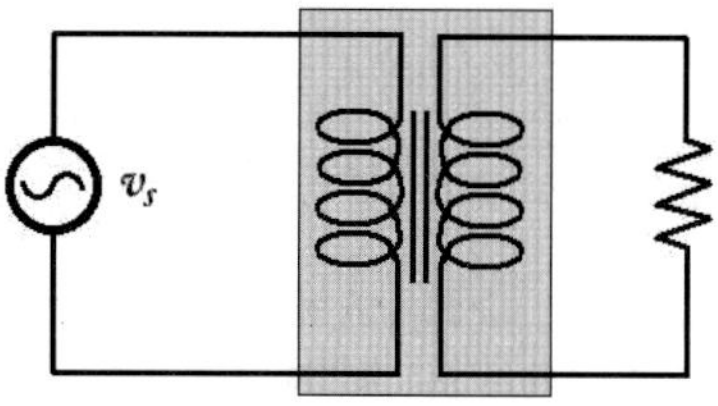

[답] $V_2 = \frac{N_2}{N_1}V_1 = 22V$이다. 그리고 이상적인 변압기이므로 변압기에서 에너지 손실이 없다. 따라서 $I_1 V_1 = I_2 V_2$이므로 $I_1 = \frac{V_2}{V_1}I_2 = 0.1A$로 주어진다.

문제 228 $5MW$의 발전소에서 만든 $360\,V$, $60Hz$의 전기가 $100km$ 떨어진 지역으로 송전된다. 송전라인의 저항은 10Ω이라고 한다. 송전 시 변압기로 전압을 100배와 1,000배 증가시킬 때 전력손실과 효율을 비교하라.

[답] 100배 승압시킬 경우 $V_2 = 3.6 \times 10^4\,V$이고 이상적인 변압기의 경우 $I_1 V_1 = I_2 V_2 = 5MW$이다. $I_2 = \frac{5MW}{V_2} = 139A$이다. 따라서 송전선의 전력손실은 $P_{ave} = I^2 R = 0.19MW$이다. 효율은 $\eta = \frac{5MW - P_{ave}}{5MW} = 96.2\%$이다. 반면에 1,000배 증가시킬 경우 $V_2 = 3.6 \times 10^5\,V$이고 전류는 $I_2 = \frac{5MW}{V_2} = 13.9A$이다. $P_{ave} = I^2 R = 1{,}392\,W$이고 $\eta = \frac{5MW - P_{ave}}{5MW} = 99.96\%$이다. 위의 결과는 전압이 높을수록 전력손실이 적어진다는 것을 보여 준다.

문제 229 송전선으로 $2A, 10,000V$의 전기를 보낸다. 이 전기를 가정으로 보내기 전에 변압기를 통하여 $220V$로 감압시킨다. 변압기의 1차와 2차코일의 비를 구하라. 가정으로 공급될 때의 전류를 구하라.

[답] $\frac{V_2}{V_1}=\frac{N_2}{N_1}$에서 $V_1=10,000V$, $V_2=220V$이므로 $\frac{N_2}{N_1}=0.022$이다. 변압기에서 전력의 손실이 없다면 $I_1V_1=I_2V_2$이므로 $I_2=91A$를 구할 수 있다.

문제 230 그림과 같은 교류회로에서 $\frac{v_{out}}{v_{in}}$의 비를 구하라. $v_{in}=v_o\sin\omega t$이다.

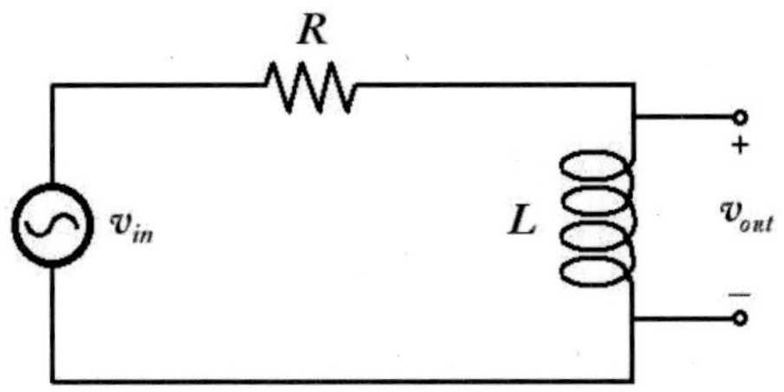

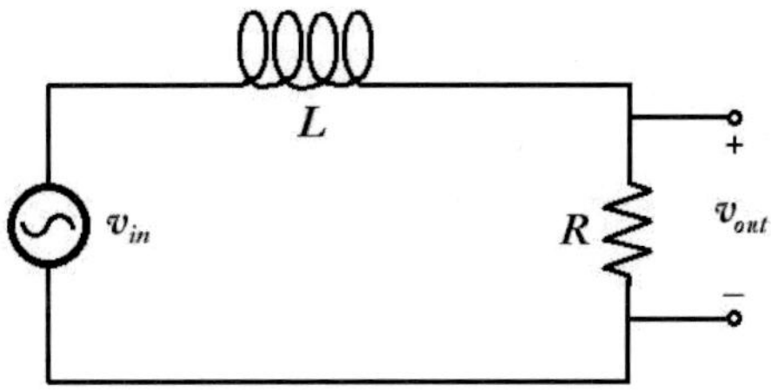

[답] 일반적인 RLC회로에서 임피던스는 $Z=\sqrt{R^2+(X_L-X_C)^2}$이다. 축전기가 없으므로 $X_C=0$으로 두면 $Z=\sqrt{R^2+X_L^2}$이다. 그리고 $X_L=\omega L$이다. 따라서 회로를 흐르는 전류는 $I=\frac{v_{in}}{Z}=\frac{v_{in}}{\sqrt{R^2+\omega^2L^2}}$이다. 왼쪽 회로의 경우 $v_{out}=IX_L=\frac{\omega Lv_{in}}{\sqrt{R^2+\omega^2L^2}}$이므로

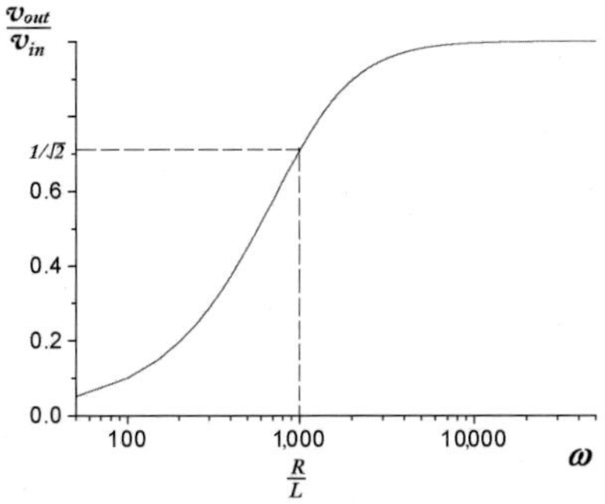

$$A=\frac{v_{out}}{v_{in}}=\frac{1}{\sqrt{1+\left(\frac{R}{\omega L}\right)^2}}$$

이다. 여기서 A를 전압이득이라고 부른다. ω가 아주 큰 경우 $A\to1$이고 ω가 아주 작은 경우 $A\to0$이다. 따라서 이 회로는 낮은 진동수의 신호를 차단하고 높은 진동수의 신호를 통과시킨다. 이를 높은 진동수 통과 필터회로(high pass filter)라고 부른다.

한편 오른쪽 회로에서는 $v_{out}=IR=\frac{Rv_{in}}{\sqrt{R^2+\omega^2L^2}}$이므로

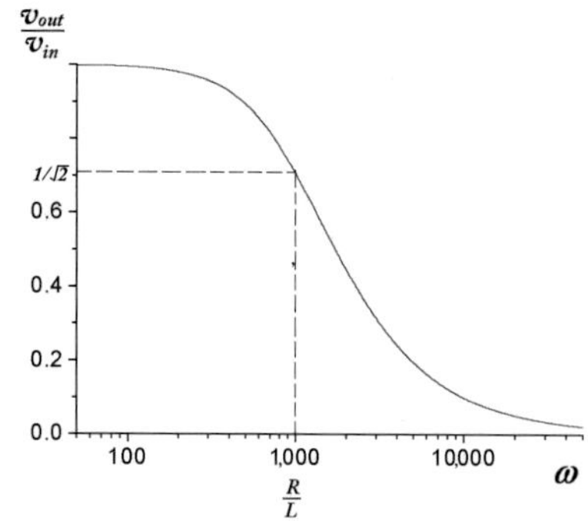

$$A=\frac{v_{out}}{v_{in}}=\frac{1}{\sqrt{1+\left(\frac{L\omega}{R}\right)^2}}$$

이다. ω가 아주 큰 경우 $A\to 0$이고 ω가 아주 작은 경우 $A\to 1$이다. 따라서 이 회로는 낮은 진동수의 신호를 통과시키고 높은 진동수의 신호를 차단한다. 이를 낮은 진동수 통과 필터회로(low pass filter)라고 부른다.

문제 231 그림과 같은 교류회로에서 $\frac{v_{out}}{v_{in}}$의 비를 구하라. $v_{in}=v_o\sin\omega t$이다.

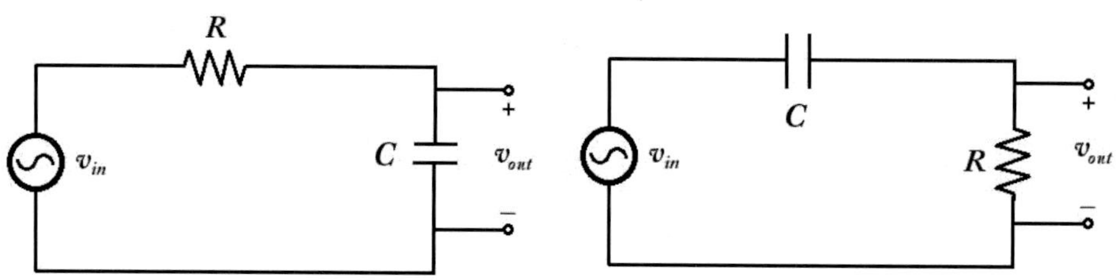

[답] 일반적인 RLC회로에서 임피던스는 $Z=\sqrt{R^2+(X_L-X_C)^2}$이다. 인덕터가 없으므로 $X_L=0$으로 두면 $Z=\sqrt{R^2+X_C^2}$이다. 그리고 $X_C=\frac{1}{\omega C}$이다. 따라서 회로를 흐르는 전류는 $I=\frac{v_{in}}{Z}=\frac{v_{in}}{\sqrt{R^2+\left(\frac{1}{\omega C}\right)^2}}$이다. 왼쪽 회로의 경우 $v_{out}=IX_C=\frac{v_{in}}{\omega C\sqrt{R^2+\left(\frac{1}{\omega C}\right)^2}}$이므로

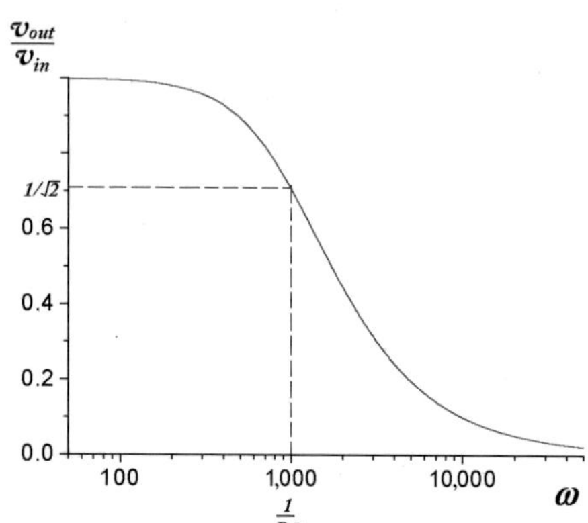

$$A=\frac{v_{out}}{v_{in}}=\frac{1}{\sqrt{1+(R\omega C)^2}}$$

이다. ω가 아주 큰 경우 $A\to 0$이고 ω가 아주 작은 경우 $A\to 1$이다. 따라서 이 회로는 낮은 진동수의 신호를 통과시키고 높은 진동수의 신호는 차단한다. 이를 낮은 진동수 통과 필터회로라고 부른다.

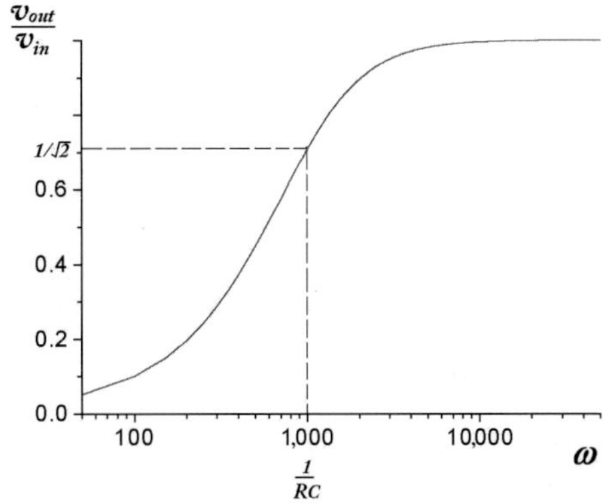

오른쪽 회로의 경우 $v_{out} = IR = \frac{Rv_{in}}{\sqrt{R^2 + \left(\frac{1}{\omega C}\right)^2}}$이므로

$$A = \frac{v_{out}}{v_{in}} = \frac{1}{\sqrt{1 + \left(\frac{1}{\omega RC}\right)^2}}$$

이다. ω가 아주 큰 경우 $A \to 1$이고 ω가 아주 작은 경우 $A \to 0$이다. 따라서 이 회로는 낮은 진동수의 신호를 차단하고 높은 진동수의 신호는 통과시킨다. 이를 높은 진동수 통과 필터회로라고 부른다.

문제 232 RLC회로에서 $\omega_o = \frac{1}{\sqrt{LC}}$에서 최대출력이 발생함을 보여라. 이 진동수를 공명진동수라고 부른다. 최대출력의 반이 되는 지점의 진동수 폭을 구하라. 공명의 뾰족함의 정도는 Q값으로 정의된다. $Q = \frac{\omega_o}{\Delta\omega}$로 정의되는데 이를 구하라.

[답] $P_{ave} = I_s^2 R = \frac{V_s^2 R}{R^2 + \left(\omega L - \frac{1}{\omega C}\right)^2}$로 주어진다. $\omega_o = \frac{1}{\sqrt{LC}}$이라고 두면

$$P_{ave} = \frac{V_s^2 R}{R^2 + \frac{L^2}{\omega^2}\left(\omega^2 - \omega_o^2\right)^2} = \frac{V_{rms}^2 R\omega^2}{(R\omega)^2 + L^2(\omega^2 - \omega_o^2)^2}$$

을 얻는다. 공명($\omega = \omega_o$)에서는 $P_{ave}(\omega_o) = \frac{V_{rms}^2}{R}$로 주어진다. 위 식에서 $P_{ave} = \frac{1}{2}P_{ave}(\omega_o)$에서 $\pm R\omega = L(\omega^2 - \omega_o^2)$을 얻는다. 이차방정식 근의 공식에서 $\omega = \pm\frac{R}{2L} \pm \sqrt{\left(\frac{R}{2L}\right)^2 + \omega_o^2}$으로 주어진다. 이에 따라 $\omega_{high} = \frac{R}{2L} + \sqrt{\left(\frac{R}{2L}\right)^2 + \omega_o^2}$, $\omega_{high} = -\frac{R}{2L} + \sqrt{\left(\frac{R}{2L}\right)^2 + \omega_o^2}$이다. 따라서 P_{ave}의 반이 되는 지점의 진동수 폭은 $\Delta\omega = \omega_{high} - \omega_{low} = \frac{R}{L}$이다. $Q = \frac{\omega_o}{\Delta\omega} = \frac{L}{R}\omega_o$이다.

제7장 광학

굴절률(refractive index)

$n=\dfrac{c}{v}$

굴절률이 다른 경계면에서의 반사와 굴절

$\theta_i=\theta_r$: 반사의 법칙

$n_1\sin\theta_i=n_2\sin\theta_t$: 굴절의 법칙

구면거울 면에서의 반사

$\dfrac{1}{s}+\dfrac{1}{s'}=\dfrac{2}{R}=\dfrac{1}{f}$

$f>0$: 오목거울, $f<0$: 볼록거울

$s, s'>0$: 거울 밖, $s, s'<0$: 거울 안

투명한 구면에서의 굴절

$\dfrac{n_1}{s}+\dfrac{n_2}{s'}=\dfrac{n_2-n_1}{R}$

$R>0$: 볼록면, $R<0$: 오목면

$s>0$: 투명면 밖, $s'>0$: 투명면 안

얇은 렌즈의 공식

$\dfrac{1}{s}+\dfrac{1}{s'}=(n_2-n_1)\left(\dfrac{1}{R_1}-\dfrac{1}{R_2}\right)=\dfrac{1}{f}$

$f>0$: 볼록렌즈, $f<0$: 오목렌즈

$s>0$: 렌즈 왼쪽, $s'>0$: 렌즈 오른쪽

$m=-\dfrac{h'}{h}=-\dfrac{s'}{s}$: 렌즈의 배율

돋보기의 배율

$m=\dfrac{25}{f}+1$: 허상이 근점

$m=\dfrac{25}{f}$: 허상이 무한대

현미경의 배율

$m=m_e m_o=-\left(\dfrac{25}{f_e}\right)\left(\dfrac{L}{f_o}\right)$

망원경의 배율

$m=-\dfrac{f_o}{f_e}$

Young의 이중슬릿(slit) 실험

$d\sin\theta=m\lambda$: 보강간섭

$d\sin\theta=\left(m+\dfrac{1}{2}\right)\lambda$: 소멸간섭

Newton Ring 무늬

$r_n=\sqrt{2Rt_n}$: 어두운 무늬의 반경

$2t_n=m\lambda$: 어두운 무늬의 조건

Michelson 간섭계

$2\Delta=m\lambda$: 어두운 무늬의 조건

Δd: 두 팔의 길이 차이

빛의 회절(단일슬릿)

$I_P=I_o\left(\dfrac{\sin\beta}{\beta}\right)^2$

$\beta=\dfrac{kD}{2}\sin\theta$, D: 슬릿의 직경

분해능의 한계(원형 구멍)

$\Delta\theta_{\min}=\dfrac{1.22\lambda}{D}$

회절격자(다중슬릿)

$a\sin\theta_m=m\lambda$: 최대무늬의 조건

$D=\dfrac{d\theta_m}{d\lambda}=\dfrac{m}{a\cos\theta_m}$: 분해능

편광

$I=I_o\cos^2\theta$: Malus의 법칙

$\theta_P=\tan^{-1}\dfrac{n_2}{n_1}$: Brewster 각

7-1. 빛, 반사의 법칙, 굴절의 법칙

문제 1 공기 중에서는 $\lambda_o = 500nm$인 빛이 물속으로 전파될 경우, 물속에서의 빛의 속도와 파장을 구하라. 물의 굴절률은 1.33이다.

[답] 빛이 물질 속으로 전파될 때 진동수는 바뀌지 않는다. 바뀌는 것은 속도와 파장이다. 물질 속에서의 파장은 $\lambda = \frac{v}{f} = \frac{c}{nf} = \frac{\lambda_o}{n}$로 주어진다. 즉, 매질 속에서는 파장이 짧아진다. $v = \frac{c}{n} = 2.26 \times 10^8 m/s$이고 파장은 $376nm$이다.

문제 2 빛이 A에서 B로 진행한다. 그 경로 사이에 두께 $2mm$이고 굴절률 1.5인 유리를 두었을 때 파장이 $500nm$인 빛의 위상변화는 얼마인가?

[답] AB 사이의 거리를 d라 두고 유리의 두께를 l이라고 두자. 파는 $\sin(kx - \omega t)$와 같이 기술되므로 위상은 $kx - \omega t$이다. 이에 따라 위상은 경로 차이 x에 의해서 변한다. 그리고 $k = \frac{2\pi}{\lambda}$이고, 공기 중에서의 파장 λ_o와 물질 속에서의 파장 λ 사이에는 $\lambda = \frac{\lambda_o}{n}$의 관계가 있다. 따라서 유리의 두께 l에서는 파장이 $\frac{\lambda_o}{n}$이고 나머지 길이 $d-l$에서는 파장이 λ_o이다. 결국 유리에 의한 위상의 변화는

$$\Delta\phi = \frac{2\pi}{\lambda} l + \frac{2\pi}{\lambda_o}(d-l) - \frac{2\pi}{\lambda_o} d = \frac{2\pi l}{\lambda_o}(n-1)$$

과 같이 주어진다. 위 식에 값을 대입하면 $\Delta\phi = 2{,}000 \times 2\pi$로 구해진다. 위상 변화가 2π의 배수이므로 실제적으로는 위상 변화가 없는 것과 같다.

문제 3 $500nm$의 빛이 두께가 $1cm$이고 굴절률이 1.5인 유리에 수직으로 입사한다. 빛이 유리판을 통과하는 데 걸리는 시간은 얼마인가? 유리판은 몇 파장 두께에 해당되는가?

[답] 빛의 속도는 $v = \frac{c}{n} = 2 \times 10^8 m/s$이다. 따라서 유리판을 통과하는 데 걸리는 시간은 $t = \frac{s}{v} = 0.05ns$이다. 유리판 안에서의 파장은 $\frac{\lambda_o}{n} = 333nm$이다. 따라서 유리판 안의 파장의 수는 $\frac{s}{\lambda} = 30{,}030$이다.

문제 4 물속에 있는 광원을 생각해 보자. 광원은 경계면에서 깊이 h에 있다. 물 밖의 관찰자가 광원의 근방에 있을 경우, 관찰자가 관측하는 광원의 깊이는 h보다 작다. 이를 굴절의 법칙으로 설명하라.

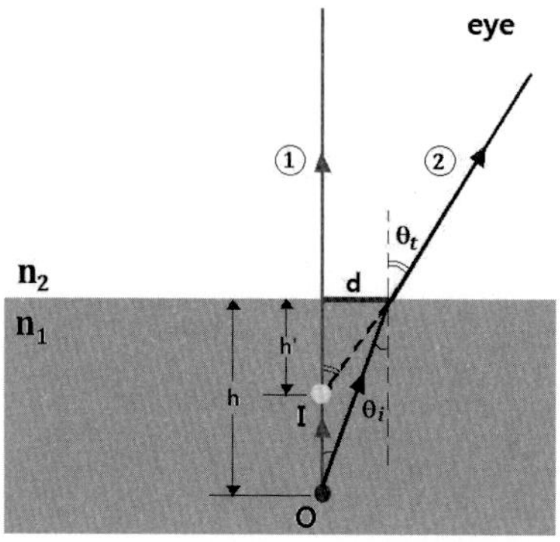

[답] 그림에서 $\frac{d}{h'} = \tan\theta_t$와 $\frac{d}{h} = \tan\theta_i$이다. 두 식을 정리하면

$$h' = \frac{\tan\theta_i}{\tan\theta_t} h \simeq \frac{\sin\theta_i}{\sin\theta_t} h = \frac{n_2}{n_1} h$$

를 얻을 수 있다. 여기서 $n_1 > n_2$이므로 $h' < h$이다. 물의 굴절률 $n_1 = 1.33$과 공기의 굴절률 $n_2 = 1$을 이용하면 $h' = 0.75\,h$를 구할 수 있다.

문제 5 빛이 $n_1 = 1$인 공기에서 $n_2 = 1.5$인 유리로 입사각 30^o로 입사하였다. 굴절각을 구하라.

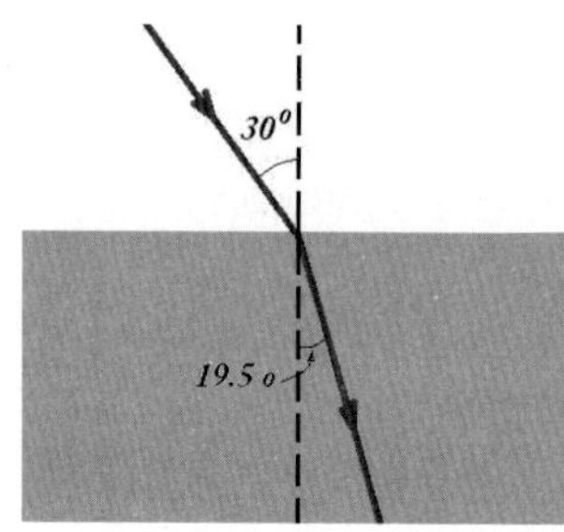

[답] $n_1 \sin\theta_1 = n_2 \sin\theta_2$에서 $\theta_2 = 19.5^o$로 구해진다.

문제 6 공기 중에 $n = 1.5$인 유리판이 놓여 있다. 공기에서 유리로 입사각 30^o로 빛이 입사한다고 하자. 빛의 경로를 구하라.

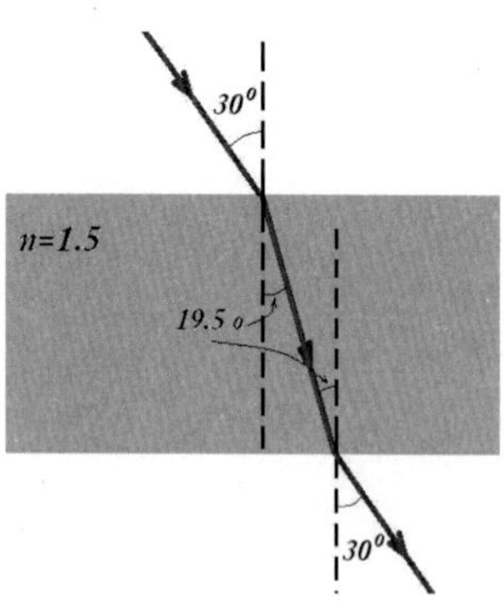

[답] 유리의 윗면에서 굴절각은 $\sin 30^o = 1.5 \sin\theta_1$에서 $\theta_1 = 19.5^o$로 구해진다. 두 번째 유리면에서의 굴절각은 $1.5 \sin 19.5^o = \sin\theta_2$에서 $\theta_1 = 30^o$로 구해진다. 즉, 입사각과 빛이 유리판을 나오는 각도는 동일하다.

문제 7 정삼각형 단면의 프리즘이 있다. 프리즘은 굴절률 1.5인 유리로 만들었다. 빛이 프리즘의 한쪽 면에 각도 40^o로 입사한다고 하자. 빛이 프리즘을 빠져나오는 과정을 추적하라.

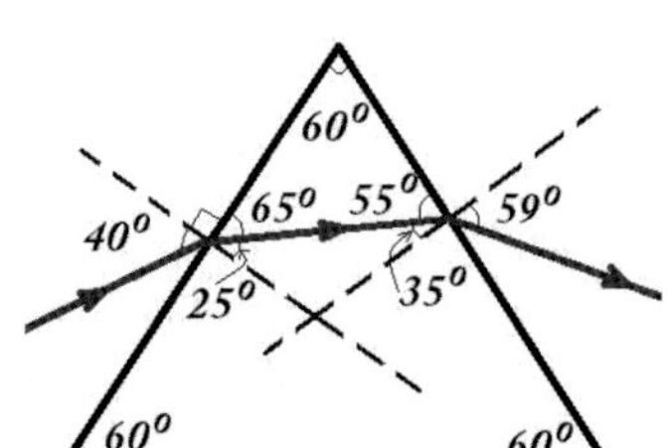

[답] 첫 번째 면에서의 굴절각은 $\sin 40^o = 1.5 \sin\theta_1$에서 $\theta_1 = 25^o$로 구해진다. 두 번째 면에서의 굴절각은 $1.5 \sin 35^o = \sin\theta_2$에서 $\theta_1 = 59^o$로 구해진다.

문제 8 그림과 같은 직삼각형 프리즘이 있다. 프리즘은 굴절률 1.5인 유리로 만들었다. 빛이 프리즘의 수직면에 수직으로 입사한다고 하자. 빛이 프리즘을 빠져나오는 과정을 추적하라.

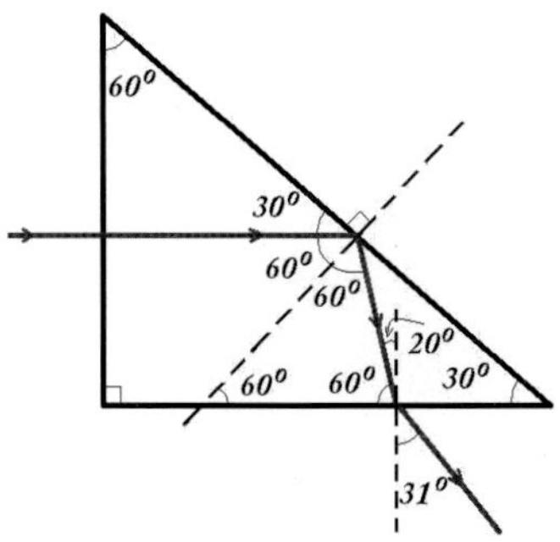

[답] 첫 번째 면에서는 입사각이 0^o이므로 굴절각도 0^o이다. 두 번째 면에서 입사각은 60^o이다. 굴절각은 $1.5\sin 60^o = \sin\theta_2$에서 $1.5\sin 60^o > 1$이므로 전반사를 한다. 반사각은 60^o이다. 밑면에서의 굴절각은 $1.5\sin 20^o = \sin\theta_3$에서 $\theta_3 = 31^o$로 구해진다.

문제 9 굴절률이 1.5인 유리로 만든 반원의 평면에 입사각 40^o로 빛이 입사한다고 하자. 빛의 경로를 추적하라.

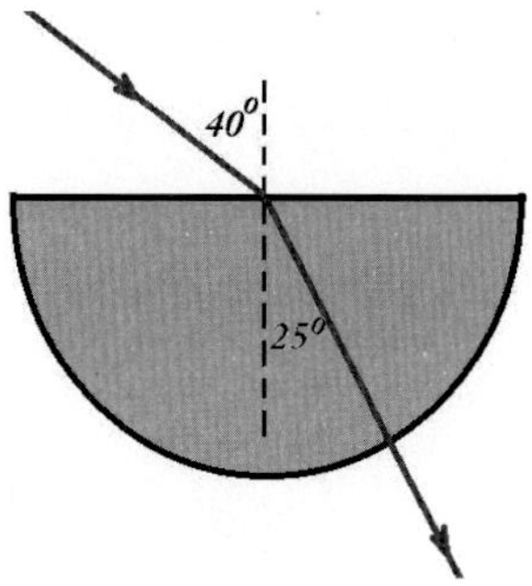

[답] 굴절각은 $\sin 40^o = 1.5\sin\theta_1$에서 $\theta_1 = 25^o$로 구해진다. 반원의 면에서는 빛이 수직으로 입사하므로 입사각이 0^o이고, 따라서 굴절각도 0^o이다.

문제 10 Fermat의 정리를 이용하여 굴절의 법칙을 구하라.

[답] Fermat의 원리에 의하면 빛은 가장 빠른 경로를 택한다. 그림에서 $t = \frac{l_1}{v_1} + \frac{l_2}{v_2}$이고 $l_1 = \sqrt{a^2 + x^2}$, $l_2 = \sqrt{b^2 + (d-x)^2}$, $v_1 = \frac{c}{n_1}$, $v_2 = \frac{c}{n_2}$이므로

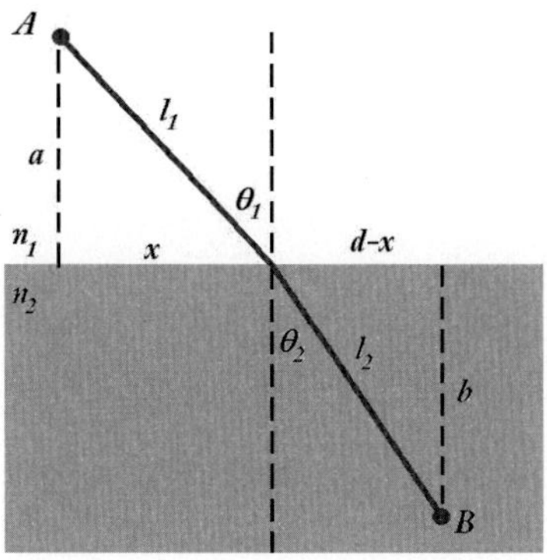

$$t = \frac{n_1\sqrt{a^2 + x^2}}{c} + \frac{n_2\sqrt{b^2 + (d-x)^2}}{c}$$

과 같이 표현된다. 가장 시간이 짧게 걸리는 경로는 $\frac{dt}{dx} = 0$을 만족한다. 따라서

$$\frac{n_1 x}{\sqrt{a^2 + x^2}} = \frac{n_2(d-x)}{\sqrt{b^2 + (d-x)^2}}$$

가 얻어진다. 즉, $n_1\sin\theta_1 = n_2\sin\theta_2$이다.

문제 11 얼음에서의 빛의 속도는 $2\times10^8 m/s$이다. 얼음의 굴절률을 구하라. 얼음에서 공기로 나오는 빛이 전반사가 되는 임계각을 구하라.
[답] $n=\frac{c}{v}=1.5$이고 $\theta_c=\sin^{-1}\frac{1}{n}=42^o$이다.

문제 12 물에서 공기로 광선이 진행할 때 전반사가 되는 임계각을 구하라.
[답] 임계각은 굴절각이 90^o가 되는 입사각이다. 임계각보다 큰 각도로 입사하는 경우 빛은 모두 반사되어 되돌아온다. 즉, 전반사된다. 전반사는 굴절률이 높은 매질에서 굴절률이 낮은 매질로 빛이 진행할 때만 일어난다. $n_1\sin\theta_1=n_2\sin\theta_2$에서 굴절각 $\theta_2=90^o$일 때의 입사각 θ_1이 임계각이다. 즉, 임계각은 $\sin\theta_c=\frac{n_2}{n_1}$를 만족한다. 여기서 $\sin\theta_c\le1$이어야 하므로 $n_1>n_2$를 만족해야 전반사가 일어난다. 따라서 굴절률이 높은 매질에서 굴절률이 낮은 매질로 빛이 진행할 때만 전반사가 일어나게 된다. 물의 굴절률이 1.33이므로 빛이 물에서 공기로 진행할 때 전반사의 임계각은 $\theta_c=49^o$이다.

7-2. 거울 면에서의 반사, 거울에 의한 상

문제 13 곡률반경이 $5cm$인 오목거울 $7cm$ 앞에 물체가 놓여 있다. 상의 위치를 구하라. 상은 실상인가, 허상인가? 물체가 거울 앞 $2cm$에 놓일 경우 상의 위치를 구하라.
[답] 오목거울의 초점거리는 $f=\frac{R}{2}=2.5cm$이다. 거울 앞 $7cm$에 놓인 물체에 대한 상은 $\frac{1}{s}+\frac{1}{s'}=\frac{2}{R}$에서 $3.89cm$를 구할 수 있다. 상은 실상이다. 거울 앞 $2cm$ 떨어진 물체의 상의 위치는 $-10cm$이다. 즉, 상은 허상으로서 거울 안 $10cm$ 위치에 있다.

문제 14 곡률반경이 $5cm$인 볼록거울 $7cm$ 앞에 물체가 놓여 있다. 상의 위치를 구하라. 상은 실상인가, 허상인가? 물체가 거울 앞 $2cm$에 놓일 경우 상의 위치를 구하라.
[답] 볼록거울의 초점거리는 $f=-\frac{R}{2}=-2.5cm$이다. 거울 앞 $7cm$에 놓인 물체에 대한 상은 $\frac{1}{s}+\frac{1}{s'}=\frac{2}{R}$에서 $-0.54cm$를 구할 수 있다. 상은 허상으로서 거울 안 $0.54cm$에 있다. 거울 앞에서 $2cm$ 떨어진 물체의 상의 위치는 $-0.9cm$이다. 즉, 상은 허상으로서 거울 안 $0.9cm$ 위치에 있다.

문제 15 수평선에 떠오르는 해를 물속에 있는 물고기가 보는 각도는 얼마인가?

[답] 해는 수평선에 있으므로 굴절각이 90^o가 되는 입사각을 구하면 된다. 굴절의 법칙 $n_1 \sin\theta_1 = n_2 \sin\theta_2$에서 $n_1 = 1.33$, $n_2 = 1$, $\theta_2 = 90^o$일 때 $\theta_1 = 49^o$이다. 물고기가 해를 보는 각도는 $90^o - \theta_2 = 41^o$이다.

문제 16 광섬유의 중심부분은 굴절률이 1.5인 유리이고 그 표면에 굴절률이 1.48인 물질로 도포(cladding) 되어 있다. 이 광섬유로 빛이 입사한다고 하자. 전반사 조건을 만족하는 임계 입사각을 구하라.

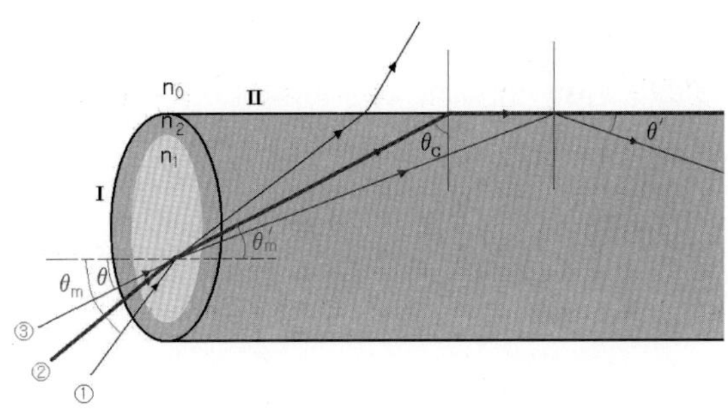

[답] 그림에서 ①과 같은 각도로 빛이 입사하면 그림에서 보듯이 외곽으로 투과되어 버린다. 반면에 광선 ②와 같은 경우에는 임계 전반사를 보인다. 즉, 이 경우 광선은 광섬유의 표면을 따라 이동한다. 광선 ③의 경우 전반사 조건을 만족하여 광섬유의 표면에서 계속적으로 전반사가 일어나서 광신호가 광섬유의 한 끝에서 다른 끝으로 이동할 수 있다. 전반사의 조건이 만족되는 최대의 입사각 θ_m은 다음과 같이 구할 수 있다. 먼저 I면에서 굴절의 법칙을 적용하면 $n_0 \sin\theta_m = n_1 \sin\theta_m{}'$이 되고 II면에서 굴절의 법칙을 적용하면 $n_1 \sin\theta_c = n_2 \sin 90^o$가 된다. 그리고 θ_c와 $\theta_m{}'$는 $\theta_c + \theta_m{}' = 90^o$의 관계가 있으므로 임계각은 $\theta_m = \sin^{-1}(\sqrt{n_1^2 - n_2^2}/n_0)$으로 표현된다. 위 식의 각도는 전반사 조건을 만족하는 입사각의 최대치이다. 즉, 이 각보다 작은 각으로 광신호를 광섬유 안으로 입사시키면 그 신호는 광섬유의 경계면에서 연속적으로 전반사되어 광섬유의 한 끝에서 다른 끝으로 전달될 수 있다. 그리고 광섬유가 공기 중에서 사용된다면 n_0의 값은 1이다. 문제에서는 $n_1 = 1.5, n_2 = 1.48$이므로 $\theta_m = \sin^{-1}(\sqrt{n_1^2 - n_2^2}/n_0) = 14^o$이다. 즉, 광섬유 단면의 임의의 위치에서 $\pm 14^o$의 원뿔 모양 안으로 빛이 입사하는 경우 전반사 조건을 만족한다.

문제 17 굴절률 1.5인 유리로 만든 반경 $10cm$의 반구형이 공기 중에 놓여 있다. 반구형의 중심축의 중간($5cm$)에 흠이 있다. 바깥에서 이 흠을 볼 때 흠이 보이는 위치는 어디인가?

[답] $\frac{n_1}{s} + \frac{n_2}{s'} = \frac{n_2 - n_1}{R}$에서 흠은 유리구 안에 있으므로 $n_1 = 1.5$이고 $n_2 = 1$이다. 그리고 유리구 안에서 보면 곡률은 $-10cm$이다. 따라서 $s' = -4cm$를 구할 수 있다. 즉, 흠은 구의 표면에서

$4cm$ 안에 있는 것같이 보인다. 따라서 실제 깊이보다 $1cm$ 앞에 있는 것같이 보인다.

문제 18 직경 $20cm$의 구형 어항이 있다. 물고기가 어항 표면에서 $8cm$ 떨어진 지점에 있다. 바깥에서 볼 때 물고기가 관측되는 지점을 구하라. 물을 담고 있는 어항의 효과를 무시하라.
[답] $\frac{n_1}{s}+\frac{n_2}{s'}=\frac{n_2-n_1}{R}$에서 물고기는 어항의 물속에 있으므로 $n_1=1.33$이고 $n_2=1$이다. 그리고 어항 안에서 보면 곡률은 $-10cm$이다. 따라서 $s'=-7.5cm$를 구할 수 있다. 즉, 실제 위치인 $8cm$보다 $0.5cm$ 앞에 있는 것같이 보인다.

문제 19 깊이 $20cm$의 어항 바닥에 있는 물고기를 어항의 바로 위에서 볼 때 보이는 위치를 구하라.
[답] 물 표면은 평면이므로 $R\to\infty$이다. $\frac{n_1}{s}+\frac{n_2}{s'}=\frac{n_2-n_1}{R}$에서 $s'=15cm$를 구할 수 있다. 즉, 실제 위치보다 $5cm$ 위에 있는 것같이 보인다.

문제 20 곡률반경이 $40cm$인 오목거울 앞 $50cm$에 놓인 높이가 $10cm$인 물체에 대한 상의 위치와 크기를 구하라. 물체를 앞으로 당겨 거울 앞 $10cm$에 놓을 경우 상의 위치와 크기를 구하라.
[답] 초점거리는 $f=\frac{R}{2}=20cm$이다. $\frac{1}{s}+\frac{1}{s'}=\frac{1}{f}$에서 $s=50cm$이므로 $s'=33.33cm$를 구할 수 있다. s'이 양의 값이므로 상은 실상이다. 배율은 $m=\frac{h_i}{h_o}=-\frac{s'}{s}=-0.667$이므로 상의 높이는 $h_i=6.67cm$가 된다. 그리고 물체의 거리가 $s=10cm$일 때 상의 위치는 $s'=-20cm$이다. s'이 음의 값이므로 허상을 얻는다. 배율은 $m=2$이므로 상의 높이는 $h_i=20cm$이다. 오목거울의 경우 물체가 초점 바깥에 있으면 실상이고 초점 안에 있으면 허상이 됨을 알 수 있다.

문제 21 곡률반경이 $60cm$인 볼록거울 앞 $40cm$에 놓인 높이가 $10cm$인 물체에 대한 상의 위치와 크기를 구하라. 물체를 앞으로 당겨 거울 앞 $20cm$에 놓을 경우 상의 위치와 크기를 구하라.
[답] 초점거리는 $f=-\frac{R}{2}=-30cm$이다. $\frac{1}{s}+\frac{1}{s'}=\frac{1}{f}$에서 $s=40cm$이므로 $s'=-17cm$이다. 즉, 거울 뒤 $17cm$의 거리에 허상이 맺힌다. 배율은 $m=\frac{h_i}{h_o}=-\frac{s'}{s}=0.35$이므로 상의 높이는 $h_i=3.5cm$가 된다. 그리고 물체의 거리가 $s=20cm$일 때 상의 위치는 $s'=-12cm$이다. s'이 음의 값이므로 상은 허상이다. 배율은 $m=0.6$이므로 상의 높이는 $h_i=6cm$이다. 볼록거울의 경우 물체의 위치에 관계없이 항상 허상을 얻음을 볼 수 있다.

문제 22 치과의사가 곡률반경이 $2cm$인 오목거울을 이용하여 치아를 관찰한다. 거울을 치아의 $6mm$ 앞에 두고 관찰할 때 배율은 얼마인가?

[답] $f=\frac{R}{2}=1cm$이다. $\frac{1}{s}+\frac{1}{s'}=\frac{1}{f}$에서 $s=0.6cm$이므로 $s'=-1.5cm$를 얻는다. 배율은 $m=$ $m=-\frac{s'}{s}=2.5$이다.

문제 23 볼록거울 앞 $10cm$에 놓인 물체의 상의 크기가 $\frac{1}{4}$로 관찰되었다. 볼록거울의 곡률반경을 구하라.

[답] $m=\left|\frac{s'}{s}\right|=\frac{1}{4}$이다. 볼록거울에서는 항상 허상을 얻으므로 $s=10cm$에서 $s'=-2.5cm$를 얻을 수 있다. $\frac{1}{s}+\frac{1}{s'}=\frac{1}{f}$에서 $f=-\frac{10}{3}cm$를 얻는다. 즉, 곡률은 $R=2f=-6.67cm$이다.

문제 24 곡률반경 R인 오목거울에 의한 상의 크기가 물체의 크기와 동일하게 되려면 물체를 렌즈 앞 어느 위치에 놓아야 되는가?

[답] $m=\left|\frac{s'}{s}\right|=1$이므로 $s=s'$이다. $\frac{1}{s}+\frac{1}{s'}=\frac{1}{f}=\frac{2}{R}$에서 $s=R$을 얻는다. 즉, 거울의 중심에 물체를 놓으면 된다.

7-3. 렌즈에 의한 상

문제 25 한쪽 끝이 볼록한 유리막대 앞에 물체가 놓여 있다. 볼록면의 곡률은 $5cm$이다. 그리고 유리의 굴절률은 1.5이다. 물체는 볼록면 앞 $20cm$ 위치에 놓여 있다. 상의 위치와 배율을 구하라. 유리막대는 공기 중에 놓여 있다.

[답] $\frac{1}{s}+\frac{n}{s'}=\frac{n-1}{R}$에서 $s'=30cm$를 구할 수 있다. 그리고 배율은 $m=-1$이다. 상은 도립이다.

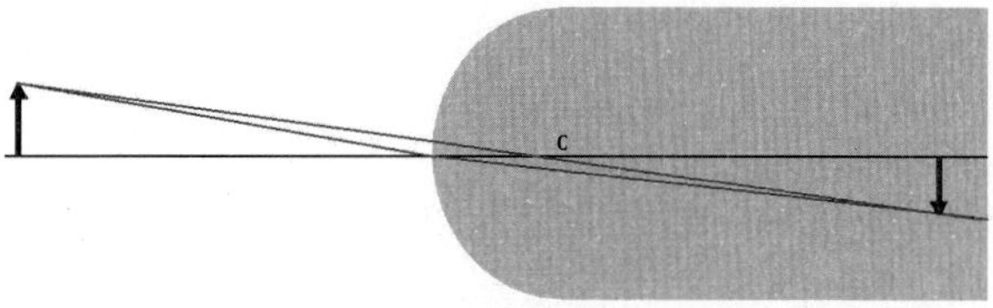

문제 26 한쪽은 곡률반경이 $5cm$이고 다른 한쪽은 평편한 얇은 볼록렌즈가 있다. 이 렌즈의 초점거리를 구하라. 렌즈는 굴절률 1.5인 유리로 만들었다. 이 렌즈의 $15cm$ 앞에 물체가 놓여 있다. 상의 위치와 배율을 구하라.

[답] 초점거리는 $\frac{1}{f}=(n-1)\left(\frac{1}{r_{11}}-\frac{1}{r_{12}}\right)$을 이용하면 $f=10cm$를 구할 수 있다. 평편한 경우 곡률은 ∞이다. 얇은 렌즈의 공식을 이용하여 상의 위치를 구하면 $s'=30cm$이다. 따라서 배율은 -2배로서 상은 도립이다.

문제 27 곡률반경이 한쪽은 $-5cm$이고 다른 한쪽의 곡률은 $+5cm$인 오목렌즈가 있다. 이 렌즈의 초점거리를 구하라. 렌즈는 굴절률 1.5인 유리로 만들었다. 이 렌즈의 $10cm$ 앞에 물체가 놓여 있다. 상의 위치와 배율을 구하라.

[답] 초점거리는 $\frac{1}{f}=(n-1)\left(\frac{1}{r_{11}}-\frac{1}{r_{12}}\right)$을 이용하면 $f=-5cm$를 구할 수 있다. 얇은 렌즈의 공식을 이용하여 상의 위치를 구하면 $s'=-3.33cm$이다. 즉, 상은 렌즈 앞 $3.33cm$에 허상으로 맺힌다. 그리고 배율은 +0.33배이다. 즉, 상은 정립이다.

문제 28 초점거리가 $10cm$이고 양쪽 모두 볼록한 볼록렌즈를 굴절률 1.5인 유리로 만든다고 하자. 양쪽의 곡률반경을 구하라.

[답] 양쪽이 볼록한 경우 $R_1=-R_2$이다. $\frac{1}{f}=(n-1)\left(\frac{1}{r_{11}}-\frac{1}{r_{12}}\right)$에서 $R_1=2.5cm=-R_2$이다.

문제 29 한쪽 면은 평편한 오목렌즈를 만든다고 하자. 유리의 굴절률은 1.5이고 초점거리는 $-20cm$이다. 곡률반경을 구하라.

[답] 한쪽 면의 곡률은 음이고 다른 쪽은 평편하므로 곡률이 ∞이다. 따라서 $R_1=-10cm$이다.

문제 30 한쪽 면이 평편한 볼록렌즈의 초점거리는 $10cm$이다. 다른 쪽 면의 곡률은 $15cm$라고 할 때 렌즈를 만든 재질의 굴절률은 얼마인가?

[답] 평편한 면의 곡률은 ∞이다. 따라서 $n=2.5$이다.

문제 31 양쪽이 볼록한 렌즈가 있다. 곡률반경은 모두 $20cm$이다. 이 렌즈를 공기 중, 물속, 굴절률 1.6인 매질 속에서 이용할 때 각각의 초점거리를 구하라.

[답] $\frac{1}{f}=\frac{n_2-n_1}{n_1}\left(\frac{1}{r_{11}}-\frac{1}{r_{12}}\right)$을 이용하면 된다. 첫째, 공기 중에서 사용할 경우 $n_1=1$, $n_2=1.5$이므로 $f=20cm$이다. 둘째, 물속에서 사용할 경우 $n_1=1.33$, $n_2=1.5$이므로 $f=78cm$이다. 셋째, 굴절률 1.6인 매질 속에서는 $n_1=1.6$, $n_2=1.5$이므로 $f=-160cm$이다.

문제 32 물체가 렌즈 왼쪽 $10cm$ 위치에 놓여 있다. 허상이 렌즈 왼쪽 $8cm$ 위치에서 관찰되었다면 이 렌즈의 초점거리를 구하라.

[답] $\frac{1}{s}+\frac{1}{s'}=\frac{1}{f}$에서 $s=10cm$, $s'=-8cm$이므로 $f=-40cm$이다. 즉, 오목렌즈이다.

문제 33 두께 $10cm$인 두꺼운 볼록렌즈가 있다. 왼쪽에서 볼 때 한쪽 면의 곡률은 $50cm$이고, 다른 쪽 면의 곡률은 $-50cm$이다. 렌즈 앞 $30cm$에 물체를 놓을 경우 상의 위치와 배율을 구하라. 렌즈를 만든 물질의 굴절률은 1.5이다.

[답] 첫 번째 렌즈 면에 의해 형성되는 상의 위치는 $\frac{n_1}{s_1}+\frac{n_2}{s_1'}=\frac{n_2-n_1}{R_1}$을 이용하면 된다. 값을 대입하면 $s_1'=22.5\,cm$를 구할 수 있다. 이때 $m_1=-\frac{n_1 s_1'}{n_2 s_1}=-0.5$로 구해진다. 렌즈의 두께가 $5cm$이므로 상은 두 번째 면의 오른쪽 $12.5cm$에 있다. 따라서 이 상은 두 번째 면에서 보면 허물체에 해당된다. 두 번째 면에 의한 상은 $\frac{n_2}{s_2}+\frac{n_1}{s_2'}=\frac{n_1-n_2}{R_2}$를 이용하면 된다. 값을 대입하면 $s_2'=4.5\,cm$를 구할 수 있다. 즉, 두 번째 면의 오른쪽 $4.5cm$에 최종상이 맺힌다. 이때 배율은 $m_2=-\frac{n_2 s_2'}{n_1 s_2}=0.54$로 구해진다. 따라서 총 배율은 $m=m_1m_2=0.27$이다. 상은 정립이다.

문제 34 직경 $6cm$인 반구형 볼록렌즈가 있다. 볼록면 앞 $8cm$에 물체를 놓을 경우 상의 위치와 배율을 구하라. 렌즈를 만든 물질의 굴절률은 1.5이다.

[답] 한쪽 면의 곡률은 $3cm$이고 다른 쪽 면은 평편하므로 곡률은 ∞이다. 볼록면에 의해 형성되는 상의 위치는 $\frac{n_1}{s_1}+\frac{n_2}{s_1'}=\frac{n_2-n_1}{R_1}$을 이용하면 된다. $n_1=1$, $n_2=1.5$, $R_1=3cm$, $s_1=8cm$를 대입하면 $s_1'=36cm$를 구할 수 있다. 이때 배율은 $m_1=-\frac{n_1 s_1'}{n_2 s_1}=-3$으로 구해진다. 렌즈의 두께가 $3cm$이므로 상은 두 번째 면의 오른쪽 $33cm$에 있다. 따라서 이 상은 두 번째 곡면에서 보면 허물체에 해당된다. 두 번째 면에 의한 상은 $\frac{n_2}{s_2}+\frac{n_1}{s_2'}=\frac{n_1-n_2}{R_2}$를 이용하면 된다. $s_2=-33cm$, $R_2\rightarrow\infty$를 대입하면 $s_2'=22\,cm$를 구할 수 있다. 즉, 두 번째 면의 오른쪽 $22cm$에 최종상이 맺힌다. 이때 배율은 $m_2=-\frac{n_2 s_2'}{n_1 s_2}=1$로 구해진다. 따라서 총 배율은 $m=m_1m_2=-3$이다. 즉, 최종상은 도립이다.

문제 35 양쪽 모두 오목하고 두께가 $5cm$인 두꺼운 오목렌즈가 있다. 즉, 한쪽 면의 곡률은 $-10cm$이고 다른 쪽 면의 곡률은 $25cm$이다. 렌즈 앞 $20cm$에 물체를 놓을 경우 상의 위치와 배율을 구하라. 렌즈를 만든 물질의 굴절률은 1.6이다.

[답] 첫 번째 면에 의해 형성되는 상의 위치는 $\frac{n_1}{s_1}+\frac{n_2}{s_1'}=\frac{n_2-n_1}{R_1}$을 이용하면 된다. 값을 대입하면 $s_1'=-14.5\,cm$를 구할 수 있다. 즉, 이는 첫 번째 면의 왼쪽 $14.5cm$에 해당된다. 이때 배율은 $m_1=-\frac{n_1 s_1'}{n_2 s_1}=0.45$로 구해진다. 렌즈의 두께가 $5cm$이므로 상은 두 번째 면의 왼쪽 $19.5cm$에 있다. 이 상은 두 번째 면의 왼쪽에 있으므로 실물체에 해당된다. 두 번째 면에 의한 상은 $\frac{n_2}{s_2}+\frac{n_1}{s_2'}=\frac{n_1-n_2}{R_2}$를 이용하면 된다. 값을 대입하면 $s_2'=-9.4\,cm$를 구할 수 있다. 즉, 두 번째 면의 왼쪽 $9.4cm$에 허상이 맺힌다. 이때 배율은 $m_2=-\frac{n_2 s_2'}{n_1 s_2}=0.77$로 구해진다. 따라서 총 배율은 $m=m_1m_2=0.35$이다.

문제 36 초점거리 $15cm$인 볼록렌즈와 초점거리 $-15cm$인 오목렌즈가 $60cm$ 떨어져 놓여 있다. 물체가 볼록렌즈 앞 $25cm$에 놓여 있을 때, 상의 위치와 배율을 구하라.

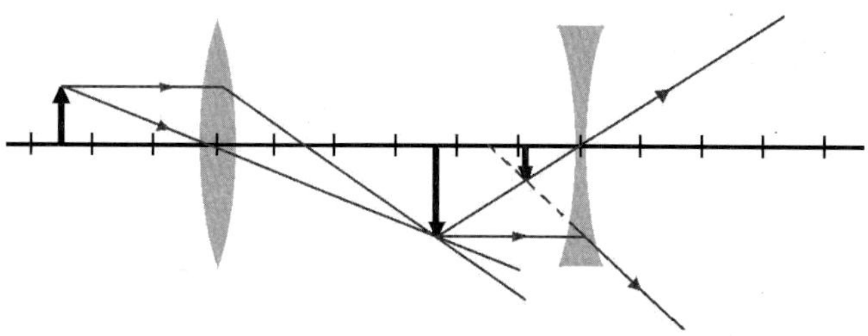

[답] 볼록렌즈에 의한 일차상의 위치는 $\frac{1}{s_1}+\frac{1}{s_1'}=\frac{1}{f_1}$에서 $s_1'=37.5cm$이다. 즉, 도립실상이다. 이때 배율은 $m_1=-\frac{s_1'}{s_1}=-1.5$이다. 두 렌즈가 $60cm$ 떨어져 놓여 있으므로 일차상은 오목렌즈의 $22.5cm$ 앞에 맺힌다. 이 일차상이 오목렌즈의 물체(실물체)가 된다. $\frac{1}{s_2}+\frac{1}{s_2'}=\frac{1}{f_2}$에서 $s_2'=-9cm$이다. 즉, 허상이다. 이때 배율은 $m=-\frac{s_2'}{s_2}=0.4$이다. 최종상은 허상으로서 오목렌즈 앞 $9cm$에 맺힌다. 배율은 $m=m_1m_2=-0.6$으로서 도립허상이다.

문제 37 초점거리 $15cm$인 볼록렌즈와 초점거리 $-10cm$인 오목렌즈가 $20cm$ 떨어져 놓여 있다. 물체가 볼록렌즈 앞 $30cm$에 놓여 있다. 상의 위치와 배율을 구하라.

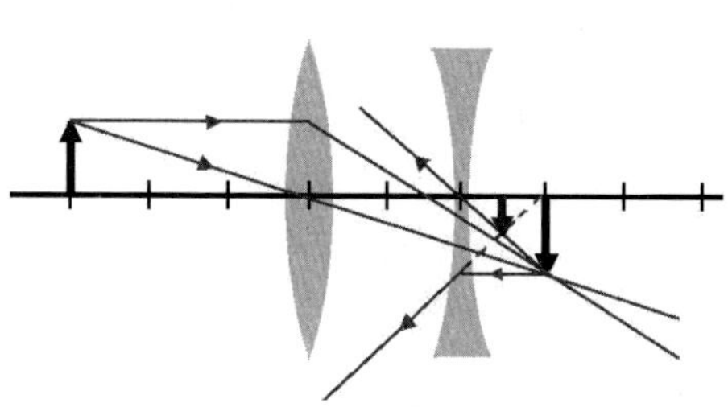

[답] 볼록렌즈에 의한 일차상의 위치는 $\frac{1}{s_1}+\frac{1}{s_1'}=\frac{1}{f_1}$에서 $s_1'=30cm$이다. 즉, 도립실상이다. 이때 배율은 $m_1=-\frac{s_1'}{s_1}=-1$이다. 두 렌즈가 $20cm$ 떨어

져 놓여 있으므로 일차상은 오목렌즈 뒤쪽 $10cm$에 맺힌다. 이 일차상이 오목렌즈의 물체(허물체)가 된다. 즉, $s_2 = -10cm$이다. $\frac{1}{s_2}+\frac{1}{s_2'}=\frac{1}{f_2}$에서 $s_2' = 5cm$이다. 이때 배율은 $m=-\frac{s_2'}{s_2}=0.5$이다. 최종상은 허상으로서 오목렌즈 뒤 $5cm$에 맺힌다. 배율은 $m = m_1 m_2 = -0.5$로서 도립허상이다.

문제 38 초점거리 $20cm$인 볼록렌즈와 초점거리 $10cm$인 볼록렌즈가 $30cm$ 떨어져 놓여 있다. 물체가 첫 번째 볼록렌즈 앞 $10cm$에 놓여 있다. 상의 위치와 배율을 구하라.

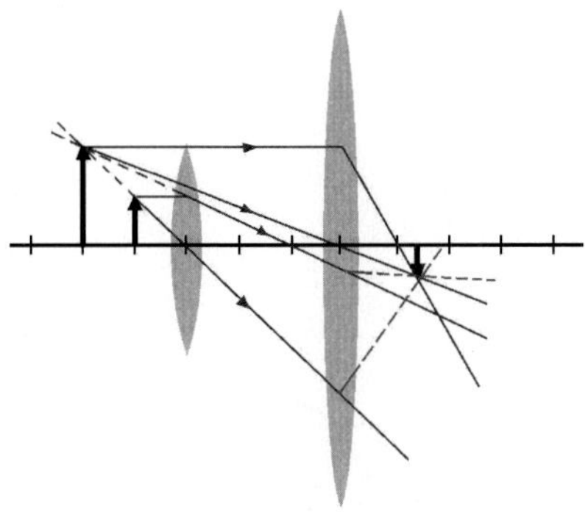

[답] 첫 번째 볼록렌즈에 의한 일차상의 위치는 $\frac{1}{s_1}+\frac{1}{s_1'}=\frac{1}{f_1}$에서 $s_1' = -20cm$이다. 정립허상이다. 이때 배율은 $m_1=-\frac{s_1'}{s_1}=2$이다. 두 렌즈가 $30cm$ 떨어져 놓여 있으므로 일차상은 두 번째 볼록렌즈의 앞 $50cm$에 맺힌다. 이 일차상이 두 번째 볼록렌즈의 물체(실물체)가 된다. 즉, $s_2 = 50cm$이다. $\frac{1}{s_2}+\frac{1}{s_2'}=\frac{1}{f_2}$에서 $s_2' = -12.5cm$이다. 이때 배율은 $m=-\frac{s_2'}{s_2}=-0.25$이다. 최종상은 허상으로서 볼록렌즈 뒤 $12.5cm$에 맺힌다. 배율은 $m = m_1 m_2 = -0.5$로서 도립허상이다.

7-4. 눈, 광학기구

문제 39 폭이 $2cm$인 물체를 $8cm$ 떨어진 위치에서 돋보기로 관찰해 보니 폭이 $10cm$인 허상으로 관찰되었다. 이 돋보기의 초점거리를 구하라.

[답] $m=\frac{s'}{s}$에서 $m = 5$이므로 $s' = 40cm$이다. 그리고 허상이기 때문에 $s' = -40cm$이다. $\frac{1}{s}+\frac{1}{s'}=\frac{1}{f}$에서 $f = 10cm$로 구해진다.

문제 40 현미경의 대물렌즈의 초점거리는 $1cm$이다. 그리고 대안렌즈의 초점거리는 $2.7cm$이다. 대물렌즈의 $1.05cm$ 앞에 물체를 놓았을 때 대안렌즈를 통해 또렷한 상을 볼 수 있다. 대물렌즈와 대안렌즈의 떨어진 거리와 현미경의 배율을 구하라.

[답] 대물렌즈에 의한 상의 위치는 $\frac{1}{s_1}+\frac{1}{s_1'}=\frac{1}{f_1}$에서 $s_1'=21cm$이다. 이 거리는 대물렌즈에서 일차상까지의 거리이다. 이때 배율은 $m_1=-\frac{s_1'}{s_1}=20$이다. 그리고 대안렌즈에 의한 상은 $25cm$에 또렷한 허상이 맺히므로 $\frac{1}{s_2}+\frac{1}{s_2'}=\frac{1}{f_2}$에서 $s_2'=-25\,cm$를 대입하면 일차상의 위치는 대안렌즈에서 $s_2=24.4cm$이다. 이때 배율은 $m=-\frac{s_2'}{s_2}=10.24$이다. 대물렌즈와 대안렌즈 사이의 거리는 대물렌즈에서 일차상까지의 거리(s_1')와 일차상에서 대안렌즈까지의 거리(s_2)의 합이다. 따라서 $L=s_1'+s_2=22.4cm$이다. 현미경의 배율은 대안렌즈와 대물렌즈 배율의 곱이다. 즉, $m=m_1m_2=205$이다.

문제 41 원시인 어떤 사람의 근점이 $100cm$이다. $+3D$(diopter)의 안경을 쓸 경우 새로운 근점을 구하라. 안경과 눈 사이의 거리는 $2cm$이다.

[답] 교정안경은 새로운 근점에 있는 물체를 그 사람의 근점($100cm$)에 있는 것처럼 또렷이 보이게 한다. 그리고 디옵터는 렌즈의 굴절력(볼록렌즈)과 분산력(오목렌즈)을 나타내는 단위로서 미터(m) 단위로 바꾼 초점거리의 역수이다. 즉, $P=\frac{1}{f}$이다. 따라서 렌즈의 초점거리는 $f=\frac{1}{P}=0.33m$이다. $\frac{1}{s}+\frac{1}{s'}=\frac{1}{f}$에서 $s'=-98cm$이므로 $s=25cm$이다. 따라서 새로운 근점은 $27cm$이다.

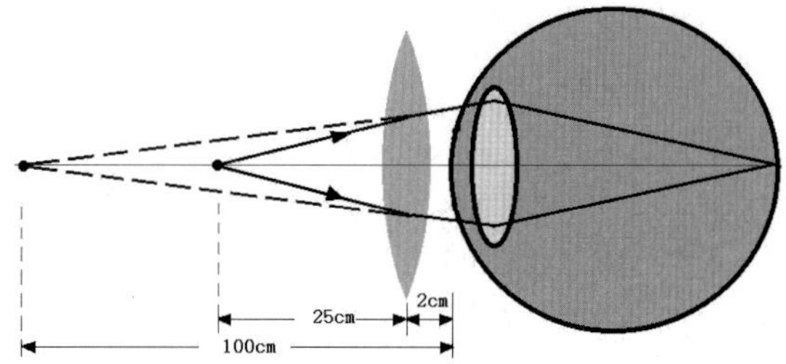

문제 42 근시인 어떤 사람의 원점이 $2m$이다. 먼 거리에 있는 물체를 또렷이 볼 수 있는 안경의 도수를 구하라. 안경과 눈 사이의 거리는 $2cm$이다.

[답] 안경은 무한대에 있는 물체를 그 사람의 원점($2m$)에 상을 또렷이 맺히게 만든다. $\frac{1}{s}+\frac{1}{s'}=\frac{1}{f}$에서 $s=\infty$, $s'=198cm$이므로 $f=-198cm$이다. 따라서 안경의 도수는 $P=\frac{1}{f}=+0.5D$이다.

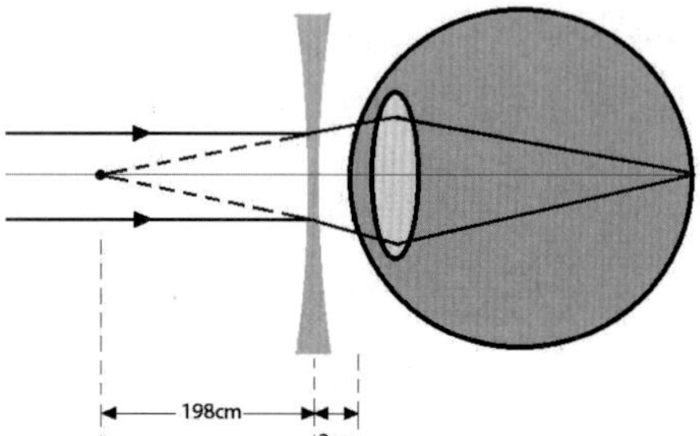

문제 43 $+3D$(디옵터)의 안경을 쓰는 어떤 사람이 책을 읽을 때 적어도 $25cm$ 떨어뜨려 놓아야

깨끗한 상이 보인다. 안경을 벗고 책을 읽을 때 깨끗한 상을 얻으려면 눈과 책 사이의 거리가 얼마여야 하는가? 안경과 눈 사이의 거리는 $2cm$이다.

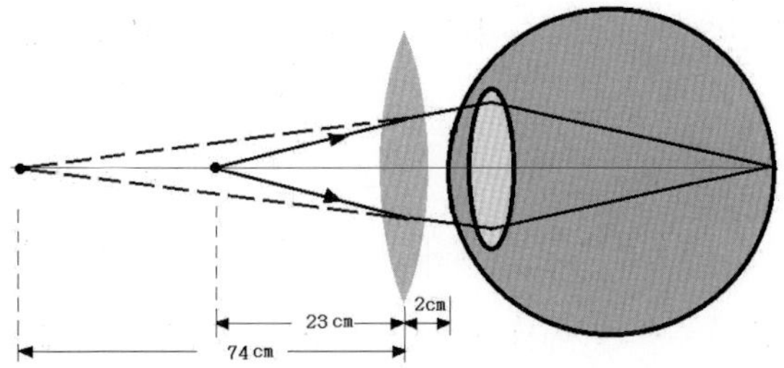

[답] 이 사람의 근점을 구하는 문제이다. 안경은 $25cm$에 놓인 물체를 이 사람의 근점에 깨끗한 상을 만들어 준다. 안경의 도수가 $+3D$이므로 렌즈의 초점거리는 $f=\frac{1}{P}=0.33m$이다. $\frac{1}{s}+\frac{1}{s'}=\frac{1}{f}$에서 $s=23cm$이므로 $s'=-74cm$이다. 따라서 이 사람의 근점은 $76cm$이다.

문제 44 근점이 $100cm$인 원시의 눈을 가진 사람이 있다. $25cm$에서 신문을 읽기 위해 사용해야 하는 렌즈의 굴절력은 얼마인가? 눈과 렌즈 사이의 거리는 $2cm$이다.

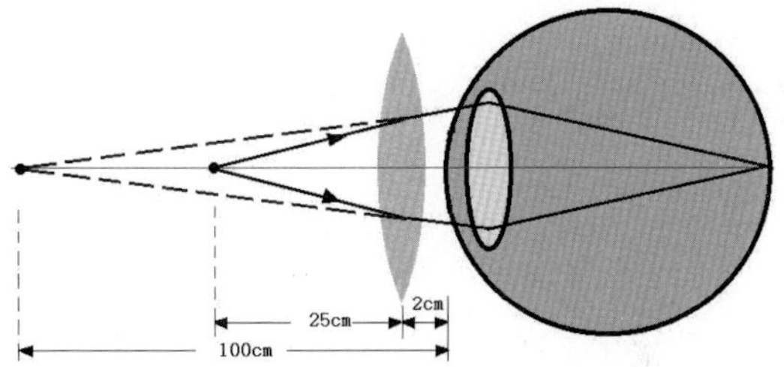

[답] 렌즈를 낀 경우 물체가 $25cm$에 놓일 때 이 사람의 근점에 허상이 맺힌다. $\frac{1}{s}+\frac{1}{s'}=\frac{1}{f}$에서 $s=23cm$, $s'=-98cm$이므로 $f=30cm$이다. 따라서 렌즈의 굴절력은 $P=\frac{1}{f}=+3.33D$이다.

문제 45 근시인 사람의 근점과 원점이 각각 $12cm$와 $18cm$이다. 이 사람이 먼 곳의 물체를 명확히 보기 위한 렌즈의 굴절력은 얼마인가? 그리고 안경을 낀 경우의 새로운 근점은 얼마인가? 렌즈와 눈 사이의 거리는 $2cm$이다.

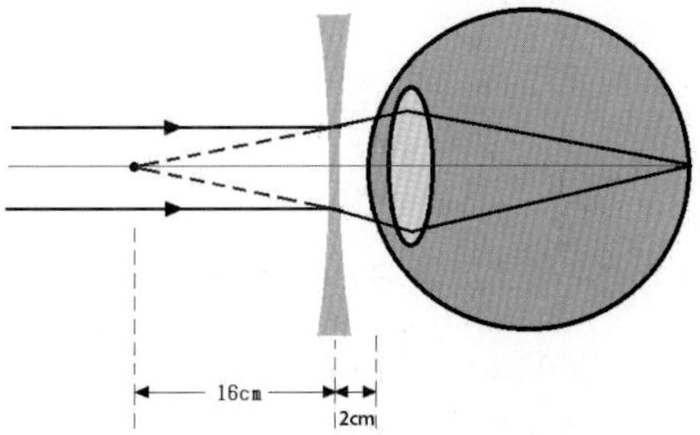

[답] 안경을 낀 경우 먼 곳(∞, 정상인의 원점)에 있는 물체에 대해 렌즈는 원시인 사람의 원점에 상을 맺히게 해야 한다. $\frac{1}{s}+\frac{1}{s'}=\frac{1}{f}$에서 $s=\infty$, $s'=-16cm$에서 $f=-16cm$이다. 따라서 굴절력은 $P=\frac{1}{f}=-6.25D$이다. 안경을 낀 경우 새로운 근점에 놓인 물체가 이 사람의 근점에 허상으로

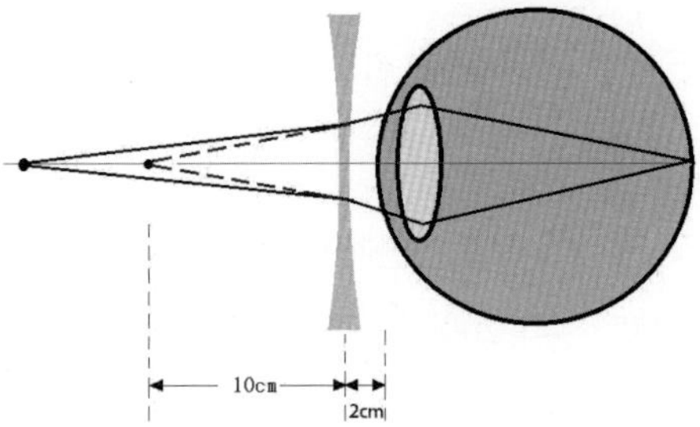

맺힌다. $\frac{1}{s}+\frac{1}{s'}=\frac{1}{f}$에서 $s'=-10cm$이므로 $s=27cm$이다.

문제 46 원점이 $5m$인 사람의 눈을 교정하기 위한 렌즈의 초점거리를 구하라.

[답] 거리 ∞에 있는 물체를 $5m$에 있는 것처럼 보아야 한다. 따라서 $s=\infty$, $s'=-5cm$(허상)이다. $\frac{1}{s}+\frac{1}{s'}=\frac{1}{f}$에서 $f=-5cm$이다. 이 렌즈의 분산력은 $-0.2D$이다.

문제 47 근점이 $1.5m$인 사람의 눈을 교정하기 위한 렌즈의 초점거리를 구하라.

[답] $25cm$(정상인의 근점)에 있는 물체를 $1.5m$에 있는 것처럼 보이게 만든다. $s=25cm$, $s'=-1.5m$(허상)이므로 $\frac{1}{s}+\frac{1}{s'}=\frac{1}{f}$에서 $f=0.3m$이다. 이 렌즈의 굴절력은 $+3.33\,D$이다.

문제 48 $+20D$인 돋보기의 배율은 얼마인가? 이때 물체는 어디에 두어야 하는가?

[답] 초점거리는 $f=\frac{1}{P}=5cm$이다. 배율은 $m=\frac{25}{f}+1=6$이다. $25cm$에 형성된 허상을 보는 것이므로 $\frac{1}{s}+\frac{1}{s'}=\frac{1}{f}$에서 $s'=-25cm$이다. 따라서 $s=4.17cm$이다. 즉, 물체를 $4.17cm$에 두면 $25cm$에 허상이 생기게 된다.

문제 49 어떤 사람이 $25cm$에 있는 책을 읽기 위해 $+2D$의 안경이 필요했다. 그런데 몇 년이 지나서는 그 안경을 끼고서 $40cm$에 있는 책을 또렷이 읽을 수 있게 되었다. $25cm$에 놓인 책을 읽기 위해서 필요한 안경의 도수를 구하라.

[답] 렌즈의 초점거리는 $f=\frac{1}{P}=50cm$이다. 이 안경으로 $40cm$에 있는 책을 볼 때 상의 위치는 $\frac{1}{s}+\frac{1}{s'}=\frac{1}{f}$에서 $s=40cm$이므로 $s'=-200cm$이다. $25cm$에 있는 물체를 볼 때 상이 $-200cm$(허상)에 생기기 위해서 필요한 렌즈의 초점거리를 구하면 된다. $\frac{1}{s}+\frac{1}{s'}=\frac{1}{f}$에서 $s=25cm$이고 $s'=-200cm$이므로 $f=28.6cm$이다. 도수는 $P=\frac{1}{f}=+3.5D$이다.

문제 50 원점이 $2m$인 사람이 사용해야 하는 교정렌즈의 도수는 얼마인가? 안경 앞 $1m$에 놓인 물체에 대한 상의 위치는 어디인가?

[답] 무한대에 있는 물체에 대해 원점에 허상이 맺혀야 한다. $\frac{1}{s}+\frac{1}{s'}=\frac{1}{f}$에서 $s=\infty$, $s'=-200cm$이므로 $f=-200cm$이고 도수는 $P=\frac{1}{f}=-0.5D$이다. 안경 $1m$ 앞의 상은 $\frac{1}{s}+\frac{1}{s'}=\frac{1}{f}$에서 $s=100cm$, $f=-200cm$이므로 $s'=-67cm$이다.

문제 51 근점이 $1m$인 사람이 사용해야 하는 교정렌즈의 도수는 얼마인가? 이 사람이 $+2D$의 안경을 끼고 책을 볼 때 선명한 상을 위한 책의 위치를 구하라.

[답] $25cm$에 있는 물체에 대해 근점($1m$)에 허상이 맺혀야 한다. $\frac{1}{s}+\frac{1}{s'}=\frac{1}{f}$에서 $s=25cm$, $s'=-100cm$이므로 $f=33.33cm$이고 도수는 $P=\frac{1}{f}=+3D$이다. $+2D$ 렌즈의 초점거리는 $f=\frac{1}{P}=50cm$이다. 동일한 위치(근점)에 상이 맺혀야 하므로 $\frac{1}{s}+\frac{1}{s'}=\frac{1}{f}$에서 $s'=-100cm$, $f=50cm$이다. 따라서 $s=33.33cm$이다.

문제 52 현미경의 대물렌즈의 초점거리는 $0.4cm$이고 대안렌즈의 초점거리는 $3cm$이다. 대안렌즈에 의한 최종상이 렌즈의 $25cm$ 앞에 맺히게 하기 위한 대물렌즈에 의한 일차상의 위치는 어디인가? 두 렌즈가 $26cm$ 떨어져 있을 경우 물체와 대물렌즈 사이의 거리는 얼마인가? 이 현미경의 배율은 얼마인가?

[답] 대안렌즈에 의한 최종상이 $25cm$ 지점의 허상이므로 $\frac{1}{s_1}+\frac{1}{s_1'}=\frac{1}{f_e}$에서 $s_1'=-25cm$이다. 따라서 $s_1=2.68cm$이다. 이는 일차상과 대안렌즈 사이의 거리이다. 대안렌즈와 대물렌즈 사이의 거리는 $26cm$이므로 대물렌즈와 일차상까지의 거리는 $23.32cm$이다. $\frac{1}{s_2}+\frac{1}{s_2'}=\frac{1}{f_o}$에서 $s_2'=23.32cm$이므로 $s_2=0.41cm$이다. 즉, 물체를 대물렌즈 앞 $0.41cm$에 놓아야 한다. 현미경의 배율은 $m=m_1m_2=\frac{s_1'}{s_1}\frac{s_2'}{s_2}=530$이다.

문제 53 오페라 망원경의 대물렌즈의 초점거리는 $20cm$이고 대안렌즈의 초점거리는 $-5cm$(오목렌즈)이다. 최종상이 무한대에 맺히게 될 경우 대안렌즈와 대물렌즈 사이의 거리를 구하라. 이 망원경의 배율을 구하라.

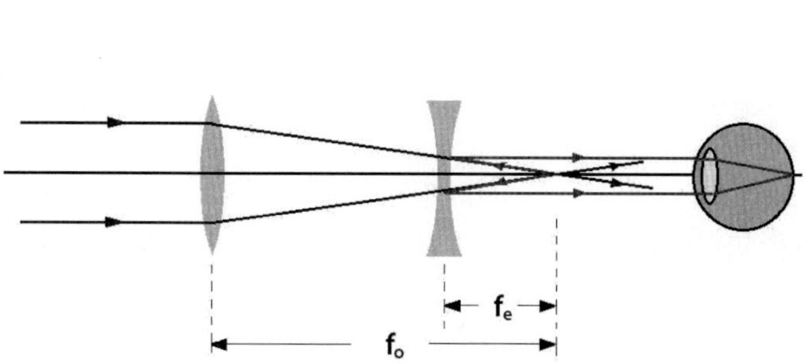

[답] 최종상이 무한대에 맺히기 위해서는 $\frac{1}{s_1}+\frac{1}{s_1'}=\frac{1}{f_e}$에서 $s_1'=\infty$이므로 $s_1=-5cm$이다. 즉, 대안렌즈의 오른쪽 $5cm$ 지점에 일차상이 만들어져야 한다. 이는 대안렌즈의 초점에 일차상이

만들어져야 됨을 의미한다. 먼 곳의 물체에 대한 대물렌즈의 상은 그 초점에 맺히게 되므로 대물렌즈에서 $20cm$ 떨어진 위치에 일차상이 맺힌다. 따라서 대안렌즈는 대물렌즈와 일차상 사이에 놓여야 한다. 즉, 대물렌즈와 대안렌즈 사이의 거리는 $20-5=15cm$이다. 망원경의 각배율은 $m=\frac{f_o}{f_e}=4$이다.

문제 54 망원경의 대물렌즈의 초점거리는 $18cm$이고 대안렌즈는 오목렌즈이다. 대안렌즈와 대물렌즈 사이의 거리는 $10cm$이다. 먼 물체를 또렷이 보기 위한 대안렌즈의 초점거리는 얼마인가? 망원경의 배율은 얼마인가?

[답] 평행광선(무한대 물체)은 대물렌즈의 초점에 모이므로 대물렌즈에 의한 일차상의 위치는 $s_1'=f_o=18cm$이다. 대안렌즈와 대물렌즈 사이의 거리는 $10cm$이므로 일차상과 대안렌즈 사이의 거리는 $s_2=10-18=-8cm$이다. 대안렌즈에 의한 최종상이 무한대에 허상으로 맺히므로 $\frac{1}{s_2}+\frac{1}{s_2'}=\frac{1}{f_e}$에서 $s_2=-8cm$, $s_2'=\infty$이다. 따라서 $f_e=-8cm$이다. 즉, 대물렌즈에 의한 일차상이 대안렌즈의 오른쪽 초점에 맺히는 것을 볼 수 있다. 망원경의 각배율은 $m=\frac{f_o}{f_e}=2.25$이다.

7-5. 빛의 간섭과 회절

문제 55 Young의 이중슬릿 실험에서 $d=0.2mm$, $L=1m$일 경우 중심에서 $y=7.5mm$의 위치에서 세 번째 밝은 무늬가 관찰되었다면 사용한 빛의 파장은 얼마인가?

[답] $y_{\max}=\frac{m\lambda L}{d}$에서 $\lambda=\frac{y_{\max}d}{mL}=500nm$이다. 여기서 $m=3$이다.

[참고] Young의 간섭무늬를 파동의 중첩을 이용하여 구해 보기로 하자. 슬릿을 통과한 빛은 실제로는 구면파이다. 구면파는 $\frac{E_o\sin(kr-\omega t)}{r}$로 표현할 수 있다. 또는 지수함수의 형태로는 $\frac{E_o e^{i(kr-\omega t)}}{r}$와 같이 나타낼 수도 있다. 두 파가 다른 경로를 따라 진행하여 P점에서 중첩된다고 할 때 합성파는

$$E=\frac{E_o}{r+\Delta}e^{i[k(r+\Delta)-\omega t]}+\frac{E_o}{r}e^{ik(r-\omega t)}$$

와 같이 주어진다. 여기서 Δ는 두 파의 경로차로서 $\Delta=d\sin\theta$를 나타낸다. 첫 번째 항의 분모에

있는 거리는 $r+\Delta \simeq r \simeq L$과 같이 근사할 수 있다. 그러나 위상에 있는 거리는 이와 같이 근사할 수 없다. 이는 위상의 차이가 두 파를 보강 또는 소멸 간섭시킬 수 있기 때문이다. 이에 따라 위 식은

$$E \approx \frac{E_o}{L} e^{i(kr-\omega t)}\left[e^{ik\Delta}+1\right]$$
$$= \frac{E_o}{L} e^{i(kr-\omega t)} e^{ik\Delta/2}\left[e^{ik\Delta/2}+e^{-ik\Delta/2}\right]$$
$$= \frac{2E_o}{L} e^{i(kr-\omega t)} e^{ik\Delta/2}\cos\frac{kd\sin\theta}{2}$$

와 같이 표현된다. 빛의 세기는 $I=\frac{\epsilon_o c}{2}|E|^2$과 같다. 이에 따라 스크린에서의 빛의 세기는

$$I = 4I_o\cos^2 k\Delta = 4I_o\cos^2\left(\frac{\pi d}{\lambda L}y\right)$$

로 주어진다. 여기서 $k=\frac{2\pi}{\lambda}$, $\Delta = d\sin\theta \simeq \frac{yd}{L}$이고 $I_o = \frac{\epsilon_o c E_o^2}{2L^2}$으로 정의되었다. 밝은 무늬가 되는 위치는

$$\frac{\pi d}{\lambda L}y_{\max} = m\pi \rightarrow \therefore y_{\max} = \frac{m\lambda L}{d}$$

로 표현된다.

문제 56 Young의 이중슬릿 실험에서 한쪽 슬릿 뒤에 굴절률 1.5, 두께 $0.05mm$인 유리판을 붙여 놓았을 때 간섭무늬가 수직으로 이동하는 거리는 얼마인가? 두 슬릿의 떨어진 거리는 $1mm$이고 스크린까지의 거리는 $1m$이다. 그리고 사용한 빛의 파장은 $550nm$이다.

[답] 한쪽 슬릿 뒤에 유리판을 끼워 놓았으므로 두 슬릿을 통과한 빛의 광경로 차가 달라진다. 유리의 굴절률은 $n=1.5$이므로 유리가 있는 경우와 없는 경우의 광경로 차는 $\delta\Delta = (n-1)t$이다. 이 광경로 차의 변화 때문에 스크린 상에 있는 무늬가 이동한다. 경로 차가 파장의 배수가 되는 곳에 밝은 무늬가 되는 조건은 $\Delta = m\lambda(\Delta = d\sin\theta)$였다. 위 식을 미분하면 경로 차이의 변화에 따른 무늬 이동의 식을 얻을 수 있다. 즉, $\delta\Delta = \Delta m\,\lambda$를 얻는다. 이 식은 유리판을 끼워 넣음으로써

생기는 광경로 차의 변화 $\delta\Delta$ 때문에 움직이는 무늬의 수 Δm을 나타낸다. 따라서 $(n-1)t = \Delta m\lambda$를 얻고 이에 따라 $\Delta m = \frac{(n-1)t}{\lambda}$를 얻는다. 밝은 무늬의 조건은 $\Delta = d\sin\theta = m\lambda$이고 $\sin\theta \simeq \tan\theta = \frac{y}{L}$이므로 $y_m = \frac{m\lambda L}{d}$이다. 따라서 무늬 사이에 떨어진 거리는 $\Delta y = \frac{\lambda \Delta m L}{d} = \frac{\lambda L}{d}$ $(\Delta m = 1)$이다. Δm개의 무늬가 움직이면 스크린 상에서 무늬가 이동하는 거리는 $\Delta m \Delta y = \frac{(n-1)tL}{d} = 2.5cm$이다.

문제 57 간격이 $0.2mm$인 이중슬릿이 있다. 슬릿에서 스크린까지의 거리는 $1m$이다. $550nm$의 빛이 이중슬릿에 입사한다. 스크린에서 밝은 무늬 사이의 거리를 구하라.

[답] 밝은 무늬의 조건은 $d\sin\theta = m\lambda$이다. $\theta \ll 1$인 경우 $\sin\theta \approx \tan\theta = \frac{y}{L}$이다. 스크린에서 밝은 무늬의 위치는 $y_m = \frac{m\lambda L}{d}$이다. 밝은 무늬 사이의 거리는 $\Delta y = \frac{\lambda L}{d} = 2.8mm$이다.

문제 58 $589nm$의 빛이 이중슬릿에 입사한다. 스크린은 슬릿에서부터 $1m$ 떨어져 있다. 스크린에서 밝은 무늬 사이의 거리는 $4mm$이다. 두 슬릿 사이의 거리를 구하라.

[답] $\Delta y = \frac{\lambda L}{d}$에서 $d = \frac{\lambda L}{\Delta y} = 0.15mm$이다.

문제 59 $660nm$의 빛이 이중슬릿에 입사하여 스크린에 밝은 무늬 사이의 간격이 $8mm$임이 관찰되었다. 다른 파장의 빛을 입사시켰을 때 스크린에서 밝은 무늬의 간격은 $7mm$였다. 이 빛의 파장을 구하라.

[답] $\Delta y_1 = \frac{\lambda_1 L}{d}$, $\Delta y_2 = \frac{\lambda_2 L}{d}$에서 두 식을 나누면 $\frac{\Delta y_1}{\Delta y_2} = \frac{\lambda_1}{\lambda_2}$이다. 따라서 $\lambda_1 = 660nm$이므로 $\lambda_2 = 578nm$이다.

문제 60 간격이 $0.2mm$인 이중슬릿이 있다. 슬릿에서 스크린까지의 거리는 $1m$이다. 세 번째 밝은 무늬는 중앙에서 $7mm$에서 관찰되었다. 사용한 빛의 파장은 얼마인가?

[답] $y_m = \frac{m\lambda L}{d}$에서 $\lambda = \frac{y_m d}{mL} = 467nm$이다.

문제 61 $500nm$의 빛과, 파장을 모르는 빛이 동시에 이중슬릿에 입사한다고 하자. 스크린에서 한 빛의 네 번째 밝은 무늬가 다른 빛의 여섯 번째 밝은 무늬와 일치함이 관찰되었다. 모르는 빛의 파장을 구하라.

[답] 밝은 무늬의 조건은 $y_m = \frac{m\lambda L}{d}$이다. 한 빛의 조건은 $y_4 = \frac{4\lambda_1 L}{d}$이고 다른 빛의 조건은 $y_6 = \frac{4\lambda_2 L}{d}$이다. $y_4 = y_6$에서 $\lambda_1 = 1.5\lambda_2$이다. $\lambda_1 = 500nm$이면 $\lambda_2 = 333nm$이다. 그리고 $\lambda_2 = 500nm$이면 $\lambda_1 = 750nm$이다.

문제 62 이중슬릿 실험에서 슬릿 사이의 간격은 $1.5mm$, 슬릿에서 스크린까지의 거리는 $6m$이다. 사용한 빛의 파장은 $589nm$이다. (a) 첫 번째 밝은 무늬는 스크린의 중앙에서 얼마나 떨어져 있는가? (b) 이 밝은 무늬의 폭은 얼마인가? (c) 세 번째 어두운 무늬 중 아래쪽 무늬는 중앙에서 얼마나 떨어져 있는가? (d) 슬릿이 가까워지면 간섭무늬는 어떻게 변하는가?

[답] (a) $y_m = \frac{m\lambda L}{d}$에서 첫 번째 밝은 무늬는 $m = 1$이므로 $y_1 = 2.4mm$이다.

(b) $\Delta y = y_2 - y_1 = \frac{\lambda L}{d} = 2.4mm$이다.

(c) 아래쪽 세 번째 어두운 무늬의 위치는 $y_{-3} = -\frac{2.5\lambda L}{d} = -5.9mm$이다.

(d) 무늬 사이의 간격은 $\Delta y = \frac{\lambda L}{d}$이므로 간격 d가 작아지면 무늬 사이의 거리는 커지게 된다.

문제 63 파장 λ_1, λ_2인 두 빛이 이중슬릿에 입사한다. λ_1의 3차 밝은 무늬가 λ_2의 4차 밝은 무늬와 일치한다면 λ_1과 λ_2의 관계는 무엇인가?

[답] 밝은 무늬의 조건은 $y_m = \frac{m\lambda L}{d}$이다. λ_1의 조건은 $y_3 = \frac{3\lambda_1 L}{d}$이고 λ_2의 조건은 $y_4 = \frac{4\lambda_2 L}{d}$이다. $y_3 = y_4$에서 $\lambda_1 = 1.33\lambda_2$이다.

문제 64 간섭 가능한 음원이 그림과 같이 놓여 있다. 소리의 첫 번째 최대가 되는 곳은 스크린의 어느 위치인가?

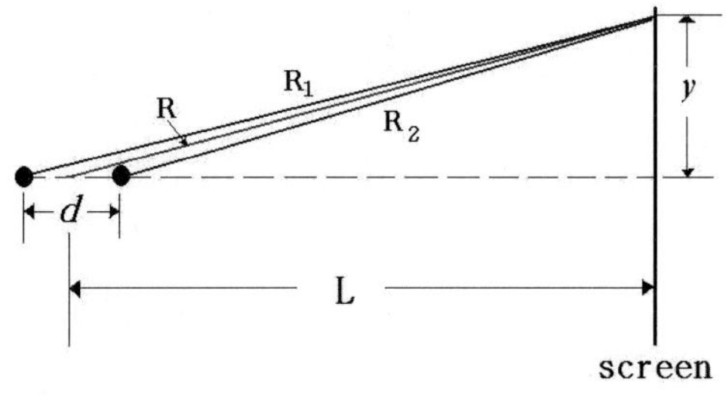

[답] 경로 차이 $R_1 - R_2$가 파장의 정수배가 되는 곳에 보강간섭이 일어난다. 즉, 최대가 되는 위치는 $R_1 - R_2 = m\lambda$를 만족한다. 그림에서

$$R_1 = \left(R + \frac{d}{2}\right)^2 + L^2,\ R_2 = \left(R - \frac{d}{2}\right)^2 + L^2$$

이다. 따라서 $R_1^2 - R_2^2 = 2dL$이다. 그런데 필요한 양은 $R_1 - R_2$이므로

$$R_1^2 - R_2^2 = (R_1 - R_2)(R_1 + R_2) \simeq 2R(R_1 - R_2)$$

와 같이 근사할 수 있다. 따라서 위 두 식에서 $2Ld = 2R(R_1 - R_2)$를 얻고 최대가 되는 조건 $R_1 - R_2 = m\lambda$를 이 식에 대입하면 $R = \frac{Ld}{m\lambda}$이다. $y_m = \sqrt{R^2 - L^2}$이고 $m = 1$일 때 $R = \frac{Ld}{\lambda}$를 이 식에 대입하면 $y_1 = L\sqrt{(d^2/\lambda^2) - 1}$을 얻는다.

문제 65 얇은 쐐기 모양의 투명한 플라스틱이 있다. 빛을 위에서 비추면 간섭무늬가 나타난다. 두 인접무늬의 간격은 $0.4cm$로 관찰되었다. 사용한 파장은 $450nm$로 쐐기에 수직으로 입사한다. 플라스틱의 굴절률이 1.48이면 두 무늬 위치에서의 두께의 차이는 얼마인가?

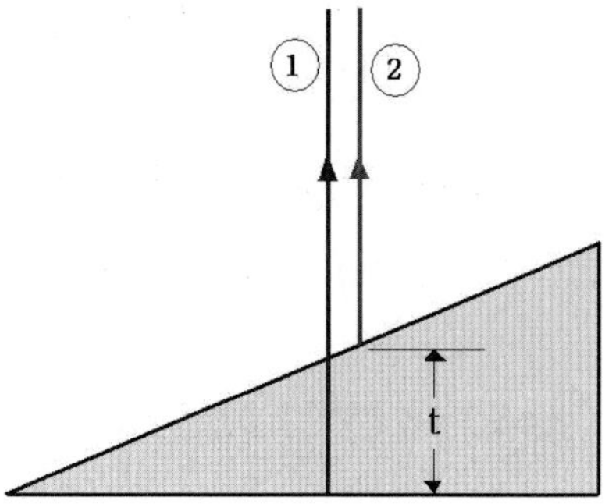

[답] 광선 ①과 ②의 광경로 차는 $n(2t)$이다. 이 경우 공기층이 아니고 플라스틱이므로 광경로 차는 플라스틱의 굴절률을 곱해 주어야 된다. 어두운 무늬의 조건은 $2nt = m\lambda$이다. 이 식을 미분하면 $2n\Delta t = \Delta m\lambda$이다. 인접무늬이므로 $\Delta m = 1$이다. 따라서 두 지점의 두께 차이 Δt는 $\Delta t = \frac{\lambda}{2n} = 1.52 \times 10^{-4} m$이다.

문제 66 유리기판 위의 얇은 기름막(굴절률 1.3)에 빛이 수직으로 입사한다. 빛의 파장은 변할 수 있다. 반사파가 파장이 $525nm$와 $675nm$에서 없어지는 것이 관찰되었다. 기름막의 두께와 간섭차수를 구하라.

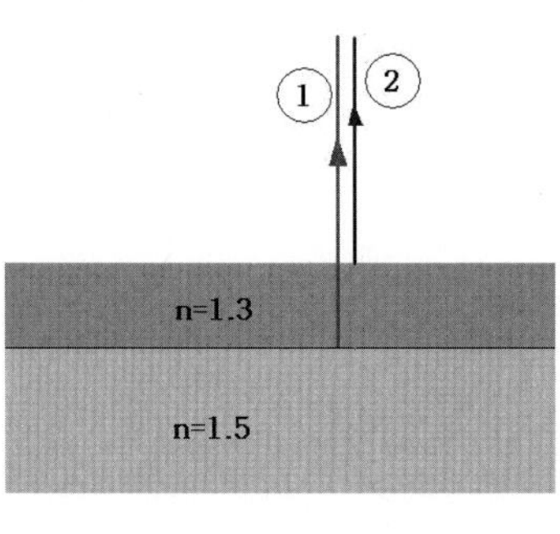

[답] 그림에서 광선 ①과 ② 모두 굴절률이 낮은 데서 굴절률이 높은 데로 반사되므로 외부반사이다. 따라서 어두운 무늬의 조건은 광경로 차가 반파장의 배수가 되는 것이다. 즉, $n(2t) = \left(m + \frac{1}{2}\right)\lambda$이다. 입사하는 파장이 여러 개인데 파장이 다르므로 각각 다른 차수 m에서 위 조건을 만족한다. $\lambda_1 = 675nm$는 차수 m_1, $\lambda_2 = 525\,nm$는 차수 m_2에서

위 조건을 만족한다고 하면 $2nt=\left(m_1+\frac{1}{2}\right)\lambda_1$과 $2nt=\left(m_2+\frac{1}{2}\right)\lambda_2$를 얻는다. 동일한 두께 t에서 만족되므로 $2nt$가 같다. $\left(m_1+\frac{1}{2}\right)\lambda_1=\left(m_2+\frac{1}{2}\right)\lambda_2$이므로 $m_1\lambda_1-m_2\lambda_2=\frac{\lambda_1-\lambda_2}{2}=75$이고 $m_2=m_1+1$에서 $m_1=4$를 얻고 $t=1.168\times10^{-6}m$를 얻는다.

문제 67 직경 $7.35\times10^{-3}mm$인 선(wire)이 두 평편한 유리 사이에 끼여 있다. $600nm$의 빛이 면에 수직하게 입사한다고 하자. 어두운 무늬의 수를 구하라. 선(wire) 바로 옆의 무늬는 밝은 무늬인가? 어두운 무늬인가?

[답] 어두운 무늬의 조건은 $2t=m\lambda$이고, 밝은 무늬의 조건은 $2t=\left(m+\frac{1}{2}\right)\lambda$이다. 여기서 $m=0,1,2,\cdots$ 이다. 선 주위에는 $t=7.35\times10^{-6}m$이므로 $m=\frac{2t}{\lambda}=24.5$, 즉 24개의 무늬가 보인다. 반파장 차이이므로 선 주변에는 밝은 무늬가 생긴다.

문제 68 Newton ring에서 $546nm$의 빛에 대해 10번째 ring의 직경이 $7.89mm$였다. 렌즈의 곡률을 구하라.

[답] 렌즈의 직경 R을 구하는 문제이다. $r_m^2=2R\,t_m$에서 $R=\frac{r_m^2}{2t_m}$이다. t_m은 $2\,t_m=m\lambda$에서 $m=10$이므로 $t_{10}=\frac{10\lambda}{2}=5\lambda$이다. 따라서 $R=\frac{r_{10}^2}{2t_{10}}=2.85m$이다.

문제 69 길이 $10cm$인 슬라이드 유리판 두 개를 한 쪽 끝은 접촉시키고 다른 쪽 끝에는 두께 $0.02mm$인 얇은 종이를 끼워 놓았다. 간섭무늬 사이의 간격을 구하라. 사용한 빛의 파장은 $500nm$이다.

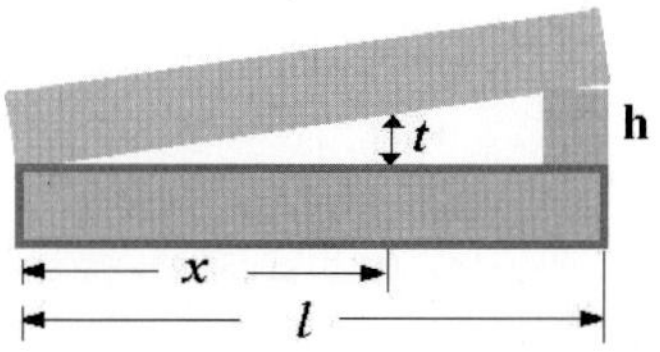

[답] 어두운 무늬의 조건은 $2t=m\lambda(m=0,1,2,\cdots)$이다. 임의의 지점 x에서의 공기층의 두께는 기울기가 $\frac{h}{l}$이므로 $t=\frac{hx}{l}$이다. 따라서 어두운 무늬의 조건은 $\frac{2hx}{l}=m\lambda$가 된다. 이 식에서 $\frac{2h\Delta x}{l}=\lambda\Delta m$을 얻고 무늬 사이의 간격은 $\Delta m=1$로 두면 $\Delta x=1.25mm$를 얻는다. 따라서 어두운 무늬 사이의 거리는 $1.25mm$이다.

문제 70 $500nm$의 빛이 단일슬릿에 입사한다. 단일슬릿이 통과한 후 빛이 회절되는 각도가 1^o임이 관찰되었다. 슬릿의 폭을 구하라.

[답] 빛의 회절은 그림에서와 같이 구멍(단일슬릿)을 통과한 빛이 꺾이고 또한 이 빛들이 간섭에 의해 밝은 무늬와 어두운 무늬가 발생한다. 중앙 부분이 가장 밝으며 외곽으로 가면서 무늬의 밝기는 크게 줄어든다. 어두운 무늬의 조건은 $D\sin\theta = m\lambda$이다. 여기서 m은 차수이다. 중앙이 $m = 0$이고 위쪽이 +, 아래쪽이 −이다. 예를 들어 첫 번째 최소 중 위쪽은 $m = 1$이고 아래쪽은 $m = -1$이다. 밝은 무늬의 위치는 대략 $D\sin\theta = \left(m + \frac{1}{2}\right)\lambda$로 주어진다. 이 문제에서는 중앙에서 첫 번째 최소 사이의 각에 대해 묻고 있다. 이는 $\sin\theta = \frac{\lambda}{D}$이다. 여기서 D는 슬릿의 폭이다. 따라서 $D = \frac{\lambda}{\sin\theta} = 29\mu m$이다.

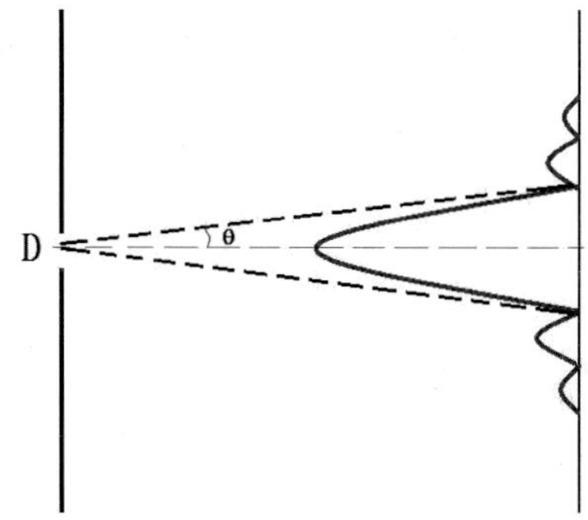

문제 71 단일슬릿에서 $546nm$의 빛이 사용되었다. 3차 최소가 0.5^o에서 생겼다. 슬릿의 너비는 얼마인가?

[답] 3차 최소는 $m = 3$이므로 $D\sin\theta = m\lambda$에서 $D = \frac{3\lambda}{\sin\theta} = 1.88 \times 10^{-4}\, m$이다.

문제 72 단일슬릿의 너비는 $0.05cm$이다. $632.8nm$의 빛을 사용하였다. 슬릿에서 $10m$ 떨어진 스크린에서 발견되는 중앙의 최대로부터 3차 최대는 얼마나 떨어져 있는가?

[답] 밝은 무늬의 위치는 대략(정확한 표현은 아님) $D\sin\theta = \left(m + \frac{1}{2}\right)\lambda$로 주어진다. 여기서 $m = 0, \pm 1, \pm 2, \cdots$ 이다. $m = 3$에서 $\sin\theta = \frac{7\lambda}{2} = 4.43 \times 10^{-3}$이므로 $\theta = 0.254^o$이다. 따라서 $y = L\tan\theta = 4.4\,cm$이다.

문제 73 단일회절 실험에서 스크린 상에서 중심 최대의 너비는 $4cm$였다. 사용한 빛의 파장은 $589nm$이다. 빛의 파장을 $436nm$로 바꾸면 그 너비는 얼마가 될까?

[답] 어두운 무늬의 조건 $D\sin\theta = m\lambda$에서 미분하면 $D\cos\theta(\Delta\theta) = (\Delta m)\lambda$이다. 중앙 최대의 폭은 $\Delta m = 2$(즉 $m = -1$에서 $m = 1$ 사이)이고 $\cos\theta \approx 1$이므로 $\Delta\theta = \frac{2\lambda}{D}$이다. 스크린 상에 있는 무늬의 떨어진 거리는 $\Delta y = L\Delta\theta = \frac{2\lambda L}{D}$이다. 파장이 바뀔 경우 스크린에서 거리는 $\Delta y' = \frac{2\lambda' L}{D} = \frac{\lambda'}{\lambda}\Delta y = 2.9cm$이다.

문제 74 546nm의 빛이 0.015cm 너비의 단일슬릿에 입사한다. 초점거리 60cm의 렌즈에 의해 스크린에 회절무늬가 관찰된다. (a) 중심 최대와 첫 번째 최소 사이의 거리를 구하라. (b) 첫 번째 최소와 두 번째 최소 사이의 거리를 구하라.

[답] (a) 첫 번째 최소는 $m=1$이므로 $D\sin\theta=\lambda$이다. 중심 주위이므로 각도 θ가 아주 작아서 $\sin\theta \simeq \tan\theta = \frac{y_1}{f}$이므로 $y_1 = f\sin\theta = \frac{f\lambda}{D} = 0.22cm$이다. y_1이 첫 번째 최소가 생기는 위치이므로 중심 최대와의 거리는 0.218cm이다.

(b) 두 번째 최소는 $m=2$에서 생기므로 $\sin\theta = \frac{2\lambda}{D}$이다. 여기서 $\sin\theta \simeq \tan\theta = \frac{y_2}{f}$이므로 $y_2 = \frac{2\lambda f}{D} = 0.436cm$이다. 첫 번째 최소의 위치가 0.218$cm$이므로 두 무늬 사이의 거리는 $\Delta y = y_2 - y_1 = 0.218cm$이다.

문제 75 슬릿의 너비를 측정하기 위해 회절무늬를 이용한다. 단일슬릿에서 632.8nm의 레이저 빛을 비추고 슬릿에서부터 2m 떨어진 스크린에서 회절무늬를 관찰한다. 3차 최소 사이의 거리가 5.63cm 떨어져 있음이 관찰되었다. 슬릿의 너비를 구하라.

[답] $D\sin\theta = m\lambda$에서 $m=3$이므로 $\sin\theta = \frac{3\lambda}{D}$이다. 그리고 작은 각 θ에 대해서는 $\sin\theta \simeq \tan\theta = \frac{y_3}{L}$이므로 $y_3 = L\sin\theta = \frac{3\lambda L}{D}$이다. 따라서 $D = \frac{3\lambda L}{y_3} = 0.14mm$이다.

문제 76 단일슬릿에서 복합파가 입사한다고 하자. 파장 620nm의 4번째 최소가 어떤 파장의 5번째 최소와 일치함이 관측되었다. 이 빛의 파장을 구하라.

[답] $D\sin\theta = m\lambda$의 조건에서 $\lambda_1 = 620nm$에 대해서는 $m=4$이므로 $\sin\theta = \frac{4\lambda_1}{D}$이고, λ_2에 대해서는 $m=5$이므로 $\sin\theta = \frac{5\lambda_2}{D}$이다. 두 최소가 같은 각 θ에서 일치하므로 $\frac{4\lambda_1}{D} = \frac{5\lambda_2}{D}$이다. 따라서 $\lambda_2 = \frac{4\lambda_1}{5} = 496nm$이다.

문제 77 550nm의 빛에 대해 회절의 1차 최대각도가 30°, 45°, 90°, 180^o로 관찰될 경우 각각에 대응되는 단일슬릿의 너비는 얼마인가?

[답] $D\sin\theta = m\lambda$에서 $\sin\theta = \frac{m\lambda}{D}$이다. $m=1$이므로 $\sin\theta = \frac{\lambda}{D}$이고 $D = \frac{\lambda}{\sin\theta}$이다. 30^o의 경우 아래위 무늬의 각 차이이므로 $\theta = 15^o$이다. 따라서 $D = 2.13\mu m$이다. 45^o의 경우에는 $\theta = 22.5^o$이고 $D = 1.44\mu m$이다. 90^o의 경우 $\theta = 45^o$이고 $D = 0.78\mu m$이다. 180^o의 경우 $\theta = 90^o$이고 $D = 0.55\mu m$이다.

문제 78 너비가 $2.13\mu m$인 단일슬릿에 $550nm$의 빛이 입사한다. 중앙 무늬에 대한 각의 폭을 구하라.

[답] $D\sin\theta = m\lambda$에서 $\sin\theta = \frac{m\lambda}{D}$이다. $m = 1$이므로 $\sin\theta = \frac{\lambda}{D} = 0.258$이다. 따라서 $\theta = 15^o$이다. 각의 폭은 위 값의 두 배이므로 30^o이다.

문제 79 너비가 $0.5mm$인 단일슬릿에 $600nm$의 빛이 입사한다. $1m$ 떨어진 스크린에 회절무늬가 관찰된다. 중앙 무늬에 대한 폭을 구하라.

[답] $D\sin\theta = m\lambda$에서 $\sin\theta = \frac{m\lambda}{D}$이다. $m = 1$이므로 $\sin\theta = \frac{\lambda}{D}$이다. 스크린까지의 거리가 L인 경우 $\tan\theta = \frac{y_1}{L}$이다. θ가 작은 경우 $\tan\theta \approx \sin\theta$이므로 $\frac{\lambda}{D} = \frac{y_1}{L}$이다. 따라서 $y_1 = 1.2mm$로 구해진다. 스크린에서 최대무늬의 폭은 $2y_1$이므로 $2.4mm$이다.

문제 80 슬릿의 너비가 사용파장 λ에 대해 $\lambda, 5\lambda, 10\lambda$일 때 angular half width(중앙 최대에서 첫 번째 최소 사이의 각)를 구하라.

[답] 최소: $D\sin\theta = m\lambda$에서 첫 번째 최소는 $m = 1$이므로 $\sin\theta = \frac{\lambda}{D}$이다. $D = \lambda$일 때 $\sin\theta = 1$이므로 $\theta = 90^o$이다. $D = 5\lambda$일 때 $\theta = 11.5^o$이고 $D = 10\lambda$일 때 $\theta = 5.74^o$이다.

문제 81 파장 $750nm$인 빛이 폭 $10^{-3}mm$인 슬릿에 입사한다. 중앙 최대 무늬의 폭의 각도와 $20cm$ 떨어진 스크린에서의 폭을 구하라.

[답] $D\sin\theta = m\lambda$에서 $m = 1$일 때의 각을 구하면 된다. 즉 $\theta = \sin^{-1}\frac{\lambda}{D} = 49^o$이다. 총 각도는 2θ이므로 98^o이다. 스크린 상에서의 거리는 $\frac{y}{L} = \tan 49^o$에서 $y = L\tan\theta = 23cm$이다. 총 폭은 이 길이의 두 배인 $46cm$이다.

문제 82 직경이 $12cm$이고 초점거리가 $150cm$인 렌즈를 통해 별에서 오는 평행광선(파장 $550nm$)이 렌즈의 초점에 상으로 맺힌다. 별의 상에서 생기는 회절에 의한 중앙 무늬(Airy disk)의 크기를 구하라.

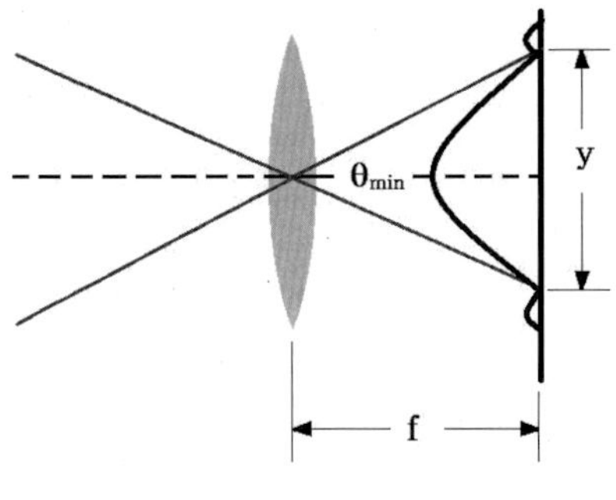

[답] $\theta_{\min} = \frac{1.22\lambda}{D} = 5.6\times10^{-6}\,rad$이므로 초점거리에서는 $y = f\Delta\theta_{\min} = 8.4\times10^{-4}cm$이다.

문제 83 $0.2mm$ 떨어진 이중슬릿에 빛이 입사한다. 스크린은 슬릿에서부터 $1.5m$ 떨어져 있다. 아래위 다섯 번째 최소 사이의 거리가 $34.73mm$이다. 입사한 파의 파장을 구하라.

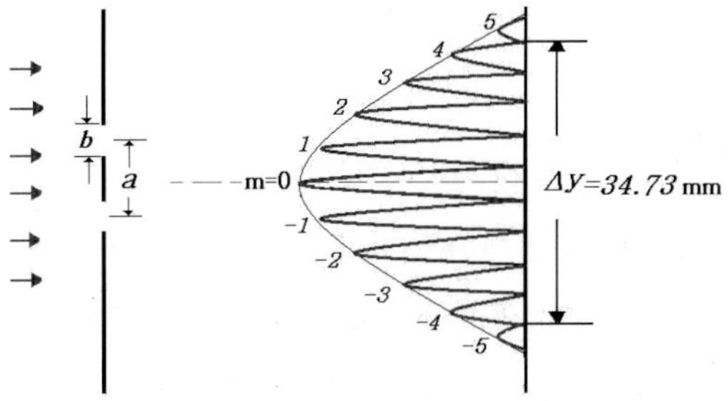

[답] 어두운 무늬의 조건은 $a\sin\theta=\left(m+\frac{1}{2}\right)\lambda$이다. 다섯 번째 어두운 무늬는 그림에서 보듯이 $m=4$인 경우가 되므로 $\sin\theta=\frac{9\lambda}{2a}$를 얻는다. 작은 각 θ에 대해서 $\sin\theta\simeq\tan\theta=\frac{y}{L}$이므로 $\frac{y}{L}=\frac{9\lambda}{2a}$이다. 따라서 $\lambda=\frac{2a}{9}\frac{y}{L}=515nm$이다. 여기서 $y=17.37mm$를 사용하였다.

문제 84 동공의 직경은 주위 빛의 양에 따라 $2mm$에서 $7mm$로 변한다. 각각의 동공 크기에 대해 $1mm$ 떨어진 두 물체를 분간하기 위한 두 물체의 거리를 구하라. 파장은 $550nm$이다.

[답] $2mm$의 동공에 대해 $\Delta\theta_{\min}=\frac{1.22\lambda}{D}$이므로 $s=\frac{\Delta y}{\Delta\theta_{\min}}=2.98m$이다. 그리고 $7mm$의 동공에 대해서는 $s=\frac{\Delta y}{\Delta\theta_{\min}}=10.4m$이다.

문제 85 직경 $35mm$인 쌍안경으로 30,000광년 떨어진 성단을 관찰한다고 하자. 분해할 수 있는 두 별이 최소로 떨어진 거리는 얼마인가?

[답] $\Delta\theta_{\min}=\frac{1.22\lambda}{D}=1.92\times10^{-5}rad$이다. 따라서 분해할 수 있는 최소의 별 사이의 거리는 $s=r\Delta\theta_{\min}=0.58$광년이다.

문제 86 자동차의 두 헤드라이트가 $120cm$ 떨어져 있다. 어떤 사람의 수정체의 직경이 $5mm$이다. 이 사람이 두 헤드라이트를 두 개로 구별할 수 있기 위해서 차에서 떨어진 최대의 거리는 얼마인가? 가시광선은 $550nm$이다.

[답] $\theta_{\min}=\frac{1.22\lambda}{D}=1.34\times10^{-4}$이다. $s=d\Delta\theta_{\min}=8.96\,km$이므로 $d=120cm$이다.

문제 87 $10,000m$ 상공의 비행기 안에서 아래를 내려다 본다고 하자. 지상에 있는 물체를 두 개로 분간할 수 있으려면 두 물체가 얼마나 떨어져 있어야 하는가? 눈동자는 직경이 $3mm$이고 가시광선의 중간 파장은 $550nm$이다.

[답] $\theta_{\min}=\frac{1.22\lambda}{D}$이고 $s=h\theta_{\min}=\frac{1.22\lambda}{D}h=2.2m$이다. 여기서 h는 높이 $10,000m$이다.

7-6. 회절격자, 간섭계

문제 88 단위 cm당 7,000개의 슬릿이 있는 회절격자가 있다. 첫 번째 차수의 무늬가 30° 각도로 회절되는 것이 관찰되었다. 이 빛의 파장을 구하라.

[답] 슬릿 사이의 간격은 $a=\frac{1}{7,000}cm$이다. 밝은 무늬의 조건은 $a\sin\theta = m\lambda$이다. 첫 번째 차수는 $m=1$이므로 $\lambda = a\sin 30^o = 714nm$이다.

문제 89 단위 cm당 7,000개의 슬릿이 있는 회절격자가 있다. $550nm$의 빛에 대해 첫 번째와 두 번째 무늬 사이의 회절각 차이는 얼마인가?

[답] 슬릿 사이의 간격은 $a=\frac{1}{7,000}cm$이다. 밝은 무늬의 조건은 $a\sin\theta = m\lambda$이다. θ가 작은 경우 $\sin\theta \approx \theta$이므로 $\theta_m = \frac{m\lambda}{a}$이다. 첫 번째 무늬의 회절각은 $\theta_1 = \frac{\lambda}{a} = 22.6^o$이고 두 번째 회절각은 $\theta_2 = \frac{2\lambda}{a} = 50.4^o$이다. 따라서 $\Delta\theta = 27.8^o$이다.

문제 90 단위 cm당 7,000개의 슬릿이 있는 회절격자가 있다. 첫 번째 차수의 무늬가 60° 각도로 회절되는 것이 관찰되었다. 이 빛의 파장을 구하라.

[답] 슬릿 사이의 간격은 $a=\frac{1}{7,000}cm$이다. 밝은 무늬의 조건은 $a\sin\theta = m\lambda$이다. 첫 번째 차수는 $m=1$이므로 $\lambda = a\sin 30^o = 618nm$이다.

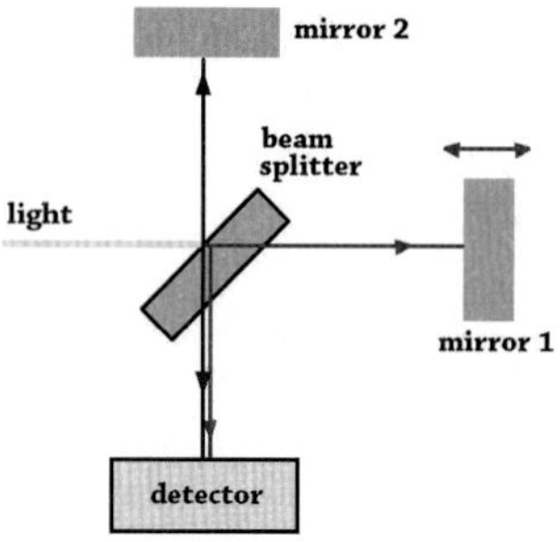

문제 91 Michelson 간섭계의 거울을 $0.0114cm$ 이동했을 때 523 무늬가 이동하는 것이 관찰되었다. 사용한 빛의 파장을 구하라.

[답] $2d = m\lambda$를 미분하면 $2\Delta d = \Delta m\lambda$이다. 따라서 $\lambda = \frac{2\Delta d}{\Delta m} = 436nm$이다.

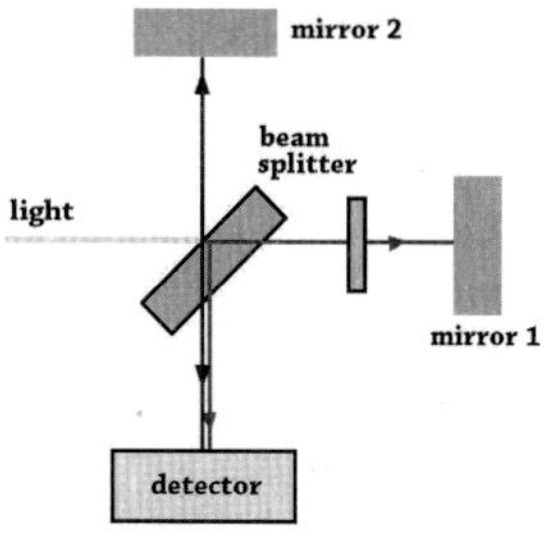

문제 92 굴절률 1.434인 얇은 판을 Michelson 간섭계의 한쪽 팔에 넣었다. $589nm$의 빛을 사용했는데 35무늬가 이동함이 관찰되었다. 얇은 판의 두께를 구하라.

[답] 얇은 판을 끼워 넣음으로써 광경로 차가 변했다. 유리를 끼워 넣기 전의 경로 차는 $2t$였는데 유리를 끼워 넣을 경우 광경로 차는

$2nt$로 변한다. 따라서 광경로 차의 변화는 $\Delta d = 2(nt - t)$이다. $2\Delta d = \Delta m\lambda$에서 $2(nt-t) = \Delta m\lambda$이므로 $t = \frac{\Delta m}{2(n-1)}\lambda = 23.75\mu m$이다.

문제 93 Michelson 간섭계의 한 팔에 있는 길이 L인 유리관에 기체를 주입한다. 사용한 빛의 파장은 λ이다. (a) 진공상태에서 기체를 1기압이 될 때까지 주입하는 동안 N개의 무늬이동이 관찰되었다. 기체의 굴절률 n을 N, L, λ로 표현하라. (b) CO_2($n = 1.00045$)기체가 길이 $10cm$ 유리관에 주입될 때 무늬 이동 개수를 구하라. 사용한 파장은 $589nm$이다.

[답] (a) 길이 L인 유리관 안에 기체를 넣기 전과 후의 광경로 차이를 구하면 된다. 넣기 전의 길이는 L이고 기체를 주입한 후에는 기체의 굴절률에 의해 광경로 차가 달라진다. 즉 nL이 된다. 따라서 경로 차의 변화는 $\Delta d = (n-1)L$이다. $2\Delta d = \Delta m\lambda$에서 $\Delta m = N$(무늬 이동개수)이므로 $2(n-1)L = N\lambda$에서 $n = 1 + \frac{N\lambda}{2L}$이다.
(b) $n = 1.00045,\ L = 0.1m,\ \lambda = 589 \times 10^{-9}m$ 이므로 $N = \frac{2L}{\lambda}(n-1) = 152$이다.

문제 94 연마한 면을 Michelson 간섭계의 거울로 사용하였다. $632.8nm$의 빛에 대해 무늬의 찌그러짐이 무늬 간격의 $\frac{1}{4}$보다 작음이 관측되었다. 연마한 면의 결함(defect)의 최대깊이를 구하라.
[답] $2\Delta d = \Delta m\lambda$에서 $\Delta d = t$(결함의 깊이)이고 $\Delta m = \frac{1}{4}$이므로 $t = \frac{\lambda}{8} = 158.2nm$이다.

문제 95 고정밀 나사의 pitch를 결정하기 위해 Michelson 간섭계를 이용한다. 즉, 나사를 Michelson 간섭계의 거울을 움직이는 데 사용한다. 나사의 1회전에서 2,023개의 무늬가 움직였다. 나사의 1회전은 거울을 얼마나 움직이게 하는가? 사용한 빛의 파장은 $546nm$이다.

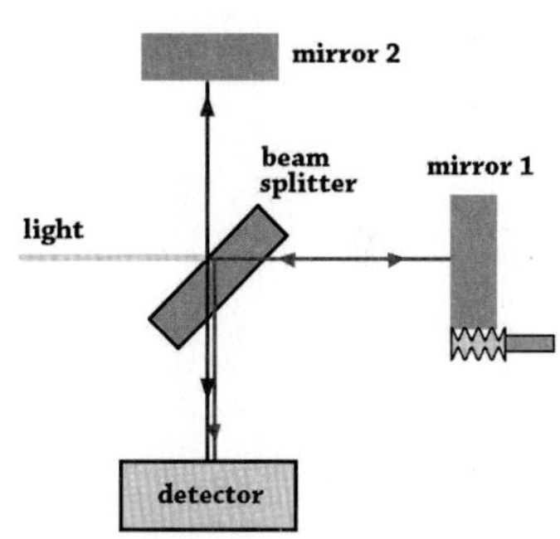

[답] 나사를 움직이면 거울이 움직이고 이에 따라 경로 차의 변화가 발생한다. 이 변화에 의해 간섭무늬가 이동한다. 무늬의 이동개수가 주어지고 Δd를 구하는 문제이다. $2d = m\lambda$에서 $2\Delta d = \Delta m\lambda$이다. 따라서 $\Delta d = \frac{\Delta m\lambda}{2} = 5.52 \times 10^{-4}m$이다.

문제 96 Michelson 간섭계에서 기체를 주입하면서 이동하는 무늬의 수를 관측하니 기체를 1기압까지 주입하는 데 200개가 이동하는 것이 관찰되었다. 기체의 굴절률은 얼마인가? 유리관의 길이는

$0.1m$이고 빛의 파장은 $590nm$이다.

[답] 기체를 넣기 전과 후의 한 팔의 광경로 차이는 $(n-1)L$이다. $2d=m\lambda$에서 $2\Delta d=\Delta m\lambda$이다. $2(n-1)L=\Delta m\lambda$에서 $n=1+\frac{\lambda\Delta m}{2L}=1.0006$이다.

문제 97 단위 cm당 5,000개의 슬릿이 있는 회절격자가 있다. 이 회절격자를 이용하여 파장 $500nm$ 근방의 빛을 분석하고자 한다. 1차($m=1$)에서 분산(dispersion)을 구하라. 그리고 회절격자 뒤에 초점거리가 $50cm$인 볼록렌즈를 두고 렌즈의 초점거리에 놓인 사진건판에 상이 맺히도록 한다. 이 경우 사진건판 $1mm$당 관찰되는 파장의 폭은 얼마인가?

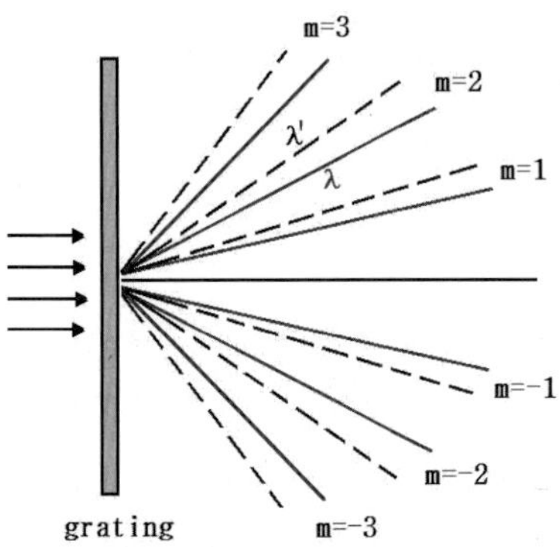

[답] 슬릿 사이의 간격은 $a=2\times10^{-4}cm$이다. $m=1$이므로 $a\sin\theta=m\lambda$에서 $\theta=14.5^o$이다. 따라서 분산은 $D=\frac{1}{a\cos\theta_1}=0.0296^o/nm$를 얻을 수 있다. 이 값은 빛의 파장이 $1nm$ 차이가 나는 경우 $m=1$인 밝은 무늬의 각도가 0.0296^o 차이가 난다는 것을 의미한다. 스크린(필름)에서 파장에 따른 위치 변화는 $\frac{dy}{d\lambda}=fD=0.258mm/nm$이다. 따라서 $1mm$ 필름에 기록되는 파장 폭은 위 값의 역수를 취하면 $40\text{Å}/mm$이다. 즉, $1mm$의 필름으로 40Å의 빛의 파장들이 분석될 수 있다. 따라서 $3.5cm$인 필름을 사용할 경우 분석할 수 있는 파장 폭은 $14,000\text{Å}$이다.

7-7. 편광

문제 98 빛이 공기 중에 놓인 굴절률 2인 물질의 표면에서 반사된다. 반사되는 빛이 완전히 선편광되는 빛의 입사각은 얼마인가?

[답] Brewster의 각은 $\theta_P=\tan^{-1}n=63^o$이다. 따라서 이 각도로 입사하는 빛의 반사파는 완전히 선편광된다. 이때 빛의 진동방향은 입사면에 수직이다.

문제 99 불투명한 유전체의 굴절률을 측정하고자 한다. 이 물질의 표면에 빛을 입사시켰을 때

60^o에서 선편광되는 것이 관찰되었다. 이 물질의 굴절률을 구하라.

[답] Brewster의 각은 $\theta_P = \tan^{-1} n$에서 $n = \tan\theta_P$이다. 따라서 $n = 1.73$이다.

문제 100 편광되지 않은 빛의 세기는 I_o이다. 이 빛이 θ의 각도를 이루고 있는 두 편광자에 입사했을 때 투과되는 빛의 세기는 얼마인가?

[답] 편광되지 않은 빛은 두 개의 수직으로 진동하는 빛의 합성이다. 이 빛이 선편광되면 투과되는 빛의 세기는 $\frac{I_o}{2}$이다. 그리고 편광각이 θ인 다른 편광자를 통과하면 빛의 세기는 $I = I_o \cos^2 \frac{\theta}{2}$이다.

문제 101 편광자와 검광자 사이의 각도가 30^o이다. 편광되지 않은 빛의 세기는 I_o이다. 편광자와 검광자를 통과한 빛의 세기는 얼마인가?

[답] 편광자를 통과한 빛의 세기는 반으로 줄어든다. 그리고 검광자를 통과한 빛의 세기는 $I = I_o \cos^2 \frac{\theta}{2} = 0.38 I_o$이다.

문제 102 선편광된 빛이 두 장의 편광자에 입사한다. 두 편광자의 방향과 선편광된 빛 사이의 각도는 각각 θ_1과 θ_2이다. 두 편광자를 통과한 빛의 세기와 입사한 빛의 세기의 비를 구하라.

[답] 입사하는 빛의 세기를 I_o라고 하자. 첫 번째 편광자를 통과하는 빛의 세기는 $I_o \cos^2\theta_1$이 된다. 이 빛은 첫 번째 편광자의 편광축으로 편광된다. 이 축은 두 번째 편광자의 편광축과 $\theta_2 - \theta_1$의 각을 이룬다. 따라서 두 번째 편광자를 통과하는 빛의 세기는 $I = I_o \cos^2\theta_1 \cos^2(\theta_2 - \theta_1)$으로 표현된다.

제8장 현대물리

파동의 입자성	입자의 파동성
광자의 에너지 $E = hf$: 진동수 f인 전자기파의 광자 광전효과 $K_{\max} = hf - \phi$ $f_{th} = \frac{\phi}{h}$: 문턱진동수 Compton 효과 $\lambda' - \lambda = \frac{h}{m_e c}(1 - \cos\theta)$	de Brogile의 물질파 $\lambda = \frac{h}{mv}$: Davison-Germer 실험으로 확인 Bohr의 수소원자모형 $r_n = 0.53 n^2$ [Å]: 안정궤도 반경 $E_n = -\frac{13.6}{n^2}$ [eV]: 안정궤도 에너지 $mvr = \frac{nh}{2\pi}$: 양자화 조건(각운동량 양자화) $\frac{1}{\lambda} = R\left(\frac{1}{n_f^2} - \frac{1}{n_i^2}\right)$: 수소의 선스펙트럼
Schrödinger 파동방정식	**동시성**
$\left(-\frac{\hbar^2}{2m}\nabla^2 + V\right)\Psi = i\hbar\frac{\partial\Psi}{\partial t}$ $\left(-\frac{\hbar^2}{2m}\nabla^2 + V\right)u = Eu$: 고유치 방정식	움직이는 관성계에서 동시에 일어난 사건($\Delta t' = 0$)에 대해 정지계에서는 동시에 일어나지 않았다고 관찰($\Delta t = \gamma u \frac{\Delta x'}{c^2}$) $\gamma = \frac{1}{\sqrt{1 - u^2/c^2}} > 1$
시간연장(time dilation)	**길이축소(length contraction)**
움직이는 관성계의 동일지점($\Delta x' = 0$)에서 발생한 두 사건의 시간간격($\Delta t'$, 고유시간)은 정지계에서 관찰한 시간간격(Δt)보다 작다. 즉, 정지계에서 볼 때 움직이는 관성계에서의 시간이 늦게 간다. $\Delta t = \gamma \Delta t'$ 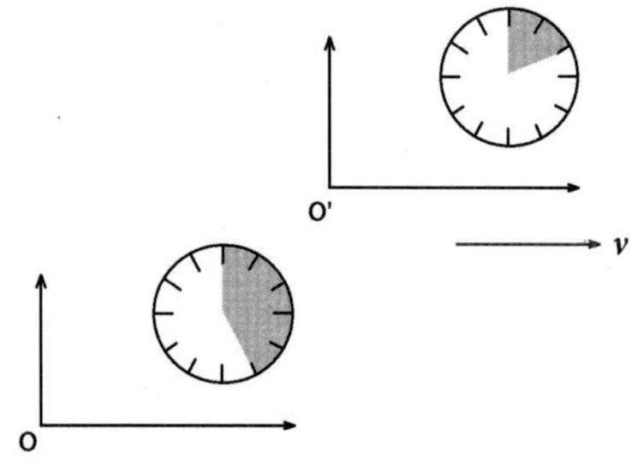	정지계에서 움직이는 관성계에 있는 물체의 길이(L)를 관찰하면 정지계에서의 길이(L', 고유길이)보다 짧다. $L = \frac{L'}{\gamma}$ 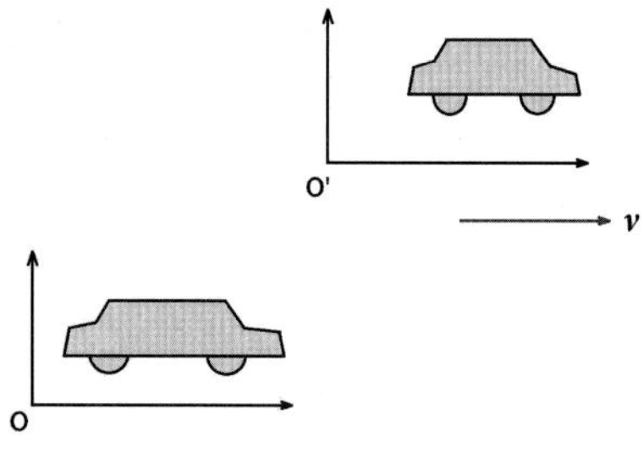

속도변환식(움직이는 관성계는 x방향으로 속도 u로 움직이는 경우)	상대론적 운동량
$v_x{}' = \dfrac{v_x - u}{1 - uv_x/c^2}$ $v_y{}' = \dfrac{v_y}{1 - uv_x/c^2}$ $v_z{}' = \dfrac{v_z}{1 - uv_x/c^2}$	$\vec{p} = \gamma m \vec{v}$ **상대론적 일과 에너지** $K = (\gamma - 1)mc^2$ $E = \gamma m v^2$ $E^2 = p^2c^2 + m^2c^4$
상대론적 Doppler 효과	**원자핵의 크기**
$f_o = \sqrt{\dfrac{c+v}{c-v}}\, f_s$ v: 광원과 관찰자의 상대속도	$r = r_o A^{1/3}$ $r_o = 1.2fm$ A: 질량수(mass number)
핵의 붕괴	**핵의 결합에너지**
α-붕괴 ${}^{A}_{Z}X \rightarrow {}^{A+4}_{Z-2}Y + {}^{4}_{2}He$ β-붕괴 ${}^{A}_{Z}X \rightarrow {}^{A}_{Z+1}Y + {}^{0}_{-1}e + \nu$: β^- 붕괴 ${}^{A}_{Z}X \rightarrow {}^{A}_{Z-1}Y + {}^{0}_{+1}e + \bar{\nu}$: β^+ 붕괴 γ-붕괴 ${}^{A}_{Z}X^* \rightarrow {}^{A}_{Z}X + \gamma$	$E_B = \Delta m c^2 = [Nm_n + Zm_p + M({}^{A}_{Z}X)]\,c^2$ $1u = 1.6605 \times 10^{-27}kg,\ 931MeV$ $m_p = 1.00727u,\ m_n = 1.008665u$ $M({}^{A}_{Z}X)$: 원소의 질량
방사능원소의 반감기	**탄소연대측정**
$\tau = \dfrac{0.693}{\lambda}$ λ: 붕괴상수	$t = -\dfrac{1}{\lambda}\ln\left(\dfrac{R}{R_o}\right)$ $R_o = 181$ 붕괴/분
핵반응	**방사능의 단위**
$X + A \rightarrow Y + B$ $Q = (m_X + m_A - m_Y - m_B)c^2$ $Q > 0$: 발열반응 $Q < 0$: 흡열반응	방사능 활동률(activity) $1Ci = 3.7 \times 10^{10}$ 붕괴/초 $1Bq = 1$붕괴/초 방사능 노출 $1rad = 10mJ/kg,\ 1Gy = 1J/kg$ 방사능 피폭 $rem = RBE \times rad,\ 1Sv = 100rem$

8-1. 파동의 입자성, 입자의 파동성

문제 1 흑체복사에서 흑체의 온도가 $2{,}000K$일 때 $1\mu m$에서 복사의 최대강도가 관찰되었다. $6{,}000K$의 흑체복사의 최대강도가 되는 파장을 구하라.

[답] Wien의 변이칙에 의하면 $\lambda_{\max} T =$ 상수 이다. 따라서 $\lambda_{\max}^{2,000} T_{2,000} = \lambda_{\max}^{6,000} T_{6,000}$에서 $\lambda_{\max}^{6,000} = 0.33\mu m$로 구해진다.

문제 2 금성의 크기는 지구와 거의 같다. 금성의 평균온도는 $500^o C$이고 지구의 평균온도는 $27^o C$이다. 두 행성의 복사에너지의 비를 구하라.

[답] Stefan-Boltzmann 법칙에서 복사에너지는 절대온도의 4승에 비례한다. 따라서 지구와 금성의 복사에너지의 비는 $\eta = \frac{T_e^4}{T_v^4} = \left(\frac{300}{773}\right)^4 = 0.023$이다. 즉, 지구의 복사에너지는 금성의 복사에너지의 2.3%이다.

문제 3 파동의 입자성과 입자의 파동성을 나타내는 실험들을 각각 열거하라.

[답] 파동의 입자성: 흑체복사, 광전효과, Compton 효과

입자의 파동성: Davison-Germer 전자회절 실험, 전자의 이중슬릿 실험

문제 4 전자빔을 단일슬릿에 입사시키면 회절현상이 관찰되는가? 중성자빔을 사용한 경우에도 회절현상이 관찰되는가?

[답] 전자와 중성자도 입자이지만 파동성을 가지므로 회절과 간섭현상이 관찰된다. 여기서 전자빔과 중성자빔은 많은 입자의 집단을 말한다.

문제 5 파장이 $500nm$인 전자기파의 진동수를 구하라. 빛의 속도는 $3\times10^8 m/s$이다.

[답] $f\lambda = c$에서 $f = \frac{c}{\lambda} = 6\times10^{14} Hz$이다.

문제 6 파장 $550nm$인 빛을 구성하는 광자의 에너지를 구하라. 이 에너지는 몇 eV에 해당되나?

[답] $f\lambda = c$에서 $f = \frac{c}{\lambda} = 5.45\times10^{14} Hz$이다. 따라서 광자의 에너지는 $E = hf = 3.6\times10^{-19} J$이다. $1eV = 1.6\times10^{-19} J$이므로 $E \simeq 2.25 eV$이다.

문제 7 파장이 500nm와 600nm인 파에 대한 광자의 에너지는 각각 몇 eV인가?

[답] $E = hf = \frac{hc}{\lambda}$에서 $E_{500} = 2.48\,eV$, $E_{600} = 2.06\,eV$이다.

문제 8 진동수 100MHz인 FM 라디오파와 1,000kHz인 AM 라디오파에 대한 광자의 에너지는 몇 eV인가?

[답] $E = hf$에서 $E_{100} = 4.12 \times 10^{-7}\,eV$, $E_{1,000} = 4 \times 10^{-9}\,eV$이다.

문제 9 에너지 1,000eV인 광자의 진동수와 파장을 구하라.

[답] $E = hf = \frac{hc}{\lambda}$에서 $f = \frac{E}{h} = 2.42 \times 10^{17}\,Hz$, $\lambda = \frac{hc}{E} = 1.24nm$이다.

문제 10 일률이 5mW인 레이저에서 1초당 나오는 광자의 수를 구하라. 레이저의 파장은 400nm이다.

[답] 일률은 $P = NE$이다. 여기서 N과 $E = hf$는 광자의 수와 에너지이다. 따라서 1초당 나오는 광자의 수는 $N = \frac{P}{hf} = 10^{16}$ 개/s이다.

문제 11 420nm의 청색 빛을 발생하는 램프가 있다. 이 파장에서 발생한 빛의 총 일률은 10W이다. 1초당 발산하는 광자의 수를 구하라.

[답] 광자의 에너지는 $E = hf = 4.71 \times 10^{-19} J$이다. 일률은 $Watt = J/s$이므로 1초당 발생하는 광자의 개수는 $n = \frac{P}{E} = 2.12 \times 10^{19}$ 개/s이다. 여기서 $P = 10\,W$이다.

문제 12 550nm 빛의 원천이 100W를 방출한다. 1초당 방출하는 광자의 수를 구하라.

[답] 1초당 방출되는 광자의 수는 $N = \frac{100}{hf} = \frac{100\lambda}{hc} = 2.78 \times 10^{20}$이다.

문제 13 직경 5cm인 광원에서 빛이 나오고 있다. 빛의 세기는 200W/m^2이고 파장은 550nm이다. 빛에 수직인 면 1cm^2에 1초당 전달되는 빛의 에너지를 구하라. 그리고 1초당 위 면적을 때리는 광자의 수를 구하라.

[답] $E = IA\Delta t$에서 $I = 200\,W/m^2$, $A = 10^{-4}m^2$, $\Delta t = 1s$이므로 $E = 0.02J$이다. 광자의 에너지는 $E_p = \frac{hc}{\lambda}$에서 $\lambda = 550nm$이므로 $E_p = 3.6 \times 10^{-19}\,J$이다. 따라서 면을 때리는 광자의 수는 $N = \frac{E}{E_p} = 5.56 \times 10^{16}$ 개/s로 구해진다.

문제 14 일률 60W의 광원에서 550nm의 빛이 방출되고 있다. 사람의 동공의 크기는 5mm이고 동공으로 1초에 최소 20개의 광자가 입사하여야 눈이 빛을 감지할 수 있다고 한다. 최대 얼마나 멀리 떨어져 있는 광원을 사람이 인식할 수 있는가?

[답] 빛의 세기는 $\frac{1}{r^2}$에 비례한다. 따라서 광원에서 나온 빛에 의해 1초 동안 동공에 들어오는 광자의 수는 $N_{eye} = N_s\left(\frac{\pi R^2}{4\pi r^2}\right)$으로 주어진다. 여기서 R, r은 각각 동공의 직경과 광원에서 사람까지의 거리이다. 파장 550nm인 빛의 광자의 에너지는 $E_p = \frac{hc}{\lambda} = 3.6\times10^{-19}J$이다. 따라서 광원에서 나오는 광자의 수는 $N_s = \frac{P}{hf} = \frac{\lambda P}{hc}$에서 $P = 60\,W$, $\lambda = 550nm$이므로 $N_s = 1.67\times10^{20}$ 개$/s$이다. 위 식에서 거리는 $r = \frac{R}{2}\sqrt{\frac{N_s}{N_{eye}}}$로 주어지고 $N_{eye} = 20$ 개$/s$, $R = 2.5mm$이므로 $r = 3,612\,km$로 구해진다. 이 값은 아주 이상적인 경우에 대한 것이다.

문제 15 전구(60W)에서 대략 3W의 가시광선이 사방으로 퍼진다. 가시광선의 평균파장은 550nm이다. 전구에서 2m 떨어진 지점에 있는 넓이 5cm^2의 면에 1초당 도달하는 광자의 수를 구하라. 면은 빛이 전파되어 오는 방향에 수직이다.

[답] 거리가 r만큼 떨어진 지점에 있는 단위면적에 전달되는 빛의 세기는 $I = \frac{P}{A} = \frac{P}{4\pi r^2}$에서 $P = 3\,W$, $r = 2m$이므로 $I = 0.06\,W/m^2$로 구해진다. 파장 550nm인 빛의 광자의 에너지는 $E_p = \frac{hc}{\lambda} = 3.6\times10^{-19}J$이다. 따라서 면에 도달하는 광자의 수는 $N = \frac{IA}{E_p}$에서 $A = 5cm^2$이므로 $N = 8.3\times10^{13}$ 개$/s$이다.

문제 16 중수소를 분열시킬 수 있는 최소의 광자에너지를 구하라. 중수소, 중성자, 양성자의 질량은 각각 $M_D = 3.3441\times10^{-27}kg$, $m_n \simeq m_p = 1.6747\times10^{-27}kg$이다.

[답] 에너지 보존칙에서 $hf + M_D c^2 = (m_p + m_n)c^2$을 얻는다. 중수소를 분열시킬 수 있는 최소의 광자에너지이므로 분열된 중수소 안의 양성자와 중성자의 운동에너지는 0이다. 따라서 $hf = (m_p + m_n - M_D)c^2$에서 $f = 7.2\times10^{20}\,Hz$이다. 여기서 파장은 $\lambda = \frac{c}{f} = 4.2\times10^{-13}m$로 구해진다.

문제 17 니켈의 일함수는 4.8eV이다. 200nm의 자외선이 니켈 표면을 비출 경우 발생되는 전자의 최대 에너지를 구하라. 정지전압은 얼마인가?

[답] 자외선의 에너지는 $E = hf = \frac{hc}{\lambda} = 6.19eV$이다. $K_{\max} = hf - W = 1.39eV$이다. 따라서 정지전압은 1.39$V$이다.

문제 18 (a) Na 금속의 일함수는 $2.46eV$이다. Na 금속에 $200nm$의 파장을 가진 빛을 입사시켰을 때 발생하는 광전자의 최대 운동에너지와 전자의 최대속도를 구하라. 전자의 질량은 $9.1\times10^{-31}kg$이다. (b) Na 금속에 대한 광전효과의 문턱파장을 구하라.

[답] (a) 광자의 에너지는 $E=hf=\frac{hc}{\lambda}=6.21eV$이다. 광전효과에서 광전자의 최대 운동에너지는 $K_{\max}=hf-W=3.75eV$이다. 운동에너지는 $\frac{mv^2}{2}$이므로 $v=1.15\times10^6 m/s$이다.

(b) 문턱파장을 가진 입사 빛에 대해서는 $K_{\max}=0$을 만족한다. 따라서 $hf_{th}=W$에서 $\lambda_{th}=\frac{hc}{W}=505nm$를 얻는다.

문제 19 $2eV$의 일함수를 가진 금속에 $500nm$의 빛이 입사한다. 광전자가 가질 수 있는 최대의 운동에너지는 얼마인가? 정지전압을 구하라.

[답] $K_{\max}=hf-W=0.475eV$이다. 따라서 정지전압은 $0.475V$이다.

문제 20 수소기체가 $50nm$의 광자를 흡수하여 발생하는 전자의 최대 운동에너지는 얼마인가? 수소의 이온화 에너지는 $13.6eV$이다.

[답] 이온화 에너지는 원자에서 광전자를 발생시키는 데 필요한 에너지이다. 즉, 이온화 에너지가 일함수에 해당된다. 따라서 광전자의 최대 운동에너지는 $K_{\max}=hf-W=11.15eV$이다.

문제 21 금속 Cesium의 일함수는 $1.8eV$이다. 파장이 $300nm$인 자외선 영역의 파를 입사시킬 때 방출되는 전자의 최대속도를 구하라.

[답] 입사 빛의 광자에너지는 $E=hf=\frac{hc}{\lambda}=4.14eV$이다. 광전자의 최대 운동에너지는 $K_{\max}=hf-W=2.34eV$이다. 운동에너지는 $\frac{mv^2}{2}$이므로 $v=9.07\times10^5 m/s$이다.

문제 22 구리의 일함수는 $4.4eV$이다. 광전효과의 문턱파장을 구하라.

[답] 문턱파장을 가진 입사 빛에 대해서는 $K_{\max}=0$이 만족된다. 따라서 $hf_{th}=W$에서 $\lambda_{th}=\frac{hc}{W}=282nm$(자외선)를 얻는다.

문제 23 텅스텐의 일함수는 $4.58eV$이다. 텅스텐의 표면에 빛을 조사하여 광전자를 방출하기 위한 문턱진동수와 파장을 구하라. $200nm$의 빛을 조사했을 때 전자의 최대 운동에너지를 구하라.

이 경우 광전자의 속도를 구하라.

[답] 에너지 보존칙에서 $K_{\max} = hf - W$이다. 여기서 문턱진동수는 $K_{\max} = 0$일 때의 진동수이므로 $f_{th} = \frac{W}{h} = 1.11 \times 10^{15}\,Hz$이다. 이에 대응되는 파장은 $\lambda_{th} = \frac{c}{f_{th}} = 270\,nm$이다. 그리고 $200nm$의 파가 입사할 경우 $K_{\max} = \frac{hc}{\lambda} - W = 1.61e\,V$이다. 운동에너지 $K = \frac{1}{2}mv^2$에서 $v = \sqrt{\frac{2K}{m}} = 7.5 \times 10^5\,m/s$를 구할 수 있다.

문제 24 Potassium의 일함수는 $2.3e\,V$이다. 파장 $250nm$의 빛이 potassium의 표면을 때릴 때 정지전압, 발생하는 광전자의 최대 운동에너지, 광전자의 속도를 구하라.

[답] $K_{\max} = hf - W = 5.62e\,V$이다. 정지전압은 $5.62\,V$이다. 최대 운동에너지가 $5.62e\,V$이므로 $v_{\max} = 1.41 \times 10^6 m/s$이다.

문제 25 파장 $600nm$의 빛을 어떤 금속면에 조사했을 때 광전자의 최대 운동에너지가 $0.3e\,V$였다. 파장 $400nm$의 빛을 입사시켰을 때 광전자의 최대 운동에너지는 얼마인가? 이 금속의 일함수를 구하라.

[답] $K_{\max} = \frac{hc}{\lambda} - W$이므로 파장 $600nm$의 빛에 대해 $W = 1.76\,e\,V$가 구해진다. 그리고 파장 $400nm$의 파에 의해 발생한 광전자의 최대 운동에너지는 $K_{\max} = \frac{hc}{\lambda} - W = 1.33e\,V$이다.

문제 26 빛의 세기 $0.02\,W/m^2$인 빛이 한 원자에 비추어진다고 가정하자. 원자가 빛을 받는 면적은 $0.01nm^2$라고 한다. 이 원자의 일함수가 $3e\,V$라고 할 때, 고전 전자기이론에 의하면 광전자가 튀어나오는데 걸리는 시간이 얼마인가?

[답] 고전 전자기이론에 의하면 파동(빛)의 에너지가 원자에 균일하게 주어지고 이에 따라 얻는 에너지가 일함수보다 커지면 광전자가 방출된다. 원자에 1초당 주어지는 빛의 일률은 $P = IA$이다. 여기서 $I = 0.02\,W/m^2$, $A = 0.01nm^2$이므로 $P = 2 \times 10^{-22}\,J/s$이다. 이 빛의 에너지가 일함수 $W = 3e\,V$가 되면 전자가 튀어나온다. 따라서 $W = P\Delta t$에서 $\Delta t = 2{,}400s = 40\min$이 걸리는 것을 알 수 있다.

문제 27 전자기파가 정지한 전자에 의해 산란된다. 각도 40^o로 산란될 때와 각도 170^o로 산란될 때 파장의 변화를 구하라.

[답] $\Delta\lambda = \frac{h}{m_e c}(1-\cos\theta)$에서 40^o로 산란되는 경우 $\Delta\lambda = 5.66\times10^{-13}m$이고 170^o로 산란되는 경우 $\Delta\lambda = 4.8\times10^{-12}m$이다.

문제 28 Compton 산란에서 150^o로 산란되는 경우 산란파장의 입사파장에 대한 파장 변화는 3%였다. 이 입사파의 파장을 구하라.

[답] $\frac{\Delta\lambda}{\lambda} = \frac{h}{\lambda m_e c}(1-\cos\theta)$에서 $\frac{\Delta\lambda}{\lambda} = 0.03$이므로 $\lambda = \frac{h}{m_e c}(1-\cos\theta)\frac{\lambda}{\Delta\lambda} = 1.5\,\text{Å}$이다.

문제 29 Compton 산란에서 파장 $0.7nm$의 빛을 사용하였다. 되튀어나오는(180°) 산란에서의 산란파의 파장을 구하라. 이 파의 광자에너지를 구하라.

[답] $\lambda_2 = \lambda_1 + \Delta\lambda = \lambda_1 + \frac{h}{m_e c}(1-\cos 180^o)$에서 $\lambda_2 = 0.7048\,nm$를 구할 수 있다. 이 파의 광자에너지는 $E_2 = \frac{hc}{\lambda_2} = 1,756\,eV$이다.

문제 30 파장 $0.5nm$의 광자가 정지하고 있는 전자에 의해 산란되어 원래 방향에 대해 150° 각도로 산란된다. 전자와 충돌한 후 광자의 속도와 파장을 구하라.

[답] 광자의 속도(진공)는 항상 빛의 속도와 같다. 산란되는 광자의 파장은 Compton의 관계식에서 $\lambda' = \lambda + \frac{h}{m_e c}(1-\cos\theta) = 0.5045nm$이다.

문제 31 파장 $0.4nm$의 광자가 정지하고 있는 전자와 정면충돌하여 뒤로(backward) 되튀었다. 충돌 후 전자의 속도를 구하라.

[답] $\lambda' = \lambda + \frac{h}{m_e c}(1-\cos\theta)$에서 $\theta = 180^o$이므로 $\lambda' = 0.4048nm$이다. 운동량 보존칙에서 전자는 충돌 전 정지하고 있으므로 $\frac{h}{\lambda} = m_e v - \frac{h}{\lambda'}$이다. 여기서 음의 부호는 충돌 후 반대방향으로 진행하기 때문이다. 따라서 $v = 1.81\times10^6\,m/s$를 구할 수 있다.

문제 32 파장 $0.5nm$의 광자가 정지하고 있는 전자와 충돌한다. 충돌 후 광자는 입사방향에 대해 90^o방향으로 진행한다. 전자의 운동방향과 속도를 구하라.

[답] $\lambda' = \lambda + \frac{h}{m_e c}(1-\cos\theta)$에서 $\theta = 90^o$이므로 $\lambda' = 0.5024nm$이다. x방향을 광자가 입사하는 방향이라고 하면 이 방향에서 운동량 보존칙은 $\frac{h}{\lambda} = mv_x$이고, 이에 수직한 방향인 y방향에서의 운동량 보존칙은 $\frac{h}{\lambda'} + mv_y = 0$으로 주어진다. 따라서 $v_x = 1.46\times10^6\,m/s$이고 $v_y = -1.46\times$

$10^6\,m/s$로 구해진다. 속도의 크기는 $v = 2.06\times10^6 m/s$이고, 방향은 아래 45^o이다.

문제 33 $3\times10^6\,m/s$의 속도로 움직이는 전자의 파장을 구하라.

[답] $\lambda = \dfrac{h}{m_e v} = 2.42\,\text{Å}$

문제 34 파장이 $100nm$인 양성자의 운동량과 운동에너지를 구하라. 양성자의 질량은 $1.67\times 10^{-27}\,kg$이다.

[답] $p = \dfrac{h}{\lambda} = 3.3\times10^{-27}\,kgm/s$, $E = \dfrac{p^2}{2m_p} = 2.04\times10^{-9}\,eV$

문제 35 α입자의 운동에너지가 $200keV$이다. 운동량과 파장을 구하라. 여기서 α입자의 질량은 $6.68\times10^{-27}\,kg$이다.

[답] $K = \dfrac{p^2}{2m}$에서 $p = \sqrt{2mK} = 2.11\times10^{-20}\,kgm/s$이고 $\lambda = \dfrac{h}{p} = 3.13\times10^{-14}\,m$이다.

문제 36 Davison-Germer의 실험에서 $54eV$의 전자를 사용하였다. 전자의 파장을 구하라.

[답] $\dfrac{1}{2}mv^2 = 54eV$에서 $v = 4.36\times10^6\,m/s$이다. $\lambda = \dfrac{h}{mv} = 1.66\,\text{Å}$이다.

문제 37 전자와 양성자의 운동에너지가 동일하다. 어느 쪽의 de Brogile 물질파의 파장이 짧은가?

[답] 운동에너지는 $E = \dfrac{p^2}{2m}$이다. 여기서 de Brogile 물질파의 파장은 $\lambda = \dfrac{h}{p}$이므로 운동량이 큰 물체의 파장이 짧다. $p = \sqrt{2mE}$이므로 양성자의 운동량이 크다. 따라서 양성자의 파장이 짧다.

문제 38 $100\,V$의 전압에 의해 가속되는 전자의 de Brogile 파장을 구하라.

[답] $\dfrac{mv^2}{2} = eV$에서 $v = \sqrt{\dfrac{2eV}{m}} = 5.93\times10^6 m/s$이다. 따라서 de Brogile 물질파의 파장은 $v = \dfrac{h}{mv} = 0.122nm$이다.

문제 39 전자의 de Brogile 물질파의 파장이 $2\,\text{Å}$이다. 전자의 속도와 운동에너지를 구하라.

[답] $v = \dfrac{h}{m\lambda} = 3.63\times10^6\,m/s$이다. 운동에너지는 $K = \dfrac{mv^2}{2} = 37.4eV$이다.

문제 40 전자현미경에서 $0.5nm$까지 분해하기 위해 사용해야 하는 전자의 운동에너지를 구하라.

[답] 측정에서는 사용한 파장까지 분해가 가능하다. 따라서 $0.5nm$까지 보기 위해서는 전자의 파장이 $0.5nm$여야 한다. $K=\frac{p^2}{2m}$이고 $\lambda=\frac{h}{p}$에서 $K=\frac{h^2}{2m\lambda^2}$이다. 따라서 운동에너지는 $K=5.98eV$이다.

문제 41 슬릿 간격이 $100nm$인 이중슬릿에 전자빔이 입사한다. 이중슬릿에서 $2m$ 떨어진 스크린에 간섭무늬가 관찰된다. 이웃 밝은 무늬 사이의 간격이 $1mm$로 관찰되었다면 전자빔의 운동에너지는 얼마인가?

[답] 보강간섭의 조건은 $d\sin\theta=n\lambda$이다. 스크린의 중앙에 밝은 무늬가 관찰된다. 그리고 스크린의 중앙에서 Δy만큼 떨어진 지점에 두 번째 밝은 무늬가 생긴다고 하자. 이때 $\theta \ll 1$인 경우 $\sin\theta \simeq \frac{\Delta y}{L}$로 주어진다. 이를 보강간섭의 조건에 대입하면 $\lambda=\frac{d\Delta y}{nL}$를 얻는다. 이 식에서 $d=100nm$, $\Delta y=1mm$, $L=2m$, $n=1$이므로 $\lambda=5\times10^{-11}m$가 구해진다. 전자가 위 파장이 되기 위해서는 운동에너지가 $K=\frac{p^2}{2m}=\frac{1}{2m}\left(\frac{h}{\lambda}\right)^2=598eV$가 되어야 한다.

8-2. Bohr의 수소원자 모형, 에너지준위, 입자를 발견할 확률

문제 42 어떤 원자에서 $580nm$의 빛이 방출되었다. 이 빛의 방출에 관련된 에너지준위 사이의 에너지 차이는 얼마인가?

[답] $\Delta E=hf=\frac{hc}{\lambda}=2.13eV$

문제 43 수소원자의 선스펙트럼에서 파장이 가장 짧은 빛은 무엇인가?

[답] 에너지가 가장 큰 빛은 $n=\infty$에서 $n=1$의 전이에서 나온다. 두 에너지준위 사이의 에너지 차이는 $13.6eV$이다. $\Delta E=\frac{hc}{\lambda}$에서 $\lambda=\frac{hc}{\Delta E}=90nm$이다.

문제 44 수소의 선스펙트럼 중에 $n=3$에서 $n=1$로의 전이에서 발생하는 Lyman 계열 선스펙트럼의 파장을 구하라.

[답] 발생하는 파장은 $hf=\frac{hc}{\lambda}=E_3-E_1$에서 구할 수 있다. 수소원자의 에너지는 $E_n=-\frac{13.6}{n^2}eV$로 주어지므로 $\lambda=103\,nm$(자외선)가 된다.

문제 45 수소의 선스펙트럼 중 $n=7$에서 $n=2$로의 전이에서 발생하는 Balmer 계열 선스펙트럼의 파장을 구하라.

[답] $\lambda=\frac{hc}{E_7-E_2}=380nm$(보라색)

문제 46 기저상태에 있는 수소원자를 이온화(H^+)시키는 데 필요한 빛의 최소파장을 구하라.

[답] 이온화 에너지는 $E_{ion}=E_\infty-E_1=13.6eV$이므로 빛의 최소파장은 $\lambda=\frac{hc}{E_{ion}}=9.14nm$ (X-ray)이다.

문제 47 수소원자의 선스펙트럼 중 Lyman 계열에서 가장 긴 파장과 가장 짧은 파장을 구하라.

[답] Lyman 계열은 여기된 수소원자들 중 기저상태로 떨어지는 원자들이 발생하는 빛이므로 빛의 파장은 $\lambda=\frac{hc}{E_n-E_1}$로 주어진다. 따라서 가장 긴 파장은 $n=2$에서 $n=1$로 떨어질 때 발생하므로 $\lambda_{long}=\frac{hc}{E_2-E_1}=122nm$이다. 반면에 가장 짧은 파장은 $n=\infty$에서 $n=1$로 떨어질 때 발생하므로 $\lambda_{short}=\frac{hc}{E_\infty-E_1}=91.4\,nm$이다.

문제 48 수은이 채워진 관의 양단 전극에 $4.9V$ 이상을 걸어 줄 때 자외선이 방출되는 것이 관찰되었다(Frank-Hertz 실험). 이는 수은원자에 에너지준위가 존재한다는 것을 직접적으로 보여 준 실험이다. 수은원자가 발생하는 자외선의 파장을 구하라.

[답] 전극에서 발생하는 전자의 운동에너지는 $K=eV=4.9eV$이다. 이 에너지에 의해 수은원자는 여기되고, 다시 기저준위로 떨어지면서 두 에너지준위 차이에 해당되는 전자기파를 발생한다. 파장은 $hf=\frac{hc}{\lambda}=4.9eV$에서 $\lambda=2.5\times10^{-7}m=250nm$(자외선)이다.

문제 49 헬륨원자의 이온화 에너지는 얼마인가? 구리기체의 이온화 에너지는 얼마인가? 구리의 원자번호는 28이다.

[답] 원자번호가 Z인 원자의 Bohr 에너지준위는 $E=-\frac{13.6Z^2}{n^2}eV$로 주어진다. 헬륨의 경우 $Z=2$이므로 이온화 에너지는 $54.4eV$이다. 구리의 경우 $Z=28$이므로 $11.4keV$이다.

문제 50 텅스텐원자가 $n=2$에서 $n=1$로 전이할 때 방출하는 빛의 파장은 얼마인가? 텅스텐의 원자번호는 74이다.

[답] $E=-\frac{13.6Z^2}{n^2}eV$에서 $\Delta E=55.86keV$이다. $\lambda=\frac{hc}{\Delta E}=0.022nm$이다.

문제 51 질량 $1g$인 물체가 길이 $10cm$인 1차원 상자 안에서 속도 $1mm/s$로 움직이고 있다. 이때의 양자수를 구하라.

[답] 에너지준위는 $E_n=\frac{n^2h^2}{8mL^2}$으로 표현된다. 여기서 $E=\frac{1}{2}mv^2=5\times10^{-10}J$이므로 양자수는 $n=3\times10^{26}$으로 구해진다.

문제 52 길이 $L=10^{-15}m$(핵의 크기)인 1차원 상자에 갇힌 중성자의 에너지준위를 구하라. 중성자의 에너지준위 사이의 전이에서 발생하는 전자기파 중에서 가장 긴 파장을 구하라.

[답] 에너지준위는 $E_n=\frac{n^2h^2}{8mL^2}$으로 표현된다. 전이에서 발생하는 가장 긴 파장은 $n=2$에서 $n=1$로 전이하는 경우이다. $\Delta E=E_2-E_1=9.78\times10^{-11}J$이므로 $\lambda=\frac{hc}{\Delta E}=2.02fm$이다.

문제 53 길이 $L=1\,\text{Å}$(원자의 크기)인 1차원 상자에 갇힌 전자의 기저준위와 첫 번째 여기준위를 구하라. $n=3$에서 $n=2$로의 전이에서 발생하는 전자기파의 파장을 구하라.

[답] 에너지준위는 $E_n=\frac{n^2h^2}{8mL^2}$으로 표현된다. 기저준위는 $E_1=\frac{h^2}{8mL^2}=5.98\times10^{-18}J$이고 $E_2=4E_1=2.39\times10^{-17}J$이다. $\lambda=\frac{hc}{\Delta E}=6.62nm$이다.

문제 54 (a) 전자가 길이 $1\,\text{Å}$인 상자 속에 갇혀 있다고 하자. 양자수 $n=1$과 $n=2$인 상태에서의 에너지를 구하라. (b) 기저상태($n=1$)에 있는 전자를 $n=2$인 상태로 여기시키기 위해 외부에서 공급해야 되는 빛의 파장을 구하라.

[답] (a) 상자 속의 에너지준위는 $E_n=\frac{n^2h^2}{8mL^2}$이므로 $E_1=37.7eV$와 $E_2=150.8eV$를 얻는다.
(b) 여기시키기 위한 빛의 파장은 $h\nu=E_2-E_1$에서 $\lambda=\frac{hc}{E_2-E_1}=11nm$이다.

문제 55 질량이 $2\mu g$인 먼지가 길이 $1cm$인 상자 속에 갇혀 있다고 할 때, 먼지가 가질 수 있는 최소속도를 구하라.

[답] 상자 속의 먼지가 가지는 기저 상태 에너지는 $E_1=\frac{h^2}{8mL^2}=2.74\times10^{-55}J$이다. 이 에너지에 해당되는 먼지의 속도는 $v=\sqrt{\frac{2E_1}{m}}=1.66\times10^{-23}m/s$이다. 최저속도가 0이 되지 않으므로 양자역학적인 관점에서 먼지는 멈출 수 없다.

문제 56 길이 L인 무한우물에 갇힌 입자에 대해 다음을 구하라. (a) 기저상태에 있는 입자를 $\frac{L}{4}$에서 $\frac{3L}{4}$ 사이에서 발견할 확률을 구하라. (b) 입자가 첫 번째 여기상태에 있을 때 입자를 $\frac{L}{4}$에서 $\frac{3L}{4}$ 사이에서 발견할 확률을 구하라.

[답] 입자를 dx 사이에서 발견할 확률은 $|\psi(x)|^2 dx$로 주어진다. 따라서 $\frac{L}{4}$에서 $\frac{3L}{4}$ 사이에서 발견할 확률은 그 사이에서 위 확률을 적분해 주면 된다. 무한우물에서 입자의 파동함수는 $\psi_n(x) = \sqrt{\frac{2}{L}}\sin k_n x$이고 $k_n = \frac{n\pi}{L}$이다.

(a) 기저상태의 파동함수는 $\psi_1(x) = \sqrt{\frac{2}{L}}\sin\frac{\pi x}{L}$이므로 입자를 $\frac{L}{4}$에서 $\frac{3L}{4}$ 사이에서 발견할 확률은

$$P = \int_{L/4}^{3L/4} |\psi_1(x)|^2 dx = \frac{2}{L}\int_{L/4}^{3L/4} \sin^2\frac{\pi}{L}x\, dx = \frac{1}{2} + \frac{1}{\pi}$$

과 같이 구해진다.

(b) 첫 번째 여기상태의 파동함수는 $\psi_2(x) = \sqrt{\frac{2}{L}}\sin\frac{2\pi x}{L}$이므로 $\frac{L}{4}$에서 $\frac{3L}{4}$ 사이에서 입자를 발견할 확률은

$$P = \int_{L/4}^{3L/4} |\psi_2(x)|^2 dx = \frac{2}{L}\int_{L/4}^{3L/4} \sin^2\frac{2\pi}{L}x\, dx = \frac{1}{2}$$

과 같이 구해진다.

문제 57 길이 L인 1차원 상자에 입자가 갇혀 있다. 기저상태와 첫 번째 여기상태에서 $x = \frac{L}{4}, \frac{L}{2}, \frac{3L}{4}$에 있는 폭 $\Delta x = 0.001L$에서 입자를 발견할 확률을 구하라.

[답] Δx에서 입자를 발견할 확률은 $|\psi(x)|^2 \Delta x$로 표현된다. 기저상태의 파동함수는 $\psi_1(x) = \sqrt{\frac{2}{L}}\sin\frac{\pi x}{L}$이고, 첫 번째 여기상태의 파동함수는 $\psi_2(x) = \sqrt{\frac{2}{L}}\sin\frac{2\pi x}{L}$이다. 따라서 기저상태에서 각 지점에 대한 입자를 발견할 확률은 $P_1\left(\frac{L}{4}\right) = \left|\psi_1\left(\frac{L}{4}\right)\right|^2 \Delta x = 0.001$, $P_1\left(\frac{L}{2}\right) = \left|\psi_1\left(\frac{L}{2}\right)\right|^2 \Delta x = 0.002$, $P_1\left(\frac{3L}{4}\right) = \left|\psi_1\left(\frac{3L}{4}\right)\right|^2 \Delta x = 0.001$로 구해진다. 그리고 첫 번째 여기상태에서 각 지점에 대한 입자를 발견할 확률은 $P_2\left(\frac{L}{4}\right) = \left|\psi_2\left(\frac{L}{4}\right)\right|^2 \Delta x = 0.002$, $P_2\left(\frac{L}{2}\right) = \left|\psi_2\left(\frac{L}{2}\right)\right|^2 \Delta x = 0$, $P_2\left(\frac{3L}{4}\right) = \left|\psi_2\left(\frac{3L}{4}\right)\right|^2 \Delta x = 0.002$로 구해진다.

문제 58 질량 m인 입자의 파동함수가 $\psi(x) = Ae^{-\frac{|x|}{a}}$로 주어진다. 파동함수의 진폭을 구하라. 입자를 $-a \le x \le a$에서 발견할 확률을 구하라.

[답] 규격화 조건 $\int_{-\infty}^{\infty}|\psi(x)|^2 dx=1$에서 진폭 A를 구할 수 있다. 즉,

$$\int_{-\infty}^{\infty} A^2 e^{-\frac{2|x|}{a}} dx = 2A^2 \int_{-\infty}^{\infty} e^{-\frac{2x}{a}} dx = 2A^2\left(\frac{a}{2}\right) = 1$$

이므로 $A=\frac{1}{\sqrt{a}}$이다. 따라서 파동함수는 $\psi(x)=\frac{1}{\sqrt{a}}e^{-\frac{|x|}{a}}$이다. $-a \le x \le a$에서 입자를 발견할 확률은

$$P=\int_{-a}^{a}|\psi(x)|^2 dx = 2\int_0^a \frac{1}{a}e^{-\frac{2x}{a}} dx = 0.865$$

이다.

문제 59 길이 L인 1차원 상자 안에 갇힌 입자가 기저상태에 존재한다. 영역 $0 \le x \le \frac{L}{2}$, $\frac{L}{2} \le x \le L$, $0 \le x \le \frac{3L}{4}$에서 입자를 발견할 확률을 구하라.

[답] 기저상태의 파동함수는 $\psi_1(x)=\sqrt{\frac{2}{L}}\sin\frac{\pi x}{L}$이다. 영역 $0 \le x \le \frac{L}{2}$에서 입자를 발견할 확률은 $P_1=\int_0^{L/2}|\psi(x)|^2 dx = 0.5$이다. 그리고 영역 $\frac{L}{2} \le x \le L$에서 입자를 발견할 확률은 $P_2=\int_{L/2}^{L}|\psi(x)|^2 dx$ $=0.5$이다. 또한 영역 $0 \le x \le \frac{3L}{4}$에서 입자를 발견할 확률은 $P_3=\int_0^{3L/4}|\psi(x)|^2 dx = 0.909$이다.

문제 60 길이 L인 1차원 상자 안에 갇힌 입자가 첫 번째 여기상태에 존재한다. 영역 $0 \le x \le \frac{L}{2}$, $\frac{L}{2} \le x \le L$, $0 \le x \le \frac{3L}{4}$에서 입자를 발견할 확률을 구하라.

[답] 첫 번째 여기상태의 파동함수는 $\psi_2(x)=\sqrt{\frac{2}{L}}\sin\frac{2\pi x}{L}$이다. 영역 $0 \le x \le \frac{L}{2}$에서 입자를 발견할 확률은 $P_1=\int_0^{L/2}|\psi_2(x)|^2 dx = 0.5$이다. 그리고 영역 $\frac{L}{2} \le x \le L$에서 입자를 발견할 확률은 $P_2=$ $\int_{L/2}^{L}|\psi_2(x)|^2 dx = 0.5$이다. 또한 영역 $0 \le x \le \frac{3L}{4}$에서 입자를 발견할 확률은 $P_3=\int_0^{3L/4}|\psi_2(x)|^2 dx = 0.75$ 이다.

문제 61 길이가 $2L$인 1차원 상자의 중간이 원점에 있다. 따라서 상자의 끝은 $x=\pm L$이다. 에너지 준위를 구하라. 기저상태의 파동함수를 구하라.

[답] 파동함수는 원점에 대해 대칭이므로 $\psi(x)=A\cos kx$가 되어야 한다. 경계조건은 $\psi(L)=$ $\psi(-L)=\cos kL=0$에서 $k_n L=\left(n+\frac{1}{2}\right)\pi$을 구할 수 있다. 따라서 에너지준위는 $E_n=\frac{\hbar^2 k^2}{2m}=\frac{\hbar^2\pi^2}{2mL^2}$

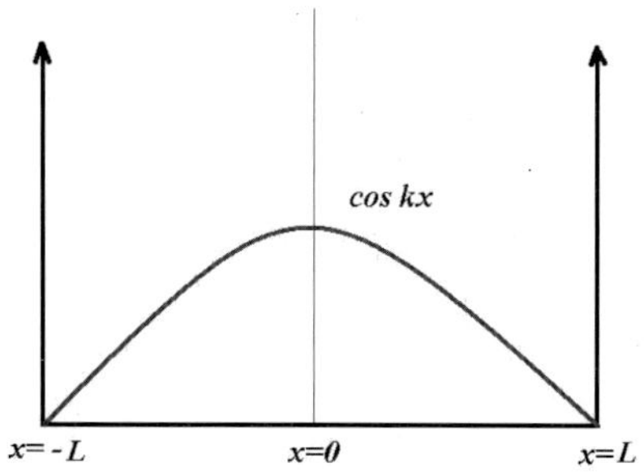

$\left(n+\frac{1}{2}\right)^2$이다. 여기서 $n=0,1,2,\cdots$ 이다. 기저상태의 파동함수는 $n=0$에서 $\psi(x)=A\cos\frac{\pi x}{2L}$이다. 규격화 조건 $A^2\int_{-L}^{L}\cos^2\frac{\pi x}{2L}dx=1$에서 $A=\sqrt{\frac{2}{L}}$ 이므로 기저상태의 파동함수는 $\psi(x)=\sqrt{\frac{2}{L}}\cos\frac{\pi x}{2L}$로 구해진다.

문제 62 1 Å 안에 갇힌 전자의 속도에 대한 불확실성의 정도를 구하고 $1mm$ 안에 갇힌 전자의 불확실성의 정도와 비교하여 설명하라.

[답] 불확정성 원리에서 전자가 1 Å 안에 갇혀 있는 경우 속도의 불확실성은 $\Delta p_x \Delta x \ge \frac{h}{2\pi}$에서 $\Delta v_x \ge \frac{h}{2\pi m \Delta x}=1.16\times10^6\,m/s$와 같이 구해진다. 마찬가지로 $1mm$ 안에 갇혀 있는 경우 $\Delta v_x \ge 0.116\,m/s$이다. 속도의 불확실성은 위치의 불확실성에 반비례하므로 전자가 1 Å 안에 갇혀 있을 경우 속도의 불확실성이 훨씬 크다.

문제 63 (a) 주양자수 $n=3$의 경우 궤도양자수 l이 가질 수 있는 값을 구하라. (b) 위에서 구한 궤도양자수 l에 대해 가능한 자기양자수 m_l의 값을 구하라. (c) $n=3$인 구각에 채워질 수 있는 총 전자의 수를 구하라.

[답] (a) 궤도양자수는 주양자수에 의해 제한이 가해지며 $l=0,\ 1,\ 2,\ \cdots,\ (n-1)$의 값을 가질 수 있다. 따라서 가능한 궤도양자수는 $l=0,\ 1,\ 2$ 등 세 가지이다.

(b) 자기양자수는 궤도양자수에 의해 제한되며 $m_l=-l,\ -l+1,\ \cdots,\ l-1,\ l$의 값을 가질 수 있다. 따라서 $l=0$인 경우 $m_l=0$이다. 그리고 $l=1$인 경우 $m_l=-1,\ 0,\ 1$이고 $l=2$인 경우 $m_l=-2,\ -1,\ 0,\ 1,\ 2$ 이다.

(c) 위와 같이 $n=3$인 경우 9개의 다른 에너지 상태가 존재하는데 각각에 대해 두 개의 스핀 상태(스핀양자수)가 가능하므로 $n=3$에서 총 18개의 다른 에너지 상태가 존재한다. 따라서 총 18개의 전자가 이 에너지 상태를 채울 수 있다.

문제 64 Ge의 원자번호는 32이다. Ge의 기저상태에서의 전자구조를 구하라. 최외각 전자의 수는 몇 개인가?

[답] 32개의 전자는 $[Ar]3d^{10}4s^2 4p^2$와 같이 채워진다. 여기서 $[Ar]$에는 18개의 전자가 $1s^2 2s^2 2p^6 3s^2 3p^6$와 같이 채워져 있다. 최외각은 $n=4$이고 이 구각에 4개의 전자가 있으므로 Ge의 최외각 전자의 수는 4개이다.

문제 65 철 이온 Fe^{3+}의 전자구조를 구하라. Fe의 원자번호는 26이다.

[답] Fe의 전자구조는 $[Ar]3d^6 4s^2$이다. 이 중에서 전자 3개가 달아났으므로 Fe^{3+}의 전자구조는 $[Ar]3d^5$이다. 즉, $1s^2 2s^2 2p^6 3s^2 3p^6 5d^5$이다.

8-3. Lorentz 변환, 동시성, 시간지연, 길이축소

문제 66 S′계는 S계에 대해 일정한 속도 v로 움직이고 있다. $\Delta x=0$에서 $\Delta t=3s$ 사이에 일어난 두 사건의 경우 S′계에서는 $\Delta t'=4s$로 관찰되었다. S′계의 속도 v와 두 사건이 일어나는 위치의 차이 $\Delta x'$을 구하라.

[답] 두 계에서 위치와 시간의 차이는 $\Delta x'=\gamma(\Delta x-v\Delta t)$, $\Delta t'=\gamma\left(\Delta t-\frac{v}{c^2}\Delta x\right)$로 관련지어진다. 여기서 $\gamma=\frac{1}{\sqrt{1-v^2/c^2}}$이다. 위 식에서 $v=\sqrt{1-\frac{\Delta t^2}{\Delta t'^2}}\,c$를 얻을 수 있다. $\Delta t=3s$, $\Delta t'=4s$이므로 $v=0.66c$이다. $\Delta x'=-\gamma v\Delta t$에서 $\gamma=1.33$이므로 $\Delta x'=7.9\times10^8 m$이다.

문제 67 S′계가 S계에 대해 $0.8c$로 움직이고 있다. S′계에서 $x_1'=1{,}000m$ 위치에서 $t_1'=3\mu s$일 때 사건 1이 일어났다. S계에서 볼 때 이 사건이 일어난 위치와 시간을 구하라. 그리고 사건 2가 S′계에서 $x_2'=-1{,}000m$, $t_2'=8\mu s$일 때 일어났다고 하자. S, S′계에서 두 사건의 시간차 $\Delta t, \Delta t'$을 각각 구하라.

[답] 사건 1은 S′계에서는 $x_1'=1{,}000m$, $t_1'=3\mu s$인데 S계에서는

$$x_1=\gamma(x_1'+vt_1')=2{,}867m$$

$$t_1=\gamma\left(t_1'+\frac{v}{c^2}x_1'\right)=9.45\mu s$$

이다. 여기서 $\gamma=\frac{1}{\sqrt{1-v^2/c^2}}=1.667$을 사용하였다. 사건 2는 S′계에서는 $x_2'=-1{,}000m$,

$t_2' = 8\mu s$ 인데 S계에서는

$$x_2 = \gamma(x_2' + v t_2') = 1{,}534m$$

$$t_2 = \gamma\left(t_2' + \frac{v}{c^2} x_2'\right) = 8.89\mu s$$

이다. 따라서 $\Delta t = t_2 - t_1 = -0.56\mu s$, $\Delta t' = t_2' - t_1' = 5\mu s$ 로 구해진다.

문제 68 두 개의 사건이 S계에서 일어났다. 사건 1은 $t_1 = 0$, $x_1 = 0$ 에서 일어났고, 사건 2는 $t_2 = 10^{-8}s$, $x_2 = 100m$ 에서 일어났다. S'계에서는 사건 2가 사건 1보다 먼저 일어났다면 S'계의 S계에 대한 상대속도를 구하라.

[답] $\Delta x' = \gamma(\Delta x - v\Delta t)$, $\Delta t' = \gamma\left(\Delta t - \frac{v}{c^2}\Delta x\right)$ 이다. 여기서 $\Delta t = 10^{-8}s$, $\Delta x = 100m$ 이다. S'계에서 사건 2가 사건 1보다 먼저 일어나려면 $\Delta t' < 0$ 이 되어야 한다. 즉, 위 식에서 $v > c^2\left(\frac{\Delta t}{\Delta x}\right)$ 에서 $\frac{\Delta t}{\Delta x} = 10^{-10}$ 이므로 $v > 9\times 10^6 m/s$ 의 조건을 만족해야 한다.

문제 69 두 개의 사건이 S계에서 일어났다. 사건 1은 $t_1 = 0$, $x_1 = 0$ 에서 일어났고, 사건 2는 $t_2 = 2\times 10^{-8}s$, $x_2 = 4m$ 에서 일어났다. S'계에서는 사건 2가 사건 1보다 먼저 일어났다면 S'계의 S계에 대한 상대속도를 구하라.

[답] $\Delta x' = \gamma(\Delta x - v\Delta t)$, $\Delta t' = \gamma\left(\Delta t - \frac{v}{c^2}\Delta x\right)$ 이다. 여기서 $\Delta t = 2\times 10^{-8}s$, $\Delta x = 4m$ 이다. S'계에서 사건 2가 사건 1보다 먼저 일어나려면 $\Delta t' < 0$ 이 되어야 한다. 즉, 위 식에서 $v > c^2\left(\frac{\Delta t}{\Delta x}\right)$ 에서 $\frac{\Delta t}{\Delta x} = 5\times 10^{-9}$ 이므로 $v > 4.5\times 10^8 m/s$ 의 조건을 만족해야 한다. 이는 광속보다 크므로 사건 2가 사건 1보다 먼저 일어나는 계는 존재하지 않는다.

문제 70 S계에서 사건 1과 사건 2가 동시에 일어났다. 사건 1과 사건 2가 일어난 위치는 각각 원점($x_1 = 0$)과 $x_2 = 100m$ 이다. 위 두 사건을 S'계에서 관찰했더니 사건 1은 원점($x_1' = 0$)에서 사건 2는 $x_2' = 150m$ 에서 일어났다. S계에서 동시에 일어난 사건이 S'계에서는 동시에 일어나는가?

[답] S계에서는 $\Delta x = 100m$, $\Delta t = 0$ 이다. 반면에 S'계에서의 두 사건의 위치와 시간간격은 $\Delta x' = 150m$, $\Delta t' = \gamma\left(\Delta t - \frac{v}{c^2}\Delta x\right)$ 이다. 따라서 $\Delta x' = \gamma(\Delta x - v\Delta t) = \gamma\Delta x$ 에서 $\gamma = 1.5$ 이므로 $v = 0.75c$ 로 구해진다. $\Delta t' = \gamma\left(\Delta t - \frac{v}{c^2}\Delta x\right)$ 에서 $\Delta t = 0$ 이므로 $\Delta t' = -3.75\times 10^{-7}s$ 로 구해진

다. 따라서 S계(정지계)에서 동시에 일어난 사건이라도 S′계(운동계)에서는 동시에 일어나지 않음을 알 수 있다.

문제 71 정지계에 대해 하루 동안 1초 늦게 가기 위해 일정한 속도로 움직이는 계의 속도를 구하라. 1분 늦게 가기 위한 속도는 얼마인가?

[답] $\Delta t = \dfrac{\Delta t_o}{\sqrt{1-v^2/c^2}}$ 에서 $v = c\sqrt{1-\dfrac{\Delta t_o^2}{\Delta t^2}}$ 이다. 1초 늦는 경우에는 $\Delta t_o = 86,400s$, $\Delta t = 86,401s$ 이므로 위 식에 값을 대입하면 $v = 0.00340c$를 구할 수 있다. 그리고 1분 늦는 경우에는 $\Delta t_o = 86,400s$, $\Delta t = 86,460s$ 이므로 $v = 0.00372c$가 구해진다.

문제 72 지구에서 볼 때 5광년 떨어진 어떤 별이 있다. 지구에 대해 $0.99c$로 움직이는 우주선이 이 별로 향하고 있다. 우주선의 관측자에 의해 관측되는 별에 도달하는 데 걸리는 시간은 몇 년인가?

[답] 지구에서 볼 때 5광년 떨어진 별은 우주선에서 볼 때는 $L = L_0\sqrt{1-\dfrac{v^2}{c^2}} = 0.7$광년 떨어져 있다. 따라서 별에 도달할 때까지 $\Delta t = \dfrac{L}{0.99} = 0.7$년 걸린다.

문제 73 우주선이 지구에 대해 아래와 같은 속도로 움직일 때, 우주선에서의 1시간은 지구에서는 얼마나 될까? (a) $500m/s$, (b) $0.8c$, (c) $0.998c$

[답] (a) $\Delta t = \dfrac{\Delta t_o}{\sqrt{1-v^2/c^2}} = 1h$, (b) $\Delta t = 1.67h$, (c) $\Delta t = 15.8h$

문제 74 지구에서 30광년 떨어져 있는 별에 우주선 안의 시간으로 6년 만에 도착하려면 우주선의 속도는 얼마여야 할까?

[답] $\Delta t = \dfrac{\Delta t_o}{\sqrt{1-v^2/c^2}} \rightarrow \therefore v = c\sqrt{1-\dfrac{\Delta t_o^2}{\Delta t^2}} = 0.98c$

문제 75 지구에서 볼 때 25광년 떨어진 어떤 별이 있다. A가 지구에 대해 $0.99c$의 속도로 이 별로 여행을 다녀온다고 하자. A가 여행을 다녀오는 동안 B는 지구에서 지낸다고 하면, A가 지구로 돌아왔을 때 두 사람이 관측한 시간의 차이는 얼마인가?

[답] 움직이는 우주선에서 볼 때 길이의 수축이 일어나므로 25광년 떨어진 별은 $L = L_0\sqrt{1-\dfrac{v^2}{c^2}} = 3.53$광년

떨어져 보인다. 따라서 지구로 다시 돌아왔을 때 A가 관측한 시간의 경과는 $\Delta t = \frac{2L}{0.99} = 7.13$년이다. 반면에 지구에서 지낸 B는 별까지의 거리를 25광년으로 보므로 $0.99c$의 우주선에 의해 지구로 돌아오는 데 소요된 시간을 $\frac{50}{0.99} = 50.51$년으로 본다. 따라서 A와 B의 나이 차이는 $50.51 - 7.13 = 43.38$년이다.

[참고] 운동의 상대성 때문에 A가 B에 대해 움직이면 B도 A에 대해 움직이는 셈이므로 B의 입장에서도 A와 동일하게 시간이 줄어든다는 것이 쌍둥이의 역설(twin paradox)이다. 그러나 B는 항상 정지하고 있는 반면에 A는 지구를 떠날 때 가속해야 되고 별에 도착할 때 감속해야 되며 별을 떠날 때 감속해야 되는 등 B와는 다르다.

문제 76 지구에 대해 $0.9c$로 움직이는 우주선에서 발사한 펄스의 지속시간이 우주선에서는 $1\mu s$로 관찰되었다. 이 펄스의 지속시간을 지구에서 관측하면 얼마가 될까?

[답] 펄스 지속시간 $1\mu s$는 우주선에서 측정한 값이므로 고유시간이다. 지구에서 관측한 시간은 $\Delta t = \frac{\Delta t_o}{\sqrt{1-v^2/c^2}} = 2.29\mu s$로 시간연장이 관찰된다.

문제 77 (a) 지구에 있는 A와 지구에 대해 $0.7c$의 속도로 움직이는 우주선에 타고 있는 B가 있다. A가 우주선이 지구를 통과한 후 $5\times10^7 m$를 진행하는 것을 관찰하였다. 이 이동에 걸린 시간을 B의 시계로 측정한 값은 얼마인가? (b) B의 시계로 0.6초 지났을 때 A의 시계로는 얼마가 지났는가?

[답] (a) A는 우주선이 $0.7c$로 $5\times10^7 m$를 이동한 것을 관찰하였으니 A의 시계로는 $\Delta t = \frac{s}{v} = 0.24s$의 시간이 경과되었다. 그 사이 B가 관측한 시간간격은 $\Delta t = \frac{\Delta t_o}{\sqrt{1-v^2/c^2}}$에서 $\Delta t_0 = 0.17s$로 계산된다. (b) $\Delta t = \frac{\Delta t_o}{\sqrt{1-v^2/c^2}}$에서 $\Delta t_0 = 0.6s$이므로 $\Delta t = 0.42\,s$이다.

문제 78 Muon의 정지계에서 측정한 붕괴시간(수명, life time)은 $2.2\mu s$이다.

(a) 실험실에서 가속된 muon의 수명이 $22\mu s$로 관찰되었다. Muon의 속도를 구하라.

(b) Muon이 붕괴할 때까지 이동한 거리를 구하라.

[답] (a) 고유시간은 $\Delta t_0 = 2.2s$이다. $\Delta t = \frac{\Delta t_o}{\sqrt{1-v^2/c^2}}$에서 $v = c\sqrt{1-\frac{\Delta t_o^2}{\Delta t^2}} = 0.995c$이다. (b) $s = vt = 6,567m$이다.

문제 79 (a) 실험실에서 muon의 속도가 $0.98c$가 될 때까지 가속시켰다. 실험실에서 muon의 수명은 얼마인가? Muon의 정지계에서 muon의 수명은 $2.2\mu s$이다. (b) Muon은 붕괴하기 전 얼마나 움직이는가?

[답] (a) Muon의 계(정지계)에서 수명(고유시간)이 $\Delta t_0 = 2.2\,\mu s$이므로 실험실계에서 수명은 $\Delta t = \frac{\Delta t_o}{\sqrt{1-v^2/c^2}} = 11\mu s$이다. (b) $s = vt = 3,234m$이다.

문제 80 우주선에서의 시간간격이 지구에서의 시간간격의 $\frac{1}{3}$이 되려면 지구에 대한 우주선의 속도는 얼마여야 하나?

[답] $\Delta t = \Delta t_0 / \sqrt{1-v^2/c^2}$에서 $\Delta t = 3\Delta t_0$이므로 $v = 0.94c$이다.

문제 81 지구에 대해 속도 0.1c인 우주선에서의 1시간은 지구에서는 몇 시간에 해당되나?

[답] $\Delta t = \frac{\Delta t_o}{\sqrt{1-v^2/c^2}}$에서 $\Delta t_0 = 1\,h$이다. 따라서 $\Delta t = 1.005\,h$이다.

문제 82 반경 $300m$인 가속기의 저장링(storage ring) 안에서 muon이 실험실계에 대해 $0.99c$로 움직이고 있다. 정지상태에서 muon의 수명은 $2.2\mu s$이다. Muon이 붕괴하기까지 저장링을 몇 바퀴 회전하는가?

[답] $\Delta t = \frac{\Delta t_o}{\sqrt{1-v^2/c^2}}$에서 $\Delta t_0 = 2.2\mu s$이므로 $\Delta t = 15.6\,\mu s$이다. Muon이 붕괴하기까지 움직이는 거리는 $s = v\Delta t = 4,633\,m$이다. 따라서 muon은 저장링을 $n = \frac{s}{2\pi r} = 2.46$바퀴 돈다.

문제 83 우주선이 지구 위를 속도 $0.95c$로 날아가고 있다. 이때 우주비행사는 지구상에서 $50\mu s$ 동안 깜빡이는 불빛을 관찰하였다. 이 불빛을 지구에서 관찰했을 때는 깜빡이는 시간이 얼마가 될까?

[답] $\Delta t = \frac{\Delta t_o}{\sqrt{1-v^2/c^2}}$에서 $\Delta t = 50\mu s$이고 지구에서 관찰한 불빛이 깜빡이는 시간인 Δt_0는 고유시간이다. 따라서 $\Delta t_0 = 15\mu s$이다.

문제 84 서울에서 뉴욕까지 속도 $500m/s$의 초음속 비행기로 14시간 동안(비행기 안에 있는 사람이 측정한 시간) 비행하였다. 그 사이 지상에 있는 사람이 측정한 시간은 얼마인가?

[답] $\Delta t = \frac{\Delta t_o}{\sqrt{1-v^2/c^2}}$에서 $\Delta t_0 = 14h$로 고유시간이다. Δt는 지상에 있는 사람이 측정한 시간이다. $v \ll c$이므로 $\Delta t = \frac{\Delta t_o}{\sqrt{1-v^2/c^2}} \approx \Delta t_0(1+\frac{v^2}{2c^2}+\cdots)$로 근사할 수 있다. 따라서 $\Delta t - \Delta t_0 = \frac{v^2 \Delta t_o}{2c^2} =$

$1.94\times10^{-11}h$이다. 1시간은 3,600초이므로 Δt는 Δt_0보다 $70ns$ 크다. 즉 비행기 안에 탄 사람의 시계가 $70ns$ 늦게 간다.

문제 85 π meson빔이 $0.9c$로 움직이는 것이 실험실에서 관찰되었다. π meson의 고유(proper)반감기가 $1.8\times10^{-8}s$라면 실험실에서의 반감기는 얼마로 관찰되는가? 처음에 10^5개의 π meson이 빔에 존재했다면 $100m$ 이동한 후의 π meson의 수는 얼마인가?

[답] $\gamma=\dfrac{1}{\sqrt{1-v^2/c^2}}=2.29$이고 $t_{1/2}=\gamma t_{1/2}'$으로 주어진다. 여기서 $t_{1/2}$은 실험실에서의 반감기이고 $t_{1/2}'$은 고유반감기이다. 따라서 $t_{1/2}=4.12\times10^{-7}s$이다. π meson이 $100m$ 이동하는 데 걸리는 시간은 $\Delta t=3.7\times10^{-7}s$이다. 따라서 $100m$ 이동한 후 남는 meson의 수는 $N=N_o\left(\dfrac{1}{2}\right)^{t/t_{1/2}}=198$개다.

문제 86 Muon이 지상 $50km$의 대기권에서 발생하여 속도 $0.995c$로 지구에 수직으로 다가온다고 하자. Muon의 정지계에서의 수명은 $2.2\mu s$이다. (a) 지구에서 관측하면 muon이 붕괴할 때까지 이동한 거리는 얼마인가? Muon이 붕괴하기 전에 이동한 거리와 지표에서 muon이 발생한 지점까지의 거리의 비는 얼마인가? (b) Muon의 계에서 볼 때 muon과 지구 사이의 거리는 얼마인가? 그리고 muon의 계에서 볼 때 muon이 붕괴할 때까지 이동한 거리는 얼마인가? 위 두 거리의 비는 얼마인가?

[답] (a) 지구에서 본 muon의 수명을 계산해야 한다. $\Delta t=\dfrac{\Delta t_o}{\sqrt{1-v^2/c^2}}$에서 $\Delta t_0=2.2\mu s$로 고유시간이다. 따라서 $\Delta t=22\mu s$이다. 이 시간 동안(지구에서 본 muon의 수명) muon이 이동하는 거리는 $s=v\Delta t=6.5\,km$이다. $50km$에서 발생한 muon이 붕괴하기 전까지 $6.5km$ 이동하였으므로 거리의 비는 13%이다.

(b) Muon이 속도 $0.995c$로 지구로 이동하므로 길이 수축에 의해 muon이 보는 지표까지의 거리는 $L=L_0\sqrt{1-\dfrac{v^2}{c^2}}$에서 $L=5km$이다. Muon 계에서 본 자신의 수명은 $2.2\mu s$이므로 이때까지 이동한 거리는 $s=v\Delta t_0=0.66km$이다. 거리의 비(s/L)는 13%이다. 이는 (a)의 결과와 동일하다.

문제 87 우주비행사 A가 지구에 대해 $0.9c$의 속도를 가진 우주선으로 우주여행을 한다고 하자. 지구에서 측정한 키가 $180cm$일 경우 우주선 안에 있는 A의 키는 지구에서 볼 때 얼마로 관측될까?

[답] 정지계(지구)에서 움직이는 계를 보면 길이가 축소되어 보인다. 즉, 지구에서 볼 때 A의 키는 $L=L_0\sqrt{1-\dfrac{v^2}{c^2}}=78.5cm$로 관측된다.

문제 88 $1m$짜리(운동계에서 측정한 값) 자(meter stick)가 정지계에 대해 $0.9c$의 일정한 속도로 움직인다. 다음 각 경우에 대해 정지계에서 보는 길이를 구하라. (a) 자가 운동방향에 수평으로 놓인 경우, (b) 자가 운동방향에 수직으로 놓인 경우, (c) 운동계에서 볼 때 자가 운동방향에 대해 30° 각도로 놓인 경우, (d) 정지계에서 볼 때 자가 운동방향에 대해 30° 각도로 놓인 경우

[답] 운동방향에 수평한 방향의 길이는 $L^{\|} = L_0^{\|}\sqrt{1-\frac{v^2}{c^2}}$ 에 의해 수축된다. (a) $L_o^{\|} = 1m$이므로 수축된 자의 길이는 위 식에서 $L = 0.44m$로 구해진다. (b) $L_o^{\|} = 0$이므로 자의 길이는 변함이 없다. 즉, $1m$이다. (c) 운동계에서 자가 운동방향에 대해 30° 각도로 놓이는 경우 $L_{ox} = L_o\cos\theta_o$, $L_{oy} = L_o\sin\theta_o$이다. 수축되는 것은 운동방향에 대해 수평성분뿐이므로 정지계에서 보는 자의 길이는

$$L = \sqrt{L_x^2 + L_y^2} = L_o\sqrt{\left(1-\frac{v^2}{c^2}\right)\cos^2\theta_o + \sin^2\theta_o} = 0.63m$$

로 구해진다. 여기서 $L_x = L_{ox}\sqrt{1-\frac{v^2}{c^2}}$, $L_y = L_{oy}$를 사용하였다.

(d) 정지계에서 보는 길이를 알기 위해서는 우선 운동계에서 자의 운동방향에 대한 각도를 알아야 한다. 즉, 고유길이를 알아야 정지계에서 보는 자의 길이를 계산할 수 있다. 정지계에서 보는 자의 길이성분은 $L_x = L\cos\theta$, $L_y = L\sin\theta$이다. 따라서 $\frac{L_y}{L_x} = \tan\theta$이고 앞 문제에서 $\frac{L_y}{L_x} = \frac{\tan\theta_o}{\sqrt{1-v^2/c^2}}$이므로 이 식들에서 $\theta_o = \tan^{-1}\left(\tan\theta\sqrt{1-\frac{v^2}{c^2}}\right) = 14^o$이다. 즉, 정지계에서 볼 때 자는 운동방향에 대해 30° 각도를 이루지만 운동계에서는 14° 각도를 이룬다. 따라서 정지계에서 볼 때 자의 길이는

$$L = \sqrt{L_x^2 + L_y^2} = L_o\sqrt{\left(1-\frac{v^2}{c^2}\right)\cos^2\theta_o + \sin^2\theta_o} = 0.49m$$

로 구해진다.

문제 89 지구의 관찰자가 볼 때 muon은 $10,000km$를 $0.998c$의 속도로 움직였다. Muon에 붙어 있는 관성계에서 볼 때 muon이 이동한 거리는 얼마인가?

[답] Muon에서 볼 때 지구 관성계는 $0.998c$로 다가온다. $L = L_0\sqrt{1-\frac{v^2}{c^2}} = 632m$이다.

문제 90 정지한 우주선의 길이를 지구에서 측정하였더니 $100m$였다. 이 우주선이 지구를 지나갈 때 지구에서 측정한 우주선의 길이는 $60m$였다. 이 우주선의 속도를 구하라.

[답] $L = L_0\sqrt{1-\frac{v^2}{c^2}} \rightarrow \therefore v = c\sqrt{1-\frac{L^2}{L_0^2}} = 0.8c$

문제 91 (a) 지구에 대해 $0.9c$의 속도로 움직이고 있는 우주선의 길이를 우주비행사가 측정하니 $50m$였다. 지구에서 볼 때 이 우주선의 길이는 얼마인가? (b) 지구에서 볼 때 $21.8m$ 떨어진 우주선 안의 두 지점의 거리를 위의 우주선에서 측정하면 얼마가 될까?

[답] (a) 우주비행사가 측정한 길이는 고유길이이다. 즉 $L_0 = 50m$라면, 지구에서 본 우주선은 $L = L_0\sqrt{1-\frac{v^2}{c^2}} = 21.8m$로 수축되어 보인다. (b) 위의 (a)의 답이 $21.8m$라 해서 $50m$로 답하면 틀린다. 왜냐하면 길이의 수축은 쌍방이 모두 관측하는 것이기 때문이다. 따라서 $L = L_0\sqrt{1-\frac{v^2}{c^2}} = 9.5m$이다.

문제 92 우주선 안에 있는 어떤 물체의 길이를 우주선에서 측정하니 $1m$였다. 그런데 이 물체가 지구에서 볼 때에는 $30cm$로 관측되었다. 이 우주선의 속도는 얼마인가?

[답] $L = L_0\sqrt{1-\frac{v^2}{c^2}}$에서 $L_0 = 100cm$이고 $L = 30cm$이다. 따라서 $v = 0.95c$이다.

8-4. 속도의 덧셈

문제 93 두 우주선이 반대방향으로 움직이고 있다. 지구에서 관찰한 두 우주선 A와 B의 속도는 각각 $0.7c$와 $0.8c$이다. A에 대한 B의 속도를 구하라.

[답] 지구를 O계라 하고 우주선 A에 붙어 있는 계를 O′계라고 하자. 우주선 A에 대한 우주선 B의 속도는 $v' = \frac{v-u}{1-uv/c^2}$로 주어진다. 여기서 $u = 0.7c$(멀어짐)이고 $v = -0.8c$(다가옴)이다. 따라서 우주선 A에서 볼 때 우주선 B의 속도는 $v' = -0.96c$(다가옴)이다.

문제 94 지구에 대해 속도 $0.9c$로 어떤 우주선이 지나가고 있다. (a) 우주선에 대해 $0.5c$의 속도를 가진 미사일을 우주선의 정면으로 발사했다고 하자. 이 미사일을 지구에서 보면 그 속도는 얼마가 될까? (b) 우주선에서 빛을 발사했다고 할 때 지구에서 관측한 빛의 속도는 얼마가 될까?

[답] (a) 지구가 O계이고 우주선이 O′계이다. 지구에서 대한 미사일의 속도는 $v = \frac{v'+u}{1+uv'/c^2}$로

주어진다. 여기서 $v' = 0.5c$이고 $u = 0.9c$이다. 따라서 지구에서 볼 때 미사일의 속도는 $v = 0.97c$이다. (b) $v = \frac{v'+u}{1+uv'/c^2}$에서 $v' = c$이고 $u = 0.9c$이다. 따라서 $v = c$이다. 움직이는 우주선에서 정면으로 빛을 쏘아도 지구에서 관측한 그 빛의 속도는 여전히 c이다.

문제 95 지구에 대해 속도 $0.5c$인 우주선 A가 지구에 대해 속도 $0.7c$인 우주선 B를 뒤따라가고 있다. 상대속도는 얼마인가?

[답] 지구를 O계라 하고 우주선 A를 O′계라고 하자. 우주선 A에 대한 우주선 B의 속도는 $v' = \frac{v-u}{1-vu/c^2}$로 주어진다. 여기서 $v = 0.7c$이고 $u = 0.5c$이므로 우주선 A에서 볼 때 우주선 B의 속도는 $v' = 0.31c$이다. 따라서 두 우주선의 상대속도는 $0.31c$이다. Galilean 변환에서는 상대속도가 $0.2c$이고 Lorentz 변환에서는 $0.31c$이다.

문제 96 어떤 중성자별이 지구에 대해 $0.9c$로 멀어지고 있다. 이 중성자별에 대해 $0.5c$의 물질이 지구 방향으로 방출되고 있다. 방출되는 물질의 지구에 대한 속도를 구하라.

[답] 지구가 O계이고 중성자별에 붙어 있는 관성계가 O′계이다. 방출되는 물질의 지구에 대한 속도는 $v = \frac{v'+u}{1+uv'/c^2}$이다. 여기서 $u = 0.9c$이고 $v' = -0.5c$(지구에 다가옴)이다. 따라서 지구에서 볼 때 방출되는 물질의 속도는 $v = 0.72c$이다. 방출되는 물질은 지구에서 멀어지는 것같이 보인다.

문제 97 우주전쟁이 일어났다. 상대 우주선이 자신의 우주선에 대해 속도 $0.8c$로 다가오면서 $0.5c$의 속도(상대 우주선에 대해)로 미사일을 쏘았다. 자신의 우주선에서 볼 때 이 미사일의 속도는 얼마인가?

[답] 자신의 우주선을 O계, 상대 우주선을 O′계라고 하자. 자신의 우주선에서 볼 때 상대 우주선의 속도는 $v = \frac{v'+u}{1+uv'/c^2}$로 주어진다. 여기서 $u = -0.8c$이고 $v' = -0.5c$이다. $v = -0.93c$이므로 미사일이 $0.93c$의 속도로 자신의 우주선으로 다가오고 있다.

문제 98 지구에 대해 속도 $0.7c$인 우주선 A가 지구에 대해 속도 $0.9c$인 우주선 B를 뒤따라가는 모습을 지구에서 관측하고 있다. A에 대한 B의 속도를 구하라.

[답] 지구를 O계, 우주선 A를 O′계라고 하자. 그러면 우주선 A에 대한 우주선 B의 속도는 $v' = \frac{v-u}{1-uv/c^2}$로 주어진다. 여기서 $u = 0.7c$이고 $v = 0.9c$이다. 따라서 A에 대한 B의 속도는 $v' = 0.54c$이다.

문제 99 지구에서 볼 때 속도 $0.7c$로 서로 다가가고 있는 두 우주선 A와 B가 있다. 상대속도를 구하라.

[답] 지구를 O계, 우주선 A를 O′계라고 하자. 그러면 우주선 A에서 본 우주선 B의 속도는 $v' = \frac{v-u}{1-uv/c^2}$로 주어진다. 여기서 $v = -0.7c$(다가옴)이고 $u = 0.7c$(멀어짐)이다. 두 우주선의 상대속도는 $v' = 0.94c$이다.

문제 100 입자가속기에서 만들어진 두 입자 A와 B가 서로 반대방향으로 움직이고 있다. 실험실계에서 측정한 A입자의 속도는 $0.7c$이다. 그리고 두 입자의 상대속도는 $0.98c$로 관측되었다. B입자의 실험실계에 대한 속도를 구하라.

[답] 실험실계를 O계, A입자를 O′계라고 하자. 그러면 실험실계에서 측정하는 B입자의 속도는 $v = \frac{v'+u}{1+uv'/c^2}$로 주어진다. 여기서 $u = 0.7c$이고 $v' = -0.98c$(다가옴)이다. 따라서 $v = -0.89c$ (다가옴)이다.

8-5. 상대론적 물리량, 질량, 에너지, Doppler 효과

문제 101 속력이 $0.9c$인 우주선에 $60kg$인 사람이 타고 있다. 지구에서 볼 때 이 사람의 질량은 얼마일까?

[답] $m = m_o / \sqrt{1-v^2/c^2} = 138\,kg$

문제 102 속도 $0.7c$의 우주선 안에서 $1.64 \times 10^{-25}\,kg$인 어떤 원소를 정지한 지구에서 측정할 때 질량은 얼마나 될까?

[답] $m = m_o / \sqrt{1-\frac{v^2}{c^2}} \rightarrow \therefore m_0 = m\sqrt{1-\frac{v^2}{c^2}} = 1.17 \times 10^{-25}\,kg$

문제 103 전자의 질량은 $9.1 \times 10^{-31}\,kg$이다. 상대론적인 운동량이 Newton 역학적인 물리량보다 50% 더 크게 되는 전자의 속도를 구하라.

[답] Newton 역학적인 운동량과 상대론적인 운동량의 비는 $\gamma = \frac{1}{\sqrt{1-v^2/c^2}}$이다. 상대론적인 운동량이 1.5배가 되는 전자의 속도는 $\gamma = 1.5$에서 $v = 0.75c$이다.

문제 104 속도가 $0.9c$인 전자의 운동에너지와 총 에너지를 구하라.

[답] 전자의 정지질량은 $mc^2 = 0.511\,MeV$이다. 총 에너지는 $E = \gamma mc^2$이므로 $E = 1.17\,MeV$이다. 운동에너지는 $K = (\gamma - 1)mc^2$ 또는 $K = E - mc^2 = 0.659\,MeV$이다.

문제 105 (a) 양성자의 질량은 $1.67 \times 10^{-27}\,kg$이다. 양성자의 정지질량은 몇 MeV인가?
(b) 양성자의 에너지가 정지질량의 2배가 될 때 속도와 운동량을 구하라.

[답] (a) 정지질량은 $mc^2 = 1.503 \times 10^{-10}\,J$이다. $1\,eV = 1.6 \times 10^{-19}\,J$이므로 양성자의 정지질량의 에너지는 $939MeV$이다. (b) 운동에너지는 $E = \gamma mc^2 = 2mc^2$에서 $\gamma = 2$이다. 따라서 $v = 0.87c$이다. 운동량은 $p = \gamma mv = 2 \times (939/c^2) \times 0.87c = 1{,}634\,MeV/c$이다. 위의 결과는 $E^2 = p^2c^2 + (mc^2)^2$을 이용하여 구할 수도 있다.

문제 106 입자가속기에서 가속된 양성자의 에너지가 $30GeV$로 관측되었다. 이 양성자의 속도와 운동량을 구하라.

[답] $E = \gamma mc^2 = 30\,GeV$에서 $mc^2 = 939\,MeV$이므로 $\gamma = 31.9$이다. 따라서 $v = 0.9995c$이다. $p = \gamma mv = 29{,}939\,MeV/c$이다.

문제 107 속도가 $0.99c$인 전자의 총 에너지, 운동에너지, 운동량을 구하라.

[답] 속도가 $0.99c$이므로 $\gamma = \frac{1}{\sqrt{1 - v^2/c^2}} = 7.09$이다. $E = \gamma mc^2 = 3.6MeV$이다. 운동에너지는 $K = E - mc^2 = 3.11\,MeV$이다. 운동량은 $p = \gamma mv = 3.59\,MeV/c$이다.

문제 108 양성자를 $0.5c$에서 $0.9c$로 가속시키는 데 드는 에너지를 구하라.

[답] $0.5c$와 $0.9c$에 대한 γ값은 각각 $\gamma_1 = 1.154$와 $\gamma_2 = 2.294$이다. 따라서 $0.5c$에서 $0.9c$로 가속시키는 데 드는 에너지는 $\Delta E = (\gamma_2 - \gamma_1)mc^2 = 1.07\,GeV$이다.

문제 109 우주선이 노란색($550nm$)의 별을 향해 날아가고 있다. 이 별의 색이 푸른색($450nm$)으로 보이기 위해 달려야 하는 우주선의 속도는 얼마인가?

[답] $\frac{\Delta\lambda}{\lambda_s} = \sqrt{\frac{c-v}{c+v}}$이고 $\Delta\lambda = \lambda_o - \lambda_s$이다. 따라서 $v = 0.17c$이다. 관찰자가 광원에 다가가면 관측파장은 광원파장보다 짧아진다.

문제 110 중성자별이 $0.8c$의 속도로 멀어지고 있다. 파장변이 $\varDelta\lambda$를 구하라.

[답] 멀어지는 경우 $\frac{\varDelta\lambda}{\lambda_s}=\sqrt{\frac{c+v}{c-v}}$ 이다. 따라서 $\frac{\varDelta\lambda}{\lambda_s}=2$이다. 관찰자가 광원에서 멀어지면 관측파장은 광원파장보다 길어진다. 이를 적색편이라고 부른다.

8-6. 핵, 결합에너지, 핵반응, 방사선

문제 111 양성자의 질량은 $1.67\times10^{-27}kg$이다. 양성자의 질량에너지는 몇 MeV인가? 양성자-반양성자 반응에서 나올 수 있는 γ선의 최소에너지를 구하라.

[답] $E=mc^2=1.5\times10^{-10}J$이다. $1eV=1.6\times10^{-19}J$이므로 $E=937.5\,MeV$이다. γ선의 최소에너지는 두 입자의 질량에너지 합이다. 따라서 $E_\gamma=2E=1{,}875MeV$이다.

문제 112 중성자의 질량은 $1.008665u$이다. 중성자의 질량에너지는 몇 MeV인가? 중성자-반중성자 반응에서 나올 수 있는 γ선의 최소에너지를 구하라.

[답] $1u=931MeV$이므로 질량에너지는 $E=939MeV$이다. γ선의 최소에너지는 두 입자의 질량에너지 합이다. 따라서 $E_\gamma=2E=1{,}878MeV$이다.

문제 113 $5MeV$의 α입자가 금$(Z=79)$의 핵에 어느 정도까지 접근할 수 있는가?

[답] $K_\alpha=\frac{q_\alpha q_{Au}}{4\pi\epsilon_0 d}$에서 $d=\frac{(2e)(79e)}{4\pi\epsilon_0 K_\alpha}=45.5fm$이다.

문제 114 ${}^{232}_{92}U\rightarrow{}^{228}_{90}Th+{}^{4}_{2}He$ 과 같은 α붕괴에서 방출되는 α입자의 운동에너지를 계산하라. 여기서 ${}^{232}_{92}U$과 ${}^{228}_{90}Th$ 원자의 질량은 각각 $232.03713u$와 $228.028716u$이다. 그리고 α입자의 질량은 $4.002602u$이다.

[답] 위 식에서 좌변과 우변의 질량 차이는 $\varDelta m=0.005813u$이다. 이는 $5.4MeV$에 해당된다. 따라서 α입자의 운동에너지는 $5.4\,MeV$이다. ${}^{232}_{92}U$과 ${}^{228}_{90}Th$의 질량이 α입자의 질량에 비해 아주 크므로 붕괴 후 이 원소들의 속도(거의 정지상태)는 무시하였다.

문제 115 ${}^{232}_{92}U$의 질량은 $232.03713u$이다. 우라늄이 ${}^{228}_{90}Th$로 α붕괴를 한다. 토륨의 질량은

228.028716u이다. 이 분열에서 방출되는 α입자의 운동에너지는 5.3MeV로 관찰되었다. α입자의 질량은 4.002602u이다. 토륨의 운동에너지를 구하라.

[답] 질량결손은 $\Delta m = 0.005813u$이다. 이는 5.4119MeV에 해당된다. 이 에너지가 α입자와 토륨의 운동에너지가 된다. α입자의 운동에너지가 5.3MeV이므로 토륨의 운동에너지는 0.112MeV이다.

문제 116 $^{14}_{6}C \rightarrow {^{14}_{7}N} + e^{-} + \nu$와 같은 β붕괴에서 전자의 최대 운동에너지를 계산하라.

[답] $Q = (m_C - m_N)c^2 > 0$이 되어야 한다. $m_C - m_N = 0.000168u$이다. 이는 0.156MeV에 해당된다. 이 에너지를 전자와 뉴트리노가 나누어 가진다. 따라서 이 에너지가 방출되는 전자가 가질 수 있는 최대 운동에너지가 된다.

문제 117 $^{238}U \rightarrow {^{237}Pa} + {^{1}H}$의 핵분열은 가능한가? $m_{Pa} = 237.0152u$, $m_H = 1.0078u$, $m_U = 238.0508u$이다.

[답] 핵분열이 일어나려면 $Q = (m_U - m_{Pa} - m_H) > 0$이어야 된다. 그런데 $Q < 0$이므로 이 붕괴는 일어나지 않는다.

문제 118 최초 원자폭탄의 폭발력은 20$kton$의 TNT에 맞먹었다. 그런데 1$kton$의 TNT는 $5 \times 10^{12}J$에 해당된다. $^{235}_{92}U$는 원자당 $3 \times 10^{-11}J$의 에너지를 방출한다. 이 원자폭탄에서 사용한 우라늄의 질량을 구하라.

[답] 원자폭탄의 에너지는 $E = 10^{14}J$이다. 이를 위해 $N = \dfrac{E}{3 \times 10^{-11}} = 3.33 \times 10^{24}$개의 우라늄 원자가 필요하다. $1mole = 6.02 \times 10^{23}$개이므로 위 우라늄의 개수는 5.537$mole$에 해당된다. 우라늄의 1$mole$당 질량은 235$g$이므로 1.3$kg$에 해당된다.

문제 119 $^{14}N(d, \alpha)^{12}C$의 핵반응에서의 Q를 구하라. ^{14}N의 질량은 14.00307u, ^{12}C의 질량은 12u, ^{4}He의 질량은 4.002603u이다.

[답] 반응 전의 질량의 합은 16.01717u이고, 반응 후의 질량은 16.002603u이다. 그러므로 $\Delta m = 0.01457u$이다. 따라서 Q는 13.6MeV이다.

문제 120 $^{231}_{90}Th$는 α붕괴를 몇 번 하고 β붕괴를 몇 번 하면 $^{207}_{82}Pb$가 되는가?

[답] α붕괴에서는 원자번호 2, 질량수 4개가 감소한다. 반면에 β붕괴에 의해서는 원자번호 1이 증가한다. α붕괴 및 β붕괴 횟수를 각각 n_α, n_β라고 하면 질량수의 변화에서 $231-4n_\alpha=207$이고 원자번호의 변화에서 $90-2n_\alpha+n_\beta=82$이다. 두 식을 연립해서 풀면 각각 $n_\alpha=6, n_\beta=4$이다.

문제 121 중수소의 결합에너지를 구하라. 중수소의 질량은 $2.014102u$이다. 양성자와 중성자의 질량은 각각 $m_p=1.007825u$, $m_n=1.008665u$이다.

[답] 중수소의 핵은 1개의 양성자와 1개의 중성자로 구성되어 있다. 구성요소의 질량 합은 $m_p+m_n=2.015941u$이다. 따라서 질량결손은 $\Delta m=0.001839u$이다. 이를 MeV로 환산하면($1u=931\,MeV$) $E_b=1.71MeV$이다.

문제 122 $^{16}_{8}O$의 결합에너지를 구하라. 이 원소의 질량은 $15.994915u$이다.

[답] 질량결손은 $\Delta m=8(m_p+m_n)-m_O=0.137005u$이다. 결합에너지는 $E_b=\Delta mc^2$에서 $127.62MeV$로 구해진다. 핵자당 결합에너지는 $7.98MeV$이다.

문제 123 $^{120}_{50}Sn$의 결합에너지를 구하라. $^{120}_{50}Sn$ 원자의 질량은 $119.902197u$이다.

[답] 질량결손은 $\Delta m=(50m_p+70m_n)-119.902197=1.068153u$이다. $E_b=994.45MeV$이다. 핵자당 결합에너지는 $8.29MeV$이다.

문제 124 $^{32}_{16}S$의 결합에너지를 구하라. 이 원자의 질량은 $31.97207u$이다.

[답] 질량결손은 $\Delta m=16(m_p+m_n)-m_S=0.29177u$이다. 따라서 $E_b=271.6MeV$이다. 핵자당 결합에너지는 $8.49MeV$이다.

문제 125 $5g$의 구리돈이 있다. 이 구리돈 안의 모든 핵자를 갈라놓는 데 필요한 에너지를 구하라. 전자의 결합에너지 등은 무시하라. 구리는 $^{63}_{29}Cu$로 되어 있으며 구리원자의 질량은 $62.9296u$이다. 구리의 몰 질량은 $63.55g/mole$이다.

[답] 구리 $5g$의 몰 수는 $n=\frac{5}{63.55}=0.079\,mole$이다. 1몰 안에 N_A개의 구리원자가 존재하므로 $5g$의 구리 안에는 $N=nN_A=4.74\times10^{22}$개의 구리원자가 존재한다. 그리고 $\Delta m=29m_p$

$+34m_n-62.9296=0.5760u$이므로 구리 핵의 결합에너지는 $536.25MeV$이다. 이 결합에너지에 원자의 개수를 곱하면 구리 $5g$의 핵자들을 모두 분리할 수 있는 에너지가 계산된다. 이 에너지는 $2.54\times10^{25}\ MeV$이다.

문제 126 핵반응 ${}^{14}_{6}C\rightarrow{}^{A}_{Z}X+{}^{0}_{-1}e+\overline{\nu}$에서 원소 X를 구하라.

[답] $6=Z-1$에서 $Z=7$이고 $14=A$이므로 원소는 ${}^{14}_{7}N$이다.

문제 127 핵반응 ${}^{15}_{7}N+{}^{1}_{1}H\rightarrow{}^{A}_{Z}X+{}^{4}_{2}He$ 에서 원소 X를 구하라.

[답] $7+1=Z+2$에서 $Z=6$이고, $15=1+A+14$에서 $A=12$이므로 원소는 ${}^{12}_{6}C$이다.

문제 128 β붕괴 하는 ${}^{210}_{80}Pb$의 핵반응 ${}^{210}_{80}Pb\rightarrow{}^{A}_{Z}X+{}^{0}_{-1}e+\overline{\nu}$에서 원소 X를 구하라.

[답] $80=Z-1$에서 $Z=81$이고, $210=A$이므로 원소는 ${}^{210}_{81}Tl$이다.

문제 129 α붕괴 하는 ${}^{210}_{84}Po$의 핵반응 ${}^{210}_{84}Po\rightarrow{}^{A}_{Z}X+{}^{4}_{2}He$에서 원소 X를 구하라.

[답] $84=Z+2$에서 $Z=82$이고, $210=A+4$에서 $A=206$이므로 원소는 ${}^{206}_{82}Pb$이다.

문제 130 핵융합 반응 ${}^{1}_{1}H+{}^{1}_{1}H\rightarrow{}^{2}_{1}H+{}^{0}_{+1}e+\nu$ 에서 방출되는 에너지를 구하라.

[답] 중수소의 질량은 $m_d=2.014102u$이므로 질량결손은 $\Delta m=0.001081973u$이다. 따라서 방출되는 에너지는 $E=\Delta mc^2$에서 $1.06MeV$가 구해진다.

문제 131 아래 반응에서 원소 X를 구하라.

(a) ${}^{222}_{86}Rn\rightarrow{}^{A}_{Z}X+{}^{4}_{2}He$, (b) ${}^{89}_{36}Kr\rightarrow{}^{A}_{Z}X+{}^{0}_{-1}e+\overline{\nu}$, (c) ${}^{11}_{5}B+{}^{1}_{1}p\rightarrow{}^{A}_{Z}X+{}^{1}_{0}n$

(d) ${}^{11}_{6}C\rightarrow{}^{A}_{Z}X+{}^{0}_{-1}e+\overline{\nu}$

[답] (a) $Z=84, A=218$이므로 ${}^{218}_{84}Po$, (b) $Z=37, A=89$이므로 ${}^{89}_{37}Rb$

(c) $Z=6, A=11$이므로 ${}^{11}_{6}C$, (d) $Z=5, A=11$이므로 ${}^{11}_{5}B$

문제 132 핵융합 반응 ${}^{2}_{1}H+{}^{2}_{1}H\rightarrow{}^{3}_{2}He+{}^{A}_{Z}X$에서 발생하는 원소 X를 구하라.

[답] $Z=0, A=1$이므로 중성자이다.

8-7. 방사능 원소, 반감기, 연대측정

문제 133 $^{226}_{88}Ra$은 반감기가 1.6×10^3 년인 방사능 원소이다. 다음 물음에 답하라.

(a) 이 원소의 붕괴상수를 구하라. (b) 방사능 시료가 $t=0$에서 3×10^{18}개의 $^{226}_{88}Ra$을 포함한다고 할 때 $t=0$에서의 붕괴율을 계산하라. (c) 2,000년 후의 붕괴율은 얼마인가?

[답] (a) $\tau = \frac{0.693}{\lambda}$에서 $\lambda = \frac{0.693}{\tau} = 1.4 \times 10^{-11}\, s^{-1}$이다. 이 값은 1초당 1개의 라듐원자가 붕괴할 확률이다. (b) $R_0 = \lambda N_0 = 4.2 \times 10^7$ 붕괴$/s$이므로 $R_0 = 4.2 \times 10^7 Bq$ 또는 $R_0 = 1.1 mCi$로 표현된다. (c) $R = R_0 e^{-\lambda t} = 0.47 mCi$이다.

문제 134 $^{131}_{53}I$의 반감기는 8일이다. 원자로에서 만든 이 방사능 물질을 병원으로 보내기 전에 방사능을 측정한 결과, 붕괴율은 $5 mCi$였다. 병원에 도착한 후 측정해 본 결과, 붕괴율은 $4 mCi$로 감소했다. 두 지점의 이동시간을 계산하라.

[답] $R = R_0 e^{-\lambda t}$에서 $t = -\frac{1}{\lambda} \ln \frac{R}{R_0}$이다. 그리고 $^{131}_{53}I$의 붕괴상수는 방사능 물질의 붕괴상수로부터 $\lambda = \frac{0.693}{\tau} = 0.0867\, day^{-1}$과 같이 구할 수 있다. 따라서 $t = 2.57\, days$이다.

문제 135 $^{18}_{9}F$의 반감기는 110분이다. $^{18}_{9}F$는 PET에 많이 이용되는 β^+ 붕괴를 하는 방사능 원소이다. 이 방사능 물질을 병원으로 보내기 전에 방사능을 측정한 결과, 붕괴율은 $4mCi$였다. 3시간이 지난 후 병원에 도착하여 사용하기 전에 측정하면 붕괴율은 얼마이겠는가?

[답] $^{18}_{9}F$의 붕괴상수는 반감기로부터 $\lambda = \frac{0.693}{\tau} = 0.0063\, \text{min}^{-1}$이다. 따라서 3시간 후의 붕괴율은 $R = R_0 e^{-\lambda t} = 1.29 mCi$로 계산된다.

문제 136 모르는 방사능 핵종의 방사능의 세기를 월요일 오전 10시에 측정해 보니 $100 mCi$였다. 화요일 오전 10시에 다시 측정해 보니 $25 mCi$로 감소되었다. 이 핵종의 반감기를 구하라.

[답] $\frac{R}{R_0} = \left(\frac{1}{2}\right)^{t/\tau}$에서 $\frac{R}{R_0} = \frac{1}{4}$이므로 $\tau = \frac{t}{2} = 12h$이다.

문제 137 $16 mCi$의 ^{124}I (반감기가 4일)과 $8 mCi$의 ^{131}I (반감기가 8일)이 섞여 있는 물질이 있다. 이 혼합물의 16일 후의 붕괴율은 얼마이겠는가?

[답] ^{124}I : $\frac{R}{R_0} = \left(\frac{1}{2}\right)^4$이므로 $R = 1\, mCi$이고 ^{131}I : $\frac{R}{R_0} = \left(\frac{1}{2}\right)^2$이므로 $R = 2\, mCi$이다. 따라서

총 붕괴율은 $3mCi$가 된다.

문제 138 어떤 방사능 핵종의 붕괴율이 $1,000mCi$로 관찰되었다. 얼마 후 측정해 보니 $62.5mCi$였다. 두 측정 사이의 시간 간격은 반감기의 몇 배가 되는가?

[답] $\frac{R}{R_o}=\left(\frac{1}{2}\right)^{t/\tau}=\left(\frac{1}{2}\right)^4$이므로 $t=4\tau$이다.

문제 139 $^{99}Tc^m$의 붕괴율이 오전 10시에 $100mCi$로 관찰되었다. 오후 5시 45분일 때 붕괴율이 얼마가 되겠는가?

[답] $R=R_0e^{-\lambda t}=R_0\,e^{-0.693t/\tau}$에서 $t=8.75h$이고 $\tau=6h$이므로 $R=36.4mCi$이다.

문제 140 원소 K에는 $^{39}_{19}K$, $^{40}_{19}K$, $^{41}_{19}K$가 존재하며 $^{40}_{19}K$가 방사능 원소이다. 이 $^{40}_{19}K$의 존재비는 1.17%이고 반감기는 1.277×10^9년이다. (a) K를 포함한 $1mole$의 시료에서 $^{40}_{19}K$의 현재 붕괴율을 계산하라. (b) 현재로부터 1억 년 후 $^{40}_{19}K$의 수를 계산하라.

[답] (a) 1몰 안에 N_A개의 원자가 존재하고 $^{40}_{19}K$의 존재비는 1.17%이므로 $^{40}_{19}K$원자의 수는 $N(0)=7.046\times10^{21}$개이다. 붕괴상수는 $\lambda=\frac{0.693}{\tau}=1.721\times10^{-17}\,s^{-1}$로 구해진다. 현재의 붕괴율은 $R_0=\lambda N=1.21\times10^5\,Bq$이다. (b) $N(t)=N(0)e^{-\lambda t}=4.1\times10^{20}$개이다.

문제 141 KCl 시료 $3g$이 방사능 물질임이 판명되었고 붕괴율은 $5,000$ 붕괴$/s$임이 관찰되었다. 이 물질에서 방사능 원소는 $^{40}_{19}K$이다. KCl 시료에서 $^{40}_{19}K$의 분율은 1.17%이다. $^{40}_{19}K$의 반감기를 구하라. 칼륨과 칼슘의 분자량은 각각 $39.102g$과 $35.453g$이다.

[답] KCl 시료 $3g$의 몰 수를 계산하여 N_A를 곱해 주면 KCl의 수가 구해진다. 즉, $N_{KCl}=N_A\left(\frac{M_{시료}}{M_{KCl}}\right)=2.42\times10^{22}$개이다. 여기서 M_{KCl}은 KCl의 몰 질량이며 $M_{KCl}=M_K+M_{Cl}=74.555\,g/mole$이다. 위 KCl 시료 안에 존재하는 $^{40}_{19}K$ 원자의 수는 $N=0.0117N_{KCl}=2.83\times10^{20}$개이다. $R=\lambda N=N\left(\frac{0.693}{\tau}\right)$에서 $\tau=0.693\frac{N}{R}=1.24\times10^9$년이다. 사람의 몸속에도 칼륨(K)이 존재하므로 $^{40}_{19}K$에 의해 방사선이 방출되고 있다.

문제 142 자연에서 $^{235}_{92}U$과 $^{238}_{92}U$의 존재 비는 0.0072이다. $^{235}_{92}U$과 $^{238}_{92}U$의 반감기는 각각 7.04×10^8년과 44.7×10^8년이다. 10^9년 전(우주의 연령)의 두 방사능 원소의 존재 비는 얼마였겠는가?

[답] $^{235}_{92}U$과 $^{238}_{92}U$은 각각 $N_5 = N_5(0)e^{-\lambda_5 t}$, $N_8 = N_8(0)e^{-\lambda_8 t}$와 같이 붕괴한다. 그리고 붕괴상수는 각각 $\lambda_5 = 9.85 \times 10^{-10}$년$^{-1}$과 $\lambda_8 = 1.55 \times 10^{-10}$년$^{-1}$이다. 두 원소의 존재비는

$$N_5(t)/N_8(t) = N_5(0)/N_8(0)\, e^{-(\lambda_5 - \lambda_8)t}$$

와 같이 구해진다. 10^9년 전의 비를 구하면

$$N_5(0)/N_8(0) = N_5(t)/N_8(t)\, e^{(\lambda_5 - \lambda_8)t} = 0.0165$$

이다. 따라서 10^9년 전의 두 원소의 비가 현재의 2배 정도임을 알 수 있다.

문제 143 오래된 목탄 $30g$이 발견되었다. 이 시료의 $^{14}_{6}C$의 붕괴율을 측정해 보니 100붕괴/분이 관찰되었다. 이 목탄의 나무가 죽은 연도는 얼마인가? $^{14}_{6}C$의 반감기는 5,730년이다.

[답] 우선 목탄의 몰 수를 계산해 보면 $n = \frac{30}{12} = 2.5\,mole$이다. $2.5mole$의 붕괴율이 100붕괴/분이므로 $1mole$의 붕괴율은 40붕괴/분이다. 살아있는 나무에서 채취한 목탄에서 관찰한 붕괴율은 181붕괴/분으로 계산되므로 오래된 목탄의 연대는 $t = -\frac{1}{\lambda}\ln\left(\frac{R}{R_0}\right) = 1.24 \times 10^4$년이다.

문제 144 암석에서 발견된 ^{40}Ar와 ^{40}K의 비가 11임이 관찰되었다. ^{40}K의 반감기는 12.5억 년이고 붕괴한 ^{40}K은 모두 ^{40}Ar이 된다고 가정한다. 이 암석의 연대를 구하라.

[답] 암석이 형성될 때 ^{40}K이 N_0개 있었다고 하자. 그러면 현재 남아 있는 ^{40}K의 개수는 $N_K = N_0 e^{-\lambda t}$로 주어진다. 반면에 ^{40}Ar의 개수는 모든 ^{40}K의 붕괴에서 ^{40}Ar이 생성된다고 했으니 붕괴한 ^{40}K의 수를 구하면 된다. 붕괴한 ^{40}K의 수는 $N_0 - N_K$이다. 따라서 $N_{Ar} = N_0 - N_K$이다. N_0는 구할 수 없으므로 두 식에서 N_0를 소거하면 $N_K = (N_{Ar} + N_K)e^{-\lambda t}$을 구할 수 있다. 이 식은 $\lambda t = \ln\left(1 + \frac{N_{Ar}}{N_K}\right)$가 되고 $\frac{N_{Ar}}{N_K} = 12$이고 $\lambda = \frac{0.693}{\tau}$이므로 $t = 44.8$억 년이다. 즉, 44.8억 년 전에 만들어진 암석이다.

문제 145 라듐의 반감기는 1,620년이다. $3g$의 라듐 시료에서 1초당 붕괴되는 라듐원자의 수를 구하라. 라듐의 원자량은 $226g/mole$이다.

[답] $3g$은 $n=\frac{3}{226}mole$이다. $N=nN_A=7.99\times10^{21}s^{-1}$, $\lambda=\frac{0.693}{\tau}=1.35\times10^{-11}s^{-1}$이다. 따라서 $R=\lambda N=1.078\times10^{11}$이다. $1Ci=3.7\times10^{10}$이므로 $2.92Ci$이다.

문제 146 질량 $2kg$인 팔에 X-선을 쬐었다. 피폭된 방사능이 $50mrem$이고 X-선의 에너지가 $60keV$라면 얼마나 많은 광자가 흡수되었는가?

[답] $rem=RBE\times rad$로 정의된다. X-선의 RBE는 1이다. 따라서 X-선에 대한 $1rem$은 $1kg$에 $10mJ$의 에너지를 주는 방사능 피폭에 해당된다. $2kg$의 팔에 $50mrem$이 피폭되었으므로 전체적으로 $0.1rem$이다. 따라서 팔은 $0.001J$의 에너지를 받는다. X-선의 광자에너지가 $60keV$이므로 팔에 흡수된 광자의 수는 $N=1.04\times10^{14}$개다.

문제 147 $60kg$의 사람에 $1Ci$의 방사능이 투여되었다. 방사능 물질이 몸에 고루 퍼진다고 가정하고 한 번의 붕괴 시에 방출하는 전자들에게서 평균 $5keV$의 에너지를 흡수한다고 하자. 방사능 원소의 반감기가 10년이고 전자의 RBE는 1이다. 이 경우 10일 동안 흡수된 방사능은 몇 rad인가? 인체에 효과적으로 흡수되는 방사능은 몇 rem인가?

[답] $1Ci$는 3.7×10^{10} 붕괴$/s$에 해당된다. 따라서 투여된 $1Ci$의 방사능 물질의 붕괴율은 $R=\lambda N=\frac{0.693N}{\tau}=82$ 붕괴$/s$로 계산된다. 하나의 붕괴 시에 나오는 전자의 에너지가 $5keV$이므로 이 에너지에 1초에 붕괴되는 수를 곱하면 $6.56\times10^{-14}J$의 에너지를 얻는다. 따라서 10일 동안 환자가 받는 에너지는 $5.6\times10^{-8}J$이다. 환자의 질량이 $60kg$이므로 $1kg$당 받는 에너지는 $9.4\times10^{-10}J$이다. $1rad$는 $10mJ/kg$이므로 환자가 받는 방사능은 $9.4\times10^{-8}rad$이다. 전자의 RBE가 1이므로 인체에 흡수되는 방사능은 $9.4\times10^{-8}rem$이다.

문제 148 진단과정에서 10^{11}개의 X-선 광자가 $1kg$의 조직에 흡수되었다. X-선의 파장이 $0.01nm$라면 조직에 흡수된 총 에너지는 얼마인가? 이는 몇 rem에 해당되는가?

[답] 하나의 광자에너지는 $\epsilon=hf=\frac{hc}{\lambda}=2\times10^{-14}J$이다. 따라서 10^{11}개의 광자가 주는 에너지는 $2mJ$이다. $1rad$는 $10mJ/kg$이므로 조직이 받는 방사능은 $0.2rad$이다. X-선의 RBE는 1이므로 $0.2rem$에 해당된다.

문제 149 세 반값 층 두께의 납을 투과한 방사능이 $10mR/h$로 관찰되었다. 한 반값 층의 납을 제거한 후의 방사능의 세기는 얼마가 될까?

[답] $I=I_0\left(\frac{1}{2}\right)^{l/l_o}$에서 $l=3l_0$이므로 $I_0=80\ mR/h$이다. 한 개의 반값 층을 제거하면 2개의 반값 층이 남으므로 $I=I_0\left(\frac{1}{2}\right)^2=20mR/h$이다.

문제 150 방사능 물질의 방사능의 세기가 $8mR/h$로 관찰되었다. 그런데 $4cm$ 두께의 벽을 방사능 물질과 방사능 측정기 사이에 놓고 측정한 결과, 방사능의 세기는 $0.8mR/h$로 감소하였다. 벽의 반값 층을 구하라.

[답] $I=I_0\left(\frac{1}{2}\right)^{l/l_o}$에서 $I_0=8mR/h,\ I=0.8mR/h,\ l=4cm$이므로 $l_0=1.2cm$이다.

문제 151 $1cm$ 두께의 납이 방사능 물질과 방사능 측정기 사이에 놓여 있다. 납에 의해 방사능의 세기가 30%로 감소하는 것이 관찰되었다. 이 방사능 물질에 대한 납의 반값 층을 구하라.

[답] $I=I_0\left(\frac{1}{2}\right)^{l/l_o}$의 관계식에서 $l=1cm$일 때 $I=0.3I_0$이므로 $l_0=0.58cm$이다.

문제 152 방사능 물질에서 $30cm$ 떨어진 위치에서의 방사능 세기가 $40mR/h$로 관찰되었다. 이 물질의 주위에서 일하는 사람이 주당 40시간으로 50주를 일한다고 할 때 1년에 $5,000mR$이 피폭되기 위해서는 방사능 물질에서 어느 정도 떨어져 일해야 하는가?

[답] 방사능 물질에서 $30cm$ 떨어진 위치에서 일할 때 받는 총 피폭량은 $It=80,000mR$이다. 피폭량은 거리의 제곱에 반비례하고 피폭이 $5,000mR$이 되는 거리 r은 $\frac{It}{(r/r_o)^2}=5,000$에서 $r=4r_0=120cm$이다.

문제 153 전자-양전자의 쌍생성을 위해서 필요한 빛의 파장을 구하라.

[답] 쌍생성에 필요한 에너지는 전자의 정지질량의 두 배이다. 따라서 $hf=2mc^2$에서 $\frac{hc}{\lambda}=2mc^2$이므로 $\lambda=1.21\times10^{-12}m$이다.

A. 기본적인 물리량

이름	표시	값
Avogadro's number	N_A	6.023×10^{23} 개$/mole$
Boltzmann constant	k	$1.38\times10^{-23}\,J/K$
Coulomb's constant	$k_e=\dfrac{1}{4\pi\epsilon_o}$	$9\times10^{9}\,Nm^2/C^2$
Electron's mass	m_e	$9.1\times10^{-31}\,kg$
Electron's charge	e	$1.6\times10^{-19}\,C$
Gas constant	$R=N_A k$	$8.31\,J/mole\,K$
Gravitational constant	G	$6.67\times10^{-11}\,Nm^2/kg^2$
proton mass	m_p	$1.6726\times10^{-27}\,kg$
neutron mass	m_n	$1.6749\times10^{-27}\,kg$
vacuum permittivity	$\epsilon_o=\dfrac{1}{\mu_o c^2}$	$8.85\times10^{-12}\,C^2/Nm^2$
vacuum permeability	$\mu_o=\dfrac{1}{\epsilon_o c^2}$	$4\pi\times10^{-7}\,N/A^2$
light speed	$c=\dfrac{1}{\sqrt{\epsilon_o\mu_o}}$	$3\times10^{8}\,m/s$
Planck constant	h	$6.6\times10^{-34}\,Js$
Stefan–Boltzmann constant	$\sigma=\dfrac{\pi k^4}{60\hbar^3 c^2}$	$5.67\times10^{-8}\,W/m^2K^4$

B. 기본단위

물리량	단위이름	단위의 표시
길이	meter	m
질량	kilogram	kg
시간	second	s
전류	Ampere	A
온도	Kelvin	K
물질의 양	mole	mol
각	radian	rad

C. 유도단위의 예

물리량	단위이름	단위의 표시	단위
힘	Newton	N	$kg\,m/s^2$
진동수	Hertz	Hz	s^{-1}
압력	Pascal	Pa	$N/m^2 = kg/m\,s^2$
에너지(일, 열)	Joule	J	$Nm = kg\,m^2/s^2$
일률	Watt	W	$J/s = kg\,m^2/s^3$
전하	Coulomb	C	$A\,s$
전위	Volt	V	$J/s = J/A\,s = kg\,m^2/A\,s^3$
정전용량	Farad	F	$C/V = A^2s^4/kg\,m^2$
저항	Ohm	Ω	$V/A = kg\,m^2/A^2s^3$
자속	Weber	Wb	$Vs = kg\,m^2/A\,s^2$
자기장의 세기	Tesla	T	$Wb/m^2 = kg/A\,s^2$
인덕턴스	Henry	H	$Wb/A = kg\,m^2/A^2s^2$

D. 교재에 나오는 물리학자들

이름	생몰년	비고(업적)
Galileo Galilei	1564~1642	실험적 과학의 시작, 망원경으로 달의 관찰
Isaac Newton	1642~1727	뉴턴의 법칙, 만유인력의 법칙, 힘의 단위(N)
Johannes Kepler	1571~1630	행성의 운동, 케플러의 3법칙
Robert Hooke	1635~1703	훅의 법칙(스프링의 복원력)
Thomas Young	1773~1829	영의 이중슬릿 실험, 빛의 파동성 증명
Christian Doppler	1803~1853	도플러 효과
Evangelista Torricelli	1608~1647	압력계를 만듦, 압력의 단위(Torr)
Blaise Pascal	1623~1662	파스칼의 원리(압력의 전달), 압력의 단위(Pa)
Archimedes	B.C.287~B.C.212	아르키메데스의 원리(부력의 원리)
Daniel Bernoulli	1700~1782	베르누이의 정리, 유체의 운동
Jean Poiseuille	1799~1869	푸아죄유의 법칙, 점성계수 단위(Poise)
George Stokes	1819~1903	스토크스-나비에르의 정리(유체)
Claude-Louis Navier	1785~1836	스토크스-나비에르의 정리(유체)
Osborne Reynolds	1842~1912	레이놀즈의 수(난류의 조건)
Giovanni Venturi	1746~1822	벤투리 관(유체의 속도계)
Henri Pitot	1695~1771	피토관(비행기의 속도계)
Anders Celsius	1701~1744	섭씨온도 체계(^oC)
Daniel Fahrenheit	1686~1736	화씨온도 체계(^oF)
William Thomson	1824~1907	켈빈온도 체계(K) (Lord Kelvin)
Ludwig Boltzmann	1844~1906	볼츠만 통계, 볼츠만 상수(k)
Amedeo Avogadro	1776~1856	아보가드로 수(N_A), 기체 1몰의 수
James Joule	1818~1889	열의 일당량, 일의 단위(J)
Rudolf Clausius	1822~1888	클라우지우스의 해석(열역학 제2법칙)
Gilbert Lewis	1875~1946	루이스의 해석(열역학 제2법칙)
Nikolaus Otto	1832~1891	오토 엔진 개발
Charles Coulomb	1736~1806	쿨롱의 법칙, 전하의 단위(C)
Alessandro Volta	1745~1827	볼타전지, 전위의 단위(V)
Johann Gauss	1777~1855	가우스의 법칙(전기장), 자기장의 단위(G)
Michael Faraday	1791~1867	패러데이의 법칙, 정전용량의 단위(Farad)
André Marie Ampére	1775~1836	암페어의 법칙(자기장), 전류의 단위(A)
Georg Ohm	1789~1854	옴의 법칙, 저항의 단위(Ω)
Gustav Kirchhoff	1824~1887	키르히호프의 법칙(직류회로)
James Maxwell	1831~1879	맥스웰 방정식(전자기파)

Nikola Tesla	1856~1943	교류발전기, 자기장의 단위(T, 테슬라)
Hendrik Lorentz	1853~1928	로렌츠 힘(전기 자기장에서 전하가 받는 힘)
Jean-Baptiste Biot	1774~1862	비오-사바르의 법칙
Félix Savart	1791~1841	비오-사바르의 법칙
Herman von Helmholtz	1821~1894	헬름홀츠 코일(균일 자기장의 발생)
Heinrich Lenz	1804~1865	렌츠의 법칙(기전력이 발생하는 방향)
Joseph Henry	1797~1878	인덕턴스의 단위(H)
Anders Ångström	1814~1874	길이의 단위, 옹스트롬(Å)
Willebrord Snell	1580~1626	스넬의 법칙(굴절의 법칙)
Pierre Fermat	1601~1665	페르마의 원리(최단거리의 법칙)
Philipp von Seidel	1821~1896	자이델 5수차(렌즈의 수차)
Albert Michelson	1852~1931	마이컬슨 간섭계, 마이컬슨-몰리의 실험
David Brewster	1781~1868	브루스터의 각(편광되는 각)
Augustin-Jean Fresnel	1788~1827	프레넬 방정식(전자기파의 전파)
Étienne-Louis Malus	1775~1812	말뤼스의 법칙(편광에 의한 에너지)
Max Planck	1858~1947	광양자 이론, 양자역학의 선구자, 플랑크상수(h)
Albert Einstein	1879~1955	광전효과 설명, 상대성이론
Louis de Brogile	1892~1987	물질파 개념, 물질-파동 이중성
Niels Bohr	1885~1962	수소원자의 선스펙트럼 설명
Clinton Davisson	1881~1958	데이비슨-거머의 실험(물질-파동 이중성 증명)
Lester Germer	1896~1971	데이비슨-거머의 실험(물질-파동 이중성 증명)
William H. Bragg(父)	1862~1942	파동의 회절, 브래그 조건
William L. Bragg(子)	1890~1971	파동의 회절, 브래그 조건
Erwin Schrödinger	1887~1961	슈뢰딩거 파동방정식(초기 양자역학의 완성)
Werner Heisenberg	1901~1976	불확정성의 원리(물질-파동 이중성)
Edward Morley	1838~1923	마이컬슨-몰리의 실험(에테르의 존재 부정)
Ernest Rutherford	1871~1937	금박 실험(원자핵의 존재를 확인)
Joseph Thomson	1856~1940	전자의 발견
James Chadwick	1891~1974	중성자의 발견(핵은 양성자와 중성자로 구성)
Marie Curie	1867~1934	라듐의 발견(방사능 물질), 방사능 단위(Ci)
Pierre Curie	1859~1906	라듐의 발견(방사능 물질), 퀴리의 법칙(상자성)
Henri Becquerel	1852~1908	방사능 물질, 방사능의 단위(Bq)
Rolf Sievert	1896~1966	방사능 피폭의 단위(Sv)
Louis Gray	1905~1965	방사능 피폭의 단위(Gy)
Ernest Lawrence	1901~1958	사이클로트론 발명

| 찾아보기 |

[ㅎ]